ナノテクノロジー・材料分野（2023年）

JN101238

社会の要請・ビジョン

社会を支える先端テクノロジー

- 私たちの生活を支える様々な素材・製品やシステムに、ナノテクノロジーや先端材料技術が利用されている。
- 米中の技術覇権争い、COVID-19パンデミック、ロシアによるウクライナ侵攻などに起因するグローバルサプライチェーンの変動により、先端技術の国内確保が求められる。（先端半導体技術など）
- 技術競争力の下支えとして企業や学術における基礎研究の精査と維持が必要。

カーボンニュートラルの実現

- SDGsの17の目標達成に向けた取り組みが続く。このうち、エネルギー、持続可能な消費・生産、気候変動対策は、カーボンニュートラルの動きにも呼応して、世界各国で対応が進む。
- 化石燃料代替のエネルギー利用手段（太陽電池、蓄電池）、省エネルギーを目指した各種デバイス・システム（パワー半導体、モータ用磁石・磁性体）、CO2吸収や利用手段としての各種電気化学セルや分離膜などについて、特にナノテク・材料技術の貢献が期待される。

超高齢社会、多様化する医療・ヘルスケア

- 超高齢社会の進行を背景に、健康寿命の延伸のため「疾病の超早期診断」や「身体機能の修復・代替・拡張」がより重要に。
- COVID-19パンデミックを契機に、感染症対策やポイントオブケア、セルフケアに関するヘルスケアニーズが多様化。
- COVID-19 mRNAワクチンで成功を収めたナノ医薬は、その製造上の利点もあり、今後も多様なワクチンや医療目的に向けた開発が期待される。

社会・経済の動向

経済的側面

- 米中貿易摩擦などによる地政学的リスクや全世界的な健康リスクが顕在化。
- 経済安全保障の重要性が高まり、製品の原材料や製法を含むバリューチェーンの再検討が必要に。日本が強みを有する部素材産業の展望に不透明さが伴う。
- 日本は、研究開発主導型のハイテクノロジー産業やミディアムハイテクノロジー産業の割合が高い。ナノテク・材料分野に関連する自動車、機械装置、電子機器、電気機器、化学製品の合計の産業貿易収支比（輸出額÷輸入額）は主要国中第1位を維持しているが、近年低下傾向にある。

社会的側面

- 経済安全保障の4つの柱（①サプライチェーン確保、②重要インフラとデータ保護、③重要技術の流出防止、④重要技術の開発強化・支援）について、日本を含む各国が取組みを始めている。
- 欧州を中心にナノ材料の登録規制や評価基準の規定が進み、対象が先端材料（アドバンストマテリアル）まで拡大する。当該材料・製品の輸出入に影響を与え得る。
- 経済安全保障を背景に、アカデミアで国際連携や高度外国人人材の活用に慎重になるケースが見られる。研究開発のフェーズ、秘匿区分に応じた情報管理、輸出管理などに配慮しつつ、国際協力を図っていくことが必要。

世界の研究開発トレンド

蓄電デバイス
全固体型、金属-空気など次世代リチウムイオン電池が進展。Naイオン、多価イオン、Li-Sなど革新電池にも期待。

全固体電池（LIBTEC）

再生可能エネルギーによる物質変換
再生可能エネルギーを用いた水素等の燃料・化成品合成技術が発展。高効率プロセスのための触媒、電解質探索が加速。

大型水電解システム（旭化成）

mRNAナノ医薬
様々な感染症に対するmRNAワクチンや、がん免疫療法、ゲノム編集治療などに向けたmRNAナノ医薬の開発が加速。

生体分子シーケンス
梯数配列に加え、タンパク質配列や分子の高次構造・修飾などを検出する技術が発展。特に1細胞・1分子レベルの検出へ。

ナノポアDNAセンサー（阪大）

先端半導体
CMOSを超える新構造・新動作原理のデバイスを開発し、超高速・超低消費電力でデータ処理する集積システムの実現へ。

FETの構造

脳型AIチップ
低消費電力のAIチップ開発で、デジタル・アナログNN回路、コンピュートインメモリ、ニューロモルフィックなどが進展。

DNN推論アクセラレータ（東工大）

量子コンピューティング
超伝導量子ビット数拡大、高エレクトロニクス、古典とのハイブリッドで、実用的な量子計算実現への開発が活発。

量子コンピュータ
©RIKEN Center for Quantum Computing

次世代パワー半導体
SiC、GaNが実用化。ウェハの大口径化や、次世代材料・酸化ガリウムやワイドバンドギャップ半導体の開発が活発化。

Ga2O3トランジスタチップ（NICT）

データ駆動型材料設計・創製
データ科学と実験材料学・計算科学・計測科学の連携で物質設計・創製を革新。データ蓄積・活用基盤の整備も重要。

MI, PI, 計測インフォを連携

低次元・トポロジカル材料
低次元性やトポロジー起因の特異な物性を活かした、次世代デバイスやエネルギー変換デバイスとして期待。

トポロジカル光電流発生（理研）

ナノテクノロジー・材料分野　研究開発俯瞰図

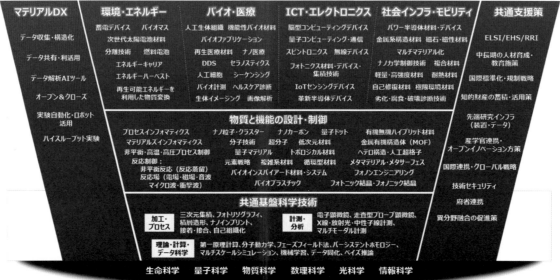

日本の現状・課題

総論

- エネルギー材料、電子材料、複合材料などの材料設計・製造で長年の技術蓄積による強みがある。
- 精密機械・計測・分析・評価・加工技術に関しても、強みを有する技術が多数存在する。
- 基礎研究の強みを국際的に競争力が維持できない傾向が見られる。
- データ科学、標準化・規制戦略、産学連携、ナノ物質・新物質のELSI/EHS/PRI、人材育成に課題。

環境・エネルギー応用

- カーボンニュートラル、資源循環型社会の実現の鍵となる分野であり、日本は長年の技術蓄積による強みがある。
- 日本は、太陽電池、蓄電池、水素等の分野で高い基礎研究レベルにあり、近年GI基金等で応用研究も加速。
- 世界的に研究開発が活発化しており、相対的なプレゼンスの低下が懸念される。

バイオ・医療応用

- 超高齢社会に突入し、ヘルスケア・医療ニーズの多様化・高度化に応じた技術の開発と実装が求められる。
- 日本はバイオ材料、ナノ医薬、バイオ計測、生体イメージングなどの分野で遅れをとる傾向にある。
- 実用化研究では遅れをとる傾向もあったが、近年支援体制が充実してきており、今後の伸びに期待。

ICT・エレクトロニクス応用

- デジタル化社会を支える技術分野であり、欧米がリードし中国の追い上げが激しいが、日本もスピントロニクスや量子技術などの基礎研究で高いレベルにある。
- 先端的な半導体デバイス・製造技術の獲得、研究開発力の強化、半導体人材の育成が日本の課題である。
- 半導体産業強化政策に歩調を合わせた長期的な研究開発施策、先端技術開発が可能な共用施設が必要である。

社会インフラ・モビリティ応用

- 交通インフラや電力・通信網、上下水道など社会インフラやモビリティ支える基盤について、近年重要性を増しており、日本は高い研究レベルを保っている。
- 材料の長寿命化、システムの省エネ化、地域偏在元素の使用削減などが共通する課題である。
- 日本は基礎研究で優位性を維持しているものの、応用研究・開発では欧米中にやや劣勢にある。

物質と機能の設計・制御

- ナノテク・材料分野の中核をなす研究領域が含まれ、日本は長年の技術蓄積による強みを有する。
- 日本は基礎研究では活発な研究が行われているが、応用研究・開発では欧米と比較するとやや劣勢にある。
- データ駆動型物質・材料開発の動きが世界的に高度化・活発化している。特に中国の上昇傾向が著しい。

共通基盤科学技術

- 材料、製造装置等の強みを生かした海外との連携による最先端の微細加工・半導体製造技術の再構築に期待。
- 次世代放射光施設NanoTerasu等は、最先端計測技術開発が研究力・産業競争力強化の源泉となっている。
- 富岳の大規模計算や先端共用設備から生まれる高品質データ等を活用するための基盤整備が進められている。

主要国における基本政策・国家戦略動向

米国 国家ナノテクイニシアティブ（NNI）を20年以上継続。NNI戦略計画2021では、教育・人材拡大・パブリックエンゲージメントの取り組みを強化。MGI（Materials Genome Initiatives）戦略計画2021では全米材料データネットワークの構築を掲げる。The CHIPS and Science Act（2022年）により半導体関連研究開発に投資。希少鉱物を含むサプライチェーンの見直しに関する大統領令を発表（2021年）。

欧州 Horizon 2020の後継としてHorizon Europe（2021〜2027年）を開始。Graphene Flagship、Human Brain Project、Quantum FlagshipをHorizon 2020から継続して推進。超高性能・高度で持続可能なバッテリーの開発を目指したBattery 2030+イニシアティブが2019年から始動。ナノマテリアルのELSI/RRI/国際標準化で世界を先導。

中国 第14次五カ年計画（2021〜2025年）に基づく科学技術政策を開始。基礎研究投資を拡充し、研究センター等を重点整備。中国製造2025、国家標準化発展要綱など「製造強国」「品質強国」を目指した戦略的産業振興を掲げる。

アジア 韓国は第4期ナノ技術総合発展計画（2016〜2025年）および第3次National Nanotechnology Mapでナノテク技術開発を強化。K-半導体戦略で総合半導体強国を、K-バッテリー発展戦略で2030年までに2次電池世界トップを目指す。台湾では半導体関連で5つの研究開発拠点を設置。ナノマテリアルのELSI/RRI/国際標準化にも注力。シンガポールでは付加製造技術や量子技術の研究拠点が進展。その他、タイや中東でも先端科学技術施策を拡充。

わが国として重要な研究開発

「社会の変化」、「科学技術の潮流」、「産業/安全保障から、今後重要な研究開発を特定した。

1. 先進半導体材料・デバイス技術
ポスト5Gの通信機器、大規模データを高速に処理するIT/AI機器などに向け、従来よりも格段に高速・大容量・低消費電力に動作する半導体デバイスを実現する新しい材料や回路アーキテクチャー、チップ構成技術を開発。

2. 量子特有の性質の操作、制御、活用
「状態の重ね合わせ」や「量子もつれ」など、量子特有の性質を動作原理とした量子コンピューティング、量子暗号・通信、量子センシングなどを高性能化。性質の顕在化や操作・制御・活用のため、トポロジカル材料や周辺の高周波/低温技術の開発も重要。

3. 電気-物質エネルギー高度変換技術
再生可能エネルギーを最大限有効活用するため、リチウムイオン電池をはじめとする次世代の蓄電デバイスを開発。電力と物質の化学エネルギーの相互変換技術として、水電解・燃料電池や、電力を介した二酸化炭素や窒素から有用物質への化学合成にも注目。

4. マルチスケール熱制御技術
デバイスの使用で生じる低排熱の有効利用や蓄熱などの観点から、熱を精密に制御する技術が重要。従来のナノスケールでの熱制御を図る方法論をメソ〜マクロスケールまで拡張させ、マルチスケールに熱流を制御する技術を開発。

5. 資源循環と炭素循環を両立する材料技術
希少資源の代替/使用量削減/分離・回収に関する技術、ならびにその基礎としての易分解材料（固・液・気相での分離機構）を開発。また、Life Cycle Assessmentの視点から、製品ライフサイクル全体での環境負荷を定量的に評価する手法を確立。

6. 生体適合性の拡張的理解と制御
医療・ヘルスケアに利用される材料・デバイス用途の多様化、ならびに新規な材料ー生体相互作用の発見により、材料の「生体適合性」を多面的かつマルチスケールに捉えることが重要。特に、生体の力学的応答も踏まえた材料・デバイス設計を展開。

7. 生物機能を活かすハイブリッド材料
非生物起源の材料と生物由来材料を組み合わせ、生物機能を具備あるいは効率的に引き出した機能性材料を創出。高度な生体適合性や環境応答性を付与した医用材料・治療薬、生物を利用したエネルギー生産技術や自己修復性構造材料など、多様な応用に期待。

8. ナノスケール高機能材料
原子・分子からボトムアップ的に形成したナノスケール構造を有する物質は、バルク材料にない特異な性質を示し、物質の吸着・分離やエネルギー変換なども可能。ナノチューブなどを含むナノカーボン、二次元物質、MOF、超分子、ナノ粒子など。

9. 極限環境下の高信頼性材料
航空・宇宙用途の高強度材料、耐腐食性・耐放射性材料など。新しいエネルギーインフラの登場や、社会インフラの長寿命化、安全保障の観点からも重要性および材料面での改善の要請が高まる。

10. マテリアルDX基盤技術
膨大なマテリアルデータの活用により、材料開発のスピードアップおよびマテリアル産業の競争力を底上げ。マテリアルに特化したデータ科学/計算科学手法およびハイスループット実験技術を開発。データの管理方法・共有ルールの確立も必須。

11. オペランド・マルチモーダル計測
デバイスの動作中や生物が生きた状態で観測を行うオペランド計測の要請が高まる。電子や光など複数のプローブで同時計測し情報量を増やすマルチモーダル計測にも注目。計測ハードウェアに加え、データ処理手法の開発も重要。

12. 新物質・新材料の戦略的ガバナンス
ナノマテリアルの安全性確保に係るツール開発や規制構築などを欧州を中心に進展。国際的ビジネス展開に必要な知識の獲得および安全性評価研究が必要。戦略的な国際標準化提案や審議には、産学官の協調が重要。

研究開発体制・システムのあり方

大型研究開発拠点
複数企業・研究機関の参画でコスト・リスクを分散、多様な専門性の研究者を集結、共用利用環境を提供、知財の相互利用やノウハウの蓄積により研究開発を効率的に推進。日本ではつくばイノベーションアリーナ（TIA）。

ナノテク・材料の先端研究インフラ
各国・地域で先端研究インフラのプラットフォームを形成。日本では文部科学省ナノテクノロジープラットフォーム（2012〜2021年）および後継のマテリアル先端リサーチインフラ（2022年〜）。

研究開発のDX化
研究開発情報の共有・オープンサイエンスの促進、実験装置の自動化/遠隔制御の進展。マテリアルDXによる研究開発の効率化・高速化・高度化。研究開発環境の利便性向上。

研究開発人材の確保
博士課程学生・ポスドク・女性・技術専門人材など、様々な年代・角度から研究開発人材のポートフォリオを考慮し、ダイバーシティに富んだ人材プールを構築。

エグゼクティブサマリー

　先端材料およびデバイス技術は、様々な分野で私たちの生活を支えている。これらの技術は、スマートフォン、自動車、ロボット、通信などにおいて情報処理機能・通信機能の中核を担うとともに、カーボンニュートラル実現に向けて太陽電池、蓄電池、パワー半導体、磁石・磁性材料、水やCO_2の電気分解セルや分離膜などの各種デバイス・素材に貢献する。また、ヘルスケア・医療の分野では、COVID–19感染症ウイルスのmRNAワクチンなどのナノ医薬、早期診断や生体情報モニタリングに用いられる高感度センサーデバイス、がん・脳疾患などの予防・診断・治療用の機器・素材などに用いられている。

　近年の世界情勢で特に本文野と大きな関わりを持つものが、米中の技術覇権争い、COVID–19パンデミック、ロシアによるウクライナ侵攻などに起因するグローバルサプライチェーンの変動である。これらの事象により「それを作るのに最も適した場所で生産することが、全体の効率を上げるのに最適である」とのグローバルサプライチェーンの前提を根本から見直さなければならなくなった。それを受け各国は、経済安全保障の最重要課題として、供給元が限られていて将来にチョークポイントとなりうる資源や工業製品のリストアップ、重要技術の国内生産回帰などの対応の検討を進めている。90年代の冷戦終結後から、一貫して進展してきたWorld–Wideでオープンな経済圏に向かう動きに陰りが生じ、自国第一主義や保護主義の台頭、経済的なデカップリングの懸念などが生じている。こうした動きは経済のみならず、アカデミアの先端科学研究へも影響を及ぼす兆候が見え始めている。これらの実現には、極小スケールで物質の構造観察・制御・加工を行うナノテクノロジーが不可欠となっている。

　一方で、もう一つの本分野に関連する大きな国際的な因子としてSDGsに向けた科学技術・イノベーションへの期待がある。気候変動、水・衛生、エネルギーなどの諸課題を前に、特に世界的な気温上昇を抑えるための目標である2050年カーボンニュートラルの実現には、CO_2排出量削減のための再生可能エネルギー利用技術や省電力技術、CO_2捕捉・利用技術、素材の利用効率を改善する技術やリサイクル・リユース技術などに加えて、産業界において確立され最適化済みと考えられていた生産技術の再検討も必要となる。古くから研究開発が行われてきた分野でブレークスルーを起こすためには、材料や生産プロセスの面で原理レベルでの刷新が必要な場合もあり、その研究開発には緊密な国際協力が欠かせない。

　こうした競争と協調が併存する難しい情勢の中で、日本もまた両面に対応した政策を取っている。現在、2050年カーボンニュートラルに向けて、グリーン成長戦略にもとづいた研究開発、マテリアル革新力強化戦略の元でデータを基軸としたマテリアル研究開発のプラットフォームを構築する「マテリアルDXプラットフォーム」、量子技術イノベーション戦略の将来像「量子未来社会ビジョン」に向けた研究開発などの主要施策が精力的に進行されている。これらはわが国が抱える諸課題や、国際社会共通の目標への貢献、経済安全保障など、様々な側面に対応すべく実施されている。また、最近特に注目されるのは、日本の先端半導体プロセス開発を再起動させようとする取り組みである。半導体・デジタル産業戦略に基づき、半導体製造の前工程・後工程、製造装置、材料開発の全方位に対して積極的な研究開発投資を行うとともに、国内への海外企業の工場・研究所誘致や、国内に工場を持つ企業への開発費支援策なども加わり、国内半導体産業の再興・活性化を目指している。

　世界の研究開発動向として進展が著しいのは、蓄電デバイスや水電解などのエネルギー関連、mRNAナノ医薬などのヘルスケア・医療関連、先端半導体・脳型チップなどのエレクトロニクス関連、量子コンピューティング、トポロジカル材料などのエマージング技術、データ駆動型材料設計など先端材料科学の方法論刷新に関する動きなどである。諸外国では、将来の科学技術・イノベーションにおける自国の存在感と競争力の確保を目的として、これらの分野への注力と技術の発展が目立つ。

　日本の研究開発の現状と課題は、これまで強みとしてきたエネルギー材料、電子材料、複合材料などの材

料設計・製造や、精密機械・計測・分析・評価・加工技術などで産業的な競争力を保持している半面、先端科学技術の基礎研究上の強みを、国際的に競争力を持つビジネスへ十分に活かすことができていない点にある。これは産学連携による技術の受け渡しや、中長期のイノベーションエコシステム構築に課題があるためといえる。また、専門人材の不足に対応した人材育成プログラムの充実や、次世代人材のキャリアパスへの不安解消など、様々な対策が求められている。その上で、各国が投資を強化している量子技術、データ駆動型材料開発、水素/カーボンニュートラル関連技術、バイオテクノロジーの革新に向けた医工連携、などに一層注力していく必要がある。

　本報告書では、以上の国内外の社会・経済および研究開発の動向と日本の課題を俯瞰的に調査・分析した。調査にあたっては本分野を第二章に記載する7つの区分・29の研究開発領域として捉えて分析をおこない、その上で今後の方向性を検討した。それらの結果、以下に示すような、わが国として今後重要となる12の研究開発を新たに特定した。

12の研究開発

　1. 先進半導体材料・デバイス技術、2. 量子特有の性質の操作、制御、活用、3. 電気−物質エネルギー高度変換技術、4. マルチスケール熱制御技術、5. 資源循環と炭素循環を両立する材料技術、6. 生体適合性の拡張的理解と制御、7. 生物機能を活かすハイブリッド材料、8. ナノスケール高機能材料、9. 極限環境下の高信頼性材料、10. マテリアルDX基盤技術、11. オペランド・マルチモーダル計測、12. 新物質・新材料の戦略的ガバナンス

　これらの検討に際しては、今後わが国として特に重要になると考えられる研究開発の方向性や内容を提示するものとして次の3つの観点「社会の変化がもたらす新たな科学技術への要請」、「科学技術の新たな潮流出現に伴う戦略的投資の必要性」、「日本の産業競争力と国家安全保障の観点で重要な技術の確保」を考慮した。これらの詳細は1.3.3に記載している。

Executive Summary

Advanced materials and device technologies support our lives in various fields. They play a central role in information and communication device technology in functions of smartphones, automobiles, robots, and communication. They contribute to carbon neutrality through various devices and materials such as solar cells, rechargeable batteries, power semiconductors, magnets/magnetic materials, water and CO_2 electrolysis cells, and separation membranes. In the fields of healthcare and medicine, they are used in artificial microsystems such as mRNA vaccines for the COVID-19 virus, highly sensitive sensor devices for early diagnosis and biological information monitoring, and devices and materials for the prevention, diagnosis, and treatment of cancer and brain diseases.Nanotechnology, which enables observation, control, and processing of the structure of matter on a very small scale, is indispensable for realizing these materials and devices.

Recent world affairs that have a particularly strong connection with this field are the instability in the global supply chain caused by the struggle for technological hegemony between the United States and China, the COVID-19 pandemic, and Russia's invasion to Ukraine. These changes in the world situation are destroying the premise of the global supply chain that "production in the most suitable place is optimal for increasing overall efficiency". As the most important issue for economic security, each country is promoting policies such as listing rare resources and industrial products with limited supply sources and returning to domestic production of important technologies. The movement toward a global open economy, which has continued since the end of the Cold War, stagnates, and the rise of nationalism and protectionism together with economic decoupling are about to occur. Such social trends are affecting not only the economic field but also advanced scientific research in academia.

Another major international demand to this field is contribution to SDGs. In particular, in order to achieve carbon neutrality by 2050, renewable energy utilization technology and power saving technology to reduce CO_2 emissions, CO_2 capture and utilization technology, recycling and reuse technology need to be newly developed. In addition to the development of these new technologies, it is also necessary to reexamine production technologies that were previously thought to be already established and optimized. In order to make a breakthrough in a field where research and development has been carried out for a long time, it may be necessary to renovate from the principle level of materials and production processes, and, therefore, close international cooperation is highly required for such basic research and development.

In this difficult situation in which competition and cooperation coexist, Japan is also implementing policies that address both sides. Various research and development are vigorously progressing under national strategies such as "Green Growth Strategy Through Achieving Carbon Neutrality in 2050", "Materials Innovation Strategy", and "Quantum Technology and Innovation Strategy". These are being implemented in order to respond to various aspects, such as the challenges faced by Japan, contributions to the common goals of the international community, and establishment of economic security. Also, what has been attracting particular attention recently is an effort to restart Japan's advanced semiconductor process development. Based on the "Strategy for Semiconductors and the Digital Industry", active investment for research and development of semiconductors is being made in all directions of front-end and back-end processes of semiconductor manufacturing, manufacturing equipment, and material development. In addition, measures such as support for development expenses for companies with factories in Japan are also being implemented, aiming to revitalize the domestic semiconductor industry.

Remarkable R&D trends in the world can be seen in energy and environment fields such as electric energy storage devices and water electrolysis, in healthcare and medical fields such as mRNA nano-medicine, in electronics fields such as advanced semiconductors and brain chips, and in emerging technology fields such as quantum computing and topological materials. Methodological innovation in materials science through data-driven materials design is also remarkable. Other countries are conspicuously focusing on these fields and developing technologies with the aim of establishing their own presence and competitiveness in science and technology and innovation in the future.

The status and challenges of research and development in Japan are as follows. Japan maintains traditional competitiveness in materials design and manufacturing of energy materials, electronic materials and composite materials, precision machinery, measurement/ analysis / evaluation / processing technologies. However, the advantages of basic research in fundamental science and technology have not been fully utilized in internationally competitive businesses. There should be issues in the transfer of technologies through industry-academia collaboration and/or the construction of medium- to long-term innovation ecosystems. In addition, various initiatives are required, such as enhancing human resource development programs to deal with the shortage of advanced specialists.

It is necessary to further focus on quantum technology, data-driven material development, hydrogen/carbon neutral technology, and medical-engineering collaboration for innovation in biotechnology, all of which are being invested in also by other countries.

In this report, we surveyed and analyzed the social, economic and R&D trends both in Japan and overseas, as well as the issues facing Japan. In conducting the survey, we analyzed this field in 7 categories and 29 research and development areas described in Chapter 2 of this report, and then derived future directions. Consequently, we identified 12 new research and development items that will be important for Japan in the future, as shown below.

12 research and development items

1. Advanced semiconductor materials and device technology, 2. Manipulation, control, and utilization of unique properties of quantum technology, 3. Advanced electricity-material energy conversion technology, 4. Multi-scale thermal control technology, 5. Material technology that achieves both resource recycling and carbon recycling, 6. Expanded understanding and control of biocompatibility, 7. Hybrid materials utilizing biological functions, 8. Nanoscale high-performance materials, 9. Highly reliable materials in extreme environments, 10. Material DX fundamental technology, 11. Operando-multimodal measurement, 12. Strategic governance of new materials

The following three perspectives were taken into consideration to provide direction and content for research and development that will be particularly important for Japan in the future: "New demands for science and technology brought about by changes in society," "Necessity of strategic investment accompanying the emergence of new trends in science and technology,"

"Japan's industrial competitiveness and national security." Details of the contents are described in 1.3.3.

はじめに

　JST研究開発戦略センター（以降、CRDS）は、国内外の社会や科学技術イノベーションの動向及びそれらに関する政策動向を把握・俯瞰・分析することにより、科学技術イノベーション政策や研究開発戦略を提言し、その実現に向けた取り組みを行っている。

　CRDSは2003年の設立以来、科学技術分野を広く俯瞰し、重要な研究開発戦略を立案する能力を高めるべく、その土台となる分野俯瞰の活動に取り組んできた。この背景には、科学の細分化により全体像が見えにくくなっていることがある。社会的な期待と科学との関係を検討し、科学的価値を社会的価値へつなげるための施策を設計する政策立案コミュニティーにあっても、科学の全体像を捉えることが困難になってきている。このような現状をふまえると、研究開発コミュニティーを含めた社会のさまざまなステークホルダーと対話し分野を広く俯瞰することは、研究開発の戦略を立てるうえでは必須の取り組みである。

　「研究開発の俯瞰報告書」（以降、俯瞰報告書）は、CRDSが政策立案コミュニティーおよび研究開発コミュニティーとの継続的な対話を通じて把握している当該分野の研究開発状況に関して、研究開発戦略立案の基礎資料とすることを目的として、CRDS独自の視点でまとめたものである。

　CRDSでは、研究開発が行われているコミュニティー全体を4つの分野（環境・エネルギー分野、システム・情報科学技術分野、ナノテクノロジー・材料分野、ライフサイエンス・臨床医学分野）に分け、その分野ごとに2年を目途に俯瞰報告書を作成・改訂している。

　第1章「俯瞰対象分野の全体像」では、CRDSが俯瞰の対象とする分野およびその枠組をどう設定しているかの構造を示す。ここでは、CRDSの活動の土俵を定め、それに対する認識を明らかにする。また、対象分野の歴史、現状、および今後の方向性について、いくつかの観点から全体像を明らかにする。この章は、その後のコンテンツすべての総括としての位置づけをもつ。第2章「俯瞰区分と研究開発領域」では、俯瞰対象分野の捉え方を示す俯瞰区分とそこに存在する主要な研究開発領域の現状を概説する。専門家との意見交換やワークショップを通じて、研究開発現場で認識されている情報をできるだけ具体的に記載し、領域ごとに国際比較も行っている。

　俯瞰報告書は、科学技術に関わるステークホルダーと情報を広く共有することを意図して作られた知的資産である。すでに多くの機関から公表されているデータも収録しているが、単なるデータレポートではなく、当該分野における研究開発状況の潮流を把握するために役立つものとして作成している。政策立案コミュニティーでの活用だけでなく、研究者が自分の研究の位置を知ることや、他領域・他分野の研究者が専門外の科学技術の状況を理解し連携の可能性を探ることにも活用されることを期待している。また、当該分野の動向を深く知りたいと考える政治家、行政官、企業人、教職員、学生などにも大いに活用していただきたい。CRDSとしても、得られた示唆を基に検討を重ね、わが国の発展に資する提案や発信を行っていく。

2023年3月
国立研究開発法人科学技術振興機構
研究開発戦略センター

目次

1 │ 俯瞰対象分野の全体像

1.1 俯瞰の範囲と構造

　本報告書では、人類の広範な活動を支える、材料（マテリアル）とデバイスに関する研究開発を中心に俯瞰をする。その際、ナノテクノロジー（以下ナノテクと略す）は最先端の材料・デバイスの設計や機能発現、製造における中核的技術の一つと位置付けられる。

　ナノテクは、概ね1ナノメートルから100ナノメートルの領域における物質の構造を制御して合成、加工を行う技術であり、特に、そのスケールにおける内部空間・空隙などの三次元構造あるいは表面・界面などの二次元構造、および、その構造に深く関係する諸現象を原子レベルで観測、理解し、様々な要素と組み合わせることで、新しい機能と知識を創出する学術的・技術的領域のことを指す。人間が昔から利用してきた材料の持つ、様々な固有の機能は、それらの材料のナノスケールにおける構造に起因することも多い。人間はそれを、長い試行錯誤の上で発見し利用してきたが、20世紀初頭に登場してきた量子力学や、20世紀後半に急激に向上してきたナノテクの観察・加工手段が、材料やそれを利用したデバイスの改良、新規発見を加速している。

　ナノテクには二つの対極的なアプローチがある。一つは、超LSI製造に代表されるような、微細加工により所望の構造を作る技術で、バルク材料や薄膜材料を削り込んだり付加したりしながら設計された通りの構造を得る「トップダウン型のナノ加工」である。技術の発展に伴って、形成できる最小パターンの縮小、設計に対する加工の正確さの向上、利用可能な材料種の拡大、形成されるパターンの複雑化、などが実現してきた。もう一つは、原子・分子あるいは、ナノ粒子などのナノ材料を出発原料に、それらよりも大きなスケールで所望の構造を自己組織的に形成する「ボトムアップ型のナノ形成」である。これが完全に成し遂げられれば、物質の最小構成要素からの構造形成が行われたことになるので、究極的なナノ形成技術となることが期待できる。現時点においてもトップダウン加工では到底形成することができない微細なナノ構造を実現している。

　しかし、応用の面から、後者で実現できる物質全体の形状や、そこに使用できる材料などの点においては、前者ほどの設計に対する自由度を持っておらず、この点から前者の限界を後者の技術で補完することで突破する「融合的なアプローチ」も重要であり、実際に盛んに利用されている。

　ナノメートルスケールの構造の具体例として、トップダウン・ナノ加工分野においては、最先端の微細加工技術により製造される先端Si LSI、異種機能の混載を含むナノフォトニクス、各種センシング用途、ナノバイオ用途などに活用されているMEMS（Microelectromechanical System）デバイスなどが、発展を続けている。また、ボトムアップ型ナノ形成分野においては、製法、サイズ、原料などの点で、多様なナノ構造が研究されている。例えば、量子ドットを含む、各種金属・半導体のナノ粒子や、クラウンエーテル・シクロデキストリンに始まり、カテナン、ロタキサンなどの絡まりあった複数分子、ミセルやリポソームのような疎水性相互作用による自己集合といった超分子構造、ゼオライトやMOF（金属有機構造体）のような三次元ナノ空間・空隙構造およびそれらを利用した材料、そして、零次元、一次元、二次元のカーボンナノ構造体であるフラーレン（C_{60}）、カーボンナノチューブ（CNT）、グラフェンがある。また、医療応用として、新型コロナウイルス感染症（COVID-19）に対するワクチンとして絶大な効果を誇ったmRNAワクチンは、免疫機能を駆動するためのコロナウイルスのスパイクタンパク質をコードしたmRNAを、人工的な脂質膜で包み表面に修飾を施した人工ナノ粒子である。

　ナノスケール物質の特異な性質の源は、①サイズに起因する量子効果、②原子より10～100倍程度大きいナノ単位格子の繰り返しから生じる量子波効果、③バルク内部の原子に比べ、表面・界面の原子の数が相

対的に増えることによるナノ界面・表面効果などであり、これらが通常の巨視的物質に見られる物性とは全く異なる「ナノ物性」を生み出す。たとえば、多様な触媒効果や、物質定数から解放されて自在に変化する電子的・磁気的・光学的・機械的・熱的特性である。

このようなナノテクによって進歩を続けているのが材料である。材料（material）とは、何らかの有用な機能を有し、それを人類がなんらかの用途に使うことができる物質（matter/substance）である。

工業で用いられる材料には、出発原料による区分、

「金属材料」：ステンレスを含む鉄鋼、アルミニウム系、チタン系、ニッケル系などの各種機能を持った金属・合金など

「無機材料」：セラミックスやガラス、非金属元素単体または金属元素と非金属元素の化合物、金属間化合物など

「有機・高分子材料」：炭素を主要元素として、酸素、水素、窒素原子などで構成される物質の総称。プラスティックのような高分子化合物による樹脂、繊維や有機 EL などの電子材料、自己組織化を利用した超分子集合体やゲル、固体と液体の中間的な性質を持つ液晶等を含む

「生物材料」：生物に由来する材料。木材、天然繊維、タンパク質や核酸、糖鎖など

「複合材料」：上記の材料を複数混合した材料。繊維強化プラスティック、琺瑯（ほうろう）、金属箔ラミネートフィルムなど

や、「磁性体材料」「蛍光材料」「誘電体材料」「耐熱材料」といった物理・化学的性質による区分、さらには材料を二分する「機能材料」「構造材料」という区分が存在する。分類学的な整理が目的ならば、同じ材料が複数の区分に分類されることは避けて、一つだけの区分法を用いるべきである。しかし、本報告書の目的は「重要な研究開発戦略立案に資するために、科学技術を広く俯瞰する」ことであるため、分類の整合性よりも、大きな研究開発の流れがつかみやすくなることを重視して、あえて複数の区分を併用した俯瞰を行っている。

今日において材料技術は、ナノメートルの領域にまで踏み込んだ組織制御技術、高分解能電子顕微鏡・走査型プローブ顕微鏡などのサブナノメートルにおよぶ高精度計測、第一原理電子状態計算による構造および機能の予測、シミュレーションによる解析技術を柱として、さらに進化し続けている。本報告書では、材料・デバイスそのものの技術だけでなく、こうした材料・デバイスの、観察・評価、組織制御などの手段や、それらを予測するための理論的枠組みに関する研究開発も、材料・デバイス技術の周辺技術として取り上げる。これらの技術は、ナノテクの共通基盤として用いられているが、こうした基盤技術に用いられているハードウェアを急速に発展させているものそのものが、ナノテクの応用であるケースも多い。ある分野に向けたナノテクとそれによりつくられた革新材料・デバイスが、他の材料・デバイスに適用され、それがまた別のナノテクを発展させていくというスパイラル構造を持つことがこの分野の特徴でもある。

1.1.1 社会の要請、ビジョン

古代から、人類の文明はその時代に利用できる材料に強く影響を受けており、材料技術の発展が社会や人々の暮らしのあり方を決定してきたといっても過言ではない。石器から金属器へ、木材からプラスティックへ、利用できる材料が変わることで、人々の暮らしも社会のあり方も大きく変遷してきた。21 世紀に近づいてからは、それまで材料技術が担っていた文明の下支えとしての役割を、最先端のデバイス技術が、材料とともに担うようになった。ナノテクは、それまで人類が直接に見ることも制御することもできなかった微細なスケールの構造を操作することで、材料・デバイス技術の急速な発展を支え、社会や暮らしの変化をより一層加速し、異分野技術の融合、技術のシステム化を通して、現代社会の深い部分に影響を及ぼしている。

現在、私たちの身の回りは、先端材料やデバイスを利用した様々な素材や製品で取り囲まれている。それらは、あまりになじみ深いために、そこにどんな新しい技術が使われているのか、ほとんどわからない。パソ

コンやテレビやスマホなどのエレクトロニクス製品、保温性や抗菌性を有する衣類・繊維、照明機器の代名詞となった青色・白色LEDといった、目に見える製品から、枯渇が危惧される希少資源に頼らない環境にやさしい材料、患者への負担が少ない治療診断のための機器や素材、廃水を浄化するためのシステムを構成する材料、災害に強いインフラを構成する材料、色鮮やかで長持ちする染料・顔料、身の回りの様々な危険を察知するセンサなどの、目に見えない形で私たちの暮らしを支えてくれる製品まで、ありとあらゆるところで材料・デバイスは人類・社会に関わっている。

　一方で、このような深い関わりのため、ナノテク・材料分野の研究開発の方向性は、社会からの強い要請に応えていく必要がある。国際的、国内的な様々な要因が、本分野の進む方向に陰に陽に影響を及ぼし、各々の技術の性格を形作っていく。以下に、本分野に影響の大きな因子と、それに関係する技術群の例を述べていく。

（1）人類全体の課題との関わり

　2015年の国連サミットで決定されたSDGsの17の目標（Goal）は、2016年から2030年までの15年間で達成するとされており、本報告書の発行年は、ちょうど中間に当たる。SDGsの17目標自体は、直接的に科学技術に言及しているものではなく、国家や国際社会の中で、開発・発展とそれが将来にわたり持続的に行われていくために、堅持していかなければならない視点を表している。大気・海洋・河川・土壌・森林の持続性や、生態系・動植物の多様性確保、貧困の撲滅、農業・食糧生産の持続性、教育や医療への公平なアクセス、感染症対策、温暖化の影響にも関連する災害対応・防災など、これらはいずれも一国だけでは成し得ない目標であり、かつ、各種の規制を含む国際的な合意のもとで、初めて到達しうるものである。しかし、制度や規制に基づく人々の行動変容だけでは、到達することが難しい目標、それを実現するためには新たな科学技術やイノベーションが必要になる目標もそこには含まれている。目標3の健康福祉、目標7のエネルギー、目標12の持続可能な消費・生産、目標13の気候変動対策などが、そうした例にあたり、現有の科学技術をうまく使うだけでは到達が難しい課題となっている。また、目標14、15の海陸の生物多様性の維持についても、今後の新興国発展のための開発と両立させるためには、既存テクノロジーを超えた技術革新が必要と考えられる。つまりは、国際社会の持続的な発展のためには、科学技術の発展が不可欠であり、その基盤を支えるこの分野への期待と担う責任は大きい。

　SDGsの目標にも含まれているが、気候変動対策およびそれに極めて関連の深いエネルギー供給問題は特に重要な人類全体の課題である。2021年から2022年にかけて公開された、IPCC（Intergovernmental Panel on Climate Change: 気候変動に関する政府間パネル）の第6次調査（Sixth Assessment Report[1]）のWorking Groupe報告において、気候システム、気候変動に関する研究結果から、近年の気候変動が人為起源であることに「疑う余地はない（Unequivoval）」との表現がなされた。これは2013年の第5次調査報告書（AR5）の時の「可能性が極めて高い（extremely unlikely）」からさらに一歩進んだ表現である。気候変動への対応方針としては、大きく緩和と適応に分けられ、緩和が温暖化ガス（GHG: Green House Gas）の排出抑制、吸収・固定などを行うための技術や社会制度・仕組みなどを検討するもので、適応が気候変動による一次産業（農業、漁業…）への影響、生物相の変化による伝染病や疾患、豪雨・台風の多発による自然災害に対処する手段を検討するものとなる。

　材料・デバイスの技術は、緩和に対しては、化石燃料代替のエネルギー利用手段（太陽電池、蓄電池）、省エネルギーを目指した各種デバイス・システム（パワー半導体、モーター用磁石・磁性体）、CO_2吸収や利用手段としての各種電気化学セルや分離膜などに、直接貢献を期待されている。また、適応に関しては、緩和の場合ほど露わではないものの、水資源確保のためのフィルターなどの技術、感染症対策や社会インフラ

1　https://www.ipcc.ch/assessment-report/ar6/

保全のための様々な改良にナノテクの応用や材料面からの改良が関わっている例も多く見られる。

2020年に瞬く間に世界中に広まり、長期にわたり社会を変容させただけでなく、その大方の終息後においても、拭い去ることのできない影響を世界に与えたCOVID–19の対策で最も大きな力を発揮したのが、mRNAワクチンであった。このワクチンは、バイオテクノロジーとナノテクの融合により生み出されたものであり、バイオテクノロジーにより人工合成された、コロナウイルスのスパイクタンパク質をコードしたmRNAを、ナノテクにより人工的に作成した球殻状の脂質ナノ粒子で包み、細胞に取り込まれやすいようその表面に処理を施した構造を持っている。通常、開発の開始から治験終了まで、最短でも4年はかかると言われていたワクチンが、世界的な緊急事態のために最優先で取り組まれた背景はあったにせよ、わずか8か月で治験にこぎつけ、承認されていった。この背景には、人工的に合成できるmRNAと脂質ナノ粒子の組み合せでできているという製造上の利点も関係している。ナノテクが注目され始めた当初からナノテクの適用先としてのバイオ分野は重要な部分を占めてきたが、今回のmRNAワクチンの成功は、その好例といえる。

以上のように、人類全体に共通する課題の解決に、材料・デバイス技術とそれらを支えるナノテクの研究開発が大きな役割を果たした例が数多くみられる。もちろん、すべての課題が材料・デバイスのレイヤーで解決されるわけではなく、装置、システムから、それらの利用方法、社会システムの在り方に至るまで、解決が図られる問題も多く存在する。しかし、その解決方法が、根本の原理を変えてしまうほど劇的な進化である場合には、材料・デバイスにも革新が期待される場合が多い。

（2）国際情勢との関わり

VUCA（Volatility, Uncertainty, Complexity, Ambiguity）の時代と言われてから長い年月が経っている。元々は1990年代の冷戦終結によって、それまで明確であった戦略がまったく不透明になったことを指す米国の軍事用語であったが、それが2010年代になって変化が激しくなった世界情勢による経済戦略の不確定さを表すタームとして再利用された。その不確定さは歳を経るごとにさらに増大し、近年に至っては軍事・経済を含むあらゆる方面で、国際情勢は一寸先も見えないほどの変動を迎えている。

今日の大変動の目に見える原因としては、中国の台頭とそれに対する米国の対応による米中対立、COVID–19パンデミックによる世界的な混乱、ロシアのウクライナ侵攻によるエネルギー・資源・食料の供給不安などがあるが、これらによって、それまで信望されていたグローバリズムへの期待が揺らいだことの影響も大きい。グローバリズムの三規範（民主主義、市場原理、科学技術）の一つ、市場原理は、ある製品・サービスを、最も安く供給できる国から調達することで、世界全体の資本の利用効率が向上するとの考えが前提にある。これは、ものやサービスを、その生産に最も適した場所で生産することで、国際的な分業体制を普遍化し、全体としての繁栄を目指す考え方である。しかし、先に述べた一連の事象から、グローバルサプライチェーンへの不安、競争相手国依存への警戒が語られるようになり、自国第一主義や保護主義が議論されるようになった。こうした風潮は、国家安全保障や経済安全保障の旗のもとで、近年急速に進んでいる。ナノテク・材料分野に関連する影響としては、希少資源やエネルギーの競争相手国への依存を減らすこと、半導体、電池などに関する技術の海外依存の低減、量子やAI、先端情報技術の流出対策、といった様々な面に現れ始めている。

その端的な例としては、市場原理の元で、韓国や台湾のファウンドリが圧勝し、世界中がそこに依存するようになった先端半導体製造技術がある。5年ほど前には、最先端の半導体加工技術はそれらのファウンドリに任せ、それ以外の企業は設計に特化するモデルが最適と考えられ、国家レベルでもその選択を是としていた。しかし、近年の半導体供給不足などから、米国や日本は半導体先端技術の国内確保へ向け舵を切った他、欧州においても先端半導体技術の確保が叫ばれるようになっている。適地生産による効率化という理想が、簡単に崩れることを目の当たりにした各国の方針転換の例である。この他、アジアの企業の寡占状態であった電池や、日本が世界に先駆けて取り組んできた水素エネルギー関連技術へ、欧米が国策として取り組むなど、将来的にチョークポイントとなりうる技術の自国確保の兆候が目立つようになっている。

（3）日本との関わり

良く知られているように、国土が狭く地下資源に恵まれない国であるにもかかわらず、日本が工業による近代化の道を歩むことができたのは、鉱石や原油などの工業原料を輸入し化成品、機械、などの製品に加工して輸出する加工貿易を行ってきたためである。アジア諸国の工業化の進展や日本企業の工場の海外移転を背景に、原材料輸入の割合が減り、半完成品を含む製品輸入の割合が増えている傾向はあるにせよ、自動車や化学薬品といった最終的な製品を輸出することで、国内で使われる燃料や食料の輸入を可能にしている構造は、日本の近代化が始まった明治以降変わっていないことは認識しておくべきである。実際、2020年の貿易統計では、輸出入額とも約70兆円[2]であるが、その輸出額の大部分を輸送機器、一般機械、電気機器、化学製品が占めている。日本は実態経済において、こうした工業製品を売ることで、国民の食料や燃料といった生活に必要不可欠な物資を購入している。

しかし、輸出を担うこのような製品群やこれを製造する企業の国際的な競争力の総体的な低下の傾向が見え始めている。日本が得意としてきた、自動車に代表される擦り合わせ型の技術や、ノウハウの蓄積がものをいう化学製品・素材の分野でも、諸外国の急速なキャッチアップにより厳しい競争環境にある。こうした技術の競争力を支えてきたのは、材料やデバイス・プロセス技術、機械・製造装置等であり、その源泉にあるのが企業やアカデミアの研究開発である。成熟した産業のための基礎的な研究開発は、アカデミアの研究者にとって必ずしも花形の分野には見えず、現在の花形の研究テーマに集中するあまり、その他の分野の研究者やアカデミアの研究室の数が減っていたり、新規投資の減少から企業における基礎研究も低調化したりすることが、将来的にはさらなる競争力の低下と、産業の衰退にもつながる懸念がある。ひとたび学術的基盤が失われると、それを取り戻すことは容易でなく、衰退・消滅の危機にあるアカデミアの学術分野を精査し維持する検討も必要であろう。

（4）イノベーションの中のナノテク・材料

「ナノテクノロジー」の語が、世界に広く認知されてから20年以上が経過した。広く使われた言葉は、時に「古臭い」、「時代遅れ」といった印象を一部の人に与えることがある。しかし、実際には先端半導体をはじめとするエレクトロニクスを支えているのは、まさしくナノスケールの加工・観察評価の技術であり、電池や水素関連技術もナノスケールに制御された材料やデバイスが主役である。さらには、バイオテクノロジーの対象となる細胞内部の構造体のスケールは、ナノテクの格好の対象である。こうした意義から、現在でも、世界各国の国家戦略の極めて重要なパートをナノテク・材料は占めている。

近年、機械学習・AIによる大規模データの活用が世の中を変えるほどの影響を与え始めており注目が集まっているが、それを可能にしたのが、少なく見積もっても10年ごとに二桁向上する、ICT機器の性能向上である。また、今後さらに革新的な情報処理技術が生まれ普及していくためには、それを実行するICT機器と中心機能を担うデバイスの性能もまた継続的に向上が求められることになる。これからも進化を続け、その時々の社会の要請に答える期待を担うのが、ナノテク・材料である。

1.1.2 科学技術の潮流・変遷

以下では、材料・デバイス技術の進化の歴史とナノテク登場の経緯、それらに対する日本の貢献を概観した後に、現在の技術的潮流について示す。

2　例年は80兆円以上であるが、2020年はコロナ禍の影響で2割以上経済活動規模が縮小している。

（1）材料科学技術の進化

　前項でも述べたように、利用できる材料が新たに生まれることにより、人々の生活様式も大きく進化・発展を遂げてきた。太古には、粘土を焼いてつくる土器の登場が、自然石に加工を施した石器の時代から、定住化し農耕を始める時代への変化を促し、農耕の大規模化と都市の巨大化から古代国家の成立には、農耕器具や武具としての金属器の発展が大きく寄与したと言われている。自然界に存在する「物質」から、人に役立つ「材料」を作り出すためには、物質に何らかの処理を加えて形や性質を変える必要がある。そうした処理に関する知識の集積が材料科学の起源である。そして、その処理は時を経るごとに複雑・精緻化し、得られる材料の可用性もどんどん向上していった。自然石に打撃を加えて剥片化する処理と、酸化物を還元して金属を得る処理では、その処理に求められる工程の種類や数、コントロールすべきパラメータに大きな違いがある。

　どのような材料をどのような原料から作り、どの目的に使うのかに関しては、地域それぞれの地理的な特色にも影響される。例えば、古代ヒッタイト（現在のトルコ周辺）で生まれたとされる製鉄・製鋼技術は、ヒッタイトの滅亡とともに、ヨーロッパ、インド、中国に伝わり、朝鮮半島経由で弥生時代の日本にも伝わったが、具体的な製法や使用する原料はその土地ごとに特化していった。かつては、古代インドのるつぼ鋼であるウーツ鋼（ダマスカス鋼）や、日本のたたら製鉄による玉鋼など、その土地独自の製法・原料からそれぞれ特徴ある鋼が生産されていた。その後、18世紀以降近代製鉄が始まり、製鉄法が徐々に現在のような高炉法を中心とした間接製鉄に収斂するまでは、製鉄技術の地域性がかなり存在していた。

　近代製鉄が始まり、鉄鋼の大規模生産が始まるのと時を同じくして、欧州の産業革命が興った。蒸気機関を動力とする紡績・織布の生産性はそれまでの人力によるものから桁外れに増大し、近代化への道を作っていくことになるが、この蒸気機関の効率を向上させるために、高圧化に耐える鋼鉄が不可欠であった。圧力容器としての鉄を使いこなせたことが産業革命を生み出した要因と言ってもよい。鉄鋼に関する技術革新は、近代になっても続き、強度や耐食性を著しく向上させた各種鋼の発明や、磁性材料としての鉄の機能・利用法が見出されてからの磁石材料、軟磁性材料の開発などにつながっている。

　鉄鋼以外の材料科学の歴史も概観する。古代オリエントから中世ヨーロッパに伝わった物質に関する知識は錬金術を経て、試薬や実験技法の発展を生み、18世紀末（1774年）のラボアジェによる質量保存則の発見において、神秘主義的性格を剥ぎ取った化学の誕生を見る。ここに、数千年間蓄積された材料に関する知識・伝承は、系統的サイエンスとして見直され、現代につながる物質科学の体系ができ始めた。ラボアジェ以降、1803年ドルトンの倍数比例則、1811年にアボガドロの分子説により、ほぼ、現在の化学の基本となる原子・分子に関する概念が確立した。また、様々な天然の生体材料に錬金術時代に発見されていた酸やアルカリ処理を行うことで、様々な有機化合物が新規に発見されてきたが、これらの物質の構成が原子・分子で説明されたことから派生的な発見が容易になり、ますます多くの材料が発見されるようになった。世界初のプラスティックであるセルロイドは1856年に、最初の合成樹脂であるフェノール樹脂は1872年に発見されているが、それらが工業的に量産されるようになった20世紀に入ってからは、新化学物質の発見はより加速していく。米国で石油化学工業が興った1920年代以降、生体材料を出発原料としない有機化学製品が安価に大量に出回るようになり、プラスティックを使った文明の新しい形が形成されてきた。

　プラスティックの他に20世紀の化学がもたらした重要な化学物質にアンモニアがある。ドイツのフリッツ・ハーバーとカール・ボッシュが1906年に開発したハーバー・ボッシュ法は、鉄を触媒に水素と窒素を 400-600 ℃、200-1000 気圧の超臨界流体状態で直接反応させるもので、それまでは不可能と思われた空中窒素の固定に初めて成功した。得られたアンモニアは化学肥料の原料となり、食糧生産量を急増させることで、20世紀以降の人口爆発を支えている。

　古くから陶磁器として使われてきた焼き物を改良して、様々な機能を発現するようにしたファインセラミクスや、都市や道路などの構造材料としてのセメント、鉄が使えない様々な環境に使われる非鉄金属ベースの合金や金属間化合物などの様々な無機材料も19世紀終盤以降に、次々と発明され工業化されていった。

　さらに、1920年代を過ぎると、物質の究極的理論としての量子力学が誕生してくる。量子力学はそれまで、

経験則として知られていた化学の知識に、より根本的な原理からの統一的な説明を与えるとともに、新現象の予測や物性の起源の理解を可能にした。これらの知見は、次に述べるナノテクの基盤となっていった。

（2）ナノテクの登場と進化

　人類の歴史と同じ長さで語られる材料の進化の中で、人類はその原因を知らないままで物質のナノスケールにおける構造の変化を利用してきた。人類が物質のナノ構造を積極的にコントロールし始めたのは、量子力学が誕生し、石油化学工業、繊維、鉄鋼・非鉄金属工業、窯業、セメント工業など が飛躍的に発展した20世紀の終盤になってからである。この時期をもってナノテクが誕生したと言っても良いだろう。

　ナノテクにはいくつもの応用領域があり、それぞれに異なった特性や歴史を持つ。まずは、他のナノテク領域を支える役目も果たしているエレクトロニクス応用分野における歴史を述べる。19世紀末に学問として認知された電気工学から、電子工学が分かれ、その工業的利用が始まったのは20世紀に入ってからである。初期の電子工学は通信工学とほぼ同義であり、無線電信技術の発明、ラジオの発明、真空管などの非線形素子と増幅回路の発明へと続いていく。ナノテクへの足掛かりは、増幅回路に使われていた二極管や三極管と同様な機能を持つ固体素子である ダイオードやトランジスタの発明にある。1947年のBardeen, Brattain, Shockleyらによるトランジスタの発明は、量子力学の固体物性物理への本格的な応用の始まりでもあったが、エレクトロニクス分野にとっては、機器の小型化を通した可用性の拡大という実利的意味を持った。真空管を使った機器を小型化することは、それ自体が新たな市場や用途を生むことになり、それによる産業の広がりが期待されたのである。半導体産業は、その始まりの時点から「小型化する価値」を進化の原動力としてきたといってもよく、その後の集積回路時代の高集積化のDNAへとつながる素地を見ることができる。

　このような先端技術の流れの中で、後のナノテクの興隆を予見した言葉として、ノーベル物理学賞を受賞した米国のFeynmanのコメントがよく引用される。"There's a plenty of room at the bottom"。1959 年、米国物理学会の講演で原子分子レベルの現象を扱う科学技術の可能性を予見したものである。当時は、それほど大きな反響を呼んだとは言えず、実際にそれを行おうとしたものもいなかったが、1990年代になって改めて注目されたことで、ファインマンは、ナノテクの最初の提唱者としての地位を得ることになった。ファインマンの言葉の3年後の1962年には、久保亮五（東京大学）が、金属微粒子における量子サイズ効果を理論的に計算し、ナノサイズになると通常のバルク材料とは異なる性質が現れることを示している。これは、ナノスケール効果の最初の具体的理論予測といえる。また、トンネルダイオードでノーベル物理学賞を受賞した江崎玲於奈の半導体超格子の提案と実験（当時、米国IBM 研究所、1969 年）はナノスケール効果の具体的な実証である。単語としての「ナノテクノロジー」を最初に提唱したのも日本人で、1974 年の生産技術国際会議において、東京理科大学の谷口紀男が初めて技術の概念提唱を行っている。もっとも、これは機械加工の最小寸法が年々縮小している事実から、「2000 年にはこれがナノメートルスケールに到達する」という意味であり、現在からするとかなり限定された意味になる。

　トランジスタ以来の小型化のDNAを持つ半導体デバイスは、1960年代に入ると、モノリシック集積された集積回路（IC: Integrated Circuit）の時代を迎える。1960年代にごくわずかなトランジスタを同一基板上に集積することから始まったICは、1970年代の電卓戦争の具体的需要の元で集積度がどんどん向上していき、大規模集積回路（LSI: Large Scale Integration）、80年代入っての超大規模集積回路（VLSI: Very Large-Scale Integration）と進化していく。90年代に入り、同一基板上のトランジスタ数が1000万を超えた ULSI（Ultara Large-Scale Integration）以降は、新しい呼称がつけられることはなくなったものの、集積化はその後もさらに続いていった。2020年の時点で7 nm世代技術によるトランジスタの集積数は100億個に到達している。

　有名なムーアの法則はチップ当たりのトランジスタの数が一定期間（1.5年が標準的）ごとに2倍になるというものであり、デナードのスケーリング則は、チップ上のトランジスタ密度が倍加しても、消費する電力密度が不変であることを述べたものである。この両者を合わせたものがクーメイの法則で、電力当たりの計算量

がムーア則と同じレートで増加することを意味している。1.5年ごとに計算能力が2倍になるならば、10年ごとに計算機の性能が約100倍に向上することになるが、実際、この指数関数的性能強化は、世界最初のコンピュータの誕生（〜1950年）から70年間、ほぼキープされており[3]、70年間で100兆倍電力効率と計算能力が向上している。

　半導体の高集積化を実現可能としてきたのは、洗浄、成膜、リソグラフィ、エッチング、熱処理といった半導体製造・加工技術と、それに用いられる各種化学物質の進化であることは言うまでもないが、製造技術以外の周辺技術がこれと歩調を合わせて進歩してきたことも極めて重要な意味を持っている。1980年代以降の様々な分析評価技術の進化は、微細化する半導体チップを評価するための、より高レベル・高難度の要求に応えるためになされてきた。LSIの世代が進み素子が微細化するごとに、それ以前には許されていた構造上の欠陥や不純物がデバイス性能に支障を与えるようになる。それを排除したプロセスを開発するためには、そのような微小な欠陥や極微量の不純物を観察・検出する必要が出てくる。この要求に沿うために、微細なデバイス構造を観察するための、走査型電子顕微鏡（SEM: Secondary Electron Microscope）や透過型電子顕微鏡（TEM: Transmission Electron Microscope）などの観察装置、組成や微量不純物などの分析のためのX線光電子分光（XPS: X-ray photoelectron spectroscopy）や二次イオン質量分析（SIMS: Secondary Ion Mass Spectrometry）装置などの分析装置の性能は向上し続けなければならなかった。また、これら以外にも光学特性、電気特性を調べる様々な、分析装置・評価装置も世代ごとに厳しくなる要求に応えるべく、徐々に高精度化を果たしていった[4]。

　こうして、半導体製造産業からの段々と高度化する要求に応えていくことで、その周辺の装置・材料技術も高度化していった。現在の日本では、半導体製造産業がかつての輝きを失っているが、半導体製造・評価装置や、製造に必要な素材の産業は、いまだに、世界の先端半導体製造を支えている。

　2000年代に入ると、米国が「国家ナノテクノロジーイニシアチブ（NNI：National Nanotechnology Initiative）」を開始する。米国は当時のIT革命を支える情報通信技術やソフトウェア技術で、またバイオテクノロジーの分野で他国の追随を許さず、それらの技術が生み出す産業分野で独走状態にあった。一方で、21世紀の先端技術産業においては、物質科学に裏打ちされたナノスケールの物質制御技術の重要性が予見されていた。当時、既に物質科学をベースとする新しい技術として、カーボンナノチューブやGaN青色発光素子などが日本で生まれており、21世紀も米国が経済的、軍事的な覇権を握るためには物質科学をベースとするナノテクの技術開発競争で世界をリードすべきとの強い危機意識が、NNIにつながったと見られる。

　同じく2000年頃から、生命科学分野でも技術の大きな躍進が見られる。きっかけはヒトゲノムの解読技術や遺伝子組み換え技術に代表されるバイオテクノロジーである。ここで使われた次世代シーケンサは、人力で一つ一つヌクレオチドを読み取っていたのとは桁違いの速度でDNA配列を決定することができるが、これもナノテクの成果である情報処理デバイスや光デバイスの進化が大きな役割を果たしている。このようにナノテクは相互に利用し合いながら、お互いにより高度な技術となっていく性質がある。また、半導体産業で培われた評価技術の転用が可能になったことで、生命科学の躍進に伴って多くの情報科学者やナノテク・材料研究者が生命科学・バイオテクノロジーとの境界領域の研究開発に参入した。その後の進歩は著しく、ES細胞研究やiPS細胞の創出を始め、ゲノム編集のような新技術の獲得が次々と起こっている。

　物質科学をベースに発展してきた分子・原子レベルの計測技術、シミュレーション技術、データ科学、ナノスケール微細加工や物質合成技術といったナノテクが強力なツールとして機能することで、今後も速やかに、生命科学における知の蓄積が、医療・診断・健康といった社会・産業技術として開花するものと期待される。

3　厳密には、最初のコンピュータENIACは真空管を使っていたため、クーメイの法則に従う理由はない。しかし、初期のICベースのコンピュータを基準としても、クーメイの法則はかなり正確に成り立っている。

4　加工・評価装置の高度化には、それらの制御に使われている半導体が高性能化してきたことも大きな要因となっている。半導体産業はその製品の高度化が製造技術の高度化を生み、ますます製品が高度化していくという正のスパイラル性を持っている

分野の全体像

事実、遺伝子、RNA、タンパク質、代謝産物等から得られる生体情報を数値化・定量化するための技術やデバイス・装置のほとんどが、ナノテクや材料技術の寄与なくしては実現不可能なものである。ナノ粒子をキャリアとした薬物送達システム（ナノDDS）は、疾患部位へ効率的に薬物を到達させ、薬効を制御するとともに副作用の低減を可能にした。温度感受性ポリマーは細胞培養基材に応用され、生体に移植可能なシート状の細胞集合体形成を可能としている。

　ここまでナノテクを取り巻く環境の歴史を述べた。現在の科学技術の中では、ナノテクに全く無関係なものを探す方が難しいほどに、すべての分野の底流にナノテクは使われている。今後も新しい技術が登場したり、新しい社会課題が生じたりする時には、その実現のために、新たなナノテクが必要にとなるだろう。

（3）材料・デバイス技術への日本の貢献

　近代科学を用いた産業への日本の本格参入は、明治政府が殖産興業のスローガンの元、機械制工業、鉄道網整備、資本主義の確立を目指した時に始まる。欧米から技術者を招き、最新技術を導入した官営工場を各地に建築するとともに、ヨーロッパに留学生を派遣し先進の科学技術の導入に努めた。また、明治19年以降には、帝国大学を各地に建設し、国内での先進科学教育にも力を入れた。こうした努力の結果、国内の大学・企業からも、世界の材料科学への貢献が現れるようになってきた。

　1917年に東北帝国大学の本多光太郎が、当時の高性能磁石タングステン鋼の3倍の保磁力を持つKS鋼を発明した。第一次大戦中による海外からの磁石鋼の輸入途絶に対策するための研究成果であった。また、「本多スクール」とも呼ばれた本多光太郎の教え子である茅誠司、増本量らや、さらにそこに師事した多くの研究者たちが、世界における日本の磁性学の確固たる地位を築いた。また、現在においても、最強の磁石として知られているNd–Fe–B系磁石（ネオジム磁石）は、1984年に当時住友特殊金属（現：プロテリアル）の佐川眞人により発明された。発明から三十年以上たっても、飽和磁束密度・保磁力においてネオジム磁石を超える物質は見つかっていない。高温での保磁力低下を防ぐ改良、希少添加金属の使用量を抑える改良などが加えられながら、現在でも、自動車用モーター、風力発電用発電機などの、性能が最も重視される用途に使われ続けている。その生産量は年々増加を続け、焼結製品だけでも世界で年産13万トンに達している。

　1968年に東京大学の本多健一と藤嶋昭により発見された、酸化チタンによる水の直接光分解（ホンダ―フジシマ効果）は、その後の、光電気化学研究の扉を開いた。太陽光照射だけで、水を酸素と水素に分けることのできるこの現象の発見は、この直後に起こるオイルショックの際の代替エネルギー源としても大きな期待を集めた。酸化チタンのエネルギー源としての応用は実用には供されなかったが、現在も、人工光合成の研究として後継の研究が続けられ、日本は世界をリードしている。光電気化学効果は、その後、橋本和仁らにより、光触媒効果、抗菌効果、セルフクリーニング効果などへの応用が開拓され、1000億円級の産業を生み出している。

　1980年にOxford大学の固体物理の大家J. B. Goodenoughと東京大学助手の水島公一により、リチウムイオンの可逆的出し入れが可能な遷移金属酸化物を電池の正極に使用する電池が提案された。1980年代には、旭化成の吉野彰により、Goodenoughらの考案した酸化物正極に、負極材料としてリチウムイオンをインターカレーション（原子層間への取り込み）する炭素（黒鉛）を組み合せた、現在のリチウムイオン電池（LIB）の原型にあたる基本構造が考案され、1986年に実用的なプロトタイプが完成した。LIBは、1991年にハンディビデオカメラに搭載されることで実用化され、その後ノートパソコンや携帯電話のようなモバイル機器に広く使用できるようになった。スマートフォンなどの今日の携帯機器の利便性は、LIBなしにはあり得ない。その後、LIBの大型化にむけた開発も進められ、電気自動車の蓄電池や非常用電源としても実用化が加速している。LIBを開発した一人として吉野彰は2019年にノーベル化学賞を受賞した。ノーベル賞受賞理由において「人類に最大の恩恵を与えた」として高く評価されるに至った。

　1986年には、名古屋大学の赤﨑勇と天野浩により窒化ガリウムの高品質な単結晶膜形成等の研究成果が生まれ、1993年に日亜化学工業の中村修二らによりInGaN（窒化インジウムガリウム）を用いた高輝度の

青色LEDが開発された。その後1996年には、量子井戸構造を用いた青色LEDおよび青色レーザーが世界で初めて実用化された。この青色LEDの出現により、蛍光体と組み合わせての白色LEDが実用化された。白色LEDの実現により、液晶ディスプレイのバックライト光源、高効率な一般照明、車載ヘッドランプなどが世界的に普及していく。高輝度で省エネルギーの白色光源を可能とする青色LEDの発明に対して、赤﨑・天野・中村の三氏は2014年にノーベル物理学賞を受賞した。さらに今、コロナ禍において屋内のウイルスを不活化する紫外線LEDランプに展開し、ウイルス防護・対策の手段として普及・拡大が期待されている。

1995年に、ハードディスクに高密度記録された情報を、高速に読み取る磁気ヘッドに用いるための、トンネル磁気抵抗素子（トンネル障壁材料はAlOx）が、東北大学の宮崎照宣らによって開発された。トンネル磁気抵抗素子は、それまでの磁性金属薄膜を用いた磁気抵抗素子よりも高い磁気抵抗比が期待されることから、磁気ヘッドへの応用が検討されていた。その後、2004年に産業技術総合研究所の湯浅新治らにより、トンネル磁気抵抗素子のトンネル障壁材料を酸化マグネシウムにすることにより、高集積化の鍵を握る磁気抵抗比の大幅向上を達成した。2007年に実用化され、現在の大容量ハードディスクの磁気ヘッドとして世界中で使用されている。

1994年、東京工業大学の細野秀雄らによって発見された、TAOS（透明アモルファス酸化物半導体）は、アモルファス相でも高い電子移動度を有する透明な酸化物半導体である。この一種であるIGZO（In–Ga–Zn–O）を半導体材料として用いると、低消費電力を実現する薄膜トランジスタ（TFT）として動作することを2004年に実証した。現在スマートフォンやタブレット端末をはじめとした製品にディスプレイとして組み込まれている。

ナノスケールの特徴的な構造を持つナノカーボン材料においても日本の貢献は大きい。最初のブームを巻き起こしたナノカーボンであるフラーレン（C_{60}）は、1984年にクロトー（英）、スモーリー（米）、カール（米）によって発見された。炭素の6員環と5員環からなるサッカーボール構造が、アメリカの建築家バックミンスター・フラーが線分の集まりで構築したジオデシックドームなどの構造と似ているところからその名がつけられたが、実は、クロトーらの発見に先立つ1970年には、北海道大学の大澤映二がその構造モデルを発表している。同じく、代表的なナノカーボン材料であるカーボンナノチューブ（CNT）は、1991年、NECの飯島澄男がフラーレンを製造した放電装置の電極の中から発見し、それが炭素6員環ネットワークが閉じた筒状になった構造モデルであることを見出している。1970年代から炭素繊維を研究していた信州大学の遠藤守信は、その後、気相法によるCNTの成長技術を開発し、量産化技術へと発展させた。このように日本が主導してきたナノカーボン材料は、2004年に登場した炭素の二次元原子層であるグラフェンへと発展し、特異な電気的、機械的、化学的性質を有することから、電子デバイス、スーパーキャパシタ、ディスプレイ、強靭な複合材料、医療・バイオ応用などの工学的応用への期待が高まっている。日本が世界市場の過半を有する複合材料の代表である炭素繊維強化プラスチック（CFRP）は、長年の研究開発の末、炭素繊維の欠陥構造をナノレベルで制御する技術開発によって、航空機や自動車への採用が進むに至っている。

図1.1.2-1に、日本が誇る材料・デバイス研究による社会的・経済的なインパクトの主要な事例をまとめ示す。

磁石
本多光太郎（世界初合成磁石＠1917） 佐川眞人（世界最強の永久磁石＠1984） →モーター、電気自動車、風力発電、HDD

カーボンナノチューブ
飯島澄男（カーボンナノチューブ発見＠1991） 遠藤守信（CVDによる大量合成＠1988） →Liイオン電池材料、タッチパネル

炭素繊維強化複合材料
進藤昭男（PAN系炭素繊維＠1961） →航空機・自動車用CFRP

スピントロニクス
岩崎俊一（垂直磁気記録方式＠1977） 宮崎照宣（TMR素子室温動作＠1995） 湯浅新治（MgOバリアで巨大MR＠2004） →超高密度磁気ストレージ、MRAM

光触媒
本多健一、藤嶋昭（TiO2光触媒＠1968） 橋本和仁（＠1994） →光触媒コーティング、環境浄化

青色LED, LD
赤﨑勇、天野浩（GaN単結晶、p＠1989） 中村修二（高輝度青色LED、LD＠1993） →LED照明、ﾃﾞｨｽﾌﾟﾚｲのﾊﾞｯｸﾗｲﾄ、信号機

触媒（有機合成）
根岸英一、鈴木章（ｸﾛｽｶｯﾌﾟﾘﾝｸﾞ＠1970代） 野依良治（不斉合成反応＠1986） →創薬、農薬、香料、アミノ酸

酸化物材料
細野秀雄（IGZO材料、TFT動作＠2004） →透明電極、LCD・OLEDﾃﾞｨｽﾌﾟﾚｲ駆動TFT

その他にも、超伝導（前田弘 Bi系＠1998、秋光純 MgB_2 ＠2000、細野秀雄 Fe系 ＠2008）Erドープ光ファイバー増幅器（中沢正隆）＠1989等
ノーベル物理学賞受賞者11名、化学賞受賞者8名

リチウムイオン電池
吉野彰（炭素負極＠1985） →モバイル機器、電動車、大規模蓄電

図1.1.2‒1　　日本が誇るナノテク・材料研究による社会的・経済的なインパクト

（4）現在の技術潮流

ⓐ テクノロジーを牽引するICT技術

　1988年から国際半導体技術ロードマップ（International Technology Roadmap for Semiconductors：ITRS）が発行されるようになり、半導体テクノロジーのロードマップが公開されてきた。これにより、半導体の製造・評価に関わる企業が、「いつまでにどのような製品が必要になるのか」の目安を得ることができるようになり、それぞれの企業の中で技術開発スケジュールを立てやすくなった。ムーアの法則のトレンドがこれほど長く持続できたのは、業界全体でのスケジュール意識を一致させるロードマップ公開の効果が大きい。ITRSの機能は2017年以降、IRDS（International Roadmap for Devices and Systems）に受け継がれ、半導体デバイスだけでなく、その応用先であるシステムにまでその対象を広げている。現時点では2022年度版が、一部の章を除いて公開されており、CMOSロジック／メモリのデバイス構造・アーキテクチャの現状とトレンドが示されている。また、次世代AIデバイス、脳型コンピュータへの応用、それらを実現するデバイス新構造や新材料などが取り上げられている。さらに、極低温動作の量子コンピュータに向けた超伝導デバイスやクライオCMOSといった低温デバイスに関しても章が設けられており、現状・課題から将来の方向性までが記載されている。

　回路寸法の微細化だけではムーア則の維持が難しくなった2000年代以降は、若干の微細化を行いながら、同時に回路配置や構造を変更することにより、ムーア則のトレンドを維持してきた。しかし、2 nm 以降の世代に関しては、そのような手法を使っても、面内のサイズ縮小によるスケーリングの維持は難しくなると考えられており、シリコンナノシートやナノワイヤを用いたGate All Around（GAA）構造を構成単位として、それを積層した3次元構造にならざるを得ないと考えられている。この3次元構造は、異なるチップに作られた回路を物理的に重ねたこれまでの3次元LSIとは異なり、CMOSプロセスの中で3次元的なチャネル構造を作成するという新しいフェーズに入ることを意味する。また、2 nm世代を幾つか超えた時点で、チャネル材料としてのSiの限界が来ることも予想されており、チャネル材として遷移金属カルコゲナイドのような二次元物質を用いる検討も世界中で開始されている。

　単独チップの微細化による高性能化を行うのではなく、異種機能チップを単一パッケージの中に搭載す

ることで、LSIとしての機能を向上させていく方向も盛んに検討されている。2000年代から、単一のシリコン片（ダイ）上に、すべての機能を構築するSoC（System on a Chip）に対して、機能ごとに異なるダイに作られたチップ群を、接続基板（インターポーザ）を介して接続し、同一パッケージ内に収めるSiP（System in Package）という手法が存在したが、最近の動きは、このSiPの考え方をさらに進化させたものと言える。インテル、AMDなどの10社が発表した半導体のダイ間の相互接続のためのオープン規格「Universal Chiplet Interconnect Express」（UCIe）に参加する企業は、Advanced Semiconductor Engineering、AMD、Arm、Google Cloud、インテル、メタ、マイクロソフト、クアルコム、サムスン、TSMCなど10社で、半導体大手、ファウンドリ企業、パッケージング、IPサプライヤー、クラウドプロバイダーなどが参加している。また、組み合わせるチップとしてプロセッサ、メモリといったデジタルチップだけでなく、高周波回路、通信回路、光ICなどを組み合わせることも積極的に検討されている。

❺ ヘルスケア・医療を支えるナノテク・材料

先進国を中心に高齢化が進む中、健康で安心と快適さと幸せを実感できるWell-Beingな社会の実現のために、健康寿命の延伸や健康格差の縮小などが求められている。医療の高度化のためには、生体及びその構成成分と相互作用し、所望の機能を発揮する機能性材料の創出が極めて重要とされており、この分野がナノテク・材料が貢献する重要な領域となっている。適切な物理化学的性質・耐久性を有し、生体への副作用リスクが十分に低いこと、そして生体環境において異物認識されずに調和できる「生体適合性」が、医療・ヘルスケアに応用される人工生体組織・機能性バイオ材料には求められる。

mRNAワクチンに見られたように、人工的に微小なシステムを構築し、生体環境での挙動や作用を制御しようとするテクノロジーは、精緻な分子・システムの設計技術、さらにはシステム−生体間相互作用の高度な理解に基づくものである。これは、生命機能の再現や拡張的機能の創出を可能にし、また生体機能の制御によって革新的な医療技術の確立に貢献する。現在は、COVID-19 mRNAワクチンの成功を受け、mRNAとナノ医薬のデザインに関する研究開発が国際的に活性化している他、DNAワクチンや脂質ナノ粒子の安全性と標的指向性を改善する研究も注力されている。また、ナノ医薬の生体適合性を改善するために、現在広く利用されているが分解性に課題があるポリエチレングリコール（PEG）の代替材料などが検討されている。

生命現象解明などの基礎研究や、医療・ヘルスケアにおける診断、さらには感染症予防におけるキーテクノロジーであるバイオセンシング技術の分野にも、ナノテク・材料の技術が貢献している。ヒトゲノム計画を成功させた立役者である次世代シーケンサは、一研究室が運用できるほどに低価格化したが、2009年には、1細胞レベルでのmRNAの網羅的解析（トランスクリプトーム解析）が実践され、最近はマイクロ流路技術と組み合わせることで多細胞のトランスクリプトーム解析を全自動で行う装置まで開発されている。半導体加工技術（MEMS：Microelectromechanical System）をベースとして、数cm角の基板上に微細な流路や構造物を加工し、様々な流体操作・化学操作を集積させた「マイクロチップ」を利用したLab-on-a-Chip、あるいはMicro-Total-Analysis-Systems（μTAS）と呼ばれる技術が近年注目を集めている。また、集積ナノポア構造を応用した新規一分子計測技術なども登場している。

この他、生体を構成する物質の空間分布とその時間変化、並びに物質間の相互作用を観察する生体イメージング分野も大きく進展しており、生命現象の理解や疾病の診断において不可欠な役割を果たしている。ダイヤモンドNVを利用した各種物理量のイメージングや光の回折限界以下の分解能で観察を行う超解像イメージング技術などの開発が進んでいる。また、こうしたイメージング技術の発展には、AIを用いた画像解析技術が大いに貢献している。

❻ カーボンニュートラルへの貢献の期待

気候変動に関する政府間パネル（IPCC：Intergovernmental Panel on Climate Change）の第6次

評価報告書（AR6：Sixth Assessment Report）のWorking Groupe 1: The Physical Science Basisには、「大気、海洋、大地を温暖化させているのが、人間の影響であることは、疑う余地はない（Unequivoval）。大気、海洋、極域、生物圏の広い範囲にわたって、急激な変化が起こっている。」という、かつてないほど強い表現が用いられている。温暖化の起源である二酸化炭素などの温室効果ガス排出抑制、いわゆるカーボンニュートラル化は、人類全体にとって、可及的速やかに実現しなければならない課題となっている。

CO$_2$排出を抑えることのできる、エネルギー源を考える際に3E+S、すなわち、経済性（Economic efficiency）、安定供給（Energy Security）、環境（Environment）、安全性（Safety）の4要素をバランスよく満たす必要があることはよく知られている。しかし、これらのどの要素をどの程度満たせばよいかについては、時代や立場による幅があるのも事実である。地球環境問題が深刻化し、人類の影響の大きさが認識されていくにつれ、経済性をある程度犠牲にしてでも環境性能を高めようとする先進国の立場と、こらから発展していくためにある程度の環境負荷を認め経済効率を優先したい途上国の立場の間に軋轢が生じ、国際的な合意形成を難しくしている。

どのような立場にとっても満足できる解決策が得られないのは、環境への悪影響を下げつつもエネルギーを十分に供給するための技術が現時点では存在しないためである。環境・エネルギーに関する革新技術が未だ求められ続けている。

太陽光/熱、風力、水力などをその源とする再生可能エネルギーは、ひとたびプラントを建設してしまうと、CO$_2$を排出することなくエネルギーを産生し続けるため、カーボンニュートラル化の切り札となりうる。しかし、これらのエネルギーが集めやすい場所と、エネルギーが多く利用される場所が地理的に離れていることや、電力が多く生み出される時間帯と、大量に消費される時間帯が異なっていること、すなわち空間的にも時間的にもミスマッチが大きいことが、再生可能エネルギー大量導入の大きな障壁になっている。また、再生可能エネルギーが基本的に電力としてしか取り出せないことから、大部分を化石燃料に頼っているモビリティ（自動車、船、航空機）の動力源を始めとした、現在電力が主としては使われていない用途に関しても電化を進めていく必要がある。これらの再生エネルギーの導入を進めていくために強く求められているのが、蓄電池、水電解装置、燃料電池、アンモニアや有機ハイドライドなどのエネルギーキャリアといった、電力の貯蔵、輸送、電力と化学エネルギーの相互変換のための材料・デバイス・機器である。これらには、ナノテク・材料分野の技術が広く関係している上、今後の再生可能エネルギー大量導入に際しては、さらに多くのブレークスルーが求められている。また、パワー半導体、風力発電機や自動車用モーターなどに用いられる強力磁石や軟磁性体などの性能向上も大電力を効率的に利用するために欠くことのできないパーツであり、それらの研究開発も精力的に続けられている。

環境面では、大気や土壌汚染、河川・海洋汚染の改善・防止技術、そして建築物を含む社会インフラの持続性が求められる。物質・材料・デバイスを、原料段階から、製造・加工、使用・消費、廃棄に至るまでトータルで考え、最適な循環を、科学技術と社会制度・法規制の変革によって、いかに実現させるかが、長期的な最重要課題となる。2009年に発表された「地球の境界（プラネタリー・バウンダリー）」に関する論文では、「その境界内であれば、人類は将来世代に向けて発展と繁栄を続けられるが、境界（閾値）を越えると、急激な、あるいは取り返しのつかない環境変化が生じる可能性がある」因子が論じられた。それによると気候変動の他に、窒素やリンの循環、生物多様性の損失がすでにバウンダリーを越えているとされている。人類が用いている物質の、構成元素のレベルでの再利用プロセスを実現することが究極の目標といえる。このため、希少資源の低エネルギーな抽出・分離や、採掘・精錬時の環境影響の解決（不要物質や汚染物質を出さない技術）、代替技術、バイオマスの高効率生産、新素材として注目されるセルロースナノファイバーなどを用いることによる、石化製品の代替が期待されている。

1.1.3 俯瞰の考え方（俯瞰図）

　ナノテクノロジー・材料分野は、物質そのもの、および物質と環境の相互作用を記述する様々な基礎科学群（物質科学、量子科学、光科学、生命科学、情報科学、数理科学等）をその土台に置いている。これらの土台の上に、作製・合成、評価・分析、解析・設計を行うための基盤技術が構築され、その技術を用いて具体的な物質・機能の設計・制御が実現される。そしてデザインされた物質・機能をデバイス・部素材に適用し、最終的に環境、エネルギー、バイオ・医療、情報通信（ICT）・エレクトロニクス・社会インフラなどの諸分野に対し、横断的に革新をもたらすイノベーションの源泉として機能する。

　この特徴を踏まえて本分野の全体像や範囲を構造的に表したものが、図1.1.3–1 に示した研究開発俯瞰図である。俯瞰図は以下に述べる8つの区分で構成している。

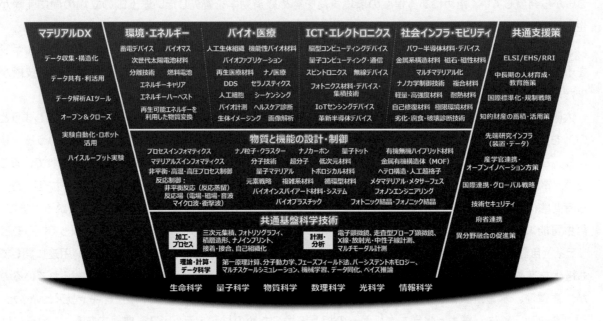

図1.1.3–1　　ナノテクノロジー・材料分野の研究開発俯瞰図

　科学の土台の上には、弛まず進展してきた微細加工技術や、製造技術、高分解能顕微鏡などサブオングストロームの分解能におよぶ計測、第一原理電子状態計算による物質構造・機能の予測、シミュレーションやモデリングによる解析技術、データ科学などを柱とした「共通基盤科学技術」がある。そうした基盤技術を利用することで、マテリアルズ・インフォマティクスやフォノンエンジニアリングなどの語に代表される、「物質と機能の設計・制御」区分を置いている。

　これら物質・機能を組み合わせることで部素材、あるいはデバイスが構築され、それら多様な部素材・デバイスは応用目的に応じて、「環境・エネルギー分野」、「バイオ・医療分野」、「ICT・エレクトロニクス分野」、「社会インフラ・モビリティ分野」の各区分に貢献する。個々の部素材・デバイスの中には、複数の分野で役割を果たすものも多く存在するが、ここでは代表分野の区分に集約して記載している。

　また、科学技術が市場あるいは社会に浸透するかどうかを判断する際には、倫理的受容性・持続可能性・社会的な望ましさといった観点からの検討も必要となり、ELSI（倫理的・法的・社会的課題）、EHS（環境・健康・安全）、RRI（責任ある研究・イノベーション）の観点から、自然科学分野のみならず広く人文社会科学分野との対話や協調・協働も必要となる。さらに、研究・技術開発を進める上で重要となる、人材育成策、知財・標準化戦略、融合・連携の促進策や研究開発インフラの整備など、すべての区分・階層に跨る共通課

題を、俯瞰図右側に「共通支援策」の区分としてまとめて記述してある。例えば、ナノ物質においては同一分子式・重量であっても、形状や表面状態などにより機能活性や有害性が変化するため、健康・環境への影響やリスク評価・管理が重要であり、近年国際的にもナノテクノロジーのELSI/EHS/RRIが課題として取り扱われている。また、ナノテクノロジー・材料分野の重要な動きとしての「マテリアルDX」も、階層を跨りすべての区分に関係するため、図の左側に区分として設け、各技術要素を挙げている。

　ナノテクノロジー・材料分野は、俯瞰図に示す階層を形成しながら、社会における広範な分野のニーズに関係していることが見て取れるだろう。本報告書では、俯瞰図の7つの区分[5]に関して国内外の研究開発動向、マクロ環境などを総合的に把握したうえで、ナノテクノロジー・材料分野において特に注視すべき研究開発領域として、29領域を抽出した（図1.1.3–2）。その際の基準は、（1）その技術が科学の新しい潮流に基づく（エマージング性）、（2）その技術が社会や経済に与える影響の大きさ（社会・経済インパクト）、（3）日本が強い技術を持っており継続的に注視する必要がある（定点観測）　の3つに基づいて抽出した。これら個々の領域の研究動向や方向性、国際比較について第2章に記載している。

1

俯瞰対象分野の全体像

俯瞰区分	研究開発領域
環境・エネルギー応用	次世代太陽電池材料
	蓄電デバイス
	分離技術
	再生可能エネルギーを利用した燃料・化成品変換技術
バイオ・医療応用	人工生体組織・機能性バイオ材料
	生体関連ナノ・分子システム
	バイオセンシング
	生体イメージング
ICT・エレクトロニクス応用	革新半導体デバイス
	脳型コンピューティングデバイス
	フォトニクス材料・デバイス・集積技術
	IoTセンシングデバイス
	量子コンピューティング・通信
	スピントロニクス
社会インフラ・モビリティ応用	金属系構造材料
	複合材料
	ナノ力学制御技術
	パワー半導体材料・デバイス
	磁石・磁性材料

俯瞰区分	研究開発領域
物質と機能の設計・制御	分子技術
	次世代元素戦略
	データ駆動型物質・材料開発
	フォノンエンジニアリング
	量子マテリアル
	有機無機ハイブリッド材料
共通基盤科学技術	微細加工・三次元集積
	ナノ・オペランド計測
	物質・材料シミュレーション
共通支援策	ナノテク・新奇マテリアルのELSI/RRI/国際標準

図1.1.3–2　　　　主要研究開発領域

5　マテリアルDX区分の内容は、「物質と機能の設計・制御区分」の「データ駆動型物質・材料開発、実験DX」のほうにまとめているため、ここでは7区分となる。

1.2 世界の潮流と日本の位置づけ

1.2.1 社会・経済の動向

　ナノテクノロジー・材料分野（ナノテク・材料）は、環境・エネルギー、ICT・エレクトロニクス、バイオ・医療、社会インフラ・モビリティなど、さまざまな応用を支える基盤技術となっているが、要求される技術はこれら応用のさらに上位にある社会情勢や経済・産業動向に影響される。以下では、ナノテク・材料分野と密接に関係する社会・経済の動向について述べる。

　世界規模での社会動向としては、気候変動、水・衛生、エネルギー、イノベーションなど世界的に取り組むべきものとして国連で採択された持続可能な開発目標（SDGs）に向けた取組みが挙げられる。また、日本ではサイバー空間（仮想空間）とフィジカル空間（現実空間）を高度に融合させたシステムにより経済発展と社会的課題の解決を両立する人間中心の社会、Society 5.0の実現を掲げている。これらを実現するためには、新たなニーズに応えるための新規材料・デバイスの開発が求められている。また、ニーズは年々高度化・変化しており、それらへ迅速に応えるためにも、デジタルトランスフォーメーション（DX）などによる研究開発の加速が必要となっている。

　世界的な気温上昇を抑えるための目標である2050年カーボンニュートラルの実現には、CO_2排出量削減のためのCO_2捕捉・利用技術や再生可能エネルギー利用技術、材料の利用効率を改善する技術やリサイクル・リユース技術などに加えて、すでに確立・最適化済みと考えられていた生産技術の再検討も必要になる。

　さらに、米中貿易摩擦やロシアによるウクライナ侵攻などの地政学的リスクや、新型コロナウイルス感染症のような全世界的な健康リスクの顕在化によって、経済安全保障の観点からサプライチェーンの強靭化を目指す動きも重要となっている。重要な材料・デバイスの中には、希少元素や地域的に偏在する原料を使用しているものが少なくなく、これらについては豊富で無害な元素によって目的とする機能を発現させることが求められる。つまり、すでに確立済みと考えられていた製品においても原材料や製法の再検討が必要になっている。

　また、新型コロナウイルス感染症拡大によって世界の研究開発活動が停滞したことにも影響を受け、研究開発のDXへの取り組みが格段に進んでいる。今後は、データ駆動型研究開発を含め、リサーチトランスフォーメーション（RX：デジタル技術を主なドライバーとする研究開発システムの変革）が一層進展するものと考えられる。

　前述のように、ナノテク・材料は、環境・エネルギー、ICT・エレクトロニクス、バイオ・医療、社会インフラ・モビリティなど、さまざまな応用を支える基盤技術である。これらの応用分野に関連する日本の産業状況を以下に示す。

　文部科学省 科学技術・学術政策研究所（NISTEP）「科学技術指標2022」では、主要国の貿易構造をOECDの定義に基づく産業分類ごとに分析している。ハイテクノロジー産業およびミディアムハイテクノロジー産業は研究開発集約活動（R&D - intensive activities）とされ、これらの貿易額は、実際に製品開発に活用された科学技術知識の間接的な指標であると考えられている。図1.2.1–1はOECDの定義による産業分類ごとの日本の産業貿易輸出割合を示したものである。日本は、輸出に占めるハイテクノロジー産業とミディアムハイテクノロジー産業の割合が高く、ミディアムハイテクノロジー産業は全輸出額の50%以上を占めている。

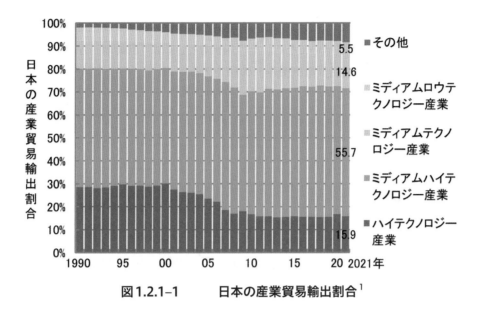

図1.2.1–1　　　　日本の産業貿易輸出割合[1]

ハイテクノロジー産業は、「医薬品」、「電子機器」、「航空・宇宙」の３つの産業を指し、またミディアムハイテクノロジー産業は「化学品と化学製品」、「電気機器」、「機械器具」、「自動車」、「その他輸送」、「その他（磁気・光学メディア、医療及び歯科用機器・備品など）」を含む。なお、「電子機器」はコンピュータ、電子および光学製品を示し、「電気機器」には電池および蓄電池を含む。

　以下では、ナノテクノロジー・材料分野に関連性の高いミディアムハイテクノロジー産業と電子機器産業の合計についての年次推移を示す。

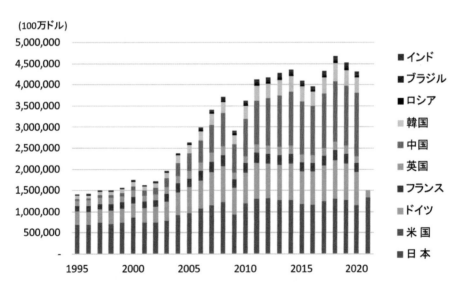

図1.2.1–2　　　　主要国のミディアムハイテクノロジー産業と電子機器産業の輸出額合計[2]

1　文部科学省 科学技術・学術政策研究所、科学技術指標2022、調査資料-318、2022年8月
2　文部科学省 科学技術・学術政策研究所、「科学技術指標2022」を基に、JST-CRDSが加工・作成。

1

俯瞰対象分野の全体像

　図 1.2.1-2 には主要国のミディアムハイテクノロジー産業と電子機器産業の輸出額合計の年次推移を示すが、日本は 2000 年代後半以降ほぼ横ばいである。その内訳をとしては「自動車」が最も大きく、次いで「機械器具」「電子機器」「化学品と化学製品」「電気機器」の順である。

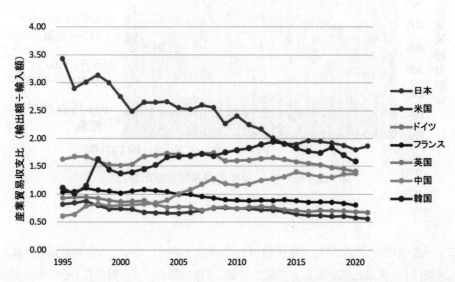

図1.2.1-3　　　　主要国のミディアムハイテクノロジー産業と電子機器産業合計の貿易収支比[2]

　図1.2.1-3にはミディアムハイテクノロジー産業と電子機器産業の合計における各国の貿易収支比（輸出額÷輸入額）を示す。日本は漸減傾向が続いているが、最近でも主要国中第1位である。それに対し、韓国、中国は徐々に貿易収支比を増加させており、近年は韓国の貿易収支比は日本と同等の水準になっている。

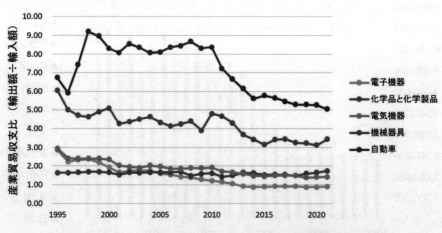

図1.2.1-4　　　　日本における産業ごとの産業貿易収支比[2]

　図1.2.1-4には、ハイテクノロジー産業、ミディアムハイテクノロジー産業に含まれる産業のうち、主要な産業の貿易収支比を示す。「自動車」がもっとも高く、次に「機械器具」であり、「電子機器」「電気機器」「化学品と化学製品」は、貿易収支比は1〜2である。各産業とも漸減傾向にあるが、「化学品と化学製品」はほぼ横ばいである。

　日本は、研究開発集約活動であるハイテクノロジー産業およびミディアムハイテクノロジー産業の全輸出に占める割合が高く、ナノテク・材料分野に関連性の高いミディアムハイテクノロジー産業と電子機器産業の合計の貿易収支比は最近でも主要国中第1位を維持しているものの、徐々に低下している。

　これらの産業分野はいずれも、前述の社会動向の影響を強く受けているものである。新たなニーズに応えるための新規材料・デバイスの開発に加え、すでに確立済みと考えられていた製品の原材料や製法の改良、DXなど研究開発手法の変革などによって対応することが必要になるとともに、材料・デバイスに対する基礎研究から開発・製品化、サービスまでを含めたバリューチェーン全体での戦略の再構築が求められている。

　各国の経済安全保障政策は、主には、図1.2.1–5に示す①サプライチェーン確保、②重要インフラとデータ保護などの、戦略的自立性を確保するための守りの政策と、③重要技術の流出防止、④重要技術の開発強化・支援、などの戦略的不可欠性に関する攻めの政策の4つの柱からなる。ナノテク・材料分野においては、生産国が限られる希少資源や先端電子部品の安定確保や、先端技術の流出・盗用の防止などのような、直近の安全保障に関するものだけでなく、それを保有していることが将来の産業競争力に直結する破壊的技術に早期着手することで未来の安心に繋げようという動きが目立つようになっている。それらの内容については、1.2.3においてさらに述べる。

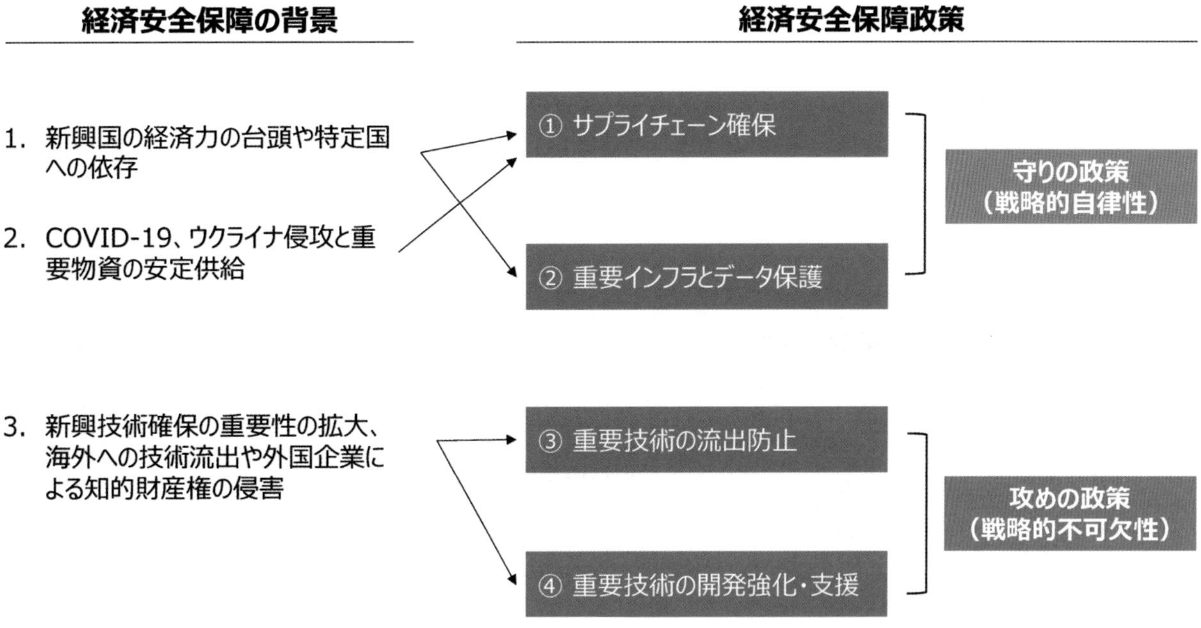

図1.2.1–5　　　経済安全保障政策の主な柱

1

俯
瞰
対
象
分
野
の
全
体
像

1.2.2 研究開発の動向

■世界的な研究開発トレンド

　ナノテク・材料分野における、近年の世界的な研究開発トレンド・技術開発の潮流を図1.2.2–1に示す。これらの技術は、（1）普及製品において、製品中のナノテク・材料に関する要素技術の性能向上が、製品全体の性能を飛躍的に向上させると期待されているもの、（2）実用化には至っていないが、機能の高さが実証されており、実用化され普及した際には社会に大きなインパクトを与えると見込まれているもの、（3）現時点ではまだ優れた機能の実証や具体的用途が明らかになっていないものの、その現象・原理が斬新で、今後の研究開発によって様々な用途が開ける可能性が見込まれるもの、のいずれかの特徴を持つものである。

　以下では、上記の観点でCRDSが潮流として同定した10の材料・デバイス・技術事例について、注目すべき研究開発動向や政策動向を述べる。

蓄電デバイス

　リチウムイオン電池に代表される二次電池を始めとした蓄電池は、スマートフォンやノートパソコンなどの小型携帯機器や、家庭用蓄電池、グリッド電力貯蔵、電気自動車などに使用され、現代の生活に不可欠なデバイスとなっている。特に、カーボンニュートラル社会の実現に向けては、蓄電池を用いたエネルギー貯蔵システムの構築や、運輸部門における内燃機関自動車から電気自動車への転換が世界中で推進されており、蓄電池の需要や世界市場は急拡大すると予測されている。また、ロシアによるウクライナ侵攻を受け、エネルギー価格の高騰や蓄電池に用いられる材料・資源価格の高騰が生じており、多くの国や産業界が、蓄電池を経済、エネルギー、国家安全保障、気候変動問題のキーテクノロジーと位置づけ、活発な研究開発や産業政策に取り組んでいる。

蓄電デバイス	再生可能エネルギーによる物質変換	mRNAナノ医薬	生体分子シーケンス	先端半導体
LIBの着実な高性能化が進む中、全固体型、金属 - 空気などの次世代LIBが進展。またNaイオン、多価イオン、Li-Sなどの革新電池の研究にも進展。	再生可能エネルギーを駆動力とした水素等の燃料・化成品合成技術が発展。高効率プロセスのための触媒、電解質探索が加速。	COVID-19 mRNAワクチンの成功を受け、様々な感染症に対するmRNAワクチンや、ワクチン以外の医療目的（がん免疫療法、ゲノム編集治療など）に向けたmRNAナノ医薬の開発が加速している。	DNAやRNAの配列に加え、タンパク質の配列や分子の高次構造・修飾などを検出する技術が発展。特に、ナノテクを駆使した1細胞・1分子レベルでの検出技術に期待。	従来のCMOSを超える新構造・新動作原理のデバイスを開発し、超高速・超低消費電力でデータ処理する集積システムの実現をめざす研究開発に期待。Si系以外の新材料チャネルの登場も視野に。
全固体電池（LIBTEC）	大型水電解システム（旭化成）	多様な医薬ナノ粒子（東大）	ナノポアDNAセンサー（阪大）	FETの構造

脳型AIチップ	量子コンピューティング	次世代パワー半導体	データ駆動型材料設計・創製	低次元・トポロジカル材料
高エネルギー効率でAI処理を行う脳型AIチップ開発で、デジタル・アナログNN回路、コンピュートインメモリ、ニューロモルフィック、リザバーコンピューティングが進展。	超伝導量子ビット数拡大、周辺エレクトロニクス、古典とのハイブリッド等、実用的な計算での量子優位性実現に向けた開発が活発。超伝導方式以外も進展。	SiC、GaNの実用化が進み、Siとともにデバイス高性能化、ウェハの大口径化へ。Ga₂O₃などウルトラワイドバンドギャップ半導体の開発が活発化。	データ科学と実験科学・計算科学・理論科学の連携により物質設計・創製を革新。ハイスループット実験、自律的最適化手法やデータ蓄積・活用基盤の整備も重要。	低次元性やトポロジーに起因する特徴的な電子状態を活かした次世代の電子デバイスやエネルギー変換デバイスの候補として、低次元材料やトポロジカル材料に注目。
DNN推論アクセラレータ（東工大）	量子コンピュータ（© RIKEN Center for Quantum Computing）	Ga₂O₃トランジスタチップ（NICT）	MI、PI、計測インフォを連携	トポロジカル光電流発生（理研）

図1.2.2–1　　　世界的な研究開発トレンド・技術開発の潮流

　蓄電池の研究開発の方向性としては、高エネルギー密度化、用途に応じた適切な入出力密度（車載用電池の充電時間の短縮）、長寿命化や低コスト化、安全性の確保が挙げられる。また、現行のリチウムイオン電池は、リチウム、コバルト、ニッケルといった希少資源を利用している。急拡大が予測される需要に対して希少資源の供給が追いつかない可能性が懸念されており、リサイクル技術の開発やリチウムを使わない次世代蓄電池の研究開発が活発化している。

　現行の液系リチウムイオン電池に関しては、正極材料・負極材料の研究開発による性能向上が進展している。特に希少資源代替による低コスト化を志向した高性能な正極材料の開発が急がれる。一方で、高エネルギー密度化や作動電圧の向上は電解液の分解による性能劣化を引き起こすため、新たな材料設計指針にもとづく電解液の探索や、分解の恐れのない固体電解質の研究開発が進んでいる。

　次世代蓄電池として、エネルギー密度と資源量の観点から、リチウム金属二次電池、リチウム硫黄電池、リチウム空気電池、リチウム全固体電池、ナトリウムあるいはカリウムイオン電池、フッ化物電池、マグネシウム金属電池、レドックスフロー電池の改良や新規開発などが行われている。特にナトリウムイオン電池は、ナトリウム資源の豊富さから近年改めて注目が集まり、アカデミアによる研究開発や産業界による実用化研究開発が活発化している。

　このような背景を受け、日本は2022年8月に経済産業省が「蓄電池産業戦略」を策定した。本戦略は、液系リチウムイオン電池のサプライチェーンリスク低減のための国内製造基盤の拡大やグローバルシェアの再拡大を目標としている。また、全固体電池などの次世代蓄電池の早期実用化に向けた研究開発や人材育成の強化を掲げている。さらに、蓄電池の経済安全保障上の重要性の高まりを受け、経済安全保障推進法が掲げる「特定重要物資」に2022年12月に指定された。

　研究開発施策としては、JSTのALCA–SPRING、新エネルギー・産業技術総合開発機構（NEDO）のRISING3、SOLiD–EVなどの次世代蓄電池開発の他、グリーンイノベーション基金による産業界主導のプロジェクトが進行している。また、経済安全保障重要技術育成プログラムにおいても公募を開始し、選考が進んでいる。

　米国では、エネルギー省（DOE）を中心として基礎研究から実用化研究までを幅広く展開している。基礎研究では、国立研究所や大学を中心に構成されるJCESR（Joint Center for Energy Storage Research）の取り組みが顕著である。溶媒和現象、動的界面現象、複雑性材料などのエネルギー貯蔵の基盤科学を推進している。また、対象となる電池系としても、多くのプロジェクトが進行することで、先進リチウムイオン電池（Si負極、Li金属負極）、全固体電池、ナトリウムイオン電池や多価イオン電池など幅広く研究に取り組んでいる。また、バイデン政権は自律的な蓄電池サプライチェーンの構築を進めるため2021年11月のインフラ投資・雇用法、2022年8月のインフレ削減法を相次いで成立させ、それらに基づいて蓄電池製造事業者や電気自動車普及促進のための産業政策を展開している。

　欧州では、域内におけるバリューチェーン創出のため、EU各国において電池や材料の製造基盤の確保や研究開発に対して、巨額の投資を行っている。また、欧州委員会は、カーボンフットプリント規制、責任ある材料調達、リサイクル材活用規制を含んだ新バッテリー規則案を2020年に発表しており、ルールメーキングによる競争力や主導権の確保に動いている。これらの動きと協調する形で、EUにおける研究開発フレームワークプログラムであるHorizon Europeの構想の下、2021年 BATT4EUが設立した。原料から材料、セル、パックモジュール、エンドユーザー、リサイクルを含めたサプライチェーン全体に関する研究開発が進行している。

　中国は、2020年に「新エネルギー自動車産業発展計画」（2021–2035年）を発表しており、車載用蓄電池の高性能化やリサイクル技術の開発も大きな目標となっている。中国はCATL社を始め、リチウムイオン電池製造において高い市場シェアを獲得している。そのような企業が大学に講座を設置するなど、産業界と大学との密接な研究開発が進展している。

　韓国は、2021年7月に「K–バッテリー発展戦略」を策定した。蓄電池の革新技術を国家戦略技術に指定

し、研究開発費用や設備投資の税額控除等を行っている。次世代蓄電池として、2025年までにリチウム硫黄電池、2027年に全固体電池の実用化を目指すとされている。これには大手電池メーカーを中心として約40兆ウォンの投資が計画されている。

このように、蓄電池は気候変動というグローバル課題の解決のためのキーテクノロジーであるとともに、成長産業としても期待され、激しい競争領域に置かれている。

再生可能エネルギーによる物質変換

風力や太陽光などの再生可能エネルギーからの電力は、世界的に低価格化が進んでおり、地球温暖化の解決のためにも大規模な利用が期待されている。一方で、再生可能エネルギーは広く薄く分布し、さらに生産と消費の過程で場所と時間のミスマッチがあるため、大量に導入するにはそのまま電力として利用する以外に、水素などの他の物質に変換し、貯蔵・輸送する必要がある。

再生可能エネルギーを直接利用して物質変換する技術として、水電解による水素製造、光触媒による水素製造（人工光合成）などのグリーン水素製造技術が挙げられる。グリーン水素が生産されれば、高圧水素、液体水素以外に、水素を利用した反応によるアンモニアや、有機ハイドライド、ギ酸などのエネルギーキャリアに変換し、水素エネルギーの貯蔵・輸送に活用できる。また、水素との反応によりCO_2を還元し、アルコール、エチレンを合成し、化学原料として利用することもカーボンニュートラル社会のための重要技術となる。さらに、水素は鉄・セメント・ガラス製造等のマテリアル製造における低炭素化技術としての利用も期待されており、CO_2排出量削減の切り札と考えられている。

他に、再生可能エネルギーを直接利用する物質変換には、電気化学反応によるCO_2の還元、アンモニアおよび有機ハイドライドの製造も挙げられる。これらは水素を介さずに、再生可能エネルギーからの電気を直接利用し、電気化学反応により有用物質を製造する技術である。

また、合成した燃料を高効率で利用するための燃料電池技術についても、技術革新はもとより社会実装の迅速な推進が不可欠となっている。

ここに挙げた技術のなかでも、水電解による水素製造技術が注目されている。地球温暖化抑制のためだけでなくエネルギー安全保障の観点からも、各国で大きなプロジェクトが次々と立ち上がっている。

日本は2017年12月に世界で初めての水素基本戦略を策定したが、EUおよび欧州諸国を筆頭に各国が2020年以降、次々と水素に関わる戦略を策定しており、欧州諸国における再エネ水素の導入目標規模は日本に比べてかなり大きい。

水電解には、常温から80℃程度の低温で運転するアルカリ水電解、固体高分子型（PEM型）水電解、アニオン交換膜型（AEM型）水電解、および500℃以上の高温で運転する高温水蒸気電解の4種類がある。

アルカリ水溶液を供給し電解を行うアルカリ水電解は、古くから研究されている電解法であり、大型の水電解装置の実証が進んでいる方式である。今後、高電流密度化を図るためには、材料の腐食防止対策、生成ガスの滞留による活性低下の克服などの課題がある。電極触媒としては、ニッケル系の触媒が利用されることが多い。また、出力が大きく変動する再生可能エネルギーからの電力では、変動に対する追随も問題となっており、大きな出力変動に対する電極および電極触媒の安定化なども課題となっている。

いずれの方式においても、温度、pH、電圧等の動作条件や反応環境に応じて、適用できる材料が制限されるため、新たな材料の発見による飛躍的な性能向上が期待されている。

電気化学プロセスを利用したCO_2還元も近年注目を集めている。CO_2電解還元では、CO、ギ酸、エチレン等のC2以上化合物など多様な化合物が生成しうる。特に基礎化学品であるエチレンなどのC2以上化合物の直接合成が注目されている。同様に、電気化学プロセスを利用したアンモニア、有機ハイドライドなどの水素キャリアの直接合成も報告されている。

日本では、NEDOのグリーンイノベーション基金事業によって、エネルギーキャリア、水素燃焼、水電解などの実証事業が進んでいる。また、JSTのALCA-SPRINGや関連のNEDOプロジェクトなど複数の国家プ

ロジェクトが進行している。

　CO₂電解については、NEDOのムーンショット型研究開発事業「目標4」にて、電気化学/CO₂資源化をキーワードとするプロジェクトが進められている。

　米国ではDOE が業界横断的な水素および燃料電池関連の基礎および応用研究プロジェクトのH2@Scaleを進めており、2020年11月からは水素の製造、貯蔵、輸送、変換、燃料電池を含めた応用研究を行うHydrogen Program Planを進めている。さらに、DOEは、2021年10月にはEnergy Earthshots Initiativeを創設し、Hydrogen Shotを立ち上げた。水素エネルギーの活用に95億ドルを支出する戦略を発表し、10年後にクリーンな水素製造コストを1\$/kgとする事を目指している。

　EUは2020年7月に水素戦略を発表し、2030年時点において欧州域内で40 GWの水電解装置を導入し、周辺国を含めた水素パイプラインインフラ構築を含む壮大な計画を進めている。欧州燃料電池水素共同実施機構（FCH JU）のプロジェクトが注目に値し、産官学をあげた研究開発と実証の両輪での製造、貯蔵、輸送、変換、利用を含めた水素技術全体への取組が進んでいる。

　中国では、2022年1月時点で水素ステーションが178カ所稼働しており、水素ステーションの数でも、燃料電池自動車の累積販売台数でも日本を上回っている。水素・燃料電池開発に力を入れており、2035年までに100万台の燃料電池自動車の導入を目指している。また、2030年までに太陽光、風力発電設備容量を12億kW以上にするなどの目標を掲げている。多くの燃料電池を含む水素関連の研究開発重点プロジェクトも進んでいる。欧州、米国、日本企業も中国での水素・燃料電池事業を進展させている。

　韓国では、中国同様に水素・燃料電池自動車の設置が進んでいる。2021年10月に「水素先導国家ビジョン」を策定し、大規模な水素の生産、輸送・貯蔵、活用に関する技術開発事業もスタートさせている。

mRNAナノ医薬

　新型コロナウイルス感染症（COVID–19）の世界的パンデミックを契機に、2020年に世界で初めてとなるmRNAワクチン（Pfizer社およびModerna社）が承認され、世界各国で使用された。mRNAワクチンは、脂質ナノ粒子などのキャリア分子に抗原タンパク質をコードしたmRNAを封入したもので、mRNAが宿主細胞内に取り込まれて翻訳されることにより抗原タンパク質が産生され、抗原特異的な免疫応答を誘導する。mRNAが生体内で分解されないように保護するため、ナノ医薬の分野で培われた、高分子や脂質により修飾する技術が用いられている。昨今のCOVID–19 mRNAワクチンの成功は、がんなどの多様な疾患に対するmRNAワクチンの臨床応用や産業化を推し進めると同時に、ワクチン以外の目的のmRNAナノ医薬の開発や、新たな分子設計および材料探索を目指した研究を活発化させている。

　ナノ医薬の研究開発の歴史は長く、1970年代中頃から主にがん治療を目的として、医薬用核酸分子の安定性の確保、意図しない免疫反応の抑制、標的組織における選択的な翻訳などの実現を目指した技術開発がされてきた。固形がん組織は毛細血管・リンパ系が未発達であるため10〜100 nm径の微粒子が集積し易いとするEnhanced Retention and Permeability（EPR）効果に基づいたナノ粒子のサイズ調整（特に小型化）や、標的細胞に特異的なリガンド分子を結合させることで、能動的に特定部位へ送達する技術などが開発された。また、EPR効果が乏しい組織に対しては、ナノ粒子のさらなる小型化や、表面修飾によって繊維組織の間隙あるいは細胞内部を通り抜ける技術、化学物質の投与や超音波などの外部刺激によりEPR効果を増強する方法などが報告されている。さらに、腫瘍組織の個体差に対応させ、治療精度を高めるために、治療と診断評価を一体的に行う「セラノスティクス」の技術が注目されており、治療薬に類似した生体内動態を有しかつ診断用プローブを搭載した「コンパニオン造影剤」を中核とした技術開発も進められている。

　医薬用要素分子であるmRNAについては、翻訳効率や安定性の向上、また意図しない免疫反応の回避のため、塩基配列や核酸修飾、立体構造の設計などが検討されている。さらに、small interfering RNAによる「RNA干渉」（2006年ノーベル生理医学賞）やCRISPR–Casシステムに基づくゲノム編集技術（2020年ノーベル化学賞）も利用されるようになっている。

　今後のナノ医薬開発においては、COVID–19以外の感染症を対象としたmRNAワクチン開発が展開されるとともに、がん予防を目指したワクチン開発にも注力が見込まれる。また、DNAはmRNAよりも化学的安定性に優れるため、ワクチン応用への期待が高い。DNAワクチンの実現には、DNAを細胞核へ輸送させるための技術開発が求められる。

　さらに、ワクチン以外の医療応用、例えば、がん免疫療法、酵素補充療法、ゲノム編集治療を目的としたナノ医薬は、一層の研究開発が期待される重要技術である。これらの技術の実現のためには、より高効率かつ安定的なmRNA発現を叶える医薬用要素分子の開発に加え、キャリア用材料の探索を含めた送達技術の向上が必要である。具体的には、これまでナノ医薬開発で多く使われてきたポリエチレングリコール（PEG）に生体内での蓄積や抗体生産の可能性が示唆されたことから、新たなキャリア分子の設計が求められている。また、生体由来の細胞膜や細胞外小胞（エクソソーム）と人工材料を組み合わせたハイブリッドシステムも、人工的には再現不可能な生体適合性や機能を利用できるとして近年研究が進められている。さらに、ターゲットとなる組織あるいは細胞で選択的に薬効を発揮させるため、脂質・高分子成分の構成の改良や各組織特異的な結合タンパク質で修飾する試みなどもある。併せて、ナノ医薬の投与方法（静脈注射、吸引、鼻腔内投与、経口投与、膀胱内投与など）の検討も、組織選択性の向上には有用と考えられる。

　米国では、国立衛生研究所（NIH）のNational Cancer Institute（NCI, 国立がん研究所）において、ナノテクノロジー特性評価研究所が設置され、がん治療または診断を目的としたナノ粒子の前臨床効果および毒性試験を実施している。また、同じくNCIのAlliance for Nanotechnology in Cancer では、分野横断的研究コミュニティを形成し、ナノテクノロジーを活用したがんの早期診断や治療を目指した研究開発を推進している。

　欧州では、産業界と欧州委員会によってEuropean Technology Platform Nanomedicine（ETPN）が2005年に設立され、ナノテクノロジーのヘルスケア応用に向けたイニシアティブとして活動している。再生医療とバイオマテリアル、ナノ治療薬（ドラッグデリバリーを含む）、医療機器（ナノ診断とイメージングを含む）などを対象としており、関連する様々なステークホルダー（学術、中小企業、公的機関など）が参画している。

　日本では、日本医療研究開発機構（AMED）における創薬基盤推進研究事業、次世代がん医療加速化研究事業、先端的バイオ創薬等基盤技術開発事業などでナノ医薬や治療薬の動態イメージングに関する研究開発が行われている。また、「ワクチン開発・生産体制強化戦略」に基づくAMEDのワクチン・新規モダリティ研究開発事業では、新たなワクチン開発に向け、シーズ探索と免疫応答評価、アジュバントやキャリアの開発、評価・解析技術、レギュレーション等の研究開発が進められている。本事業では、脂質ナノ粒子を含む多様なナノ医薬技術に関するデータベース構築が試みられており、技術共有によっても今後の技術発展の加速が期待される。

生体分子シーケンス

　現代の生命科学研究においては、セントラルドグマ（DNA→（転写）mRNA→（翻訳）タンパク質）を基軸とした遺伝子発現の解析あるいは制御が、生命現象理解のための主たる手段となっている。DNAのシーケンス（配列解析）技術は、高速化、自動化、低コスト化に加え、細胞叢の網羅的な大規模解析（メタゲノム解析）や、一度に解読可能な塩基数の増加などを目指して、解析原理や装置、データ解析手法の開発が進められてきた。現在、次世代シーケンサー（NGS）は一研究室レベルでも使われるようになっている。また、解析対象となる生体分子の種類およびその修飾・立体構造特徴も拡がりを見せている。RNA配列は、逆転写反応を用いて相補的（complementary）DNAを合成することでNGSにより網羅的解析が可能である（トランスクリプトーム解析）。より直接的に遺伝子の発現量を調べるためには、質量分析を主な手段としてタンパク質の同定と定量が試みられる（プロテオーム解析）。また、転写効率の制御に関わるゲノムDNAの化学修飾（エピゲノム）について、塩基修飾のレベルから、ヒストン修飾、クロマチンの高次構造まで、シーケンス技術を基盤として解析する手法が発達している。タンパク質の翻訳後修飾や分解（プロテオリシス）により

生じる多様なタンパク質一次配列・構成（プロテオフォーム）の解析も、昨今の潮流の一つである。さらに、これら複数種の情報を同時に取得するマルチオミクス技術の開発も、今後重要視される。

このような要素分子の網羅性を確保しながら、由来となる細胞の情報を1細胞レベルの分解能で取得するための技術開発が、近年精力的に進められてきた。特に、1細胞RNAシーケンスによるトランスクリプトーム解析により、同じゲノム情報を持つ細胞集団における遺伝子発現・形態の不均一性（ゆらぎ）や極少数個の特長的細胞の評価、分解系譜解析などが行われ、生命科学において大きな変革をもたらしている。

一方、NSGを用いた1細胞RNAシーケンスには課題もあり、例えば、読み取り長が数百塩基と限られ、比較的短いmRNAしか解読することができない。また、ポリメラーゼ連鎖反応（PCR）を用いるため、その過程で生じるロスやバイアスにより、低発現の遺伝子を見落とす可能性がある。そこで、1分子計測技術がこれらの課題を克服する手段として注目されている。ゼロモード導波路の中でDNA伸張反応を行い、取り込まれるDNAを1塩基毎に蛍光検出する1分子リアルタイムシーケンシング（SMRT）法と、生体ナノポアを利用してポアを通過するDNA塩基毎のイオン電流変化を検出するナノポアシーケンシング法が、現在有力とされている。また、タンパク質を1分子レベルで解析する手法の開発が、近年の特に大きな動きと言える。1分子タンパク質解析の開発方向性の1つは、アミノ酸配列の解読をしようとするものであり、多様な手法が提案されている中で、生体ナノポアを用いたペプチドシーケンス技術が発展著しい。また別の方向性として、タンパク質の高次構造や物理化学的性質の解析を目指した固体ナノポアセンサの開発も進められている。

さらに、細胞・組織の空間情報を保持したまま、オミクス解析を行う手法の開発も今後発展が見込まれる。2019年に10x Genomics社から製品化されたVisiumは、空間トランスクリプトーム解析を行う代表的なキットであるが、さらなる空間分解能の向上や、試料深部の解析を可能にするための技術開発に近年注力がされている。また、現在のオミクス解析では細胞を破砕して細胞内成分の抽出を行っているため、1つの細胞で時系列的な解析をすることは困難である。そこで、分子生物学的あるいはデータ解析的手段によりスナップショットのトランスクリプトームデータから時間情報を抽出する手法が考案されてきた。一方、2022年には低侵襲的に細胞内容物を採取することで1つの細胞から繰り返しトランスクリプトーム解析を行える手法が報告された。今後、時系列オミクス解析の展開に向け、非侵襲的サンプリング法の性能向上やハイスループット化に向けた技術進展も期待される。

米国では、国立衛生研究所（NIH）のNational Human Genome Research Institute（NHGRI）において、"Technology Development for Single–Molecule Protein Sequencing"プログラムが立ち上げられ、既存のプロテオーム解析技術を凌駕する、ハイスループット・高感度な1分子タンパク質シーケンス技術の開発が進められている。また、Northwestern大学の研究グループを中心に、トップダウンプロテオミクスのコンソーシアムが立ち上げられ、"Human Proteoform Project"が始動している。 Human Proteoform Atlas（HPfA）を構築することを目指しており、医療に関連するプロテオフォーム研究の促進に加え、プロテオフォーム解析に資する1分子オミクス解析技術への投資も行われる。

欧州では、Horizon 2020および後継のHorizon Europeにて、様々なオミクス情報のシーケンス技術に関するプロジェクトが実施されている。特に、1分子レベルのタンパク質解析を目指す大規模プログラムとしては、"Proteome profiling using plasmonic nanopore sensors (NanoProt–ID)"および"Ultrafast Raman Technologies for Protein Identification and Sequencing (ProteinID)"がある。

日本では、JST戦略的創造研究推進事業のCREST・さきがけ複合領域「統合1細胞解析のための革新的技術基盤」（CREST：2014〜2021年度、さきがけ：2014〜2019年度）およびCREST研究領域「多細胞間での時空間的な相互作用の理解を目指した技術・解析基盤の創出」（2019〜2026年度）において、1細胞オミクス技術の開発や、それを応用した多細胞動態の解析技術の開発が推進されている。その他、JSTのERATO、日本学術振興機構（JSPS）科学研究費助成事業の新学術領域研究、AMEDムーンショット型研究開発事業などの大型プロジェクトの中で、固体・生体ナノポアを用いた解析技術の研究開発が取り組まれている。

先端半導体

　これまで半導体デバイスの高性能化を支え続けてきたムーア則やデナード則が終焉を迎えても、従来の CMOSを超える新構造・新動作原理のデバイスを開発し、超高速・超低消費電力でデータ処理する集積システムの実現をめざす研究開発は続けられている。

　ロジックデバイスに関しては、「xx nm世代」で呼称されるテクノロジーノードは、かつてはLSIの最小寸法であるゲート長を表していたが、14nm世代以降は停滞が見られるようになり、過去10年の間、ほぼ縮小することがなくなった。ゲート長のシュリンクが鈍化した後は、デバイス構造の変更や、配線、コンタクトピッチ縮小で、集積化を継続してきたが、それも2 nm当たりで限界を迎えると考えられている。それ以降の世代については、チャネル材新たに二次元物質を導入してムーア則を追求しようとする流れや、磁性体、強誘電体などの材料を導入して新たな動作原理に基づく記憶デバイスや脳模倣デバイスといった機能デバイスを追求していこうとの流れが生まれてくると予想される。

　ロジックデバイスの構造については、3 nm世代までが現行のFinFET構造をとるが、それ以降は、シリコンナノシートやナノワイヤを用いたGate All Around FET（GAAFET）を単位とし、それをさらに三次元的に積層していくことで集積化を図るとされている。量産技術が確立しているFinFET構造から、全く構造の異なるGAAFET構造に変わることで、技術的には大きな変革期といえる。ロジックの配線材料については、5 nmあたりまでは現行の銅（Cu）配線が使われる予定であるが、それ以降の細い配線ではCu配線の抵抗増大が顕著になり、どのような材料を配線に使うかの決着はまだついていない。現時点ではコバルト（Co）、ルテニウム（Ru）が最有力候補となっている。

　極低温動作する量子コンピュータの実用化には、現行のように一つの量子ビットの制御や読み取りのための信号線を、室温のエレクトロニクス機器から複数本配するやり方では量子ビットの高集積化に伴い、室温からの信号線の数が一方的に増大し、実装上、あるいは熱の流入などで限界を迎える事は明らかである。そこで、室温から少ない配線数で制御信号を極低温部近く（4 K程度）まで送り、そこで量子ビットチップ向けの多数の高周波信号を作りだす、CMOSデバイス（クライオCMOS）の開発が行われている。要求される性能は、量子ビットチップに必要な多数の高周波信号を、通常のSi CMOSが想定していない低温環境において、量子ビットチップの動作に影響を与えるような発熱や電磁気的ノイズを発生させずに入出力することにある。

　CMOSの基本であるブール論理ではなく、アナログ的な処理を行うことで低消費電力化を目指す検討も続いている。低消費・高効率演算を可能とするアナログコンピューティングデバイスとしては、トポロジカル絶縁体ロジックデバイス、スピントルクゲートデバイス、磁壁ロジックデバイスの開発が進展している。また、生体神経網を模したスパイキングニューラルネットワークや、MTJ（Magnetic Tunnel Junction）、SEBAT（Single–electron bipolar avalanche transistor）など動作不良確率を盛り込んだプロバビリスティック回路システムの研究が進められている。

　不揮発メモリに関しては、最も普及が進んでいる3次元NANDフラッシュの3次元集積が一層進んでいく方向にある他、カルコゲナイド材料の結晶相を変化させ抵抗率を数桁変調させる相変化型抵抗変化メモリ（Phase Change Memory: PCM）や、MTJのトンネル抵抗率が、絶縁層両側の磁性体の磁化の相対的な向きによって変化することを利用した磁気メモリ（Magnetic Random Access memory: MRAM）などが引き続き検討されている。PCMについては、Intel/Micron社がクロスポイント構造の平面型素子を2層積層した大容量な3DXPのプレスリリースした後、開発が活発化した。また、MRAMについては、現在主流のSTT（Spin Transfer Torque）書き込み方式が、2021年頃を境に製品開発ステージに移行しており、主要半導体企業（IBM、TSMC、Global Foundry、Samsung、Kioxia、SKhynix、Sony、Runesas、Intel、EverSpin、Huawei）により実用化・応用検討が進められている。基礎的な研究開発は、次世代のSOT（Spin Orbit Torque）方式などに移っている。

　各国の政策に関しては、日本では、令和元年補正予算として、ポスト5G情報通信システム基盤強化研究開発事業（1,100億円）の内、先端半導体製造技術の開発（補助）に関するNEDOプロジェクトが2021

年より開始された。2022年には、経済産業省による「半導体戦略」の具体策となる「次世代半導体の設計・製造基盤確立に向けて」が公表され、熊本県にTSMCの28nm世代（平面型トランジスタ）の量産工場の誘致・建設が開始された。さらに、国際連携をベースとし、国内2nm世代ロジック半導体（3次元トランジスタ：積層GAAFET）の量産体制の確立（Rapidus）とそれ以降の研究開発組織である技術研究組合最先端半導体技術センター（Leading–edge Semiconductor Technology Center: LSTC）の開設を含む国策としての半導体ロードマップも明らかにされた。また、文部科学省も、2022年に、半導体技術に関する先行研究と人材育成を目的とした「次世代X–nics半導体創生拠点形成事業」を開始した。

米国は、国内の半導体製造を復活させ、研究開発に資金を提供し、技術サプライチェーンを確保することを目指した"CHIPS（Creating Helpful Incentives to Produce Semiconductors）for America"を開始した。ここでは、米国防総省が既に実施していた取り組みに少なくとも120億米ドルを追加投入する他、半導体の研究開発に向けてその他の連邦政府機関に50億米ドルを投資することが提案されている。また、世界最先端の半導体の微細化を実現しているTSMCに対して、米国が国内へ半導体工場を建設するよう要請し、アリゾナ州に半導体工場を建設することが決定している。

欧州では、欧州連合（EU）の欧州委員会が、人工知能（AI）などを対象に、今後10年間とさらにその先を見据えた画期的なデジタル戦略を発表した。EU圏の企業が産業データを共有できる制度を構築することでAI開発での産業データ活用を進めるとしている。AI開発を加速させるため、今後10年は年間200億ユーロの投資を呼び込む見込みである。

このように、ここ数年の米中経済摩擦、COVID–19パンデミック、ロシアのウクライナ侵攻などで深まったサプライチェーンへの不安から、最重要戦略物資としての先端半導体に世界各国の注目が集まる。これまで、少数のファウンダリに微細化投資と生産を任せることで効率化を図ってきた半導体製造に対する姿勢からの揺り戻しが、世界的に急速に進んでいる。

脳型AIチップ

高度なデジタル社会の実現には、フィジカル空間で生み出されるデータをサイバー空間で蓄積し、必要な情報に処理して、分析・解析・認識を経て、その後の適切な処置・行動を判断し、フィジカル空間にフィードバックすることが重要になる。これには、人間のように周りの環境を認識・理解し、状況に合わせた柔軟な判断を行うような高度な情報処理が求められる。すでに画像認識、音声認識、翻訳、自動運転、病気の診断、新材料探索、デバイス設計など様々な用途にクラウド上でのAI技術が用いられるようになってきたが、今後は自動車やセンサ端末などエッジでのリアルタイム性に優れた高度なAI処理を低消費電力で行うことが重要になってきている。そのため、複雑な知的情報処理を高エネルギー効率で自律的に実行している脳神経系を模倣あるいはそこからヒントを得て、高エネルギー効率でAI処理を行う脳型AIチップへの期待が高まっている。

脳型AIチップの研究開発としては、デジタル回路によるAIアクセラレータ、メモリ回路の中で演算を行うコンピュートインメモリ（CIM）、スパイキングニューロンの動作を模倣したニューロモルフィックチップ、物理的な特性などを利用したリザバーコンピューティングなどが進められている。コンピュータアーキテクチャの国際会議（ISCA、HPCA、MICROなど）や、半導体回路・デバイスの国際会議（ISSCC、VLSI、IEDMなど）では、研究開発の大きなトレンドとなっている。例えば、ISSCCでは、2018年から2021年まで連続で深層学習や脳模倣・脳型コンピューティングに関するプレナリートークが行われ、機械学習プロセッサ、AIアクセラレータといったセッションで、様々なAIチップの試作結果が報告されている。

クラウド上のAIアクセラレータでは、2021年にGoogleがTensor Processing UnitとしてTPU4、TPU5を開発し、LSIの短期開発・小型化を可能とするAIによる最適回路配置・配線への適用などが実証されている。また、NVIDIAは2022年に自然言語処理に適した回路コアを導入して4PFLOPSを実現している。エッジ向けには、4ビット、2ビットと演算精度を落としたデジタルCNN回路や、アナログ回路を使ったCNN回路の研究開発が進められ、イスラエル、米国、フランスなどの多くの新企業により市場投入が開始されている。

1 俯瞰対象分野の全体像

　CIMは、脳細胞のメカニズムを模倣した構成であり、メモリアレイのグリッドの演算素子は積（重みと入力）のみを行い、和は共通のカラムラインで電流の総和として一括して処理する。メモリに不揮発性メモリ（NVRAM：Non-Volatile RAM）を用いるもの（nv-CIM）では実用化研究に移行しており、2020年から製品化も始まっている。

　ニューロモルフィックチップでは、デジタル回路によるシステム（IBMのTrueNorth、IntelのLoihiなど）に加え、アナログ回路をベースとしたシステム（ハイデルベルク大のBrainScaleS）、デジタル／アナログ混在回路によるシステム（Stanford大のBrainDrop、UZHのDYNAPsなど）が開発されており、最近ではLoihi2、BrainScaleS2などの後継のチップを用いた活動へと繋がっている。

　リザバーコンピューティングでは、Echo State Property（ESP）と呼ばれる性質（入力の伝達と非線形作用、入力の忘却、および入出力の再現性）を持てばよく、構成素子の持つダイナミクスの多様性が計算性能にとって重要であり、必ずしも神経活動を再現している必要がない。このため、多様なネットワークモデルを利用することができ、材料・デバイス分野（光、スピン、軟体（生体やゴムのような柔らかいもの）、分子など）の研究が活発になっている。

　日本では、2019年6月に統合イノベーション戦略推進会議が「AI戦略2019」を発表し、2021年6月に「AI戦略2021～人・産業・地域・政府全てにAI～」、2022年4月「AI戦略2022」にて戦略が更新されており、AIの社会実装や利活用に重きを置いた戦略にシフトしつつある。主要プロジェクトしては、NEDO「高効率・高速処理を可能とするAIチップ・次世代コンピューティングの技術開発」（2016～2027年度）、JSPS研究拠点形成事業「マテリアル知能による革新的知覚演算システム」（2022～2026年度）、JSTのCREST研究領域「Society5.0を支える革新的コンピューティング技術」（2018～2024年度）、さきがけ研究領域「革新的コンピューティング技術の開拓」（2018～2023年度）がある。これまでAI技術についてはソフトウェアを中心に、情報処理学会、人工知能学会で議論されてきたが、2019年には応用物理学会でデバイス・材料のAI応用を目指すフォーカストセッション「AIエレクトロニクス」が創設され、デバイス・材料の研究者を含めた研究開発が活発化している。

　米国では、2016年にAI戦略「The National Artificial Intelligence Research and Development Strategic Plan」が策定され、これを踏まえて2020年末に「Pioneering The Future Advanced Computing Ecosystem: A Strategic Plan」でPost-Moore、Post-von Neumannに向けて、ニューロモルフィック計算、生物模倣計算、新しい材料とデバイスの開発、チップデザインからシステムインテグレーションまでのエコシステムの構築を目指したプランが示されている。AIデバイス関連の研究開発プロジェクトとしては、例えば国防高等研究計画局（DARPA）のElectronics Resurgence Initiative（ERI、2017年～）の「Lifelong Learning Machines（L2M）」があり、タスクの実行中に学習が可能な革新的なAIアーキテクチャ、機械学習技術などの開発を目指している。

　欧州では、10年間で1.0Bユーロという巨額のプロジェクトFET（Future and Emerging Technologies）の一つであるHuman Brain Project（2013年～）のサブプログラムで、従来のノイマン型のコンピュータよりも桁違いの演算速度、エネルギー効率を目指したニューロモルフィック・コンピュータや次世代のニューロモルフィックチップの開発が進められ、2021年からは第二世代のBrainScaleS-2/SpiNNaker-2チップに活動の軸を移している。

　中国では、2017年に国務院が「次世代人工知能発展計画」（AI2030）」を公表し、2030年までのAI発展に関する3段階目標を設定している。重点項目の一つとして「基礎分野（スマートセンサ、ニューラルネット・チップ等）」があり、2030年までにAI理論・技術・応用で世界トップ水準となり、中国が世界の"AI革新センター"になるとしている。

量子コンピューティング

　汎用性が高く複雑な演算が可能とされるゲート型量子コンピュータは、従来のコンピュータの処理速度を

はるかに上回る計算が可能であるため、実用化によって新薬の開発などに大きな変革をもたらすことが期待されている。ゲート型量子コンピュータには、超電導量子ビット、トラップドイオン量子ビット、中性冷却原子量子ビット、光子とフォトニクス技術を用いた量子ビット、シリコン量子ビット（量子ドット）、トポロジカル量子ビット、等様々な方式が提案されており、それぞれ実用化に向けた開発が進んでいる。

研究開発が先行している超伝導量子ビットでは、実用的な計算の実行には100万量子ビットが必要とされている。超伝導量子ビットの制御に必要な高密度（多ビット）の高周波生成・制御システムの開発、パッケージ技術、それらを格納する冷凍機、等、量子ビット素子だけでなく周辺要素の進展によって、大規模化だけでなく、忠実度やコヒーレンス時間の改善も進展している。IBMは2022年に開発ロードマップを更新し、2025年に4000ビット以上を実現する計画を明らかにした。日本では、富士通が理化学研究所と共同で1000ビット規模の量子コンピュータの研究開発を表明した。量子誤り訂正/耐性に関する研究も重要になっている。Googleは2022年に表面符号で論理量子ビットの実現につながる誤り抑制実験を発表した。

このようにゲート型量子コンピュータの研究開発は着実な進展を見せているが、実用的な量子コンピューティングに必要となる100万量子ビット以上の大規模集積化には20年以上が必要とされているため、100量子ビットから1000量子ビットレベルのノイズを含んだ中間スケール量子コンピュータであるNISQ（Noisy Intermediate Scale Quantum computing）の開発も世界各国で盛んに実施されている。今のところNISQは実用的な計算で従来型コンピュータに対する優位性を示すには至っていないが、今後新しいアルゴリズム・アプリケーションが発見されれば応用が加速すると期待されている。

トラップドイオン量子ビットでは、2020年に米IonQが32量子ビットのコンピュータを発表した。また、米Quantinuumは2022年7月に全結合の20量子ビットシステム開発に成功したと報告している。量子誤り訂正に関しては、2021年にメリーランド大学、IonQなどが量子誤り訂正/耐性の実現、2022年にQuantinuumが誤り耐性を有する2量子ビットゲートの実現を報告している。冷却原子量子ビットにも大きな進展が見られ、米国ColdQuantaなど複数のスタートアップが設立されている。日本でもリュードベリ軌道電子の超高速制御による量子計算の研究開発が進んでいる。

光子を用いる方式ではシリコンフォトニクス等を活用した小型化・集積化が試みられている。米PsiQuantumは半導体製造装置を用いて量子誤り訂正可能で拡張性を備えた光量子コンピュータを開発している。中国科学技術大学は2020年に光量子コンピュータで量子超越性を示したと発表し、中国は米国に次いで量子超越性を示すことに成功した。日本でも東京大学と理化学研究所が中心となって、独自アーキテクチャの光量子コンピュータを開発中である。その他、半導体量子ビットやトポロジカル量子ビット等でも高精度制御による忠実度の改善、量子ビットもつれ状態の生成、量子誤り訂正実現、等が報告されている。

ゲート型量子コンピュータ以外に、組み合わせ最適化問題を解くことに特化した量子アニーリング型コンピュータも盛んに研究されており、カナダD–Waveは5000量子ビット超の商用ハードウェアシステムを発表するなど集積化が進められている。

量子科学技術に関して主要国はそれぞれ国家戦略を構築しており、それに基づく新たな国家プロジェクトを進めている。そのなかで量子コンピュータは最重要課題と位置づけられ、特に米国、EU、中国では巨額の投資に基づいた研究開発が行われている。米国では、2018年の国家量子イニシアティブ法（The National Quantum Initiative Act）に基づく量子技術に向けた国家投資が進んでいる。2021年度には7億9,300万ドルが計上されており、2022年度に向けて8億7,700万ドルが要求されている。研究拠点化では2022年時点で、5ヶ所の米国国立科学財団（NSF）Quantum Leap Challenge Institutes、5ヶ所のDOE Quantum Information Science（QIS）Research Centers、3ヶ所の国防権限法（NDAA）QIS Research Centersが量子拠点として運営されている。また、2022年に新たに制定された米国半導体・科学法では量子技術開発の後押しがアナウンスされた。欧州では、EU Quantum Flagshipが2022年から新しいQUCATSと呼ばれる新しいフェーズに移り、量子技術の普及、協力、活用に向けた取り組み、標準化やベンチマーク、量子技術に関連する人材教育や訓練の開発・評価などの活動が強化されている。中国では、第

13次5ヶ年計画（2016〜2020年）に引き続き、2021年からの第14次5カ年計画でも量子コンピュータの研究開発の強化が謳われている。企業も本源量子、アリババグループなどが量子コンピュータに取り組んでおり、百度グループは2022年にクラウドサービスの運用をアナウンスした。

　日本では2020年の内閣府「量子技術イノベーション戦略」をさらに進め、2022年には内閣府「量子未来社会ビジョン」によって量子技術による社会変革への展望が示された。量子技術の推進拠点は2拠点増加し10拠点となった。光・量子飛躍フラッグシッププログラム（Q–LEAP）のフラッグシッププロジェクトでは、初の国産超伝導量子コンピュータ実機による量子アプリケーション検証実験を2023年から開始している。Q–LEAPでは教育プログラムも開始し、研究者や技術者の育成が強化されている。内閣府のムーンショット目標6は、2050年までに誤り耐性型汎用量子コンピュータの実現を目指している。2022年度に新たに追加の公募がなされ、冷却原子、半導体量子ビットに関する新たなテーマが立ち上がることになった。NEDO「量子計算及びイジング計算システムの統合型研究開発」は、ハードウェア開発、ミドルウェア開発、ソフトウェア開発の三つの領域からなる統合的な研究プロジェクトである。統一的なプログラミングによってイジングマシンを活用するためのソフトウェア開発を実施している。

次世代パワー半導体

　カーボンニュートラル社会の実現に向けて、脱化石燃料のため太陽光発電に代表される再生可能エネルギーの導入、それに伴う電力網のスマートグリッド化、さらに自動車の電動化に代表される輸送機器、産業機器、各家庭での電力有効利用などが求められており、効率的に電力変換を行う技術であるパワーエレクトロニクスの高度化要求が高まっている。現在のパワー半導体は、主にシリコン（Si）半導体が用いられており、スーパージャンクションやトレンチなどの構造上の工夫により現在もデバイス性能の向上が図られ、200mmから300mm製造ラインへの移行による低価格化が進められている。しかしSiの材料定数に依存するデバイス性能の限界から、中・高耐圧以上の用途では、高耐圧化と低損失化（低オン抵抗化）の両立に優れたワイドバンドギャップ半導体が重要になっている。このような次世代パワー半導体の実用化には、結晶品質向上、ウェハの大口径化、デバイス構造、性能優位性の向上、高精度の熱設計・パワーマネージメント、モジュール・実装技術、長期信頼性向上など多くの研究開発課題があるが、電力機器やエレクトロニクス機器の省電力化によるCO_2排出量の大幅な削減への期待から、世界で活発な研究開発が行われている。

　ワイドバンドギャップ半導体で最も開発の進んでいる炭化ケイ素（SiC）は、ショットキーバリアダイオードの実用化から20年、パワーMOSFETの実用化から10年が経過し、それらを組み込んで高効率化、小型化を達成した製品やシステムが多くみられるようになった。応用例としては、電車（新幹線N700S、山手線、東京メトロ銀座線など）と電気自動車（Tesla Model 3など）がある。しかし、SiCの基板・ウェハ作製やデバイス集積化などの技術レベルはSiには程遠く、コストの面も含めて研究開発課題への取り組みが重要になっている。

　窒化ガリウム（GaN）はSiに比べて低オン抵抗、高速スイッチングが可能でキャパシタやインダクタの大幅な小型化が可能なため、2019年頃からGaN横型パワーデバイスを65W以上の大容量のUSB充電器に搭載した製品が登場し急速に広まっている。Si基板上に作製した横型GaN–HEMT（GaN on Si）は移動体通信の基地局に使用され始め、最近はSiC基板上に作製したGaN–HEMT（GaN on SiC）の使用も検討されている。GaN自立基板についても近年進展が著しく、ハイドライド気相成長（HVPE）法、アモノサーマル法、Naフラックス法などで4インチ基板が発売され、さらに大口径の基板開発も進められている。

　酸化ガリウム（Ga_2O_3）は最安定結晶構造のβ–Ga_2O_3のバルク単結晶融液成長が比較的容易にできるため、最近急速に関心が高まっており、日本、米国、中国を中心にトランジスタ、ダイオードの開発成果が多数発表されるようになっている。また、準安定構造のコランダム型α–Ga_2O_3の薄膜結晶成長やデバイス開発も活発化している。α–Ga_2O_3は、主にサファイア基板上のヘテロエピタキシャル成長で得られる結晶構造であるため、準安定構造の中では最も研究が進んでおり、FLOSFIA社ではすでにα–Ga_2O_3を用いたショットキーバリア

ダイオード（SBD）を用いた DC/DC 降圧コンバーターの販売を開始している。

国内の研究開発プロジェクトとしては、NEDO の「低炭素社会を実現する次世代パワーエレクトロニクスプロジェクト」（2009 ～ 2019 年度）、内閣府の戦略的イノベーション創造プロジェクト（SIP）「次世代パワーエレクトロニクス」（2014 ～ 2018 年度）が行われた。最近では、NEDO「グリーンイノベーション基金事業/次世代デジタルインフラの構築」（2021 ～ 2030 年度）で 8 インチの高品質低コスト SiC 単結晶 / ウェハ製造技術、8 インチ次世代 SiC MOSFET、次世代高耐圧電力変換機器向けモジュールなどの開発、第 2 期 SIP の「IoE 社会のエネルギーシステム」（2018 年度）のサブテーマ「IoE 共通基盤技術」として、ワイドバンドギャップ半導体を用いたユニバーサルスマートパワーモジュール（USPM）や α –Ga_2O_3 パワートランジスタの開発、「ワイヤレス電力伝送システムの基盤技術」として GaN デバイスの研究開発などが行われている。基礎的な研究としては、文部科学省の「革新的パワーエレクトロニクス創出基盤技術研究開発事業」（2021 ～ 2025 年度）において、SiC の MOS 界面科学の構築と新規 MOS 構造形成技術が取り組まれている。

米国では、国防総省（DOD）海軍研究局（ONR）の MURI（Multidisciplinary University Research Initiatives Program）、NEPTUNE（Naval Enterprise Partnership Teaming with Universities for National Excellence）、DOE エネルギー高等研究計画局（ARPA–E）の SWITCHES（Strategies for Wide Bandgap, Inexpensive Transistors for Controlling High–Efficiency Systems）などのプログラムが実施されている。最近は SiC や GaN よりもバンドギャップの大きな Ultrawide bandgap（UWBG）が注目され、それに伴いこの分野への研究投資が拡大し、アカデミアの Ga_2O_3 研究者人口は増加している。

欧州では、SiC 関係で SPEED（SiC Power Electronics Techonlgy for Energy Efficient Devices、2014 ～ 2017 年）、CHALLENGE（3C–SiC Hetero–epitaxiALLy grown on silicon compliancE substrates and new 3C–SiC substrates for sustaiNable wide–band–Gap powEr devices、2017 ～ 2021 年）、OSIRIS（Optimal SIC substRates for Integrated Microwave and Power CircuitS、2016 年～）、WInSiC4AP（Wide Band Gap Innovative SiC for Advanced Power、2017 ～ 2020 年）などが行われきた。GaN 関係では、PowerBase Project（2015 ～ 2018 年）などで IT 系応用を見据えた 200mm GaN パワーデバイス製造技術の開発などを進められた。Ga_2O_3 関係では、ドイツ ベルリン地区の国研、大学のグループにより、GraFOx（Growth and fundamentals of oxides for electronic applications）という Ga_2O_3 結晶成長、物性研究に関する大型研究ファンド（4 年総額 1.1 M ユーロ）が 2016 年から 2020 年まで実施され、その後継プロジェクト（GraFOx2）が 2020 年 7 月にスタートしている。

中国では、国家自然科学基金および国家重点研究開発計画の中で次世代パワー半導体の研究開発が進められている。中国国内に鉄道や EV メーカーなどのユーザーが多数存在するため、ウェハからデバイス、モジュールまで全方位での研究開発が行われている。GaN–on–Si 横型パワーデバイスに多額の研究費が投入され、GaN–on–GaN 研究も増えている。GaN–on–Si を利用した製品（PC 用 AC アダプター）の企業が多数あり、チップメーカーと連携し着実に技術を高度化させている。

データ駆動型材料設計・創製

SDGs の達成や Society 5.0 の実現に向けて、材料開発に対する要求がますます高度化している。このため、材料開発は多元素化・複合化や準安定相・ハイエントロピー相の利用などの方向に向かっており、材料探索空間（探索の範囲）が急拡大している。この広大な材料探索空間を従来の材料探索技術（実験科学・計算科学・理論科学を駆使した試行錯誤的アプローチ）のみで探索するのはもはや不可能となっており、データ科学と AI 技術を駆使したデータ駆動型物質・材料開発が必須とされ、世界的に急ピッチで技術開発が進められている。

2011 年に米国が「Materials Genome Initiative（MGI）」を発表して以来、マテリアルズ・インフォマティクスは、特に、新規物質・材料の設計・探索において有力な手法であることが様々な研究事例をもって実証され、材料研究にデータ科学を活用することが今では日常的になりつつある。今後は、材料製造プロセ

スを探索・最適化するプロセス・インフォマティクスや、計測・解析を効率化する計測インフォマティクスとの連携の重要性が増している。また、広大な材料探索空間においてデータ駆動型材料設計・創製を行うために、実験DXの活用も重要であり、ロボットなどによるハイスループット実験や、AI技術によるスペクトル解釈・画像解析、これらを統合した自律的最適化手法、さらにデータ蓄積・活用基盤は、材料設計・創製に大きく貢献するものである。

米国においては、MGIの初期5年間が一度終了したのちは国家政策上の後継は顕在化していなかったが、2021年11月に、この先5年間を想定した戦略目標MGI Strategic Plan 2021が発表され、（1）材料イノベーション基盤（MII: Materials Innovation Infrastructure）を統合すること、（2）材料データの力を活用すること、（3）材料研究開発の労働力について教育と訓練を行い繋げていくことの3つのゴールが掲げられている。

欧州おいては、FAIR Data Infrastructure for Physics, Chemistry, Materials Science, and Astronomy e.V.（FAIR-DI）が、FAIR原則に従うデータ管理の実現と、そのための世界的なデータ・インフラストラクチャーを構築することを目的として2018年9月に発足している。また、エクサスケールのHigh Performance Computing基盤としては、MAterials design at the eXascale（MAX) a European centre of excellenceが設置され、スイス連邦工科大学ローザンヌ校（EPFL）が中核的な役割を果たしている。

わが国においては、2015年にJSTにおいて「国立研究開発法人を中核としたイノベーションハブの構築支援事業」が開始され、物質・材料研究機構（NIMS）を中核機関とする「情報統合型物質・材料開発イニシアティブ（Materials Research by Information Integration Initiative：MI²I）」（2015〜2019年度）において、蓄電池材料、磁性材料、伝熱・熱電材料を具体的テーマとしてデータ駆動型材料研究開発に取り組んできた。

また、2016年より開始した経済産業省/ NEDO「超先端材料超高速開発基盤技術プロジェクト（超超プロジェクト）」（2016〜2021年度）では、主に有機系材料を対象とし、計算・プロセス・計測の三位一体による革新的な材料基盤の構築、従来と比較して試作回数・開発期間の1/20への短縮、国内素材産業の優位性確保のためプロジェクト成果の実用化を最終目標として研究が行われた。

2018年には内閣府SIP（第2期）として、「統合型材料開発システムによるマテリアル革命」（2018〜2022度）が開始され、欲しい性能から材料・プロセスをデザインする「逆問題」に対応した次世代マテリアルズ・インテグレーション（MI）システムを構築し、発電プラント用材料や生体用材料、航空用材料等を出口とする先端的な構造材料・プロセスの事業化をめざしている。

JSTにおいては、2015年にさきがけ研究領域「理論・実験・計算科学とデータ科学が連携・融合した先進的マテリアルズ・インフォマティクスのための基盤技術の構築」（2015〜2020年度）、2016年よりCREST・さきがけ複合領域「計測技術と高度情報処理の融合によるインテリジェント計測・解析手法の開発と応用」（CREST：2016〜2023年度、さきがけ：2016〜2021年度）、2017年よりCREST研究領域「実験と理論・計算・データ科学を融合した材料開発の革新」（2017〜2024年度）が相次いで発足した。

第6期科学技術・イノベーション基本計画においては、研究力の強化のための施策として、オープンサイエンスやデータ駆動型研究等の新たな研究システムの構築が挙げられている。具体的な施策として、研究データの管理・利活用、スマートラボ・AI等を活用した研究の加速や、研究施設・設備・機器の整備・共用、研究DXが開拓する新しい研究コミュニティ・環境の醸成が取り上げられている。2021年4月には、内閣府においてマテリアル革新力強化戦略が策定され、アクション・プランの1つとして「マテリアル・データと製造技術を活用したデータ駆動型研究開発の促進」が示され、具体的には、良質なマテリアルの実データ・ノウハウ・未利用データの収集・蓄積・利活用促進や、製造技術とデータサイエンスの融合、革新的製造プロセス技術の開発が記載されている。

マテリアル革新力強化戦略を踏まえ、文部科学省では、マテリアルDXプラットフォーム構想を開始した。

データ創出から、データ統合・管理、データ利活用まで一気通貫した研究DXを推進することを目指し、①データ中核拠点整備、②データ創出基盤構築（マテリアル先端リサーチインフラ（ARIM））、③データ創出・活用型マテリアル研究開発プロジェクト開始をし、それぞれが強く連携してマテリアル研究開発を推進することを目指している。データ中核拠点は、NIMSが担い、ARIMの利用を通じて新たに創出されるデータを含めて、利活用できる材料データプラットフォーム事業を推進する。ARIMは、データ創出基盤として、7つの重要なマテリアル領域をカバーするかたちで、全国25の大学・研究機関が参加して2021年度よりスタートした。各機関が先端共用設備を外部に解放し、それを利用した研究からの高品質なデータを創出する基盤としての役割を果たすとともに、得られたデータを収集・構造化し、利用しやすい形で登録するための手法も整備しつつある。データ創出・活用型マテリアル研究開発プロジェクトは、データ活用型研究を取り入れることにより革新的機能を有するマテリアルを創出することを目的としており、2022年度から「極限環境対応構造材料研究拠点（代表機関：東北大学）」「バイオ・高分子ビッグデータ駆動による完全循環型バイオアダプティブ材料の創出拠点（代表機関：京都大学）」「智慧とデータが拓くエレクトロニクス新材料開発拠点（代表機関：東京工業大学）」「再生可能エネルギー最大導入に向けた電気化学材料研究拠点（代表機関：東京大学）」「データ創出・活用型磁性材料開発拠点（代表機関：物質・材料研究機構）」の5拠点で研究開発プロジェクトが開始された。

　以上、述べてきたように、広大な材料探索空間におけるデータ駆動型材料設計・創製の重要性が高まっている。

低次元・トポロジカル材料

　Si系半導体によるCMOSテクノロジーの限界が語られるようになる中、次の世代のデバイスを構成する材料の模索が積極的に行われている。そのような材料の候補として、シリコンを凌駕する輸送特性を有するグラフェンに代表される二次元材料や、電子軌道の対称性によって守られた堅牢（ロバスト）な電子構造を持ち、外乱による信号やエネルギー散逸がおこりにくいトポロジカル材料などが特に注目を集めている。

　低次元材料が従来の三次元半導体と大きく異なる点は、①「原子〜分子レベルでの薄さ、細さ」という構造的特徴を持った物質が示す特異な物性やその応用の可能性、②複数の二次元物質をビルディングブロックとした新たな材料の創生や、二次元物質の積層界面を作ることで生じる新たな機能の可能性である。前者については、グラフェン、カルコゲン化物（カルコゲナイド）シートなど二次元物質（原子層物質）に特徴的な電子状態（層数に依存した電子バンド構造の変調、ディラック電子系、非常に高い易動度、等）から、それを用いたエレクトロニクスデバイス、エネルギーデバイス、低次元物質特有の光学特性や磁気・スピン特性などを利用した、オプトエレクトロニクスやスピントロニクスなどへの展開が検討されている。また、後者については、ヘテロ積層によってトポロジカルな性質を発現させた例や、ツイスト積層によって母物質では現れない物性を発現させた例がある。適切な組み合わせを選ぶことで有用な機能を出すことが可能である。同時に、界面の超構造等に着目することで元々の低次元物質からは想像もしなかった物性が発現することが分かってきている。

　トポロジーは位相幾何学という数学の一分野であり、ものの形を連続変形しても保たれる量に焦点を当てたものである。近年特に注目が集まっている物質科学におけるトポロジーは、波動関数やハミルトニアンといった量子力学的な要素がいくつかのパラメータに依存しているときに、そのパラメータが連続的に変化しても不変となるような量に着目したもので、そのような不変性を利用することで、ノイズ・外乱に対して耐性の高い信号処理を実現できるのではないかとの期待を集めている。トポロジカル物質群の中核をなすトポロジカル絶縁体は、内部は絶縁体状態であるにもかかわらず、表面にトポロジーに特徴づけられた特異な金属状態が実現している物質である。その金属状態を流れる電子は質量がほぼゼロで、かつスピンの向きが揃っていることが特徴である。また、トポロジカル絶縁体の派生物質であるトポロジカル超伝導体の中にマヨラナ準粒子が存在しうること、トポロジカル半金属の1種であるワイル半金属の中にワイル準粒子が存在することなどが相

次いで発見されている。これらの準粒子はトポロジカル物質の特異な物性の起源となっている。さらに、実空間におけるトポロジーに起因した特異なナノスケールスピン配列構造であるスキルミオンは、高密度高速メモリへの応用に向けた精力的な研究が行われている。

　日本における研究は、NEDO「希少金属代替材料開発プロジェクト」の中の「透明電極向けインジウムを代替するグラフェンの開発」（2007〜2011年度）を皮切りに、2012年、NEDO「革新的ナノカーボン材料先導研究開発」（2011〜2012年度）、NEDO「低炭素社会を実現する革新的カーボンナノチューブ複合材料開発プロジェクト/グラフェン基盤研究開発」（2012〜2014年度）、JSPS新学術領域研究「原子層科学」（2013〜2017年度）、2014年NEDO「低炭素社会を実現するナノ炭素材料実用化プロジェクト」（2014〜2016年度）、JSTのCREST研究領域「二次元機能性原子・分子薄膜の創製と利用に資する基盤技術の創出」（2014〜2021年度）、NEDOエネルギー・環境新技術先導研究プログラム「2次元材料の産業化に向けた革新的製造プロセスとデバイス作製基盤技術の開発」（2021年度）　内閣府最先端研究開発支援プログラム（FIRST）「強相関量子科学」（2009〜2013年度）および最先端・次世代研究開発支援プログラム（NEXT）「トポロジカル絶縁体による革新的デバイスの創出」（2010〜2013年度）、JSPS新学術領域研究「対称性が破れた凝縮系におけるトポロジカル量子現象」（2010〜2014年度）、同じく新学術領域研究「トポロジーが紡ぐ物質科学のフロンティア」（2015〜2019年度）などで継続的に推進されてきた。また、現在も、JSPS学術変革領域研究（A）「2.5次元物質科学：社会変革に向けた物質科学のパラダイムシフト」（2021〜2025年度）や、JSTのCREST研究領域「トポロジカル材料科学に基づく革新的機能を有する材料・デバイスの創出」（2018〜2025年度）およびさきがけ研究領域「トポロジカル材料科学と革新的機能創出」（2018〜2023年度）の中で新たな成果が生まれている。一方、世界各国でも基礎研究から応用研究、までを目指す大型プロジェクトや産業界での実用化に向けた展開が行われている。低次元物質に関しては、2010年度ノーベル物理学賞受賞を契機として、欧州においては2013年から10年間10億ユーロの計画でGraphene Flagshipが開始され、欧州の当該分野の科学技術水準の向上と産業応用の加速化を推進する原動力として機能している。英国やドイツもそれぞれ独自に、基礎から応用にいたる二次元材料とそのデバイス応用研究行っている。中国では、泰州巨納新能源有限公司が中国初のグラフェン国家基準「ナノテク 専門用語 第13部分：グラフェン及び関連二次元材料」（GB/T 30544.13–2018）」を2018年に制定し、グラフェン、CNT、および関連二次元材料の基礎から産業応用にいたる全領域を対象として研究投資を行っている。

　トポロジカル材料に関しては、米国では、Gordon and Betty Moore財団の助成プログラムEPiQS（Emergent Phenomena in Quantum System）Initiativeの中で第一ステージ（2014〜2019年）に引き続き、第二ステージ（2020〜2025年）においてもトポロジカル物質を含む量子物質における創発物性の基礎研究を支援している。さらに、Microsoft Research Station Qではディレクターに数学者のMichael Freedman（1986年フィールズ賞授賞）を迎え、トポロジカル量子コンピューティングの研究に着手している。ドイツのエクセレンス戦略におけるエクセレンスクラスターの一つとして、2018年よりケルン大学を中心とした「Matter and Light for Quantum Computing：ML4Q」が開始され、トポロジカル量子コンピューティング実現へ向けた研究開発が開始されている。その他、カナダCIFAR（Canadian Institute for Advanced Research）や中国のSCCP（Shanghai Center for Complex Physics）などにおいてもトポロジカル絶縁体などの研究が盛んに行われている。

　二次元材料のLSI応用の検討も本格的に行われ始めている。半導体素子の微細化に伴い、電荷担体（電子、正孔）が流れるチャンネルの薄層化が必要になる。最先端の微細半導体では薄層化された半導体チャンネルにおける電子・正孔の移動度がSi系半導体材料の移動度が急速に小さくなる問題が明らかになってきているが、グラフェンに代表される原子層半導体では、三次元物質に比べ薄層化しても移動度が小さくならないことがわかっており、インテルなどは2030年代のデバイスとしてナノシート半導体を採用すると提案している。しかし、半導体集積回路を設計するには、絶縁層や電極も二次元物質にしなければならず、「いかに二次元物質を積層するか」という問題が発生している。前述の学術変革領域「2.5次元物質科学」はこの問題を解決

する取り組みも視野に入れている。

　最近の主な成果としては、古くから一部の強誘電体において観察されていた大きな光起電力が、波動関数の対称性によるトポロジカルな効果であるシフト電流が起源であることが見出され、様々な材料系で新たに大きな光起電力が確認されたことが挙げられる。遷移金属カルコゲナイド、硫化ヨウ化アンチモン（SbSI）、ナノチューブを用いたバルク光起電力の研究が行われ、現在使われている最大効率を持つジャンクション型太陽電池に及ばないものの、バルク光起電力の変換効率を非常に大きくすることが可能となった。ドイツや日本で活発に研究がなされている。

　また、グラフェンを特定の角度でねじって積層することにより、ねじれ角によってモット絶縁体状態、超伝導状態、量子異常ホール状態となることが発見されたことから、「ツイストロニクス」と呼ばれる領域が誕生している。グラフェンは電子相関やスピン軌道相互作用をほとんど示さないが、魔法角（〜1.1°）のねじれによって生じるモアレ構造によって相互作用強度が劇的に増大し、超伝導およびチャーン絶縁体になる。このような量子現象は、二次元遷移金属ダイカルコゲナイドでも設計可能である。その例として、60°近くねじれた$MoTe_2WSe_2$ヘテロ二層膜がある。二次元ヘテロ構造の設計は、今後も新しい量子現象・機能の豊富な供給源となることが期待される。

　また、ワイル反強磁性体Mn_3Sn系は反強磁性体でありながら巨大な異常ホール効果を示すことが発見されたことから、強磁性体を用いたスピントロニクスの弱点（漏れ磁場が大きいために集積化が難しく、外場に敏感でメモリ保磁力が制限、動作速度が速くできない）を解決できる可能性があるものとして注目され、反強磁性スピントロニクスという新たな分野を開こうとしている。

■分野別の俯瞰ワークショップのサマリー

　CRDSでは2021年版の俯瞰報告書発行以降、国内外の社会情勢、科学技術の動向を踏まえ、「ライフサイエンスとナノテク・材料の融合が拓く新領域」「計算物質科学」のそれぞれで俯瞰ワークショップを開催した。さらに、ナノテク・材料分野全体に広範な波及効果を与える材料科学や材料設計指針の新たな潮流を展望する俯瞰ワークショップ「マテリアル設計の未来戦略」を開催した。

　各回とも、識者へのインタビューを含む事前調査を経てワークショップを開催し、技術・産業の状況の把握、注目される科学技術の潮流、今後求められる技術、研究開発の方向性などについて議論を行った。

　以下では、各ワークショップから得られた知見、注目動向、今後の方向性、制度・政策上の課題等について要約を記載する。議論の詳細については、各ワークショップの報告書（CRDSのWebページに公開）を参照されたい。

❶ライフサイエンスとナノテク・材料の融合が拓く新領域（2022年1月20日開催）

　次世代シーケンサーやmRNAワクチン、リキッドバイオプシーなど、医療やバイオエコノミーに変革をもたらす数多くのイノベーションが近年登場しているが、このようなイノベーションの根底にはライフサイエンス・医学研究により得られた知見とナノテク・材料技術との融合により生み出された新たな材料・デバイスや計測技術、操作・制御技術が存在している。

　こうした状況を踏まえ、ライフサイエンスとナノテク・材料技術の融合領域より、今後もイノベーションの源泉となりうる新たなシーズが生まれてくることを期待して、CRDSライフサイエンス・臨床医学ユニットとナノテクノロジー・材料ユニット共同で本ワークショップを企画、開催した。

　当日は、生命科学・医学とナノテク・材料の融合の在り方の概念図（図1.2.2–1）を提示したうえで、2つの基調講演「ナノバイオデバイス、AI、量子技術が拓く未来医療」、「細胞内分解ダイナミクス」を実施するとともに、ライフサイエンスとナノテク・材料技術の融合により創出が期待されるシーズを大きく3種類に分け、それぞれに対応する形で「生体分子・生体環境の計測技術」「細胞・組織等の操作・制御技術」「人工分子システムのデザイン・創製」の3つのセッションを設定し、それぞれの融合領域の第一線で活躍する研究者によ

る話題提供をもとに議論をおこなった。議論の結果から浮かび上がった、今後の研究開発の方向性、システム・制度上の課題・問題点を以下に示す。

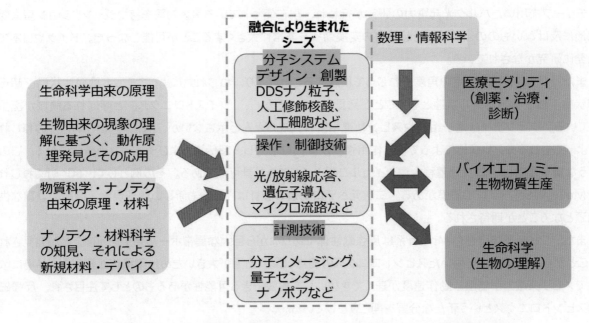

図1.2.2–2　　　生命科学・医学とナノテク・材料の融合の在り方の概念図

- **今後の研究開発の方向性**
  - ・計測技術に関する研究開発の方向性として、非蛍光での高感度・一分子計測技術や多項目計測技術が挙げられ、一分子計測や多項目計測に伴う膨大なデータの取得・処理も課題として指摘された。
  - ・合成生物学は基礎、応用科学の両面でこれから極めて重要であること、また、日本にはナノ材料、有機化学・超分子などに蓄積があり、これらの関連分野が融合することで、合成生物学において強みを発揮できる可能性が指摘された。
  - ・応用に向けた方向性として、ワークショップ開催時に主に想定されていた基礎生命科学での活用と医療への応用に加えて、植物・農業への応用も重要であるとの示唆が得られた。世界で見た時の産業規模・問題の大きさから、日本でもナノテク・材料技術の植物・農業への応用を更に掘り下げて検討すべきとの指摘があった。

- **システム・制度上の課題・問題点**
  - ・融合領域であるがゆえの課題として、異分野間の交流・情報交換の場や新材料のトライアルの場、医工連携を可能にするプラットフォームなどの構築が課題として挙げられた。

　本ワークショップを通して、わが国においてもライフサイエンスとナノテク・材料技術の融合領域からはイノベーションの源泉となりうる様々なシーズが生まれていることが確認された。特にバイオ計測技術においては、基礎研究のみならず、実用技術としての検討が望まれる段階にまで達しているものが多く見られた。一方、操作・制御、デザイン・創製に関してもユニークな技術が数多く生まれているが、実用可能な人工分子システムの構築に向けては、これらの技術を単独ではなく、適切に組み合わせて研究開発を推進することが必要であるとの認識を得た。

近年、計算物質科学分野では、新しい計算手法の開発などが進んでいる。計算を活用した物質科学の深化に期待がかかっている。

研究対象

液体・ソフトマター(高分子・生体分子)，混合物
固体(電子論)
界面電気化学
光と物質の関わるダイナミクス

手法

フラグメント分子軌道法(FMO)
階層的シミュレーションツール(OCTA)，溶媒和理論
格子模型ソルバー(ALPS)，大規模量子計算
第一原理計算＋溶媒論
電磁場と電子系連成計算(SALMON)

現状の課題

マルチスケール計算での階層間の接続
有限温度の理論
LDAやGGAに代わるDFT計算手法
大量計算データの抽象化、学理構築

人材の不足・教育の難しさ
継続的なプログラム開発を行う基盤の欠如

必要な体制方策

コミュニティ、コンソーシアム等を活用して、新規プログラムの開発や改良、ユーザインターフェースの開発、プロモーション・ユーザ教育の実施を行う.
人材確保・育成を行うための、環境整備.開発者がモチベーションを持てるような人事評価手法の確立

図1.2.2–3　　計算物質科学の潮流

❷**新しい計算物質科学の潮流（2022年4月11日開催）**

　近年の調査・検討を通じて、「これからの物質科学においては、合成−計測−理論/予測の三角形のループが回ることで初めて新しい時代を切り開くことができる」ことは明らかといえる。特に、この三角形の一翼を担う計算物質科学分野では、新しい計算手法の開発などが行われており、これにより「以前に比べはるかに高精度な計算が可能になる」、「これまでの計算で用いられてきた理想化の条件を使わず、より現実に近いモデルでの計算を行える」といったことが可能になりつつある。

　こうした状況に鑑み、新しい手法開発による計算物質科学の事例を俯瞰し、将来の可能性、解決すべき課題などを把握することを目的としたワークショップを開催した。その結果得られた今後の研究開発の方向性を図1.2.2–3に示す。

・**研究対象と手法**

　ワークショップで報告された研究対象としては、液体・高分子・生体分子などソフトマターやそれらの混合物、固体の電子論、界面電気化学、光と物質が共存する系のダイナミクスなどがある。それぞれの対象について、いくつかの新しい手法が開発され、それまでの手法（第一原理計算や従来の分子動力学計算）に比べ、大規模、高速、正確なシミュレーションが可能になってきている。

・**現状の課題**

　科学技術面での課題としては、マルチスケール計算を行う際の階層間の接続問題、元々は絶対零度での計算手法である第一原理計算を有限温度に拡張するためのより洗練された理論、DFT（Density Functional Theory）計算手法として広く使われているものの、現時点でその欠点が明らかになっているLDA（Local Density Approximation）やGGA (Generalized Gradient Approximation）に代わる新たな計算手法の開発などが挙げられた。また、計算手法の改良や計算機の高速化によって大量の計算データが得られるよう

になっており、それを抽象化する手法の開発やそのための学理構築も必要である。研究環境に関する課題としては、慢性的な人材の不足や若者の教育の問題が挙げられている。前者については、材料科学分野に来る学生の絶対数の少なさ、博士後期課程への進学率の低さが指摘され、後者については、データ科学的手法の物質科学への活用が目覚ましいため、若手研究者が物質科学、計算機科学に加えて統計数学やデータ科学までも学ぶことが求められるようになってきている現状が報告された。

• **必要な体制・方策**

プログラムの新規開発を続けていくためには、小さな研究グループ単位での活動には限界があることから、コミュニティやコンソーシアムを活用して、新規プログラム開発や継続的な改良、使いやすいプログラムとするためのユーザインターフェース開発、ユーザを増やすためのプロモーションやユーザ教育などを重層的に行っていくことが必要との指摘がなされた。また、若手人材にとっての分野の魅力を増し、人材確保・育成を行うための環境の整備を行う必要があることや、開発者がモチベーションを保てるような人事評価制度やキャリアパスの充実が必要であることが述べられた。

❸**物質と機能の設計・制御　〜マテリアル設計の未来戦略〜（2023年2月12–13日開催）**

物質・材料またはその機能を設計・制御する概念や技術は、ナノテクノロジー・材料分野全体の根幹をなすものである。材料の所望の機能を実現させるための設計・制御手法をわが国みずから開拓することは、材料科学に新展開をもたらし、将来的にわが国の産業に貢献することが期待される。

今回の俯瞰調査において、材料科学の新たな潮流に焦点を当て合宿形式のワークショップを開催した。将来の材料研究の発展を担う気鋭の研究者22名を招聘し、5つの分科会形式による集中討論および参加者全員による総合討論を実施した。その結果、以下のような研究開発の方向性が得られた。

• **今後の研究開発の方向性**

・多くの物質・材料には、組成、相状態、界面、組織などのナノからマクロまでの各階層において、無秩序性、不均一性、歪みなどの乱れが内在している。こうした乱れを含む状態では、必ずしも理想的な材料物性および機能は発現されない。一方で、近年の材料科学の進展により、材料機能の向上に資する良い乱れと、機能を損なう悪い乱れとの分類ができつつある。今後は、「乱れの学理の体系化と制御技術の構築」および材料に内在する「動的非理想界面の理解、制御と利活用」を進めていくことが重要であるとの方向性が提示された。

・また、近年の計算科学やデータ科学、計測技術の進歩により材料開発のスピードは飛躍的に向上しつつある。しかしながら、材料の合成・製造過程や材料が機能を発現する瞬間である遷移状態や中間状態は正確な把握が難しく、いまだにブラックボックスとなっている。これによって、実験者により材料の品質が異なる、またはスケールアップが難しく、基礎研究と応用・実用化研究との乖離が生ずるという課題がある。今後は、「合成・製造過程の隠れたパラメーターの計測・定量化・制御」や「遷移状態の科学的理解にもとづく材料開発」を進めていくことが重要であるとの方向性が提示された。

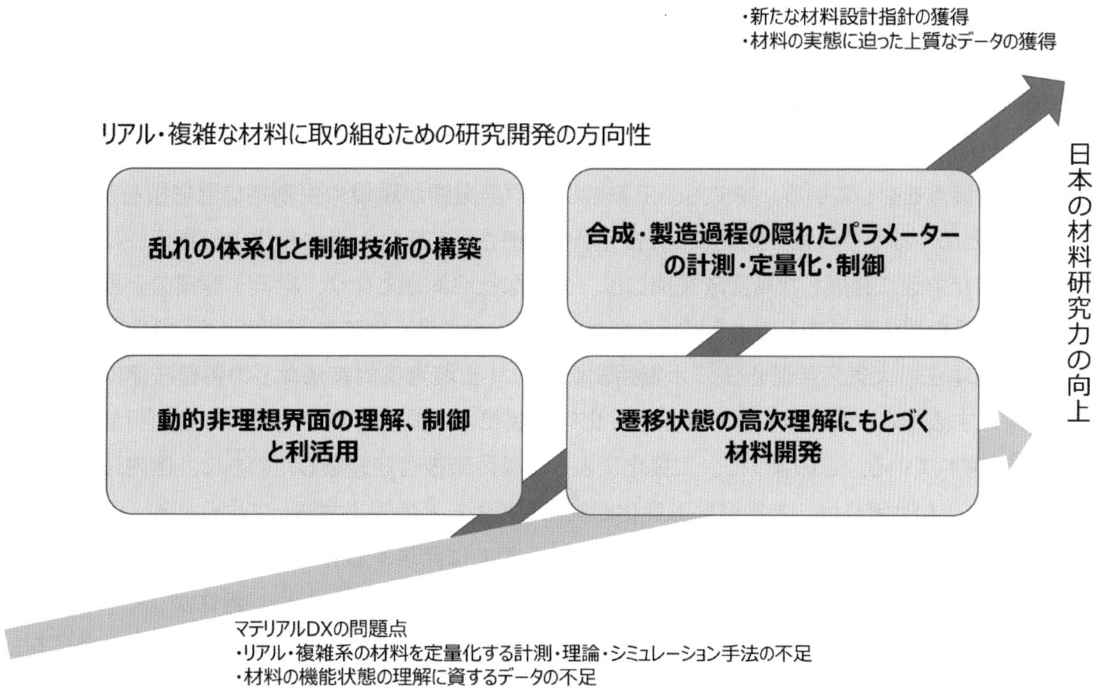

図 1.2.2–4　　物質と機能の設計・制御の俯瞰 WS から得られた方向性

これらいずれの方向性においても、広い時空間レンジでの計測技術や非破壊計測技術などの先端計測技術の高度化や、現象理解を支える理論・シミュレーション技術の高度化を併せて進めていく必要がある。このような高度な材料開発からは、材料の本質により深く迫る付加価値の高いデータ創出が期待されるため、現在構築が進むマテリアル DX プラットフォームへと接続していくことで、わが国全体としてのマテリアル革新力の向上につながると期待される（図1.2.2–4）。

これらの研究開発は、材料が本来有する性能や機能を最大限発揮させるための方法論として、環境・エネルギー分野、バイオ分野、ICT 分野、航空・宇宙分野など幅広い分野での波及効果が期待される。

● 研究開発のシステム・制度上の課題・問題点

本ワークショップでは、招聘者自身が研究室を主宰して間もない、もしくは近い将来に主宰することが想定される気鋭の研究者を招聘した。また、首都圏や地方といった地域性、所属機関の人員・予算規模等を含め、多様な研究者を招聘した。そのなかで以下のような課題・問題点が挙げられた。

・研究開発を支える技術職員の拡充
・共用施設・環境の拡充：計測や加工に関してはマテリアル先端リサーチインフラ等の共用プラットフォームが活用できるが、材料合成に関しては簡便に合成をテストできる環境がほとんどない
・研究室や講座制の廃止に伴う人材の欠員・不足からくる、研究設備運用の停止・維持困難への対応

ナノテク・材料分野の特有の、研究開発に長い期間がかかる、研究室で培われた技術やノウハウが大きな価値を持つ、との特徴を踏まえつつ、大学等の人材の流動性を確保した今後の研究環境を構築していくことが求められている。

※本ワークショップの詳細は、俯瞰ワークショップ報告書「マテリアル設計の未来戦略」（2023 年 5 月頃発行予定）を参照されたい。

1.2.3 社会との関係における問題

■化学物質・ナノ材料の人と環境への影響

　ナノテクノロジー・材料分野は、主に部素材・デバイスを通じて幅広い応用領域に関係しているため、社会や生活と幅広い接点を有している。中でも、工業排出物や廃棄物が環境や生物相に悪影響を及ぼすことがあるとして、社会とのつながりの強い問題として古くから認識されてきた。明治時代の鉱毒事件に始まる公害は、日本の近代工業が急速に発展した高度成長期には、大きな社会問題となり、経済・産業の発展と工業排出物による環境への悪影響の軽減をどのように折り合わせていくかに多くの工夫がなされた。1960年代に制定された公害対策基本法、大気汚染防止法、水質汚濁防止法、土壌汚染対策法などの各種法律は、新たに判明した問題に対処するために適時改訂されながら、化学物質による環境汚染や人体への害が可能な限り顕在化しないよう運用されている。このように、工業化による環境汚染被害を経験したのちに、国内ルール・規制が出来上がっていくという流れは、ある程度工業化が進んだほとんどの国で共通して見られる。

　しかし、化学物質の環境や人体への有害性や毒性は、直ちに発現するものばかりではない。過去、使いやすく安価で性能劣化もほとんどない理想の断熱材と見做されていたアスベストや、毒性がなく不燃性の最良の冷媒とされていたフロンなどが、肺癌や肺繊維症を引き起こしたり、地球のオゾン層を破壊したりすることは、何十年もの間、曝露、放出された後に初めてその科学的な因果関係が判明したことである。当初は想定しなかった重大な問題により、多大な対策コストが発生する、場合によっては取り返しのつかない永続的影響を残す例もある。

　こうした事例に可能な限り事前に対処できるよう、日本国内では、新規化学物質が製造・輸入される前の、化学物質の事前審査、継続的な管理措置、性状に応じた規制措置などを定めた「化学物質の審査及び製造等の規制に関する法律」（化審法）などによる、予防策が設けられている。また、欧州においても21世紀以降、EUのRoHS指令[1]やREACH[2]規則を通じて有害物質の使用を制限したり、登録・開示し情報が利用できるようにしたりする方策がとられており、国際的にもそれを追認する形で環境や人への害が甚大化する前に適切に対処していく枠組みが作られている。

　ところが、ナノテクノロジーのカテゴリーに含まれるナノマテリアルの場合には、これまでの材料に関する取り組みのやり方では対処が難しい問題がある。以後は、ナノマテリアルに固有の問題とそれに対する取り組みについて記述する。

　ナノマテリアルは、一般的には、少なくとも一次元の大きさが100 nm以下で人工的に製造された材料を指す。材料をナノスケールサイズにすると、生体にとっては組織浸透性が向上することに加え、比表面積が大きくなることで電子反応性や界面反応性も向上し、ナノマテリアルの特異な機能が発現する。RoHSで指定された、鉛、カドミウム、水銀などは、それらの元素自体が持つ毒性を考慮して、それらの元素を含む物質に対する規制を行えばよかったのに対し、ナノマテリアルに関しては、原料や組成だけからは、その影響を事前にはかり知ることができない。

　ナノマテリアルは、エレクトロニクス産業のほか、医薬品、化粧品、食品など様々な分野に使用されるため、人への曝露機会は非常に多く、また今後もさらに増えていくと予想される。こうした状況で、安全性を確保するためには生体影響や環境影響の評価を、サイズ・表面性状をはじめとした物性との連関によって解析することが必要となる。このために、様々なナノマテリアルを細胞／動物に添加／投与し、その応答が解析されている。リスクの解析には、曝露実態に沿った生体応答／細胞応答評価が重要であり、ハザードに関する情報のみならず、吸収・分布・代謝・排泄や蓄積といった動態情報を定性・定量解析し、「曝露実態」を解明することで、

1　Restriction of the use of certain Hazardous Substances in electrical and electronic equipment
2　Registration, Evaluation, Authorization and Restriction of Chemicals

リスク解析に資する情報の集積を図ることが必要となる。

　こうした背景から、欧州を中心にナノマテリアルの登録制度・規制や評価基準の規定、国際標準化が進んでいる。ナノマテリアルの定義、分類、測定方法、評価方法、評価結果の解釈は国際協調で進んでいるが、科学的データの共有は十分に進んでいない。また、時間もコストもかかるリスク解析を、あらゆるナノマテリアル種に対して完全に行うことは現実的でなく、ほぼ不可能である。ナノマテリアルを用いた製品の価値を認め世界市場で流通させるには、国際標準化を行い、世界共通の客観的尺度でその有用性や品質を示していくことが欠かせない。国際標準は、客観性のある科学的知見に基づき国際的な合意の下で形成された文書であり、国際標準に準拠することは市場展開において信頼性の観点で特に重要となる。

　世界的には、欧州や米国でナノマテリアルの登録制度が開始する中、実際にどのようにナノマテリアルのリスク評価を行うのかの観点で検討も進められている。当初は、これまでの化学物質のリスク評価・管理の枠組みを拡張する方向で様々な評価法の開発が進められてきたが、2019年以降、REACH規則において、ナノマテアリルが本格的に対象となった。安全性を評価するため、OECDにおいてもリスク評価のための試験法ガイドラインの開発や改良が進められている。また、欧州では、ナノマテリアルを含む先端材料やそれらを複合的に組み合わせた新規物質を「アドバンストマテリアルズ（Advanced Materials）」とカテゴライズして、ナノマテリアルのみならずより広い新材料の安全性をどう評価すべきであるかの方向へと議論が展開している。

　対象がナノマテリアルからアドバンストマテリアルズに拡大するとしても、生体への吸収性や反応性の点では検討すべきことは同様であり、安全性評価のために検討してきた研究課題のフレームは毒性学的観点から大きく変わることはない。しかし、評価対象がナノマテリアルからアドバンストマテリアルズに拡がることによって、行政的なリスク評価・管理体制へのインパクトは大きい。ナノマテリアルの評価は、様々な材料の原料としての化学物質評価体系の中で行おうとしてきたのに対して、アドバンストマテリアルズに関しては、単なる一材料としての評価だけではなく最終（消費者）製品としての製品評価を行うことが必要になるためである。医療機器や食品容器などへのアドバンストマテリアルの適用が進んできていることから、化学物質を単独で管理する体系とは異なった行政的な管理体系での評価も必要となる。例えば、日本の化審法は、化学物質が環境経由でヒトに曝露する際の安全性を評価対象としているため、医療や食品関連に含まれるアドバンストマテリアルのように直接ヒトに曝露する際のリスクを化審法の範囲内では十分にカバーできない可能性がある。また、医療や食品関連の製品はそれぞれ異なる評価システムで管理されているため、一つの物質でも異なった評価が行われることがあり、安全性評価の整合性の観点から課題となる。

　さらに、長期曝露による発がん性を中心とした評価法の課題は、依然として解決していない。慢性影響の評価を確定するための試験は、動物実験などの長期毒性試験に頼らざるを得ず、アドバンストマテリアルズへと拡がる数多くの物質に対しては、このような試験を行うことはますます現実的でない。より効率的な試験法の開発が必要となる。慢性影響を評価するための管理システムは、通常の化学物質に対してさえも効率的に機能しているとはいえない状況もあるなか、かなりな難問である。

　研究開発者と市民・社会の多様なステークホルダーによる、相互作用的なプロセスを経て科学技術イノベーションの成果を社会へ還元させるべきであるという「責任ある研究とイノベーション（RRI）」の考え方が国際的に拡がっている。これまで述べてきたように、ナノテクノロジーのようなエマージングテクノロジーの研究開発においては、科学的に不確実性やリスクを払拭することが難しいため、社会との関係構築が特に重要となる。代表的な例として、製品としての応用が広がるナノ材料としてのナノカーボンがある。ナノカーボンの代表例であるカーボンナノチューブ（CNT）は、高アスペクト比の形状から、アスベストに似た毒性を持つのではないかとの推測もあったが、実際には、両者の使用環境におけるサイズには大きな相違があり、生体影響があるかどうかは科学的に十分に明らかになっていない。フラーレンやナノスケールの銀、酸化チタン、酸化亜鉛等についても、殺菌効果や抗酸化作用、紫外線からの保護性能等に着目した製品、日焼け止め、抗菌防臭剤、食品添加物などへの応用が広がる一方で、有害性やリスクを評価する科学的データは未だ十分ではなく、さらなる研究が必要と指摘されている。これらの事例では、RRI的な考え方に基づき、継続的なリスク評

1

俯瞰対象分野の全体像

価を行うことと、得られた評価結果・情報を迅速に社会への開示することで、信頼を獲得していくことが求められている。すでに市場に流通する製品は多く、各国政府や環境保護団体などからの消費者に向けたファクトレポートや、安全性情報や安全な使用方法についての説明を含むFAQ（Frequently Asked Questions）などが多数公開されている。

　また、ナノマテリアル管理に関する最近の大きな動きとして、欧州委員会において、2022年6月にナノマテリアルの定義が10年ぶりに更新されたことが挙げられる。2011年の定義との違いとしては、カーボンナノチューブ、フラーレン、グラフェン、といった炭素系材料が明示されなくなり、直径が1 nm未満で長さが100 nmを超えるすべての細長い粒子および厚さが1 nm未満で、横方向の寸法が100 nmを超える板状の粒子は、化学元素に依らず、ナノマテリアルに含められることとなったこと、規制の一貫性を担保する表現に改めたこと、凝集していても個々の粒子が識別できる場合はそれら一次粒子を考慮に入れることなどがある。

　日本の厚生労働省では、化学物質の評価をリスク評価検討会の枠組みで運用・規制してきた。しかし労働環境において発生している化学物質に関連する労働災害の8割は規制対象外の物質が原因で発生していることが判明しており、現状のリスク評価事業のスピード感では規制が追い付かないことが明らかとなっている。そこで、2019年9月から【職場における化学物質等の管理のあり方に関する検討会】にて議論が行われた結果、「労働安全衛生法施行令の一部を改正する政令（令和4年政令第51号）及び労働安全衛生規則及び特定化学物質障害予防規則の一部を改正する省令（令和4年厚生労働省令第25号）」が、令和4年2月24日に公布され、令和5年4月1日から施行（一部令和6年4月1日から施行）された。その中では、従来国が行ってきた化学物質のリスク評価は今後行わず、企業が自律的に化学物質のリスク評価を行うことになった。今後、企業は自らの責任において事業所で取り扱う化学物質のリスクアセスメントを行い、従業員の暴露対策を実施し健康で安全な職場を実現する責任が発生することになる。

　日本の産業界においては「一般社団法人ナノテクノロジー・ビジネス推進協議会（NBCI）」が積極的な活動を展開している。2017年より、NBCI会員企業のうち30社以上が集まる「ナノ材料安全分科会」を進めている。分科会では大きく三つの主課題が設定され、1）ナノ材料の有害性評価に関する主課題、2）ナノ材料のリスク評価に関する主課題、3）ナノ材料等に係る各国の規制動向等の調査（情報収集と必要に応じた提言）に関する取り組みがある。ISOの規格などを元に、各種ナノ材料の利用に際する注意や評価手順などを検討しJIS化を目指している。また、ナノマテリアルの健全な普及のための活動として、「ナノカーボンFAQ」や「CNT取り扱い手順書」を公表している。

　ナノマテリアルに対する国際的な規制は、日本の事業者が海外へそれらの材料を輸出する際に影響を受ける可能性があるにも関わらず、この方面への日本の対応は十分とは言えない。欧州において様々なルールセッティングが進展している状況に比較し、日本は「ナノマテリアルに関する安全・安心の担保のため、産業界等に対する適切な安全指針・規制の提示と認可等の仕組みづくり」といった議論が進展せず、評価手法の検討に留まっている。日本では、毒性学の研究者や、国際標準化活動を担う人材・組織が特に限られているため、研究開発段階から大学や国研の毒性研究者が参画した安全性評価研究は、ほとんどなされていない。科学的な根拠に基づいた国際標準化への参画が求められている。

■経済安全保障とナノテクノロジー・材料分野

　近年立て続けに起こった、米中の覇権争い、COVID-19パンデミック、ロシアによるウクライナ侵攻は、様々な物資やサービスのサプライチェーンに大きな混乱を生じさせると同時に、20年以上続いてきたグローバリズムへの流れを大きく変えることになった。そもそも、グローバリズムの流れは、90年代のソビエト連邦崩壊、ロシアや東欧諸国の民主化と市場原理導入、中国の改革開放路線への転換に端を発している。立て続けに起こったそれらの事象こそが、グローバリズムの3規範（民主主義、市場原理、科学技術）の正しさや有効性を示すものと受けとめられ、北アフリカ諸国の民主化運動などにも影響を与えながら、3規範をより尊重する方向に世界全体が動いてきた。この3規範の一つである市場原理は、国内の産業を保護するよりも、国ごと

の産業の役割分担・国際分業を徹底することで経済合理性を追求することを指向した。市場開放の旗印の元で、生産地のグローバル最適化を行い続けた結果として、2000年代の終わりには、市場シェアの大部分が少数の国、地域で占められる製品分野が多く存在するようになっていた。例を挙げれば、先端半導体は台湾，韓国、太陽電池セル・パネルやリチウムイオン電池は中国、家電製品やIT機器は韓国・中国などに製造が集中している。「最も適した場所で生産を行う」との選択を世界各国およびグローバル企業が行った結果、ハードウェアの生産がアジアに集中したことになる。人類のコントロールの効かない天然資源の特定国・地域への偏在と同じような状態が、自由な経済活動の結果生じたことは皮肉といえる。

　この状況で起きた昨今の国際情勢の混乱は世界中を委縮させるのに十分な衝撃であった。いつでも自由に最適地である他国から入手できると考えていた物やサービスの入手が途絶することで、国内のあらゆる活動が制限されることを身をもって実感させられたからである。現在、各国は、経済安全保障対策の最重要課題として、供給元が限られていて将来にチョークポイントとなりうる資源や工業製品のリストアップや、対応策の検討を急ピッチで進めている。

　1.2.1節で述べた経済安全保障の4つの柱（①サプライチェーン確保、②重要インフラとデータ保護、③重要技術の流出防止、④重要技術の開発強化・支援）の中で、ナノテク・材料分野に関連が深いのが、①、③、④である。図1.2.3-1に、それぞれの柱に対しての各国の主な取り組みを列挙した。

	米国	中国	欧州	日本
① サプライチェーン リスク低減	• サプライチェーン強化のための大統領令(2021) • 国防権限法2021：半導体及びサプライチェーン構築	• 「第14次五カ年計画」：重要原材料製品の研究開発・生産 (2021)	• 新産業戦略：クラウド技術、エッジコンピューティング技術、半導体技術の海外依存解消	• 経済安全保障推進法「重要物資の安定的な供給の確保に関する制度」(2022)
③ 流出防止	• エンティティリスト拡大 • 投資管理強 (FIRRMA) • 研究インテグリティ強化	• 輸出管理法(2020) • 信頼できない主体リスト • 輸出禁止等技術リスト(2020)	• 域内直接投資審査の強化	• 「みなし輸出」管理強化(2021) • 研究インテグリティ強化(2021) • 特許の非公開化 (2022)
④ 開発強化・支援	• TSMC工場の誘致 • 機微・新興技術国家戦略(2022更新) • 競争法案(審議中)	• 「第14次五カ年計画」：科技主導発展の継続、基礎研究強化(2021) • 科学技術フロンティア分野の重要課題(2021)	• 欧州半導体法案 官民合計430億ユーロ	• 経済安全保障重要技術育成プログラム(2022) • 量子・AI・バイオ・マテリアル国家戦略策定・改定(2019-2022) • 半導体戦略(2021-2022)

図1.2.3-1　　　ナノテクノロジー・材料に関する主要国の経済安全保障の政策動向

　欧州や米国が、アジア地区に生産拠点が偏っている先端半導体やリチウムイオン電池の製造に関して、国内での製造や研究開発能力の拡充策に着手していること、欧米の姿勢への対応策として中国も輸出禁止等の措置で対抗していることが見て取れる。また、先端半導体に関しては、10年ほど前に最先端ロジックのプロセス開発競争から撤退し、海外ファブからの調達に舵を切った日本も、国内研究開発拠点や製造会社の設立、台湾メーカの国内誘致、人材育成拠点の設立等の施策を次々と打ち出し、全方位的な強化の姿勢を見せている。新たに発足した半導体製造企業Rapidusは、日本が量産を断念した20 nm世代から5 nm世代をすべて飛び越えて、2 nm以降世代の量産を狙う。海外調達が困難になることへ備える動きは、希少資源への対応としては以前からも行われてきたものだが、国際情勢の急速な変化により、工業製品にまで適用され先鋭化されてきている。

　さらに、経済安全保障のための研究開発の加速や技術流出保護の動きは、現行ビジネスに近い技術の開発だけでなく、将来における産業や軍事面での競争力につながる新興技術や、一部の基礎的研究の範囲にまで及んでいる。基礎研究から社会実装までの時間が比較的短い分野や、民生品と軍事技術の差異が小さい分野においては、その傾向が特に顕著で、技術の萌芽的な段階から特別な枠組みで開発加速や保護を行う動きが

出始めている。

■外国人研究者と研究力と経済安全保障

　日本の大学や国立研究所は、少子高齢化社会を背景にした高度外国人材活用の一環として、外国人学生や研究者を積極的に迎え入れる様々な施策を取ってきた。大学の自然科学分野では、2019年度2万人程度の外国人留学生[3]がいるが、卒業後多くの外国人が、日本国内でポスドクなどの研究開発の職業についている。こうして、若い外国人研究者は、日本の先端的材料研究を支えており、一部の研究機関では、外国人学生、ポスドク抜きでは研究活動の継続が事実上不可能であるケースさえある。しかし、昨今の安全保障や経済安全保障を重視する流れの中で、アカデミアにおける国際協力にブレーキがかかるケースも見られ始めている。科学的インパクトが高く萌芽的な基礎研究を行っている研究室に、勤勉で能力の高い若手外国人研究者がいることは、研究遂行の推進力にこそなれ、国家としての危機には直接つながらないとされてきた。一般に、材料の基礎研究が社会に応用されるまでには長い年月がかかるため、たとえ、外国人研究者を通じて情報が持ち出されたとしても、技術が実用化される頃にはその知識が陳腐化しているか、あるいは、広く知れ渡って世界の共通認識となっているかのどちらかのケースが多いからである。しかし、最新のICT機器においては民生用と軍事用の差がないものもあり、最先端の民生品が軍事に転用される例が散見されることから、基礎研究段階でさえも情報流出を論じる動きや課題が出始めている。

　指数関数的な性能向上が当たり前のAI技術や先端半導体に比べると、材料やデバイスの性能の進化ぶりは緩やかである。このため、学術的色彩が強い基礎研究段階ではオープンな研究環境が望ましいとされてきたが、二次電池、先端半導体、希少金属対応などの技術が経済安全保障を論じる際の要ともなっており、以前のような国際的にオープンな研究は難しくなりつつある。

　その一方で、安全保障や経済安全保障に直接関わらない科学技術や、地球環境や感染症対策のような人類全体で立ち向かうべき課題にかかる科学技術に関しては、いずれの国においても外国人研究者の排除は全体の効率を落とすことことに繋がるため、積極的にオープンな国際連携を図るべきともされている。

　研究機関にとって、多様なアイデアを創出するうえで、また単一の思考に陥りがちな日本の研究者に刺激を与えるうえでも、多様な技術的、文化的背景を持った海外の研究者がいることは重要である。また国際的な共同研究が成果創出にとって重要になっている基礎研究分野では優秀な海外の研究者を確保することは重要である。そのうえで顕在化する経済安全保障問題に対応するには、適切な開示と秘匿に関するルールと運用方法を作りあげ、「開き過ぎず、閉じ過ぎない」適切な基準を共有することである。

　また、この問題の根本にあるのは、本文野の先端研究を志望する日本人の学生が少なくなっていることにある。少子化の影響からくる分以上に、この分野の日本人研究者が減っているかについては適切な統計が存在しないが、早急な把握と原因の分析、それに対する必要な対応が必要であろう。科学の道を志すこと自体が、次世代の人材にとって魅力のないものになることのないよう、長期的な視点からの研究者の活躍環境の整備や待遇改善策の構築などが求められよう。

　3　毎年2万人程度であった外国人留学生は2020年以降COVID-19の影響で激減した

1.2.4 主要国の科学技術・研究開発政策の動向

　近年、世界各国で推進されてきているナノテク・材料に関係する大きな取り組みについて述べる。図1.2.4–1は、主要国の近年のナノテク・材料に関係の深い政策・戦略をまとめたものである。

　2001年に、米国が、ナノテクノロジーをイノベーションのエンジンとして位置づけ、大々的な投資を行う計画を発表したのを皮切りに、日本、韓国、次いで台湾、中国、EUが、それぞれ独自のナノテクノロジー推進のための国家計画を立ち上げた。日本は80年代からナノテク・材料関係の研究開発を国家として推進してきており、米国に遅れることなく、第2期科学技術基本計画に盛り込む形で推進してきた。近年は、アジア諸国、BRICsなど、多くの新興国も同様にナノテクノロジー国家計画を策定し、イノベーションをめざして先端科学技術への国家投資をすすめている。また、最近では、経済安全保障の観点から、友好国以外への産業・技術依存の軽減、安定的入手可能な資源・原材料へのシフトをめざす動きも目立ってきている。

　以下に、各国個別にナノテク・材料分野の政策、研究開発・産業化の動向、現状を概括する。

日本
■基本政策
　2021年4月、内閣府が「マテリアル革新力強化戦略」を策定した。本戦略は、2006年に当時の総合科学技術会議が策定した「分野別推進戦略（ナノテクノロジー・材料分野）」以来の、日本が強みを有するマテリアル分野を俯瞰的に展望する戦略となっている。ここで「マテリアル革新力」とは「マテリアル・イノベーションを創出する力」と定義されている。本戦略は、2030年の社会像・産業像を見据え、Society 5.0の実現、SDGsの達成、資源・環境制約の克服、強靭な社会・産業の構築等に重要な役割を果たす、「マテリアル革新力」を強化するための、社会実装、研究開発、産官学連携、人材育成を含めた総合的な政策パッケージとなっている。また、第6期科学技術・イノベーション基本計画では、マテリアルがわが国の科学技術・イノベーションを支える基盤技術として位置づけられ、マテリアル革新力強化戦略の強力な推進が明記されている。

■マテリアル革新力強化戦略にもとづく具体的な取り組み
　マテリアル革新力強化戦略は、産学官共創による迅速な社会実装の強化、データ駆動型研究開発基盤の整備、人材育成やサプライチェーン強靭化による持続的発展性の確保、を原則として掲げ、その実現のための具体的な取り組み（アクションプラン）を以下の3つの観点で整理している。
1. 革新的マテリアルの開発と迅速な社会実装
2. マテリアルデータと製造技術を活用したデータ駆動型研究開発の促進
3. 国際競争力の持続的強化

　特筆すべきは、データ駆動型研究開発の促進にかかる取り組みである。文部科学省を中心として、良質なマテリアルの実データ、ノウハウ、未利用データの収集・蓄積、利活用促進を図るマテリアルDXプラットフォームの整備が進んでいる。また、経済産業省を中心として、製造技術とデータサイエンスの融合、革新的製造プロセス技術の開発に取り組むプロセス・イノベーション・プラットフォームの構築が進んでいる。後者は、産業技術総合研究所の地域センター（つくば：先進触媒拠点、中部：セラミックス・合金拠点、中国：有機・バイオ材料拠点）を拠点とし、高機能材料の製造プロセスデータを一気通貫・ハイスループットで収集できる設備環境の整備を進めており、2022年4月より運用が開始している。

日本		◆ 政府「マテリアル革新力強化戦略」を策定（2021）、第6期科学・イノベ基本計画において同戦略を実行（2021） ◆ 産学からマテリアルデータを効果的・持続的に蓄積・利活用するマテリアルDXプラットフォーム構想を文科省が開始（2021） ◆ 政府「量子未来社会ビジョン」を策定（2022） ◆ 経産省「半導体戦略」（2021）、「蓄電池産業戦略」(2022)、「新・素材産業ビジョン」（2022）を策定 ◆ 官民地域パートナーシップにもとづく次世代放射光施設「NanoTerasu」が2024年より運用開始予定
米国		◆ 国家ナノテクノロジーイニシアティブ（NNI、2001-）、NNI戦略計画（2021-） ◆ マテリアル・ゲノム・イニシアティブ（MGI、2011-）、MGI戦略計画（2021-） ◆ The CHIPS and Science Act（半導体・科学法2022）、国家量子イニシアティブ（2019-） ◆ アメリカのサプライチェーンに関する大統領令（Executive Order on America's Supply Chains、2021）
欧州	EU	◆ Horizon Europe(2021-2027) 　- Horizon 2020でのECSELの後継であるKey Digital Technologies Joint Undertaking（KDT JU）が開始 　- Future and Emerging Technologies（FET）がFlagshipsと名称変更し、「Graphene Flagship」、「Human Brain Project」、「Quantum Flagship」を推進 　- EUの「バッテリー戦略活動計画」により、2019年よりBattery 2030+を推進
	独	◆ ハイテク戦略2025（HTS2025）（2018-2025） ◆ Quantum Technologies –from basic to markets (2018-2022、最長2028)、未来パッケージで追加投資（2020-） ◆ 水素戦略2020（The National Hydrogen Strategy)(2020-)、「H2グローバル」プロジェクトに資金拠出（2021-）
	英	◆ UK Nanotechnologies Strategy（2010-）：省庁横断の国家ナノテクノロジー戦略 ◆ UK COMPOSITES STRATEGY（2009-）：航空機、自動者向けの耐久性が高く軽量かつ高性能な複合材料の開発 　- National Composite Center をブリストル地区に設立し、大企業との共同研究などで、2022年まで累計300Mポンドを投資 ◆ UK National Quantum Technologies Programme (2014-) 　- 量子技術を社会実装を目指し、産学官連携で1Bポンド（10年間、2022年実績：494Mポンド）を投資
	仏	◆ ５か年投融資計画「フランス2030」（2021-）：5つの必要条件と10の目標を掲げ、マイクロエレクトロニクス、ロボティクス、AI、5G、サイバーセキュリティ、量子技術の強化と、環境・エネルギー、農業・食料、バイオ薬品、航空宇宙・深海探査の各分野・領域の成長を目指す。 　- ナノテク研究のネットワークRENATECH+の実験インフラや、原子力・代替エネルギー庁（CEA）電子情報技術研究所（LETI）のナノテクプラットフォームPNFCを支援（2022-）
中国		◆ 中国国民経済・社会発展第14次五カ年計画および2035年長期目標綱要（2021-2035） 　- 重要な先端科学技術7分野に「量子情報」、「集積回路」、「脳科学と脳模倣型人工知能」、「臨床医学と健康」 　- 戦略的新興産業に「次世代情報技術」、「新エネルギー」、「新材料」など。同産業の付加価値をGDP比の17%以上にする。 ◆ 国家イノベーション駆動発展戦略綱要（2016～2030） ◆ 中国製造2025（2015.5）：重点領域10分野に「次世代情報通信技術」、「先端デジタル制御工作機械・ロボット」、「新材料」、「バイオ医薬・高性能医療機器」
韓国		◆ 「第5期科学技術基本計画（5th Science and Technology Basic Plan）（2023-2027）」の策定中 ◆ 水素先導国家ビジョン、K-半導体戦略、K-バッテリー発展計画（2021-） ◆ 尹錫悦政権下でもで、半導体、人工知能(AI)、車載電池などを未来戦略産業と位置づけて育成する方針

図1.2.4–1 　　主要国のナノテク・材料基本政策・国家戦略

■マテリアルDXプラットフォーム構想の推進

マテリアルDXプラットフォームは、産学官の高品質なマテリアルデータの戦略的な収集・蓄積・流通・利活用に加えて、データが効率的・継続的に創出・共用化されるための仕組みを持つ、データ駆動型マテリアル研究開発のための日本全体としてのプラットフォームである。この実現は主に、データ中核拠点の形成、データ創出基盤の整備・高度化（マテリアル先端リサーチインフラ事業）、データ創出・活用型マテリアル研究開発プロジェクトの推進の3つの柱から成り立っている。

○データ中核拠点の形成

物質・材料研究機構（NIMS）は、日本全国で創出されるマテリアルデータを収集・蓄積して広く研究者が利活用できるようにするための中核システムの構築を進めている。具体的には、NIMSがこれまでに蓄積してきた信頼性の高い研究・分析データを活かし、世界最大級のマテリアルデータベースを構築するとともに、集めたビッグデータを利活用できる材料データプラットフォーム事業を推進する計画となっている。現在、世界最大級の材料DBであるMatNaviの活用や後述のマテリアル先端リサーチインフラ事業（ARIM）との連携に向けた検討や試験運用を進めており、2025年から本格運用が予定されている。各種国家プロジェクトから創出されるデータ共有にかかる試行的な取り組みも始まっている。さらに、データベース構築にとどまらず、プラットフォームの機能の一つとしてAI解析基盤を提供し、研究者によるデータ駆動型研究の促進や普及も目標となっている。

○データ創出基盤の整備・高度化（マテリアル先端リサーチインフラ事業）

文部科学省は、2021年度より10年間の計画で、全国的な最先端共用設備体制と高度な技術支援提供体制に加え、リモート化・自動化・ハイスループット化された先端設備による共用促進によって、マテリアルデータを利活用しやすい形で収集・蓄積・提供を行うマテリアル先端リサーチインフラ事業（ARIM）を開始した。ARIMは、前身のナノテクノロジープラットフォーム事業で培われた先端共用設備群や技術支援体制を発展させ、広範に充実した最先端設備群及び技術・ノウハウを有するハブ機関と、一定の領域で特徴的な設備・技術を有するスポーク機関からなるハブ＆スポークによる全国体制を構築している。現在、データフォーマットの検討やデータ共用・利用のルール検討が進んでおり、2023年度よりNIMSが担うデータ中核拠点との接続や、ARIMの利用を通じて創出されたデータの共用利用（広域シェア）に関する試験運用を開始する。

○データ創出・活用型マテリアル研究開発プロジェクトの推進

マテリアル研究開発の効率化・高速化・高度化のために、データやAIを活用した新たな研究開発手法や研究開発環境の本格導入など、研究のデジタルトランスフォーメーション（DX）の必要性が高まっている。従来の研究手法に加え、データサイエンス的手法を戦略的に活用することで革新的なマテリアル創出を目指すのが、マテリアルDXプラットフォームの三つ目の柱である「データ創出・活用型マテリアル研究開発プロジェクト」である。

2021年度はデータ駆動型研究を取り入れた次世代の研究方法論の具体化の検討を行うFSを行い、2022年度より事業の本格実施を開始した（2030年度まで）。本格実施では、10年先の社会像・産業像を見据え、カーボンニュートラルの実現、Society 5.0の実現、レジリエンス国家の実現、Well-Being社会の実現に重要な役割を果たす革新的な機能を有するマテリアルを効率的に創出することを目的に、従来の試行錯誤型の研究にデータサイエンス的手法を取り入れた データ駆動型の先進的な研究手法を開発し実践するとしている。本格実施として次の5拠点・代表機関を採択している。

- 極限環境対応構造材料研究拠点（東北大学）
- バイオ・高分子ビッグデータ駆動による完全循環型バイオアダプティブ材料の創出拠点（京都大学）
- 智慧とデータが拓くエレクトロニクス新材料開発拠点（東京工業大学）
- 再生可能エネルギー最大導入に向けた電気化学材料研究拠点（東京大学）
- データ創出・活用型磁性材料開発拠点（物質・材料研究機構）

　以上の3本の柱を中核としながら、今後他の国家プロジェクトともデータ共有・利活用の範囲を拡大していくことで、データ駆動型マテリアル研究を促進することが期待されている。

■これまでの経緯

　2000年以降、世界の主要国でナノテクノロジーへの大規模な国家投資戦略がスタートしたが、それに先立ち日本は、1980年代から科学技術庁と通商産業省が重層的にナノテクノロジーの国家プロジェクトを推進してきた。具体的には、科学技術庁所管の新技術事業団（現在の科学技術振興機構）が1981年から創造科学技術推進事業（後に戦略的創造研究推進事業ERATO）として始めた林超微粒子プロジェクトと他10件以上のプロジェクト、通商産業省所管の新エネルギー・産業技術総合開発機構（NEDO）が大型プロジェクトとして1992年に発進させた「原子分子極限操作技術」（アトムテクノロジープロジェクト）がある。これらはいずれも、日本が科学技術戦略を本格的に構築し始めた第1期科学技術基本計画策定（1996年）以前にスタートしたプロジェクトである。日本では上記の経緯があったため、米国ナノテクノロジーイニシアティブ（National Nanotechnology Initiative：NNI）の発進とほぼ同時期にナノテクノロジー・材料科学技術を推進する国家計画が比較的順調にスタートした。第2期（2001～2005年度）と第3期（2006～2010年度）においては、重点推進4分野および推進4分野が選定され、「ナノテクノロジー・材料」は重点推進4分野の一つとして、ライフサイエンス、情報通信、環境とともに、10年間にわたって重点的な資源配分がおこなわれた。

　第3期（2006–2010年度）は、5領域「ナノエレクトロニクス領域」、「ナノバイオテクノロジー・生体材料領域」、「材料領域」、「ナノテクノロジー・材料分野推進基盤領域」、「ナノサイエンス・物質科学領域」で重要な研究開発課題が設定・推進された。そこでの主な成果・取組は以下のとおりである[1]。

- 国家基幹技術「X線自由電子レーザー」、「ナノテクノロジー・ネットワーク」等のインフラの整備
- 日本初のオープンイノベーション拠点「つくばイノベーションアリーナ」（TIA‐nano）による産学官連携の強化
- 府省連携プロジェクト：「元素戦略プロジェクト」（文部科学省）と「希少金属代替材料プロジェクト」（経済産業省）の着実な進捗等

　以上、日本が連綿として継続してきたナノテクノロジーへの投資効果がようやく諸所に顔を見せ始めたことを示している。

　第4期（2011–2015年度）においては、科学技術の重点領域型から社会的期待に応える課題解決型（トップダウン型）の政策へと舵が切られ、その中でナノテクノロジー・材料は、横串的横断領域と位置付けられた。しかし、このような横断領域は独立したイニシアティブとして設定されなかったため、国際的にも「日本では基本政策においてナノテクノロジーが重点化されなくなった」と認識される事態が起こった。その後、科学技術イノベーション総合戦略2014では、ナノテクノロジーは産業競争力を強化し政策課題を解決するための分野横断的技術として重要な役割を果たすという旨が明記された。また、同総合戦略2015では、「重点的に取り組むべき課題」の一つである超スマート社会の実現に向けた共通基盤技術や人材の強化、において「センサ、ロボット、先端計測、光・量子技術、素材、ナノテクノロジー、バイオテクノロジー等」が共通基盤的な技術として、改めて位置付けが明確化された。

　第5期（2016–2020年度）では、過去20年間の科学技術基本計画の実績と課題として、研究開発環境の着実な整備、ノーベル賞受賞に象徴されるような成果が上げられた一方で、科学技術における「基盤的な力」の弱体化、政府研究開発投資の伸びの停滞などが指摘された。この中で、ナノテクノロジーは「新たな価値創出のコアとなる強みを有する基盤技術」の一つに位置づけられた。超スマート社会「Society 5.0」へ

1　総合科学技術会議「分野別推進戦略総括的フォローアップ（平成18～22年度）」、平成23年3月

の展開を考慮しつつ10年程度先を見据えた中長期的視野から、高い達成目標を設定し、その目標の実現に向けて基盤技術の強化に取り組むべきとした。さらに、基礎研究から社会実装に向けた開発をリニアモデルで進めるのではなく、スパイラル的な産学連携を進めることで、新たな科学の創出、革新的技術の実現、実用化および事業化を同時並行的に進めることができる環境整備が重視された。Society 5.0 の実現に貢献する11のシステムが特定され、その一つに「統合型材料開発システム」があった。計算科学・データ科学を駆使した革新的な機能性材料、構造材料等の創製を進めるとともに、その開発期間の大幅な短縮を実現することを目標とした。そこで注目された施策が、「統合型材料開発システム」に関する3府省連携施策である。内閣府SIP「革新的構造材料」（2014–2018年度）における「マテリアルズインテグレーション」、文部科学省・JST「イノベーションハブ構築支援事業」の一つとしてNIMSに発足した「情報統合型物質・材料開発イニシアティブ（MI²I）」（2015–2019年度）、経済産業省・NEDO・産業技術総合研究所を中心とする「超先端材料超高速開発基盤技術プロジェクト」（2016–2021年度）がそれに相当する。これら3府省のプロジェクトが補完的に研究開発を実施していく体制が、総合科学技術イノベーション会議　ナノテクノロジー・材料基盤技術分科会を通じて構築された。さらに、2018年度からは内閣府においてSIP第2期「統合型材料開発システムによるマテリアル革命」（2018–2022年度）が開始され、炭素繊維強化プラスチックや粉末・3D積層材料を対象として、既存の材料データベースを活用することと並行して、新プロセス・評価技術に対応したデータベースの構築、材料科学・工学と情報工学を融合した逆問題マテリアルズインテグレーション（MI）を援用して社会実装に向けた開発期間・開発費用を低減するマテリアル革新が掲げられた。

　一方で、世界の国々が投資を強化し研究開発競争が加速するAI、バイオテクノロジー、量子技術といった3つの先端技術分野の強化を最優先の取組として強調する反面、ナノテクノロジー・材料に関する記述はそれぞれの技術領域に散見されるのみとなった。

　そのような中、文部科学省は2018年8月に「ナノテクノロジー・材料科学技術 研究開発戦略」を策定し、材料やデバイスを「マテリアル」という言葉でまとめ、未来社会実現への壁を打破しながら産業振興と人類の幸せの両方に貢献する「マテリアルによる社会革命（マテリアル革命）」の実現を目標として掲げた。翌2019年10月には「イノベーション創出の最重要基盤となるマテリアルテクノロジーの戦略的強化に向けて（第6期科学技術基本計画に向けた提言）」を策定した。ここでは、上記の「ナノテクノロジー・材料科学技術研究開発戦略」の内容を基に、物質や材料、デバイスに係る科学技術である「マテリアルテクノロジー」が今後の我が国における最重要の基盤技術であると明示した上で、マテリアルテクノロジーの持つ重要性や強みを基本認識として整理するとともに、今後の研究開発の推進の方向性と必要となる具体的取組について提示した。このような検討を重ねるなかで「マテリアル革新力強化」というビジョンが徐々に錬成されていった。

　そして、2020年4月に文部科学省および経済産業省の下に「マテリアル革新力強化のための戦略策定に向けた準備会合」が設置され、同年6月に、マテリアル革新力強化のための政府戦略策定に向けた基本的な考え方、今後の取組の方向性等をとりまとめた「マテリアル革新力強化のための政府戦略に向けて（戦略準備会合取りまとめ）」を公表するに至った。

　2020年10月、内閣府は統合イノベーション戦略推進会議（議長：官房長官）の下に「マテリアル戦略有識者会議」を設置し、マテリアル革新力を強化するための検討を開始した。そして、2021年4月に上述した「マテリアル革新力強化戦略」の策定に至っている。

■研究開発プロジェクト

　日本の研究開発政策のトレンドを把握するために、推進中の主な研究開発プログラム・プロジェクトを俯瞰する。図1.2.4–2から1.2.4–10にナノテクノロジー・材料分野に関連する主要プロジェクトを抜粋している。

日本の大型研究開発プロジェクト（総合科学技術・イノベーション会議）

※ナノテク・材料関係を抜粋

戦略的イノベーション創造プログラム（SIP）第2期 2018-22年度	
フィジカル空間デジタルデータ処理基盤	PD：佐相 秀幸（富士通）
統合型材料開発システムによるマテリアル革命	PD：三島 良直（AMED）
光・量子を活用したSociety 5.0実現化技術	PD：西田 直人（東芝）

ムーンショット型研究開発 制度 2020年度-	
ムーンショット目標4 2050年までに、地球環境再生に向けた持続可能な資源循環を実現	PD：山地 憲治（RITE）
ムーンショット目標6 2050年までに、経済・産業・安全保障を飛躍的に発展させる誤り耐性型汎用量子コンピュータを実現	PD：北川 勝浩（阪大）

経済安全保障重要技術育成プログラム 2022年度-	
航空機エンジン向け先進材料技術の開発・実証	PD：未発表
ハイパワーを要するモビリティ等に搭載可能な次世代蓄電池技術の開発・実証	PD：未発表
高感度小型多波長赤外線センサ技術の開発	PD：未発表
超音速・極超音速輸送機システムの高度化に係る要素技術開発	PD：大林 茂（東北大）

図1.2.4–2　　日本の大型研究開発プロジェクト（SIP第2期、ムーンショット型研究開発制度、経済安全保障重要技術育成プログラム）

　内閣府に設置された総合科学技術・イノベーション会議では、府省・分野の枠を超えて基礎研究から出口（実用化・事業化）までを見据えて図1.2.4–2のような研究開発プロジェクトを実施している。2014年度より、わが国の産業にとって将来的に有望な市場を創造し、日本経済の再生を果たしていくという趣旨で「戦略的イノベーション創造プログラム（SIP）」を開始した。同じく2014年度より、実現すれば産業や社会のあり方に大きな変革をもたらすハイリスク・ハイインパクトな挑戦的研究開発を推進する「革新的研究開発推進プログラム（ImPACT）」を開始し、ともに2018年度末で終了している。2017年12月の「新しい経済政策パッケージ（平成29年12月閣議決定）」において、当初は2019年度開始予定であった次のSIPを1年前倒しで開始することが決定され、2018年度より「戦略的イノベーション創造プログラム（SIP）第2期」の研究開発課題が各プログラムディレクター（PD）の下で推進されている。現在SIPは2025年度からの第3期の実施に向けて、研究開発課題や研究開発計画の検討が進んでいる。

　さらに、日本発の破壊的イノベーションの創出を目指し、従来技術の延長にない、より大胆な発想に基づく挑戦的な研究開発を推進する新たな制度として「ムーンショット型研究開発制度」が創設され、2020年度よりプロジェクトが進行している。

　近年の新たな施策としては、「経済安全保障重要技術育成プログラム」の新設が挙げられる。本プログラムは、日本の安全保障をめぐる環境が一層厳しさを増し、世界的に科学技術・イノベーションが国家間の覇権争いの中核となっている中、日本が技術的優位性を高め、不可欠性の確保につなげていくために、国が強力に重要技術の研究開発を進め、育成していくことを目的としている。「先端的な重要技術」「社会や人の活動等が関わる場としての領域」といった観点から本プログラムで支援すべき重要技術の検討が行われ、2022年9月に研究開発ビジョン（第一次）が発表された。現在本ビジョンにもとづく公募が進行し、選考の過程にある。

日本の主な研究拠点型プロジェクト（文部科学省）

※ナノテク・材料関係を抜粋

世界トップレベル研究拠点プログラム（WPI） 2007年度-

持続可能性に寄与するキラルノット超物質拠点（SKCM²）2022年度-	イヴァン・スマリュク（広島大）
量子場計測システム国際拠点(QUP)2021年度-	羽澄 昌史（KEK）
化学反応創成研究拠点（ICReDD）2018年度-	前田 理（北大）
ナノ生命科学研究所（NanoLSI）2017年度-	福間 剛士（金沢大）

WPIアカデミー 2007年度-

材料科学高等研究所（AIMR）	折茂 慎一（東北大）
物質-細胞統合システム拠点（iCeMS）	北川 進（京都大）
国際ナノアーキテクトニクス研究拠点（MANA）	谷口 尚（NIMS）
カブリ数物連携宇宙研究機構（Kavli IPMU）	大栗 博司（東大）
カーボンニュートラル・エネルギー国際研究所（I²CNER）	ペトロス・ソフロニス（九大）
トランスフォーマティブ生命分子研究所（ITbM）	吉村 崇（名大）

共創の場形成支援プログラム 2020年度-

共創分野【本格型】◆ セキュアでユビキタスな資源・エネルギー共創拠点	松田 亮太郎（名大）
◆「ビヨンド・"ゼロカーボン"を目指す"Co-JUNKAN"プラットフォーム」研究拠点	菊池 康紀（東大）
◆ フォトニクス生命工学研究開発拠点 ◆ 再生可能多糖類植物由来プラスチックによる資源循環社会共創拠点	藤田克昌（阪大）髙橋 憲司（金沢大）
政策重点分野（量子技術分野）【本格型】◆ 量子ソフトウェアとHPC・シミュレーション技術の共創によるサスティナブルAI研究拠点	藤堂 眞治（東大）
◆ 量子ソフトウェア研究拠点 ◆ 量子航法科学技術拠点	北川 勝浩（大阪大）上妻 幹旺（東工大）
政策重点分野（環境エネルギー分野）【本格型】◆ 先進蓄電池研究開発拠点	金村 聖志（NIMS）
政策重点分野（バイオ分野）【本格型】◆ つくば型デジタルバイオエコノミー社会形成の国際拠点 ◆ 世界モデルとなる自律成長型人材・技術を育む総合健康産業都市拠点	西山 博之（筑波大）望月 直樹（国立循環器病研究センター）

図1.2.4–3　日本の主な研究拠点型プロジェクト（WPI、COI-Next、等）

文部科学省では、世界トップレベルの研究推進や産学連携促進・イノベーションの創出といった観点から研究拠点を整備している（図1.2.4–3）。世界トップレベルの研究拠点形成を目指し、「世界最高レベルの研究水準」「融合領域の創出」「国際的な研究環境の実現」「研究組織の改革」の4つの要件を満たす「世界トップレベル研究拠点プログラム（WPI）」として、2007年より事業を開始している。2012年度までで一度公募は区切りを迎えたが、WPIの長期計画や助成期間終了後の措置等の議論を重ね、2017年度より新たに公募を開始している。また、助成期間終了後のWPI拠点をはじめとする日本トップレベルの拠点をネットワーク化し、それらの持つ経験・ノウハウを展開することで全国的な基礎研究力の強化につなげる枠組み"WPIアカデミー"を立ち上げ、WPIの成果最大化に向けた取り組みが始まっている。

他の拠点系事業としては、JSTにおいて2013年度より、将来社会のニーズから導き出される社会の姿、暮らしの在り方を設定し既存分野・組織の壁を取り払い、企業だけでは実現できない革新的なイノベーションを産学連携で実現することを目的とした「革新的イノベーション創出プログラム（COI STREAM）」が開始され、2021年度で事業が終了した。現在、COI STREAMのコンセプトを継承し、国の成長と地方創生に貢献する産官学共創に向けた拠点形成事業である「共創の場形成支援プログラム（COI-NEXT）」が推進中である。

その他、文部科学省、経済産業省では、国が支援すべき特定のテーマについて拠点形成やネットワーク化、産学連携、産業化などを促進する様々な観点からプログラムを推進している（図1.2.4–4）。このなかで注目されるのは、文部科学省において2018年度から開始された「光・量子飛躍フラッグシップ（Q-LEAP）」、2019年度から開始された「材料の社会実装に向けたプロセスサイエンス構築事業（Materealizeプロジェクト）」、2022年度から開始された「次世代X-nics半導体創生拠点形成事業」であろう。次世代X-nics半導体創成拠点形成事業は、カーボンニュートラルやデジタル社会の実現、経済安全保障の確保に向けて重要な役割を果たす革新的半導体集積回路の創生を目的とし、わが国の強みを活かした研究開発及び人材育成の中

核的なアカデミア拠点形成を推進するとしている。

　JSTの戦略的創造研究推進事業は、日本が直面する重要な課題の達成に向けた基礎研究を推進し、科学技術イノベーションを生み出す創造的な新技術を創出することを目的にしたトップダウン型の競争的資金である。その中で「CREST」では、国が定める戦略目標の達成に向けて、課題達成型基礎研究を推進し、科学技術イノベーションを生み出す革新的技術シーズを創出するためのチーム型研究を推進している（図1.2.4–5）。一方、「ERATO」では卓越したリーダーの下、独創性に富んだ課題達成型基礎研究を推進し、新しい科学技術の源流を創出することを目的としている。いずれのプログラムも高い能力と大きな可能性をもった研究者が、挑戦すべきと考える研究テーマに存分に没頭できる体制を提供している（図1.2.4–6）。

日本の関連主要プログラム・プロジェクト

文部科学省

- データ創出・活用型マテリアル研究開発プロジェクト　2021年度新規
- マテリアル先端リサーチインフラ事業　2021年度新規
- 革新的パワーエレクトロニクス創出基盤技術研究開発事業　2021年度新規
- 次世代X-nics半導体創生拠点形成事業　2022年度新規
- 革新的GX技術創出事業（GteX）　2023年度新規
- 材料の社会実装に向けたプロセスサイエンス構築事業（Materealize-PJ）
- 革新的材料開発力強化プログラム（M-cube）
- 光・量子飛躍フラッグシッププログラム（Q-LEAP）

経済産業省・NEDO

- グリーンイノベーション基金事業　2021年度新規
- マテリアル革新技術先導研究プログラム　2021年度新規
- 電気自動車用革新型蓄電池技術開発　2021年度新規
- 省エネエレクトロニクスの製造基盤強化に向けた技術開発事業　2021年度新規
- IoT社会実現のための革新的センシング技術開発
- 官民による若手研究者発掘支援事業
- 高効率・高速処理を可能とするAIチップ・次世代コンピューティングの技術開発事業
- 超先端材料超高速開発基盤技術プロジェクト
- 革新的新構造材料等研究開発

図1.2.4–4　　　　日本の主な研究開発プログラム（文部科学省、経済産業省）

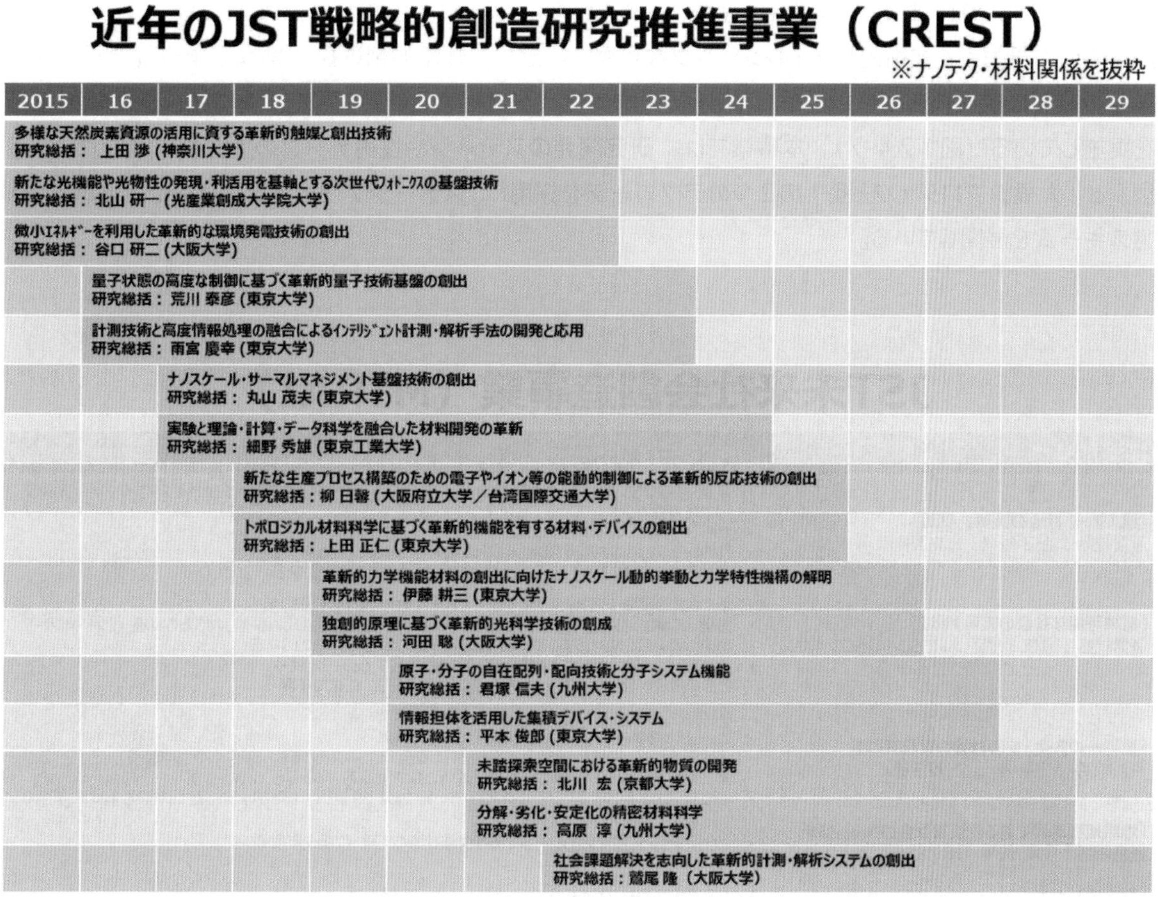

近年のJST戦略的創造研究推進事業（CREST）

※ナノテク・材料関係を抜粋

2015	16	17	18	19	20	21	22	23	24	25	26	27	28	29

- 多様な天然炭素資源の活用に資する革新的触媒と創出技術　研究総括：上田 渉（神奈川大学）
- 新たな光機能や光物性の発現・利活用を基軸とする次世代フォトニクスの基盤技術　研究総括：北山 研一（光産業創成大学院大学）
- 微小エネルギーを利用した革新的な環境発電技術の創出　研究総括：谷口 研二（大阪大学）
- 量子状態の高度な制御に基づく革新的量子技術基盤の創出　研究総括：荒川 泰彦（東京大学）
- 計測技術と高度情報処理の融合によるインテリジェント計測・解析手法の開発と応用　研究総括：雨宮 慶幸（東京大学）
- ナノスケール・サーマルマネジメント基盤技術の創出　研究総括：丸山 茂夫（東京大学）
- 実験と理論・計算・データ科学を融合した材料開発の革新　研究総括：細野 秀雄（東京工業大学）
- 新たな生産プロセス構築のための電子やイオン等の能動的制御による革新的反応技術の創出　研究総括：柳 日馨（大阪府立大学／台湾国際交通大学）
- トポロジカル材料科学に基づく革新的機能を有する材料・デバイスの創出　研究総括：上田 正仁（東京大学）
- 革新的力学機能材料の創出に向けたナノスケール動的挙動と力学特性機構の解明　研究総括：伊藤 耕三（東京大学）
- 独創的原理に基づく革新的光科学技術の創成　研究総括：河田 聡（大阪大学）
- 原子・分子の自在配列・配向技術と分子システム機能　研究総括：君塚 信夫（九州大学）
- 情報担体を活用した集積デバイス・システム　研究総括：平本 俊郎（東京大学）
- 未踏探索空間における革新的物質の開発　研究総括：北川 宏（京都大学）
- 分解・劣化・安定化の精密材料科学　研究総括：高原 淳（九州大学）
- 社会課題解決を志向した革新的計測・解析システムの創出　研究総括：鷲尾 隆（大阪大学）

図1.2.4–5　　　近年のJST戦略的創造研究推進事業（CREST）プロジェクト

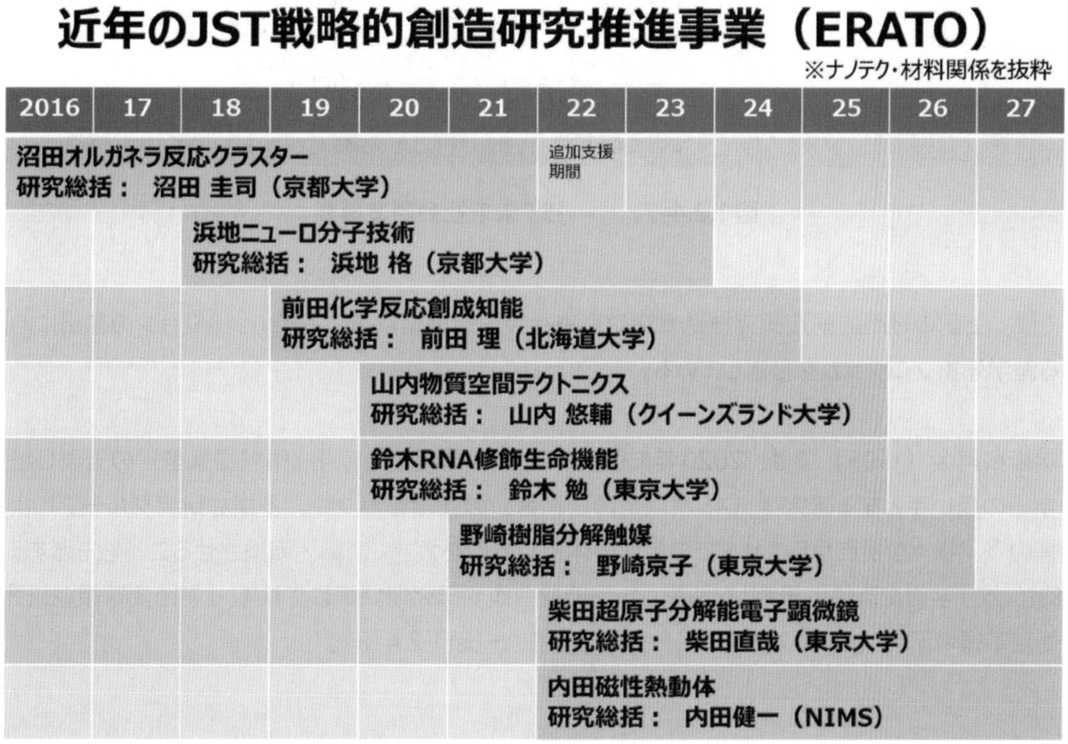

近年のJST戦略的創造研究推進事業（ERATO）

※ナノテク・材料関係を抜粋

2016	17	18	19	20	21	22	23	24	25	26	27

- 沼田オルガネラ反応クラスター　研究総括：沼田 圭司（京都大学）　　［22：追加支援期間］
- 浜地ニューロ分子技術　研究総括：浜地 格（京都大学）
- 前田化学反応創成知能　研究総括：前田 理（北海道大学）
- 山内物質空間テクトニクス　研究総括：山内 悠輔（クイーンズランド大学）
- 鈴木RNA修飾生命機能　研究総括：鈴木 勉（東京大学）
- 野崎樹脂分解触媒　研究総括：野崎京子（東京大学）
- 柴田超原子分解能電子顕微鏡　研究総括：柴田直哉（東京大学）
- 内田磁性熱動体　研究総括：内田健一（NIMS）

図1.2.4–6　　　近年のJST戦略的創造研究推進事業（ERATO）プロジェクト

俯瞰対象分野の全体像

1

1 俯瞰対象分野の全体像

また、JSTでは2017年度より、社会・産業ニーズを踏まえ、経済・社会的にインパクトのあるターゲット（出口）を明確に見据えた技術的にチャレンジングな目標を設定し、戦略的創造研究推進事業や科学研究費助成事業等の有望な成果の活用を通じて、実用化が可能かどうか見極める研究開発を実施する、未来社会創造事業を実施している（図1.2.4–7）。本事業では、研究開発のステージや技術テーマの重要度に応じて「探索加速型」と「大規模プロジェクト型」の2つのアプローチを採用し、ステージゲート方式の導入など柔軟な公募・運営スキームを展開している。

JST未来社会創造事業（MIRAI）

探索加速型	重点公募テーマ
「超スマート社会の実現」領域 運営統括：前田 章（元日立製作所）	・多種・多様なコンポーネントを連携・協調させ、新たなサービスの創生を可能とするサービスプラットフォームの構築（2017年度-） ・サイバー世界とフィジカル世界を結ぶモデリングとAI（2018年度-） ・サイバーとフィジカルの高度な融合に向けたAI技術の革新（2019年度-） ・異分野共創型のAI・シミュレーション技術を駆使した健全な社会の構築（2020年度-）
「持続可能な社会の実現」領域 運営統括：國枝 秀世（あいちシンクロトロン光センター）	・新たな資源循環サイクルを可能とするものづくりプロセスの革新（2017年度-） ・労働人口減少を克服する"社会活動寿命"の延伸と人の生産性を高める「知」の拡張の実現（2017年度-） ・将来の環境変化に対応する革新的な食料生産技術の創出（2018年度-） ・モノの寿命の解明と延伸による使い続けられるものづくり（2019年度-） ・社会の持続的発展を実現する新品種導出技術の確立（2020年度-）
「世界一の安全・安心社会の実現」領域 運営統括：田中 健一（三菱電機）	・ひとりひとりに届く危機対応ナビゲーターの構築（2017年度-） ・ヒューメインなサービスインダストリーの創出（2017年度-） ・生活環境に潜む微量な危険物から解放された安全・安心・快適なまちの実現（2018年度-） ・食・運動・睡眠等日常行動の作用機序解明に基づくセルフマネジメント（2019年度-） ・心理状態の客観的把握とフィードバック手法の確立による生きがい・働きがいのある社会の実現（2020年度-）
「地球規模課題である低炭素社会の実現」領域 運営統括：魚崎 浩平（NIMS）	・「ゲームチェンジングテクノロジー」による低炭素社会の実現（2017年度-）
「共通基盤」領域 運営統括：長我部 信行（日立製作所）	・革新的な知や製品を創出する共通基盤システム・装置の実現（2018年度-）

大規模プロジェクト型	技術テーマ
運営統括：大石 善啓（三菱総研）	・粒子加速器の革新的な小型化及び高エネルギー化につながるレーザープラズマ加速技術（2017年度-） ・エネルギー損失の革新的な低減化につながる高温超電導線材接合技術（2017年度-） ・自己位置推定機器の革新的な高精度化及び小型化につながる量子慣性センサー技術（2017年度-） ・通信・タイムビジネスの市場獲得等につながる超高精度時間計測（2018年度-） ・Society5.0の実現をもたらす革新的接着技術の開発（2018年度-） ・未来社会に必要な革新的水素液化技術（2018年度-） ・センサ用独立電源として活用可能な革新的熱電変換技術（2019年度-） ・トリリオンセンサ時代の超高速情報処理を実現する革新的デバイス技術（2020年度-） ・安全・安心かつスマートな社会の実現につながる革新的マイクロ波計測技術（2021年度-）

図1.2.4–7　　JST 未来社会創造事業

JSTでは、上記の戦略的創造研究推進事業や未来社会創造事業以外にもイノベーションの創出に向け、特色のある産学連携プログラムを推進している。

日本学術振興会（JSPS）では、2020年に従来の新学術領域研究（研究領域提案型）の見直しが行われ、次代の学術の担い手となる研究者（45歳以下の研究者）の参画を得つつ、多様な研究グループによる有機的な連携の下、様々な視点からこれまでの学術の体系や方向を大きく変革・転換させることを先導することなどを目的として「学術変革領域研究」を創設した。助成金額や研究期間等に応じて、「学術変革領域研究（A）」と「学術変革領域研究（B）」の2つの区分が設置された（図1.2.4–8）。

科学研究費補助金　学術変革領域研究

※ナノテク・材料関係を抜粋

学術変革領域研究(A)	
データ記述科学の創出と諸分野への横断的展開(2022年度-)	平岡 裕章（京都大学）
「学習物理学」の創成−機械学習と物理学の融合新領域による基礎物理学の変革(2022年度-)	橋本 幸士（京都大学）
生体反応の集積・予知・創出を基盤としたシステム生物合成科学(2022年度-)	葛山 智久（東京大学）
光の螺旋性が拓くキラル物質科学の変革(2022年度-)	尾松 孝茂（千葉大学）
超セラミックス：分子が拓く無機材料のフロンティア(2022年度-)	前田 和彦（東京工業大学）
光の極限性能を生かすフォトニックコンピューティングの創成(2022年度-)	成瀬 誠（東京大学）
極限宇宙の物理法則を創る−量子情報で拓く時空と物質の新しいパラダイム(2021年度-)	高柳 匡（京都大学）
超温度場材料創成学：巨大ポテンシャル勾配による原子配列制御が拓くネオ3Dプリント(2021年度-)	小泉 雄一郎（大阪大学）
デジタル化による高度精密有機合成の新展開(2021年度-)	大嶋 孝志（九州大学）
生物を陵駕する無細胞分子システムのボトムアップ構築学(2021年度-)	松浦 友亮（東京工業大学）
２.５次元物質科学：社会変革に向けた物質科学のパラダイムシフト(2021年度-)	吾郷 浩樹（九州大学）
動的エキシトンの学理構築と機能開拓(2020年度-)	今堀 博（京都大学）
高密度共役の科学：電子共役概念の変革と電子物性をつなぐ（2020年度-）	関 修平（京都大学）
マテリアルシンバイオシスのための生命物理化学（2020年度-）	山吉 麻子（長崎大学）
超秩序構造が創造する物性科学（2020年度-）	林 好一（名古屋大学）
散乱・揺らぎ場の包括的理解と透視の科学（2020年度-）	的場 修（神戸大学）

図1.2.4–8　　科研費・学術変革領域研究

NEDOの主要プロジェクト

※ナノテク・材料関係を抜粋

分野	事業・プロジェクト名	研究期間
分野横断	グリーンイノベーション基金事業	2021-
	官民による若手研究者発掘支援事業	2020-26
	NEDO先導研究プログラム	2014-
太陽光発電	太陽光発電主力電源化推進技術開発	2020-24
燃料電池・水素	水素利用等先導研究開発事業	2014-22
	水素社会構築技術開発事業	2014-22
	超高圧水素インフラ本格普及技術研究開発事業	2018-22
	燃料電池等利用の飛躍的拡大に向けた共通課題解決型産学官連携研究開発事業	2020-24
蓄電池	先進・革新蓄電池材料評価技術開発（第2期）	2018-22
	電気自動車用革新型蓄電池開発	2021-25
省エネルギー	環境調和型プロセス技術の開発	2017-22
	戦略的省エネルギー技術革新プログラム	2012-24
	脱炭素社会実現に向けた省エネルギー技術の研究開発・社会実装促進プログラム	2021-35
	未利用熱エネルギーの革新的活用技術研究開発	2015-22
電子・情報通信	高効率・高速処理を可能とするAIチップ・次世代コンピューティングの技術開発	2016-27
	AIチップ開発加速のためのイノベーション推進事業	2018-22
	ポスト5G情報通信システム基盤強化研究開発事業	2019-
3R・水循環	高効率な資源循環システムを構築するためのリサイクル技術の研究開発事業	2017-22
	革新的プラスチック資源循環プロセス技術開発	2020-24

分野	事業・プロジェクト名	研究期間
新製造技術	積層造形部品開発の効率化のための基盤技術開発事業	2019-23
材料・部材	革新的新構造材料等研究開発	2014-22
	超先端材料超高速開発基盤技術プロジェクト	2016-22
	機能性化学品の連続精密生産プロセス技術の開発	2019-25
	IoT社会実現のための革新的センシング技術開発	2019-24
	海洋生分解性プラスチックの社会実装に向けた技術開発事業	2020-24
	炭素循環社会に貢献するセルロースナノファイバー関連技術開発	2020-24
	次世代複合材創製・成形技術開発プロジェクト	2020-24
	カーボンリサイクル実現を加速するバイオ由来製品生産技術の開発	2020-26
ロボット・AI	次世代人工知能・ロボットの中核となるインテグレート技術開発	2015-22
	人工知能技術適用によるスマート社会の実現	2018-22
	革新的ロボット研究開発基盤構築事業	2020-24

図1.2.4–9　　NEDOの主要プロジェクト

安全保障技術研究推進制度

※ナノテク・材料関係を抜粋

2022年度公募テーマ	2023年度公募テーマ
量子暗号通信技術に関する基礎研究	量子ネットワーク技術に関する基礎研究
光波領域における新たな知見に関する基礎研究	光波領域における新たな知見に関する基礎研究
	光波センシングや光通信における新たなアプローチに関する基礎研究
高出力レーザの発振・伝搬に関する基礎研究	高出力レーザの発振・伝搬に関する基礎研究
高速放電及び高出力・大容量電力貯蔵技術に関する基礎研究	高出力、大容量電力貯蔵技術や電池・高速放電や再充電電源システムに関する基礎研究
冷却技術に関する基礎研究	エレクトロニクスデバイスやレーザ装置の冷却技術に関する基礎研究
高強度材料・機能性材料・表面加工に関する基礎研究	高強度材料・機能性材料・表面加工に関する基礎研究
接合技術に関する基礎研究	材料間の相互接合技術による軽量化・強度向上に関する基礎研究
耐熱技術に関する基礎研究	耐環境性・適切な電磁波特性を確保する耐熱技術に関する基礎研究
極限環境下における計測技術に関する基礎研究	
磁気センサ技術に関する基礎研究	磁気センサ技術に関する基礎研究
化学物質検知及び除去技術に関する基礎研究	化学物質検知及び除去技術に関する基礎研究
	高周波数・高出力デバイスに関する基礎研究
耐性及び信頼性に優れた高速デバイス・回路に関する基礎研究	小型で超高速情報処理を実現する新規な演算デバイスに関する基礎研究
極超音速技術に関する基礎研究	極超音速推進・空力技術に関する基礎研究

図1.2.4–10　　　安全保障技術研究推進制度

　新エネルギー・産業技術総合開発機構（NEDO）では、経済産業行政の一翼を担う公的技術開発マネジメント機関として、「エネルギー・地球環境問題の解決」と「産業技術力の強化」という2つのミッションを掲げ、企業、大学および公的研究期間の英知を結集して、技術開発・実証に取り組んでいる（図1.2.4–9）。

　その他省庁でも各種研究開発プロジェクトを実施しているが、昨今の安全保障上の課題を受けて注目されるのが、防衛装備庁が実施する「安全保障技術研究推進制度」である。本制度は、防衛分野での将来における研究開発に資することを期待しながらも、先進的な民生技術についての基礎研究を推進することを目的としている。図1.2.4–10に示すようにナノテク・材料分野に関連深い研究テーマが公募対象となっている。

米国
■基本政策
　米国における本文野の基本政策として、国家ナノテクノロジーイニシアティブ（NNI）、マテリアルズ・ゲノムイニシアティブ（MGI）の二大イニシアティブを取り上げ、さらに本稿ではThe CHIPS and Science Act of 2022（半導体・科学法2022）と希少鉱物資源に関する施策に触れる。

・国家ナノテクノロジーイニシアティブ（National Nanotechnology Initiative: NNI）[2]
　NNIは「21世紀ナノテクノロジー研究開発法」に基づき、2001年の開始から20年以上に渡って推進されてきた。30以上の連邦機関が関与する省庁横断の国家イニシアティブとして、大統領府のOSTP（Office of Science and Technology Policy）に設置されたNSET小委員会（Nanoscale Science, Engineering, and Technology Subcommittee）にて、OMB（行政管理予算局）参加のもと企画・推進されている。正式な組織構造としては、NSETのもと2つの組織、ナノテクノロジー環境・健康影響（NEHI）作業部会と、

2　・NSTC NSET: NATIONAL NANOTECHNOLOGY INITIATIVE STRATEGIC PLAN, October 2021.
　　・NATIONAL NANOTECHNOLOGY INITIATIVE SUPPLEMENT TO THE PRESIDENT'S 2023 BUDGET.

国家ナノテクノロジー調整局（NNCO: National Nanotechnology Coodination Office）とがあり、NNCOが組織間の調整を担う。NNIは個別の資金提供プログラムではなく、関連する政府機関全ての活動の「総和」であり、ナノテクノロジーを進展させるために協力するコミュニティであると定義している。 NNIでは戦略計画を5年毎に更新し、現在の計画は2021年度に策定された。同戦略計画ではナノテクノロジーのR&D、商業化、研究インフラ、責任ある開発をNNI参画省庁・機関が支援するために、設定したゴールを維持するとともに、教育と労働力へより明確に焦点を当てるべく新たなゴールを追加した（表1.2.4-1 ゴール4）。また、コミュニティ全体として「多様性、包摂性、公平性、アクセス（IDEA）」に新たに重点を置くとした。

表1.2.4-1 NNI戦略計画2021における5つのゴール

ゴール1. 研究開発において世界トップの座を維持	・世界レベルのナノテクノロジーR&Dを実現し進展させる ・NNI参加機関の間のターゲットを絞った協働を通じて共通の関心分野を進展させる ・連邦政府の既存及び新規の優先事項・イニシアティブとNNIのつながりを強化する ・ナノテクが世界的問題に対処することができる分野に取り組みを集中させる ・共通の関心分野における国際的協働とコミュニケーションを推進する.
ゴール2. R&Dの商業化促進	・ナノテク起業家コミュニティの訓練及び強化、支援を行う ・国内のあらゆる地域においてナノテクの商業化を支援するために、地域イノベーションエコシステムと協働し、つながりを強化する（Manufacturing USA研究機関とのシナジーを生かす） ・技術開発経路の後半を支える連邦政府の活動に対する認識を高め、調整を行う（開発・応用に関する特定課題に迅速に対処し、技術ロードマップを作成するために「タイガーチーム」を設置） ・ターゲット分野における官民パートナーシップを構築・拡大する
ゴール3. 研究、開発、実用化を持続的に支援する研究インフラの提供	・ナノテクR&Dインフラを支援する連邦政府の取り組みを調整する ・重要なナノテクインフラの開発と入手性を支援する ・米国全土において全ての米国人のためにナノテク研究開発インフラへのアクセスを促進する ・データベースの相互運用性とベストプラクティスを推進することでデータの共有を促す ・研究ユーザー施設からプロトタイピング・試験・製造リソースへの移行に対する認識を高め、移行のための経路を支援する ・ターゲットとする技術分野においてテストベッドとプロトタイピング施設を整備する ・特殊なナノテクインフラを活用した教育及び訓練、人材開発の機会を提供・促進する
ゴール4. パブリック・エンゲージメントを求め、ナノテクノロジー人材を拡大	・ナノテクを用いて、科学・技術・工学・数学の学位及びキャリアパスを追求する学生を増やす ・教員訓練を提供し、ナノテク教育リソースへのアクセスを促す ・学生の研究及びインターンシップ、交流、国際経験の機会を促進・拡大する ・特殊なナノテクインフラを活用した教育及び訓練、労働力開発を提供・推進する ・労働者を、ナノテクを活用した新技術に関する高度な仕事に備えさせる ・ナノテク人材を拡大・多様化する ・ナノテクの科学及び用途、影響に関連する問題について一般市民に情報を提供し、参画を求める
ゴール5. 責任ある開発を保証する	・ナノテクの責任ある開発に関連する連邦政府の活動の調整を行う ・ナノEHSに関する科学的理解を進展させ、幅広く共有する ・ナノテクを活用した製品及びナノマテリアルの研究及び開発、商業化における責任ある開発の原則の採用を支援する。 ・教育・訓練プログラムにおける責任ある開発の原則の採用を奨励する ・ナノテクの責任ある開発を支援するために国際的エンゲージメントを強化する

1
俯瞰対象分野の全体像

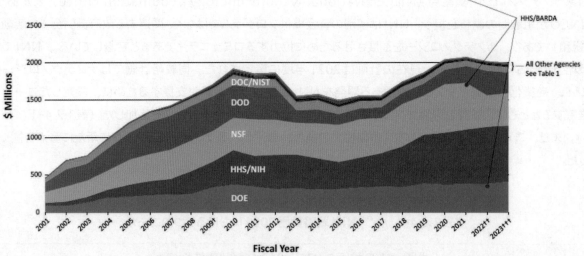

Figure 1. NNI Funding by Agency, 2001–2023.*

* 2021 figures include supplemental funding. BARDA investments (blue dots) not included in line graph totals.

† 2009 figures do not include American Recovery and Reinvestment Act funds for DOE, NSF, NIH, and NIST.

†† 2022 numbers are based on appropriated levels.

††† 2023 Budget.

図1.2.4–11　　　米国NNIの省庁別予算推移

　バイデン大統領の 2023 年予算教書では、NNI に 19.9 億ドルを要求しており（図1.2.4–11）、未来の産業を発展させ、世界の課題に取り組むために必要な発見を促進する基礎研究への投資を継続するとしている。累計407億ドル以上（2023年要求分含む）のNNI投資は、ナノスケールで物質を理解し、知識を米国民に利益をもたらす技術の飛躍的進歩に転換するための研究を支援するものとしている。これまでのNNI投資では、ナノサイエンスの基礎研究、応用、デバイス、システムを進歩させる研究、研究開発を支える重要研究インフラ（国家ナノテクノロジー共用基盤（NNCI）等）に持続的に重点を置いてきた。 NNI予算は各省庁・機関（NNIクロスカット）によって割り当てられたナノテクノロジー関連投資の合計を表している。各機関は、OMB、OSTP、および議会との調整により、ナノテクノロジー研究開発予算を決定している。NSET小委員会、そのワーキンググループ、コーディネーター、戦略リエゾン、および NNCO を通じて緊密に協力・連携が図られ、統合的な研究開発プログラムを構築している。2020年と2021年の予算は、"Biomedical Advanced Research and Development Authority"による大規模な追加資金を含み、COVID–19パンデミックに対処するための追加投資がおこなわれた。各省庁はこの取り組みの一環として、感染の検査、治療、予防、ウイルスの理解のために、ナノテクノロジーを活用する多くの研究開発活動に資金を投じた。

　NNIの投資はプログラム構成エリア（Program Component Areas: PCA）への戦略的な配分比率に従って実施されてきた。PCAの内容や予算配分は変更を伴いながら過去推移してきたが、現在は5つのPCAとなっている（PCA1.基礎研究、PCA2.応用・デバイス・システム、PCA3.研究インフラ・装置、PCA4.教育・労働力開発、PCA5.責任ある開発）。各PCAへの予算配分は図1.2.4–12の通りである。

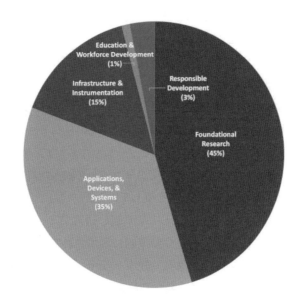

図1.2.4–12　　　　NNIのPCA別2023年度予算案

　NNIは過去10年間、「ナノテクノロジーシグニチャーイニシアティブ（NSI）」として特定技術・応用領域の強化支援を掲げて重点投資を行ってきたが、NSIの指定は終了させた。今後はNSIの経験を生かし、コミュニティのニーズの変化をベースとした特定技術・応用領域に関する非公式な共同体（community of interest）を設定し、NSET小委員会が毎年見直しを行うとした。新たに設定されたものとして「ナノプラスチック共同体」が構築されている。このコミュニティでは、検出や特性評価の手法など、米国の20年以上に及ぶ工業ナノマテリアルに関するEHS研究を基に、二次的ナノマテリアルが及ぼす影響を理解・軽減するための方法を開発している。NNCOの支援を受け、現在は20の政府関係機関と100名以上の参加者で構成されている。今後、共通の優先事項に関してNNI共同体がさらに構築される予定である。「センサーNSI」及び「ウォーターNSI」の政府機関間グループは、上記の共同体として今後も継続する。

　NNIは他のイニシアティブとの協働をこれまでも実施してきたが、より明確にシナジー効果のある連携のために、「戦略リエゾン」を定めている。戦略リエゾンは活動全体における情報共有のパイプ役としての役割を果たし、NSET直属となる。例えば、ナノテクノロジーと量子情報科学、マイクロエレクトロニクス、情報技術は互いに重なる部分がある。新たに設置されたNSTCマイクロエレクトロニクスリーダーシップ小委員会は、NNCO局長が共同委員長を務めている。ネットワーキング及び情報技術研究開発国家調整局及び国家量子調整局の局長は、同小委員会のメンバーであり、両調整局のメンバーが小委員会のスタッフ支援を行っている。このケースにおいては、調整局の局長がイニシアティブ間のリエゾンとしての役割を果たしている。また、ナノテクノロジーコミュニティ全体でIDEAの原則と手法を取り入れるために、NNIはナノテクノロジーコミュニティ内で最新の機会と手法を実行に移すことを目的としてSTEMにおけるIDEAを改善する方法について政府全体での議論を主導する連邦政府グループとの連絡を担当するIDEAリエゾンを定めている。戦略リエゾンの設置により、つながりがさらに強化され、NNIが確実に政権の優先事項と足並みを揃えることができるようになるとしている。リエゾンは、NNIの議会に対する年次報告としての役割を果たす大統領予算教書のNNI補遺で定められる。戦略リエゾンの仕組みを補完するものとして、NNIは政府内外での連絡窓口としての役割を果たし、積極的に政府関係機関間の取り組みの調整を担うコーディネーターを引き続き主要分野で採用する。国際問題分野と規格分野のNNIコーディネーターは継続する。本計画を通じて、さらにインフラコーディネーター及び教育・人材コーディネーターを定める。さらに、NNCOには実業界と地域のイノベーションエコシステムが参画するための専用の産業・地域リエゾンを設けている。これらの仕組みにより、増加するナ

ノテクノロジーに従事する政府関係機関の活動を調整・活用し、関連する連邦政府の活動との協働を意図的に実施するための枠組みがもたらされる。

　幅広いナノテクノロジーコミュニティは、米国及び世界中の研究者、大企業と小規模企業、教師と学生、連邦政府及び州政府、地方政府の職員、非営利団体、一般市民など、多くのステークホルダーで構成されている。NNIは全てのステークホルダーを関与させるためのターゲットを絞った活動を実施しており、2021年度からの5年間に、そうした取り組みを拡大・強化する。NNCOはコミュニティを関与させるための様々な仕組みを有しており、NNIのウェブサイトNano.govとソーシャルメディアチャンネルに加え、パンフレットやウェビナー、ワークショップ、ポッドキャストを通してターゲットを絞ったコンテンツを提供し、重要なコミュニティを発展・促進させるためのネットワーク形成を促している。

　世界中の研究者を集めて特定のトピックに協力して取り組む研究コミュニティ（COR）モデルは、積極的で生産的な協働を育むために過去10年間にわたり効果的に活用されてきた。NNCOが欧州委員会と協力して支援を行う「研究者主導型ナノテクノロジー環境・健康・安全（ナノEHS）COR」は、参加者とより幅広い分野に対して目に見える影響を及ぼしている活発な取り組みである。ナノEHS COR内で構築された強固な関係は、データシェアリングやプロトコル開発などの重要な分野の進歩とナノEHSの知識をフル活用するための研究再現性及び信頼性の向上を加速させる。NNIはこのような強力なモデルを拡大し、世界的な関心分野において国際的コミュニティをまとめていく。

　現在の世界的パンデミックへの対処において、ナノテクノロジーを活用したワクチンと診断法が利用されていることからも、スモールサイエンスの力が浮き彫りになっている。ナノテクノロジーは、病気との闘いや気候変動への対処、浄水化、食料生産の増大、その他の多くの世界的懸念事項への対処に貢献する。NNIは、重要な問題に対処する手助けをすべく、ナノテクノロジーコミュニティを動員し、つなげるために新たな仕組みとして「国家ナノテクノロジーチャレンジ（NNC）」を立ち上げた。社会に便益をもたらすソリューションを推進するためにこうした問題に焦点を当てたより幅広い取り組みと、こうした分野に従事するナノテクノロジー研究者をつないでいくとしている。2022年10月、NNCOはNNCの一つとしてナノテクを活用した気候変動対策プログラム「国家ナノテクノロジーチャレンジ "Nano4EARTH"」を発表した。同プログラムでは、気候変動の現状と傾向の評価・監視・検出、将来の温室効果ガス排出の防止、既に存在する温室効果ガスの除去、ナノテクによる問題解決のための高度なスキルを持つ労働力の教育・訓練、気候変動に起因する社会的・経済的圧力の緩和と強靱性の向上、などの取り組みが挙げられている。

　NSFのプログラムである国家ナノテクノロジー共用基盤（NNCI）は、近年、ナノ・アントレプレナーシップに関する訓練を提供する取り組みを拡大し、米国全土で機会を提供するためにこの取り組みに特化したアソシエイト・ディレクターを設けた。こうした訓練プログラムに加え、中小企業及びスタートアップ企業におけるインターンシップの機会は、ナノテクノロジーの道に進むことに関心がある学生に貴重な体験を提供する。ナノテクノロジービジネスを成長させている起業家はあらゆる起業家と同じ課題に直面するが、他にも高額なツールを利用する必要性やナノ材料の安全な取り扱い手順など、ナノテクノロジー分野特有の問題に直面する可能性がある。ナノテクノロジー開発経路の実施に成功した起業家のベストプラクティスとリソースを共有するために、NNCOはナノテクノロジー起業家ネットワークを支援している。

　ナノテクノロジーの開発経路を効率的に進めるためには、資金提供から適切な機器へのアクセス、規制指針まで、多様なリソースが必要となる。Nano.govは産業界向けのさらなる情報を提供するために拡充され、規制機関からの最新情報公報やターゲットを絞ったコンテンツなど、各分野における多くのリソースを紹介している。NNI参加機関は、開発の後半と製品化を支援する資金提供機会の幅広いポートフォリオを提供する。例えば、中小企業イノベーション研究（SBIR）プログラムと中小企業技術移転（STTR）プログラム は、米国のシードファンドとしての役割を果たし、国内の小規模企業に商業化の可能性のある連邦R&Dに携わるよう奨励する。その他のプログラムとしては、NSFのパートナーシップス・フォー・イノベーションプログラムやDOEの技術商業化基金、国防生産法第三編プログラムが挙げられる。科学技術商業化リエゾンの設置は、

先進テクノロジーの商業化を支援する様々な連邦プログラムとナノテクノロジーコミュニティを結び付ける手助けをする。

NNIにおける共用施設を介したR&D・イノベーション、教育、アウトリーチ活動

　NNI参加機関は、NSFの国家ナノテクノロジー共用基盤NNCIやDOEのナノスケールサイエンス研究センター（NSRC）、NISTナノスケール科学技術センターのナノファブ、ナノテクノロジー評価研究所、計算ナノテクノロジーネットワーク（NCN）のnanoHUB.org. など、独自の機能を提供する一連のユーザー施設（共用施設）を設立してきた。　NNCIは、16州にまたがる29の大学・パートナー機関のナノ加工・特性評価拠点のネットワークであり、69の異なる施設と2,000以上のツールを提供している。250の国立機関と900社以上の企業、約60の政府機関及び非営利団体から、年間13,000人以上のユーザーがNNCIを活用している。こうした大学を基盤とした施設は、周囲のイノベーションエコシステムを支え、教育とアウトリーチ活動のプラットフォームとしての役割を果たしている。協力大学や産業界、州、その他の連邦政府機関からの資金、利用料や寄付金を含め、NSFによるNNCIネットワークへの事業予算を効果的に活用している。その結果NSF予算1,600万ドル/年は、他の約4,400万ドルの資金が合わさるかたちで活用されている。

　DOEが出資するNSRCは、ナノサイエンス研究の最先端施設を有しており、実験計画と実施に関して研究者を指導し、サポートするために世界レベルの科学者と専門家を雇用している。 NSRC施設はDOEの国立研究所内に戦略的に設置されており、中性子源またはシンクロトロン光源などその他の主要なユーザー施設と同じ場所に設置されている。利用プロジェクトは、ピアレビュープロセスを通じて選ばれる。

　国立がん研究所は、NIST及びFDAと協力し、ナノ粒子の有効性と毒性の全臨床試験を行うためにNCLを設立した。 NCLは、全てのがん研究者ががんの治療・診断用のナノテクノロジーに対する 規制機関による審査を円滑に進められるようにするための国家的なリソース・知識基盤としての役割を果たしている。ナノ材料を提供する企業に重要なインフラと特性評価サービスを提供することで、NCLはナノスケール粒子とデバイスの臨床応用への移行を促す。 物理的なインフラに加え、NCNはnanoHUB.orgでナノテクノロジー研究コミュニティ全体が利用することのできる320を超えるシミュレーションツール及びモデリングツールを提供しており、年間160万人の利用者にサービスを提供している。大学を基盤とした施設から国立研究所を基盤とした研究センター、nanoHUBが提供するサイバーインフラまで、NNIユーザー施設の力が組み合わさり、研究者及び開発者、教育者、学生、起業家に重要なツール及び機能へのアクセスを提供する活発なエコシステムを促進している。

1
俯瞰対象分野の全体像

- **マテリアルズ・ゲノムイニシアティブ（MGI）**[3]

　MGIは、実験と共にデータと計算ツールの力を利用することによって、低コストで新材料の発見及び設計、開発、実用化を加速することを目的として、2011年にオバマ政権下で開始された。初期の5年間のイニシアティブが一度終了したのちに国家政策上の後継は顕在化していなかったが、トランプ政権下においてもNISTや主要大学では活発な活動を継続していた。大統領科学技術諮問会議（PCAST）が2020年6月に発出したレポートにおいて、ポストMGIとしての方向性が再提起され、翌2021年11月、バイデン政権下でNSTCのMGI小委員会は、MGI戦略計画2021を策定した。戦略計画では、次の3つのゴールが掲げられた。（1）材料イノベーション基盤（MII: Materials Innovation Infrastructure）を統合すること、（2）材料データの力を活用すること、（3）材料研究開発の労働力について教育と訓練を行い繋げていくこと、である（表1.2.4–2）。MIIとは、シームレスに統合された先進モデリングツール及び計算ツール、実験ツール、定量データの動的かつ発展的でアクセス可能な枠組みを指す。MIIの統合とは、個々のツールの価値を高め、より簡単にアクセスできるようにすることである。増え続けるデータを統合することと、材料開発全体にわたり全てのステークホルダーが容易に理解を共有するプラットフォームの構築を指す。MGIコミュニティ全体の現在及び未来のニーズに対処するために、全米材料データネットワーク（NMDN）の構築を掲げている。表1.2.4–3に、MGIに関連する主要プログラム・プロジェクト・拠点等をまとめて示す。

表1.2.4–2　　MGI戦略計画2021における3つのゴールおよび各戦略目標、アクションプランの全体像

ゴール	戦略目標	アクションプラン
ゴール1．材料イノベーション基盤（MII）の統合	1. MIIの構成要素を結び付け、構築・強化する	**計算（理論、モデリング、シミュレーション）ツール** ・現在の計算ツールのギャップ、特に材料開発全体にわたって多様なステークホルダーに近づく機会の妨げとなるギャップを特定・解消する ・コミュニティコードの開発とこうした技術の商用コードへの組み込みを促すことで国家的計算インフラを活用・強化する ・学際的研究とツール共有・開発を強化するために関連コミュニティとの関係を構築し、協力体制を強化する
		実験（合成、特性評価、プロセッシング）ツール ・合成・プロセッシングツールをより多くの材料領域に拡大するための戦略を策定し、マルチモーダルな特性評価ツールを開発する ・研究開発から製造にわたって、モジュール式の統合型自律ハイスループット実験ツールの開発を推進する ・歴史的黒人大学やその他のマイノリティ受入大学（MSI）を含む多様なユーザーコミュニティによる最新機器へのアクセスを制限する障壁を特定し、取り除く
		統合型研究プラットフォーム ・コミュニティを構築し、協働に対するインセンティブおよび障壁を明らかにするためにワークショップを開催する ・統合型材料プラットフォームの開発を促すための試験的プロジェクトを特定する。 ・産業界における統合型材料プラットフォームの例から学ぶ
		データインフラ ・データリポジトリと分析ツールを構築・維持する ・分散リソースを連合システムに統合する ・材料データインフラがどのように既存のニーズを満たすか、または満たせないかを見極めるために、研究者と関与し続ける ・材料データインフラの採用を加速するためにインセンティブのメカニズムを開発する

　3　NSTC Subcommittee on the Materials Genome Initiative: MATERIALS GENOME INITIATIVE STRATEGIC PLAN, November 2021.

ゴール1．材料イノベーション基盤（MII）の統合	2.全米材料データネットワーク（NMDN）を構築する	・NMDN の構築に向けたコミュニティの取り組みを明らかにし、協働・支援を行う ・パブリックデータリポジトリとプライベートデータリポジトリを紐付けし、統合させるための枠組みを開発する ・実験装置からデータリポジトリまで自動データワークフローに関する取り組みを試験的に実施する ・ギャップを特定・解消し、既存のデータインフラを統合する ・データ交換のための標準とプロトコルを策定する ・協働に向けた補完的な国際的取り組みを特定する ・データインフラロードマップをはじめとする維持戦略を策定・実施する
	3.国家グランドチャレンジを通じてMIIの採用を促進する	・製造業者と関わり合い、MII が対応することのできる重要な能力を明らかにする ・産業界及び学術界、政府との持続的な関与の機会を広げる ・成功を広め、最も大きな課題に取り組むための活動と手法を推進する ・一連の３千年紀課題（thirdmillennium challenges）ワークショップを開催する 　　　※３千年紀課題の例：気候変動、エネルギー貯蔵、再生可能エネルギー生成、重要材料の代替、生体適合性材料による先進医療、レジリエンスを備えた製造能力、老朽化インフラを再構築する改良材料 ・３千年紀課題の問題を中心にMGI コミュニティによるMII 統合を促すために、複数機関による取り組みを策定する ・最もリスク / リワード比率が高い機会を明らかにするために一連のワークショップと調査を実施する ・材料 R&D のためのヒトゲノム計画スタイルのデータ・知識リソースを支援する
ゴール2．材料データの力を活用する	AIの活用を通じて材料R&Dの実用化を加速させる	・FAIR データポリシーに基づいて、よりAI-Ready なデータセットを確保する ・FAIR データ手法の実施を奨励する ・データの質を評価するためのツールを提供する ・コミュニティのメタデータ標準を策定し、その採用を奨励する ・材料から情報を得る AI 手法のオペランド製造工程への応用を実証する ・自律的 R&D 技術の研究所から製造現場へのトランスレーションを行う ・ワークショップや３千年紀問題の明示を通じて AI 駆動型の手法を推進する
ゴール3．材料R&D労働力の教育及び訓練を行い、繋げていく	1.材料R&D教育における現在の課題に取り組む。	**基礎的K-12STEM教育** ・K-12 科学教員向けのデータサイエンス訓練を促進する ・博物館やスカウト活動、博覧会等の課外体験向けのMGI 教材を開発する ・K-12 学生と教育者向け教材とMGI 関連分野のプログラムを統合・改良・拡大する **学部生教育** ・MGI に精通したカリキュラムの開発を促進する ・MGI 教育者ネットワークを構築する ・MGI に重点を置いた学部生向けの研究とキャップストーン体験を可能にする ・コミュニティカレッジを対象としたアウトリーチ活動を拡大する **大学院生教育** ・データを活用した材料研究及び教育、訓練のための効果的な学際プログラムと手法を開発・公開する ・産業界のスキルセットに関する学際的なグラデュエート・サーティフィケートを推進 ・MGI 関連のインターンシップとその他の体験学習の機会を促進する
	2.次世代の材料R&D労働力の訓練を行う。	・急速に進化するMGI ツールの効果を最大化するために、継続的な教育プログラム、職業プログラム、サマースクールプログラムを推進・支援する ・MGI サバティカルを通じてキャリア中期の専門家の再訓練を行う機会を創出する ・研究トランスレーション、アントレプレナーシップ、技術移転、商業化について科学者とエンジニアのクロストレーニングを行うためのプログラムを促進する
	3.人材と機会を結び付ける。	**多様でインクルーシブな材料労働力を確保する** ・効果的なプログラムを特定し、不足分を補う ・多様でインクルーシブな労働力の誘致と育成を拡大する **MGI 労働力開発におけるパートナーシップ** ・学術界と国立研究所、産業界の間のパートナーシップを強化・拡大する ・発見から設計、製造、実用化まで、材料開発全体で専門技能と知識の交流を促す

表1.2.4-3　米国におけるMGI関連の主要プログラム・プロジェクト・拠点等

DMREF (Designing Materials to Revolutionize and Engineer our Future)	NSFのプログラムとして、すべての材料研究テーマを対象に公募。2012年以降、毎年30課題程の研究テーマが採択されている。1課題あたりの予算は4年間で $1,200,000 ～ $1,8000,000の範囲。
MIP (Materials Innovation Platforms)	NSFの支援により、材料研究の進歩を加速するために設計された中規模インフラを構築する。2016年に電子材料と量子材料に関するMIPとして、PARADIMと2DCC-MIPが立ち上げられ、2021年から5年間の更新が認められている。また、2020年にはさらに生体材料とポリマーに関するMIPとして、BioPACIFIC-MIPとGlyco-MIPが発足した。各拠点は5年間で$15,000,000 ～ $25,000,000の予算が見込まれる。
HTE-MC (High-Throughput Experimental Materials Collaboratoly)	NISTが中核となり、DOEの関係する研究所の材料研究拠点を結ぶ、材料合成、特性評価、データ管理サービスを統合した拠点ネットワーク。材料データベースを構築し、材料科学の予測設計を大幅に改善するために、高品質の実験データを迅速に大量に生成する。すべてのデータおよびメタデータをワンステップで閲覧できるようにするとしている。サンプルが共同研究機関内の様々な機器で用いられる際に、サンプルライブラリと新しい測定データの自動的な関連付けを行う。
Materials Project	DOE科学局の基礎エネルギー科学（BES）と先進科学計算研究（ASCR）プログラム、およびエネルギー効率・再生可能エネルギー局（EERE）の電池材料研究（BMR）プログラムが支援するプロジェクト。シミュレーションによるデータ蓄積や機械学習オンラインツールを用いて材料スクリーニングを可能にすることを目指す。開発されたオンラインツールやデータベースは、その利便性から世界中で広く使用されている。MITのグループ（現在はUC Berkeley）とローレンス・バークレー国立研究所等が実施。
CHiMaD (Center for Hierarchical Materials Design)	NISTが支援する研究センターで、2019年に5年間の継続を決定している。構造材料を中心に、結晶構造から材料組織までのマルチスケールを、プロセス、材料組織との関係も含め、データから相関を統合する。ノースウェスタン大学、シカゴ大学、アルゴンヌ国立研究所、企業コンソーシアムに、学会ASM Materials Education Foundationが加わる。熱力学・状態図計算など、ニーズに合わせて速度論のシミュレーションを行い、材料特性の予測、材料開発の支援を実施。
MaRDA (Materials Research Data Alliance)	米国の材料研究データインフラを接続・統合し、オープンで利用しやすく、相互運用可能な材料データの実現を目指すコミュニティ主導のネットワーク。アイデア、人材、データ、ツールの融合を促進し、発見を加速させ、材料メカニズムへの新しい洞察を可能にし、材料設計への人間中心およびAI支援アプローチの基礎を築くためのプラットフォームを提供する。MaRDAの活動を調整する会議体、MaRDACによって運営されている。
Rational Design of Advanced Polymeric Capacitor Films MURI (Multidisciplinary University Research Initiative)	海軍研究局が支援する学際的大学研究イニシアティブ・助成プログラムによる支援で、高電圧・高エネルギー密度コンデンサ技術に適した、高誘電率・高耐圧の新高分子材料を設計する。最先端のスケールブリッジング計算、合成、加工、電気特性評価、相関データベースの構築によって実施する。

• **The CHIPS and Science Act of 2022（半導体・科学法2022）[4]**

　CHIPS and Science Act（以下、CHIPS法。 CHIPSはCreating Helpful Incentives to Produce Semiconductorsの略）は、米国が将来にわたって競争し勝利するため、新たに527億ドルの投資を行うものである。直接的な半導体だけでなく、幅広い科学技術分野が対象に含まれている。企業における半導体・関連機器の製造にかかる資本支出に対しての25%の投資税額控除や、既存事業・プログラムの継続・増加分なども含めると、総額で2,500億ドル規模の予算措置を見込む。製造業、サプライチェーン、国家安全保

4　・CHIPS and Science Act of 2022　Division A Summary - CHIPS and ORAN Investment
　・FACT SHEET: CHIPS and Science Act Will Lower Costs, Create Jobs, Strengthen Supply Chains, and Counter China

障を強化し、研究開発と将来の労働力へ投資する。米国がナノテクノロジー、クリーンエネルギー、量子コンピュータ、人工知能、バイオテクノロジーなどの未来の産業におけるリーダーであり続けるためのものであるとし、さらに民間における数千億ドルの半導体投資を呼び起こすものと見込んでいる。

　新たな527億ドルのうちおよそ390億ドルは、半導体メーカーが米国を拠点として製造装置や施設・ファブへ投資することを後押しするために5年間で配分される。商務省（DOC）に110億ドル、国防総省に20億ドルを割り当て、マイクロエレクトロニクス研究開発のための国家ネットワークを構築する。インテルは、オハイオ州への投資を当初は200億ドルとしていたが、CHIPS法のインセンティブにより、1,000億ドルまで拡大する可能性を掲げた。マイクロンは、グローバルで1,500億ドルを投資する計画の一環として、米国内の製造施設に2030年までに400億ドルを投じることを発表した。また、グローバルファウンドリーズは、ニューヨーク工場を拡張することを発表した。サムスンは、テキサス州に2,000億ドル規模の工場建設計画を発表しており、CHIPS法はこれら産業界の投資に拍車をかけるものとなっている。

　CHIPS法の主な資金使途には、半導体の製造、組立、試験、パッケージング、研究開発などがあり、米国に拠点を置く施設・設備が広く含まれる。特に施設の建設、拡張、近代化、人材開発・労働力確保、材料開発、複雑な設備のメンテナンス等の支出に充てることができる。商務省は、資金の一部を融資や融資保証に充てることもできるとしている。一方、資金受給する企業は、中国等を念頭に置いた「懸念のある国」で高度な製造活動を展開することや、自社株買い・株主配当に資金を使用することはできない。

　DOCが発足を予定する全米半導体技術センター（NSTC）は、先端半導体技術の研究と試作を行い、人材訓練プログラムや、スタートアップからの新技術の商業化を支援する投資ファンドを維持する官民コンソーシアムを担うものとして注目される。PCASTが2022年9月に発した勧告では、米国の半導体エコシステムの長期的な健全性と競争力を確保するため、10のアクションを掲げている。NSTCの設立に際して、広く政府、産業界、学界からの参加を得た包摂的なものとすること、半導体の能力拡大における重要技術の前進に沿った6つの分散した卓越連合の創設によって、地理的な包摂性も確保することを勧告している。また、学生が半導体エコシステムにおいて、高需要・高収入の仕事で幅広く活躍できるようにするため、教育と訓練の機会を作る必要性も強調している。そのため米国政府は、あらゆるタイプの教育機関の学生にアプローチし、幅広く多様な労働力を構築するための積極的努力が必要であるとしている。短期的には、NSTCが5億ドルの投資基金を立ち上げ、半導体のスタートアップに対する財政支援と、プロトタイピングのための施設やツールへのアクセスを提供するよう勧告している。さらにNSTCは2025年までに、チップレットプラットフォームの創設または資金供給を行い、スタートアップや学術機関の研究者が、より迅速にイノベーションを起こし、開発コストを大幅に削減できるようにする必要があるとしている。長期的には、国家研究アジェンダで特定された優先課題に資金全体の30〜50%程度を充て、全国規模の協力が有効な3つの課題（1.ゼタスケール時代を見据えた 高度コンピューティング、2.設計における複雑さの大幅な低減、3.ライフサイエンス用途の半導体の普及）に取り組むことを勧告している。

　さらにNISTは、集積回路におけるパッケージ技術開発を行うための National Advanced Packaging Manufacturing Program（NAPMP）を始めとして、マイクロエレクトロニクスに特化した最大3つの"Manufacturing USA 拠点"を設立する。2022年会計年度はNSTCに20億ドル、NAPMPに25億ドル、残りの活動に5億ドルが割り当てられる。これらプログラムには、その後の4年間でさらに合計60億ドルが計画され、DOCが資金配分の裁量権を有している。また、全米の地域のイノベーションとテクノロジーのハブに投資するために100億ドルを認可し、州政府や地方自治体、高等教育機関、労働組合、企業、地域密着型組織を集め、技術、イノベーション、製造部門の発展のために全米20か所の地域技術ハブ・パートナーシップを構築する。これらの拠点で雇用を創出し、地域経済発展を促し、AI、先端製造業、クリーンエネルギーなどの高成長・高賃金分野をリードすべく全米のコミュニティを位置づけるものとしている。

　NISTはまた、研究者が新しいナノテクや半導体デバイスの開発に利用できる半導体チップを開発・製造す

るため、Googleと共同研究開発契約を締結した。Googleが生産開始の初期費用を負担することで、初回生産分の費用を支援する。NISTは、大学研究者と共同で半導体チップの回路を設計する。設計はオープンソースとし、大学や中小企業の研究者が、制限やライセンス料なしに半導体チップを使用できるようにする。この共同研究では、生産量を増やして規模の経済を実現し、ライセンス料を不要とする法的枠組みを導入することで、半導体チップのコストを大幅に下げることが期待されている。協力機関にはミシガン大学、メリーランド大学、ジョージワシントン大学、ブラウン大学、カーネギーメロン大学などが参画する。

DODの資金によるマイクロエレクトロニクス研究開発のネットワークでは、研究開発上のイノベーションを実用技術に移行することを任務としている。新材料、デバイス、アーキテクチャに関する費用対効果の高い研究、および米国の知的財産を保護するための、国内施設でのプロトタイプ製造を可能にするよう求めている。マイクロエレクトロニクス製造における次のイノベーションには、高度な3Dパッケージングによって可能となる異種材料や異種部品を統合する、ヘテロジーニアスインテグレーションが必要である。国防高等研究計画局（DARPA）の新プロジェクト「次世代マイクロエレクトロニクス製造（NGMM）」は、3Dヘテロジーニアスインテグレーション（3DHI）の研究開発と製造を行う米国拠点の設立を目指している。NGMMプロジェクトは、次世代3DHIプロトタイプの製造が可能な米国内初のオープンアクセス施設を設立することで、パイロットライン製造アクセラレータを立ち上げる予定である。これにより米国のユーザーは、高額な投資をすることなく、設計・テストをすることができ、国産3DHIプロトタイプ製造の推進、標準化、迅速化が可能となる。DARPAは、NGMMプロジェクトで開発された成果・能力を、上述のNIST-NSTCに関連する全米先端パッケージング製造プログラム（NAPMP）に移行することを予定している。

米国ではCHIPS法の実行のためには労働力ニーズが2倍になるとの懸念があり、CHIPS法にもとづく財源からNSFは、半導体マイクロエレクトロニクスの人材育成・教育のために全国ネットワークの構築を含む活動へ5年間で2億ドルの拠出を計画している。このネットワークは、カリキュラムの開発、教育インフラの共有、広報、準学士号・学士号取得機関、労働団体、産業界間の地域的パートナーシップを支援するものとしている。初等・中等・高等のすべてのSTEM教育と訓練への投資を認めている。また、NSFは研究インフラへの支援・投資である中規模研究インフラプログラムを、2027年度に1.8億ドルまで増加させることを推奨している。このプログラムでは、600万ドルから1億ドル規模の研究機器や施設に資金を提供する。また、NSFはインテルと共同で、米国の半導体製造労働力の教育・訓練を支援するために、10年間で1億ドルの共同支援を発表している。

DOE関係では、国立再生可能エネルギー研究所、国立エネルギー技術研究所、アイダホ国立研究所、サバンナ・リバー国立研究所を最新鋭化するプロジェクトのために、2027会計年度まで年間6.4億ドルを議会に計上するよう推奨している。さらに、ロスアラモス研究所、ローレンス・リバモア研究所、サンディア国立研究所に、年間1.6億ドルの拠出を提案している。さらにDOE傘下の各国立研究所の研究インフラ投資を、現在の2.9億ドルから2027会計年度までに5.5億ドルへ引き上げることを議会に提言している。

● 希少鉱物に関する主な施策・プログラム

米国では希少鉱物（critical minerals）の確保に関する戦略的取り組みが進んでいる。2017年に発出された大統領令「希少鉱物の安全かつ信頼できる供給確保のための連邦政府戦略」に基づき、2018年に内務省（DOI）は米国の経済および国家安全保障上の観点から35種の希少鉱物のリストを作成した（パブリックコメントを経て、同5月に確定）。これらを踏まえ、2019年には商務省（DOC）が政府機関全体の行動計画を含む希少鉱物の供給確保戦略を発表し、リサイクルや代替技術の開発、サプライチェーン強化など希少鉱物の対外依存度低減に向けた方策を打ち出している。さらに2020年には、新たな大統領令「希少鉱物を敵対的な外国に依存することによる、国内サプライチェーンへの脅威への対処」が発出され、米国内の希

少鉱物サプライチェーンの確保と拡大に向け、輸入制限措置をはじめ資源マッピングやリサイクル、プロセス技術への資金提供など必要な行政措置の整備が進められている。これら2つの大統領令はトランプ政権によるものであるが、その効力はバイデン政権においても維持されている。

　バイデン大統領は2021年2月の大統領令[5]において、重要4品目（含む希少鉱物）と6つの産業のサプライチェーンを包括的に見直すとした。その後、同6月の報告書では希少鉱物に関する提言として、1）希少材料集約型産業向けの持続可能性基準の開発、2）回収・リサイクルを含む国内生産および処理能力の拡大、3）国防生産法等によるインセンティブの活用、4）生産拡大のための産業界の招集、5）持続可能な生産と熟練技術者の支援のための省庁横断型研究開発の促進、6）国家備蓄の強化、7）同盟国・友好国と連携したグローバルサプライチェーンの透明性強化、を掲げた。これに対応した主な施策としてDOEとDARPAはそれぞれ以下のようなプログラムを策定または開始している。

　DOEは2022年2月、米国では初となる希少鉱物の精製施設建設のために、1.4億ドルのプログラム立ち上げることについての情報提供要請（RFI）を発表した。非従来型資源から希少鉱物を抽出・分離精製する商業的実現可能性を実証するための、新しい施設の設計、建設、運営を対象としている。超党派インフラ法にもとづくものであり、石炭廃棄物や石炭灰、酸性鉱山廃液、随伴水などのレガシー廃棄物に含まれる豊富な重要鉱物は未開発の資源であることから、これを開発し、脆弱なサプライチェーンに対処して且つ新たな雇用を創出することを掲げた。同8月にはさらに、6.75億ドルを投じる「希少物質の研究・開発・実証・商業化プログラム」の策定を発表し、意見募集を開始した。希土類元素、リチウム、ニッケル、コバルトなどの海外依存度を減らし、国内調達・国内生産を促進して製造業のリーダーとして米国の地位を強化するとしている。

　DARPAでは、希土類元素を国家安全保障のサプライチェーンに不可欠なものとして認識し、多方面からアプローチしている。Environmental Microbes as a BioEngineering Resource（EMBER）プログラムは、微生物や生体分子による選択性を高め、レアアースを分離・精製することを目的として2022年に開始された。ローレンス・リバモア研究所、サンディエゴ州立大学、バテル記念研究所からなる複数のチームが採択されている。合成生物学の手法を応用して、過酷な条件下でレアアースと特異的に結合する生物や生体分子を設計し、これらの技術を個々のレアアースを精製するための機能的なバイオマイニングのワークフローに統合していくとしている。4年間のプログラムは3つの段階に分かれ、各チームは複雑な原料から、より多くのレアアースを高純度で得ることを目指している。国内のレアアース資源からパイロット・スケールの精製を行うことを目標に掲げる。EMBERに加えて、2022年に開始されたDARPAのRecycle at the Point of Disposal（RPOD）プログラムでは、使用済みの電子機器ハードウェア（e-waste）に含まれる重要元素を回収する技術的実現可能性を研究する。アリゾナ州立大学、アイオワ州立大学、マサチューセッツ工科大学からなる複数のチームが採択されている。RPODでは抽出プロセスにおけるエネルギー消費と廃棄物の発生を削減し、フットプリントの小さなプラットフォームを開発することを目標としている。元素の分離・抽出技術は、最終的にベンチトップ型のハードウェアプロトタイプで実証することを計画している。この他、DARPAは米国地質調査所（USGS）と提携し、重要鉱物資源の評価を迅速化する可能性を探るコンペティション「AI for Critical Mineral Assessment Competition」を立ち上げている。USGSの多くの地図はデジタル化されておらず、機械学習や人工知能を利用して、スキャンした地図やラスター地図から自動的に特徴を抽出し、資源評価のジオリファレンス化をするための革新的ソリューションを募集した。複数の企業およびMITやアリゾナ大学、ペンシルバニア州立大学、南カリフォルニア大学、ミネソタ大学、イリノイ大学などが優れたソリューションを提案し賞金を獲得した。今後USGSは、それらの提案をもとにさらなる鉱物評価ワークフローの開発を行うことを計画している。

5　Executive Order on America's Supply Chains

欧州（EU）

■基本政策

　欧州はフレームワークプログラム「Horizon 2020」（2014年～2020年、74.8Bユーロ/7年）の枠組み
の中で、ナノテクノロジー・材料分野の強化が図られてきた。2021年からは新たなプログラム「Horizon
Europe」（2021年～2027年、95.5 Bユーロ/7年）が開始されている。以下、これまでのHorizon 2020
と新たなHorizon Europeにおけるナノテクノロジー・材料関係の政策動向や主なプログラムについて記載す
る。

　Horizon 2020の中では、デジタル化、スマート化を強く進める大きな政策目標を掲げ、マイクロエレクト
ロニクス・ナノエレクトロニクスの分野の強化を図ってきた。政策的には、「Digital Single Market」として
デジタル化の活動の最大化やEUでのデジタルバリューチェーンの構築を目指し、R&D投資を対GDP比3%
とすることや、米国との生産性のギャップを埋めることなどを目標とした。Horizon2020では、①Excellent
science（24.4Bユーロ）、②Industrial leadership（17.0Bユーロ）、③Societal challenges（29.7Bユー
ロ）、の三つの優先領域で実施された。①の中では、10年間で総額1.0BユーロのFuture & Emerging
Technologies（FET）が注目され、「Graphene Flagship」、「Human Brain Project」、「Quantum
Flagship」の三つのプロジェクトが推進され、Horizon Europeに引き継がれているが、これらはナノテクノ
ロジー・材料分野と深く関わっている（後述）。②では、ナノテクノロジー、材料、ICT、バイオテクノロジー、
マニファクチャリング、宇宙が関係する「Leadership in enabling and industrial technologies（LEITs）」
に13.5Bユーロの予算が投じられた。また、このLEITsの中で、競争力強化や成長の機会を与え、社会的課
題の解決に貢献する戦略的技術分野としてKey Enabling Technology（KET）が設定され、ナノテクノロジー、
先端材料、先進製造技術、バイオテクノロジーの四つの技術分野が選ばれ推進された。

　2021年から開始されたHorizon Europeでは、最先端研究支援、社会的課題の解決、市場創出の支援
の三本の柱からなり、以下の予算が割り充てられている。

（1）第一の柱（Excellent science）：25.0Bユーロ

（2）第二の柱（Global Challenges and European Industrial Competitiveness）：53.5Bユーロ

（3）第三の柱（Innovative Europe）：13.6Bユーロ

　第一の柱ではERC（欧州研究会議）を通じたフロンティア研究の支援やマリーキュリーアクションによる人
材育成を実施する。第二の柱ではミッション志向型研究の導入や、欧州パートナーシップの実施などを通じ
た社会的課題解決と欧州の産業競争力強化を目指す。また、第二の柱には6つの社会的課題群（クラスター）
として、「健康」、「文化、創造性、包摂的社会」、「社会のための市民安全」、「デジタル・産業・宇宙」、「気候・
エネルギー・モビリティ」、「食糧・生物経済・資源・農業・環境」が設定されており、それぞれの中に個別
の課題領域と産学連携の「欧州パートナーシップ（European Partnership）」が含まれている。第三の柱
ではEIC（欧州イノベーション会議）を新設し、中小・ベンチャー企業支援により基礎研究の成果をイノベー
ションにつなげていく。これらの柱の中では、主に第一の柱と第二の柱がナノテク・材料分野に深く関わって
いる。

　産学連携を支援する枠組みとして「欧州パートナーシップ（European Partnership）」があり、FP6から
始まり、FP7、Horizon 2020、Horizon Europeでも実施されている。先に述べたようにHorizon Europe
では第二の柱に位置づけられており、この柱の予算の最大50%（＝約25.0Bユーロ）が充てられる予定である。
欧州委員会より提案されたパートナーシップでナノテクノロジー・材料分野に関係するものとして、デジタル・
産業・宇宙クラスターの「High Performance Computing」、「Key Digital Technologies」、「AI, data
and robotics」、「Photonics Europe」、「Clean Steel –Low Carbon Steelmaking」、「European
Metrology」）、気候・エネルギー・モビリティクラスターの「Clean Hydrogen」、「Batteries: Towards
a competitive European industrial battery value chain」などがある。また、2021年5月の欧州委員
会の「産業戦略」更新版の中で、欧州の開かれた戦略的自律性支援として、半導体技術に関して新たな産業

同盟を立ち上げるとしている。

電子コンポーネントとシステムにおける欧州の優位性を高めるために、産業界がリードするパブリック・プライベート・パートナーシップ（PPP）のモデルとして、ECSEL（Electronic Components and System for European Leadership）プログラムが総額約5Bユーロ（EU：1.2Bユーロ、参加国：1.2Bユーロ、企業：>2.6Bユーロ）で進められてきた（2002〜2022年）。ここでは、高いTRL（Technology Readiness Level）を狙って、ナノエレクトロニクスの研究開発と応用までのバリューチェーンを結びつけ、パイロットラインの構築までを視野に入れた活動を展開した。このECSELの後継としてKey Digital Technologies Joint Undertaking（KDT JU）がHorizon Europeの下で行われ、これまでの事業を支援することになる。

ECSELに関連して、2015年よりNEREID（Nanoelectronics Roadmap for Europe: Identification and Dissemination）において、半導体のデバイス技術からシステムデザインまでを含めたロードマップの作成活動が行われている。この活動は、国際半導体技術ロードマップ（ITRS）の後継として2016年に発足した国際デバイスおよびシステムロードマップ（IRDS：International Roadmap for Devices and Systems）とも密に連携している。また、産業化に結びつく研究を支援するものとして、ナノエレクトロニクスのデザインやデバイス作製を行うインフラとしてASCENT（Access to European Nanoelectronics Network）がある。これはLETI、IMEC、Tyndall National Institute（Irland）の連携で2015年に作られ、14nm以降のバルクおよびSOIのCMOSデバイス、ナノワイヤ、二次元材料、FINFETなど最先端のプロセスが扱えるようになっている。これは、2019年に終了したが、その後継としてASCENT+が2020年より開始されている。さらにEUより10Mユーロが投資され、15機関が参加している。利用できる施設として、CEA–Leti（FR), Fraunhofer Mikroelekronik（DE), imec（BE), INL（PT/ES）、Tyndall（IE）があり、そこで蓄積されてきた知識も活用できる。また、アカデミックパートナーとしてCNRS（FR), Universiteit Gent（BE), TU Bergakademie Freiberg（DE), JKU（AT）and the University of Padova（IT）なども加わっている。さらに、ナノエレクトロニクス関係の地域クラスターでSilicon Europe Alliance membersのDSP Valley（BE), MIDAS（IE), Minalogic（FR）、Silicon Saxony（DE）、SiNANO Institute（FR）も加わり、強力な支援・ネットワーク体制を形成している。

■研究開発プロジェクト

Horizon2020のExcellent scienceの中で進められていた、10年間で1.0Bユーロという巨額のプロジェクトFET（Future and Emerging Technologies）Flagshipsが、Horizon EuropeでもFlagshipsと名称を変えて継続されている。ナノテクノロジー・材料分野に関わるものとして、2013年開始の「Graphene Flagship」、「Human Brain Project」と、2018年開始の「Quantum Flagship」がある。また、Flagshipsに類似した取り組みで、「Battery 2030+」という大型の研究イニシアティブが2019年3月にスタートしているので、これらについて簡単に紹介する。

「Graphene Flagship」には、21カ国から165のパートナー、90の関連メンバーが関わっている。研究領域としては、基礎科学、材料、健康・医療、センサー、エレクトロニクス、フォトニクス、エネルギー、複合材料、グラフェン関連材料の製造があり、15の科学技術的なワークパッケージで研究が進められている。このプロジェクトの計画では2013〜2016年が立ち上げ、2016〜2018年がコアー1プロジェクト、2018〜2020年がコアー2、2020〜2022年がコアー3とし、ロードマップを作成している。2020年には3年間に150Mユーロの追加と、2次元材料のデバイス試作と応用に向けたパイロットライン（The 2D Experimental Pilot Line：2D–EPL）の構築が決定され、imec、AIXTRONなど11メンバーの協力で2024年の稼働を目指している。

「Human Brain Project」は脳科学から医療、コンピューティングまで含む多様な学術領域の幅広い研究が進められている。これまで研究活動は8つのサブプロジェクト（Neuroinformatics Platform、Brain Simulation Platform、Neuromorphic Computing Platform、Widening Scientific Impact、

1

俯瞰対象分野の全体像

Medical Informatics Platform、Neurorobotics Platform、High-performance Analytics & Computing Platform、Advancing Brain Science and Medicine）で行われていたが、2020年からは9つのワークパッケージ（3つの科学技術、3つのインフラ、3つの包括的活動）として進められている。19カ国から154機関が参加している。また、脳科学研究と脳を模擬した技術の研究開発インフラとしてEBRAINSが構築されている。この中でナノテクノロジー/ナノエレクトロニクスと関係の深いのはNeuromorphic Computing Platformであり、従来のノイマン型のコンピュータよりも桁違いの演算速度、エネルギー効率を目指したニューロモルフィック・コンピュータや次世代のニューロモルフィックチップの開発を目指している。異なるモデルによる二つのニューロモルフィック・コンピュータ（BrainScaleS system、SpiNNaker system）用のチップの開発と、それを用いたシステムでのシミュレーションなどのサービスを提供してきたが、2021年からは第二世代のBrainScaleS-2/SpiNNaker-2に活動の軸足を移している。

「Quantum Flagship」は2018年10月から新たに開始されたものであり、ここでは5つの領域（Quantum Communication、Quantum Computing、Quantum Simulation、Quantum Metrology and Sensing、Basic Science）で研究が進められ、140件の応募から20件のプロジェクトが選ばれている。2018年10月〜2021年9月までは立ち上げ期間として、132Mユーロの予算が投じられ、2019年にはQuantERAコンソーシアムによる20Mユーロを投じるプロジェクト公募もなされた。2021年から活動が本格化し、2022年から新しいQUCATSと呼ばれる新しいフェーズに移ることになった。量子技術の普及、協力、活用に向けた取り組み、標準化やベンチマーク、量子技術に関連する人材教育や訓練の開発・評価などの活動が強化される。プロジェクトとしては現在25のテーマが実施されており、ナノテクノロジー・材料分野に関するものとしては、超伝導、トラップイオン、2次元物質/光集積回路を用いた量子コンピュータおよびその基礎技術開発や、ダイヤモンドNVセンターを用いた磁気センサー、コンパクトな原子時計、量子センサーとMEMS技術による新たなセンサーなどがある。

Flagshipsに類似した取り組みで、EUの「バッテリー戦略活動計画」の一部として「Battery 2030+」という大型の研究イニシアティブが2019年3月にスタートし、Horizon 2020の予算から、2020〜2023年の4年間に272万ユーロが配分される予定になっている。Battery 2030+の目的は、超高性能で安全で持続可能なバッテリーを開発することにあり、研究機関、業界、公的資金提供者を結集する長期的な研究イニシアティブになっている。バッテリー技術（特にモビリティとエネルギー分野）の飛躍的な進歩に向けて、ヨーロッパの電気化学、材料科学、デジタル技術を向上させていく。また、新しい電池の化学を探求するために、人工知能、ビッグデータ、センサー、コンピューティングなどの技術を利用する新しい科学的アプローチに焦点を当てている。2020年から新しいフェーズに入り、6つの研究プロジェクト（Battery Interface Genome (BIG)、Materials Acceleration Platform (MAP)、Sensing、Self-healing、Manufacturability、Recyclability）が進められている。

ドイツ

ドイツ連邦政府は2006年に、研究開発およびイノベーションのための包括的な戦略である「ハイテク戦略（High-Tech Strategy）」を発表した。これは省庁横断型の戦略であり、幅広い施策や戦略が網羅されている。さらに、2010年には、このハイテク戦略を更新するものとして、「ハイテク戦略2020（High-Tech Strategy 2020）」を発表した。ドイツが今後どの分野に力を入れていくかを社会的な課題から導き出して明示しており、気候、エネルギー、健康・栄養、交通・輸送、安全・コミュニケーション技術の重点5分野を特定した。さらに2014年秋に、第3期となる「新ハイテク戦略（New High-Tech Strategy）」を発表、前戦略を踏襲するかたちで、経済成長が見込まれる6分野（デジタル経済と社会、持続可能な経済とエネルギー、イノベーティブな職場、健康的な生活、インテリジェントな交通・輸送、市民安全の確保）を特定した。2018年には、3回目の更新として「ハイテク戦略2025（HTS2025）」を発表した。ここでは未来のためのガイドラインとしてドイツにおける繁栄、持続可能な発展および生活の質を向上させることを目標に、研究と

イノベーションを結集させることを強調している。基幹産業である自動車・機械・化学を今後も支える「未来技術」として、マイクロエレクトロニクス（通信システム、5G通信技術）、材料（電池、3Dプリント、軽量化、製造技術、宇宙航空）、バイオテクノロジー、ナノテクノロジー、人工知能（機械学習、ビッグデータ）、量子技術といった技術領域を位置づけている。連邦政府は2019年に約200億ユーロを投資、さらに2025年までに産業界・州政府合わせて対GDP比で3.5％を研究開発に投資するとしている。ドイツの2019年の研究開発費の実績はGDP比率3.18％であり、新型コロナウィルスの状況下であっても、2025年までに3.5％とする目標を堅持するとしている。また、デジタル化やさまざまな分野のキーテクノロジーに関して、欧州における他の国々との国際協力関係を強固にすることによって、ドイツだけでは実現不可能な研究開発を推進することを掲げている。

　ハイテク戦略2025と連動して、連邦教育研究省（BMBF）は2015年に「材料からイノベーションへ」と題したナノテク分野の基本計画[6]を発表した。

　同プログラムは研究成果をより効率的に技術移転し、市場性のある製品に結びつける目的で設置されたもので、過去に実施された「ナノイニシアティブ・アクションプラン2010」、「アクションプラン・ナノテクノロジー2015」の後継と位置づけられており、現状では2024年まで、毎年1億ユーロ規模の助成を予定している。BMBFは応用分野、先端材料、バッテリー材料、デジタル技術を重点的に取り組んでいる。

　応用分野としては以下を重点分野として研究開発を推進している。

・エネルギーおよび蓄電システム：ガス発電タービンや風力発電タービンの材料研究や、新しい電気貯蔵システム用材料。

・モビリティと輸送：電気自動車用バッテリー技術や水素貯蔵システム用材料。

・健康およびQOL（Quality of Life）：セルフクリーニング・抗菌材料や空気・水用フィルターシステムなどQOLに貢献する材料や、インプラント用材料、医薬品製剤用材料。

・循環型材料社会：材料利用効率の向上、希少な再生不可能な原材料の代替、リサイクル、廃棄物のリサイクル、二次原材料の使用など。

・建築材料：建物のエネルギー効率を改善するための断熱材、防汚性塗料、光触媒など。

　革新材料研究についても、長期的視点で力を入れており、インテリジェント材料、ハイブリッド材料、炭素材料、または磁性材料に取り組んでいる。

　蓄電池の研究については、ワイヤレスデバイス、グリーン発電、電気自動車などの観点から特に重視しており、材料から電池製造、リサイクルまでのバリューチェーン全体にわたる研究開発を推進している。ポストLiイオンバッテリーである金属空気電池や金属硫黄電池にも取り組んできている。また、バリューチェーン全体（原材料から部材、セルの製造、トータルバッテリーシステムまで）をドイツでカバーすることもめざしている。

　デジタル技術と材料研究の関わりについては、2つの方向性を示している。1つ目は、材料革新により、プロセッサ、データストレージ、伝送技術などの情報通信技術の絶えず成長するパフォーマンスを支える研究開発であり、もう1つは、マルチスケールモデリングやシミュレーションやデジタルツイン、AIを活用したデータ科学などによる材料創製研究の革新である。

　さらに、連邦政府は2018年に基本計画「量子技術−基礎研究から市場へ−（Quantum Technologies − basic to markets −）」（2018〜2022年、最長2028年まで）を発表し、2021年までに量子技術領域の研究開発に約6億5,000万ユーロを投資する予定であるが、2020年6月には未来パッケージの一部として、量子研究開発支援に20億ユーロの追加投資が発表された。量子コンピュータ、量子シミュレーション、量子ベース計測科学、量子システムの基盤技術（実験装置、プラント技術、レーザ）などを重点領域として、ドイツにおける量子技術を科学的にも経済的にも将来確固たるものにすることを目的として、研究センターの設置、

6　https://www.werkstofftechnologien.de/（2022年1月13日アクセス）

産業界とのネットワーク構築、産学連携プロジェクトの推進、人材育成などに取り組んでいる。

　また、2020年には、自動車、機械、化学などドイツの従来の主力産業に加え水素製造を新しい核とすることをめざし「水素戦略2020（The National Hydrogen Strategy）」が発表された[7]。連邦経済エネルギー省（BMWi）の所掌であり、未来パッケージの一部として、研究開発とインフラ整備に70億ユーロ、海外への技術支援に20億ユーロ、計90億ユーロの投資を予定している。再生可能エネルギーのみによる電気分解で生成される CO_2 フリーな水素である"グリーン水素"の導入・普及をめざし、研究開発関連では、水素製造技術、Power-to-X技術（電力から燃料への転換技術）の商業化、水素製造・輸送・貯蔵・利用の安全性確保ならびに関連する計測技術・監視技術の革新に取り組む計画である。

　さらに、2021年には、グリーン水素のドイツ国外での生産とドイツへの輸入を推進するための「H2グローバル」プロジェクトに、総額約9億ユーロの予算を拠出することが発表されている。このプロジェクトは、「水素戦略2020」に沿ったものであり、将来のグリーン水素の需要を国内生産では全て賄えないため、アフリカなど太陽光や風力によるグリーン水素生産に適した地域にドイツの技術を活用して水素製造設備などを構築し、水素を輸入するものである。

　スタートアップ支援策としては、萌芽的研究を長く支援し急進的なイノベーション創出を支援するための飛躍的イノベーション機構「SPRIN-D」を設立し、2019年から助成を開始している。ドイツは漸進的なイノベーションには成果を上げているものの、新たなビジネスモデルを作るような破壊的イノベーションが生まれていないという問題意識の下、連邦教育研究省（BMBF）と連邦経済気候保護省（BMWK）の共同出資で設立された機構であり、2019年からの10年間で10億ユーロの運用を計画している。ナノテク・材料分野に関連する研究テーマとしては、「超高性能省電力アナログコンピュータ製造」「マイクロバブルを利用したマイクロプラスチック除去技術の開発」「エネルギー効率の高いAIハードウエアの設計」「高性能／低価格蓄電池開発」などに取り組んでいる。

英国

　英国のナノテクノロジー・材料分野の戦略の基盤となっているのは、ビジネス・エネルギー・産業戦略省（BEIS：Department for Business, Energy & Industrial Strategy）の前身であるビジネス・イノベーション・技能省（BIS：Department for Business, Innovation and Skills）が2010年に出した「英国ナノテクノロジー戦略」である。国民、産業界、学界のニーズを反映しながら、新興技術（Emerging Technology）・実現技術（Enabling Technology）であるナノテクノロジー分野で政府がイノベーションを支援し、利用を促進することにより、英国の経済および消費者はナノテクノロジー開発から便益を受けるとしている。この戦略の対象には、医療技術、製造技術、設計技術、機器・機械技術、構造材料などが広範囲に含まれている。また、2014年の科学技術イノベーションに関する戦略「Our Plan for Growth: Science and Innovation」では、英国が研究開発で世界をリードする重要な技術として8つの技術を設定しており、その中の一つが「ナノテクノロジーと先端材料」となっている。

　2009年には、耐久性が高く軽量かつ高性能な複合材料の開発と同分野の産業競争力の向上に向けて、BISにより「英国複合材料戦略：The UK Composites Strategy」が発表された。また、その推進として、「高付加価値製造カタパルト：High Value Manufacturing Catapult」の中で、この複合材料戦略に沿った国立複合材料センター（National Composite Center）をブリストル地区に設立している。このセンターはブリストル大学内に設置されているが、インペリアル・カレッジ、マンチェスター大学、シェフィールド大学、クランフィールド大学とも共同研究を行っている。また、GKN社やロールス・ロイス社も参加して、年間20億

7　https://www.bmwi.de/Redaktion/EN/Publikationen/Energie/the-national-hydrogen-strategy.pdf?__blob=publicationFile&v=6（2023年1月13日アクセス）

円程度（2022年まで累計で300Mポンド）の大規模な研究拠点となっている。

政府が投資するナノテク・材料分野の研究費は主に、英国研究技術革新機構（UKRI）のEPSRCやInnovate UK等から拠出されている。EPSRCは、優先研究テーマの中に「エンジニアリング」を挙げており、その関連研究分野として「材料エンジニアリング：セラミック、複合材料、金属・合金」が含まれている。

BEISは研究インフラへの投資を継続し、2021年度までに58億ポンドを投資することを決めている。この中には、サー・ヘンリー・ロイス先進材料研究所（マンチェスター）に1.26億ポンド、ライフサイエンス・物理科学全英中核研究センター（オックスフォード）に1.03億ポンドなどが含まれている。また、新技術とイノベーション支援への投資（2020～2021年）として、材料加工研究所（Materials Processing Institute）に22Mポンドの予算が付けられている。

英国がナノテク・材料分野で重点的に取組んでいる研究テーマとしては、量子技術とグラフェン研究が挙げられる。量子技術に関しては、社会実装を目指して2014年からの10年プロジェクトとして進められているThe UK National Quantum Technologies Programme（NQTP：産学官連携で1Bポンド）がある。2017年より開始された産業戦略チャレンジ基金（ISCF：Industrial Strategy Challenge Fund: for research and innovation）においても量子技術（20Mポンド/4年、2018年）、量子技術実用化（70Mポンド/4年、2019年）が行われた。産業界からの投資も含めると2022年までに総額494Mポンドが投入されている。また、2020年に量子技術利用の経済のための今後10年間の戦略ビジョン「UK National Quantum Technologies Programme | Strategic Intent」を公開している。このように、英国は量子技術の強化を図ってビジネスに繋げていく姿勢が明確になっている。

グラフェンの研究とその実用化に向けた取り組みも顕著である。マンチェスター大学のアンドレ・ガイム教授とコンスタンチン・ノボセロフ博士のグラフェン研究が2010年のノーベル物理学賞を受賞したことを受け、2011年10月に5,000万ポンドを投じてグラフェン・グローバル研究技術拠点（Graphene Global Research and Technology Hub）を設立することを決定した。2013年にはマンチェスター大学内に国立グラフェン研究所（NGI: National Graphene Institute）が作られ、100社を超える企業が参加して異分野融合の研究が進められている。また、2018年度には、大学や公的機関の研究者と産業界との協力によるグラフェン材料および他の二次元材料の応用・商業化の促進やハイテク分野における雇用の創出を目指して、産業界主導の開発を行うグラフェン技術応用イノベーションセンター（Graphen Engineering Innovation Centre）が同大学内に開設（総額61Mポンド）され、現在はパートナー企業が20社程度となっている。

フランス

フランスでは、2013年に「国家研究戦略（SNR: Stratégie Nationale de Recherche）France Europe 2020」が公表された。これは2015～2020年の期間をカバーし、中長期の展望をもって策定されているものである。EUのHorizon 2020の課題に沿うよう組まれており、10項目の社会的課題を特定し、それらに対する重点的研究方針を定めている。ナノテク・材料分野に関連するものとして、希少鉱物への依存度減少、エネルギーや化学に使用する化石系炭素化合物の代替品、新材料の設計、センサなどが重点的研究方針としてあげられている。2019年から新戦略の策定作業が開始され、2021年からの10年間の科学技術政策の基礎となる研究計画法に関して研究の複数年計画法（LPPR）が2020年12月に制定されている。同法には、大規模研究開発投資、研究者のキャリアパス改革・待遇改善、イノベーションを創出するための環境整備等が盛り込まれている。

2019年からエレクトロニクス分野の産業競争力向上を掲げる戦略「Nano 2022」が進められている。仏原子力・代替エネルギー庁（CEA: Commissariat à l'énergie atomique et aux énergies alternatives）の電子情報技術研究所（LETI）、仏ソイテック社、スイス・STマイクロエレクトロニクス社の3機関に、計11億ユーロ規模（うちフランス政府からは8億8,650万ユーロ）を支援している。自動運転や5G通信分野で欠かせない次世代マイクロエレクトロニクスの研究開発拠点および製造拠点の形成を目標としている。

　2021年には、産業競争力の強化と未来産業の創出に向けた新たな投資計画「France 2030」が発表された。これは、原子力、水素、航空機のほか、電子部品やディープテックなどの戦略分野に5年間で約300億ユーロを投資するものであり、そのうち、原子力・水素エネルギーを使ったクリーン電力への転換や製造業の脱炭素化に80億ユーロを充てる。原子力分野には10億ユーロを投資し、より安全な廃棄物再処理技術と小型モジュール原子炉の開発を目指す。グリーン水素製造分野では、2030年までに国内に大型製造施設を少なくとも2カ所設置する。製造業では鉄鋼、セメント、化学産業を中心に脱炭素化を進め、2030年の温室効果ガス排出量を2015年比で35%削減する。France 2030において、原材料へのアクセスは、「目標」ではなく「必要条件」と位置づけて重視されており、2021年秋以降「リサイクル・原料再利用国家戦略」にもとづき、リサイクルのバリューチェーンの様々な段階でみられる難題の解決、関係技術移転支援、リサイクルの社会経済的課題解決のための技術研究などへの投資が強化されている。また、エレクトロニクスおよびフォトニクス分野のイノベーション支援に2億ユーロを拠出するとともに、ナノテク研究のネットワークであるRENATECH+の研究インフラや、CEAの電子情報技術研究所（LETI: Laboratoire d'électronique des technologies de l'information）のナノテクプラットフォーム（PNFC: Plateforme de nano-caractérisation）の支援に3,900万ユーロが充てられる。

　高等教育・研究・イノベーション省（MESRI: Ministry of Higher Education, Research and Innovation）（現：高等教育・研究省（MESR：Ministère de l'Enseignement Supérieur et de la Recherche））は2021年に量子国家戦略を発表した。そのなかでは、量子コンピュータ、量子暗号・通信、量子センサなど7つの分野に5年間で18億ユーロを投資する。量子・古典ハイブリッドコンピューティングプラットフォームの構築に1.7億ユーロを用意しており、その第一段階として、2021年4月に量子計算プラットフォームの立ち上げに7,000万ユーロを越える投資を発表した。このプラットフォームは、CEAのVery Large Computing Center（HPC）に設置され、コンピュータ科学および応用数学を専門とするフランス国立情報学自動制御研究所（INRIA: Institut National de Recherche en Informatique et en Automatique）の支援を受ける。

　2005年に設立されたフランス国立研究機構（ANR: French National Research Agency）は競争的研究資金の配分を主たる業務としており、ナノテク・材料分野にも多くの研究助成を行っている。2022年7月には「2023年行動計画（Plan d'action 2023）」が発表され、2023年のANRの研究助成の全体的な展望について記載されている。これは、2021年に発表された「2022年行動計画」を継承し、人工知能、人文社会科学、量子技術、神経発達障害における自閉症、希少疾患の橋渡し研究を国の戦略的優先事項として指定しており、France 2030と連携して進められる。また、ANRは日仏の科学研究における協力促進を目的に、2017年12月にJSTと協力枠組み合意を締結した。この合意にもとづき、2018年よりJST戦略的創造研究推進事業（CREST）において、日仏共同研究プロジェクトに対する支援を開始している。2023年度公募においてナノテク・材料分野ではJSTのCREST研究領域「未踏探索空間における革新的物質の開発」（研究総括：北川宏 京都大学 教授）で日仏共同提案が募集される。

オランダ

　年間約10億ユーロの研究開発資金を配布するオランダ科学研究機構（NOW: Nederlandse Organisatie voor Wetenschappelijk Onderzoek）は、3年毎に研究開発戦略を発表している。2022年7月に発表された2023〜2026年の戦略 "Ambitions 'Science works!' - NWO strategy 2023–2026 -" では、以下の4項目を研究推進に不可欠な基礎と位置付け、それらを基に38の野心的な目標を定めている。

- ・多様性と一体性、科学的誠実性、持続可能性及びオープンサイエンスといった健全な研究文化
- ・優秀な研究者に場を提供し必要な研究インフラを整備するしっかりとした資金
- ・分野や国の垣根を越えて筋の通った研究課題
- ・グローバルな課題に取り組む際のスムーズなコラボレーション

ナノテク研究開発では、NWOに所属する9つの研究所の1つAdvanced Research Center for Nanolithography（ARCNL）において、アムステルダム大学、アムステルダム自由大学、フローニンゲン大学及び半導体露光装置の圧倒的な世界シェアを有するASML社との官民パートナーシップによる、極端紫外線（EUV）光を用いたナノリソグラフィの研究開発が推進されている。また、施設共用プログラムNanoLabNLは、フローニンゲン、エンスヘデ、アムステルダム、デルフト、アイントホーフェンの5都市に分散するナノテク研究施設をアカデミアや企業に共用するものである。2021年6月に公開されたNanoLabNLのマニフェスト "Unleashing the Power of Small" では、量子技術や医療等に至る幅広い分野の基礎研究から製品開発に必要なインフラの提供と人材育成の方針が示されている。NanoLabNLは、欧州域内のナノテク研究用のクリーンルーム施設を連携させた欧州横断組織であるEuroNanoLabコンソーシアム（2020年現在、フランス、オランダ、ノルウェー、スウェーデンを中心に、欧州14カ国にある44のクリーンルームが参加）にも参加している。

2019年にオランダ国内の量子技術に関する産学官のステークホルダーによってNational Agenda on Quantum Technology（NAQT）が策定され、NAQTの実施のために2020年に発足した官民基金のQuantum Delta NL（QDNL）は、2021年4月に量子ハードウェアとソフトウェアの開発、人材育成、市場創出、社会実装を目的として、国家成長基金からから6億1500万ユーロの資金を得ている。この資金により、オランダの量子産業は、3万人のハイテク雇用を創出し、50～70億ユーロの累積経済効果をもたらすと見込まれている。QDNLはNWOと共同で、量子技術基盤研究の公募を2022年1月に開始した。7年間で合計4,200万ユーロが予定されている。また、2022年11月に、QDNLはデルフト工科大学の量子コンピュータの先端研究所QuTechに隣接してHouse of Quantumを開設した。House of Quantumは、オランダ国内外の企業、投資家、研究者が、量子技術関連の共同研究やビジネスの場として機能することが期待されている。

中国
■基本政策

中国の基本政策は、総合的な中長期計画のもと、5年おきに策定される中国国民経済・社会発展5カ年計画に則って遂行される。2012年、習近平国家主席は中国共産党第18回全国代表大会にて「2つの百年」を提唱した。第一の百年は、中国共産党結党100周年（2021年）を指し、「小康社会（ややゆとりのある社会）」を目指したものである。第二の百年は、中国人民共和国100周年（2049年）を意味し、「現代的社会主義強国」の実現を目指すとしている。2021年3月に全国人民代表大会（全人代）で採択された「中国国民経済・社会発展第14次五カ年計画と2035年までの長期目標綱要（2021～2035年）」（以下、十四五）は、第二の百年の始まりの5年に位置付けられると同時に、2035年までの長期目標も含んでいる。また、新たな発展戦略として、国内大循環を主体に、国内・国際の双循環を促進する方策が掲げられた。本綱要は全十九編六十五章から成り、その中で科学技術・イノベーション政策についても述べられている。

十四五の第二編で示される「イノベーション主導による発展」のうち、「戦略的科学技術力の強化（第四章）」においては、まず、科学技術の資源配分の統合・最適化を目指し、フォトニクス、マイクロ・ナノエレクトロニクス、バイオメディカルなどの主要なイノベーション分野に対し国家重点実験室の再編や国家科学センターの建設をするとしている（後述）。また、先進的な科学技術力のブレークスルーの強化のため、7つの重要な先端科学技術分野、①次世代人工知能、②量子情報、③集積回路、④脳科学と脳模倣型人工知能、⑤遺伝子とバイオテクノロジー、⑥臨床医学と健康、⑦深宇宙・深地球・深海・極地探査を指定し（表1.2.4-4）、先見性と戦略性のある国家重大科学技術プロジェクトを実施するとしている。さらに、基礎研究の強化のため、「基礎研究10年行動計画」を策定予定であり、基礎研究への開発投資を8%以上に引き上げるなどとしている。

表1.2.4–4　　中国「十四五」– 第四章「戦略的科学技術力の強化」で示された重要な先端科学技術分野

	先端科学技術分野の重要取組
①次世代人工知能	最先端の基礎理論のブレークスルー、専用チップの開発、ディープラーニングフレームワークなどのオープンソースアルゴリズムのプラットフォームの構築、学習・推理・意思決定、画像パターン、音声ビデオ、自然言語識別処理等の分野の革新
②量子情報	都市域・都市間、自由空間の量子通信技術の研究開発、汎用量子計算原型機と実用化量子シミュレーション機の開発、量子精密測定技術のブレークスルー
③集積回路	集積回路設計ツール、重点装備と高純度ターゲット材などの重要材料の研究開発、集積回路の先進技術と絶縁ゲートのバイポーラトランジスタ（IGBT）、MEMS等の特殊技術のブレークスルー、先進的ストレージ技術のアップグレード、炭化ケイ素、窒化ガリウムなどのワイドバンドギャップ半導体の発展
④脳科学と脳模倣型人工知能	脳の認知原理解析、脳メソスケールコネクトーム、脳の重大疾病のメカニズム・干渉の研究、児童・青少年の脳・知能の発達、脳模倣型計算とブレイン＝マシン融合技術の研究開発
⑤遺伝子とバイオテクノロジー	ゲノム学の研究応用、遺伝細胞・遺伝育種・合成生物・生物薬品等の技術革新、ワクチンの革新、体外診断、抗体薬物等の研究開発、農作物・家畜家禽水産物・農業微生物等の重大な新品種創製、生物安全重要技術の研究開発
⑥臨床医学と健康	がんと心臓脳血管・呼吸器系・代謝性疾患などの発病メカニズム基礎研究、積極的健康介入技術の研究開発、再生医学・マイクロバイオーム・新型治療などの先端技術研究、重大伝染病・重大慢性非感染性疾患予防の重要技術の研究
⑦深宇宙・深地球・深海・極地探査	宇宙の起源と進化・"透視地球"（※訳註：地球深部探査）などの基礎科学研究、火星周回、小惑星巡視などの星間探査、次世代大型輸送ロケットと再使用宇宙輸送システム、地球深部探査装備、深海運行の維持保障整備試験船、極地立体観測プラットフォームと重砕氷船等の研究開発、月探査プロジェクト第四期、蛟龍深海探査二期、雪龍極地探査二期の建設

　続いて第三編の「現代産業体型の構築の堅持」に関する内容では、まず、製造業の8つの中核的分野に対し研究開発・応用を推進するとしている。ナノテクノロジー・材料が関わる中核的分野として、ハイテク新材料（レアアース機能性材料、高品質特殊鋼、高純度レアメタル材料など）、スマート製造とロボット技術、航空用エンジンとガスタービン（先進航空用エンジンの基幹素材など）、新エネルギー車とインテリジェントカーなどが指定されている。また戦略的新興産業として、次世代情報技術、バイオテクノロジー、新エネルギー、新材料などが挙げられており、同産業の付加価値をGDP比の17%以上にするという目標が掲げられている。さらに、未来型産業の開拓のため、脳型知能、量子情報、遺伝子技術、水素エネルギー、エネルギー貯蔵などの最先端分野に対し、未来産業インキュベーターと加速プログラムの編成・実施に注力するとしている。

　さらに、「国防と軍隊の現代化加速」（第十六編）のため、国防科学技術の自主的・独創的な革新により兵器・装備のアップグレード、スマート兵器・装備の発展を加速するとされている。また、国防力と経済力の向上を同時に図り、海洋、航空・宇宙、サイバースペース、バイオテクノロジー、新エネルギー、人工知能、量子科学技術などの分野において、軍民科学技術の連携による発展を強化するとしている。

　2016年5月に中国共産党と国務院から公表された「国家イノベーション駆動発展戦略綱要（2016〜2030年）」は、2050年までを見据えた15年間の中長期目標である。2030年までに、国際競争力の向上に重要な要素、社会発展のための差し迫った需要、安全保障に関する問題を認識し、それらに関わる科学技術領域を強化するとしている。そして2050年までに、世界のトップクラスの科学技術イノベーション強国となり、世界の科学技術およびイノベーションを先導する地位を実現するとしている（「中国の夢」）。

　「中国製造2025」（2015年公表）は、建国100周年（2049年、第二の百年）までに世界一の「製造強国」となることを目指した産業技術政策である。本政策では、10の重点領域、①次世代情報通信技術、②先端デジタル制御工作機械・ロボット、③航空・宇宙設備、④海洋建設機械・ハイテク船舶、⑤先進軌道交通設備、⑥省エネ・新エネルギー自動車、⑦電力設備、⑧農業用機械設備、⑨新材料、⑩バイオ医薬・高性能医療機器が指定されている。中国2025は、米国との技術覇権争いの契機になったとされ、特に2019年以

降公の場での言及がされなくなった。しかし、製造強国を目指す中国2025の精神は、前述のように十四五の中でも述べられている。また中国2025における重点領域は、十四五の中で列挙されている製造業の中核的分野や戦略的新興産業と重なるものが多い。

　近年、「技術標準」は、国家主導で戦略的に獲得を図るものと認識されるようになっている。2021年10月、中国共産党と国務院は、中国初の標準化に関する長期戦略要綱として「国家標準化発展綱要」を公表した。高品質へと転換し、「品質強国」を目指す中国経済・産業の指針となる政策である。この中で科学技術イノベーションについては、標準化と科学技術イノベーションの相互発展の促進を掲げ、（1）人工知能、量子情報、バイオテクノロジーなどの分野の標準化研究の実施、（2）次世代IT、ビッグデータ、ヘルスケア、新エネルギー、新素材などの分野について技術開発と標準化の同時展開、（3）船舶、高速道路、新エネルギー車、インテリジェントカー、ロボットなどの標準化・産業変革推進、（4）生物医学研究、分子育種、自動運転者などの分野における技術安全基準の策定、が述べられている。

　2022年10月には中国共産党第二十回全国代表大会（共産党大会）が開催され、習近平総書記（国家主席）による大会報告がなされた。「社会主義現代化国家」の建設を目指すことを改めて強調した上で、2035年までの発展目標として、経済力・科学技術力・総合国力の大幅な向上や、文化・環境・軍備の現代化の実現などが掲げられた。科学技術イノベーションに関しては、「製造強国・品質強国」・「デジタル中国」の構築の加速、戦略的新興産業（次世代情報技術、人工知能、バイオテクノロジー、新エネルギー、新素材など）の融合発展の推進、科学教育興国戦略による人材の育成・確保・適材適所の徹底、科学技術イノベーション体制の整備、カーボンニュートラルの実現、などが示された。

■研究開発プロジェクト

　中国では、2014年以降、効率的な研究資金管理を目的に既存のプログラムの統廃合が進められ、現在、「国家自然科学基金」、「国家科学技術重大プロジェクト」、「国家重点研究開発計画」、「技術イノベーション誘導計画」、「研究拠点と人材プログラム」の5つに集約されている。

　国家自然科学基金では、基礎研究、応用研究への助成から、人材育成、拠点形成への助成を含む種々のプログラムを提供している。2021年の実績では、17プログラム、48,788件の課題に対して、直接費用で約313億元（約7,460億円）を支援している。ボトムアップ型の「一般プロジェクト（面上項目）」における全19420課題（直接経費総額約110億元（約2,200億円））の内、数学物理分野は1778課題（約10億元（約200億円））、化学分野は1897課題（約11億元（約220億円））、工学・材料分野は3309課題（約19億元（約380億円））であった。また、国家戦略上タイムリーに必要な研究を実施する「特別プロジェクト」として、2022年には「マイクロプラスチックの環境化学的挙動と影響」、「サブナノメートルスケールの物質の凝集と相互作用の調節」、「国家デュアルカーボン戦略を支援する政策モデリングと戦略研究」、「「未病」の生物学的基礎と数学的表現」などのテーマが公表されている。

　国家科学技術重大プロジェクトは、国務院が所管する国家の競争力向上のための課題解決型プログラムである。「国家イノベーション駆動発展戦略綱要（2016～2030年）」のもと、「科技創新2030」の中で16のテーマが進行している。ナノテクノロジー・材料分野が関わるテーマとしては、「量子通信および量子計算」、「脳科学および脳型研究」、「ビッグデータ」、「スマート製造とロボット」、「重点新材料の開発および応用」、「次世代AI」などがある。

　国家重点研究開発計画は、従来各省庁が配分していた「国家重点基礎研究発展計画（973計画）」及び「国家ハイテク発展計画（863計画）」など100余りの課題解決型研究費助成が集約されたプログラムである。農業、エネルギー資源、環境、ヘルスケアなどの長期的に重要な分野の研究に集中して支援を実施している。2020年の研究費配分総額は約290億元（約5,800億円）であった。また、2022年に公募された国家重点研究開発計画のうち、ナノテクノロジー・材料分野に関わるものとしては、「マイクロ・ナノエレクトロニクス技術」、「戦略的鉱物資源の開発と利用」、「診断機器とバイオメディカル材料」、「水素エネルギー技術」、「高

性能製造技術と主要設備」、「再生可能エネルギー技術」、「レアアース新素材」、「触媒科学」、「アディティブマニュファクチャリングおよびレーザー製造」、「スマートセンサー」、「情報光技術」、「ハイエンド機器とスマートマテリアル」、「高度複合材料」、「新しいディスプレイと戦略的電子材料」、「物質の状態規則」、「ナノフロンティア」などがある（十三次五ヵ年計画（2016〜2020年）からの継続分も含む）。

　十四五では、北京（懐柔）、上海（張江）、安徽省合肥、広東大湾区などに総合性国家科学研究センターを設置するとしている。総合性国家科学研究センターは、主に基礎研究に関する施設を整備し、先進的で独創的な成果の創出を目指すプラットフォーム（大規模科学技術クラスター）である。「国家重大科学技術インフラ整備中長期計画（2012〜2030年）」や先の5カ年計画で建設、整備された国家重大科技施設の活用も合わせて推進される。各国家科学研究センターに設置される、ナノテクノロジー・材料分野に関わる重要施設を運用開始時期と併せて挙げる。

- ・国家ナノテクノロジーセンター（2003年、北京）
- ・ナノエネルギー・システム研究所（2020年、北京懐柔）
- ・高エネルギーシンクロトロン光源施設（HEPS）（2025年、北京懐柔）
- ・上海放射光実験施設（2009年、上海張江）
- ・軟X線自由電子レーザー装置（SXFEL）（2018年、上海張江）
- ・硬X線自由電子レーザー装置（SHINE）（2025年、上海張江）
- ・超電導トカマク型核融合装置EAST（2006年、合肥）
- ・核融合炉主要システム総合研究施設CFETR（※EASTの後継炉）（建設中、合肥）
- ・定常強磁場実験装置（SEMFF）（2017年、合肥）
　※452,200ガウスの定常磁場を生み出し、2022年8月12日世界最高記録を更新
- ・量子情報科学イノベーション研究院（2016年、合肥）
- ・合肥マイクロスケール物質科学国家研究センター（2018年、合肥）
- ・大電流重イオン加速装置（HIAF）（2024年、恵州）
- ・瀋陽材料科学国家研究センター（2017年、瀋陽）

　また十四五では、企業を主体として、市場に向けた産学研用（企業・大学・研究機関・ユーザー）の融合による技術イノベーションシステムの構築を目指すとしている。具体的な方策は現時点で示されていないが、国家重点実験室（中国科学院、教育部、工業情報科学部、科学技術部などが特定の重要テーマの研究を企業・大学・研究機関に委託している）の再編に加え、国家工程研究センター、国家技術イノベーションセンターなどのイノベーション拠点の最適化を推進するとしている。

　さらに、米国のMGI（2011年）に追随して、中国では2015年に国家重点研究開発計画「材料ゲノム工学のキーテクノロジーと支援プラットフォーム」が立ち上げられ、研究資金としては2016年から2021年の間に約8億元が投じられた。マテリアルゲノム工学に関する拠点形成も進められており、上海大学にMaterials Genome Institute（2014年）、上海交通大学に材料ゲノム連合研究センター（2016年）、北京科技大学に北京材料ゲノム工学イノベーションセンター（2017年）、そして最近では中国科学院物理研究所にCenter for Material Genome Inititive（2021年）が設置されている。また2019年には、the Chinese Society for Testing and Materials（CSTM）が材料ゲノム工学に関する標準委員会を立ち上げ、初めてとなる材料ゲノム工学に特化した国際規格を発表した。データ駆動型材料研究の広範な応用展開のための基盤と成り得るものである。

■トピックス：科学技術研究における中国の国際的な立ち位置

　中国科学技術情報研究所が2021年末に発表した科学技術論文統計によると、科学計量学的手法により選択した、国際的な平均を超える国際論文及び国内各分野のトップ1割に相当する国内論文（「中国卓越科技論文」）は、2020年には計46.38万本となり、2019年比の19.8％増であった。また、科学技術の管理部門

や研究者の関心を、論文の数量から質や影響力へと変えることを重視するとしている。2011年から2021年までの被引用回数について、中国は材料科学、化学、エンジニアリング、計算機科学の4分野で世界第1位、農業科学等の10分野で世界第2位であった。2011年から2021年9月までの各分野の被引用回数世界トップ1%の論文について、中国の論文は42,920本であり世界の24.8%を占めた。

　さらに、中国の科学技術ジャーナルは増加傾向にあり、世界での存在感を強めている。"Nanoscale"は、著名なナノテクノロジー分野の研究者である白春礼（元中国科学院 院長）が2009年に英国Royal Society of Chemistryと共同で発刊した国際学術誌であり、2021年のインパクトファクター（IF）は8.307となっている。その後、関連の"Nanoscale Horizons"（2016年〜、2021年 IF 11.684）や"Nanoscale Advances"（2019年〜、2021年 IF 5.598）が発刊されている。また "Nano Research"（2021年 IF 10.269）は清華大学がSpringer社と共同で創刊したナノサイエンス、ナノテクノロジーに関する国際学術誌である。2022年6月には、姉妹誌として、新エネルギー関係分野にフォーカスしたオープンアクセス英字ジャーナル"Nano Research Energy"が創刊された。

韓国

　韓国は、2018年2月「第4期科学技術基本計画」を公表し、また、同年7月に「国家技術革新システム高度化に向けた国家R&D革新」を発表した。国家R＆Dの方向を従来の技術獲得・経済性重視から人と社会に重点を置くとの方針を示している。

　2021年8月には、今後5年間を方向付ける「第5期科学技術基本計画（5th Science and Technology Basic Plan）（2023〜2027年）」の策定に向けた方向性を最終決定したとの発表があり、2022年中に最終版を作成することを計画しているとされているが、本報告書の執筆時点（2022年11月）では、第5期科学技術基本計画は発表されていない。

　韓国のナノテク政策は「ナノ技術開発促進法（2003年制定）」にもとづき、「第4期ナノ技術総合発展計画（2016〜2025年）」を運営している。ここでは、ナノテクの競争力について、製造業のリーディング技術開発を掲げ、米国の技術レベルを100%としたときに、92%のレベルに到達するとしている。その過程で、12,000人の高度ナノテク人材を育成する。また、ナノテク産業でグローバルリーダーとなることを掲げ、ナノテクベース製品のマーケットシェアを12%にすることを目標値に設定、ナノテク関連ベンチャーを1000社設立するとした。韓国におけるナノテク分野への公的研究開発投資は、2013年以降、2012年以前までと比較して倍増しており、年間5億ドルを超える規模である。その内訳は研究開発86%、共用研究インフラ10%、人材育成4%の配分となっている。

　また、2018年4月、第4次産業革命や未来社会の中核領域を後押しするため「未来素材源泉技術確保戦略」を公表した。科学的・社会的問題に先行的に対応するために必要な「30の未来素材」を導出するとともに、中長期R＆D投資戦略をまとめている。

〈30の未来素材〉

① 超接続社会のためのスマート素材（8つ）：増大するデータ・電子機器のモバイル化に対応して機器の高速・超低消費電力・大容量化を実現するインテリジェント素材

② 超高齢化社会のためのウェルネス・バイオ素材（9つ）：超高齢化や生活習慣の変化に伴う慢性疾患の急増に対応できる生体適合材料

③ 持続可能な社会に向けた環境変化対応素材（5つ）：さまざまな大気汚染により発生する環境問題を最小限に抑え、自然からエネルギーを生成することができる素材

④ 災害から安全な社会のための安全素材（8つ）：地震、原発稼働・廃棄時に安全が確保可能な材料、突然の停電や社会災害発生時に効率的に対応可能な素材

1

俯瞰対象分野の全体像

　2018年7月には、関連10省庁の合同で作成した「第3次National Nanotechnology Map（2018-2027）」を発表した。世界における第4次産業革命の到来によって、センサー、バッテリー、自動運転車、バイオチップ、IoTなど、将来のコア技術に関して、ナノテクの重要性が再浮上したと認識し、2027年に向けて研究開発投資を強化するとしている。「第3次National Nanotechnology Map（2018〜2027）」の主な内容は次のとおりである。

・戦略的技術：韓国における未来社会の3大目標である「便利で楽しい生活」、「地球とともに生きる生活」、「健康で安全な生活」について、「ナノテクノロジーで実現する未来技術30」を選定し、将来技術の実現に必要な詳細ナノテクロードマップが作成された。30の未来技術を実現するための、70のコアテクノロジーが同定されている。
・「便利で楽しい生活」のために、超微細加工を活用して、より速く、より正確で鮮明な特性を持つ人工知能半導体、IoTデバイス、未来ディスプレイなどの開発を推進する。
・「地球とともに生きる生活」のために、ナノマテリアルの革新的な現象を利用し、無限のクリーンエネルギー、ナノ粒子除去、水資源の生産技術を構築する。
・ナノ物質界面の迅速な伝達特性を利用し、簡便・正確で効果的な予防・診断・治療により「健康な生活」を実現する。また、安全な食品、災害安全技術の開発を通じて「安全な生活」を実現する。
・ナノデバイス、ナノエネルギー・環境、ナノバイオ、ナノマテリアル、ナノプロセス・ナノ計測・機器、ナノ安全など、ナノテク6大分野の開発
・ナノファブ・センターの機能高度化とともに、実習中心の専門人材教育プログラムを企業と連携することで、雇用創出する。企業における技術の商業化のサポートにより、ナノ融合産業の雇用を拡大する。
・（ナノ安全）ナノ安全基準の設定、認証システムの確立など、ナノ物質とナノ物質を含む製品の全サイクル安全管理システムを構築する。

　地球温暖化対策に関しては「2050年カーボン・ニュートラル」を2020年10月に宣言し、長期温室効果ガス低排出開発戦略（Long-term low greenhouse gas Emission Development Strategy：LEDS）を2020年12月に国連機構変動枠組条約（UNFCCC）に提出している。この中で、エネルギーの供給、産業、運輸・交通、建設、廃棄物、農業・畜産・水産それぞれの部門でのビジョンと考慮すべき技術開発・手段を提示している。

　水素経済関連では、「水素経済活性化のためのロードマップ」（2019年1月）、「水素R＆Dのロードマップ」（2019年10月）を策定し、「水素経済法」（2020年2月）の制定によって、水素の専門企業の育成、水素確保のための海外プロジェクトの発掘などに乗り出している。また、従来、韓国は燃料電池やFCVなどの水素活用分野に重点を置いていたが、今後、水素生産や貯蔵・輸送などのインフラ技術などのR&D投資への投資を拡大する方針を示しており、韓国における水素関連の研究開発が活発化している。また、2021年10月には水素インフラの構築と水素サプライチェーンの基盤強化のための「水素先導国家ビジョン」を策定、公表している[8]。

　また、半導体に関して2021年5月に「K-半導体戦略」を発表している。K-半導体戦略は、システム半導体発展戦略（2019年4月）、AI半導体戦略（2020年10月）に次ぐものであり、急変する国際的な半導体市場の情勢の中で総合半導体強国を目指す半導体国家戦略である。K-半導体戦略では、半導体サプライチェーン安定化のための「K-半導体ベルト」構築、半導体製造中心地への飛躍のためのインフラ支援拡大、

8　https://www.env.go.jp/seisaku/list/ondanka_saisei/lowcarbon-h2-sc/PDF/overseas-trend_03_korea_202203.pdf （2023年1月16日アクセス）

人材・市場・技術確保などの成長基盤強化などを挙げている。

「K−半導体ベルト」には、半導体供給網の安定化のため、製造、素材・部品・装置、パッケージング、ファブレスなどの企業を集積した融合団地を形成し、短期的には韓国国内での技術確立が難しいEUV（極端紫外線）露光や、先端エッチング、素材分野の韓国内への直接投資の誘致も拡大する。

インフラ支援としては、税制メリット、金融支援、規制緩和により投資拡大を図るとともに、半導体関連のR＆Dへの税制支援を行うとしている。また、1兆ウォン以上の「半導体等設備投資特別資金」を新設し、8インチウエハラインのファウンドリ増設、素材・部材・設備および先端パッケージング施設への投資を支援する。

人材育成については、半導体に係る学科新設と定員拡大を通じて、2022年〜2031年の10年間に半導体産業人材3万6,000人を育成することを目指している。

さらに、尹錫悦政権の下、2022年7月には「半導体超強大国達成戦略」を発表している。半導体エコシステムの強化に向けた施策パッケージとして、バッテリー、ディスプレイ、未来モビリティ、ロボット、バイオなどの「半導体プラス産業」も加えた総合的な競争力強化を目指す戦略を示している。

半導体産業団地の拡大に向けて2026年までの5年間で340兆ウォンの投資を計画するとともに、労働・安全面に関する規制緩和を進めるとしている。また、半導体人材としては、今後2031年までに15万人以上の追加人材が必要と見込んであり、半導体協会、企業および政府が共同で「半導体アカデミー」を2022年内に設立し、人材育成の司令塔を担うとしている。

さらに、半導体開発分野では、パワー半導体、車載半導体、AI（人工知能）半導体に重点的に投資し、2030年の（非メモリ）システム半導体の市場シェアを現在の3%から10%まで引き上げることを目指している。

二次電池に関しては、2030年に2次電池の分野で世界トップを目指す「K−バッテリー発展戦略」を2021年7月に発表している。官民による大規模R＆Dの推進、グローバル先導基地構築のためのサプライチェーン構築、市場拡大のための多様な分野の用途創出の3つの戦略を示している。

大規模R＆Dの推進としては、次世代2次電池の早期商用化と、リチウムイオン電池の高性能化・安全性向上を推進するために、5億ウォン以上を投資し「次世代バッテリーパーク」を造成し、大型R＆D事業を推進、研究・実証評価・人材育成などを総合的に支援することを目指している。また、2次電池の安定的なサプライチェーン構築のため、海外からの原材料の確保とともに、国内でのリサイクル技術を強化の重要性を挙げている。さらに、使用済み2次電池のリサイクル市場の創出や、ドローン・船舶・公共分野の蓄電池など、2次電池を活用した新規産業の創出を積極的に推進することが示されている。

これら戦略に合わせて、韓国電池メーカーと素材・部品企業は、2030年までにR＆Dと設備投資に合計40兆ウォンを投資する方針が示されている。

2022年5月に発足した尹錫悦政権が示した国政ビジョンでは、経済と安全保障に重点をおき、半導体、人工知能（AI）、車載電池などを未来戦略産業と位置づけて育成することを方針としている。また、当該分野で米、欧との連携強化を目指すとしている。

具体的には、半導体設備投資時のインセンティブ提供や申請の迅速処理、半導体・バッテリー・ディスプレイ等の産業エコシステム構築、R&D・国際協力などの総合な支援などを挙げている。また「国家先端戦略産業法」整備などの支援体制の整備も掲げている。

人材育成面では、未来戦略産業をリードする人材養成エコシステムの拡充策として、半導体特化大学の指

定や関連学科定員拡大、契約学科[9]、産学連携プログラムなどの推進などの施策を挙げている。

これらにより、2027年の半導体輸出額を2021年に対して30％以上拡大することを目指している。また、バッテリー世界市場シェア1位、ロボット世界3大強国飛躍を目指すとしている。

台湾

台湾は、第1期台湾ナノテクノロジー計画（2003～2008年/5.55億ドル）で、ナノ産業化63％、インフラ・コア施設15％、先端学術研究20％、教育2％の配分で戦略投資を実施し、第2期6年計画（2009～2015年）に7.12億ドルを計上した。産業化振興策を含め、インフラへの計画投資（全国10カ所）、将来の人材育成のための小中高一貫教育（米国のK–12相当）用教科書作り、教師の育成など、バランスの取れた計画を着実に進めてきた。2015年から開始されたナノ科学革新応用テーマ計画（Innovation and Application of Nanoscience Thematic Program：IANTP）では、科学的発見に基づく橋渡し研究を推奨することでこれまでのナノテクノロジー計画を加速することを目的としている。「バイオテクノロジー・医学」「エネルギー・環境」「エレクトロニクス・オプトニクス」「評価・合成」の4つの重点分野に対して、2つのタイプの研究プロジェクトを実施している。1つ目は、「Innovation and Application Project」と呼ばれる「コンセプト開発」から「プロトタイプ実証」まで（技術成熟度レベルTRL1～4に相当）を促進するプロジェクトである。2つ目は、2021年から新設された「Advanced Nanotechnology Research Project」である。こちらはより最先端の科学的知見の創出を目的としている。これらの2つのプロジェクトを推進することで、社会的課題の解決や産業発展に貢献するナノテクノロジーの創出を目指している。

また、人材育成の観点では、2021年に「国家重点領域産学協力および人材育成革新条例（The act of "National Key Fields Industry–University Cooperation and Skilled Personnel Training"）」が公布、施工されている。本法律は、半導体等のハイテク産業が集積する一方、当該産業への人材供給不足が深刻化している状況への対処策として講じられたものである。国立大学に国家重点領域研究学院を設け、大学と産業界との連携および人材育成強化を図ることを目指している。同法律にもとづき、国立台湾大学（NTU）、国立陽明学園大学（NYCU）、国立清華大学（NTHU）、国立成功大学（NCKU）、国立中山大学（NSYSU）の5拠点に半導体関係の研究開発拠点が設置されている。

台湾はナノマテリアルのELSI/RRIや国際標準化にも力を入れている。ナノテクノロジー産業の振興のために導入したナノテクノロジー利用製品の公的認定制度「ナノマーク（nanoMark）」システムは、2003年に創設された世界初のナノ製品認証制度である。ナノマークは信頼性の高い認証制度を通じて消費者の権利と利益の保護、企業の持続的な発展や国際競争力の強化に貢献してきた。

ナノマークシステムが産業の振興に有効に働くことが証明されたため、類似のシステムがイランやタイのナノテクノロジー政策の中に取り入れられ始めている。また、マレーシアのナノ製品認証プログラムNANOverifyとnanoMarkの間で相互認証を行う取組みを開始している。

ナノテク標準化について、ISO/TC229、IEC/TC113に、アジアナノフォーラム（ANF）の代表として国際標準化活動に積極的に参加し、また、OECD/WPMN、WPNでの活動にも参加している。

シンガポール

シンガポールは、1991年より5カ年ごとに科学技術計画を作成しており、着実かつ持続的な研究開発投資を進めている。2011年からは「研究、イノベーション、商業化（Research, Innovation and Enterprise：

9　契約学科：韓国政府が進める優秀人材教育制度の1つで、選抜試験に合格した者に生活費支援や就職を保証する仕組み。契約学科専攻生は、企業が指定した教科課程、現場プロジェクト実習などを経て専門性を積むことにより、卒業後ただちに競争力を発揮する人材となることができる。企業にとっては求める人材を即戦力として確保でき、学生にとっては就職が保証されるメリットがある。優秀な学生は大学院へ進学する道も開かれている。

RIE）」へと戦略を拡張し、基礎研究の質の向上、イノベーション駆動型経済への転換が図られてきた。その結果、被引用数Top10％等の論文指標では国際的に高い水準を維持している。2021年に策定されたRIE2025では、2021年から2025年にかけて250億SGDの投資が計画されている。これはシンガポールのGDPの約1％に相当する。 RIE2025では、科学的基盤の充実を重点領域として掲げている。基礎研究分野への強力な投資を継続するとともに、気候変動などの複雑な社会課題のための学際研究の強化、マテリアルズ・インフォマティクス、ナノエレクトロニクス、エピジェネティクスなどの新興分野の研究強化を図る計画である。マテリアルズ・インフォマティクスに関しては、A*STARの「Accelerated Materials Development for Manufacturing」プロジェクトが発足しており、実験と特性評価技術のハイスループット自動化や機械学習技術の援用により、材料開発を10倍以上加速させることを目標としている。また、製造業のレジリエンスや持続可能性の強化の取り組みとして、付加製造（AM: Additive Manufacturing）技術の強化を掲げている。National Additive Manufacturing Innovation Cluster（NAMIC）は、公的研究機関から産業界へのAM技術の移転の加速を目的として2015年に設立された研究機関であり、1800以上の組織と連携している。 NAMICはこれまで培ったAM技術に対して、AIとロボット工学を組み合わせたソリューションを開拓することによって、さらなる製造革新を目標に掲げている。

シンガポールは量子分野でも精力的な研究開発投資を進めている。2007年にシンガポール国立大学（NUS）に量子技術センター（CQT）が設立されて以来、CQTは量子技術の世界トップの研究拠点と発展し、量子情報、光学、通信、暗号化等の分野で存在感を発揮している。さらに2018年からは量子技術の研究開発および商業化支援のための量子工学プログラム（QEP）が発足している。 QEPは、2022年に量子コンピューティング、量子通信、量子デバイス製造に関する3つの国家プラットフォームを立ち上げている。具体的には、シンガポール国立大学（NUS）、シンガポール南洋工科大学（NTUS）、A*STAR、国立スーパーコンピューティングセンター（NSCC）を基盤として、以下の産官学連携の研究開発体制を構築している。

- ・National Quantum Computing Hub：産業界との連携により、量子コンピューティング能力の向上と応用の開拓を進める
- ・National Quantum Fabless Foundry：量子デバイスの微細加工技術や実現技術の支援
- ・National Quantum-Safe Network：重要インフラのネットワークセキュリティ強化を目的とした量子安全通信技術の全国的な実証実験

タイ

タイは、サイエンスパーク（TSP）内に各科学技術分野のセンターを集積した国家科学技術開発庁（NSTDA）を持つ。その中に国立ナノテクノロジー・センター（NANOTEC）があり、政府のナノテクノロジー施策の中核研究機関として責任を負う。産業政策は、農業重視から先端技術によるイノベーションを目指す政府方針に切り替わり、10年で科学技術投資をGDP比0.2％から2％にまで増やすとしている。また、近年高等教育科学研究イノベーション省を新設し、高等教育科学研究イノベーション戦略（2020–2027）を発表している。従来の科学技術政策に加えて高度人材育成、産業競争力の向上、社会課題解決といった観点がより強調されている。重点課題としては、資源・環境・農業、高齢化社会、生活の質（QOL）とセキュリティが掲げられている。特に資源・環境・農業については、資源枯渇、環境破壊、プラスチック廃棄物などのテーマが取り上げられ、環境技術や再生可能エネルギー利用、スマート農業技術などのイノベーションが期待されている。このような社会背景もあり、タイは従来からナノ安全に関しては積極的に取り組んでおり、2016年にはナノ製品ガイドラインを公表している。台湾と連携し、Nano Qというナノ製品認証制度を開始している。

中東

中東では、UAEとイランがナノテクノロジーの国家計画を持つ。特に、イランは量・質ともに充実したナノテクノロジー国家計画と組織（Iran Nanotechnology Initiative Council（INIC））を有し、多様な研究

開発プロジェクトだけでなく、共用研究開発インフラネットワークの運営、国際標準化の推進、ナノテク教育・人材育成政策など、仕組み・ソフト面が非常に充実している。2017年以降、毎年「ナノ安全に関する欧州アジア対話（EU-Asia Dialogue on Nanosafety）」に参画している。このようなナノ安全に関する取り組みの結果として、2021年に「ナノ構造の製造・加工による廃棄物の処理・管理のガイドライン」を策定している。また、過去数年で、ナノテクノロジー分野の論文数・増加率とも世界のトップクラスに入るほどに躍進している。

アジア・ナノ・フォーラム

2004年に産業技術総合研究所（AIST）/経済産業省/新エネルギー・産業技術総合開発機構（NEDO）/物質・材料研究機構（NIMS）が起案して創立されたアジア・ナノ・フォーラムANF（Asia Nano Forum/asia-anf.org）では、アジア圏のナノテクノロジー推進に関するネットワーク・コミュニティ形成、情報交換、人材育成等を目的とした活動がおこなわれている。ANFは2007年にNPOとして独立している。

2022年末時点でのANFのメンバーは、アジア・太平洋地域の10経済圏の各主要研究機関から構成されている。日本からは産業技術総合研究所、物質・材料研究機構、科学技術振興機構がメンバーとなっている。

ANFの主な活動内容は、毎年のサミット会議（ANFoS）および実行委員会（ExCo）開催による各国の情報交換、テーマ別の4つのワーキンググループ活動（ナノテクノロジー標準化、施設利用ネットワーク、ナノ安全・リスクマネジメント、ナノ商業化）である。

1.2.5 研究開発投資や論文、コミュニティー等の動向

■研究開発投資

　2000年以降、世界の主要国でナノテクへの大規模な国家投資戦略がスタートした。わが国では科学技術基本計画の第2期（2001〜2005年度）および第3期（2006〜2010年度）において、重点推進4分野の1つに「ナノテクノロジー・材料」分野を指定し、「ライフサイエンス」「情報通信」「環境」の3分野とともに10年間にわたって重点的な資源配分を行った。その後、科学技術基本計画は重点領域型から社会的期待に応える課題解決型（トップダウン型）へと舵が切ったが、「ナノテクノロジー・材料」に関しては、第4期（2011〜2015年度）では政策課題を解決するうえでの共通基盤的な技術として、第5期（2016〜2020年度）では新たな価値創出のコアとなる基盤技術として位置づけ、戦略的投資が続いている。さらに第6期（2021〜2025年度）では、材料やデバイスなどを「マテリアル」とまとめた上で、2021年に策定された「マテリアル革新力強化戦略」に基づき、戦略的な研究開発等を推進している。

　総務省統計局「2022年（令和4年）科学技術研究調査結果の概要」によると、2021年度の我が国の科学技術研究費（以下、研究費という）は19兆7,408億円（前年度比2.6％増）、研究費の国内総生産（GDP）に対する比率は3.59％（0.01ポイント上昇）である。研究費の研究主体別の内訳は、企業が14兆2,244億円（同2.6％増）、大学等が3兆7,839億円（同2.9％増）、非営利団体・公的機関が1兆7,324億円（同1.9％増）となっている。また、図1.2.5–1に主要5分野「ライフサイエンス」「情報通信」「環境」「エネルギー」「ナノテクノロジー・材料」に使用した研究費の推移を示す。2021年度における「ナノテクノロジー・材料」の研究費は1兆3,184億円（前年度比10.9％増）であり、このうち「ナノテクノロジー」のみでは2,660億円（同42.7％増）となっている。「ライフサイエンス」は3兆2,994億円（同7.3％増）、「情報通信」は2兆7,655億円（同9.0％増）、「環境」は1兆3,807億円（同31.2％増）、「エネルギー」は9,904億円（同0.5％減）である。「ナノテクノロジー・材料」分野の研究費はこの10年微増傾向にあり、継続的に1兆円以上となっている。さらに、第6期科学技術・イノベーション基本計画に掲げられている政府が戦略的に取り組むべき基盤技術3分野「AI」「バイオテクノロジー」「量子技術」について2021年度の研究費をみると、「AI」が1,744億円、「バイオテクノロジー」が2,482億円、「量子技術」が1,168億円となっている。その研究主体別の内訳は、「AI」及び「バイオテクノロジー」で企業が多く（それぞれ923億円、1,538億円）、「量子技術」では非営利団体・公的機関（857億円）が多い傾向にある。

1
俯瞰対象分野の全体像

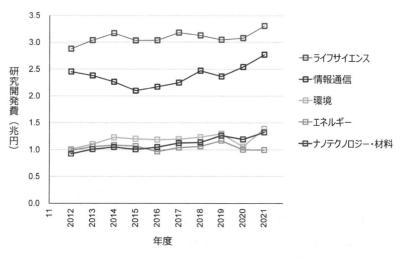

総務省統計局「2022年（令和4年）科学技術研究調査」を基にJST-CRDSが作成

図1.2.5–1　　日本における科学技術主要5分野の研究開発費（官民合計）

　各国における国家投資の規模を「ナノテクノロジー・材料」分野だけ切り出して比較することは、各国における科学技術政策あるいは産業政策の基本構造やデータ集計方法が異なることから困難である。なお、世界最大のナノテク政策である米国NNI（National Nanotechnology Initiative）における2023年度予算は19.9億ドル（要求額）である。米国や日本を含む主要国の科学技術・研究開発政策に関する詳細は前項「1.2.4 主要国の科学技術・研究開発政策の動向」を参照されたい。

■学会の動向

　図1.2.5-2に、日本、米国及びドイツのナノテク・材料分野に関する主要学会の、近年の会員数の変遷を示す。日本、ドイツでは会員数は減少傾向にある。日本化学会では、この10年間で約6500人（2014年比で2割超）、15年間で約9300人（2007年比で約3割）会員数が減っている。他の学会も、この10年間で1～3割程度、15年間で1.5～4割程度会員数が減少している。これは、国立大学法人への国からの運営費交付金の削減に伴う国立大における人件費削減や、企業のコスト削減などが背景にあると見られる。ドイツ物理学会も、2014年と比べて2割弱の会員数が減っている。米国のAmerican Chemical Society及びAmerican Physical Societyでは、会員数は横ばいあるいは微増が続いていたが、最新の値（2022-2021年）では減少に転じている。Material Research Societyは、この10年で会員数の減少が続いており、2013年と比べて最新の会員数は約2.5割減となっている。

国	学会名	最新	2020-2019	2018-2017	2016-2015	2014-2013	2008以前
日本	日本化学会	23,182 (2022.2)	25,487 (2020.2)	27,469 (2018.2)	28,653 (2016.2)	29,722 (2014.2)	32,447 (2007.3)
	日本物理学会	15,270 (2021.12)	15,540 (2019.12)	16,338 (2017.12)	16,332 (2015.12)	16,620 (2013.12)	18,321 (2007.3)
	応用物理学会	17,641 (2021.12)	18,991 (2019.12)	19,616 (2017.12)	19,937 (2015.12)	21,033 (2013.12)	23,273 (2007.12)
	高分子学会	7,984 (2022.3)	9,152 (2020.3)	10,111 (2018.3)	10,505 (2015.3)	11,283 (2014.3)	13,334 (2007.3)
米国	American Chemical Society	>151,000	約163,000 (2019)	約150,000 (2017)	約157,000 (2015)	161,000 (2013)	158,422 (2005)
	Material Research Society	>12,000	14,092 (2019)	約14,000 (2017)	約16,000 (2016)	16,600 (2013)	約16,000 (2008)
	American Physical Society	49,446 (2021)	54,069 (2019)	55,368 (2017)	53,099 (2015)	50,578 (2013)	46,269 (2008)
ドイツ	German Physical Society	52,200 (2022)	55,051 (2020)	61,954 (2018)	62,656 (2016)	63,012 (2014)	53,449 (2007)

括弧内は会員数確認時点の年、月を表す

図1.2.5-2　　ナノテクノロジー・材料分野に関連する主要学会の会員数動向

■論文から見る研究コミュニティの動向

　図1.2.5-3に、主要国のナノテク・材料分野における論文執筆研究者数の推移を示す。論文執筆数は、各年に1報以上論文を発表した執筆者の数を整数カウントで算出したものである。2021年に日本において論文を執筆した研究者数は約4万8千人であり、中国、米国、インド、ドイツに次ぐ世界第5位であった。2011年の数と比較すると1割弱の増加となっている。中国では、2011年からの10年間で約3.5倍に増しており、2021年においては約48万人と他国を圧倒している。また、近年インドが急激に増加しており、2021年では約8万人となっている。そのほか、欧米諸国や韓国は、過去10年で1.2～1.7倍に増加している。なお、抽出対象としたデータベースへの収録誌数自体が増加しているため、これらの増加率がそのまま研究者人口の増加率に比例するわけではないことに留意が必要である。

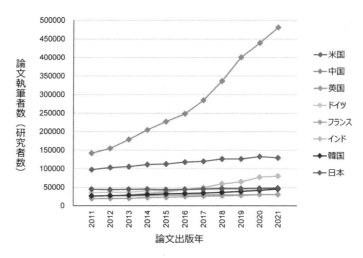

出典：エルゼビア社のScopusデータを基に、同社・JST-CRDSが作成。

論文検索式には、"Z. Wang, et al., *J. Nanopart. Res.* **21**, 199 (2019)."で報告されているナノサイエンス・ナノテクノロジー分野を定義する検索式に、Scopusの「材料科学」分野を加えたものを使用。

2021年はデータ最終年のためデータ数が少なくなっている。

図1.2.5-3　　　ナノテクノロジー・材料分野の論文執筆者数の国別推移

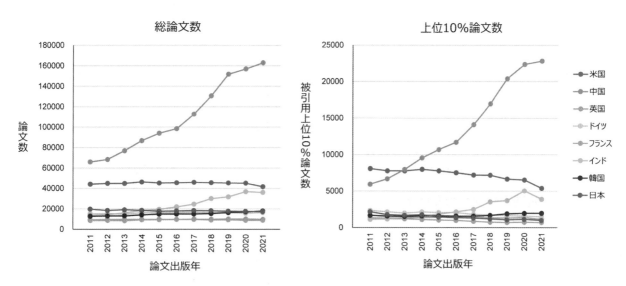

出典：エルゼビア社のScopusデータを基に、同社・JST-CRDSが作成。

論文検索式には、"Z. Wang, et al., *J. Nanopart. Res.* **21**, 199 (2019)."で報告されているナノサイエンス・ナノテクノロジー分野を定義する検索式に、Scopusの「材料科学」分野を加えたものを使用。

2021年はデータ最終年のためデータ数が少なくなっている。

図1.2.5-4　　　ナノテクノロジー・材料分野の論文数の国別推移

■科学技術（研究開発）アウトプット（論文）の国際比較

　主要国のナノテク・材料分野における論文数の推移を図1.2.5-4に示す。論文数は分数カウント（共著者数で除して計算する方法）で算出したものである。世界全体の総論文数は年々増加傾向にあり、これは2000年代以降の中国の伸び率に大きく起因している。中国の総論分数は、2000年代後半に世界トップとなった以降も増加が続いており、2010年代に入ってからは、質的にも（ここでは被引用トップ10％論文のことを指して「質」と表現する）そのプレゼンスは揺るぎないものとなっている。米国、ドイツ、英国の論文数は、微増あるいは横ばいの状況である。日本及びフランスは、質・量ともに横ばい、あるいは若干の減少傾向にある。一方で、インドや韓国の論文数は着実に増加傾向にあり、近年では質・量ともに他先進国に匹敵している。特にインドは、数年先には米国に追いつくほどの勢いを見せている。

1
俯瞰対象分野の全体像

　続いて、本俯瞰報告書で扱う研究開発領域別の論文数動向の分析結果を図1.2.5–5 ～ 1.2.5–7に示す。

　図1.2.5–5は、各領域（領域番号をNo. 1 ～ 29と付与）の論文数の変化率を、世界全体（上段、青字）および日本（下段、赤字）について示したものである。2017年及び2011年の論文数に対する2020年の論文数の比をそれぞれ横軸、縦軸としている。各年の論文数は、過去2年の論文数と合わせた3年分の平均として算出した（ただし、2020年については2019年との2年分の平均とした）。図中の右に行くほど近年での論文数増加率が高く、上部に行くほど長期的な論文数増加率が高いことを意味する。世界全体では、およそ全ての領域で論文数の増加が見られる。日本では、各領域の論文数変化の傾向は世界全体とおおよそ類似しているものの、論文数増加率は全体的にやや低めであり、一部の領域では短期的にも長期的にも論文数が減少していることが分かる。ナノテクノロジー・材料分野において特に近年の論文数増加率が高い領域としては、「蓄電デバイス（No.1）」、「脳型コンピューティングデバイス（No.10）」、「金属系構造材料（No.15）」、「データ駆動型物質・材料開発（No.22）」、「量子マテリアル（No.24）」、「有機無機ハイブリッド材料（No.25）」、「ナノテク・新奇マテリアルのELSI/RRI/国際標準（No.29）」、などがある。

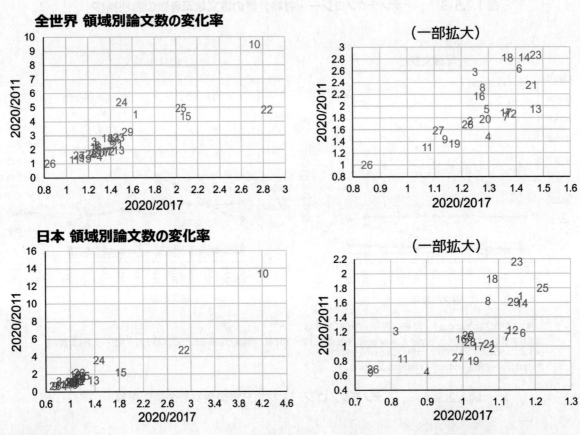

No.	領域名		
1	蓄電デバイス	11 フォトニクス材料・デバイス・集積技術	21 次世代元素戦略
2	分離技術	12 IoTセンシングデバイス	22 データ駆動型物質・材料開発
3	次世代太陽電池材料	13 量子コンピューティング・通信	23 フォノンエンジニアリング
4	再生可能エネルギーを利用した燃料・化成品変換技術	14 スピントロニクス	24 量子マテリアル
5	人工生体組織・機能性バイオ材料	15 金属系構造材料	25 有機無機ハイブリッド材料
6	生体関連ナノ・分子システム	16 複合材料	26 微細加工・三次元集積
7	バイオセンシング	17 ナノ力学制御技術	27 ナノ・オペランド計測
8	生体イメージング	18 パワー半導体材料・デバイス	28 物質・材料シミュレーション
9	革新半導体デバイス	19 磁石・磁性材料	29 ナノテク・新奇マテリアルのELSI/RRI/国際標準
10	脳型コンピューティングデバイス	20 分子技術	

出典：エルゼビア Scopusカスタムデータを基に、JSTが集計、作成。各研究開発領域の論文検索式はJST-CRDSにて定義。

図1.2.5–5　　　ナノテクノロジー・材料分野の研究開発領域別の論文数動向

次に、図1.2.5–6に各研究開発領域における日本の論文数シェア（対世界全体）の推移を示す。各年の論文数の算出法は上述と同様である。全体として、中国の論文数増加に押され、日本の論文数シェアは減少傾向にある。各領域における日本の優位性は図1.2.5–5の論文数動向と併せて考える必要があるものの、2020年時点で日本が比較的高い論文数シェアを有している領域としては、「生体イメージング（No.8）」、「スピントロニクス（No.14）」、「パワー半導体材料・デバイス（No.18）」、「磁石・磁性材料（No.19）」、「分子技術（No.20）」、「量子マテリアル（No.24）」、「微細加工・三次元集積（No.26）」などがある。

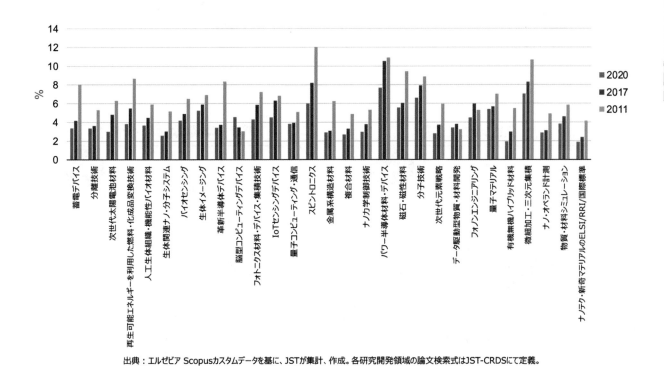

出典：エルゼビア Scopusカスタムデータを基に、JSTが集計、作成。各研究開発領域の論文検索式はJST-CRDSにて定義。

図1.2.5–6　ナノテクノロジー・材料分野の研究開発領域別の日本の論文数シェア

最後に、先に挙げた論文数増加率の高い領域および日本の論文数シェアの高い領域のうち、「蓄電デバイス（No.1）」、「生体イメージング（No.8）」、「スピントロニクス（No.14）」、「パワー半導体材料・デバイス（No.18）」、「データ駆動型物質・材料開発（No.22）」、「量子マテリアル（No.24））」について、国別の論文数動向を図1.2.5–7に示す。横軸・縦軸は2017年および2011年の論文数に対する2020年の論文数の比、バブルサイズは2020年の各国の論文数を相対的に表している。

「蓄電デバイス」領域では、全世界的に継続的な論文数増加が見られるが、中でも中国が論文数の増加率およびシェアともに突出している。インドは近年の論文数増加率が最も著しい。韓国でも継続的な論文数の増加が見られ、2020年における論文数は、中国、米国に次ぐ世界第3位となっている。日本は、論文数では2020年時点で世界第6位に付けているものの、論文数の増加は他国と比べると低調となっている。

「生体イメージング」領域では、世界全体として論文数は増加しているものの、日本や欧米では近年横ばいの傾向にある。中国は近年急激に論文数を伸ばした上、米国を抜いて世界第1位となっている。2020年における日本の論文数は、中国、米国、ドイツに次ぐ世界第4位であり、国際的なプレゼンスを維持している状態と言える。インドや韓国が著しい論文数増加率でもって徐々に存在感を増してきている。

「スピントロニクス」領域では、中国とインドを代表格として、全世界的に論文数は増加傾向にある。日本も着実に論文数を伸ばしており、2020年の論文数は中国、米国、インドに次ぐ世界第4位であった。ドイツ、英国、韓国の論文数も増加傾向にあり、今後も成長が見込まれる。米国の近年の論文数は横ばいだが、論

1

俯瞰対象分野の全体像

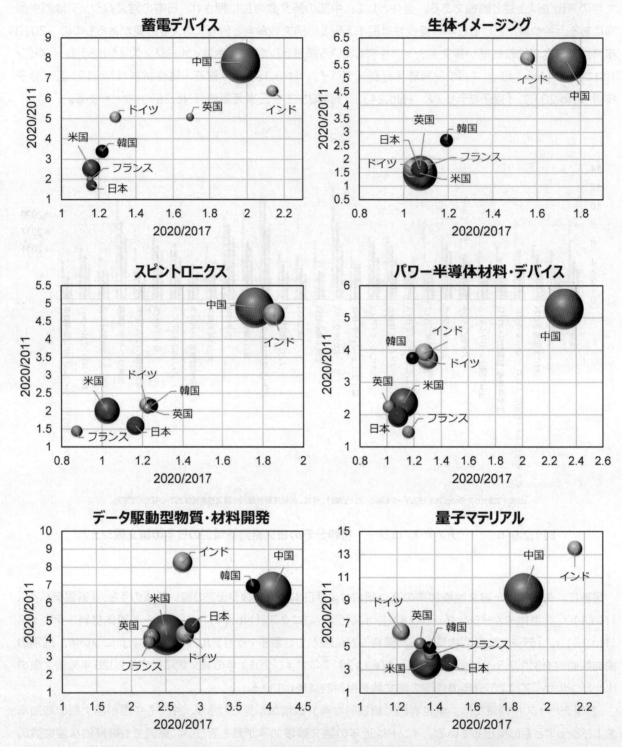

※バブルサイズ：2020年の論文数

出典：エルゼビア Scopusカスタムデータを基に、JSTが集計、作成。各研究開発領域の論文検索式はJST-CRDSにて定義。

図1.2.5–7　　各研究開発領域（抜粋）における論文数の国別動向

文数は世界第2位とプレゼンスを維持している。

　「パワー半導体材料・デバイス」領域では、全世界的に論文数が増加する傾向の中で、特に中国の論文数増加が著しく、近年における論文数は世界第1位となっている。日本と米国は、長期にわたって論文数を伸ばしつつ国際的なプレゼンスを保持している状況にある。ドイツは近年の成長が著しく、2020年における論文数は、中国、米国、日本に次ぐ世界第4位であった。また、インドの近年の急激なプレゼンスの上昇も注目

される。

　「データ駆動型物質・材料開発」領域は、世界全体で近年最も論文数が増加している領域の一つである。米国が当該分野を牽引してきており、2020年の論文数は世界第1位であった。また、中国は米国に追いつくほどの論文数増加を見せている。日本においても論文数は著しく増加しており、2020年における論文数は、米国、中国、インド、ドイツ、英国に次ぐ世界第6位であった。

　「量子マテリアル」領域は、過去10年ほどの長期にわたって特に論文数が増加している領域の一つである。中でも、中国の論文数増加が顕著であり、その論文数は近年世界第1位となっている。次ぐ米国も、長期的に高いプレゼンスを維持している。日本は継続的な論文数増加を見せており、2020年の論文数は、中国、米国、ドイツに次ぐ世界第4位である。インドは最も顕著な論文数増加率を示しており、2020年の論文数は世界第5位であった。

1.3 今後の展望・方向性

1.3.1 今後重要となる研究の展望・方向性

　多くの分野・用途において用いられる装置・システムの機能を根幹で支えているナノテク・材料分野には、多様な社会的期待が集まっている。以下では、日本が抱える社会的課題の解決に向けて、ナノテク・材料技術がどのような役割を果たしていくのかについて、区分ごとに記述する。

■環境・エネルギー応用における今後の方向性

　日本政府は2050年までに温室効果ガスの実質排出量ゼロ（カーボンニュートラル）を目指すことを明言している。また、サーキュラーエコノミーに代表される低環境負荷の資源循環型社会への移行も求められている。さらに、COVID–19やロシアによるウクライナ侵攻に端を発する天然資源のサプライチェーンの混乱が加速しており、世界的にエネルギー価格や資源価格が高騰している。このような課題を克服するため、環境・エネルギー分野のイノベーションを支えるナノテク・材料技術の研究開発の重要性はますます高まっている。一方で、環境・エネルギー分野における材料・デバイス技術は新たな経済成長領域であり、各国によって大規模な研究開発や産業政策が進行している。グローバル課題解決のための国際協調と、経済成長のための競争のバランスのなかで、戦略的な研究開発が求められている。

　太陽光や風力などの再生可能エネルギーの大量導入は上述の目標を達成するうえで不可欠であり、世界的にも研究開発が活発になっている。太陽光発電に対しては、実用化されているシリコンや化合物半導体のさらなる高効率化と低価格化とともに、中長期的には有機薄膜太陽電池やペロブスカイト太陽電池などの革新的太陽電池の実用化が期待される。時間変動の大きな太陽光や風力の利用においては、電力を一時的に蓄えて平準化する大型の蓄電池・蓄電システム（グリッド電力貯蔵用途）の開発が重要になっている。特に自動車等の移動体の電化が欧州、米国、中国を中心に進んでおり、併せて蓄電池のサプライチェーンを掌握するための材料・蓄電池製造の産業政策が大規模に実施されている。日本は経済産業省「蓄電池産業戦略」を2022年に策定し、液系リチウムイオン電池の製造基盤の拡大や全固体電池等の次世代蓄電池の研究開発に取り組むことを表明しており、高エネルギー密度かつ低コストな蓄電デバイスへの期待は大きい。また、蓄電デバイスの市場は今後ますますと拡大することは必至であり、その際の材料・資源不足が懸念されている。そのため、車載用のハイエンドな蓄電池を大規模グリッド用のローエンドな蓄電システムにリユースするための技術開発、ハイエンド用途からハイエンド用途へのリサイクル技術開発などの研究開発に注目が集まっている。

　再生可能エネルギーの利用としては、直接的に電気に変換して利用するだけでなく、水素や炭化水素などの化学エネルギーに変換する技術（エネルギーキャリア）の実現も期待される。特に再生可能エネルギー由来の電力を利用した水電解や、光触媒を用いた人工光合成によるグリーン水素製造技術の確立のための材料・デバイス研究に多くの投資が集まっている。また、同様に光・電気化学プロセスをCO_2からの有用物質生産やアンモニア製造に適用しようとする研究開発も世界的に活発化している。

　環境保全、省エネルギー、資源循環の視点では、物質の分離技術も非常に重要となる。広く世界をみると、飲料に用いることのできる水は限られており、海水や廃水からの淡水生成、またシェールガス産出の際に大量に発生する放射性物質や有害物質を含んだ随伴水の浄化といった分離に関する技術開発は喫緊の課題であり、低コストで量産可能な吸着剤や浄化膜の開発は急務となっている。また、ネガティブエミッション技術としてCO_2の回収技術が求められており、高効率な濃度凝縮、回収を行うための吸収剤や膜材料開発、プロセス開発も期待されている。さらに、鉱物資源の少ない日本においては、回収された電子デバイスや蓄電デバイス機器からレアメタルなどの希少元素を効率的に分離する技術の開発も重要になってくる。

　以上、ここにあげた環境やエネルギーにかかわる社会的あるいは技術的な課題は、ナノテク・材料分野だけで解決することはできず、異なる学術分野や技術分野との連携や、制度的な改革も必要になってくる。日本

は環境・エネルギー分野にかかわる材料技術・プロセス技術で国際的な競争力を有しているが、デバイスレベルでの国際シェアは下降している。諸外国が大規模な投資や産業政策を実行するなかで、本分野へのさらなる投資の促進や産学官が連携した技術開発、社会実装の促進、研究開発のDX化による研究加速などが一層重要になっている。

■バイオ・医療応用における今後の方向性

　COVID-19の世界的パンデミックを経験し、そして継続的な高齢化・超高齢化の進行が見込まれる今後の社会においては、医療やヘルスケアに求められる技術はますます多様で高度なものとなっていく。特に、一人ひとりが健康で快適さや幸せを実感できるWell-Beingな社会の実現、並びに医療費の適正化を目指すためには、健康寿命の延伸や健康格差の縮小に向けた技術革新が求められる。加えて、地球規模での持続可能な社会システムの実現に向けて、環境負荷の少ない物質・食料生産や資源利用を可能にする技術開発が喫緊の課題となっている。ナノテクノロジー・材料分野を基盤としたバイオ・医療応用に関わるテクノロジーは、上記のような社会的課題の解決を見据え、基礎的なライフサイエンス研究から実用的な材料・デバイス開発までの広範な対象に渡って貢献をしていくことが期待される。

　健康寿命の延伸や健康格差の縮小を目指すためには、ポイントオブケアやセルフケアによる治療・診断ツールの充実は極めて重要である。高齢化社会が進むに従って疾病や身体的・精神的傷害をもって生きる人が増えることが予想されるが、埋め込み型・携帯型の治療デバイスの開発は、日々の生活や治療の負担軽減に大きく資するものである。身体機能の補完や、在宅治療あるいは日常生活と一体となった治療への利用のため、装置の小型化・軽量化や連続動作性の向上、インターフェースの柔軟性や生体適合性の付与、IoT技術と連携したモニタリング機能および遠隔操作性の搭載といった観点からの材料開発やシステム構築が求められる。また、身体異常・疾病の早期診断のためには、バイオマーカーとなる生体由来物質の迅速、簡便、高感度な検出が必要である。特に、非侵襲的に採取可能な生体液（唾液、尿、汗など）を検体とした検出デバイスが有用である。そこで、夾雑物中からターゲットを分離・濃縮する方法や、ターゲットを特異的に認識するセンサ材料の開発が求められる。加えて、スクリーニング検査としてのスループットを高めるため、1度に複数のバイオマーカーを測定できるセンサおよびデバイスの開発も求められる。さらに、日常的に健康状態のモニタリングを行うセルフケアツールは疾病の早期発見や予防に有効である。IoT技術と連携したウェアラブルデバイスは、既に体温・振動・血圧などの物理センシング機能を搭載したスマートウォッチなどが普及しているが、今後は、より直接的に生理状態を示すバイオ・化学情報のセンシングが可能なデバイスの開発が期待される。

　損傷組織の代替・修復や生体内・外での生体模倣組織の構築を目指すバイオ材料の開発においては、元来、生体中で毒性や炎症をもたらさないとの観点での「生体適合性」が検討されてきた。しかし近年、生体における力学的な応答がその機能の発現や調整に重要な役割を果たすことが徐々に明らかとなり、材料への力学的な生体調和性の具備や、材料の力学特性を利用して細胞の機能や運命を制御することを目指した研究開発が注目される。力学的性質やメタ構造を高度に設計した材料の開発においては、計算科学との融合が欠かせない。同時に、細胞の力学応答を定量的に、高精度に、そして高い空間・時間分解能で計測できる手法の開発も必要となる。さらに、このような生体力学応答の解明・制御の追究は、1細胞レベルから多細胞、組織レベルへの発展が見込まれ、それに応じて求められる計測や材料設計の技術もますます高度なものとなっていくだろう。加えて、力学的な環境条件・入力刺激と、生体内の分子レベルの応答機構を関連付けた数理解析やモデル構築、シミュレーション技術の開拓も極めて有用と考えられる。

　高度な医療技術の実現のため、ナノ粒子をキャリアに用いて薬物や診断用プローブを腫瘍組織等の疾患部位へ送達する薬物送達システム（DDS）の研究開発では、ナノテクノロジー・材料分野による牽引が一層求められるようになる。COVID-19の流行を契機としたmRNAワクチンの普及は、mRNAやナノ医薬の有効性・安全性を世界的規模で実証することとなった。今後はワクチンのみならず、がん免疫療法やCRISPR-Casを利用したゲノム編集など、より高度な治療応用のためのナノ医薬の開発が加速していくと考えられる。

そこで、医薬用要素分子をより効率的および選択的に患部へ届けるため、脂質ナノ粒子の分子設計の見直しや、実験モデル動物の選択・評価系の再構築を含めて、改良を図っていく必要がある。また、イメージング用プローブと治療薬を同時に搭載したナノ医薬などを用いて、治療と診断を一体的に行うセラノスティクス技術の拡充も、個々の疾病状態に応じた精度の高い治療の実現には有用である。さらに、分子ロボティクス分野で発展してきた、分子入力に応じて演算・出力を行う機構や、ナノ構造体の駆動力を制御する方法は、生体環境と相互作用しながら自律的に薬効を発揮する次世代のDDSの開発に寄与することが期待される。

　持続可能な社会システムの構築のため、環境負荷の少ない物質・食料生産や資源利用の実現においても、ナノテクノロジー・材料分野の貢献が期待されている。再生医療材料の開発で培われた生体組織構築技術は、培養肉製造への応用が見込まれる。また、DDSの植物や微生物への転用や、分子ロボティクスおける人工細胞構築技術は、効率的な物質・食料生産への貢献が期待される。さらに、合成生物学の生物改変技術と組み合わせながら、生物由来物質あるいは生物自体を組み込んだ材料の開発は、効率的な資源利用のみならず、生物の持つ環境応答性や自己修復性、自己複製能力を備えた機能性材料の創出へとつながる。既に、免疫応答性物質で修飾したバイオ材料や、細胞膜成分でコーティングしたナノ粒子の開発など、生物由来物質の持つ機能を活かした新規材料が報告されている。今後は、利用可能な生物種の拡大、細胞集団としての挙動の制御、生物の長期生存に適う材料環境の確保、人工材料との安定的接触やデバイス化、改変生物の漏洩防止技術の確立、といった観点から研究開発が必要となる。このような生体物質を材料として扱う技術基盤の確立やさらなる生命機能の開拓によって、材料の多機能化ならびに医療、農業、エネルギー、インフラといった様々な分野への応用展開が期待される。

■ICT・エレクトロニクス応用における今後の方向性

　産業や日常生活など社会の様々なところでデジタル化が進展しているが、今後はサイバー空間とフィジカル空間を高度に融合させたSociety 5.0を実現し、時間や空間、能力などに制約されない様々なサービスを提供することが期待されている。これを実現するためには、ハードウェアからソフトウェアまでの様々な技術が必要になるが、ハートウェアとしてはICT・エレクトロニクス技術の進展が不可欠である。サイバー空間では、高速な数値解析やデータ処理を低消費電力で行うための最先端のロジック集積回路や高速メモリ、大容量不揮発メモリ、膨大なデータを学習し最適な判断を行うAI処理用のアクセラレータチップ、従来のコンピュータでは何年もかかるような暗号解読、最適化問題などの複雑な問題を瞬時に解く量子計算に用いる超電導量子ビットなど量子計算回路の研究開発が求められる。また、フィジカル空間では、様々なデータ（温度、気圧、振動、汚染物質、ガス、生体物質、匂いなど）の収集を効率的に行うセンサやIoT機器の小型化・高感度化・超低消費電力化、自動車やロボットなどのリアルタイムの制御に必要なエッジコンピューティング用チップの高性能化・低消費電力化がますます重要になる。さらに、両空間を結びつける次世代の通信技術として、高速・大容量・低遅延・多接続・低消費電力・セキュアな通信を可能にする技術が求められ、光通信用トランシーバーの小型化・高速化・低消費電力化、Beyond 5G/6G/7Gといった次世代の 高速・大容量無線通信を可能とするミリ波・テラヘルツ波の送受信デバイス、電波の指向性を制御するフェイズドアレーアンテナ、電波の反射や透過を制御するメタマテリアルなどの研究開発が求められる。

　コンピューティングに向けた最先端のロジック集積回路の研究開発としては、CMOSトランジスタのさらなる高性能化のためのGAA構造、チャネルへの二次元材料の利用が進められている。また、不揮発性メモリは、現状のフラッシュメモリの3次元積層・多値記憶のさらなる多層化・多値化、スピントロニクスを用いたMRAMや、PCM、ReRAMの高速化・大容量化とともに、深層学習AIチップの重みの記憶などへの適用が進められている。また、AIアクセラレータには、主流のCMOSデジタル回路に加え、アナログ回路、シリコンフォトニクス技術によるフォトニクス集積回路、スピントルク発振素子などによるスピントロニクス回路などの研究開発が進められている。量子コンピュータ用のデバイス・システムでは、エラー訂正回路を含む大規模化に向け、超電導、冷却原子、イオントラップ、量子ドットなどを用いて、多量子ビット化へと進展する。

IoTに向けては、気圧、加速度、マイクなどの物理センサはMEMS技術の高精度加工、基板の大口径化により、高性能化と低価格化が進展し、光学センサはイメージセンサの高解像度化とともに、偏光を利用した新たなセンサ、LiDARなどへの利用が進んでいく。血液中の物質や呼気などを検出する化学センサは、再現性や安定性の改善、高感度化を目指した研究開発、超高感度が期待されるダイヤモンドNVセンターを利用した量子センサはその作製方法、利用分野の研究開発が期待される。

次世代通信に向けては、シリコンフォトニクスをベースに、ナノフォトニクス材料など新たな材料を導入し、新たな機能デバイス、光電融合による小型・高性能のトランシーバーなどの研究開発が進んでいく。テラヘルツ波無線技術としては、InPなどの高周波電子デバイスの高性能化に加え、光技術を利用した送受信デバイス、高周波発振回路とフェイズドアレーアンテナが一体化したチップ・モジュール、電波の反射・透過を制御するメタマテリアル、低損失の導電体・誘電体を用いた導波路などの研究開発が進展していく。さらに、量子暗号通信においては、伝送距離の延伸、伝送損失の低減、通信速度の向上、量子中継技術などの研究開発が進められていく。

■社会インフラ・モビリティ応用における今後の方向性

社会インフラは、道路・鉄道・航空網などの交通インフラや電力網・通信網・上下水道などの各種ライフラインなど多岐にわたる。わが国においては、阪神・淡路大震災や東日本大震災を1つの契機とし、さらに近年、頻発している水害などに対する社会インフラの安全性を担保するための課題がより顕在化している。わが国の国土には、国土交通省道路統計年報によれば65,000ヶ所を超える橋梁と1万ヶ所以上のトンネルが存在し、それらの多くが老朽化の問題を抱えている。これらの老朽化施設の補強技術や更新は喫緊の課題である。2021年度には「防災・減災、国土強靱化のための5か年加速化対策」が開始されている。

モビリティ分野は、自動車・航空機・列車など人や物資の輸送手段に関連する分野であり、環境負荷を低減するために、いずれの輸送手段においても電動化や軽量化の流れが加速している。また、AIやIoTなどの最先端技術の導入も進んでおり、20世紀初頭の自動車革命に匹敵する大きな変換期を迎えているといわれている。

社会インフラ、モビリティいずれにおいても、建物や土木、自動車などで力学的強度を保持するための構造材料や、効率的に発電し利用するための材料、エネルギー効率改善や部品・部材の長寿命化に資する材料などナノテクノロジー・材料技術の重要性が高まっている。

本分野に共通する流れとして、①カーボンニュートラルへの対応、②経済安全保障への対応、③データ駆動型アプローチの3つが挙げられる。カーボンニュートラルへの対応としては、モビリティの燃費改善のため、金属材料や複合材料の軽量・高強度化の検討や、異種材料の接着技術などの研究開発が重要である。また、モーター・発電機の効率改善のための磁石・磁性材料や、使用目的に合わせて効率よく電圧・電流を調整するためのパワー半導体材料・デバイス、機械の摩擦・摩耗の低減技術、自己修復材料の研究も重要である。また、経済安全保障へ対応するため、金属系構造材料、磁石・磁性材料において、希少金属や地域偏在している元素の使用を減らす研究が必要である。さらに、それぞれの材料では一層の性能改善と開発期間短縮の両立が重要な課題となっており、データ駆動型のアプローチの積極的活用が期待されている。

■ナノテクノロジー・材料における設計・制御技術の今後の方向性

「分子技術」「次世代元素戦略」「データ駆動型物質・材料開発」「フォノンエンジニアリング」「量子マテリアル」「有機無機ハイブリッド材料」などの物質と機能の設計・制御にかかわる基本概念は、マテリアル・イノベーションを創出するドライビング・フォースともいえるものである。

それぞれマテリアルは、より一層の性能向上が常に求められるだけでなく、複数機能の同時実現、時には相反する関係にある機能の同時実現すら求められ、材料開発は複合化・多元素化の方向に進んでいる。さらに、経済安全保障の観点からは、これら材料に要求される機能を自然界に豊富に存在する元素の組み合わせ

で実現することが求められている。また、材料の使用後の劣化・分解性能まで含めた結合・分解制御技術も重要性が高まっている。

対象となる物質の組み合わせは膨大であり、従来の実験的あるいは理論的手法による材料探索・設計では困難になりつつある。また、ニーズの変化に迅速に対応するため、開発期間の短縮も重要な課題となっている。このため、4つの科学（実験科学、理論科学、計算科学、データ科学）を統合的に活用して、新規物質・材料の設計・探索・発見を飛躍的に加速するマテリアルズ・インフォマティクスが推進され、一定の成果を示している。今後は、材料製造プロセスを最適化するプロセス・インフォマティクスや、計測・解析を効率化する計測インフォマティクスとの連携、またそれらを支えるロボットによるハイスループット実験や、AI技術を活用した自律的最適化実験（Closed-Loop）など実験DXも重要な技術要素である。国内では、2022年よりデータ創出・活用型マテリアル研究開発プロジェクト事業が開始されており、マテリアル研究分野における日本の国際競争力の強化に貢献することが期待される。

1.3.2 日本の研究開発の現状と課題

上述した内容および第2章の各研究開発領域から見えてくるわが国の研究開発の現状としては、長年の技術蓄積から生まれる伝統的な強みとして、エネルギー材料、電子材料、複合材料、磁石・磁性材料などの物質創製・材料設計技術が挙げられる。また、それらを支える計測・分析・評価・加工技術に関してもわが国が強みを有する技術が多く存在する。また、分子技術や元素戦略は、日本発の研究戦略コンセプトであり、現状では日本は優位なポジションを有するが、近年は米国・欧州を中心に戦略的な強化が図られている。さらに、データ駆動型物質・材料開発は、日本を含め、各国ともに政策的な強化策を掲げている領域である。

研究開発成果にもとづく技術の産業化や収益化の面では、欧米や、中韓などのアジア勢に対し劣勢となっているケースも少なくない。また、標準化・規制戦略、医工連携、産学連携、ナノ物質・新物質のELSI/EHS/RRI、ナノテク・材料分野の将来を担う人材の継続的な育成など共通支援策の整備に関しては構造的な課題が存在する。基礎フェーズ、応用・開発フェーズ、共通支援策の有機的な連携・推進の重要性が増してきている。

以下では、第2章における全29研究開発領域の国際比較表のまとめ（図1.3.2-1）にもとづいて、各区分単位で日本の研究開発の現状、諸外国に対する位置づけについて述べる。

■環境・エネルギー応用における現状

この分野の研究開発領域は、再生可能エネルギー利用、効率的なエネルギー貯蔵・変換、CO_2排出量削減および資源循環などと密接にかかわり、世界的にも関心が高く大きな市場が見込まれることから、活発に研究開発が実施されている。蓄電デバイス、水素等のエネルギーキャリア技術は世界的に研究開発や産業政策による投資が強化されている。国別にみると、日本は全般的に基礎研究フェーズに強みを有し、特に太陽電池、蓄電デバイス、エネルギーキャリアに関しては国家プロジェクトも充実している。一方、市場の観点では太陽電池や蓄電デバイスなど材料シェアが低下している部門もあり、基礎研究から応用研究、社会実装までの展開の遅れや、他国に比べて研究開発投資が相対的に少ないことに起因すると考えられる。2021年度よりグリーンイノベーション基金が創設され、産業界を主体とした大規模な研究開発も始まっているため、国際的な産業競争力の回復に向けた取り組みが期待される。

米国は基礎研究フェーズから応用研究・開発フェーズまでいずれも上昇傾向にある。DOEを中心として政府系プログラムによって多くの研究開発を支援している。近年の動向として注目すべきは、2021年のEnergy Earthshots Initiativeの創設である。水素、蓄電池、ネガティブエミッション技術、地熱利用、洋上風力発電、産業熱利用の6つのテーマに対して、大規模な研究開発投資が進行している。

欧州は、資源循環と経済成長の両立を図るサーキュラーエコノミーの理念を実現するため、環境・エネル

環境・エネルギー応用

国	フェーズ	蓄電デバイス 現状	蓄電デバイス トレンド	分離技術 現状	分離技術 トレンド	次世代太陽電池材料 現状	次世代太陽電池材料 トレンド	再生可能エネルギーを利用した燃料・化成品変換技術 現状	再生可能エネルギーを利用した燃料・化成品変換技術 トレンド
日本	基礎	◎	→	○	↗	◎	→	◎	→
日本	応用・開発	○	→	○	↗	◎	→	◎	→
米国	基礎	◎	→	◎	→	◎	↗	◎	↗
米国	応用・開発	◎	→	◎	↗	◎	→	◎	→
欧州	基礎	○	→	◎	↗	○	↗	○	↗
欧州	応用・開発	◎	↗	◎	↗	◎	↗	◎	↗
中国	基礎	○	↗	◎	↗	◎	↗	◎	↗
中国	応用・開発	◎	↗	◎	↗	○	↗	○	↗
韓国	基礎	○	→	○	→	○	→	○	→
韓国	応用・開発	△	→	△	→	○	↗	○	↗

バイオ・医療応用

国	フェーズ	人工生体組織・機能性バイオ材料 現状	人工生体組織・機能性バイオ材料 トレンド	生体関連ナノ・分子システム 現状	生体関連ナノ・分子システム トレンド	バイオセンシング 現状	バイオセンシング トレンド	生体イメージング 現状	生体イメージング トレンド
日本	基礎	○	→	○	→	○	↗	◎	→
日本	応用・開発	○	→	△	↗	○	→	○	→
米国	基礎	◎	→	◎	→	◎	↗	◎	↗
米国	応用・開発	◎	↗	◎	→	◎	↗	◎	↗
欧州	基礎	○	→	○	→	◎	↗	◎	→
欧州	応用・開発	○	→	○	→	◎	→	○	↗
中国	基礎	◎	↗	○	↗	◎	↗	○	↗
中国	応用・開発	◎	↗	○	↗	○	↗	○	↗
韓国	基礎	○	↗	○	→	○	→	○	↗
韓国	応用・開発	○	→	△	↗	○	→	△	→

ICT・エレクトロニクス応用

国	フェーズ	革新半導体デバイス 現状	革新半導体デバイス トレンド	脳型コンピューティングデバイス 現状	脳型コンピューティングデバイス トレンド	フォトニクス材料・デバイス・集積技術 現状	フォトニクス材料・デバイス・集積技術 トレンド	IoTセンシングデバイス 現状	IoTセンシングデバイス トレンド	量子コンピューティング・通信 現状	量子コンピューティング・通信 トレンド	スピントロニクス 現状	スピントロニクス トレンド
日本	基礎	○	→	○	→	○	→	○	→	◎	→	◎	→
日本	応用・開発	○	↗	△	→	○	→	○	→	○	↗	○	→
米国	基礎	◎	→	◎	→	◎	→	◎	→	◎	→	◎	↗
米国	応用・開発	◎	↗	◎	→	◎	→	◎	→	◎	↗	◎	↗
欧州	基礎	◎	↗	◎	→	◎	→	◎	→	◎	→	◎	→
欧州	応用・開発	◎	↗	◎	→	◎	↗	◎	→	○	↗	○	↗
中国	基礎	○	→	○	↗	○	↗	○	↗	◎	→	◎	↗
中国	応用・開発	◎	↗	○	↗	○	↗	○	↗	○	↗	△	↗
韓国	基礎	○	↗	△	→	△	→	△	→	△	↗	○	↗
韓国	応用・開発	△	→	○	→	△	→	△	→	△	→	○	↗

社会インフラ・モビリティ分野

国	フェーズ	金属系構造材料 現状	金属系構造材料 トレンド	複合材料 現状	複合材料 トレンド	ナノ力学制御技術 現状	ナノ力学制御技術 トレンド	パワー半導体材料・デバイス 現状	パワー半導体材料・デバイス トレンド	磁石・磁性材料 現状	磁石・磁性材料 トレンド
日本	基礎	◎	→	○	→	◎	↗	◎	→	◎	→
日本	応用・開発	○	→	◎	↗	◎	↗	◎	→	◎	→
米国	基礎	◎	→	○	→	◎	↗	◎	→	○	→
米国	応用・開発	◎	→	◎	↗	○	→	◎	→	○	→
欧州	基礎	○	→	○	→	◎	↗	◎	→	◎	→
欧州	応用・開発	○	→	◎	↗	○	↗	◎	↗	◎	→
中国	基礎	○	→	○	→	○	↗	○	↗	◎	↗
中国	応用・開発	○	↗	◎	↗	○	→	○	↗	◎	↗
韓国	基礎	○	→	△	↗	△	→	△	→	○	→
韓国	応用・開発	○	→	○	→	○	→	△	→	○	↗

物質と機能の設計・制御

国	フェーズ	分子技術 現状	分子技術 トレンド	次世代元素戦略 現状	次世代元素戦略 トレンド	データ駆動型物質・材料開発 現状	データ駆動型物質・材料開発 トレンド	フォノンエンジニアリング 現状	フォノンエンジニアリング トレンド	量子マテリアル 現状	量子マテリアル トレンド	有機無機ハイブリッド材料 現状	有機無機ハイブリッド材料 トレンド
日本	基礎	◎	↗	◎	↗	◎	↗	◎	→	○	→	○	↘
日本	応用・開発	◎	→	◎	↗	○	↗	○	↗	○	→	○	↗
米国	基礎	◎	→	◎	↗	◎	↗	◎	↘	○	→	◎	→
米国	応用・開発	◎	↗	◎	↗	◎	↗	◎	→	◎	→	◎	→
欧州	基礎	◎	→	◎	↗	◎	↗	◎	→	○	→	◎	↗
欧州	応用・開発	○	→	◎	↗	○	↗	○	↗	○	↗	○	→
中国	基礎	○	↗	◎	→	○	↗	◎	↗	○	→	◎	↗
中国	応用・開発	○	↗	◎	↗	○	↗	○	↗	○	↗	○	↗
韓国	基礎	△	→	△	→	○	↗	○	↗	○	→	○	→
韓国	応用・開発	△	→	○	↗	○	↗	◎	↗	○	→	○	→

共通基盤科学技術

国	フェーズ	微細加工・三次元集積 現状	微細加工・三次元集積 トレンド	ナノ・オペランド計測 現状	ナノ・オペランド計測 トレンド	物質・材料シミュレーション 現状	物質・材料シミュレーション トレンド
日本	基礎	○	↘	◎	↗	◎	→
日本	応用・開発	◎	→	◎	↗	◎	↗
米国	基礎	◎	→	◎	↗	◎	↗
米国	応用・開発	◎	→	◎	↗	◎	→
欧州	基礎	◎	→	○	↗	◎	↗
欧州	応用・開発	◎	↗	◎	↗	◎	↗
中国	基礎	△	↗	○	↗	○	↗
中国	応用・開発	△	↗	○	↗	○	↗
韓国	基礎	○	→	○	→	△	→
韓国	応用・開発	○	→	○	↗	△	→

共通支援策

国	フェーズ	ナノテク・新奇マテリアルのELSI／RRI／国際標準 現状	ナノテク・新奇マテリアルのELSI／RRI／国際標準 トレンド
日本	取組水準	△	→
日本	実効性	△	→
米国	取組水準	○	→
米国	実効性	◎	→
欧州	取組水準	◎	↗
欧州	実効性	◎	→
中国	取組水準	○	→
中国	実効性	△	→
韓国	取組水準	○	→
韓国	実効性	△	→

（註1）フェーズ
基礎：大学・国研などでの基礎研究の範囲
応用・開発：技術開発（プロトタイプの開発含む）の範囲

（註2）現状
◎ 特に顕著な活動・成果が見えている
○ 顕著な活動・成果が見えている
△ 顕著な活動・成果が見えていない
× 特筆すべき活動・成果が見えていない
（※わが国の現状を基準にした評価ではなく、CRDSの調査・見解による評価）

（註3）トレンド
↗：上昇傾向
→：現状維持
↘：下降傾向

図1.3.2-1　国際比較表まとめ（第2章、29領域）

ギー分野の産業政策やHorizonの枠組みを利用した大規模な研究開発が進んでいる。欧州は、基礎研究、応用研究、社会実装を一体的に進めるコンソーシアム型の研究プロジェクトが特徴的であり、各研究領域において応用レイヤーに強みを有している。また、ルールメイキングによる産業競争上の主導権争いにも積極的であり、例えば蓄電池分野では、欧州域内で流通する製品中の各種資源の再利用率やカーボンフットプリントに対して規制を行う「欧州バッテリー規制」が2026年から本格施行されることが決まっている。

中国は全体的に上昇傾向にあり、豊富な人材や資金力をもとに論文に関する各種指標が急成長している。再生可能エネルギー利用、電気自動車や燃料電池車の普及に向けた研究開発やインフラ整備、補助金導入に力を入れており、産業としての急速な発展とともに基礎研究としても最高効率の実証や革新的なデバイスの実証など、世界をリードする成果が生まれている。

韓国は蓄電池分野の産業基盤があるが、近年そのシェアを落としつつある。そのような状況を打破すべく、「Kバッテリー戦略」が掲げられ、研究開発の促進や人材育成への取り組みが進展している。また、水素社会の構築も目標として掲げており、関連分野での論文数が急速に増加している。

■バイオ・医療応用における現状

人工生体組織・機能性バイオ材料、生体関連ナノ・分子システム、バイオセンシング、生体イメージングのいずれの研究開発領域においても、日本は高い水準の基礎研究を行っている。特に生体イメージングでは、長年にわたってオリジナリティの高い優れた研究成果を創出しており、国際的なプレゼンスを維持している。また、生体関連ナノ・分子システムで扱う分子ロボティクス分野は、日本発の学問領域であり、世界に先駆けて大型研究プロジェクトが実施されてきたことから、日本が独自の強みを有する。実用化や産業化フェーズの

研究開発においては、日本の基礎研究の強みが必ずしも活かされていない状況が続いていた。しかし近年では、臨床応用や実用化を支える環境が少しずつ充実してきたことで、ベンチャー企業が増加していく見込みにある。引き続き、医工連携・異分野融合、アントレプレナーシップやレギュラトリーサイエンスの教育、事業化に向けた応用研究開発などを支援する体制の強化が求められる。

米国は、いずれの研究開発領域においても基礎研究から応用研究開発まで高い競争力を有しており、その一層の向上も見込まれる。基礎研究から社会実装までを区切りなくスピーディに展開させる研究開発体制の確立が、その強みとなっている。活発な異分野融合や高い人材流動性に加え、NIHやNSFからの研究資金も潤沢な状況にある。ベンチャー企業が数多く台頭し、その成果を大手企業が社会実装する流れが好循環を生んでいる。

欧州では、基礎研究・応用研究開発のいずれでも高い存在感を有するが、特にバイオセンシングや生体イメージング領域の基礎研究では世界をリードする成果を継続的に挙げている。資金面ではHorizon Europeが強力な後押しをしている。産業化に向けた体制が充実しており、また薬事規制のハードルや治験・薬事・品質管理に係るコストが比較的低いことも、製品展開の迅速さにつながっている。

中国は、過去10年余りに渡る精力的な資金投入、人材育成戦略の実施、研究環境の充実化を経て、現在では基礎研究において量・質ともに世界トップレベルの水準に達している。産業化においては、「製造強国」を目指した中国製造2025の方策のもと高性能医療機器の国産化が推進されているほか、自国内に大きな市場を持つことや動物実験・臨床試験の障壁が比較的低いことも産業化を加速させている。

韓国は、KAIST・ソウル大学・POSTECHを中心に、基礎研究における国際的プレゼンスを年々向上させている。また、研究開発への資金投入も増加が続いている。研究開発機関等を集約させた産学連携体制によって、今後産業化が急速に推し進められる可能性がある。

■ICT・エレクトロニクス応用における現状

この分野の研究開発領域では、基礎研究、応用研究ともに欧米が優位性を持っているが、最近では中国の追い上げが激しくなっている。わが国も量子コンピューティングやスピントロニクスの基礎研究など、これまでも世界初の多くの成果を出して世界をリードしている領域もあるが、全体的には研究開発環境は厳しい状況にある。わが国の半導体製造産業や情報通信産業が世界的な優位性を発揮できなくなって以来、先端技術に対する研究開発投資が増加せず、企業の研究開発成果が減少してきたことや、若手研究者への魅力が低下したことなどが原因と考えられる。このような状況を打開するためには、経済産業省が半導体産業支援政策を進めていることに歩調を合わせる形で、先端技術・革新技術に挑戦する魅力的な施策を充実させることが重要と考えられる。また、先端のプロセス装置・評価装置により、様々な機関の研究者が新材料創製、デバイス作製、プロセス技術開発などで利用できる共用施設の充実も不可欠と考えられる。

革新半導体デバイスにおいて微細化・高性能化を進めるためには、二次元物質、磁性材料、強誘電体材料などの新たな材料を導入するためのプロセス開発が必要である。ロジック用デバイスの構造としては、ゲート長短縮に必要なチャネルの薄膜化に対応するため、Siナノシートや二次元物質の成膜技術・プロセス技術の研究開発が重要になっている。

脳型コンピューティングデバイスの課題としては、膨大なデータを必要とする学習の効率化やエッジでの学習を可能とする新たな回路・アルゴリズムと、それを効率的に実行できるデバイスの開発などが挙げられる。

フォトニクス材料・デバイス・集積技術の課題としては、シリコンフォトニクスのチップと様々な機能材料・デバイスをモジュールとして集積する技術、外部と光集積回路との光接続部分などの実装技術、システム的な視点での研究開発などが挙げられる。

IoTセンシングデバイスにおいては、小型・高性能な物理センサを実現するためのMEMS技術や3次元集積回路技術の高度化、化学センサの安定性・再現性の向上、量子センサの高感度化や集積化技術の開発などが必要である。

量子コンピューティングの課題としては、量子ビットの精度向上、誤り耐性の向上、従来技術と組み合わせたシステム設計などがある。また、実装面で材料科学、デバイス技術、実装技術、高周波制御回路など様々な技術レイヤーの協力や、利用面で従来技術・コンピュータとのハイブリッド化などを進めていく必要がある。量子通信では、実用化に向けた伝送損失の低減による伝送距離の延伸、通信速度の向上、量子中継技術などの課題がある。

スピントロニクスの課題としては、応用に向けた材料・デバイス特性の向上、様々な専門分野の専門家や産業界を巻き込んだ連携の強化などがある。スピントロニクスはMRAMのようなメモリ集積回路利用だけでなく、HDDなどの磁気記録、熱電変換、センサ、AIなどの応用が期待されているが、まだ基礎研究レベルのものが多いため、デバイスの性能向上や実用化の指針を示す取り組みが重要である。

■社会インフラ・モビリティ応用における現状

この分野の研究開発領域（金属系構造材料、複合材料、ナノ力学制御技術、パワー半導体材料・デバイス、磁石・磁性材料）は、道路・鉄道・航空網などの交通インフラや電力網・通信網・上下水道などの各種ライフラインなどの社会インフラや、自動車・航空機・列車など人や物資の輸送手段であるモビリティ分野を支える技術分野であり、近年その重要性を増している。いずれの研究開発領域も、日本は高い研究レベルを保っている。

金属系構造材料では、水素社会に向けての重要課題としての水素脆化への対応が注目されている、日本でも文科省 元素戦略プロジェクトやデータ創出・活用型マテリアル研究開発プロジェクトにおいて基礎的な研究が進んでいるが、欧米は実用化に向けた検討という意味で先行している。また、3D積層造形（Additive Manufacturing）では、これまでは欧米や中国が先行していたが、正確な寸法で部品を作るための研究から、金属組織を制御して本来の性能を発現させることに研究の中心が最近は移ってきており、メタラジー制御に強みを持つ日本の追い上げが期待される。

複合材料としては、炭素繊維強化プラスチック（CFRP）、セラミックス基複合材料（CMC）が代表的であり、日本でも、経産省、NEDO、内閣府SIPなどのプロジェクトで実装にむけた研究開発が活発に推進されている。欧米や中国においても同様に、応用研究・開発は活発である。日本では、持続性という観点から、再生可能かつ生物由来の有機性資源であるセルロースナノファイバー（CNF）を用いた複合材料の開発研究が活発である。

ナノ力学制御技術は、文部科学省の戦略目標のもとでJSTのCREST、さきがけが実施され、接着、摩擦・摩耗、自己修復などが取り組まれている。ナノスケールでの観察・分析・計算を活かして、マクロな挙動の制御につなげるのが共通アプローチであり、ナノスケールでの科学的知見をマクロな挙動の制御技術につなげるところが今後の課題である。欧米でも、摩擦・摩耗や接着に関する基礎研究が盛んになりつつある。

パワー半導体材料・デバイスは、高効率の電力変換を可能にするための半導体材料・デバイスであり、日本企業のシェアが高い分野である。今後も日本の強みを維持していくために、個別半導体デバイスとしての性能向上、個別デバイスからモジュール・システムへ集積化、需要拡大に対応する量産化技術などの課題に取り組むことが重要である。次世代パワー半導体として有望なGa_2O_3は、日本発の新材料であり、大学発ベンチャーなどでの研究が行われているが、海外、特に米国でも注目され、この分野の研究ファンド、研究者人口が増えている。

磁石・磁性材料では、文部科学省 元素戦略プロジェクトにおいて永久磁石に関する研究が活性化し、世界でもその研究レベルはトップクラスであるといえる。NIMSと国内磁石メーカーとのオープンプラットフォーム型連携研究が2022年4月から開始されている。海外では、欧州でのシミュレーション技術が高いレベルにある。また、中国は、基礎研究分野で大学等の研究設備面で日欧米と同等であり、また研究者人口が急増しており、近い将来、脅威になる可能性がある。

■ナノテクノロジー・材料における設計・制御技術の現状

　ナノテク・材料分野の核をなす分子技術、次世代元素戦略、データ駆動型物質・材料開発、フォノンエンジニアリング、量子マテリアル、有機無機ハイブリッド材料が含まれる研究領域である。

　日本は、JSPSの学術変革領域研究やJSTのCREST・さきがけなどのファンディング制度を活用して、基礎研究フェーズで活発な研究が行われている。また、応用研究・開発フェーズにおいても上昇傾向のトレンドを示す研究開発領域が多いが、現状では欧米と比較するとやや劣勢にあるといえる。データ駆動型物質・材料開発は、米国の2011年の発表「Material Genome Initiative（MGI）」が引き金になったこともあり、米国の取組みがリードしていたが、日本においても精力的に研究が進められてきている。2022年からは文科省 データ創出・活用型マテリアル研究開発プロジェクトとして、さまざまな材料において、ロボットなどによるハイスループット実験や、AI技術による自律的最適化手法を活用した実験DXを活用したデータ駆動型物質・材料開発を推進している。分子技術、次世代元素戦略はともに日本発の研究戦略コンセプトであり、日本は優位なポジションを有しているが、近年は米国・欧州を中心に戦略的な強化が図られている。フォノンエンジニアリング、量子マテリアル、有機無機ハイブリッド材料に関しては、米国と欧州の研究開発が活発であり、一部の分野では中国でも顕著な活動・成果がみえている。日本では基礎研究を中心に検討されており、応用研究へ向けた重点化が図られ始めている。

　米国においては、DOE やNSF の支援により、現状では基礎研究フェーズで強みを発揮しているものの、工学的側面を重視した研究が多い。応用研究・開発フェーズにおいては、ベンチャー企業が充実している等の理由から他国と比較して優位性を保っている研究開発の領域が多い。

　欧州においては、Horizon 2020 によるファンディングを中心に英国、ドイツ、フランス、オランダなどで活発に研究開発が展開され、基礎研究フェーズでは強みを有する研究開発領域が多い。応用研究・開発フェーズにおいても、多くの研究開発領域で他国と比べ優位性を保っている。

　中国においては、膨大な科学研究予算を投資し、欧米での留学経験のある若手研究者の登用や欧米の有力大学からの有能な研究者を招聘することにより、強化を図っており、基礎研究フェーズおよび応用研究・開発フェーズともに上昇トレンドにある。マテリアルズ・インフォマティクスにおいても中国版Materials Genome Initiative（MGI）の下、国家重点研究開発計画に指定されるなど、基礎研究フェーズで活発な動きがみられる。また、関連する論文数、特許出願数も急増しており、今後の動向に注視が必要である。

■ナノテクノロジー・材料の共通基盤科学技術の現状

　ナノテクノロジー・材料分野の基礎および応用を支える「共通基盤科学技術」区分には、「加工・プロセス」（微細加工・三次元集積）、「計測・分析」（ナノ・オペランド計測）、および「理論・計算科学」（物質・材料シミュレーション）が含まれる。

　「加工・プロセス」のシングルナノメートルレベルの微細加工技術及び三次元集積技術は、最先端半導体デバイス製造を支える重要な技術領域である。また、半導体デバイス分野にとどまらず、ナノフォトニクス、スピントロニクス、バイオナノテクノロジーなどへの波及が進んでいる。シングルナノメートルレベルの微細加工技術では、10 nmノード以降の微細加工プロセスを有している半導体メーカーが米国、台湾、韓国などの海外企業に限られている中で、2021年6月の経産省の「半導体戦略」や2022年5月の日米の「半導体協力基本原則」合意に沿って、2022年度より次世代半導体プロジェクトとしてRapidus社による量産製造拠点と技術研究組合最先端半導体技術センター（LSTC: Leading edge Semiconductor Technology Center）による研究開発拠点整備が進められることになった。Rapidus社はNEDO「ポスト5G情報通信システム基盤強化研究開発事業 / 先端半導体製造技術の開発（委託）」において「日米連携に基づく2 nm世代半導体の集積化技術と短TAT製造技術の研究開発」が採択されるなど、2027年に2 nmノードチップの量産化という目標に向けて、海外との連携及び人材確保等を進めている。三次元集積技術に関しては、材料メーカー主体のコンソーシアムJOINT2が2021年度から2.5D実装や3D実装などの次世代半導体の実装技術や評価

技術の確立を目指している。さらに、NEDO「ポスト5G情報通信システム基盤強化研究開発事業／先端半導体製造技術の開発（助成）」において半導体デバイスのさらなる集積化・高性能化を可能とする3Dパッケージ技術の開発が、TSMCジャパン3DIC研究開発センターを中心に実施されることになり、今後の研究開発の加速が期待される。

「計測・分析」では、材料やデバイスに対する実使用下での時間分解計測により測定対象のナノスケール構造と機能との相関を見出すことを目的としたナノ・オペランド計測が重要性を増している。対象は、全固体リチウムイオン電池、触媒分野、エネルギー変換デバイスだけでなく生命科学分野（生きた細胞、生体関連分子など）にまで広がり、研究に欠かせないツールとなっている。欧米では、ナノ・オペランド計測のハードウェア、ソフトウェアの進展とともに、速やかにデータを共有するインフラが形成されつつある。また、超解像度の生体イメージングによる創薬や、全固体リチウムイオン電池を含むエネルギー貯蔵材料のオペランド計測が盛んである。日本は走査型プローブ顕微鏡（SPM）によるオペランド計測分野で優位性を維持している。さらに、JSTのCREST・さきがけ複合領域「計測技術と高度情報処理の融合によるインテリジェント計測・解析手法の開発と応用」（2016〜）で、情報科学・統計数理による測定データ解析手法とオペランド計測技術が開発されている。CREST研究領域「社会課題解決を志向した革新的計測・解析システムの創出」（2022〜）では、計測技術と数理モデリング・機械学習を組み合わせよる計測技術の深化による社会課題解決を目指している。JSTのERATO研究領域「柴田超原子分解能電子顕微鏡プロジェクト」（2022〜）では、極低温から高温までの温度領域において原子スケールの構造および電磁場分布を同時に観察する技術開発が進められている。文部科学省世界トップレベル研究拠点（WPI）プログラム「金沢大学ナノ生命科学研究所（NanoLSI）」（2017〜）では、三次元原子間力顕微鏡（3D-AFM）によって細胞内部を観察するナノ内視鏡技術を開発している。さらに、次世代放射光施設NanoTerasuが2024年より利用可能となる予定であり、コヒーレント軟X線をプローブとするナノ・オペランド計測が様々な材料開発に活用されることが期待される。このように、日本は独自の計測技術や大型研究施設を有していることに強みがある。一方、計測分野における日本の地位は低下してきており、新しい計測原理の創出、計測と情報の融合、マルチモーダル計測、等、計測・分析を革新する取り組みの強化が必要である。

「理論・計算科学」の物質・材料シミュレーションは、物質・材料科学の基礎を支える重要な科学技術で、量子力学や統計力学の諸知見を活かし、物質の構造、物性、材料組織、化学反応機構などを高精度に解析・予測する技術の確立をめざす研究領域である。ナノテクノロジー・材料分野において物質・材料シミュレーションを活用したグローバルな研究開発競争が激化するなか、日本では、フラッグシップスーパーコンピュータ「富岳」による超大規模計算・データ解析環境、マテリアルDXプラットフォーム構想によるデータ有効活用環境などのインフラの整備だけでなく、JSTのERATO研究領域「前田化学反応創成知能プロジェクト」（2019〜）、JSTのCREST研究領域「実験と理論・計算・データ科学を融合した材料開発の革新」（2017〜）等、物質・材料シミュレーションの応用研究を牽引するプロジェクトが進行している。さらにJSTの「科学技術人材育成のコンソーシアムの構築事業」などによってハイパフォーマンスコンピューティング技術を駆使して物質科学分野の課題に取り組む人材の育成が推進されている。

1.3.3　わが国として重要な研究開発

本項では、国内外の社会・経済の動向や研究開発の現状、今後の展望などを俯瞰した中から見えてきた、わが国として今後重要となる研究開発について記述する 。

❶ 重要な研究開発

以下の3つの観点から、重要な研究開発を特定した。一番目の観点は、「社会の変化がもたらす科学技術への要請」である。カーボンニュートラルに代表されるように、国際的に合意された大きな流れを具現化するために、必須となる科学技術である。国際的な連携や国際的な優位性確保の観点からも日本が積極的に取り

組むべき研究開発が含まれる。二番目の観点は、「科学技術の新たな潮流出現に伴う戦略的投資の必要性」である。直近の発見やブレークスルーによって急激に研究開発が進展しており、将来的に新たな科学分野の創出や大きな応用につながる可能性が期待される研究開発である。その進展も早いため、早期から機動的に推進すべき研究開発が含まれる。三番目の観点は、「日本の産業競争力と安全保障の観点で重要な技術の確保」である。経済安全保障や国家安全保障など、わが国が直面している国家的課題に対処するために必要となる科学技術からなる。一番目の観点がグローバルな視点における社会からの要請であるのに対し、この観点は国家視点からの要請である。

図1.3.3-1には、以上の観点により特定した12の研究開発と、それらが3つの観点のどれと関連が深いかをリストにしている。以下、それぞれの研究開発の内容を説明する。

	研究開発	キーワード	特定上の観点*		
			社会の変化	科学技術の潮流	産業/安全保障
1	**先進半導体材料・デバイス技術**	低次元材料、三次元集積、先端プロセス適応	○	○	○
2	**量子特有の性質の操作、制御、活用**	量子コンピューティング、古典インターフェース、トポロジカル材料、スピントロニクス		○	○
3	**電気-物質エネルギー高度変換技術**	蓄電デバイス、水素製造、燃料電池	○	○	○
4	**マルチスケール熱制御技術**	フォノンエンジニアリング、熱-量子カップリング、IC放熱、断熱・蓄熱材料	○	○	
5	**資源循環と炭素循環を両立する材料技術**	元素戦略、LCA（カーボンフットプリント、マテリアルフロー）	○		○
6	**生体適合性の拡張的理解と制御**	免疫回避から免疫寛容へ、細胞力学応答の検出と制御、ウェアラブル/埋め込みデバイス	○	○	
7	**生物機能を活かすハイブリッド材料**	生体物質表面修飾、細胞センサー、微生物内含治療薬、微生物融合自己修復建材	○	○	○
8	**ナノスケール高機能材料**	ナノカーボン、二次元材料、MOF、超分子、有機無機ペロブスカイト、準安定材料	○	○	
9	**極限環境下の高信頼性材料**	高温耐性（航空・プラント）、超軽量（航空、車載）、対放射線	○		○
10	**マテリアルDX基盤技術**	計算物質科学, データ科学, ハイスループット実験、データ共用ルールデザイン		○	○
11	**オペランド・マルチモーダル計測**	オペランド計測, マルチスケール計測, マルチモーダル計測、非破壊計測		○	
12	**新物質・新材料の戦略的ガバナンス**	リスクマネジメント・ELSI/RRI/国際標準	○	○	○

* 社会の変化：社会の変化がもたらす科学技術への要請、科学技術の潮流：科学技術の新たな潮流出現に伴う戦略的投資の必要性、産業/安全保障：日本の産業競争力と安全保障の観点で重要な技術の確保

図1.3.3-1　　　重要な研究開発

（1）先進半導体材料・デバイス技術

ポスト5Gの通信機器、大規模データを高速に処理するIT機器、自動運転を始めとするAI機器など、現在のものよりも、格段に高速・大容量・低消費電力動作の半導体デバイスが求められている。ムーアの法則に沿った素子サイズ縮小による集積度向上が限界を迎える中で、半導体デバイスへの、新しい材料の利用や新しい回路アーキテクチャー採用が、本格的に求められている。2 nm 世代あたりで登場予定のシリコン系のナノシートを、その先の世代で置き換えることが期待される二次元材料、アナログ的な機能を取り入れることにより脳の動きを模倣して計算の電力効率を上げようとするニューロモルフィックデバイス、現在では別の機能ユニットで担われている演算機能と記憶機能を融合させるインメモリコンピューティングなどの研究開発が重要である。また、異なるプロセスで作られた半導体チップ（チップレット）を3次元的、あるいは、同一パッケージ内の近接位置に配置し、チップ間を高密度な配線で接続することで全体としての機能を構成する技術の開発も注目を集めている。

（2）量子特有の性質の操作、制御、活用

　ここで扱う量子特有の性質とは、半導体物理のような多数の電子による統計的な量子の性質ではなく、少数の量子が示す「状態の重ね合わせ」や「量子もつれ」のような性質を指している。そのような性質を動作原理として利用した量子コンピューティング、量子暗号・通信、量子センシングなどの高性能化に向けた技術の進化が今後とも求められている。さらに、そうした量子特有の性質の舞台となる物質や、その性質を使える形で制御したり引き出したりすることも重要な研究開発課題となる。トポロジカル物質やスピントロニクス材料、さらに、低温動作のCMOSを介した接続や量子と古典とのインターフェースなどがそうした例にあたる。また、いわゆる量子技術そのものではなくとも、量子特有の性質を顕在化させ、操作、制御、活用するための、高周波技術や低温技術などの周辺技術の工学的完成度を高めていくことも重要な要素となっている。

（3）電気−物質エネルギー高度変換技術

　カーボンニュートラル社会の実現には、再生可能エネルギーの電力を高度に活用する必要があるが、現有のテクノロジーの自然な発展だけでは21世紀半ばでのカーボンニュートラル実現は困難だと考えられている。求められているのは、再生可能エネルギーとして生み出される電力を、社会基盤と整合する形で最大限有効活用する技術である。次世代蓄電デバイスとして、全固体型に代表されるリチウムイオン電池（LIB）や、リチウム空気電池、リチウム硫黄電池、リチウム以外のアルカリ金属や多価イオンを使った電池などが活発に研究開発がされている。また、電力と物質の化学エネルギーを相互変換することにより、電気エネルギーの蓄積・放出を行う、水電解、燃料電池などの技術の深化や、電力を用いて二酸化炭素や窒素から、炭化水素やアンモニアを直接合成する技術も注目に値する。

（4）マルチスケール熱制御技術

　高機能化するIT機器においてデバイスが発生する熱の処理は大きな問題になっており、エネルギー有効利用の観点からも200℃以下の低温排熱の有効利用は社会的に大きなニーズがある。こうした課題やニーズに応える技術として、熱を精密に制御するフォノンエンジニアリングと総称される技術群がある。これまでは、ナノスケールで発生する熱（フォノン）をナノ構造を用いて制御するような研究開発が進展してきたが、今後はこのような方法論をメソ〜マクロスケールまで拡張し、マルチスケールに熱流を効率的に制御するための技術開発が求められる。半導体デバイスの発熱領域からの効果的な放熱や、熱電変換デバイスの熱伝導の抑制、熱流計測などの幅広い応用を持っている。さらに、エネルギー有効利用に関して重要な蓄熱技術にもつながるため、熱を「流す」「せき止める」「貯める」を制御する技術として注目されている。

（5）資源循環と炭素循環を両立する材料技術

　古くからの課題である資源枯渇や鉱物資源の偏在への対応と、環境問題の本丸である大気中CO_2二酸化炭素削減は、ともに、人類にとって重要な元素の循環をコストエフェクティブに実現しようとするものである。これまで日本が国家的に遂行してきた元素戦略は、特に前者に関して包括的に取り組んできたものであり、数多くの課題に貢献をしてきた。また、今後は、炭素循環を取り込みながら、その取り組み範囲を広げていく必要がある。具体的には、希少資源代替 / 使用量削減技術や分離・回収関連の技術であり、そのための基礎技術としての、易分解材料、固・液・気相での分離技術などが重要である。また、さらに必要となるのがカーボンフットプリントやマテリアルフローを意識した、LCA（Life Cycle Assessment）的な視点であり、製品ライフサイクル全体での環境負荷を定量的に評価する手法の確立である。様々な分野の専門家が結集して取り組むことが必要となる。

（6）生体適合性の拡張的理解と制御

　生体と材料の間の相互作用について、次々と新しい現象や関係性が見いだされている。また、材料が生体

に応用される場面も、従来の損傷組織の修復のみならず、体内に導入する薬剤の担体、埋め込み型・ウェアラブルデバイスなど、多様化が進んでいる。そこで、これまでの生体適合材料開発が目指してきた、望ましくない免疫応答（異物認識による炎症反応）を回避する材料の探索という概念を超えて、様々な観点から「生体適合性」を捉え、さらには生体との相互作用を積極的に活用してそれを能動的に制御する材料の創出が求められている。特に近年、生物学的（酵素・受容体・抗体認識など）あるいは化学的応答のみならず、力学的応答が生体活動に影響することが明らかとなってきている。材料と生体の間の相互作用を多面的に、かつミクロからマクロなスケールにわたって理解し、最適な材料設計にフィードバックすることが重要となる。ヘルスケアや医療機器などに使われる材料・デバイスの一層の高機能化によって、疾患の超早期診断、健康状態・生体情報のモニタリング、身体の機能低下や損傷の補修・治癒促進などに貢献する。

（7）生物機能を活かすハイブリッド材料

　非生物起源の材料と生物由来材料を合わせることにより、生物機能を備えた、あるいはそれを効率的に引き出した人工材料の創出が求められている。具体的には、表面を生物由来の物質で修飾することで酵素活性や生体適合性等を付与した材料、環境刺激に応じて薬用物質を生産する微生物を含有した治療薬、微生物や酵素を使った燃料電池、微生物を組み込んだ自己修復材料などが特に注目されている。医療・ヘルスケアだけでなく、エネルギー生産、環境浄化、構造材料など幅広い応用に期待がされている。

（8）ナノスケール高機能材料

　その構造がナノメートルスケールで人為的に設計・制御された物質群は、バルク材料では得られない特異な性質を示すことから、様々な分野でその性質の応用が検討されている。半導体デバイスのようなトップダウン構造作成ではなく、分子・原子のレベルからボトムアップ的に形成された構造物である。具体的には、フラーレン、グラフェン、ナノチューブなどのナノカーボン、遷移金属カルコゲナイドに代表される二次元物質、MOF（Metal Organic Framework）・超分子・有機無機ペロブスカイトなどの複数のユニットからなる構造物や、原子や分子が数十～数百ナノメートルサイズに集まったナノ粒子などがある。また、ナノスケールの準安定構造をもつ材料も興味を集めている。物質の吸着・分離やエネルギー変換などを始めとしたさまざまな応用が検討されている。

（9）極限環境下の高信頼性材料

　ジェットエンジンやガスタービンなどに使われる高温・高強度材料や、航空宇宙用途に使われる高比強度（軽量高強度）材料の他、腐食性の強い環境、強い放射線が存在する環境などに使われる材料を指す。古くから研究対象とされてきたが、エネルギーの効率利用、新しいエネルギーインフラの登場、社会インフラのリプレイスや長寿命化の要請などから、材料面での改善が強く望まれている。これら極限環境材料は、国の重要なインフラで利用される局面が多いため、安全保障の観点から重要性が高まっている。また、新たな材料ニーズとして、電磁閉じ込め型核融合の炉壁や炉内構造物向けの材料、水素社会実現に向けた耐水素脆化材料なども求められている。

（10）マテリアルDX基盤技術

　膨大なデータを活用する材料開発は、材料開発のスピードを上げ我が国のマテリアル産業の国際的競争力を底上げするものとして期待されている。そこに求められる技術としては、まず、マテリアルデータから新物質の発見や物質の性能改善指針を導き出すためのデータ科学的手法開発がある。データ駆動の科学が本領発揮するためには多くのデータが必要であるのに対して、マテリアルデータは量的に不十分なことが多く、その特徴に対応できるマテリアル分野に特化したデータ科学手法の開発が望まれる。また、データ科学手法に投入するデータ量を確保するため、正確で高速な計算物質科学の手法や超高速に実験データを集めるハイス

ループット実験技術なども、多くの対象マテリアルに対して開発・改善が求められている。さらに、集められた大量のデータのマネジメント方法や、利用のための様々なインターフェース、公開・非公開を含めた共用ルールの確立も必要である。

（11）オペランド・マルチモーダル計測

物質材料科学の進化は、観測データの高度化や充実が引き起こしてきた。より微細なものが、より高い時間分解能で観測できることによって、材料・デバイスの改良や新規開発の指針となる。また、最近の計測ニーズは、動作中のデバイスや生物を動作したままあるいは生きたままで観測することに集まってきており、特別な試料調整や特殊環境の利用をしなくてもよいオペランド計測に期待が高まっている。さらに、物理的に一つのプローブだけでは必要な情報が得られない場合も、電子と光といった複数のプローブで同時計測することで情報量を増やし必要とする知見を与えてくれるマルチモーダル計測にも注目が集まっている。計測手法の開発にはハードウェアの開発に加え、データ科学を駆使したデータ処理手法の開発も極めて重要である。

（12）新物質・新材料の戦略的ガバナンス

欧州を中心に先端材料、特にナノマテリアルの安全性確保に係るアプローチや規制の枠組み構築等が進んでいる。こうした動きは日本企業が海外へ材料を輸出する際に影響を受ける。日本で開発が盛んなナノ粒子やナノファイバー等に関しては、欧州が安全性評価ツールの開発に先行する。国際的に安全性検討が進められる一方で、国内関係者・開発者は対応に必要な基本的な知識・ノウハウが不足している懸念がある。安全性に対する活動の低下を防ぎながら、海外への輸出・ビジネスの国際展開に際し、対象国・地域の規制対応を適切に行うことが求められる。日本では、毒性学者や国際標準化活動を担う専門人材・組織が特に限られている。社会実装に際してのリスクを最小限にするためには、研究開発段階から大学や国研の毒性研究者が参画した安全性評価研究が重要となる。また、産業界の状況をおさえた戦略的な国際標準化提案や審議対応には、関係する国内審議委員会等が横断的に連携・調整することが重要である。日本のナノマテリアルの安全性対応や評価データの蓄積、社会との対話・コンセンサス形成に、産官学が協調して臨むことが重要となる。

これら12の研究開発を図1.1.3-1俯瞰図にマップしたものが、図1.3.3-2である。

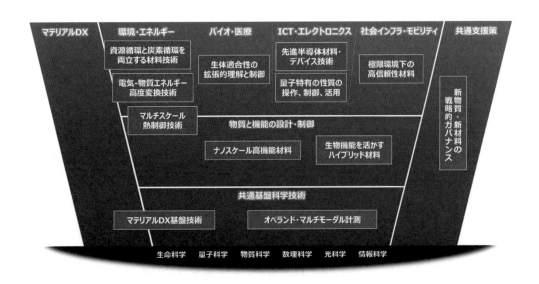

図1.3.3-2　　重要な研究開発マップ

❷ 研究開発体制・システムのあり方

（1）大型研究開発拠点

　ナノテク・材料分野の研究開発の最先端では、観察・評価・加工・制御のすべてのフェーズにおいて、分子・原子スケールの微小領域までをその対象範囲としている。そこに必要となる技術はかつてないほど精緻で大がかりなものとなっており、これらを可能にしたのは、多くの専門分野にまたがる叡智の多年にわたる結集である。これほどの広い専門性をカバーする研究者集団、高額な装置と、その性能を最大限に引き出せる技術スタッフを、単独の研究機関や企業で確保することは、いずれの国であろうとも困難な事業となる。

　一方で、これまでに述べてきたように最先端の研究開発は世界的な大競争の状態にあり、開発スピードへの要求は高まり続けている。そこで、大規模かつ持続的な投資が必要でありがならも、以下のようなメリットを享受できる大型研究開発拠点を活用したオープンイノベーション指向の研究開発が実施されている。

【大型研究開発拠点のメリット】

・複数企業・研究機関の参画により、コストやリスクの分散が可能。

・多様な専門性を持つ研究者集団が形成される。

・特定法人だけでない共用の利用環境とすることで、中立性・公平性が高まり、国家計画等と歩調を合わせることや、具体的な研究開発プログラムへの参画など、活動の発展性が見込める。

・知財の相互利用や持続的な蓄積の仕組みを作ることができる。

　世界の大型ナノテク研究開発拠点としては、欧州のIMEC（Interuniversity Microelectronics Centre）、MINATEC（Micro and Nanotechnology Innovation Centre）、北米のAlbany Nanotech Complex（ANT）、中国の蘇州工業園区（SIP）などがある。これらの拠点では、大学・国立研究機関と、デバイスメーカー、製造装置メーカー、材料メーカーなどが集結し、次世代のデバイスやプロセスを開発するためのエコシステムを形成している。当初のターゲットであった先端半導体デバイスから、エネルギーデバイス、人工知能向けデバイスなどの新たな研究開発プログラムを次々と立ち上げ、世界中から参加者と投資を募って活動している。

　以下、代表的研究拠点の概要を記す。

　IMECは、1984年に設立されたナノエレクトロニクスの国際的な研究請負機関である。世界90か国から、4000人以上の研究者が集まって最先端テクノロジー開発を行っているが、それぞれの参画団体が対等な立場で協業する水平分業型の性格を持つ。

　IMECの伝統的なビジネスモデルは研究協業（受託研究）であるが、中小企業向けのファウンドリサービスも行っている。200mmもしくは300mmの試作ラインを活用して、CMOS、光デバイス、化合物パワー半導体、太陽電池、イメージセンサ、MEMSなどを提供している。さらに、IMECが複数の中小企業をまとめてTMSCのようなメガファウンドリへの製造委託も行っている。元々は、先端半導体の微細化を目指す研究テーマが主であったが、2016年9月に、フランダース地方政府における科学技術振興政策強化の一環として、同地方のデジタル技術研究機関でありインキュベーションセンターでもあったiMindsを吸収合併し、以後、研究対象分野を大きく広げている。以前からの強みであったデバイス製造技術とiMindsのソフトウェアを融合させ、AI、車載、健康・医療、エネルギー、スマートシティなどの用途向けデバイス開発まで幅幅広い活動を展開している。

　日本からは、東京エレクロンやSCREENをはじめとする製造装置メーカーの他、住友化学、JSR、などの材料メーカーも参加している。また、2022年には、新興のLSI製造ベンチャー Rapidus もIMECと協業することを発表した。

　MINATECは2006年6月に、フランス原子力委員会電子情報技術研究所（CEA Leti）とグルノーブル工科大学（Université Grenoble Alpes）とのパートナーシップとして発足した。20ヘクタールの敷地に研究

者3000名、学生1200名、産業界の技術移転専門家600名を集め、13000平方メートルのクリーンルームを持つ、グルノーブルの産学官集積クラスターの中心である。イノベーションキャンパスには、基礎研究を行っている研究所（INAC, FMNT）に加え、応用研究を行うCEA Letiがある。また、大きな国際研究施設（欧州シンクロトロン放射光研究所−ESRF、ラウエ・ランジュヴァン研究所−ILL、欧州分子生物研究所−EMBL）とも近接するという、有利な立地条件を有している。多岐にわたる分野（オプティクス、バイオテクノロジー、部品・設計回路、センサなど）で多くのスタートアップを設立している。MINATECでは自己評価の指標として、①International visibility、②Ecosystem generation、③Economic impact、の3つを重視しており、これらを高めていくための運営に集中している。

　Albany Nanotech Complexの母体の一つにSEMATECHがある。SEMATECHは、日本が1980年代に実施した超LSI技術研究組合の成果により半導体産業の競争力を増したことに学び、日本に対抗できる技術力を得るために米国商務省と国防総省の補助金により設立された。当初は、米国内の主要半導体企業14社によって構成されたロードマップ策定と日本に遅れを取っていたCMOS製造技術開発を目的としたコンソーシアムであった。その後、1990年代には米国の半導体企業は競争力を取り戻し、SEMATECH設立当初の目的は果たされたことや、主要企業の一翼であったインテルが抜けたことなどで、SEMATECHの運営形態は第二フェーズに移った。産業界はIBMが実質的な中心となり、運営をニューヨーク州が引き受けると同時に海外企業の参画も見とめるようになった。ANTが置かれるSUNY−CNSE（State University of New York - College of Nanoscale Science and Engineering）は、2002年の建設開始以降、総額80億USドル以上を投資して現在に至る。参画企業からの要請に応えるかたちで年々拡大した13000㎡規模のクリーンルームを筆頭に、雇用者の人件費を含めた年間の維持費は毎年200億円以上とされる。NY州政府が約半分を支出し、企業が半分を拠出している。2019年には、中核テナントのIBMが、20億ドル以上を出資して、人工知能に特化したコンピューターチップの研究開発、プロトタイプ作製、テスト、シミュレーションを行う「AIハードウェアセンター」をニューヨーク州立工科大学に設けることを発表した。IMECとは性格が異なり、ANTはIBMを頂点とする垂直統合型の研究開発拠点で、最近でも、世界に先駆けて2 nm世代のナノシート構造FETを実証するなど、活発な研究開発を行っている。日本のRapidusもこの技術を元にした開発を行う。

　アジアにおいては中国の動きが活発である。蘇州において、1994年から中国とシンガポールの政府の合弁により蘇州工業園区（SIP）が、周到な都市計画の元で作り上げられてきた。ここには、韓国のサムスン電子、ドイツのシーメンス、オランダのフィリップスなどの海外ハイテク企業が誘致された他、世界各国の多くの企業が、製品の生産輸出拠点として進出するようになっている。また、中国の3大IT企業である百度（バイドゥ）、アリババ集団、騰訊控股（テンセント）なども進出しており、技術開発のためのスマートシティのモデルともいわれている。また、量子技術への投資も積極的に行っており、2017年には、量子技術の中心的な研究開発拠点として安徽省合肥市に総工費70億元（約1280億円）もいわれる「量子情報科学国家実験室」を建設する計画が発表され、同年7月には、合肥研究拠点の中核施設として「量子情報・量子科学技術イノベーション研究院」が安徽省と中国科学院によって設立された。中国はこの他にも中国科学技術大学や清華大学にも量子関連の研究センターを設立し、量子コンピューティング、量子暗号・通信、量子情報の研究を盛んに行っている。

　日本の研究開発拠点としては、つくばイノベーションアリーナ（TIA）がある。2010年に、産業技術総合研究所、物質・材料研究機構、筑波大学、高エネルギー加速器研究機構が中核となりスタートした「つくばイノベーションアリーナナノテクノロジー拠点（TIA-nano）」が母体となり、ここに2016年度に東京大学が参画し活動範囲を広げるとともに、名称をTIAと変更した。主な活動としては、ナノエレクトロニクス、パワーエレクトロニクス、MEMS、ナノグリーン、光量子計測、バイオ・医療などの研究開発事業と、人材育成、共用施設ネットワークなどがある。また、また、2016年度より中核5機関の研究者が連携して将来のイノベーションに繋がる新たな研究領域の探索を行うために、TIA連携プログラム探索推進事業「かけはし」を開始している。2022年度には、医療・バイオ、エレクトロニクス・デバイス、グリーン、計測、材料・加工、基

盤の分野で52の課題が活動している。2020年には東北大学が参画するとともに、「TIA VISION 2020–2024」を発表し、イノベーションシステムのさらなる深化拡充の計画を発表した。この中では「半導体（IoT/AI プロセッサ・センサ等）」「物質・材料データプラットフォーム」「光・量子計測」等の研究開発テーマに重点的に取り組んでいく。研究開発の体制構築にあたっては、現行の TIA 中核機関に留まらず連携体を拡充させ、社会や時代のニーズに柔軟に対応して産業化を実現するプラットフォームへと発展させていくとしている。

また2021年から、TIAが管轄するつくば産総研西のSCR（スーパークリーンルーム）において、政府からの委託を受けたNEDOが民間企業や研究機関、大学などへ委託する形で事業を推進する「ポスト5G情報通信システム基盤強化研究開発事業 ― 先端半導体製造技術の開発」が推進されている。その中においては、SCRで行われる2 nm世代以降のロジックICを対象とした前工程プロジェクトと、SCR棟に隣接して建設した高機能IoTデバイス研究棟で行われる3D ICを対象とした後工程プロジェクトが並行して進められることとなっている。参画する事業主体が異なるため両工程のプロジェクト間で直接の協業はないが、近接した場所で研究開発を行うことで今後の協力体制への期待もかかる。

これまでの日本の拠点運営は、国内のイノベーションハブとしての機能が徐々に高まってきているものの、IMEC、MINATECなどに比べて教育・人材育成の面の弱さ、コア技術開発が日本企業だけで多様性が不足、海外からのユーザー・ニーズが取り込めない、産業界に対するPRが弱い、といった課題も指摘されてきた。しかし、かつて課題とされていた、最先端の半導体製造設備がなく既存設備も老朽化しているといった指摘は、「ポスト5G情報通信システム基盤強化研究開発事業」の中で解消され、さらに、同プログラムに海外企業の参画も予定されているため、今後は違った形の発展が期待できる。TIAが世界の強力な半導体開発拠点に伍してどこまで競争力を持ち得るのかは、国のエレクトロニクス研究開発政策の位置づけにも依存し、各セクターの意志と行動にかかわる課題である。拠点は国際的に開かれた組織とし、他国のネットワークとも接続し、アジア諸国や世界からの人材の誘引をする長期的なエコシステムにしていく必要がある。

（2）ナノテクノロジーのプラットフォーム

米国、韓国、フランス、ドイツ等は、充実した先端研究インフラのプラットフォームを構築している。特に、米国のNational Nanotechnology Coordinated Infrastructure：NNCIやNetwork for Computational nanotechnology：NCN（NSF）、韓国のKAISTを中心に全国6箇所に設置されているナノ総合技術院（旧ナノファブ・センター）はオープンな研究開発インフラとして課金制や国際対応がほぼ完成している。また、欧州や台湾も、国・地域単位でナノテクノロジー研究インフラのプラットフォームやネットワークが形成されている。

日本においては、2012年度から10年間の計画で開始した文部科学省のナノテクノロジープラットフォーム（以下ナノプラ）が、それ以前の10年間に行われた拠点形成事業に見られた多くの課題を解決し、ユーザの成果に大きく貢献した。課題を持つ産官学のユーザに対して、プラットフォームでは3つの技術領域（微細構造解析、微細加工、分子・物質合成）を提供し、全国25法人、37実施機関が参画して、技術代行、技術補助、機器利用、技術相談などのサービスを有償で提供した。先端装置類を地域単位で集中配備してオープンにすることで、ユーザの研究開発投資の効率を上げるばかりではなく、そこに集まった異分野の人材が知識やアイデアを交換し合うことによる連携・融合を進め、新しい科学技術やビジネスが生まれる構造を醸成することにつながった。ナノプラの利用件数は、COVID–19の感染拡大前に年間3000件程度、行動制限等もっとも厳しかった2020年においても2500件程度をキープしており、ナノテク・材料研究における基本的なインフラとして定着していることがわかる。最終的に10年間で、延べ27000件の利用研究課題があり、利用を通じて創出された9500報の論文、28000件の口頭発表、700件の特許出願へ貢献している。

2022年からは文部科学省のマテリアルDXプラットフォーム構想において、マテリアル先端リサーチインフラ（ARIM：Advanced Research Infrastructure for Materials and Nanotechnology in Japan）が活動を始めた。ARIMはナノプラの機能を引き継いだうえで、装置利用から生まれたマテリアルデータを利活用可

能な形式で蓄積・提供（広域シェア）する機能を担っている。

ARIMは、センターハブの物質・材料研究機構と、東北大学、東京大学、名古屋大学、九州大学、京都大学の5つのハブ機関に加え、ハブと連携してARIMの機能を担う19のスポーク機関による、全国25法人で構成される。ハブ機関は、政府のマテリアル革新力強化戦略にもとづく7つの重要領域「高度なデバイス機能の発現を可能とするマテリアル（東北大学）」、「革新的なエネルギー変換を可能とするマテリアル（東京大学）」、「量子・電子制御により革新的な機能を発現するマテリアル（物質・材料研究機構）」、「マテリアルの高度循環のための技術（物質・材料研究機構）」、「次世代バイオマテリアル（名古屋大学）」、「次世代ナノスケールマテリアル（九州大学）」、「マルチマテリアル化技術・次世代高分子マテリアル（京都大学）」を担当している。

ナノプラ10年の経験・ノウハウを活かし、共用設備をユーザの利便性を最大にすべく運用しながら、マテリアルDXプラットフォーム構想のデータを基軸としたマテリアル開発にも重要な役割を果たすべく、機能改良を通じた体制強化が続く。

（3）研究開発のDX化

ようやく終息に近づいたかに見えるCOVID–19パンデミックは世界経済に大きなダメージを残したが、各方面のDXを急速に進展させた契機ともなった。ビジネス活動の中には、実際に人や物が移動しなくても問題なく進む部分があることが露わに示され、パンデミック終息後にも、対面に戻さない方が効率的な業務はリモート化されたままである事例も多い。研究開発に関しても、パンデミックの最中からDX化への切り替えが急速に進み、それによって向上した利便性は、コロナ禍終息後も研究開発効率の向上に貢献している。

CRDSでは、ポスト/withコロナ時代におけるこれからの研究開発の新しい姿へ向けた調査報告書を発行した。その中では、研究開発活動の変革を指す語として「リサーチトランスフォーメーション（RX）」を提唱し、COVID–19による研究開発環境の変化を、進化・高度化としてとらえるべきであることを述べた。多くの学会・研究会がハイブリッド化され参加者の利便性が上がったことや、国内外とのオンラインミーティングが距離を気にせず気軽に行えるようになったことなどは、情報の共有やオープンサイエンスの促進に役立っている。また、実験装置の自動化や遠隔制御の進展は、実験を含む研究効率向上にも役立っている。

また、前述のマテリアルDXプラットフォームが行う「データを基軸としたマテリアル研究」は、ハイスループット実験や高速な物質科学計算から得られるデータをAIやデータ科学により解析して、研究開発の効率化・高速化・高度化を行い、これらを通じた研究開発環境の利便性を向上させることを目指している。データ利用により見い出された、新奇で画期的なマテリアル創出の具体的事例を増やしていくことが重要である。

（4）研究開発人材の確保

研究開発人材の不足は、現在学生に人気の高い一部の分野を除く、ほとんどすべての研究開発分野で起こっている。博士取得者が豊かなキャリアパスを描けるようにする方策、理工系学生の博士進学率を上げる方策、諸外国に比べて極端に女性比率が低い状態を改善する方策、初等教育の段階から児童・生徒に対して理工系への興味を引き付ける方策など、様々な年代、様々な角度からの支援策が、検討、あるいは実行に移されている。博士を取得して研究者として活躍する人材が、諸外国に比べて少ないというデータから、こうした取り組みはその効果を適切に評価しながら今後も進めていく必要がある。

一方、研究者を指向する人材だけでなく、研究開発の現場を支える技術者等の育成確保もまた重要な課題である。研究者向けの人材育成策だけでなく優秀な技術者・技能者も同時に育成していく必要がある。

前述の、ナノプラの成功を支えた大きな要素として、技術専門人材が多く参画している点がある。最新の機器を備え、それをユーザ研究者が自由に使えるだけでは成果を創出するプラットフォームとしては機能しない。事業参画人員の過半数を技術専門人材が占めていたナノプラにおいては、技術者が継続的にユーザの研究開発課題をサポートしていくことで、技術者個々人の中に高度なスキルが蓄積され、そのスキルがさらに高度な

サポートを可能にするというフィードバックがうまく回ったといえる。技術者のスキルが上がるごとにインセンティブとなるキャリアパスについても制度的に考えられていたことが、成功の鍵であった。 ARIMにおいても、同様な技術者が中心となって活躍する体制および育成の制度は引き継がれている。

　このような研究開発人材のポートフォリオを考慮した、人材育成策がより深く論じられ、ダイバーシティに富んだ、理工学人材プールを作ることが、ナノテク・材料分野の研究開発には特に重要であろう。

2 ｜ 俯瞰区分と研究開発領域

2.1 環境・エネルギー応用

地球環境の有限性を考慮し、真に持続可能な社会を構築するため、温室効果ガスの実質排出量ゼロをめざすカーボンニュートラル社会の実現や低環境負荷の資源循環型社会（サーキュラーエコノミー）への移行が求められている。

この目標の達成には、太陽光発電、風力発電などの再生可能エネルギーの最大限の導入を図り化石燃料のエネルギー利用を最大限抑えること、エネルギー変換や利用に伴うエネルギー損失を小さくすることが不可欠となる。

環境・エネルギーへのナノテクノロジー・材料分野の貢献としては、太陽電池などの再生可能エネルギーの高効率利用、蓄電池などの効率的なエネルギー貯蔵・変換など、CO_2排出量の削減を可能にする材料技術、デバイス技術、プロセス技術を提供することがあげられる。本節では重要な研究開発領域として、蓄電デバイス、分離技術、次世代太陽電池材料、再生可能エネルギーを利用した燃料・化成品変換技術、を取りあげる。

蓄電デバイスは、社会の電化を支えるうえで欠かせないデバイス・システムとなっている。近年、サプライチェーン上のリスクが強く認識され、経済安全保障の観点から世界中で研究開発が活発化している。リチウムイオン電池の高エネルギー密度、高出力、長寿命、高安全性といった性能向上へ向けた取り組みだけでなく、リサイクル技術の開発にも力が注がれている。また、資源制約の観点からナトリウムイオン電池などの非リチウム系にも注目が集まっている。

分離技術は、化学プロセスの効率化、原料・製品の高純度精製、環境負荷物質の回収など、低炭素社会・資源循環社会を支える基盤技術である。分離過程を分子レベルで理解し、高効率分離を可能にする材料系の開発や混合物質の相状態を理解した高効率プロセス設計が進められている。さらに資源循環への要求の高まりから、リサイクルシステム全体としての効率性を高めるための研究開発も進められている。鉱物資源の少ない日本においては、回収された電子デバイスや蓄電デバイス機器（都市鉱山）からレアメタルなどの希少元素を効率的に分離する技術の開発も重要になっている。

次世代太陽電池材料は、高効率、低コスト、高耐久性への要求が高まっており、新たな半導体材料、素子構造、モジュール化技術の探索および実装での研究競争が進展している。ペロブスカイト材料を中心として、利用領域や用途の拡大に向けた機能（安全性、軽量性、フレキシブル性、易交換性）の追求が進んでいる。

再生可能エネルギーを利用した燃料・化成品変換技術は、再生可能エネルギーの時間的・空間的偏在性を解決する手段として期待が集まっている。特に再生可能エネルギー由来の電力を利用した水電解や光触媒による人工光合成によるグリーン水素製造技術の確立のための研究が世界的に進展している。また、同様に光・電気化学プロセスを用いて、CO_2からの有用物質生産、アンモニア製造を実現しようとする研究開発も世界的に活発化している。

2.1.1 蓄電デバイス

（1）研究開発領域の定義

　電気エネルギーを入力として、それを短期～中期（数日）保持したのちに、電気エネルギーとして出力するデバイスに関する研究開発領域である。ここでは、静電エネルギーとして蓄積するキャパシタ、化学エネルギーとして蓄積する二次電池を対象とする。モビリティ、グリッドなど拡大する用途に応じて、容量、エネルギー密度、充放電速度などに関して様々な材料やデバイスの開発課題が存在する。先端リチウムイオン電池のほか、次世代電池候補であるリチウム金属負極電池、リチウム硫黄電池、リチウム空気電池、リチウム全固体電池、ナトリウムあるいはカリウムイオン電池、フッ化物電池、マグネシウム金属電池などを主に取り扱う。

（2）キーワード

　リチウムイオン電池、リチウム金属負極、リチウム硫黄電池、リチウム空気電池、ナトリウムイオン電池、カリウムイオン電池、フッ化物イオン電池、マグネシウム金属二次電池、全固体電池、革新電池、エネルギー密度、出力密度、安全性、寿命、リサイクル

（3）研究開発領域の概要
［本領域の意義］

　リチウムイオン電池に代表される蓄電池は、スマートフォンやノートパソコンなどの小型携帯機器や、家庭用蓄電池、グリッド電力貯蔵、電気自動車などに使用され、現代の生活に不可欠なデバイスとなっている。特に、2050年カーボンニュートラルの実現に向けては、蓄電池を用いたエネルギー貯蔵システムの構築や、運輸部門における内燃機関自動車から電気自動車への転換が政策的に強く推進されており、蓄電池の需要や世界市場は今後急拡大すると予想されている。

　エネルギー貯蔵や電池自動車などの用途において共通して要求される性能として、大きなエネルギー密度を有すること、十分な出力密度を有すること、低価格であることなどがあげられる。

　これまでは、蓄電池のエネルギーシステムでの利用は限定的であったが、今後再生可能エネルギーが主流となると、蓄電池の需要が格段に増加することとなり、資源量の観点からもリチウムイオン電池のみでその需要に応えることが困難な状況なることが懸念されている。また、リチウムイオン電池のエネルギー密度は理論的な限界に近付きつつあるため、飛躍的な高エネルギー密度化を目指し、次世代二次電池の研究開発も活発に行われている。

　次世代二次電池としては、エネルギー密度と資源量の観点から、リチウム金属電池、リチウム硫黄電池、リチウム空気電池、リチウム全固体電池、ナトリウムあるいはカリウムイオン電池、フッ化物電池、マグネシウム金属電池、レドックスフロー電池の改良や新規開発が急がれる状況にある。今後はこれらの蓄電池が用途に応じて利用されていくと想定される。エネルギー密度の観点からはリチウム金属電池、リチウム硫黄電池、リチウム空気電池、リチウム全固体電池が重要であり、これら以外の電池は資源量の観点から重要である。

　このように、本研究開発領域は、カーボンニュートラルに向けた必須技術としてだけでなく、生活への不可欠性という観点や市場価値という観点からも経済安全保障上の最重要課題として位置づけられ、その意義は非常に大きい。

［研究開発の動向］
• リチウムイオン電池

　二次電池に対する要求性能は、①高エネルギー密度、②高パワー（入出力）密度、③長寿命、④高安全性、⑤広使用温度領域などであるが、これらの間には互いにトレードオフの関係にあるものが含まれている。こうした要求に対して、材料、電極板、セルの各レベルでの研究開発がなされている。

リチウムイオン電池の高エネルギー密度化が進められている。正極ではニッケル含有量が多い三元系の正極（$LiNi_xMn_yCo_zO_2$, x+y+z=1）が中心に開発が進められている。最近では、xの値が0.88程度で、230 mAh/gを超える容量密度を示す正極の開発が行われている。高エネルギー密度化の要求が高い電気自動車用途においてますます重要性が高まっている。

低コスト化、長寿命化、高安全性化に資する正極材料の研究開発も着実に進展している。具体的には、NiやCoなどの金属を使用しない正極材料に注目が集まっている。現在三元系と並んで最も用いられるリン酸鉄リチウム正極については、作動電圧の向上等を目的として、リン酸マンガンリチウムに関する開発も活発になっている。

負極に関しては黒鉛材料を中心に研究開発が展開されている。例えば、リチウムイオンの挿入脱離を促進するために非晶質構造を形成する炭素材料の開発が進んでいる。容量向上のため、SiやSiOなどの材料の利用も積極的に進められている。ただし、Siを単体で使用すると充放電に伴って体積の膨張収縮が生じ安定したサイクル特性が得られない。そのため、現時点では炭素とSiを複合した材料が用いられている。

このような正極・負極の高エネルギー密度化や上限電位の引き上げは電解液の分解による性能劣化という問題をもたらしており、この解決に向けた電解液材料の探索が進んでいる。リチウムイオン電池では、負極・正極の双方において、特に初回充電時に電解液の還元・酸化分解が起こり、その分解生成物が電極表面に堆積し、電子絶縁性かつリチウムイオン伝導性の不働態被膜（負極：solid electrolyte interface（SEI）、正極：cathode electrolyte interface（CEI））として機能することが知られているが、良質なSEI/CEIを形成する電解液の研究開発が近年重点的に行われている。

リチウムイオン電池用有機電解液の基本組成は、エチレンカーボネート（EC）と鎖状カーボネート（ジメチルカーボネート（DMC）、ジエチルカーボネート（DEC）、エチルメチルカーボネート（EMC））の混合溶媒にLiPF₆塩をイオン伝導度が最大となる1 mol/L程度溶解したものである。この組成を基本として、前述のようなSEI/CEIの改良のため、様々な添加剤の検討が行われてきた。特にSEI組成に強く影響を与えるものとして、ビニレンカーボネート（VC）やフッ素化エチレンカーボネート（FEC）等が研究されており、Si系負極や高電位正極に対しても有効であるとして、現在でも研究例は非常に多い。

一方、近年の電解液研究の動向をみると、上記の基本組成から大きく逸脱した材料系が多く報告されてきている。特に有望な方向性として挙げられるのは、高濃度電解液及び局所高濃度電解液である。高濃度電解液は非常に多様な電解液設計が可能になるという特徴を有している。通常、黒鉛負極はECやVCなどの特定の環状カーボネート溶媒を含む電解液でなければ可逆的な充放電はできないが、高濃度電解液では、その特殊な配位状態によってリチウム塩由来の無機系SEIの形成によって黒鉛負極及びフルセルの可逆的充放電が達成されている。特に、リチウム塩としてはLiN（SO₂F）₂（LiFSI）を用いた研究が大多数であり、他の塩と比べて高安定かつ低抵抗のSEIを形成すると考えられている。この研究を契機として、2015年頃から環状カーボネート以外の溶媒を採用した高濃度電解液の報告例が数多くなされている。例えば、高電位正極との適合性もある高酸化耐性を有するスルホン系やフッ素化溶媒系、難燃性を発現し電池の火災リスクを低減できるリン酸エステル系などが報告されている。一方、高濃度電解液の課題は、高粘度、低イオン伝導度、リチウム塩の大量使用による高コストである。ただし、高濃度電解液の特徴を低濃度におけるリチウムイオンの配位状態制御によって発現させるという局所高濃度電解液というコストの課題の解決につながる概念が提唱されたことにより、企業における研究開発例も増えてきている。

新規正極材料および負極材料の開発に伴って、導電補助剤やバインダーに関する研究開発も増えている。CNTなどのナノ炭素の利用やポリイミドなどの新規バインダーの利用が検討されている。

• リチウム金属電池・リチウム空気電池

リチウム金属電池は、リチウム金属を負極に用い、正極などはリチウムイオン電池と同じ材料を用いた電池である。既存のリチウムイオン電池の黒鉛負極（372 mAh/g）を大きく超える3,860 mAh/gの理論容量を

有し、かつ極めて低い標準電極電位を有することから、理想的な負極の一つである。リチウム金属電池は、1980年代に商品化されたが、充電時のリチウムのデンドライト析出に伴う内部短絡により発火事故が相次いだため普及には至らなかった。しかし、リチウムイオン電池のエネルギー密度が理論的限界に近づいていることから、近年再び脚光を浴びている。

リチウム金属負極の問題は、（i）デンドライト析出による信頼性低下と（ii）低クーロン効率である。これらの問題を解決するため、リチウム金属の析出反応場の設計、リチウム金属表面コーティング（人工被膜）の開発、新規電解液の開発、電解液添加剤の検討、新規セパレータの開発、充電・放電電流の調整などが検討されている。

リチウムイオン電池同様、新規電解液の探索による上述の課題解決に進展がみられる。高濃度電解液の概念や新たなリチウム塩LiFSIの登場により、世界的に研究が活発化し、特に2015年以降には99%を超えるクーロン効率を示す電解液が米国を中心として次々と報告されている。組み合わせる溶媒としては、従来から検討されているTHFやDMEなどのエーテル系溶媒やFECなどのフッ素系溶媒が主である。さらに、低濃度でも高濃度電解液と同様のLi$^+$局所配位状態となる局所高濃度電解液の概念を活用した材料開発が進んでいる。これにより、高濃度電解液の欠点であった粘度と塩由来の価格については大幅に低減されたが、イオン伝導度に関しては大きな改善はみられていない。2019年頃には、溶媒として液化したガスを採用する電解液（liquified gas electrolyte）も報告され、クーロン効率は99.9%が達成されている状況である。2020年頃からは、有機合成研究者の参画もあり、高クーロン効率を示す新たな溶媒分子の設計・合成に関する研究例も多くなってきている。

以上のように、新たな電解液の設計を中心として、クーロン効率の大幅な上昇が達成されたことを受け、初期状態（放電状態）の負極としてリチウムの析出場（集電体）のみを置いたアノードフリー二次電池の研究が米国やカナダを中心として報告されている。リチウム源は正極内にしか存在しないため、リチウム析出溶解のクーロン効率が容量劣化に直結し、現時点では充放電特性は100サイクル程度にとどまっているが、高エネルギー密度の二次電池として有望な概念である。

リチウム空気電池は、正極は空気中の酸素を利用し、負極は金属リチウムを利用した電池である。高いエネルギー密度と軽量性を備えるため、自動車用途だけでなく、ドローンなどの飛翔体への応用も期待されている。負極に関してはリチウム金属電池と同様の課題を有している。正極に関しても、気体活物質の電極反応の可逆性の向上によるサイクル特性の向上が課題となっている。

近年NIMSらのグループにより初期サイクル特性500Wh/kgを超えるリチウム空気電池の開発が報告されており、さらなる材料探索によるサイクル寿命の増加が期待されている。

● リチウム全固体電池

現行のリチウムイオン電池が有する安全性や高エネルギー密度化という課題へのアプローチとして、固体電解質を使用する全固体電池の研究開発が活発化している。キャリアとしてはリチウム系を対象とするものが多いが、ナトリウム系に関しても製品発表がされるなど研究開発が広がりをみせている。固体電解質として硫化物を用いるものと酸化物を用いるものが中心となっている。硫化物系固体電解質では、現行リチウムイオン電池に採用されている有機溶媒電解質を上回る10^{-2}S/cmを超えるリチウムイオンの伝導度が達成され、このような固体電解質を用いた全固体電池の性能はリチウムイオン電池を凌駕するまでに至ったとされている。この高い性能を背景に、硫化物型全固体電池は車載用途を目指した開発段階にあり、いくつかの自動車メーカーからは、全固体電池を搭載した実車テスト、試作生産設備の公表も行われており、社会実装を間近にひかえた段階にいたっている。一方でアカデミアを中心とした研究では、全固体リチウム硫黄電池やシリコン負極などのように、エネルギー密度向上を目指した材料開発に力がそそがれている。

酸化物系固体電解質でも10^{-3}S/cm台のイオン伝導度が達成されており、リチウムイオンの伝導性に関しては有機溶媒電解質とほぼ同等の水準となっているが、酸化物型全固体電池では固体電解質のこの材料物性か

ら期待される電池性能は達成されていない。硫化物系固体電解質の長所は高いイオン伝導性を示すことに加え、高い可塑性を示すことである。そのため、室温での加圧成型で材料間を接合し、全固体電池を作製することが可能であるが、酸化物系固体電解質、特に10⁻³S/cm台のイオン伝導度を示すものは可塑性をほとんど示さず、機械強度の低さが大型化の障壁となっている。一方で、小型のIoTデバイス用途を中心として、電子部品メーカーから積層セラミックコンデンサの技術を応用した小型電池の量産が発表されるようになっている。

● その他のキャリアを使用した電池

ナトリウムあるいはカリウムイオン電池は元素戦略の観点から重要なイオン電池である。リチウムの枯渇やそれによる価格高騰が心配される中で、ナトリウムあるいはカリウムを使用することで資源的な問題を解決できると期待される。リチウムイオン電池と基本的な反応および電池構造は同じであり、正極活物質あるいは負極活物質に関する研究開発が中心的に進められている。ナトリウムイオン電池はセル作製のレベルまで開発が進展しているが、材料の信頼性やセルの安全性などの観点でさらなる研究開発が必要である。カリウムイオン電池はナトリウムイオン電池と同じように正極、負極、電解液に関する研究が進められている。この二つの電池のエネルギー密度は、リチウムイオン電池よりは小さくなるが、200 Wh/kgを達成することが研究開発の一つの目標となっている。

フッ化物電池はフッ化物イオンが正極を行き来することで充放電が行われる電池であるが、電極反応が不均化反応であり、反応制御とその可逆性の向上が課題となっている。フッ化物イオン伝導性固体電解質を利用する電池も報告されており、液系と固体系の両方を対象として電池の基本構成も含めた検討が進んでいる。

マグネシウム金属二次電池では、正極にマグネシウムイオンが挿入・脱離できる酸化物正極や硫化物正極が用いられる。マグネシウム金属を負極に使用する場合、酸化耐性を有しマグネシウム金属を可逆的に溶解・析出することができる電解液の開発が重要な研究課題となっている。セル作製は可能であるが十分な特性を有する電池の開発には基礎研究と応用研究の両面からのアプローチが重要となっている。エネルギー密度は、リチウムイオン電池並みか少し大きくなると予想される。

レドックスフロー電池に関する研究の多くは、実電池の改善のための材料、部材、システムに関するものである。エネルギー密度は大きくないが大量の電気を貯蔵できるため、現状においても研究が継続されている。

特徴的なエネルギーデバイスとしてキャパシタとリチウムイオン電池の中間的な特性を有するキャパシタが開発されている。電極反応はリチウムイオン電池と同じであるが、ナノ粒子を利用して、イオンの拡散距離を短くした材料を用いて実現されている。出力密度はリチウムイオン電池よりも大きく、エネルギー密度はキャパシタよりも大きくなる。

（4）注目動向
【新展開・技術トピックス】
● リチウムイオン電池

リチウムイオン電池の研究開発においては、パックレベルでの高温耐性の向上、パックレベルでのエネルギー密度の向上に関する研究開発が企業を中心に進展している。モジュールレスな電池パックの構造が大きな電池メーカーから続々と提案され、量産化の計画も相次いでいる。特に、中国CATL社はCell to Pack技術を革新し、高い体積効率を実現した電池の2023年からの量産を発表している。

新規正極として、リチウム過剰固溶体正極や酸素のレドックスを利用する正極材料が提案され活発な基礎研究がなされている。これらの材料は300 mA h/g以上の放電容量を示すため、注目されている次世代正極である。一方で、サイクル特性や充電電位の高さなどいくつかの問題があり、実用化に向けてはさらなる研究開発が必要である。

革新的な水系電解質を用いたリチウムイオン電池が注目を集めている。難燃性の水系電解液を用いたリチ

ウムイオン電池は、既存の非水系リチウムイオン電池と比べて安全性は高いが低電圧であるという短所を有していた。2019年に、特定の水系電解液中でのみ可逆的に起こすことができる4 V級の新規正極反応が米国で発見された。黒鉛とLiCl, LiBrの混合物を正極として用い、LiClやLiBrが溶解しない高濃度の水系電解液と組み合わせることで、黒鉛層間にCl$^-$とBr$^-$の可逆的な挿入反応を実現している。可逆容量は約250 mAh/g、反応電位は4.0〜4.5 Vとなっている。電位窓という観点から原理的に非水系リチウムイオン電池には劣ると考えられていた水系リチウムイオン電池で、逆にそれを凌駕するエネルギー密度化の可能性が見いだされたことで大きく注目されている。

　また、このような電解液設計技術の進歩が可能にする新規電極反応を開拓する研究は、非水系リチウムイオン電池においても活発化している。従来は活物質として機能しないと思われていた物質が、電解液の工夫によって有望な活物質となり得ることが実証されてきており、材料探索が既に網羅的になされたと思われていた電極活物質の進化の可能性を示すものである。

• 全固体電池

　全固体電池に用いられる固体電解質は、硫化物、酸化物がほとんどであったが、近年はこれらに加えて、水素化物、ハロゲン化物を採用する全固体電池の報告もなされるようになってきた。これらの固体電解質は、硫化物系固体電解質と同様に材料間を室温で接合することのできる高い可塑性を示すことに加え、ハロゲン化物は溶液法でも合成可能であり、さらに2018年にLi$_3$YCl$_6$やLi$_3$YBr$_6$で10^{-3} S/cm近いイオン伝導が達成されたことから注目されている固体電解質であり、未だ耐還元性に課題を有するものの、この固体電解質を採用した5 V級をはじめとする全固体電池の報告も行われている。

• その他の電池

　ナトリウムイオン電池の研究は世界的に活発になっている。中国のCATL社はナトリウムイオン電池を搭載したパック電池の量産化に関する発表を行っている。カリウムイオン電池を含めて非リチウム系のイオン電池に対するファンディングは各国ともに行われているが、研究者の広がりは大きくない状況である。特に、材料メーカーの寄与が少ない状況にある。電池の基本構成としては成立している革新電池ではあるので、実電池としての特性を緻密に解析することが望まれており、企業とアカデミアが協力して研究を進める必要がある。

　リチウム硫黄電池に関しては、硫黄中間体の溶解を抑制することができる電解液の開発と細孔構造を制御した炭素材料の開発が進展した。また、固体電解質の利用も検討されている。硫黄中間体の溶出が完全に制御されている状況にはないが、技術的に大きく進展しており、実セルの完成に大きな期待が寄せられている。リチウム硫黄電池に対してはアカデミアを中心にファンディングが行われ、ベンチャー企業設立に至っているが、一部には撤退の動きもみられる。リチウム空気電池に対してもアカデミアが中心となって研究を継続している状況で、ファンディングは世界的に見ても減少傾向にある。

　リチウム金属電池に関するファンディングが増加しているが、日本での研究者は少ない状況である。米国や欧州では多くの研究者がリチウム金属電池の研究に従事している。リチウム金属負極を使いこなす技術であり、電解液の開発やセパレータの開発、中間層と呼ばれるリチウム金属と電解液の界面制御などの技術が提案されている。

［注目すべき国内外のプロジェクト］

　蓄電池はカーボンニュートラル社会の実現、経済安全保障確保のためのキーデバイスとして世界中で位置づけられており、研究開発、産業政策を含めた国家プロジェクトが世界中で進行している。

［日本］

　・JST-ALCA-SPRING（Li硫黄、Li空気、Li全固体、Mg電池）、約190億円（2013〜2022）
　・NEDO-RISING3（フッ化物シャトル、亜鉛負極）（2021〜2025）

- ・NEDO-SOLiD-EV（全固体リチウムイオン電池）、約100億円（2018〜2022）

［米国］
- ・DOE-Battery500 Phase 2、7500万ドル（2021〜2025）
- ・DOE-Long Duration Storage Earthshot（2021〜2030）
- ・JCESR（Joint Center for Energy Storage Research）、約2400万ドル/年（〜2023年）。革新電池を幅広く研究。

［欧州］
- ・Horizon Europeの構想の下、BATT4EUが設立（2021〜）。18.5億ユーロ。原料〜材料〜セル〜パックモジュール〜エンドユーザー〜リサイクルを含めたサプライチェーン全体に関する研究開発
- ・ASTRABAT（Li全固体電池）、7800万ユーロ（2020〜2023）
- ・SOLiDIFY（Li全固体電池用材料）、7800万ユーロ（2020〜2023）

［中国］
- ・新エネルギー自動車産業発展計画（2021〜2035）を発表

［韓国］
- ・次世代リチウム金属電池核心源泉技術開発、24.3Bウォン（2018〜2023）

（5）科学技術的課題

　リチウムイオン電池に関しては、エネルギー密度の向上を目指して新規正極および負極の研究は継続されるべきと考えられる。また、革新電池については電極反応を可逆的にかつ円滑に進めることができる材料研究とセル設計に関する研究が求められる。

　リチウムイオン電池では、次の課題がある。（1）低コスト化のためにNiあるいはCoフリー正極の開発、（2）60°Cでサイクルできるセルの作製のための電解液の開発、（3）セルインピーダンスを低減する導電補助剤（CNTなど）やバインダーの開発（ポリアクリル酸など）、（4）長寿命化と高安全性を可能とする技術（均一細孔構造を有するポリイミド系セパレータの応用など）などが挙げられる。革新電池系では、イオン電池系の固体電池では、充放電サイクルにおける活物質と固体電解質に接触不良が活物質の膨張収縮に伴って生じることが最大の問題であり、材料の機械的な性質に関する情報がより必要となっている。リチウム金属系の全固体電池では、さらにリチウム金属と固体電解質の界面接触の問題を解決し、可逆な充放電が可能となるための中間層の設計や集電体の工夫が必要となっている。リチウム金属負極を液系の電解液で使用するリチウム金属電池、リチウム硫黄電池、リチウム空気電池では電解液とリチウム金属の反応とセパレータとリチウム金属の接触界面に関する研究が重要となっている。セル内部の電流分布を制御し電解液バルクおよび界面における電気化学反応の均一性を確保することが必須となる。

　上のような問題の解決に向けて、電解液材料設計の見直しが進んでいる。キャリアイオンの溶媒和・配位状態の積極的制御による電解液機能の開拓が重要な研究開発の方向性としてあげられる。

　硫黄あるいは空気を正極に使用する場合には、充放電の可逆性に問題がある。大きな体積変化を伴う電極系の充放電の可逆性を担保するための研究が求められており、体積変化による電極構造変化のその場観察技術の構築や機構解明が重要となる。元素戦略的に重要となるナトリウムイオン電池やカリチウムイオン電池に関しては、材料特性の向上が必要である。基本的な材料に関する研究は進展しているが、サイクル特性や安全性に関する基礎的な研究が不足している。マグネシウム金属二次電池では、蓄電池と呼べる特性を有するセルの作製が困難な状況にある。マグネシウム金属負極と正極を可逆的に駆動させることができる電解液が少ないことと、マグネシウムイオンの挿入・脱離が円滑に行える正極活物質の開発が不十分な状況である。

　様々な革新電池が提案されているが、それぞれについて概念実証から実用化に至るまで、研究開発に多くの時間を要する点が課題である。今後は計算科学やデータ科学的な手法を用いて電池開発を加速する方法論

の開拓が必要である。例えば、電気自動車用のパック電池に要求される性能からバックキャストしてセル特性を決め、次に電極特性に落とし込むことで、要求される材料特性を決めることができる。一方で材料の正確な物性を取得し、計算科学を用いて電極性能を予測することができれば、セル評価のプロセスを短縮して材料評価を行うことが可能になる。材料研究から電池システム研究までを一気通貫で行うことが重要であり、その基盤的なデータを提供する計算科学や精密な物性測定に関する基礎研究がより一層重要となる。

　カーボンニュートラルに資する技術として、電池の安全性と寿命に資する知見を蓄積していくことも重要である。二酸化炭素の削減に向けて電池製造時の二酸化炭素の排出を抑制することが求められる。電池の長寿命化はその解決の1つの方向性であり、二酸化炭素排出に関するLCAの計算も重要である。

　特に欧州を中心としてリチウムイオン電池のリサイクルに関する法規制が整備されつつあり、今後全世界に波及していく可能性がある。このような状況を鑑み、リチウムイオン電池のリサイクル技術、あるいはリサイクルまでを見据えた電極・電解液材料開発が今後ますます重要になってくるであろう。

（6）その他の課題

　日本は古くより蓄電池に関して高い研究力を有していたが、アカデミア、産業界ともにその優位性が失われつつある。一方で、非常に高いレベルの基礎研究を展開する研究機関がまだ多く存在するが、必ずしも直接的に電池の改善や革新電池の創成に結びついていない。現在日本では国のプロジェクトにおける蓄電池におけるファンディングがさらに活発化しており、そこで得られる成果が電池性能の向上に貢献できるようなシステム構築を深めていく必要がある。そのためには、より一層の産学連携を構築するとともに、分野横断的に材料探索ができるようにすることが不可欠である。産学連携の推進により、電池材料として必要な特性をより明確化することが可能となり基礎学術の成果が電池開発に貢献できるようになる。アカデミアが有する高度な計算科学技術や解析技術は材料開発に有用と考えられるが、産学連携の推進によって、よりニーズを明確化していくことが必要となる。

　人材育成に目を向けると、研究開発面では、電池研究と材料研究を結びつけることができる人材の育成が重要であろう。また、「蓄電池産業戦略」では電池産業を支える人材の育成への取り組みを最優先課題として掲げている。現在関西圏を中心として人材育成の取り組みが始まりつつあるが、そのグッドプラクティスを全国に広げていく取り組みが必要になると考えられる。

（7）国際比較

国・地域	フェーズ	現状	トレンド	各国の状況、評価の際に参考にした根拠など
日本	基礎研究	◎	→	・ALCA-SPRINGプロジェクトによる革新電池に関する基礎研究が進展（2022年度で終了）。 ・全固体電池に関するプロジェクトが多数進展中。 ・MEXTデータ創出・活用型プロジェクトにおいて、インフォマティクスを駆使した拠点型研究開発が開始（2022年度～）。
	応用研究・開発	○	→	・NEDO-SOLiD-EVが全固体電池の応用研究として大きく進展。 ・JST「共創の場」、NEDOグリーンイノベーション基金等による各種電池の高性能化やリサイクル技術の研究が進展。 ・「蓄電池産業戦略」を発表し、シェアが低下する液系LIBの生産能力の拡大を図る。
米国	基礎研究	◎	→	・Battery500 Phase2が2021年より進行中（5年、7500万ドル程度）。 ・JCESR（Joint Center for Energy Storage Research）が2023年まで稼働。次世代蓄電池を幅広くカバー（年間予算2400万ドル）。
	応用研究・開発	◎	→	・超党派のインフラ投資法が成立し（2021年11月）、70億ドル超の投資予定。電池・電池材料の製造、リサイクル支援がターゲット。 ・Li-Bridgeプロジェクトが、基礎研究（大学・国研）から応用研究への橋渡しをミッションとして稼働中。サプライチェーンの構築までをターゲット次世代蓄電池全般をカバー。予算規模は209百万ドル。

2.1 俯瞰区分と研究開発領域 環境・エネルギー応用

欧州	基礎研究	○	→	ABSTRABATが2020年1月〜2023年6月の期間で活動中。Polymerと LLZのハイブリッド固体電解質を中心に全固体電池の研究開発がメイン。EVをターゲットとし、1回の充電で500kmの走行距離が目標値。
	応用研究・開発	◎	↗	Horizon Europeの構想の下、BATT4EUが設立。予算18.5億ユーロ。原料・材料・セル・パック・モジュール・リサイクルまで一連のサプライチェーンの研究開発を支援。
中国	基礎研究	○	↗	CATL社が上海交通大学にクリーンエネルギー共同開発センターを設立（2億ドル寄付）。同じく厦門大学にCATL厦門新エネルギー研究所を設立。
	応用研究・開発	◎	↗	新エネルギー自動車産業発展計画（2021-2035）を発表。自動車向けの全固体電池、燃料電池などがターゲット。
韓国	基礎研究	○	→	KIST、ソウル大学などを中心に継続的にレベルの高い基礎研究が行われている。
	応用研究・開発	△	→	K-Battery発展戦略を2021年に発表。研究開発費用の最大50%、施設の設備投資の最大20%を税額控除。2025年にLi-S電池の、2027年に全固体電池の実用化を目指す。民間企業が約40兆ウォン投資予定。

（註1）フェーズ

基礎研究：大学・国研などでの基礎研究の範囲

応用研究・開発：技術開発（プロトタイプの開発含む）の範囲

（註2）現状 ※日本の現状を基準にした評価ではなく、CRDSの調査・見解による評価

◎：特に顕著な活動・成果が見えている　　　○：顕著な活動・成果が見えている

△：顕著な活動・成果が見えていない　　　×：特筆すべき活動・成果が見えていない

（註3）トレンド ※ここ1〜2年の研究開発水準の変化

↗：上昇傾向、→：現状維持、↘：下降傾向

関連する他の研究開発領域

・蓄エネルギー技術（環境・エネ分野　2.2.1）

参考・引用文献

1）Languang Lu, et al., "A review on the key issues for lithium-ion battery management in electric vehicles," *Journal of Power Sources* 226 (2013) : 272-288., https://doi.org/10.1016/j.jpowsour.2012.10.060.

2）Yaosen Tian, et al., "Promises and Challenges of Next-Generation "Beyond Li-ion" Batteries for Electric Vehicles and Grid Decarbonization," *Chemical Reviews* 121, no. 3 (2021) : 1623-1669., https://doi.org/10.1021/acs.chemrev.0c00767.

3）Tobias Placke, et al., "Lithium ion, lithium metal, and alternative rechargeable battery technologies: the odyssey for high energy density," *Journal of Solid State Electrochemistry* 21 (2017) : 1939-1964., https://doi.org/10.1007/s10008-017-3610-7.

4）Wei He, et al., "Challenges and Recent Advances in High Capacity Li-Rich Cathode Materials for High Energy Density Lithium-Ion Batteries," *Advanced Materials* 33, no. 50 (2021) : 2005937., https://doi.org/10.1002/adma.202005937.

5）Yiyao Han, et al., "Interface issues of lithium metal anode for high-energy batteries: Challenges, strategies, and perspectives," *InfoMat* 3, no. 2 (2021) : 155-174., https://doi.org/10.1002/inf2.12166.

6）Yi Chen, et al., "Advances in Lithium-Sulfur Batteries: From Academic Research to

Commercial Viability," *Advanced Materials* 33, no. 29（2021）: 2003666., https://doi.org/10.1002/adma.202003666.

7）Changhong Wang, et al., "All-solid-state lithium batteries enabled by sulfide electrolytes: from fundamental research to practical engineering design," *Energy & Environmental Science* 14, no. 5（2021）: 2577-2619., https://doi.org/10.1039/D1EE00551K.

8）Yu Li, et al., "Interface engineering for composite cathodes in sulfide-based all-solid-state lithium batteries," *Journal of Energy Chemistry* 60（2021）: 32-60., https://doi.org/10.1016/j.jechem.2020.12.017.

9）Zao-hong Zhang, et al., "Practical development and challenges of garnet-structured $Li_7La_3Zr_2O_{12}$ electrolytes for all-solid-state lithium-ion batteries: A review," *International Journal of Minerals, Metallurgy and Materials* 28, no. 10（2021）: 1565-1583., https://doi.org/10.1007/s12613-020-2239-1.

10）Linchun He, et al., "Synthesis and interface modification of oxide solid-state electrolyte-based all-solid-state lithium-ion batteries: Advances and perspectives," *Functional Materials Letters* 14, no. 3（2021）: 2130002., https://doi.org/10.1142/S1793604721300024.

11）Jiayao Lu and Ying Li, "Perovskite‐type Li‐ion solid electrolytes: a review," *Journal of Materials Science: Materials in Electronics* 32, no. 8（2021）: 9736-9754., https://doi.org/10.1007/s10854-021-05699-8.

12）Robert Usiskin, et al., "Fundamentals, status and promise of sodium-based batteries," *Nature Reviews Materials* 6（2021）: 1020-1035., https://doi.org/10.1038/s41578-021-00324-w.

13）Ali Eftekhari, Zelang Jian and Xiulei Ji, "Potassium Secondary Batteries," *ACS Applied Materials & Interfaces* 9, no. 5（2017）: 4404-4419., https://doi.org/10.1021/acsami.6b07989.

14）Wenchao Zhang, Yajie Liu and Zaiping Guo, "Approaching high-performance potassium-ion batteries via advanced design strategies and engineering," *Science Advances* 5, no. 5（2019）: eaav7412., https://doi.org/10.1126/sciadv.aav7412.

15）Rongyu Deng, et al., "Recent Advances and Applications Toward Emerging Lithium-Sulfur Batteries: Working Principles and Opportunities," *Energy & Environmental Materials* 5, no. 3（2022）777-799., https://doi.org/10.1002/eem2.12257.

2.1.2　分離技術

（1）研究開発領域の定義

　分離技術とは、混合物から目的成分を取り出す、または不要物を取り除く技術に関する研究開発領域である。化学プロセスにおいて目的成分を低環境負荷・低エネルギーで取り出す技術、火力発電所や工場などから生じる CO_2 の分離、グリーン水素の分離・精製、海水の淡水化や排水からの有用物回収、鉱物資源や都市鉱山からの目的金属の分離、医療用途（人工透析、酸素濃縮）など幅広い産業の基盤となっている技術である。環境保全、資源循環型社会の実現のためにも重要な技術である。以下では、膜分離技術、化学プロセスにおける気体・液体の分離技術、CO_2 分離技術、固体を対象とした分離濃縮技術を対象とする。

（2）キーワード

　膜分離、吸着、蒸留、反応分離、物理吸収、化学吸収、深冷分離、逆浸透、ナノろ過、浸透気化、ガス分離膜、CO_2 回収、Direct Air Capture（DAC）、外部刺激、易分解設計

（3）研究開発領域の概要

［本領域の意義］

　分離技術は相の状態によって分類が可能であり、分離したい成分が別々の相の場合と、分子混合物として同一の相に存在する場合に大別される。分離したい成分が別々の相の場合は機械的単位操作が主に使用され、気相中の固体あるいは液体微粒子の除去や液相中の微粒子の除去、粒子混合物の粒子サイズによる分級などがあげられる。一方、気相および液相における分子混合物の分離は、平衡分離（蒸留、吸着、吸収、抽出、イオン交換、晶析など）と速度差分離（膜分離、電気泳動、遠心分離など）に分類され、ガス精製、海水淡水化、浄水等の工業分野、排水処理や排ガス処理などの環境保全、食品・医薬品製造など幅広い産業に用いられている基盤技術である。

　また、多種多様な分離手法が存在していることが本領域の特徴である。それぞれの分離技術は互いに競合関係にあり、採用されるためには当該分離を可能とする唯一の技術であるか、優位性を示さねばならない。それぞれの分離技術の優劣をコスト、エネルギー、LCAなどさまざまな視点を含めて比較する手法の確立に関する研究も望まれる。

　米国では全エネルギーの32%が産業用途であり、そのうち45～55%が分離プロセスに使用されている。すなわち米国の全消費エネルギーのうち約15%が分離プロセスということである。この分離プロセスのエネルギーのうち、49%が蒸留、20%が乾燥、11%が蒸発の熱源として使用されている。非熱駆動分離を増やすべきだという指摘があるが、現状ではわずか20%にすぎない。

　既存の石油精製、石油化学プラントでは、既存技術での最適化が図られており、また、長期信頼性・安定性・安全性（耐久性や耐汚れ性など）やメンテナンスの容易さも重要であるため、新たな分離システムを導入するインセンティブが少ない状況にあった。蒸留に使用される熱エネルギーの回収、再利用も一般的に行われている。しかし、2050年にカーボンニュートラルを実現するためには、さらなるエネルギー削減が求められており、膜分離や吸着などの新材料による非熱駆動型の分離プロセスのイノベーションが期待されている。さらに、個別の分離プロセスのみでなく、プラント全体、さらには近接の化学プラントをも統合的に最適化することが必要になる場合も想定される。

　また、地球温暖化抑制と気候変動対策という観点から CO_2 分離が重要な課題である。CO_2 分離は、火力発電所や製鉄所、工場などから発生する排ガス中からの CO_2 回収を主とする「排出抑制型」と、既に放出されている大気 CO_2 を回収して大気 CO_2 濃度の直接削減に寄与する「負排出型（ネガティブエミッション型）」の二つに大別できる。排出抑制型の CO_2 回収では、CO_2 濃度が比較的高い排出ガスからの CO_2 回収であり、かつ排出地点が固定（限定）されているという特徴を有する。一方「負排出型」は、回収対象が大気である

ためCO$_2$濃度が極めて低いことと、大気から回収となるため回収地点が限定されないという、排出抑制型とは反対の性能が要求される。これらに適用可能なCO$_2$分離技術としては、エネルギーやコストの観点から、物理吸着、化学吸収、分離膜が主要な技術となる。また、CO$_2$分離は一般なN$_2$やO$_2$などの無機ガスとの分離だけではなく、次世代の火力発電所として注目されている石炭ガス化複合発電（Integrated coal Gasification Combined Cycle、IGCC）における燃焼前ガスからのCO$_2$分離では、水性シフト反応により生じるガスCO$_2$とH$_2$の分離や、シェールガスをはじめとする天然ガス井戸元では、CO$_2$と炭化水素との分離なども重要な課題である。このCO$_2$回収技術は、一般的にCCUS（Carbon Capture、Utilization and Storage）の起点となるため、その後段のプロセスと合わせて検討されなければならない。

　一方、天然鉱山や都市鉱山からの有用物の分離技術も重要である。天然鉱山では、近年では低品位鉱石や、従来の金属精製では廃棄物となっていた尾鉱、スラッジ、スラグ、ダストなども二次資源として対象とせざるを得なくなり、それらに対する技術開発が求められている。これらは、目的とする元素の品位が低く、鉱物相が十分に成長していないため、物理的な分離濃縮が困難であり、また不純物の濃度が高い。また、都市鉱山においても、利益の出やすい工程内リサイクルや経済価値の高い貴金属等のリサイクルから、サーキュラーエコノミーの概念を主軸とした廃棄物ゼロに近い概念に基づいたリサイクルへと技術課題が推移している。ここにおいても、分離プロセスに要するエネルギーをいかに下げ、CO$_2$などのGHGをも排出しないという新たな制限が加わったことによって、これまで確立されてきたように見える分離技術やプロセスであっても、改めて再構築しなければならない状況にある。

［研究開発の動向］
● 膜分離技術

　ガス分離や有機溶媒分離など各種の膜分離技術が研究レベルから実用化レベルへと広がっているが、水処理膜が依然として最大のマーケットであり、日本企業が海水淡水化用の逆浸透膜や半導体製プロセス用膜の主要メーカーである。しかし、精密ろ過や限外ろ過膜においては韓国や中国の技術開発が進んできている。かつては日米の数社のみが製造可能といわれていた海水淡水化膜でも日本のシェア低下が起きている。また、海水淡水化を志向した革新的膜として、多孔性ナノ粒子を添加したポリアミド膜やアクアポリンの利用があるが、このような革新的分離膜の提案が日本からはなされていない。

　さらに、膜分離は有機化合物水溶液および有機溶媒混合液の処理への利用が拡大しており、NEDOエネルギー・環境新技術先導プログラムにおいて、水溶液中からの有機溶媒などの膜回収を目的とする「産業廃水からの革新膜による有機資源回収」（2022年度〜）が採択されている。

　分離と反応を統合化した反応分離プロセスも重要な研究トレンドである。たとえば、欧州Horizon 2020のMACBETHプロジェクトでは、水素製造、プロパン脱水素によるプロピレン合成、酵素を用いたバイオ燃料製造において、膜反応器の実用化を目指した研究を進めている。

● 化学プロセスにおける気体・液体の分離技術

　化学プロセスにおける成分分離技術は、これまでは蒸留が大きな役割を担ってきた。蒸留は熱エネルギー多消費型のプロセスであるが、その一方で、シンプルな装置構造を持ち、連続運転が可能であることから、産業分野で広く利用されてきた。しかし、2050年のカーボンニュートラル実現のためには、さらなる省エネルギー化は避けては通れず、膜分離や吸着などの新材料による非熱駆動型の分離技術のイノベーションが期待されている。

　また、水素関連の研究開発が世界各国で加速している。ドイツでは、連邦教育研究省（BMBF）のコペルニクスプロジェクトやエネルギー機構のPower to Gas戦略プラットフォームなどで電解水素製造、貯蔵、再生可能エネルギー発電に関する研究・実証プロジェクトが行われている。米国でも、エネルギー省（DOE）で再生可能エネルギー由来の発電電力を利用した水素製造やその利用を中長期的なターゲットとして位置づ

け、燃料電池の技術開発等に注力している。我が国では、NEDO「二酸化炭素原料化基幹化学品製造プロセス技術開発」において100m²規模の太陽光受光型光触媒水分解パネル反応器と水素・酸素ガス分離モジュールを連結した光触媒パネル反応システムを開発し、世界で初めて実証試験に成功している。

このように、化学プロセスに関してはカーボンニュートラルに資する新しいプロセス構築のために、原料、燃料、エネルギー効率などを考慮したシステム化を見据えた研究が加速しており、分離技術についても化学プロセス全体としての最適化が必要となっている。

• CO₂分離技術

CO₂分離はCCUSの起点技術であるため、CCUS向けのCO₂分離技術の開発が積極的に進められている。石炭火力発電所の燃焼後回収では、比較的CO₂分圧が低く、1級あるいは2級のアミン系化学吸収液が利用されている。天然ガス精製では比較高い分圧のCO₂ガスが対象となるため、3級アミン系化学吸収液あるいは、メタノール等の物理吸収液が使われている。これら排出抑制型のCO₂分離技術は、すでに実証・実装フェーズに入りつつある。

膜分離はCO₂分離回収コストを低減化させるものとして注目されており、現在もNEDOなどを通じて研究開発プロジェクトが行われている。米国Membrane Technology Research Inc.は高性能CO₂分離膜を開発しており、分離膜開発の性能ベンチマーク的位置づけとなっている。日本でも、ゼオライト膜を活用したものや高分子をつかった分離膜の開発が進められ、工場等での実装に向けた動きが出始めている。

一方、負排出型CO₂分離は、Direct Air Capture（DAC）と呼ばれ、高度な挑戦的研究課題である。熱力学的には不利なプロセスであり、高コストになることが予想され、経済的に成立させることはハードルが高い。しかし、カーボンニュートラルを実現するためにはDACが必要になる可能性もあり、特に欧米では多額の資金援助を受けて研究が急加速している。化学吸収剤としては大気程度の低濃度CO₂回収を目指した新たな回収剤の開発が報告されており、膜分離としては藤川茂樹（九州大学）らの研究グループが極めて高いCO₂透過度を有する分離膜を開発している。一方、米国では、電気化学的な手法を用いてCO₂を分離回収する新しい手法も提案されている。また近年では、回収と利用を一体化した技術の開発も進められている。例えば、倉本浩司（産総研）らとデルフト工科大学の研究グループや、清水研一（北海道大学）らの研究グループは、低濃度CO₂を吸着し、吸着CO₂から合成ガスなどを製造する触媒およびプロセス技術を開発している。

これらとは別に、コンクリートの混和材にCO₂を吸収する材料を用いて、セメントとCO₂を反応させ、コンクリートにCO₂を吸収・固定化するものがある。これも化学吸収を用いたCO₂分離の延長技術といえる。

• 固体を対象とした分離濃縮技術（天然鉱山、都市鉱山）

固体の分離技術は、歴史的には鉱石の分離濃縮技術である選鉱・鉱物処理技術として発展した。それらは大きく分けて、破砕・粉砕などの単体分離技術と、単体分離後の対象を、粒子径、比重、形状、磁性、電気的特性、ぬれ性などの物理的特性を用いて相互分離する物理的分離技術とに大別される。物理的分離技術の後には、選択的に浸出あるいは溶解させてイオンまたは液体とし、化学的に分離精製する技術が採用される。一般に、化学的分離技術に比べて物理的分離技術は省エネルギーであるが精度が低く、しばしば化学的分離技術の前処理として利用される。昨今は、これらの技術をリサイクルの前処理技術として応用されることが多い。

物理的分離技術では、破砕・粉砕といった単体分離に最もエネルギーを要する。破砕・粉砕では、投入エネルギーのほとんどが、利用できない音や熱に飛散してしまうからである。したがって、投入されるエネルギーを可能な限り異相境界面の単体分離に集中するような研究開発が進められている。また、昨今では、機械的な外部刺激だけでなく、電気パルスやレーザー、マイクロウェーブなどの電気的、光学的な外部刺激を単体分離に利用する研究開発も進められている。

単体分離後の物理的分離技術では、大きいものと微小なものの両端の大きさに対する分離技術開発が盛ん

に行われている。センチメートル以上の大きさの対象では、現状ではもっぱら人手で分別されているところを自動化するために、センサーと組み合わせて精緻に分離するセンサー選別、あるいはソーティングと呼ばれる技術開発が行われている。これらの技術は今後も、多種多様なセンサー技術開発と、画像解析などのAI技術、ロボット開発と組み合わされて発展するものと思われる。一方、マイクロメートルオーダー以下の微小粒子では、界面のぬれ性の違いを利用した浮選や、ナノ流体や磁性流体との組み合わせを利用した比重選別法など、粒子に対する選択性を増加させる工夫と組み合わせた選別方法が開発されている。

化学的分離技術では、固体を選択的に浸出あるいは溶解させて、選択性を高めることによる省エネルギー化をはかる技術開発が行われている。メカノケミカル反応では、固体中の成分の一部を機械的なエネルギーにより化学変化させて、選択性な反応性を付与することが行われている。また、イオン液体や深共晶溶媒、あるいは超臨界を利用した方法などで、回収対象となる元素に対する選択性を高める工夫も行われている。

以上のように、固体の分離技術としては、固体のあらゆる物理的、物理化学的、化学的特性の違いを利用した分離技術が開発されている。資源循環においては分離の対象が使用済み製品であり、製品使用後の処理で適用される分離技術を想定して、あらかじめ特性の違いを仕込んでおくことが原理上は可能である。このように、製品にあらかじめ分離可能な仕組みを仕込んでおく易分解・易分離設計に対する必要性も徐々に認識されているが、現状ではまだ画期的な技術開発には至っていない。

（4）注目動向
［新展開・技術トピックス］
・膜分離技術、化学プロセスにおける気体・液体の分離技術

有機化合物水溶液および有機溶媒混合液の膜分離技術については、NEDOエネルギー・環境新技術先導プログラム「産業廃水からの革新膜による有機資源回収」（2022年度〜）で取り組まれている。水液中に溶解している有機溶媒・油脂などの膜回収が研究ターゲットとなっており、有機溶媒混合物よりは分子量の差が大きく、膜分離の難易度は低い。実用化としては、有機化合物水溶液の膜分離技術が先行するであろう。

また、膜反応器は排水の生物処理と分離膜を組み合わせた膜分離活性汚泥法（メンブレンバイオリアクター）では世界的に実用化が進んでいるが、化学プロセスへ膜反応器（反応分離プロセス）を応用する研究も進んでいる。戦略的イノベーション創造プログラム（SIP）「エネルギーキャリア」（2014〜2017年度）では、金属パラジウム膜、シリカ膜を用いて、アンモニア分解、シクロヘキサン脱水素、ヨウ化水素分解、硫酸分解などの反応で、反応分離システムを利用することによる反応温度の低温化と反応速度の向上が報告されている。NEDOプロジェクト「機能性化学品の連続精密生産プロセス技術の開発」（2019年度〜）では、炭素膜とゼオライト膜を用い反応系内からの脱水を行うエステル化膜反応器の開発が進んでいる。

さらに、再生可能エネルギーから製造された水素（グリーン水素）は、CO_2の有効利用技術として注目される。特に逆シフト反応により合成ガスを一旦製造すると、既存の化学プロセスへの展開が可能となる。メタネーションやメタノール合成においてもCO_2を水素で還元し水が生成するが、これらの反応では平衡論の制約が強く、脱水膜によって水を除去することで平衡をシフトして反応を効率的に進むと期待される。

Crude to Chemicals（C2C）のような汚れ系（ダーティサービス）にも利用可能な新たな反応分離プロセスの開発も必要になる。実際に、サウジアラビアのサウジアラムコは、加熱原油からの化学品直接製造（TC2C）プログラムを推進しており、米国のMcDermott、シェブロン・ルムス・グローバルとともに開発・実証を進めている。

・CO_2分離技術

排出抑制型のCO_2分離技術としては、NEDO グリーンイノベーション基金事業としてCO_2の分離回収等技術開発プロジェクトを始動させており、①天然ガス火力発電排ガスからの大規模 CO_2分離回収技術開発・実証、②工場排ガス等からの中小規模 CO_2分離回収技術開発・実証が進められている。また、CO_2分離素材

の標準評価共通基盤の確立にも取り組まれている。これまでも火力発電所・工場排ガスなどからのCO_2回収を目的とした分離素材の開発が進められてきたが、実ガスを用いたCO_2分離回収標準評価基盤がなかったため、研究開発フェーズから実証に向けた技術移行が困難であった。この実ガス評価基盤が整備されることによって、CO_2分離技術の実装化の加速が期待される。

一方、負排出型CO_2分離は研究開発フェーズであるが世界で競争が激化している。特に欧米では多額の資金援助を受けて、DACの研究が急加速している。先行するClimeworks社（スイス）やCarbon Engineering社（カナダ）などは、化学吸収法をベースとするものである。また、米国エネルギー省は5年間で35億ドルを投じ、DACプロジェクトのために4つの地域ハブを開発するプログラムを推進する取り組みを発表している。吸収したCO_2を再放出・利用するためには高温処理を必要とするため、DACプラントの設置地点なども含めて検討し、全体コストの低下を図ろうとしている。これに対して、日本では、低温でもCO_2再放出が可能な吸収材および吸収プロセスの開発研究が進められている。

● 固体を対象とした分離濃縮技術（天然鉱山、都市鉱山）

単体分離を促進するための技術として、機械的な破砕では達成できない選択的分離方法である電気パルス、レーザー、マイクロウェーブなどの研究開発が進められている。

電気パルスでは、1990年代より、石炭やコンクリート、電子基板を対象として、電気パルス水中破砕・粉砕法の研究開発が進められてきた。近年は、対象に合わせて放電経路や電気パルス条件を精緻に制御し、少ない印加回数で丁寧に分離させる方法が検討されている。これらの方法では、放電経路上のジュール熱やローレンツ力の発生を制御して分離に活用することが可能となることから、リチウムイオン電池の正極活物質分離や、太陽光パネル樹脂中からの金属線分離、あるいはマルチマテリアルの接着分離など、精緻な分離の実現が期待されている。

マイクロウェーブによる局所的な加熱は、固体分離のための異相境界面の局所的改質や、マルチマテリアルの接着分離への適用が検討されている。特にCFRPや接着において、樹脂の選択的剥離や分離に有効であると期待されている。

また、大規模化や効率化、自動化に対する課題に対応するため。IoT、AI、ロボットを活用した研究開発の必要性に対する意識が高まっている。特にセンサー選別あるいはソーティングと呼ばれる固体選別では、色、成分、形状を瞬時に識別するセンサー開発に、画像解析学習をはじめとするAIが利用されている。

［注目すべき国内外のプロジェクト］

国家プロジェクトとして分離プロセスに特化したものはないが、下記のような様々なプロジェクトの重要な要素技術として研究開発が実施されている。

- ・NEDO グリーンイノベーション基金事業
  「CO_2の分離回収等技術開発」「次世代蓄電池・次世代モーターの開発」「CO_2を用いたコンクリート等製造技術開発」「CO_2等を用いたプラスチック原料製造技術開発」「製鉄プロセスにおける水素活用」「再エネ等由来の電力を活用した水電解による水素製造」など
- ・NEDO ムーンショット型研究開発事業「目標4：2050年までに、地球環境再生に向けた持続可能な資源循環を実現」
  「大気中からの高効率CO_2分離回収・炭素循環技術の開発」「冷熱を利用した大気中二酸化炭素直接回収の研究開発」「大気中CO_2を利用可能な統合化固定・反応系（quad–C system）の開発」「"ビヨンド・ゼロ"社会実現に向けたCO_2循環システムの研究開発」など
- ・RITE CO_2回収技術高度化事業
  「固体吸収剤等研究開発事業」「分離膜モジュール」
- ・JST 未来社会創造事業 探索加速型「地球規模課題である低炭素社会の実現」領域

・JST 未来社会創造事業 探索加速型「持続可能な社会実現」領域

　欧州では、Horizon 2020のもとで反応分離プロセスに関する研究が推進されている。C2FUEL、MEMERE、ARENHA、MACBETHはいずれも水素あるいはCO2に関連し、反応と組み合わせることで有用物の生産に結び付けることをめざしている。

・MACBETH（Membranes And Catalysts Beyond Economic and Technological Hurdles）
　総予算 5.6M€、期間 2020.4–2024.3、研究機関数 11
・ARENHA（Advanced materials and Reactors for ENergy storage tHrough Ammonia）
　総予算 20.7M€、期間 2019.11–2024.10、研究機関数 24
・C2FUEL（Carbon Captured Fuel and Energy Carriers for an Intensified Steel Off–Gases based Electricity Generation in a Smarter Industrial Ecosystem）
　総予算 4M€、期間 2019.6–2023.11、Coordinated by ENGIE
・MEMERE（MEthane activation via integrated MEmbrane Reactors）
　総予算 5.4M€、2015.10–2020.1、Coordinated by ENGIE

（5）科学技術的課題

・プロセス強化技術

　単一の単位操作のみで分離を行うのではなく、複数の技術を組み合わせるプロセス強化技術が注目される。反応と膜分離を組み合わせた膜型反応器は、平衡支配の反応系から特定成分を引き抜くことで平衡シフトし反応速度を向上することが可能である。膜反応器に関する国際会議International Conference on Catalysis in Membrane Reactor（2022年8月、東京開催）は、コロナ禍にもかかわらず外国から出席者が50%以上であり、ヨーロッパで研究が盛んであることがうかがわれたが、この分野の日本での研究はまだ盛んと言えない。

・分離プロセスのプラットフォームづくり

　分離手法には、蒸留、吸収、抽出、膜分離、吸着など多くの分離手法があるため、種々の分離手法の優劣を評価する手法の確立が必要である。さらには、分離工程のみならず、最終製品までの全体を統合した上での最適化も必要になる。加えて、多成分系、不純物の分離に関する信頼度評価も必要になる。このようなエンジニアリングにもとづいた分離プロセスの評価技術のプラットフォームづくりが必要である。また、ハードとしての共用実験設備の設置も望まれる。具体的には、同じ燃焼排ガスを用いることで、異なる分離手法を公平に評価することが可能になる。

　さらには、評価指標を何にするのかの議論も大切である。評価指標を、分離度、コスト、LCAのいずれにするかによって最適化の結果が異なることも重要な点である。

・資源循環のための固体分離技術の体系化と易分解設計

　社会的ニーズを理解した研究と基礎研究間にギャップが存在している。社会的ニーズを理解した研究においては、破壊理論の構築や固体の詳細なキャラクタリゼーションなどの基礎研究に関心が薄く、一方で破壊理論や分析手法に興味がある基礎研究は純粋な系を中心に進められている。純粋な系で得られた知見を集積させ、マルチフィジックスなシミュレーションと、これまで培われてきた現場の知見とを組み合わせて、複雑系に対する理論を体系化させることが重要である。分離技術やプロセスの開発だけでは解決できない分離対象もあり、素材や製品の製造段階から、易分解設計にしておくことも重要な方向性である。

（6）その他の課題

　評価指標を、分離度、コスト、LCAのいずれにするかによって最適な分離プロセスが異なる点に注意する必要がある。補助金やカーボンプライシングなど政策的な支援施策と、研究開発をリンクさせることが重要である。

　また、日本においては分離技術に特化した国家プロジェクトは少ないが、さまざまなプロジェクトの一部として研究開発されているケースが多い。分離技術に関連するプロジェクトの情報を俯瞰的に把握できるような仕組みが望まれる。Horizon 2020やHorizon Europeでは、プロジェクト相互の検索が可能な仕組みになっており、参考になると考えられる。

　また、分離技術は多岐にわたるにもかかわらず、当該技術分野の研究者数は限られており、それぞれが持つ固有の技術を相互に補完しながら研究を進めていく体制が必要と思われる。

（7）国際比較

国・地域	フェーズ	現状	トレンド	各国の状況、評価の際に参考にした根拠など
日本	基礎研究	○	↗	・CO$_2$、グリーン水素関連での研究開発は活発になっている。 ・分離技術を中心においた国プロジェクトはなく、膜分離のトップ誌であるJournal of Membrane Scienceへの掲載数は微増に留まっている。 ・資源循環のための分離技術は、評価が得られにくい学問領域である上に、産業形成も不十分であり、参入者が少ない。
	応用研究・開発	○	↗	・グリーンイノベーション基金などによってCO$_2$分離技術の社会実装が推進されている。 ・資源循環のための分離技術は、経産省、NEDO、JOGMEC、環境省のプロジェクトで進められているが、技術内容はやや新規性に欠く。
米国	基礎研究	◎	→	・大手企業によるCO$_2$吸収技術への投資が盛ん。DOEの水素関連プロジェクトでは膜分離にも取り組んでいる。 ・MOFや分離膜などの最先端研究も活発。
	応用研究・開発	◎	↗	・MTRなどの膜ベンチャー（気体分離）が成長し、実プロセスに採用されつつある。 ・カーボンマネージメントに65億ドルの予算が計上され、DACには35億ドルをかけ開発を加速している。 ・資源循環についてはCritical Materials Instituteでのプロジェクトが進行中。新興企業が大規模に台頭してきている。
欧州	基礎研究	◎	↗	・Horizon 2020には分離技術を中心としたプロジェクト（HyGrid、C2FUEL、MEMERE、ARENHA、MACBETHなど）があり、国際協力の構築の面からもうまく組織化されている。
	応用研究・開発	◎	↗	・EVONIKなど大手化学メーカーが膜分離に積極的であり、有機溶媒ろ過膜を実用化した。 ・北欧では長期にわたるCCS実証検討を行っており、またアイスランドではDACプラントを稼働させた。 ・Horizon Europeの中に難処理鉱石や都市鉱山を対象とした種々のプロジェクトが設置されているほか、EIT Raw materialsなど複数で活発に研究開発されている。また、政府からも資源循環に産業資金が投入されるような積極的な仕組み作りの働き掛けがある。
中国	基礎研究	◎	↗	・膜分離のトップ誌であるJournal of Membrane Scienceへの掲載数は、8年間で約4倍と急増している。ゼオライト膜による脱水技術やCO$_2$からの合成ガスの研究が活発である。
	応用研究・開発	◎	↗	・大学からスピンアウトしたベンチャー企業などが大学隣接地域に集積化されている。高分子膜、水素分離やゼオライト膜の実用化が進んでいる。 ・膜反応器が実プロセスに10か所以上で採用されている。
韓国	基礎研究	○	→	・多くの大学で、分離膜やCO$_2$吸収液の開発と評価が進められており、論文も増加傾向にある。
	応用研究・開発	△	→	・2013年、KEPCO/KIERプロジェクトで、固体吸収材を用いた大規模試験回収装置が建設されたが、その後の動きは鈍化。

（註1）フェーズ

　　　基礎研究：大学・国研などでの基礎研究の範囲

　　　応用研究・開発：技術開発（プロトタイプの開発含む）の範囲

（註2）現状　※日本の現状を基準にした評価ではなく、CRDS の調査・見解による評価

　　　◎：特に顕著な活動・成果が見えている　　　　　　　○：顕著な活動・成果が見えている

　　　△：顕著な活動・成果が見えていない　　　　　　　　×：特筆すべき活動・成果が見えていない

（註3）トレンド　※ここ1〜2年の研究開発水準の変化

　　　↗：上昇傾向、→：現状維持、↘：下降傾向

関連する他の研究開発領域

・CO$_2$回収・貯留（CCS）（環境・エネ分野　2.1.9）

・ネガティブエミッション技術（環境・エネ分野　2.4.1）

・水利用・水処理（環境・エネ分野　2.9.1）

・リサイクル（環境・エネ分野　2.9.4）

参考・引用文献

1) 公共財団法人地球環境産業技術研究機構化学研究グループ「CO$_2$回収技術高度化事業（分離膜モジュール）」http://www.rite.or.jp/chemical/project/2014/04/membrane1.html,（2022年12月22日アクセス）.

2) U. S. Department of Energy, "Biden Administration Launches \$3.5 Billion Program to Capture Carbon Pollution from the Air," https://www.energy.gov/articles/biden-administration-launches-35-billion-program-capture-carbon-pollution-air,（2022年12月22日アクセス）.

3) Critical Materials Institute, "CMI Technologies with Reuse and Recycling, Ames National Laboratory," https://www.ameslab.gov/cmi/cmi-technologies-with-reuse,（2022年12月22日アクセス）.

4) EIT RawMaterials, "Developing raw materials into a major strength for Europe," https://eitrawmaterials.eu/developing-raw-materials-into-a-major-strength-for-europe/,（2022年12月22日アクセス）.

5) Shigenori Fujikawa, et al., "Ultra-fast, Selective CO$_2$ Permeation by Free-standing Siloxane Nanomembranes," *Chemistry Letters* 48, no. 11 (2019) : 1351-1354., https://doi.org/10.1246/cl.190558.

6) Shigenori Fujikawa, Roman Selyanchyn and Toyoki Kunitake, "A new strategy for membrane-based direct air capture," *Polymer Journal* 53 (2021) : 111-119., https://doi.org/10.1038/s41428-020-00429-z.

7) Sahag Voskian and T. Alan Hatton, "Faradaic electro-swing reactive adsorption for CO$_2$ capture," *Energy and Environmental Science* 12 (2019) : 3530-3547., https://doi.org/10.1039/C9EE02412C.

8) Lin Shi, et al., "A shorted membrane electrochemical cell powered by hydrogen to remove CO$_2$ from the air feed of hydroxide exchange membrane fuel cells," *Nature Energy* 7 (2022) : 238-247., https://doi.org/10.1038/s41560-021-00969-5.

9) Fumihiko Kosaka, et al., "Enhanced Activity of Integrated CO$_2$ Capture and Reduction to

CH$_4$ under Pressurized Conditions toward Atmospheric CO$_2$ Utilization," *ACS Sustainable Chemistry & Engineering* 9, no. 9（2021）: 3452-3463., https://doi.org/10.1021/acssuschemeng.0c07162.

10） Lingcong Li, et al., "Continuous CO$_2$ Capture and Selective Hydrogenation to CO over Na-Promoted Pt Nanoparticles on Al$_2$O$_3$," *ACS Catalysis* 12, no. 4（2022）: 2639-2650., https://doi.org/10.1021/acscatal.1c05339.

11） Carlito Baltazar Tabelin, et al., "Copper and critical metals production from porphyry ores and E-wastes: A review of resource availability, processing/recycling challenges, socio-environmental aspects, and sustainability issues," *Rsources, Conservation and Recycling* 170（2021）: 105610., https://doi.org/10.1016/j.resconrec.2021.105610.

12） Masoud Norouzi, et al., "Circular economy in the building and construction sector: A scientific evolution analysis," *Journal of Building Engineering* 44（2021）: 102704., https://doi.org/10.1016/j.jobe.2021.102704.

13） Eldon R. Rene, et al., "Electronic waste generation, recycling and resource recovery: Technological perspectives and trends," *Journal of Hazardous Materials* 416（2021）: 125664., https://doi.org/10.1016/j.jhazmat.2021.125664.

14） Camila Távora de Mello Soares, et al., "Recycling of multi-material multilayer plastic packaging: Current trends and future scenarios," *Resources, Conservation and Recycling* 176（2022）: 105905., https://doi.org/10.1016/j.rescorec.2021.105905.

2.1

俯瞰区分と研究開発領域
環境・エネルギー応用

2.1.3 次世代太陽電池材料

（1）研究開発領域の定義

太陽光エネルギーを高効率かつ低コストで直接電気エネルギーに変換するデバイスの材料開発に関する研究開発領域である。全世界的なカーボンニュートラルに向けて、大規模普及が進むシリコン系太陽電池の高性能デバイス化技術や移動体やビルなどの従来導入が困難だった用途への次世代材料の研究開発課題があげられる。また、今後大量に廃棄される太陽電池セルのリサイクル技術も重要な研究開発課題である。

（2）キーワード

シリコン系太陽電池、PERC型セル、CIS薄膜太陽電池、CdTe薄膜太陽電池、CIS薄膜太陽電池、有機系太陽電池、ペロブスカイト太陽電池、使用環境の多様化、プロセス技術、劣化機構解明、タンデム化、車載太陽電池、リサイクル

（3）研究開発領域の概要

［本領域の意義］

世界における太陽光発電の導入量は、新型コロナウィルス感染症拡大の中でも順調に増加し、2021年末における累積導入量は約940 GWとなった。これは、世界の総発電量の約5%に相当する。2022年内には累積導入量が1 TW（1000 GW）を超えることとなる。世界的なカーボンニュートラルの大きな流れの中で、電力の再生可能エネルギー化は今後も進むと予測されており、中でも発電時に温室効果ガスを排出しない太陽光発電への期待は大きい。

我が国においても、東日本大震災後に導入された固定価格買い取り制度（FIT制度）の後押しもあり太陽光発電の導入拡大が進み、2021年末における累積導入量は約78 GWとなり世界第3位となっている（国土面積あたりの導入量は世界第1位）。この導入量は、2015年に制定された2030年の目標導入量64 GWを10年前倒しで達成したほどである。一方で、2050年に温室効果ガスの排出を全体としてゼロにするカーボンニュートラルという挑戦的な目標の達成には、少なくとも150 GW以上、長期的には300 GW以上とさらなる大量導入が必要とされる。しかし、国土の限られた我が国では、現状技術の延長では、いずれ導入量制約に直面することになる。よって、高効率・低コスト・長期信頼性といった従来型の評価指標における次世代太陽電池セル・モジュールの研究開発を持続的に行うことに加えて、太陽光発電の「利用領域の拡大」に向けた研究開発が重要となる。従来は設置が困難であった重量制約のある屋根、ビルの壁や窓、自動車などの移動体への設置にあたっては、軽量性、意匠性、可撓性といった性能が求められる。つまり、超軽量太陽光発電モジュールや意匠性に優れた建材一体型太陽電池など用途に応じた太陽電池が必要である。

また、使用済太陽光発電モジュールの排出が始まっているが、その量は今後急激に増加することが予測される。それらを潜在的な資源として活用できるようなリサイクル技術の開発が必要不可欠となる。メガソーラーからの大量排出は、太陽光発電モジュールへの置き換えの好機でもあり、長期信頼性に優れた高効率・低コストモジュールを開発しておく必要がある。研究開発にあたっては、大量導入により大量の材料が必要になることから、用いる材料の持続可能性・環境負荷の観点も重要である。

このように太陽電池に関連する技術領域は拡大を続けることとなり、次世代太陽電池の基盤として材料イノベーションの強化は不可欠といえる。

［研究開発の動向］

結晶Si、CIS薄膜、有機薄膜型、集光型、積層型など多様な太陽電池において、高効率・低コスト・長期信頼性という従来型の性能指標に基づき次世代太陽電池セル・モジュールの実現を目指す取り組みが継続的に行われている。セルの高効率化は、光吸収によるキャリア生成、キャリア分離、キャリア輸送という光か

ら電気へのエネルギー変換の各素過程での損失を最小化することが普遍的な指導原理であり、変換効率を極限まで高めることを目指して、光とキャリアのマネジメントのための研究が行われている。あらゆる太陽電池セルに共通する重要な研究項目としては、光吸収層や電荷回収層の材料開発とともに、劣化機構解明、接合形成技術、耐久性向上技術、表面・界面での高性能パッシベーション技術があげられる。また、低コストな材料・デバイスプロセス技術も不可欠である。

　最近のトレンドとして、太陽光発電の「利用領域の拡大」に向けた研究開発が非常にさかんとなっている。今後の技術進展により導入量の飛躍的な増加が期待される市場としては、重量制約のある屋根、建物の壁面や窓、車載用や無人航空機等の移動体、LCCM住宅（ライフサイクルカーボンマイナス住宅）、水上、農地などがあげられる。これらの用途では、発電性能だけではなく目的に特化して最適化されたセル・モジュールを開発する必要があり、軽量性・意匠性・防眩性といった新たな性能指標が要求される。

　表2.1.3–1に太陽電池の新たな用途とそれに応じて要求される性能指標と研究開発の方向性の典型例を示す。

表2.1.3–1　　　　太陽電池の新たな用途と要求される性能指標

用途	要求性能	研究開発の方向性
屋根	軽量性	・カバーガラスの薄膜化や特殊樹脂への代替 ・軽量基板上へのフィルム型太陽電池の開発
建物（壁面）	・意匠性 ・防眩性	・需要者が望む色彩の長期安定作動（セル表面の誘電体多層構造や反射防止膜の組成変調）
建物（窓）	・採光性 ・断熱性	・モジュール構造の工夫による実効的な透過率の向上 ・可視光透過材料の利用や薄膜化
移動体（車載等）	・軽量性 ・耐震性・耐衝撃性 ・フレキシブル性	・多接合による高効率性の追求 ・薄膜型太陽電池や有機・ペロブスカイト太陽電池による形状追従性の実現

　特に、単接合セルでは、変換効率の限界に近づいていることから、高効率化への科学的根拠が明確である多接合型（タンデム型）太陽電池への期待が高まっている。

　また、利用領域の拡大の観点で、近年ペロブスカイト太陽電池の研究開発が活発化しており、それとともに急激に変換効率の向上がみられる。

　使用済太陽光発電モジュールの排出が始まっているが、将来の急激な増加を予測されることからリサイクル技術の確立が世界各国において重要な課題とされている。太陽光発電モジュールは、長期間にわたり屋外で使用されるため、太陽電池セル、封止剤、カバーガラスなどが強固に貼り合わされており分離・回収することは困難であるが、ガラス、希少金属、シリコンなどを潜在的な資源として活用できるようなリサイクル技術の開発が必要である。メガソーラーからの大量排出は、太陽光発電モジュールへの置き換えの好機でもあり、長期信頼性に優れた高効率・低コストモジュールを開発しておく必要がある。研究開発にあたっては、大量導入により大量の材料が必要になることから、用いる材料の持続可能性・環境負荷の観点も重要である。

　太陽光発電産業は、日本企業や欧州企業が世界のトップを占めた時代もあったが、世界的な勢力地図は塗り替えられ、特に結晶シリコン太陽電池の量産は中国系企業が牽引し、新しいセル構造を実装した高出力モジュールの量産計画が次々と発表されている。世界的な脱炭素化の大きな流れの中で、発電時に温室効果ガスを排出しない太陽光発電の導入拡大は世界各国で進むことが、多くの国の政策によって裏付けられている。そのような中で、特定国・企業に依存した現状のサプライチェーンの脆弱性は大きな課題である。近年の新型コロナウィルス感染症の拡大、ロシアによるウクライナ侵攻、人権問題に伴う貿易摩擦などの国際情勢への

不透明さからも、サプライチェーンの多様性・持続可能性を確保し、製造拠点を自国内に再構築しようという動きが欧米を中心に進んでいる。米国では、バイデン政権下においてクリーンエネルギーへの大規模な投資計画が進み、欧州ではグリーンディール推進が成長戦略と位置付けられている。また、中国やインドでは、太陽光発電の野心的な導入目標が掲げられている。各国政府は、金融政策や税制政策、研究開発への資金提供などにより、太陽電池産業への投資リスクを軽減すべきとしている。

　日本では、グリーンイノベーション基金事業「次世代型太陽電池の開発」、NEDO「太陽光発電主力電源化推進技術開発」などでペロブスカイト太陽電池の実用化や、新市場創造に向けた産学連携体制での技術開発が進められている。

　ベンチマークとしてのラボレベルでの世界最高効率は、ヘテロ接合型Si太陽電池26.8%（中国・LONGi社）、ホモ接合型Si太陽電池26.1%（ドイツ・ISFH）、ペロブスカイト/Siタンデム32.5%（ドイツ・HZB）、集光型化合物多接合太陽電池47.6%（ドイツ・FhG–ISE）、非集光型化合物多接合太陽電池（3接合）39.5%（米国・NREL）、CIS太陽電池23.4%（日本・ソーラーフロンティア）、CdTe太陽電池22.1%（米国・First Solar社）となっている。

（4）注目動向
［新展開・技術トピックス］
・結晶Si太陽電池

　量産モジュールでは、従来の裏面全面にAl電極を用いる裏面電界型（BSF型）から裏面パッシベーション膜とポイントコンタクトを導入したPERC（Passivated Emitter and Rear Cell）型への転換が進んでいる。さらなる高性能化に向けては、裏面全面を極薄酸化膜でパッシベーションしたTOPCon（Tunnel Oxide Passivating Contact）構造の採用、アモルファスシリコン薄膜で接合を形成するヘテロ接合型と表面に電極のないバックコンタクト（IBC）型の融合、両面発電型の採用などが進んでいる。基礎研究としては、変換効率を極限まで高めるための要素技術、ペロブスカイトや化合物半導体とのタンデム化による超高効率化技術、用途拡大のための研究が盛んに行われている。

　具体的には、カネカはIBCヘテロ接合太陽電池で高効率26.7%（79 cm^2）を報告している。IBC型は裏面でのpn領域や電極パターニングが必要なため、量産化に向けてはシンプルなプロセス開発が求められるが、シャープや産総研において低コストプロセスの検討が進んでおり、日本が世界を先導する領域である。

　これから社会問題化すると危惧される太陽電池モジュールの大量廃棄対策のため、結晶Si太陽電池モジュールのリサイクルのための研究や技術開発が進んでいる。2021年8月には韓国エネルギー技術研究院（KIER）が廃棄モジュールから回収したシリコンから6インチの単結晶インゴットとウエハーを製造し、20.05%の変換効率を報告した。また、2022年2月、ドイツ・フラウンホーファー太陽エネルギー・システム研究所は太陽電池モジュールのSiをリサイクルし、それを100%原料として使用して作製した太陽電池にて、19.7%の変換効率を発表した。国内では、各省・自治体などで、太陽電池パネルのリサイクルに関する手法の議論や、太陽光発電設備の再資源化促進のための制度的対応の検討などが進められている。

・薄膜Si系太陽電池

　変換効率での不利を改善すべく、透明導電膜へのテクスチャ形成、透明中間層、プラズモニクス、フォトニック構造など、光閉じ込め技術の進歩が近年著しい。市場では、バルク結晶Si系モジュールの低価格化に押され、苦しい状況が続いているが、今後のさらなる生産量増大が必須の太陽光発電市場において、材料の安定供給面での優位性を考えると、中長期的な研究開発の継続が重要な分野といえる。またその特徴からエナジーハーベストデバイスとしての活用も期待される。

- **CIS 系太陽電池**

　ソーラーフロンティアが年産 1 GW を有し、小面積セルでも 2018 年 11 月に報告した 23.35%（公式）の世界最高効率を誇り、日本が世界を牽引していた。ただ、同社は中国との価格競争の厳しさにより、生産を中止してシステムインテグレーターになることが決まっている。近年のCIGS 太陽電池の変換効率の向上が加速している背景にはアルカリ金属を発電層成長後に添加する PDT（post-deposition treatment）処理がある。KF-PDT 処理をはじめとして、最近では RbF-PDT、CsF-PDT 処理などの重アルカリ金属処理が注目され、これらの処理によって pn 接合および多結晶粒界の品質が向上し、変換効率の向上を後押ししている。さらに光吸収層のワイドギャップ化の検討も進められている。CIGS の代替を目指して、レアメタルフリーの材料が大きく注目されている。その代表格は、CZTSSeであるが、その他のレアメタルフリー材料として、Cu_2SnS_3、$CuSbS_2$、SnS、Cu_2O、$BaSi_2$ などの研究開発も活発化してきている。CZTS の公式最高効率は 10.0 %（1.113 cm²、UNSW）に書き換えられた。

- **集光型太陽光発電**

　ビル壁面や自動車屋根などの新しい設置方式では、太陽電池コストよりも工事費などの付帯費用がかさむので、限られた設置面積でいかに発電量を増大するかといった方向に関心が移りつつある。最高効率の太陽電池は集光型太陽電池であるので、さらなる高効率化を求め、欧州を中心に、新しい集光型太陽電池の研究開発が再燃している。大型架台を用いて大型パネルを高精度で追尾するといった、これまでの手法ではなく、微細な光学系やセル、モジュール内蔵の薄型駆動機構を組み込んだマイクロCPV（Concentrator photovoltaic）の新技術が研究開発の主流である。

- **有機薄膜型太陽電池**

　この数年で急激な特性改善がなされている。2022 年の Best Research-Cell Efficiencies（米NREL）に掲載されている世界最高変換効率は、上海交通大学−北京航空航天（SJTU-BUAA）の非フラーレン・アクセプター（NFA）を用いた高分子系太陽電池の18.2%である。また、上海交通大学 の Liu らの研究グループは、二種類の非フラーレン・アクセプターを高分子ドナーに添加したセルにより19.3%（中国NPVMでの認証値は19.2%）の変換効率を達成している。この分野はNFAを開発した中国が牽引しており、それ以外のグループでも19%台の変換効率が報告されている。また、耐久性に関しても非常に大きい進展があり、砂漠での耐久性試験や実験室での加速試験で実用上問題ないことが証明されている。応用面では、非フラーレン・アクセプターを用いた有機薄膜太陽電池は、可視域の透過率を高めた半透明〜透明太陽電池としての応用研究が急速に進展している。今後の市場への投入に向け、特に製造工程を考えると、溶液を用いた各種塗布法で製造できる高分子系太陽電池のさらなる進展が望まれる。

　リコーが九州大学との共同研究成果に基づき、有機薄膜太陽電池を用いたフレキシブル環境発電デバイスの市場投入を開始した。この太陽電池は、適応照度域が広く形状が自由なフレキシブルデバイスとして期待されている。現在のベンチャー企業としては、米国の NanoFlex Power Corporation 社やドイツの Heliatek 社が挙げられる。また、東洋紡はフランス原子力・代替エネルギー庁（CEA）と共同研究を実施している。2022 年に有機光ダイオードで世界トップクラスの感度を有するフィルム型モジュール試作に成功し、2025 年までの実用化を目指している。グローバルな産官学連携の観点からも注目に値する取り組みである。

- **色素増感型太陽電池**

　色素増感太陽電池の最高変換効率はEPFLの13.0%である（米NREL認証）。ただ、他の有機系太陽電池である有機薄膜型やペロブスカイト型に比較して、変換効率の観点からはほとんど飽和状態にある。一方、商品化に向けた取り組みには進展が見られている。リコーは2020年、完全固体型色素増感太陽電池モジュールの販売を開始している。色素増感太陽電池で完全固体型の実用化は世界初となる。同社はこの太陽電池を

用いて、二酸化炭素（CO_2）濃度センサーを発売している。

色素増感太陽電池の世界の主要なベンチャー企業は、G24i社から発展したG24 Power社（英国）と3GSolar社（イスラエル）がある。色素増感太陽電池は実用化段階に入っており、研究者数そのものは大幅に減少傾向にある。それに伴い、ペロブスカイト系太陽電池の研究人口が増加している。色素増感太陽電池の世界の研究開発拠点として依然活発なのは、スイスEPFLのGrätzelとHagfeldtのグループである。ドナー・アクセプター結合型の新規色素の開発が継続されている。さらに電解質では、V_{OC}のロスがヨウ素系電解液よりも小さいCo系、Cu系電解液を用いた高効率化研究に集約されてきている。EPFL以外では、中国のグループが研究開発を精力的に進めている。可能性のある用途の一つとして、色素増感太陽電池も有機薄膜太陽電池同様、透明太陽電池の研究が進められている。

• ペロブスカイト太陽電池

ペロブスカイト太陽電池は、2012年に発表された現在の固体型デバイス構造で10%を超える変換効率が発表されたのを契機に、国内外で熾烈な効率競争が展開されている。2022年現在、ペロブスカイト太陽電池の単セルの光電変換効率の最高値は25.7%（NREL認証）となっている。本格的な開発研究が始まって10年足らずで急速に変換効率が上昇している。

ペロブスカイト半導体材料開発としては、金属ハライド型と呼ばれるABX_3型の半導体材料における各サイトのイオン種や組成の組み合わせによるバンド構造の調整が主な研究課題となる。初期にはシンプルな$MAPbI_3$（MA＝メチルアンモニウム、〜800 nm、1.55 eV）が多く用いられてきたが、より長波長領域（〜840 nm、1.5 eV）に吸収特性をもつ$FAPbI_3$（FA＝ホルムアミニジウム）はPb系の理想的な材料として期待が集まっている。近年$FAPbI_3$の室温付近でのδ相への相転移という課題に対して、AサイトやXサイトにイオンをドープしたミックスイオン型の材料が、α相の安定性および塗布成膜による高品質なペロブスカイト薄膜の作製が容易という点から、主流となってきている。また、最近のトレンドとしては、ペロブスカイト層の結晶化過程の制御、耐久性の向上、電荷の取り出し効率の向上という観点から、表面のパッシベーション技術の開発が多く報告されている。

また、高い熱安定性をもつ材料として、$CsPbI_2Br$などオール無機ペロブスカイト半導体を用いた太陽電池の研究も活発化している。

一方、鉛フリー化材料として、PbをSnに置き換えたSn系ペロブスカイトの開発が進んでいる。PEABrなどの大きなアンモニウムイオンを用いた2D/3D混合型のペロブスカイト材料を用いて、14.8%まで変換効率が向上している。また、BサイトにSn–Pbを1：1で用いた混合型では1000 nmを超える波長領域で光電変換が可能であり、上下の表面パッシベーション技術の開発により、23.6%の光電変換効率が達成されている。ペロブスカイト層からの電荷の取り出し効率の向上と、ペロブスカイト層自体の安定性の向上の観点から、表面パッシベーション材料・技術開発が、本分野における重要な方向性の一つとなっている。

電荷回収層材料の開発による高性能化研究も活発化に行われている。n–i–p型の順型デバイスにおいて、電子回収層のSnO_2の材料開発および表面処理技術により、25%を超える変換効率が報告されている。また、p–i–n型の逆型構造デバイスでは、正孔回収層として、PEDOT：PSSやPTAAなどのポリマー材料などの従来のバルク層材料に変わり、カルバゾール誘導体など単分子系の材料を用いて高性能化、高耐久化研究が進んでいる。これらの電荷回収層材料とペロブスカイト層との界面構造の詳細は依然不明な部分が多い。今後、これらの界面の科学の解明に基づいた材料の開発研究が、ペロブスカイト太陽電池の高性能化および高耐久性化に重要な鍵を握るものと考えられる。

大量製造法の確立に向けたペロブスカイト層の大面積塗工法として、従来の貧溶媒滴下を伴ったスピンコート法に代わる手法の開発が進められている。塗布法としては、ダイコートやインクジェット法など様々な手法が利用できるが、結晶核の形成とグレインの成長過程の制御が課題である。中間体構造や核形成に効果をもつ溶媒や添加剤の開発が報告されている。特に塗布後の乾燥・加熱過程が重要であり、エアナイフ法や真空

乾燥法などが用いられている。材料化学およびプロセスエンジニアリングの双方の視点から、前駆体のインクの開発とプロセスの開発が進むことで、大量製造法が確立し、実用化が加速するものと期待される。

● タンデム型太陽電池

単接合セルでは、変換効率の限界に近づいていることから、高効率化への科学的根拠が明確である多接合型太陽電池への期待が高まっている。単接合太陽電池の材料が、結晶シリコン、CIS、CdTe、III–V族化合物半導体、ペロブスカイト、有機半導体と多様であることから、それらの組み合わせによる多接合太陽電池の材料構成の選択肢は極めて多い。そのため、人工衛星用や集光用で実績がある III–V族化合物多接合太陽電池に加えて、特に二接合のタンデム太陽電池では、ペロブスカイト/Si、ペロブスカイト/CIS、化合物/Si、化合物/CIS、CIS/CIS、ペロブスカイト/ペロブスカイトなど多様な検討が行われている。どのような光吸収層の組み合わせにおいても、二端子型では各セルの電流整合が必要になることから、光マネジメントのためのセル構造の最適化が重要である。光吸収層の組成・膜厚、適切な屈折率の反射防止膜や中間層、裏面構造など検討事項は多い。例えばボトムセルの研究開発においては、トップセルによって太陽光の短波長領域は吸収されることとなる。よって、太陽光スペクトルの中でも、長波長領域の感度を最大化するような工夫が必要であり、光学的な設計は単接合太陽電池セルの場合とは全く異なる。異種材料の積層方法は、エピタキシャル成長や溶液成長など製膜技術によるものや、機械的な接合などいくつかの選択肢があり、それぞれにおいて解決すべき課題は多い。

［注目すべき国内外のプロジェクト］

- NEDO「太陽光発電主力電源化推進技術開発」（2020～2024年度）では、太陽光発電の大量導入社会の実現に向け顕在化する様々な課題の解決に向けた技術開発が産学連携体制で実施されている。太陽光発電の新市場開拓に向け、重量制約の有る屋根、建物壁面、移動体などに設置可能な太陽電池セル・モジュールの技術開発や、太陽光発電モジュールの低コストリサイクル技術の開発が進められている。具体的には、軽量基板上化合物薄膜太陽電池の高効率化技術、軽量CIS太陽電池製造要素技術、量子ドットを利用したシースルー太陽電池、壁面設置太陽電池の高性能化技術や生涯発電量最大化技術、移動体用超高効率モジュール技術開発、ペロブスカイト/Siタンデム太陽電池のプロセス技術開発、低環境負荷マテリアルリサイクル技術開発などが進められている。
- NEDO「クリーンエネルギー分野における革新的技術の国際共同研究開発事業」（2020～2024年度）では、太陽電池分野における国際共同研究が進展している。CIS系タンデム太陽電池要素技術、鉛フリー・アロイ化錫ペロブスカイト・タンデム太陽電池、金属酸化物パッシベーティングコンタクトとSi量子ドット・ペロブスカイト複合膜を利用した低コスト・高耐久なタンデム太陽電池、多様な材料系を統合した軽量・フレキシブル多接合太陽電池などの研究開発が進められている。
- NEDO「グリーンイノベーション基金」では、重点14分野のうち、エネルギー関連産業の「次世代太陽電池の開発」として、ペロブスカイト太陽電池の基盤技術開発や、製品レベルの大型化を実現するための各製造プロセスの個別要素技術の確立に向けた研究開発が採択されている。
- JST未来社会創造事業でも、小規模ながら非鉛系ペロブスカイト太陽電池、有機薄膜太陽電池の研究開発が進行している。

（5）科学技術的課題

カーボンニュートラルの世界的な動きを受けて、太陽光発電の導入量は加速度的に増加すると予測されている。このような需要に応えるためには、太陽電池そのもの開発もさることながら、システム技術としての成熟や電力系統との統合技術の向上、持続可能性への配慮が求められる。以上の観点から次のような課題に取り組むことが求められる。

• データ科学を活用したPV開発

　近年、さまざまな科学技術分野において、実験科学、理論科学、計算科学に加えてデータ科学を連携させ、機械学習や深層学習を用いることで優れた研究成果が創出されるようになっている。太陽光発電分野においても太陽電池セル・モジュールの開発や評価から太陽光発電設備のオペレーション・メンテナンスに至る多様な研究テーマが、データ科学応用により進展することが期待されている。具体的には、光吸収層や接合形成材料の新材料探索、複雑なセル構造を記述する多数の構造パラメータや材料選択の最適化、セルやモジュール製造の多次元のプロセスパラメータの最適化、セルやモジュールの故障解析、大量の気象データや地図データなどを用いた発電量予測、データを活用したメンテナンス時期の推定など幅広い研究領域に対してデータ科学応用は有用であると考えられる。

• 資源代替・リサイクル技術

　2022年は、いよいよ太陽光発電の累積導入量がTWに到達しており、世界の脱炭素化に向けて、さらに導入量は増加すると予想されている。太陽電池にはさまざまなセル構造や材料が用いられているが、変換効率・コスト・長期信頼性に加えて持続可能性という観点で材料の選択やセル構造の設計を行う必要がある。例えば、現状多くの太陽電池セルでは表面電極に銀が用いられているが、その使用量の低減やアルミニウムなどベースメタルへの代替は重要な課題といえる。また、ナノ材料に関する有害物質規制も欧州を中心に議論が進んでいるため、革新太陽電池における材料開発においてもこれらの動向を考慮する必要がある。特にペロブスカイト材料における鉛フリー化技術の確立は重要な課題である。さらに、資源の乏しい日本において、大量に導入されている太陽電池モジュールは、潜在的な資源と考えられる。経年劣化等により使用済みモジュールが排出される際には、有用な資源を回収し、太陽電池モジュールの製造に用いるなど、再度高付加価値ができるようなリサイクル技術の開発も重要なテーマである。

• 熱エネルギーとのハイブリッド化

　太陽電池は、一般的に好天時に温度が上昇すると変換効率が低下する特性が知られている。また、雨天時には日射量が低下し、出力が低下する。このような熱的特性に起因する性能低下をエネルギーハーベスティングなどの熱と電気のハイブリッド化技術によってマネジメントするという研究の方向性があげられる。従来の太陽光発電と太陽熱発電をモジュールとしてハイブリッド化するのではなく、材料・セルレベルでの革新的な研究開発が期待される。

（6）その他の課題

　太陽電池の研究開発は、太陽電池メーカーと大学・国研との共同研究が典型的な体制であった。これからは再生可能エネルギーが広く普及した未来社会のビジョンを市民も含めた多くのステークホルダーが共有し、バックキャスティングすることで課題を抽出し、そのような課題をダイナミックに変化させながら研究を進めていくような拠点形成が必要となる。太陽電池のユーザーとなる自動車会社、建設業界、農業従事者、金融機関、自治体なども参画し、産学連携・異分野連携体制の構築が重要である。

　量産太陽電池の製造は80%以上が中国で行われているが、人権侵害に対する配慮から欧米で貿易・輸入制限が実施されている。このような背景から安定した太陽電池の供給が得られるように、欧米では太陽電池の製造拠点の構築が進み、金融、税制優遇などでの大きなインセンティブが用意され、投資リスク軽減の政策が実施されている。このような動きは、インドなどの新興国においてもみられる。日本では、政策支援による製造の国内回帰の動きは鈍く、企業の高い技術力が衰退してしまうことや、太陽電池セル・モジュールの安定した供給が得られなくなるリスクがある。

（7）国際比較

国・地域	フェーズ	現状	トレンド	各国の状況、評価の際に参考にした根拠など
日本	基礎研究	◎	→	・高度な光とキャリアのマネジメントを具現化する多様な材料やプロセス技術が大学や国研で創出されている。特に、太陽光発電の利用領域拡大や新市場形成に向けた多様な太陽電池セル・モジュールの開発に向けた基礎研究が実施されている。 ・JST や NEDO のプロジェクトをはじめとした国の主導的な取り組みが継続されている。
	応用研究・開発	○	→	・さまざまな種類の太陽電池で、変換効率の世界最高記録を保持するなど、高い技術力を保有している。一方で、ソーラーフロンティアがCIS太陽電池製造から撤退するなど大手太陽電池メーカーにおける国内の研究開発や生産体制は縮小傾向にある。 ・有機系太陽電池では、リコーが九州大学との共同研究にもとづき、フレキシブル環境発電デバイスを市場投入している。 ・ペロブスカイト太陽電池では、産官学の研究連携が進み、大面積塗工技術およびフィルム化技術で国内企業が世界最高値を記録するなどリードしている（パナソニック、東芝、積水化学、カネカ、アイシン、エネコートなど）。
米国	基礎研究	◎	→	・MIT ではハイスループット実験、機械学習、シミュレーションを融合することで、太陽電池に適用可能な鉛フリーペロブスカイト化合物やその劣化を抑制するキャップ層材料の探索や太陽電池の耐久性向上のための材料探索が進展している。 ・多くの電池系においてNRELが先導的な取り組みを進めており、結晶Siをベースとするヘテロ接合太陽電池の高効率化や、ペロブスカイトと結晶Siのタンデム化などが実施されている。 ・NRELを中心とした研究開発コンソーシアムUS-MAPが設立され、ペロブスカイト太陽電池の商業化に向けた基礎研究が進展している。
	応用研究・開発	○	↗	・米中間貿易摩擦激化により、国内太陽電池モジュール生産能力が増加傾向にある。 ・SunPower 社は、裏面接合型の結晶Si 太陽電池モジュールで25.2%と高い効率を達成している。CdTe 太陽電池市場には、新たな製造企業も参入している。 ・有機系太陽電池ベンチャーの草分けとして、高分子系では Solarmer Energy 社、低分子系では NanoFlex 社、Power Corporation 社が活躍中である。Ubiquitous Energy 社が有機薄膜太陽電池を用いた透明窓用太陽光発電パネルを開発しており、その製品を用いてENEOSと日本板ガラスが実証試験を実施している。 ・ペロブスカイト太陽電池では、n TACT、Hunt Perovskite、Swift Solar、Solar-Tectic、Energy Material Corp.、Tandem PV、Solaires Enterprises Inc.（Canada）など多くの新興企業が設立され、実用化に向けて活動中。
欧州	基礎研究	◎	↗	・結晶 Si 系の要素技術についての基礎研究は、非常に高い研究水準を維持している。ドイツFraunhofer研究所、ISFH、Konstanz 大学、HZB、オランダTNO、ベルギーIMEC、仏INES、スイス EPFL、CSEMなど、各国の研究機関が中核的研究機関として学界・産業界をリードしている。トンネルパッシベーションコンタクト、キャリア選択性の新材料を利用したヘテロ接合セル、ペロブスカイト／Siタンデムセルなど新規な取り組みで多くの成果が報告されている。 ・有機系太陽電池においては、有機薄膜型の研究が依然としてさかんであるが、スイスEPFLに代表されるように、研究の中心をペロブスカイト太陽電池に移行する動きも多くみられる。有機薄膜型では英国Imperial College やケンブリッジ大学が基礎研究を牽引している。 ・ペロブスカイト太陽電池では固体化セルを開発したオックスフォード大学が世界の研究開発の中心となっている。さらに、ベルギーIMECでは有機系太陽電池の研究が精力的に実施されている。

2.1 俯瞰区分と研究開発領域 環境・エネルギー応用

	応用研究・開発	◎	→	・「EUソーラー・エネルギー戦略」において、欧州内に太陽電池製造拠点を再構築し、太陽電池セル・モジュールの需要を中国などからの輸入に依存せずに、安定供給することの必要性が言及されている。スイス、イタリア、フランス、ドイツなどで太陽電池製造ラインの構築が進み、研究機関においても産業を支える基盤的な応用研究が活性化している。 ・ペロブスカイト太陽電池では、Oxford PV、Saule technologies、Solliannce などの新興企業や技術組合の取り組みが活性化している。
中国	基礎研究	○	↗	・結晶Si系太陽電池は、産業として急速な発展を遂げており、国家計画の下で、公的研究機関・大学が研究開発を推進している。 ・有機系太陽電池やペロブスカイト太陽電池においても留学時に培った人脈を活かし、国際共同で基礎研究を推進。潤沢な研究資金で猛烈な進歩を遂げており、世界をリードする研究水準となっている。
	応用研究・開発	◎	↗	・中国における2021年の太陽電池セル・モジュールの生産量は、世界全体の80%超を占めた。2021年末時点の太陽電池生産能力は約360GW/年に到達している。LONGi社が、M6規格（166mm角、274.4cm²）のヘテロ接合型太陽電池セルで変換効率26.5%の世界記録を達成するなど、多くの企業が量産レベルでの高性能セル・モジュールを開発している。 ・ペロブスカイト太陽電池も含め有機系太陽電池に関して多くのベンチャー企業の活動が活発化。Microquanta、UtmoLight、Wonder Solar 社など。
韓国	基礎研究	○	↗	・太陽光発電産業を育成しようとペロブスカイト、有機薄膜、タンデム太陽電池など多様な太陽電池の基礎研究を手厚く支援している。2021年には、研究開発拠点として、エネルギー研究に特化したKENTECHが新設された。 ・ペロブスカイト太陽電池では、世界トップレベルを走っており、UNISTが世界最高変換効率 25.7 %（米国 NREL 認証）を達成している。
	応用研究・開発	○	↗	・2050年カーボンニュートラル達成に向けたロードマップが設定され、太陽光発電の応用研究開発へも大きな投資が進む。大規模な洋上太陽光発電の実証実験、有機太陽電池のIoT応用研究など幅広い応用研究が実施されている。 ・Hanhwa Solutions 社は結晶シリコンセルとモジュールの生産量の大幅な拡大を進めている。タンデム太陽電池の大面積化に成功したことが報告され、2025年の量産を目指した研究開発を行っている。現代自動車は、自動車用次世代太陽電池の産学連携研究体制を構築し、PV搭載電気自動車向けのタンデム太陽電池の研究開発を行っている。 ・ペロブスカイト太陽電池については、Frontier Energy Solution が廃業するなど、実用化に向けた本格的な動きは見えない。

（註1）フェーズ

基礎研究：大学・国研などでの基礎研究の範囲

応用研究・開発：技術開発（プロトタイプの開発含む）の範囲

（註2）現状 ※日本の現状を基準にした評価ではなく、CRDS の調査・見解による評価

◎：特に顕著な活動・成果が見えている　　　　　　○：顕著な活動・成果が見えている

△：顕著な活動・成果が見えていない　　　　　　　×：特筆すべき活動・成果が見えていない

（註3）トレンド ※ここ1～2年の研究開発水準の変化

↗：上昇傾向、→：現状維持、↘：下降傾向

関連する他の研究開発領域

・太陽光発電（環境・エネ分野 2.1.3）

・有機無機ハイブリッド材料（ナノテク・材料分野 2.5.6）

参考・引用文献

1) Martin A. Green, et al., "Solar cell efficiency tables (Version 60)," *Progress in Photovoltaics*

30, no. 7（2022）：687-701., https://doi.org/10.1002/pip.3595.

2）National Renewable Energy Laboratory（NREL）, "Best Research-Cell Efficiency Chart," https://www.nrel.gov/pv/cell-efficiency.html,（2023年1月26日アクセス）.

3）Eiji Kobayashi, et al., "Light-induced performance increase of carbon-based perovskite solar module for 20-year stability," *Cell Reports Physical Science* 2, no. 12（2021）：100648., https://doi.org/10.1016/j.xcrp.2021.100648.

4）Michael Saliba, et al., "Cesium-containing triple cation perovskite solar cells: improved stability, reproducibility and high efficiency," *Energy & Environmental Science* 9, no. 6 （2016）：1989-1997., https://doi.org/10.1039/C5EE03874J.

5）Kohei Nishimura, et al., "Lead-free tin-halide perovskite solar cells with 13% efficiency," *Nano Energy* 74（2020）：104858., https://doi.org/10.1016/j.nanoen.2020.104858.

6）Zhanglin Guo, et al., "V_{OC} Over 1.4 V for Amorphous Tin-Oxide-Based Dopant-Free $CsPbI_2Br$ Perovskite Solar Cells," *Journal of the American Chemical Society* 142, no. 21（2020）： 9725-9734., https://doi.org/10.1021/jacs.0c02227.

2.1 俯瞰区分と研究開発領域 環境・エネルギー応用

2.1.4 再生可能エネルギーを利用した燃料・化成品変換技術

（1）研究開発領域の定義

再生可能エネルギーによって得られる電気・光・熱エネルギーを中長期かつ大規模に変換・貯蔵・利用することを可能にする研究開発領域である。再生可能エネルギーを駆動力として、水素・アンモニア・有機ハイドライドなどのエネルギーキャリアや、CO_2を原料として燃料や化成品を合成・利用するための触媒開発、電気化学プロセス、人工光合成技術などの研究開発課題がある。

（2）キーワード

エネルギーキャリア、再生可能エネルギー、アルカリ水電解、PEM型水電解、アニオン交換膜型水電解、有機電解合成、人工光合成、CO_2電解、アンモニア・有機ハイドライド電解合成、燃料電池、SOFC、アニオン交換膜型燃料電池

（3）研究開発領域の概要

［本領域の意義］

風力や太陽光などの再生可能エネルギーからの電気は、中東や北アフリカでは日本の電気代の10分の1の2セント/kWhを下回る価格で取引されるように世界的に低価格化が進んでおり、地球温暖化の解決のためにも大規模な利用が期待されている。一方で、再生可能エネルギーは広く薄く分布し、さらに生産と消費の過程で場所と時間のミスマッチがあり、大量に導入するにはそのまま電力として利用する以外に、水素などの他の物質に変換し、貯蔵・輸送する必要がある。

再生可能エネルギーを直接利用して物質変換する技術として、水電解による水素製造、光触媒による水素製造（人工光合成）などのグリーン水素製造技術が挙げられる。グリーン水素が生産されれば、高圧水素、液体水素以外に、水素を利用した反応によるアンモニア、有機ハイドライド、ギ酸などのエネルギーキャリアに変換し、水素エネルギーの貯蔵・輸送を行うことも考えられる。また、水素との反応により二酸化炭素を還元し、アルコール、エチレンを合成し、化学原料として利用することもカーボンニュートラル社会のための重要な技術となる。さらに、水素は鉄・セメント・ガラス製造等のマテリアル製造における低炭素化技術としての利用も期待されており、CO_2排出量削減の切り札と考えられている。

他に、再生可能エネルギーを直接利用する物質変換には、電気化学反応による二酸化炭素の還元、アンモニアおよび有機ハイドライドの製造も挙げられる。これらは水素を介さずに、再生可能エネルギーからの電気を直接利用し、電気化学反応により有用物質を製造する技術である。

また、合成した燃料を高効率で利用するための燃料電池技術についても、技術革新はもとより社会実装の迅速な推進が不可欠となっている。

［研究開発の動向］

近年再生可能エネルギーからの電気を利用する水電解による水素製造および化学品製造のための電解技術が注目されている。特に、再生可能エネルギーを用いる水電解で生産される水素はグリーン水素と呼ばれ、地球温暖化抑制のためだけでなくエネルギー安全保障の観点からも、各国で大きなプロジェクトが次々と立ち上がっている。さらにウクライナ危機を受け、ロシア産の天然ガスおよび原油からのエネルギー供給からの切替として、グリーン水素製造は欧州諸国での大型プロジェクトの立案が加速している。

日本は2017年12月に世界で初めての水素基本戦略を策定したが、EUおよび欧州諸国を筆頭に各国が2020年以降、次々と水素に関わる戦略を策定しており、欧州諸国における再エネ水素の導入目標規模は日本に比べてかなり大きい。

水電解には、常温から80℃程度の低温で運転するアルカリ水電解、固体高分子型（PEM型）水電解、

2.1

俯瞰区分と研究開発領域

環境・エネルギー応用

アニオン交換膜型（AEM型）水電解、および500 ℃以上の高温で運転する高温水蒸気電解の4種類がある。電解セルはいずれも、多孔性のカソード極、アノード極と両極に挟まれる隔膜の構成となっている。

アルカリ水溶液を供給し電解を行うアルカリ水電解は、古くから研究されている電解法であり、最も大型の水電解装置の実証が進んでいる水電解方式である。隔膜には有機無機複合体の多孔膜を使用することが多く、電極間に存在するアルカリ水溶液の液体がイオン伝導を担うため、生成する水素と酸素の混合を避けるために電極間距離を確保しなければならず、それによる抵抗損失が大きくなるという課題がある。イオン伝導を速くするため、供給水溶液中のアルカリ水溶液（典型的にはKOH）濃度を6～8 Mの高アルカリ濃度域まで高めることが多く、高アルカリ環境における周辺部材の腐食防止も検討されている。電極触媒としては、ニッケル系の触媒が利用されることが多い。多孔性の触媒層の細孔中で酸素または水素ガスがたまってしまうと、水が触媒表面に接触できず反応が阻害され効率が落ちてしまう。特に高電流密度領域でのガスの抜けは課題となっている。また、出力が大きく変動する再生可能エネルギーからの電力では、変動に対する追随も課題となっている。大きな出力変動に対する電極および電極触媒の安定性、漏洩電流、逆電流などが問題となる。

固体高分子型水電解は、燃料電池自動車などに利用される固体高分子型燃料電池に似ており、隔膜としてパーフルオロスルホン酸膜が用いられることが多い。隔膜を通るイオンはプロトンであり、環境は酸性となる。酸性環境では多くの金属は溶解してしまうため、貴金属を使用しなければならない。カソード触媒としては白金系触媒が用いられ、アノード触媒としてはイリジウム系触媒が用いられる。また、燃料電池ではセパレータや集電体にカーボンが用いられるが、カーボンは水電解で使用される1.2 V以上の電圧で水または水蒸気と接すると腐食してしまうため使用できない。酸環境であるため通常の金属も使用できなく、代わりにチタン多孔体の表面を白金加工した材料が用いられ、多量の貴金属が必要となる。ポリマーを用いる固体高分子型水電解では、隔膜を薄膜化できるためIR損失が小さく、高い効率が得られ、出力変動への追随も容易となる。また、供給液に純水を利用することができ、さらに、隔膜がガスの透過を抑制できるため、水素を高圧にする事も可能である。使用貴金属量の低減と電極触媒に利用するイリジウムの溶解抑制が喫緊の課題である。高電流領域まで使用できるため、特に多孔電極内でのガスの抜けも重要となる。大型化への対応も今後の課題である。

アニオン交換膜型水電解は、アニオン交換膜を隔膜として利用しOH^-イオンが伝導することにより水を電解する方法であり、上記の固体高分子型水電解と異なり環境がアルカリ性となるため、卑金属を含めほとんどの金属が使用可能となる。耐久性の高いアニオン交換膜が存在しないために研究は進んでこなかったが、最近になって、耐久性の高いアニオン交換膜が開発され、水電解への応用が注目されている。電解質膜として高分子薄膜が使用できるので、ガス透過を抑制しながら薄膜の利用が可能である。電極触媒、セパレータや集電体にニッケルなどの卑金属が使用できる。アルカリ水電解と同様に、特に、ニッケル系の触媒が使われることが多い。現状では電解液としてKOH水溶液やK_2CO_3水溶液を供給する場合が多いが、純水供給による水電解に成功している例もある。新しい技術であり、その安定性や効率化に関しては研究が始まったばかりである。高い耐久性が実証されれば、アルカリ水電解のように卑金属が使用でき、固体高分子型水電解のように薄膜使用による高効率化、高圧化、変動出力対応ができ、両方の利点を備えた電解技術となる。

高温水蒸気電解は固体酸化物型電解セル（SOEC）を用いた電解方式であり、固体酸化物型燃料電池（SOFC）の逆反応である。500℃以上の高温運転のため近くに熱の供給源が必要となり、発電所の近くなどの高温排熱源の近くでの運転が想定される技術である。イットリウム安定化ジルコニア無機固体電解質を隔膜として用いO^{2-}イオンを伝導させる場合は700℃以上、セラミックスプロトン伝導体を用いる場合でも500℃以上の高温での運転が必要であるが、高温では水電解のギブスエネルギー変化が小さくなり電解電圧を下げられるので、高温熱源が供給できるサイトであれば低温型よりも効率的になる。高温熱源の供給以外に、各過電圧の低減に伴う効率化、シール性能の向上、セラミックスを用いるため温度・圧力変化による割れや耐久性など長時間運転や大型化への課題がある。

再生可能エネルギーからの電気化学プロセスを利用したCO_2還元も研究されている。 CO_2電解還元では、

CO、ギ酸、エチレン等のC2以上化合物など多様な化合物が生成しうる。特に基礎化学品であるエチレンなどのC2以上化合物の直接合成が注目されている。銅系の触媒が使用されることが多いが、反応選択性向上に向けた電極触媒の検討が中心的な課題である。反応の高速化（高電流密度化）を促進するための電極構造設計やリアクター開発も活発化している。薄膜を用いた電解合成も報告されるようになっている。また、システム全体としてのLCA評価に対する重要性の認識も高まっている。

再生可能エネルギーからの電気化学プロセスを利用したアンモニア、有機ハイドライドなどの水素キャリアの直接合成も報告されている。固体高分子型水電解と共通のシステムを用いたトルエンからの有機ハイドライドであるメチルシクロヘキサンの合成は、ある程度の規模の実証にも成功している。中・高温領域で行う窒素からのアンモニアの電解直接合成も研究が進展している。

（4）注目動向
［新展開・技術トピックス］

アルカリ水電解では、大型化および長期運転、出力変動運転に伴う耐久性の向上が研究されている。さらに、アルカリ水電解を高圧力で運転し加圧水素を得る高圧水電解法も今後の注目技術であり、高圧水素が必要となる場合に有効な手段となる。最近はポリベンズイミダゾールなどのポリマー膜を隔膜に用い、ゼロギャップのアルカリ水電解も提案され、高い変換効率を達成している。実用的な耐久性に関しては今後の検討課題である。

固体高分子型水電解では、最近、パーフルオロスルホン酸膜よりもガス透過性が低い炭化水素系の隔膜も開発され、高効率および水素の高圧化が達成されている。電解質膜の開発だけでなく、耐久性を向上させるためのイリジウム合金の開発や大型セルの開発も重要となっている。

アニオン交換膜型水電解は新しい技術であり、アニオン交換膜の分解機構が明らかとなり、主鎖骨格にエーテルを含まない高耐久芳香族系アニオン交換膜が主流になると思われる。高耐久なアニオン交換膜の開発は今後も重要であり、電解セル内での劣化挙動をメカニズムベースで理解したうえでの材料設計が求められる。また、電極触媒には様々な卑金属が使用可能となり、ニッケル、モリブデン、鉄など、様々な高性能触媒が次々と報告されている。電極触媒となる金属の候補が多く、マテリアルズ・インフォマティクス技術を活用し、最適な触媒を短期間に設計する研究も重要となっている。

CO_2電解では、電極触媒開発、高効率化をめざしたリアクター開発、バイオシステムとのハイブリッド化が進展している。

触媒開発では、C2以上化合物への触媒反応の実績を示す銅系材料を中心として、ナノ構造の精密制御を行った触媒やZnやAl等と合金化した触媒の検討が進んでいる。一方で、非常に長い歴史を持つ銅系触媒の研究開発であるが、触媒作用原理は十分に明らかではなく、オペランド分光等や計算科学的手法を用いた研究が活発化している。最近さらなる高付加価値化をめざし、NiP系材料においてフランジオール（C4化合物）が一段階で得られることが見出されている。

一方で、銅系触媒の反応選択性やエネルギー変換効率はこの数十年間大きく改善はしていないため、電解セルやプロセスに着目した研究が進む。例えば、2段階カスケード方式によって、CO_2/CO変換、CO/C2+変換を組み合わせることによって、1段階プロセスよりも高いエネルギー効率が得られている。

高付加価値化の方向性として、バイオシステムとのハイブリッド化が進んでいる。微生物が生育のための基質として利用可能な有機物をCO_2電解で合成し、その後段にバイオ発酵リアクターを接続する方式が関心を集めている。バイオシステムでは少量・高付加価値品を製造することで経済合理性を確保して、社会実装を早めることが期待されている。近年になり、Siemens社とEvonik社が共同で、CO_2/COの電気化学変換とバイオ発酵工程とを組み合わせてブタノールおよびヘキサノールを合成した。また、中国の研究グループがCO_2電解で得た酢酸を遺伝子改変した酵母の培養リアクターへと送り、糖を最終生成物として得ることに成功している。また米国の研究グループは、CO_2電解で得た酢酸をもとにバイオマスを得ている。これらの報告は、

CO_2電解の最終生成物を従来の燃料・化成品原料用途から食料応用へと拡大させた点で関心を集めている。

[注目すべき国内外のプロジェクト]

世界の動向としては、燃料電池技術から水電解などのグリーン水素、低炭素水素やその応用全体に研究開発がシフトしている。

[日本]

燃料電池の共通課題、先端技術、多用途活用を目指すプロジェクトであるNEDO「燃料電池等利用の飛躍的拡大に向けた共通課題解決型産学官連携研究開発事業」が進められている。本プロジェクトには水電解などの水素関連技術も一部含まれる。

また、水電解、大規模水素利用、発電共通基盤、エネルギーキャリア、その他の水素製造技術を開発するNEDO「水素利用等先導研究開発事業」が実施されているが、本プロジェクトは2022年度に終了する。さらにNEDO「グリーンイノベーション基金事業」によって、エネルギーキャリア、水素燃焼、水電解などの実証事業が進んでいる。2030年の水素導入量を最大300万トン、コスト30円/Nm^3を目標としている。

CO_2電解については、NEDO「ムーンショット型研究開発事業目標4」にて、電気化学/CO_2資源化をキーワードとする3つのプロジェクトが進められている。Cu系触媒材料をベースにシステムエンジニアリングや産学連携を特徴とするCO_2/C2+変換を対象としたチーム、独自のDAC膜技術をコアとして金属触媒とリアクターの精密設計に特徴を持つチーム、微生物を担持した特徴的な電極によってプラスチック等の高付加価値品の製造を狙うチームなど、幅広いアプローチが進展している。

[米国]

米国ではエネルギー省（DOE）が幅広い業界横断的な水素および燃料電池関連の基礎および応用研究プロジェクトであるH2@Scaleが進められており、2020年11月からは水素の製造、貯蔵、輸送、変換、燃料電池を含めた応用などの研究のためにHydrogen Program Planが進められている。さらに、DOEは、2021年10月にはEnergy Earthshots Initiativeを創設し、Hydrogen Shotを立ち上げた。水素エネルギーの活用に95億ドルを支出する戦略を発表し、10年後にクリーンな水素製造コストを1$/kgとする事を目指している。

さらにDOEはHydroGEN Advanced Water Splitting Materials ConsortiumやHydrogen from Next-generation Electrolyzers of Water（H2NEW）で、ハイスループットの材料試験法、材料試験結果のマテリアルズ・インフォマティクスによる解析、加速劣化試験法、電解セルの量産技術等のシームレスな検討が進んでいる。

[EU]

EUは2020年7月に水素戦略を発表し、2030年時点において欧州域内で40 GWの水電解装置を導入し、周辺国の再エネの適地にも40 GWを導入し、6800 kmの水素パイプラインで結ぶ壮大な計画が進んでいる。欧州燃料電池水素共同実施機構（FCH JU）のプロジェクトが注目され、産官学をあげた研究開発と実証の両輪での製造、貯蔵、輸送、変換、利用を含めた水素技術全体への取組が進んでいる。

ドイツでも2020年6月に国家水素戦略を策定し、水素技術の創出に70億ユーロ、国際パートナーシップ構築に20億ユーロの助成を予定しており、2030年に5GWの水電解装置の稼働を目指している。Fraunhofer Instituteは基礎研究から量産化、大型化などの実用研究を担っている。企業との関係が強く、日本の企業が海外に進出する際もFraunhoferでの評価が重要となっている。

［中国］

　中国では、2022年1月時点で水素ステーションが178カ所稼働しており、水素ステーションの数でも、燃料電池自動車の累積販売台数でも日本を超えている。水素・燃料電池開発に力を入れており、2035年までに100万台の燃料電池自動車の導入を目指している。また、2030年までに太陽光、風力発電設備容量を12億kW以上にするなどの目標を掲げている。多くの燃料電池を含む水素関連の研究開発重点プロジェクトも進んでいる。欧州、米国、日本企業も中国での水素・燃料電池事業を進展させている。

［韓国］

　韓国では、2021年12月時点で水素ステーションが170ヵ所設置されており、中国同様に、水素・燃料電池自動車の設置が進んでいる。2021年10月に「水素先導国家ビジョン」を策定し、クリーン水素の生産、流通、活用を推進している。2030年にグリーン水素25万トン、ブルー水素75万トンの生産量を、2040年までに水素ステーション1200カ所、燃料電池自動車620万台、燃料電池バス6万台の導入、水素価格3000ウォン/kgを目指し、水素エネルギーの普及に力を入れている。また、大規模な水素の生産、輸送・貯蔵、活用に関する技術開発事業もスタートさせている。

（5）科学技術的課題

　電解技術は新しい高耐久・高性能な電解質膜が開発されれば、一気に進む場合がある。最近開発が盛んなアニオン交換膜は新しい電解技術開発に今後有望である。他にも工業的な触媒反応で重要となる200℃〜500℃の中温領域で高耐久・高性能な電解質膜が開発されれば、新しい電解技術が生まれる可能性がある。材料開発は容易でなく、その成否を予測することは難しいが、挑戦的な基礎研究を継続する必要がある。

　電極触媒に関してはアルカリ環境であればほとんどの金属が使用でき、さらに微細な構造等により大きく活性が変わるため、高耐久・高性能電極触媒の候補材料は無限に存在する。また、CO_2電解など生成物が複雑になる系では、選択性の向上や競合反応の抑制による過電圧の低減などが大きな課題となっている。カーボンニュートラル社会への要請が高まるなか、短期間によりよい電極触媒を見つけ出すためにはマテリアルズ・インフォマティクスなどの情報技術の利用が必要不可欠となる。人間の知識・経験と情報工学を融合した分野の進展は重要となる。また、実験データの解析方法の統一化など、研究者間でデータを利用できる体制も重要となる。

　また高出力化や大電流化を志向する際には、セル内での反応場や反応環境の不均一性（局所変化）が顕著になる。これは、電極材料や電解質膜の劣化や反応特性低下につながるため、様々な検討が進んでいるが、有効な策はいまだ見出されていない。そのためには、反応場の局所変化を定量的に分析する技術の確立も求められる。

　グリーン水素の利用には、水素をそのまま利用する水素タービンや製鉄への応用などもあるが、アンモニア、有機ハイドライド、ギ酸、エチレンなど、さらなる物質変換をしてからの利用も想定される。必要な水素の純度や圧力などを決めるには、生産地と利用場所との距離、利用形態など、サプライチェーンを含め、利用までを考えた技術開発を想定する必要がある。

　一旦、再生可能エネルギーから水素を製造するグリーン水素を経由した物質変換と、再生可能エネルギーを直接利用する電解による物質変換のどちらが有利なのか、シナリオによって異なる事が予想されるが、そのための原理的な理解や検討を進める必要がある。

　さらに、出力が天候により時々刻々変化する自然エネルギーを利用するため、電解槽の運転制御も複雑になり、その制御のための工学も必要である。したがって電解質膜や電極触媒、電解セルの開発は重要であるが、同時に、幅広い工学を包含し、結びつけた研究も必要である。

（6）その他の課題

エネルギー分野の変革には時間がかかり、かつ世界全体で大規模に進める必要があるため、世界に広げるには技術が実証できてから10〜20年は最低でも必要だろう。従来のような基礎研究をしっかりと進め、応用研究を進展させ、技術をほぼ完成させてから大型実証試験および社会実装へ進める時間軸では間に合わない可能性が高い。

電解技術は、工学的な大型化技術と、新しい材料の開発やメカニズム解明などの応用基礎研究が同時に進んでいる分野であり、今後も、両輪の研究開発を並行して進める必要がある。大型プロジェクトからの課題抽出と、その解決のための応用基礎研究との連携など、今までとは異なる研究プロジェクト体制も必要である。一方で、新材料技術は不連続的に生じうるため、多様な材料開発を長期間にわたり推進すべきである。

幅広い工学と電気化学、材料科学を理解し、異分野の人材と会話しながら進められる人材育成も必要である。現状では、化学工学などの工学分野と電気化学の両方を理解している人材は少なく、さらに材料開発も深く理解している人材はさらに少ない。また、情報分野にも精通し、AI制御やMI、ロボットを利用した材料最適化を短期間で実施できる人材も必要となる。これら全体を学べる教育環境の整備も重要な課題である。

エネルギーキャリアの社会実装には、高圧ガス保安法、消防法、毒劇法、労働安全衛生法、道路法、船舶安全法、航空法、港則法、化審包、消防法、水質汚濁防止法、大気汚染防止法などをクリアしたうえで、社会受容性があることが必要である。このような社会受容性の獲得に必要なLCAやリスク評価を客観的な立場で行うための体制構築も課題としてあげられる。

（7）国際比較

国・地域	フェーズ	現状	トレンド	各国の状況、評価の際に参考にした根拠など
日本	基礎研究	◎	→	・世界最高レベルの電極触媒・電解質膜の成果発表が続いている。 ・NEDO「燃料電池等利用の飛躍的拡大に向けた共通課題解決型産学官連携研究開発事業」、NEDO「水素利用等先導研究開発事業」、JST-ALCA事業で燃料電池や水電解PJが複数進んでいる。一方で、世界の研究競争が激化しており、基礎研究を一層加速させる必要がある。
	応用研究・開発	◎	→	・水電解では、新規材料として東レによる炭化水素系電解質膜が注目されている。また実証規模では、旭化成が10 MW級のアルカリ水電解を立ち上げ運転している。山梨県では固体高分子型水電解の16 MW級の実証を目指している。 ・人工光合成では、東京大学が100 m²規模の光触媒および分離システムによる水素製造を報告している。 ・CO_2電解では、ムーンショット型研究開発事業による産学連携が活発化しており、事業化を見据えた本格的な活動が期待される。
米国	基礎研究	◎	↗	・国立研究所を中心とした最先端の解析技術や理論計算を駆使した電極触媒の機能発現に関する高レベルな基礎研究が進展している。 ・CO_2電解では、米国SUNCATのグループやカナダ・トロント大学のグループから、触媒からリアクター開発まで幅広い研究が進展している。 ・DOEによって、HydroGENやElectroCatなどのコンソーシアムが展開され、データ科学を駆使した材料探索が進展している。
	応用研究・開発	◎	→	・水電解では、Cummins/hydrogenics社により20 MW級の実証プラントが稼働、商用化が開始。Hydrogen Program Planにより産官学全体によるプロジェクトが進んでいる。 ・CO_2電解では、Stanford大学発ベンチャーのTwelve社が多くのファンドを獲得。
欧州	基礎研究	○	↗	・水電解では、炭化水素系ポリマー膜、ポリスルフォン系膜による高性能セルが報告。ドイツ・フランスを中心に学術論文の発表件数が多い。

欧州	応用研究・開発	◎	↗	・欧州燃料電池水素共同実施機構（FCH JU）が次々にプロジェクトを進めている。ITM Power、Nel、Thyssenkrup社が英国、スペイン、デンマーク、オランダにおいて20 MW級の水電解プラントの実証を進め、商用化が進もうとしている。ドイツでもITM PowerとSiemens社が10 MWおよび6.3 MW級のプラントを稼働。今後は次々と商用施設が立ち上がる予定。 ・CO₂電解では、Loter・CO2M、ECO2Fuelなどコンソーシアム型研究が発足。産学連携が活発化。
中国	基礎研究	◎	↗	・学術論文の発表件数が多く、その伸びも大きい。独創性の高い研究は限定的であるが、MOFなどの新規材料を積極的に電極触媒として活用する取り組みが多い。
	応用研究・開発	○	↗	・燃料電池車の累計販売台数は日本を超え、水素ステーションの設置数も世界一になっている。水素需要も再生可能エネルギー量も大きく、2030年までに太陽光、風力発電設備容量を1200GW以上にするなどの目標を掲げている。今後、水電解等のプロジェクトが次々に立ち上がることが予想される。
韓国	基礎研究	○	→	・近年学術論文の発表件数が増大している。
	応用研究・開発	○	↗	・韓国も燃料電池販売台数で日本を抜き、水素ステーション設置数でも日本を超えている。水素ロードマップの策定が進むも、事故なども発生しており、水素社会への移行は必ずしも順調ではない。

（註1）フェーズ

　　基礎研究：大学・国研などでの基礎研究の範囲

　　応用研究・開発：技術開発（プロトタイプの開発含む）の範囲

（註2）現状　※日本の現状を基準にした評価ではなく、CRDSの調査・見解による評価

　　◎：特に顕著な活動・成果が見えている　　　　　○：顕著な活動・成果が見えている

　　△：顕著な活動・成果が見えていない　　　　　　×：特筆すべき活動・成果が見えていない

（註3）トレンド　※ここ1～2年の研究開発水準の変化

　　↗：上昇傾向、→：現状維持、↘：下降傾向

関連する他の研究開発領域

・蓄エネルギー技術（環境・エネ分野　2.2.1）

・水素・アンモニア（環境・エネ分野　2.2.2）

・CO₂利用（環境・エネ分野　2.2.3）

参考・引用文献

1）Zaki N. Zahran, et al., "Electrocatalytic water splitting with unprecedentedly low overpotentials by nickel sulfide nanowires stuffed into carbon nitride scabbards," *Energy & Environmental Science* 14, no. 10 (2021)：5358-5365., https://doi.org/10.1039/D1EE00509J.

2）Roby Soni, et al., "Pure Water Solid Alkaline Water Electrolyzer Using Fully Aromatic and High-Molecular-Weight Poly（fluorene-alt-tetrafluorophenylene）-trimethyl Ammonium Anion Exchange Membranes and Ionomers," *ACS Applied Energy Materials* 4, no. 2 (2021)：1053-1058., https://doi.org/10.1021/acsaem.0c01938.

3）Hiroshi Nishiyama, et al., "Photocatalytic solar hydrogen production from water on a 100-m² scale," *Nature* 598, no. 7880 (2021)：304-307., https://doi.org/10.1038/s41586-021-03907-3.

2.1

俯瞰区分と研究開発領域

環境・エネルギー応用

4）Dongguo Li, et al., "Highly quaternized polystyrene ionomers for high performance anion exchange membrane water electrolysers," *Nature Energy* 5 (2020): 378-385., https://doi.org/10.1038/s41560-020-0577-x.

5）Christoph Baeumer, et al., "Tuning electrochemically driven surface transformation in atomically flat $LaNiO_3$ thin films for enhanced water electrolysis," *Nature Materials* 20, no. 5 (2021): 674-682., https://doi.org/10.1038/s41563-020-00877-1.

6）Miao Zhong, et al., "Accelerated discovery of CO_2 electrocatalysts using active machine learning," *Nature* 581, no. 7807 (2020): 178-183., https://doi.org/10.1038/s41586-020-2242-8.

7）Muhammad Luthfi Akbar Trisno, et al., "Reinforced gel-state polybenzimidazole hydrogen separators for alkaline water electrolysis," *Energy & Environmental Science* 15, no. 10 (2022): 4362-4375., https://doi.org/10.1039/D2EE01922A.

8）David Ali, et al., "Polysulfone-polyvinylpyrrolidone blend membranes as electrolytes in alkaline water electrolysis," *Journal of Membrane Science* 598 (2020): 117674., https://doi.org/10.1016/j.memsci.2019.117674.

9）Cheng Wang, et al., "Ultralow Ru doping induced interface engineering in MOF derived ruthenium-cobalt oxide hollow nanobox for efficient water oxidation electrocatalysis," *Chemical Engineering Journal* 420, Part 1 (2021): 129805., https://doi.org/10.1016/j.cej.2021.129805.

10）10. Karin U. D. Calvinho, et al., "Selective CO_2 reduction to C_3 and C_4 oxyhydrocarbons on nickel phosphides at overpotentials as low as 10 mV," *Energy & Environmental Science* 11, no. 9 (2018): 2550-2559., https://doi.org/10.1039/C8EE00936H.

11）Adnan Ozden, et al., "Cascade CO_2 electroreduction enables efficient carbonate-free production of ethylene," *Joule* 5, no. 3 (2021): 706-719., https://doi.org/10.1016/j.joule.2021.01.007.

12）Thomas Haas, et al., "Technical photosynthesis involving CO_2 electrolysis and fermentation," *Nature Catalysis* 1 (2018): 32-39., https://doi.org/10.1038/s41929-017-0005-1.

13）Tingting Zheng, et al., "Upcycling CO_2 into energy-rich long-chain compounds via electrochemical and metabolic engineering," *Nature Catalysis* 5 (2022): 388-396., https://doi.org/10.1038/s41929-022-00775-6.

14）Elizabeth C. Hann, et al., "A hybrid inorganic-biological artificial photosynthesis system for energy-efficient food production," *Nature Food* 3 (2022): 461-471., https://doi.org/10.1038/s43016-022-00530-x.

2.1

俯瞰区分と研究開発領域

環境・エネルギー応用

2.2 バイオ・医療応用

　超高齢社会の到来や新型コロナウイルス感染症（COVID–19）の世界的パンデミックにより、医療やヘルスケアに求められる技術は、ますます多様で高度なものとなっている。疾病の兆候検知・早期診断、診断と治療の一体化、ピンポイント治療、身体の機能低下・損傷部位の修復・代替、病原体の高感度検出などの技術は、一人ひとりが健康で安心・安全に暮らせる社会の実現や、医療費の適正化を目指すうえで重要である。このような医療・ヘルスケア技術の開発において、ナノテクノロジー・材料分野を基盤としたテクノロジーは欠くことのできない役割を担っている。また、バイオ技術による持続可能で環境負荷の少ない食料製造や物質・材料の開発、さらには基盤的な生命科学研究における多様な計測・制御技術の開発においても、ナノテクノロジー・材料分野の技術を起点として大きな発展がもたらされている。

　本節では、上述のようなバイオ・医療技術の展開へ向けて、ナノテクノロジー・材料分野が重要な貢献を果たす研究開発領域として、人工生体組織・機能性バイオ材料、生体関連ナノ・分子システム、バイオセンシング、生体イメージングを取り上げる。

　人工生体組織・機能性バイオ材料は、生体組織や細胞、タンパク質などの生体構成成分と相互作用して利用される材料およびその構築物を対象とした研究開発領域である。医療応用では、損傷組織を修復・代替する再建外科材料や人工臓器、再生医療材料、バイオ接着剤などが含まれる。さらに、食用培養肉の製造、ならびに生体由来物質と人工材料をハイブリッドさせた新機能材料の創出も注目される。応用ニーズの多様化・高度化に伴い、生体機能再現技術の高度化、材料−生体間相互作用の体系的理解や精密制御、材料の多機能化などが進められている。

　生体関連ナノ・分子システムは、生体に応用される機能性ナノ粒子の創出や、多様な人工分子をシステムとして統合する方法論の確立、そして、これらシステムを利用した生命現象の解明および新たな医療・農芸技術の実現を目指す研究開発領域である。医療応用では、mRNA内包ナノ粒子に代表されるナノ医薬、機能性プローブ（造影剤）、診断と治療を一体的に行うナノセラノスティクスなどの研究開発が進められている。分子ロボティクス分野では、多様な分子デバイスを人工細胞内に統合する技術の発展ならびに医療などへの応用開拓が期待される。

　バイオセンシングは、生体由来の物質や信号を検出・分析する技術開発に基づき、生命科学研究や医療・ヘルスケアのための計測・診断デバイスの創出を目指す研究開発領域である。核酸やバイオマーカとなる小分子、病原体、薬物、身体の物理的応答などが分析対象となり得る。新規な検出原理の創出のみならず、微量試料から対象物質を分離する技術、検出の高速化・高感度化・高集積化・マルチモーダル化、Organ-on-a-Chip技術によるヒト臓器の再現、デバイスのウェアラブル化、非接触・遠隔診断技術などの研究が進められている。

　生体イメージングは、生体内の情報を可視化し、画像として取得する技術を追究する研究開発領域である。生体の機能や生命現象の理解への貢献に加え、疾患や病変の発生原理の解明や治療法の探究にも不可欠な技術となっている。生体組織、細胞、細胞内オルガネラ、生体高分子、代謝物、イオンなどの生体を構成する物質の分布・形態・数、さらには物質間相互作用や生体内局所の温度、機械的力など、多様な生体情報を対象としたイメージング技術の研究開発が進められている。

2.2

俯瞰区分と研究開発領域
バイオ・医療応用

2.2.1　人工生体組織・機能性バイオ材料

（1）研究開発領域の定義

　生体および生体構成成分（組織、細胞、体液、核酸、タンパク質など）と相互作用して利用される材料およびその構築物を追究する研究開発領域である。医療応用では、損傷組織を修復・代替するための再建外科材料や人工臓器、再生医療材料、バイオ接着剤、そして治療の補助や治癒の促進をする材料、細胞の培養基材などが対象となる。さらに、食用培養肉の製造、ならびに生体由来物質や生細胞を人工材料とハイブリッドした新機能材料も含む。応用ニーズの多様化・高度化に伴い、生体機能再現技術の高度化、材料－生体間相互作用の体系的理解や精密制御、材料の多機能化などが求められる。

（2）キーワード

　人工臓器、再建外科材料、再生医療材料、生体適合性、骨伝導性、バイオファブリケーション、バイオプリンティング、脱細胞化マトリックス、（Hybrid-）Living Materials、合成生物学

（3）研究開発領域の概要
［本領域の意義］

　先進国を中心とした世界的高齢化が進む中、誰もが健康で安心と快適さと幸せを実感できるWell-Beingな社会の実現のためには、健康寿命の延伸や健康格差の縮小に向けた医療・ヘルスケア技術の高度化が求められる。先進的な医療・ヘルスケア技術の開発には、生体およびその構成成分と相互作用し、所望の機能を発揮する機能性材料の創出が極めて重要である。従来の医用バイオ材料を利用した人工臓器や再建外科治療に加えて、体内・体外を問わず細胞と組み合わせて利用される再生医療材料への期待も高まっている。さらに、IoT技術と連携したウェアラブルな診断・治療デバイスの開発においても、材料技術の貢献は欠くことができない。

　また、低環境負荷で持続的な食肉供給のため、再生医療材料研究で培われた組織培養技術による培養肉の製造も注目されている。さらに、生物の持つ高感度な環境応答性や、自己修復・自己複製といった性質を活かしたハイブリッド材料の開発は、近年の合成生物学のテクノロジーの発展も伴い、医療を含む多様な応用可能性を示している。環境負荷の低い材料開発という社会的ニーズも満たしながら、次世代の新機能材料として我々の生活や社会・経済構造を変革する可能性を持つ。

［研究開発の動向］

　医療・ヘルスケアに応用される人工生体組織・機能性バイオ材料には、使用環境において適切な物理化学的性質・耐久性を有し、生体への副作用（急性毒性、刺激性、発がん性、催奇形性など）リスクが十分に低いこと、そして生体環境において異物認識されずに調和できる「生体適合性」が求められる。いわゆる三大材料として、高分子、セラミックス（非金属無機材料）、金属があり、加えて細胞やタンパク質といった生体由来の材料や、セルロースやアルギン酸などの天然由来材料も用いられる。

　高分子材料は、1993年に補助人工心臓に用いられたセグメント化ポリウレタンウレアを始め、ポリエチレングリコール、2-メタクリロイルオキシエチルホスホリルコリン（MPC）ポリマー、ポリ（2-メトキシエチルアクリレート）（PMEA）など、抗血栓性（血液への適合性）に優れたものが様々開発されており、機械式補助人工心臓、人工股関節、人工肺やカテーテルへのコーティング材として適用されてきた。特に、ホスホベタイン型、スルホベタイン型、カルボキシベタイン型などの双生イオン型モノマーを原料とした高分子材料が多くみられる。また、温度に応答して親水性・疎水性が変化するポリ（N－イソプロピルアクリルアミド）（PNIPAAm）は、細胞培養皿の表面修飾に用いられ、我が国発の骨格筋芽細胞シート（ハートシート）の調整に貢献している。さらに、COVID-19 mRNAワクチンではポリエチレングリコール（PEG）修飾リポソー

ムが用いられている。高分子材料は、その設計・加工のしやすさから、多様な用途への利用可能性がある。

　セラミックスを始めとする非金属無機材料は、その優れた耐摩耗性・力学的強度から、主に硬組織（歯や骨）の治療・修復用素材として使用されてきた。中でも、材料表面で骨組織再生を促して生体骨と直接結合する「骨伝導性」を有する材料（水酸アパタイト、β型リン酸三カルシウム（β–TCP）、リン酸八カルシウム（OCP）など））は、人工骨などとして多様な開発がなされている。例えば、内部への骨組織再生を促す多孔質人工骨、生体内で再生骨組織に置き換わる吸収性骨再生用材料、生体内で硬化する骨ペーストなどがある。また、CAD/CAMシステムや3Dプリンティング技術で作製されるカスタムメイド型骨補填材も臨床応用されている。さらに、高分子材料や金属材料と複合化した高機能な骨伝導性材料も開発されている。最近では、2021年9月にβ–TCPとポリ–L–乳酸からなる綿状の吸収性骨再生用材料が、2022年6月にはOCPとコラーゲンからなるスポンジ状の人工骨が上市している。他方、幹細胞の分化誘導により骨組織を構築しようとする再生医療技術が注目されているが、骨伝導性材料は、生体内の自己細胞に作用し骨組織の再生を促すことから、培養細胞を必要としない *in vivo* 組織再生用の足場材（スキャホールド）と捉えることができる。

　チタン合金、コバルト–クロム合金、ステンレス鋼などの金属材料は、優れた強度・破壊靭性、展性・延性、弾性変形性、剛性を示すことから、高荷重下で使用される人工股関節の臼蓋側シェルやステム、人工歯根、骨接合材（プレート、ネジなど）などの歯科・整形外科用インプラント、血管内ステントなどの素材として使用されてきた。生体内に埋植されるインプラントの約8割は金属製である。骨固定性を高めるため、骨組織との接触面の表面処理（陽極酸化処理、アルカリ加熱処理など）・粗面化や、骨伝導性材料（水酸アパタイトなど）の成膜などが適用されてきた。そのほか、金属アレルギーや毒性懸念の低い高耐腐食性金属材料や、応力遮蔽による骨吸収を低減するための低弾性金属材料、MRI検査におけるアーチファクト低減のための低磁性金属材料、生分解性・生体吸収性を示す金属材料なども開発されている。　一方歯科分野では、金属材料から、より天然歯に近い色調を有し、腐食や金属アレルギーの懸念の無い材料へと置き換わる流れがある。例えば、白色セラミックスである正方晶ジルコニア多結晶体や、セラミックス粉体と光重合性高分子からなるコンポジットレジンは、インレー（削った歯の穴を埋める詰め物）や人工歯冠などの歯科補綴物としての利用が進められている。

　生体由来物質を利用した再生医療材料については、生体外で細胞から生体組織や臓器を構築することを目指した技術開発が進められている。組織構築に用いる材料としては、（1）コラーゲン、マトリゲル、アルギン酸などの天然由来材料、（2）ポリ乳酸、ポリグリコール酸、ポリエチレングリコールとその誘導体などの合成材料、（3）天然由来材料と合成材料との複合材料、が挙げられる。さらに、界面活性剤や高静水圧処理で臓器や組織から細胞成分を除去（脱細胞化）することによる、臓器特異的な構造と組成を兼ね備えた臓器再構築材料の開発、および脱細胞化組織を可溶化して所望の形状に成型した材料開発が注目されている。また動物のみならず、植物を脱細胞化して、その高次構造を活用する試みもある。他方、3Dプリンタによる組織作製を目的に、光反応性や酵素反応性を導入した天然由来材料も開発されている。また、増殖因子などを内含して細胞組織形成を促進する材料の開発、多様な情報分子（タンパク質、脂質、DNA、mRNA、miRNA等）を含むエクソソームと組み合わせた治癒・組織再生研究も注目されている。

　工学的生体模倣システムの作製（バイオファブリケーション）技術は、主に次のものがある：（1）オルガノイド（スフェロイド）形成、（2）3次元足場培養（ゲル包埋培養、多孔質担体培養など）（3）パターニング基材上の培養、（4）細胞の分化や遊走性の制御、（5）3Dバイオプリンティング、（6）マイクロ流路を用いたOrgan-on-a-Chip。より高次の組織体研究のニーズへ対応するためには、これら技術の組み合わせが必要となる。　またバイオファブリケーション技術は、食用培養肉の製造への展開も注目されている。骨格筋から採取した筋芽細胞などを用い、マイクロキャリアー、ゲル、スポンジなどの担体の使用や、あるは担体を用いない（Scaffold-free）組織構築が報告されている。現在は、筋細胞の集合体であるミンチ状の培養肉が主であるが、動物細胞の3次元培養で培われた配向性骨格筋組織の構築技術および組織重層化技術を組み合わせ、より肉本来の触感と風味を再現したステーキ肉も開発されている。

　生体由来物質や細胞を用いた材料開発は、再生医療材料以外にも、近年の合成生物学の発展に伴って多様な展開を見せている。合成生物学のテクノロジーを利用することで、遺伝子回路を人工的にプログラミングし、天然にない物質生産能力や環境応答能力を生物に搭載することができる。この合成生物学と材料科学が融合し、「材料合成生物学（Materials synthetic biology）」や「Engineered Living Materials」と呼ばれる研究分野が、欧米や中国を中心に興っている。

　生物由来物質には、タンパク質、ペプチド、多糖類、脂質などの分子から、細胞や組織、個体まで使用され得る。生体由来物質は、その自己組織化能力により材料として機能する。特に、生細胞を用いた材料をLiving Materialsと称し、環境変化に応じた自己調整機能や自己修復性、自己増殖性、そして自ら進化する能力を有する材料として研究が進められている。しかし、生物由来材料は物理的に壊れやすく、また、熱・圧力・浸透圧・乾燥の影響を受けて失活しやすいという問題がある。そこで、生細胞と人工材料を組み合わせたHybrid Living Materialsが次世代の材料として期待されている。生物に由来する超高感度・特異的な環境応答性や自己修復性、自己複製能力と同時に、人工材料由来の力学的頑強性を兼ね備えた機能性材料の創出が目指される。

　合成生物学は2000年頃から研究が本格化し、物質・材料生産に関わる遺伝子のオン / オフや転写チューニングの技術の発展によって、生産物質の濃度制御、さらには物質の剛性や色調の連続的（アナログ的）な調整までが可能となってきている。遺伝子発現によるアウトプットは、光、温度変化、化学物質の結合といったインプットに応答するようプログラムされる。また、細胞集団をマテリアルに組み込む際には、細胞濃度や接触を感知する分子を利用した細胞間伝達機構が必須となる。

　Living Materialsには、現状、大腸菌や酵母などのモデル生物が主に使われている。増殖が速く、遺伝子工学ツールも豊富であるため、試験的な遺伝子回路や外来生体分子の生産機構をプラグイン的に利用可能である。モデル生物が作るバイオフィルムは、機能性タンパク質や非生物材料との融合によって新しい機能を示すことが報告されている。しかし、その材料利用には頑強さが欠けるため、バクテリオセルロース生産菌や菌糸をつくる担子菌など、新たな微生物種の改変を進める動きがある。バクテリオセルロース生産菌は、大腸菌の遺伝子回路を利用できるという優位性がある。担子菌もゲノム編集による遺伝子操作が容易になったため、菌糸を材料化する検討が本格化している。バイオフィルムを形成する微生物細胞の集団をパターニングする研究も盛んになってきている。これらの方法論は、バイオセンサーや効率的な物質生産に繋がるだけでなく、より制御が難しい動物細胞や植物細胞の集団化・組織化技術への発展が見込まれる。

　Hybrid Living Materialsは、材料生産工場とも言える生細胞と人工物を融合した新機能材料である。近年進展が著しく、多様な応用例が報告されている（後述）。バイオインフォマティクス技術や分子進化工学の発展、ならびに配列解析の低価格化などにより、今後ますます国際的な開発競争が激化し、ひいては産業構造の変化をももたらす可能性がある。

（4）注目動向
［新展開・技術トピックス］
● 免疫寛容マテリアル

　バイオ材料の医療応用においては、従来、生体内の免疫反応を最小限に抑える「免疫回避」が重要とされてきた。しかし近年では、「免疫寛容」を誘導する新たなバイオ材料が関心を集めている。免疫系では、病原菌などの体外から侵入した異物（非自己）に反応し、生体を守る働きをする一方で、生体内の自己タンパク質や組織に対しては反応・攻撃は行わない。このような自己への不応答性が「免疫寛容」である。例えば、細胞がアポトーシスを起こすと、通常細胞質側にのみ存在するphosphatidylserine（PS）が細胞外表面へと露呈し、それをマクロファージなどの免疫細胞が認識すると抗炎症反応が誘導される。このPSを側鎖に有する新規高分子材料（2–methacryloyloxyethyl phosphorylserine: MPS）が日本発のバイオ材料として開発されている。

• ウェアラブル・小型体外デバイス

ウェアラブルデバイスやバイタルサインモニタリングなど IoT 技術との連携を可能とする材料・デバイスの開発が急速に進歩している（Internet of Medical Things: IoMT）。COVID–19の拡大も当該技術の進展に追い風となった。血糖値や心機能などの生理的パラメータのモニタリングに応じて、インスリンなどの薬物をポンプなどで投与する高度なDDS技術の研究が盛んになっている。この技術は、光・レーザー・放射線・磁場などの工学的技術と組み合わせることで相乗効果を期待できる。アキャルックス®とBioBlade®レーザシステムとの併用による光免疫療法などがその代表例である。また、体外から光照射により細胞機能を制御するオプトジェネティクスも発展してきている。ゲノム編集技術で光応答性タンパク質（チャネルロドプシン）を導入した細胞を移植することにより、IoT技術を活用して細胞機能を人為的に制御できるようになりつつある。

また、在宅用・携帯型の人工臓器の開発も勢いを増している。特に、人工透析機（人工腎臓）は、多くのベンチャー企業が参入し、透析液の使用量削減・再利用による装置の小型化を目指した研究開発が国内外で盛んに行われている。米国では、透析液の浄化に用いるカートリッジや、ポンプやバッテリーを備えたベルト型装置が開発され、ヒトでの臨床試験が実施されている。国内でも、尿毒素吸着ナノファイバーを用いた携帯型血液浄化装置の研究などが行われている。

• メカノバイオロジーとバイオ材料

バイオ材料の力学特性に基づいて細胞機能・運命の操作を可能とする技術が広がりを見せている。再生医療や細胞治療に用いる間葉系幹細胞（MSC）をシャーレのような一様に硬い基材で長期間培養すると、"メカノシグナルの蓄積"という望ましくない系統偏向を招き、未分化性・品質維持が困難であることが知られている。そこで、幾何学的構造が制御された非一様弾性場を有する培養基材などが開発されている。MSCの非定住運動の誘起により、メカノシグナルの蓄積を回避する未分化維持培養法が可能となる。また、細胞外マトリックスや軟・硬組織が弾性的性質に加えて一定の粘性的性質も持つことが見いだされたことから、応力緩和やクリープ特性を有する細胞培養材料も開発されている。さらに、毛羽立ち状ナノ突起を付与したチタン金属表面において、物理刺激による免疫細胞の活性化や炎症性骨吸収の抑制、組織再生の促進が実証された。材料の力学特性やナノ構造の精密設計により、細胞との相互作用を制御する技術の発展が見込まれる。

• 3Dファブリケーション技術の高度化

細胞の3Dプリンティング技術は、細胞を含んだバイオインクを吐出して単一～複数種のビルディングブロックを精密配置することで、複雑な生体組織の再現を可能とする。多様な手法が考案されているものの、プリンティングの解像度が低く（数百マイクロメートル）、構築される構造体における細胞密度が極めて低いという大きな課題があった。しかし最近、光造形式で細胞レベル（10マイクロメートル程度）のバイオプリンティングを可能にする装置が開発された。高分解能バイオプリンティングにより、組織構築技術のさらなる飛躍が期待される。

臓器・組織から細胞成分を除去した脱細胞化マトリックスは、天然の臓器・組織の構造および細胞外マトリックスの組成と局在を保持した理想的な細胞培養基材となる。一方、それを酸や酵素処理で可溶化した溶液状の脱細胞化マトリックスも広く利用されるようになっている。溶液状のマトリックスはpH操作によるゲル化が可能であり、ゲル、多孔質体、静電紡糸ナノファイバー基材などに成型できる。脱細胞化マトリックスは臓器・組織特異的な形態形成や分化誘導を促進する特長を持つため、基材構造の制御と組み合わせた技術発展が見込まれる。

• がん組織モデル

がん組織は、線維化による物質輸送や拡散、がん組織の力学的性質、がん組織内pHなど、平面培養では再現が困難な3次元特異性を持つ。この3次元特異性は、がん治療を困難にしている原因の一つである。再

2.2 俯瞰区分と研究開発領域 バイオ・医療応用

生医療材料を活用して、がん組織の３次元特異性を細胞の立体配置や周囲の硬さの制御などを通じて再現し、組織レベルで医生物学的パラメータや創発的パラメータの間の因果的関係性を明らかにする研究が盛んになっている。また、体外で作製したがん組織様構築物は、がんの研究のみならず、がんのパネル診断など、個別化治療の検査技術としての臨床応用も進められている。

• **Hybrid Living Materials**

　人工物と生細胞の利点を兼ね備えたHybrid Living Materialsは、センシング、疾病治療、エレクトロニクス、エネルギー変換、建築材料など、広範な応用可能性が示されている。

- ・Livingセンサー：細胞そのものを使った全細胞センサーである。遺伝子改変微生物と生体適合性のあるスキャフォールド材のインテグレーションで構成される。環境汚染物質や病気診断マーカーの検出への応用が報告されている。長期間のモニタリングのためには、ハイドロゲルが使用されることが多い。水や栄養など細胞の生存に必要な分子を提供すると同時に、遺伝子組換え微生物が環境に放出されることを防ぐ役割を果たす。

- ・Living治療技術：長期間に渡って薬剤を放出する微生物細胞を内含した治療用材料が開発されている。ハイドロゲルが細胞固定のスキャフォールド材として有力である。また、生体高分子由来のマイクロカプセルやナノポーラス膜は、細胞と外環境との物質交換を可能にし、継続的に栄養を供給できるスキャフォールド材となり得る。細胞には、光や化学物質などの環境刺激に応じて薬剤を分泌するような代謝経路を組み込むことができる。

- ・Livingエレクトロニクス：バイオマーカーを感知して蛍光を発する細胞をハイブリッドした診断用検出器の開発が進んでいる。デバイス内において細胞の発光を光検出器で感知し、外部機器でモニタリングする。また、細胞の挙動は電子デバイスにより遠隔操作が可能である。例えば、ハイドロゲルLEDインプラントは、光遺伝学的に反応する細胞の操作に利用できる。

- ・Livingエネルギー変換材料：合成生物学の応用により、太陽光から化学物質への代謝経路を微生物に導入できる。その改変微生物と半導体材料や外部集光デバイスからなる人工光合成システムを組み合わせることで、太陽光から化学エネルギーへの高選択的な変換が可能となる。例えば、ヒドロゲナーゼ遺伝子を導入した大腸菌を光捕集材に担持させた水素生産システム、半導体に固定化した酵母の人工光合成によるNADPH（ニコチンアミドアデニンジヌクレオチドリン酸）の産生などが報告されている。

- ・Living建材：炭酸カルシウムを産生する微生物と融合した自己修復コンクリートが有名である。細胞の長期活性維持のため、マイクロカプセルやハイドロゲルへの包括が検討されている。同時に、生物側の改変による修復期間の短縮化や強靭性の付与も試みられている。また、キノコなどの菌類の菌糸で木材チップを結合したコンポジット材料も研究されている。

［注目すべき国内外のプロジェクト］

　米国では、国立衛生研究所（NIH）の一部門であるNational Center for Advancing Translational Science（NCATS）が、幹細胞移植研究所（Stem Cell Translation Laboratory）を設置し、幹細胞技術の標準化や品質評価法の確立と発展を目指した研究を推進している。また、NCATSでは "3-D Tissue Bioprinting Program" を実施しており、創薬試験への活用を目的に、疾病関連組織モデルを３次元バイオプリンティングで構築する技術の開発を目指している。さらに、NIHのNational Cancer Institute（NCI）においては、"Canter Tissue Engineering Collaborative：Enabling Biomimetic Tissue-Engineered Technologies for Cancer Research" という研究プログラムが2017年から継続的に実施されており、がん組織固有の病理学的特徴を再現する組織構築技術の研究が進められている。また、NIHのNational Institute of Biomedical Imaging and Bioengineering（NIBIB）に設置されているDivision of Discovery Science & Technology（Bioengineering）では、Biomaterial interfacesに関わる研究支援

2.2
俯瞰区分と研究開発領域
バイオ・医療応用

が実施されている。

　米国国立科学財団（NSF）では、"Division of Materials Research: Topical Materials Research Programs" の中で "Biomaterials" プログラムが実施され、生体システムと接して使用される生物由来材料、生体模倣材料、合成材料などに関連する基盤的な材料研究が進められている。この中で、バイオ材料と合成生物学の交わりを議論するワークショップも催された。また、ペンシルベニア大学のCenter for Engineering MechanoBiologyは、NSFの "Science and Technology Center program" の支援の下、2022年から "Center for Engineering MechanoBiology 2.0: developing 'mechanointelligence'" と銘打った新たな研究フェーズを開始した。'Mechanointelligence' では、細胞における環境の感知、記憶、適応に関わる物理的力の役割を多階層的に理解することで、多細胞生物の環境適応性の向上を主眼としている。

　欧州のHorizon Europeでは、"Smart and multifunctional biomaterials for health innovations（RIA）" プログラムにおいて、先進的な治療法や医療機器の実現を目指し、多様な生体反応に対応できる材料成分や表面特性を持った、多機能バイオ材料の開発を推進している。性別、人種、年齢による特異性を考慮しながら、炎症、感染、腐食、生体・免疫適合性などに関連する問題の解決にも寄与するものである。また、"Biomaterials database for Health Applications（CSA）" プログラムでは、医用バイオ材料のデータベース化を図っている。生物学的試験結果の比較分析が登録され、できるだけ多くの材料特性データも含むとされる。データベースにより、将来的には新規医用バイオ材料の生体内・外、前臨床、臨床試験の標準試験プロトコルが策定され、これらに基づく試験プラットフォームが確立できると期待される。さらに、"Engineered Living Materials" プログラムでは、現在萌芽段階にある当該技術で欧州が最先端の立ち位置を獲得することを企図し、需要に応えたLiving Materialsの製造を可能にする新規なテクノロジーやプラットフォームの開発、ならびに研究者・開発者のコミュニティ形成を目指している。これらの目的の達成には、合成生物学、材料工学、制御工学、人工知能、発生生物学、そしてELSIの専門家が集結した研究チームが必要としている。

　中国では、国家重点研究開発計画において、「診断機器と生体材料」、「幹細胞研究と臓器修復」、「生体高分子とマイクロバイオーム」、「グリーンバイオ製造」といったテーマの研究が推進されている。また中国科学院は、2017年に合成生物学の拠点として深圳先進科学研究院に合成生物研究所（iSynBio）を設置している。この中の材料合成生物学センター（Materials Synthetic Biology Center）では、物理科学・生命科学・工学が結びついた新たな学問領域を立ち上げ、生物学の概念と要素を取り入れた持続可能な新規材料を社会的需要や関心に応えて創出するとしている。さらに、天津市に合成生物技術イノベーションセンターを設立し、中国科学院の天津産業バイオテクノロジー研究所の主導のもと、合成生物技術の研究開発に関わるプラットフォームを形成していくとしている。

　日本では、日本医療研究開発機構（AMED）の橋渡し研究戦略的推進プログラムにおいて全国10か所の橋渡し研究支援拠点が整備され、医療法上の臨床研究中核病院（全国14病院）などと連携して日本発の革新的な医薬品・医療機器などの創出を目指した臨床橋渡し研究が推進されているほか、次世代医療機器連携拠点整備等事業において人材育成が推進されている。これらの事業支援を受けた注目プログラムの一つとして、大阪大学・東京大学・東北大学による「ジャパンバイオデザインプログラム」が挙げられる。また、文部科学省の「国際・産学連携インヴァースイノベーション材料創出プロジェクト」において6大学6研究所連携プロジェクト（2021～2027年度）が実施され、医療機器のニーズ探索から事業化戦略までを一貫して実施可能な環境構築が進んでいる。文部科学省の認定した共同利用・共同研究拠点（拠点ネットワーク）である「生体医歯工学共同研究拠点」や、世界トップレベル研究拠点プログラム（WPI）に採択された金沢大学ナノ生命科学研究所、京都大学物質－細胞統合システム拠点なども、本領域において重要な役割を果たしている。また、政府のマテリアル革新力強化戦略に基づく文部科学省の「データ創出・活用型マテリアル研究開発プロジェクト事業」において、京都大学が代表機関を務める「バイオ・高分子ビッグデータ駆動による完全循環型バイオアダプティブ材料の創出拠点」が採択され2022年7月に本格実施が開始された。

　非臨床・臨床研究を含む応用研究・実用化研究は、AMEDの革新的先端研究開発支援事業、再生医療・

遺伝子治療の産業化に向けた基盤技術開発事業、医療分野研究成果展開事業、医療機器等における先進的研究開発・開発体制強靱化事業、医療機器開発推進研究事業、医工連携イノベーション推進事業などで実施されており、最近の傾向としてAIやIoTといった情報関連キーワードの増加が認められる。より基礎的・探索的なフェーズの研究開発として、日本学術振興会の新学術領域研究「水圏機能材料：環境に調和・応答するマテリアル構築学の創成」（2019〜2023年度）、学術変革領域研究（A）「マテリアル・シンバイオシスのための生命物理化学」（2020〜2024年度）などが行われている。

（5）科学技術的課題

革新的な人工生体組織・機能性バイオ材料の設計・構築には、時空間的に変動する複雑な生体と材料との相互作用をより体系的・統合的あるいは多階層的に理解することが必要である。そして、材料に対する生体の応答を予測、制御し、さらには能動的に活用するための技術基盤の構築が求められる。

体内に埋入するバイオ材料に共通する課題は、炎症反応である。体内に埋植された人工材料の劣化で生じる分解産物を、マクロファージが除去することで炎症反応が起こる。また、材料表面にマクロファージが付着し、表面を劣化させる可能性もある。さらに、血中に投与するDDS製剤の血中寿命の向上にもマクロファージの機能抑制が鍵となる。このような炎症に関わるマクロファージなどの細胞の機能制御を目指した材料開発が求められる。

材料の生体適合性を考える上で、力学的な調和性も必要な因子である。特にウェアラブルデバイスやインプラント材料の開発では重要となる。3Dプリント技術の進化に伴うメカニカルメタマテリアルはその代表例となる。メカニカルメタマテリアルとは、微細なユニット構造を周期的に積み上げて自然界にはない物性を実現する人工材料である。例えば、通常のゴム材料を使わずにゴムを作ったり、金属で綿のように軽い材料を作ったりが可能となる。その構造設計には計算科学の駆使が欠かせないため、材料科学との融合が今後の課題となる。

再生医療材料における課題の一つは、細胞培養基材の開発である。脱細胞化マトリックスは、多様な臓器・組織に特異的な形態形成や分化誘導を促すことが報告されている。しかし、脱細胞化マトリックスの組織毎の主だった組成は知られているものの、その有効性の機構は多くの場合ブラックボックスの扱いとなっている。安全かつ有効な脱細胞化マトリックス"模倣"基材の開発、さらに理想的には、生体応答と連動した組織形成過程を再現できるマトリックス基材の開発が望まれる。

もう一つの課題は、体外で構築した再生医療材料と体内の血管とを連結させる技術である。現状、体外で高密度に集合体化した細胞への酸素や栄養の供給や老廃物の除去などの生体機能は、バイオリアクターが代替している。体内でこの生体機能を獲得できなければ、構築した人工組織の機能を維持することは困難である。今後、細胞充填率が高まり、生体組織に類似した構造が作られるようになれば、一層この問題の解決は重要となる。

一方、培養肉については、生体内血管との吻合を考慮する必要がなく、また可食成分のみとすることで安全性の確保が容易であるため、実用化へのハードルは低い。また、ミンチ状の培養肉生産はそれほど難しくない。しかし、ステーキ状の大型培養肉の開発においては、酸素や栄養分の拡散が深刻な問題となり、血管網を伴わない組織構築では厚さ0.1〜1mmが細胞の生存限界である。今後、例えば移植用臓器構築技術との融合などの技術展開が必要である。さらに食肉の場合は価格面での制限が強く、安価な生産技術の開発が求められる。

医用バイオ材料・再生医療材料の研究開発では、材料設計などの萌芽フェーズ、生物学的評価などの基礎フェーズ、小動物を用いた評価などの応用フェーズ、疾患モデル動物や大動物を用いた前臨床研究といった開発フェーズがある。新奇材料が応用フェーズや前臨床研究までたどり着くことは少なく、ここには高いハードルがある。既存の治療法との比較も含め、医療現場との連携を深めて、臨床応用を目指した研究を進めていく必要がある。欧米では、基礎研究と臨床を見据えた研究との両輪で進められていることからも、開発

フェーズの明確化が重要であろう。

　Living Materialsに利用される生物は、現状では、大腸菌や枯草菌、酵母などのモデル生物に限られている。今後、多様な機能性材料を開発していくためには、モデル微生物以外の利用が有用となる。モデル微生物にはない有用な特徴、例えば、代謝経路、環境耐性（極限性）、バイオフィルムやマトリックス形成能力、バイオミネラリゼーションへの適用性、特殊な二次代謝産物生産能力をもつ微生物などが対象となる。各微生物の遺伝子編集ツールの構築や代謝解析などを進め、プラットフォームを構築していく必要がある。所望の能力を持つ野生株を効率的にスクリーニングする技術開発も重要である。特に、開放系での遺伝子改変微生物の利用リスクを考えると、野生株または自然変異誘発株の利用が未だ有用である。同時に、遺伝子改変微生物の漏洩を防ぐリスク管理技術や封じ込め技術の確立も求められる。

　生体分子を組み込んだハイブリッド材料の研究は、日本でも盛んになりつつあるが、細胞そのものを材料に組み込もうという視点は、日本ではまだほとんどない。Hybrid Living Materialsは、従来とは全く異なる材料であり、複数の全く異なる分子やその集合体、さらには細胞や組織すら組み込んだシステム化材料である。次世代材料の開発は確実にその方向に向かっている。今後、そのようなシステム化材料の構築を目指して、分野の境目を越えた統合的研究の推進が求められる。

（6）その他の課題

　人工生体組織・機能性材料の基盤となる学術は、工学、理学、生物学、医学、歯学、薬学など広範囲に及び、これらの密接な連携が不可欠である。わが国でも各大学や自治体単位においてその実現のための仕組みが作られているものの、実際の研究開発で異分野連携が十分に機能している場合は未だ多くない。異分野連携の研究のすそ野を拡げるため、学生や若手研究者の育成や、日常的な交流の場の醸成も含めた取り組みが求められる。

　さらに、医療応用のバイオ材料が実用化されるまでには、材料の設計・合成からはじまり、物理化学的評価、細胞などを用いた*in vitro*評価、動物を用いた*in vivo*評価、知財権の確保、さらにはヒトを対象とした臨床研究、そして規制当局（日本では医薬品医療機器総合機構（PMDA））への承認申請と、多分野にわたる多くの工程と長い研究開発期間・多額の資金が必要となる。ゆえに、本領域を担う研究者・技術者には、医療倫理やレギュラトリーサイエンス、知財戦略、医療経済学、統計学などの、多くの関連知識の習得が求められる。また、実用化までの過程には、臨床研究プロトコルの策定や安全性試験、国際標準化活動など、重要でありながら直ぐには論文成果につながらない課題や、長期的に取り組むべき課題が存在する。一方、わが国のアカデミア共通の課題として、不十分な研究時間・研究支援体制、博士人材のキャリアパスの不透明さ、人材の不足（博士進学率の低下）などが指摘されている。国内企業においても、博士人材を十分に活用できておらず、治験の実施や承認申請を担う人材や経験・ノウハウが十分とは言い難い。若手の処遇改善を含めた研究開発環境の強化とともに、臨床橋渡しの各ステージを担う産学官の科学技術人材を長期的視点の下で戦略的に育成していくことが求められる。

　法規制について、わが国では、特に細胞治療・遺伝子治療などの再生医療等製品の実用化が進むように整備されている。一方、バイオ材料を用いた医療機器や再生医療技術は、再生医療等製品とは異なり、実用化には従来の手続きを要する。例えば、細胞増殖因子を遺伝子として利用すれば再生医療等製品だが、そのタンパク質とDDSを組み合わせた場合、医療機器あるいは医薬品として取り扱われる。医用バイオ材料の実装を進めていくための課題の一つである。

　2019年冬に始まったCOVID–19の拡大により、ワクチンや治療薬、一部の医療機器の国内供給に遅れや逼迫が生じた。国家安全保障に直結するこれらの重要品目を迅速に開発・市場導入し、国内で製造・安定供給するための、国内企業を中心とする体制強化の重要性が認識された。一方で、最近の国際情勢の複雑化・緊張化により、「研究インテグリティ」の重要性が高まっている。本領域でも、他の科学技術分野と同様に、開発技術の意図しない用途への転用可能性を排除することは困難である。科学技術の両義性を意識しつつ、

2.2

俯瞰区分と研究開発領域

バイオ・医療応用

研究活動のオープン化や国際化と、秘密保持や技術流出保護との両立などを適切にマネジメントしていくことが求められる。

（7）国際比較

国・地域	フェーズ	現状	トレンド	各国の状況、評価の際に参考にした根拠など
日本	基礎研究	○	→	生体適合性ポリマー、スマートポリマーなど、多様な素材によるバイオ材料基盤技術を持ち、基礎研究のポテンシャルは世界のトップクラスを維持している。しかし近年、主要誌の発表論文数や編集委員構成などにおいて、以前より存在感が弱まっている。博士課程の学生や30代前半の若手研究者の人材不足や、COVID–19パンデミックを背景に、国際連携や実用化に向けた研究が停滞している。
日本	応用研究・開発	○	→	高い技術力と大きな医療機器市場規模、ブランド力を背景に、世界トップシェアを誇る医療機器や素材がある一方、大手企業を含む一部の成熟分野で活動鈍化が認められる。国内の承認審査体制は強化・迅速化されてきたものの、新興分野への参入を促すだけの投資価値や開発リソース、国内治験環境は十分とは言えず、ベンチャー企業数も投資規模も欧米に比して少ない。ただし近年、臨床橋渡し・実用化支援のための拠点整備や助成事業が進められたため、今後、研究開発の加速が期待される。
米国	基礎研究	◎	→	先端バイオテクノロジー・計測技術やAI、MIなどを駆使した材料研究、再生医療研究などで世界を先導し、高引用論文数などの指標では世界トップレベルを維持している。豊富な人材、充実した研究環境、官民からの潤沢な研究資金、手厚い研究支援体制（URAとラボマネージャーが有効に機能）に加えて、活発な異分野融合や高い人材流動性により、イノベーションエコシステムが上手く機能している。
米国	応用研究・開発	◎	↗	世界最大の医療機器市場規模を持ち、産学連携による臨床橋渡し・実用化研究が活発かつスピーディに進められている。アントレプレナーシップ教育・スタートアップ支援がかねてから充実しており、学生・若手研究者を含め起業意欲が高い。バイオベンチャーが数多く台頭し、その成果を大手製薬・医療機器メーカーが社会実装する流れが一般化し、好循環を生んでいる。
欧州	基礎研究	○	→	国・地域による違いはあるものの、教育・研究に専念できる環境、専門技術者による研究支援体制の充実などにより、効率よく研究が行われ、安定した研究成果・存在感を維持している。地の利を生かした国際連携による協力体制が整い、共同研究が盛んに行われている。Horizon Europeでは、医用バイオ材料の多機能化やEngineered Living Materialsの先駆を企図したプログラムが推進されている。
欧州	応用研究・開発	○	→	医工連携、産学連携が概ね良好に機能している。薬事規制ハードルならびに治験・薬事・品質管理に係るコストが日本に比して格段に低いため、新材料の製品展開スピードに強みを持つ。技術移転機関（TLO）の整備が進んでおり、ドイツやイギリス、フランスなどを中心に、スタートアップ投資も活発化している。Horizon Europeのプログラムのもと、医用バイオ材料のデータベース構築が進められており、これに基づいて標準化プロトコルの策定や試験プラットフォームの確立が行われる可能性がある。
中国	基礎研究	◎	↗	国策による人材の育成・獲得戦略、大規模な資金投入、研究環境・施設の充実化などが実を結び、世界トップレベルの研究が進められている。トップジャーナルへの掲載論文数も大幅に増加しており、国際的な存在感の向上が顕著である。バイオテクノロジーや合成生物学の研究開発に注力がされており、その材料分野への利用を目指す研究センターも世界に先駆けて設立されている。
中国	応用研究・開発	◎	↗	極めて大きな国内市場、政府・地方自治体による多層的な政策・財政支援を背景に、実用化研究・応用研究がスピード感をもって進められている。特に、高性能医療機器は、製造強国を目指す政策である中国製造2025の中で重点領域に挙げられたことから、国内製造向けた開発が行われている。異業種からの参入、新興分野への挑戦意欲も高く、スタートアップ投資も活発である。

2.2
俯瞰区分と研究開発領域
バイオ・医療応用

韓国	基礎研究	○	↗	KAIST、ソウル大学、漢陽大学、延世大学、POSTECHなどの研究機関を中心に、高分子やセラミック関連の医用バイオ材料や再生医療材料に関して多くの成果がある。科学技術予算の増額などを背景に、トップジャーナルを含めた論文数の増加傾向が続いている。また、2022年にはTERMIS–AP、2024年にはWorld Biomaterials Congressの開催国となることが決定しており、国際的な存在感も高まっている。
	応用研究・開発	○	→	基礎研究レベルの向上、国内の医療機器市場と製造業の堅調な成長、積極的な政策・財政支援などを背景に、産学連携による応用研究・開発が、活発かつスピード感を持って推進されている。特に、化粧品・再生医療製品（美容整形を含む）の開発が活発である。研究データや製品に対する信頼性・製品ブランド力は高まっており、医療機器の世界シェアは今後さらに伸びる可能性がある。

（註1）フェーズ

    基礎研究：大学・国研などでの基礎研究の範囲

    応用研究・開発：技術開発（プロトタイプの開発含む）の範囲

（註2）現状　※日本の現状を基準にした評価ではなく、CRDSの調査・見解による評価

    ◎：特に顕著な活動・成果が見えている　　　　　　○：顕著な活動・成果が見えている

    △：顕著な活動・成果が見えていない　　　　　　×：特筆すべき活動・成果が見えていない

（註3）トレンド　※ここ1〜2年の研究開発水準の変化

    ↗：上昇傾向、→：現状維持、↘：下降傾向

関連する他の研究開発領域

・生体関連ナノ・分子システム（ナノテク・材料分野　2.2.2）

・分子技術（ナノテク・材料分野　2.5.1）

・微生物ものづくり（ライフ・臨床医学分野　2.2.1）

参考・引用文献

1）Daiki Murakami et al., "Hydration mechanism in blood-compatible polymers undergoing phase separation," Langmuir 38, no.3（2022）: 1090-1098., https://doi.org/10.1021/acs.langmuir.1c02672.

2）塙隆夫「医療と金属材料」『まてりあ』59巻5号（2020）: 252-259., https://doi.org/10.2320/materia.59.252.

3）Taufiek Konrad Rajab, Thomas J. O'Malley and Vakhtang Tchantchaleishvili, "Decellularized scaffolds for tissue engineering: Current status and future perspective," Artifical Organs 44, no. 10（2020）: 1031-1043., https://doi.org/10.1111/aor.13701.

4）Fan Liu and Xiaohong Wang, "Synthetic Polymers for Organ 3D Printing," Polymers (Basel) 12, no. 8（2020）: 1765., https://doi.org/10.3390/polym12081765.

5）Islam M. Adel, Mohamed F. ElMeligy and Nermeen A. Elkasabgy, "Conventional and Recent Trends of Scaffolds Fabrication: A Superior Mode for Tissue Engineering," Pharmaceutics 14, no. 2（2022）: 306., https://doi.org/10.3390/pharmaceutics14020306.

6）Claire Bomkamp, et al., "Scaffolding Biomaterials for 3D Cultivated Meat: Prospects and Challenges," Advanced Science 9, no. 3（2022）: 2102908., https://doi.org/10.1002/advs.202102908.

7）Tzu-Chieh Tang, et al. "Materials design by synthetic biology," Nature Reviews Materials 6（2021）: 332-350., https://doi.org/10.1038/s41578-020-00265-w.

8）Peter Q. Nguyen, et al., "Engineered Living Materials: Prospects and Challenges for Using Biological Systems to Direct the Assembly of Smart Materials," Advanced Materials 30, no. 19 (2018)：1704847., https://doi.org/10.1002/adma.201704847.

9）Yasuhiro Nakagawa, et al., "Microglial Immunoregulation by Apoptotic Cellular Membrane Mimetic Polymeric Particles," ACS Macro Letter 11, no. 2 (2022)：270-275., https://doi.org/10.1021/acsmacrolett.1c00643.

10）Valentina Trovato, et al., "A Review of Stimuli-Responsive Smart Materials for Wearable Technology in Healthcare: Retrospective, Perspective, and Prospective," Molecules 27, no. 17 (2022)：5709., https://doi.org/10.3390/molecules27175709.

11）Masahiro Yamada, et al., "Titanium Nanosurface with a Biomimetic Physical Microenvironment to Induce Endogenous Regeneration of the Periodontium," ACS Applied Materials & Interfaces 14, no. 24 (2022)：27703-27719., https://doi.org/10.1021/acsami.2c06679.

12）Dabin Song, et al., "Progress of 3D Bioprinting in Organ Manufacturing," Polymers (Basel) 13, no. 18 (2021)：3178., https://doi.org/10.3390/polym13183178.

13）Sheng-Lei Song, et al., "Complex in vitro 3D models of digestive system tumors to advance precision medicine and drug testing: Progress, challenges, and trends," Pharmacology and Therapeutics 239 (2022)：108276., https://doi.org/10.1016/j.pharmthera.2022.108276.

14）Zhiwen Luo, et al., "Engineering Bioactive M2 Macrophage-Polarized, Anti-inflammatory, miRNA-Based Liposomes for Functional Muscle Repair: From Exosomal Mechanisms to Biomaterials," Small 18, no. 34 (2022)：e2201957., https://doi.org/10.1002/smll.202201957.

15）Sivasubramanian Ramani, et al., "Technical requirements for cultured meat production: a review," Journal Animal Science and Technology 63, no. 4 (2021)：681-692., https://doi.org/10.5187/jast.2021.e45.

16）Lu Chen, et al., "Large-scale cultured meat production: Trends, challenges and promising biomanufacturing technologies," Biomaterials 280 (2022)：121274., https://doi.org/10.1016/j.biomaterials.2021.121274.

17）Kai Zhang, et al., "Translation of biomaterials from bench to clinic," Bioactive Materials 18 (2022)：337-338., https://doi.org/10.1016/j.bioactmat.2022.02.005.

18）Kai Zhang, et al., "Evidence-based biomaterials research," Bioactive Materials 15 (2022)：495-503., https://doi.org/10.1016/j.bioactmat.2022.04.014.

19）Jianxin Tian, et al., "Regulatory perspectives of combination products," Bioactive Materials 10 (2021)：492-503., https://doi.org/10.1016/j.bioactmat.2021.09.002.

2.2.2 生体関連ナノ・分子システム

（1）研究開発領域の定義

　生体に応用される機能性ナノ粒子の創出や、多様な人工分子をシステムとして統合する方法論の確立を目指す研究開発領域である。そして、これらナノ・分子システムを利用した生命現象の解明および新たな医療・農芸技術の確立も目標となる。医療応用では、mRNA内包ナノ粒子に代表されるナノ医薬、高精度医療に資するセンサやプローブ（造影剤）、診断と治療を一体的に行うナノセラノスティクスなどの研究開発が進められている。農芸応用では、ナノ農薬・ナノ肥料の開発が検討されている。また分子ロボティクス分野では、多様な分子デバイス群を人工細胞（リポソーム）内に統合する技術の発展、ならびにそれらの医療などへの応用開拓が期待される。

（2）キーワード

　ナノ医薬、薬物送達システム（ドラッグデリバリーシステム、DDS）、脂質ナノ粒子、mRNA医薬、セラノスティクス、高分子造影剤、コンパニオン診断、DNAナノテクノロジー、DNAコンピュータ、分子ロボティクス、人工細胞工学

（3）研究開発領域の概要

［本領域の意義］

　人工的に微小なシステムを構築し、生体環境での挙動や作用を制御しようとするテクノロジーは、精緻な分子・システムの設計技術、さらにはシステム−生体間相互作用の高度な理解に基づくものである。これは、生命機能の再現や拡張的機能の創出を可能にし、また生体機能の制御によって革新的な医療技術の確立に貢献する。

　ナノ医療の分野では、医薬や診断薬を生体内の標的となる臓器・組織・細胞に選択的に移行させる薬物送達システム（DDS）が、医療にイノーベションをもたらす技術として研究されている。COVID–19の流行によるmRNAワクチンの世界的普及も、当該分野の研究開発を活発化させている。また、DDSを患者個々の疾患状態に対応させ、精度を向上させるため、治療と診断評価を一体化したセラノスティクスの技術が求められている。病巣の可視化と治療効果の予測を同時に行う機能性ナノ粒子などの開発が進められている。さらに、ナノ医薬技術の植物・微生物への展開も期待される。

　分子ロボティクス分野では、DNA、RNA、ペプチドなどの高分子の形状や機能を人工的に設計することで、動的な機構を備えたナノ構造体や分子コンピュータといった機能性分子デバイスの創出が行われている。さらに、様々な分子デバイス群を統合し、拡張性の高い自律システム（分子ロボット、人工細胞）を構築する方法論の研究も進んでいる。このような技術は、生体機能の再構成のみならず、人工システムの自己修復や自己改変（進化）をも可能にすることで、人工物の在り方を革新し得る。そして、DDSなどの医療応用をはじめ、食料、情報、エネルギーなど多様な分野への波及効果が期待されるものである。

［研究開発の動向］

　ナノ医薬の研究開発は、1970年代以降、「生体適合性」、「生体模倣材料」、「人工ウイルス」などをキーワードに、無機材料から有機材料までを様々に用いて展開されてきた。そして、薬効を必要な時間に必要な部位で作用させるための薬物送達システム（DDS）の技術が、特にがん治療を目的に研究されている。ナノ医薬研究における一つの方向性は、システムサイズの小型化である。1986年に、固形がん組織は毛細血管・リンパ系が未発達であるため10〜100 nm径の微粒子が集積し易いとするEnhanced Retention and Permeability（EPR）効果が発見された。それから1990年以降、ナノ粒子のサイズを利用して固形がんを狙い打つ「受動的ターゲティング」の研究に注力がされてきた。加えて、ナノ粒子の表層にがん細胞表面マー

2.2 俯瞰区分と研究開発領域 バイオ・医療応用

カーなどに結合するリガンド分子を導入し、ナノ粒子を積極的に標的細胞に送り届ける「能動的ターゲティング」の研究も行われるようになった。もう一つの研究の方向性は、2000年以降研究が盛んになった、精密分子設計および生体模倣に基づくナノ医薬の高機能化である。特定の生体環境（細胞質の還元性、がん局所環境の弱酸性pH、後期エンドソーム／リソソームの酸性pHなど）や外部刺激（熱、光、磁場など）への応答性を搭載させることで、薬剤放出あるいは薬効のON/OFF制御などが実現し得る。

平行して、新たな医薬用要素分子の登場も当該分野に大きな潮流を生み出してきた。その代表的例として、RNA干渉を引き起こすsmall interfering RNA（1998年報告、2006年ノーベル生理・医学賞）やCRISPR–Cas（2012年報告、2020年ノーベル化学賞）がある。これらの要素分子を包含したナノ医薬が盛んに報告されるようになっている。

また、現在の新たな潮流として、EPR効果が不十分な固形がんへの送達の方法論の探求がある。ナノ粒子のサイズをより小さな10～30 nm径へと精密調整（ダウンサイジング）することで、腫瘍血管壁や（がん細胞群を取り囲む）繊維組織の間隙を潜り抜けて腫瘍組織に到達できる可能性が報告された。また、腫瘍組織の毛細血管内皮細胞に発現するマーカー分子に結合するリガンド分子をナノ粒子表面に導入することで、血管内皮細胞の「内部」を通過（トランスサイトーシス）して腫瘍組織へと移行する方法論が研究されている。さらに、血管壁（あるいは線維組織）の間隙を拡張する物質や超音波などの外部刺激でEPR効果を増強する試みもある。上述の精密なサイズ調整は、固形がんのみならず、筋組織や肺組織における局所投与後の滞留性延長や細胞選択制の付与にも効果を持つ。またリガンド分子によるトランスサイトーシスは、血液－脳関門の突破にも利用される。

ナノ粒子の腫瘍内への送達性は、腫瘍の微小環境など個体差・多様性によって大きく異なり得る。そこで、予め病巣の微小環境を可視化・評価し、治療効果を予想しながら治療を進める「セラノスティクス」の概念に基づく研究開発が急拡大している。治療薬と似た構造と生体内動態を持ち、かつ診断用の造影剤を搭載したナノ医薬は「コンパニオン診断造影剤」あるいば「コンパニオン診断プローブ」と呼ばれ、セラノスティクス研究における核心技術となっている。

また、生体由来成分と人工材料をハイブリッドしたナノ粒子も研究されている。細胞や細胞外小胞の表面を機能性分子で修飾することで、生体由来膜成分の固有の特徴を維持しつつ、新たな機能を付与する方法論である。これとは逆に、特定の細胞の膜成分を利用した生体膜被覆ナノ粒子も研究されている。人工的には作り出すことが困難な生体適合性あるいは機能性表面を簡便に構築できるという特長を有する。

さらに医薬用要素分子に着目すると、COVID–19パンデミックで世界的な注目を集めたmRNAワクチンもナノ医薬の研究開発に新たな潮流を生み出している。mRNAおよびそのナノ医薬の有効性および安全性が世界的規模で検証され、一定のコンセンサスに至ったと考えられる。これが契機となり、ワクチンだけでなく、今後がん等の多疾患への臨床応用が急激に加速すると考えられ、企業・アカデミアの両方で応用研究開発が著しく活発化している。また、各種ナノ医薬のデータベース化を進める動きがあり、技術の共有によっても加速度的な研究進展が期待される。

医療応用以外に、細菌や植物細胞に作用するナノ医薬の開発も注目を集めつつある。哺乳類細胞での方法論がそのまま転用できる可能性が高い一方で、細胞壁の存在から新たなナノ医薬の設計が求められる可能性もある。ナノ医薬がどの様なメカニズムで細菌・植物細胞内に移行するのかについては未解明の部分も多く、今後の大きな技術革新が期待される。

分子ロボティクス分野において、最初にプログラム分子材料として注目されたのはDNAである。1980年代以降、DNA二重らせん構造を線素として構成した様々な立体的ナノ構造体の合成およびその手法の提案が精力的に続いている。2006年に発表された「DNAオリガミ」は、長鎖DNAを多数の短鎖DNAで折り込むことでほぼ任意の形状を構築できる手法である。また、設計ソフトウェアやシミュレーションソフトウェアの多くがオープン化されたことで、研究者人口が急増した。現在、DNAオリガミの精密化、大規模化の研究が盛

2.2
俯瞰区分と研究開発領域
バイオ・医療応用

んに行われている。続いてRNAをプログラム分子材料とした構造体も開発されてきた。RNAの構造予測はDNAほど簡単ではないが、DNAオリガミと同様の発想に基づいたRNAオリガミが提案されている。同じくペプチド合成の技術も進展しており、こうした合成分子を複数組み合わせた構造体の開発も行われている。さらに非天然の構造を持つ人工分子を組み込むことで、天然にはない様々な機能性を付与した構造体を作る技術もある。

DNAを用いた計算（コンピューティング）は1992年に初めて提案され、現在様々な方式のDNA論理回路が研究されている。ANDやORなどの論理素子の入出力信号として、特定の配列を持つDNA分子の濃度が一定以上か否かを考えることが一般的である。また論理素子間の配線は、多数の直行する（互いに二重らせん構造を作らない）DNAの塩基配列の組み合わせを用いることで、溶液内の反応系として実装される。主に、DNAのハイブリダイゼーション反応だけを使う酵素フリーの方式と、DNAポリメラーゼなどの酵素を使う酵素ドリブンの方式がある。

分子ロボットとは、センサ（感覚）、プロセッサ（知能）、アクチュエータ（効果器）の働きをもつ分子群を、一つのシステムの境界内にインテグレートしたものである。プロセッサ部分に上述のDNAコンピュータを用いる場合、センサとしてはアプタマーや光応答性のDNAやRNA分子などが考えられ、アクチュエータとしては微小管、キネシン、アクチン、ミオシン等各種の生体分子モータなどが考えられる。アクチュエータ部分を欠いた純情報処理システムとして、DNAコンピュータの局在化あるいは場所依存的な計算システムの研究が行われている。また、アクチュエータも備えたよりロボティックなシステムとして、一つの巨大分子上に情報処理機能と移動や把持などの機能をもつ分子を組み合わせる研究がされている。例えば、DNAオリガミ上の足場ルートを移動する歩行ロボットや、歩行ロボットが一定の手順でナノ粒子を組み立てるものなどがある。

より複雑な分子ロボットを構成する方法として、生物の細胞のように、コンパートメントで溶液空間を区切る方法が検討されている。細胞内の溶液空間ごとに異なる分子コンピュータや分子デバイスを実装できるため、高い拡張性が期待できる。コンパートメントにはGUV（Giant Unilamelar Vesicle）と呼ばれるリン脂質2重膜が一般に使われる。ミクロンサイズのGUVに様々なデバイスをインテグレートする研究が行われ、単細胞型の分子ロボットの開発から、現在ではこれを多細胞化する研究開発がされている。

併せて、分子ロボットの応用先の開拓も進んでいる。医療のDDSへの応用のため、一定の分子刺激をトリガーとして薬剤徐放するDNAカプセルやリポソームが提案されている。さらに人工細胞型の分子ロボットの枠組みを利用できれば、生体中のmRNA、miRNAなどの複数分子種を分子コンピュータの入力として計算を行い、その出力として核酸医薬を含む適切な薬剤を適切なタイミングと濃度で放出する、インテリジェントなDDSの開発が可能となる。その他、生体内治療や人工臓器、脳型情報処理システムへの応用が期待される（後述）。

（4）注目動向
［新展開・技術トピックス］
• mRNA医薬とナノ医薬

COVID–19 mRNAワクチンの成功を受け、mRNAとナノ医薬のデザインに関する研究開発が国際的に活性化している。mRNAについては、化学構造や立体構造などを制御することで、より安全（低免疫原性など）かつ高効率にタンパク質へと翻訳されるための分子設計が検討されている。mRNAの純度を効率的に高める技術も重要である。また、より安定性の高いDNAを利用したDNAワクチンの開発も注目される。DNA分子を細胞核まで輸送しなければならない技術的な困難さがあるが、DDS技術の発展による実用化・産業化の期待は高い。さらに、がん免疫療法やCRISPR–Casによるゲノム編集治療など、mRNAをワクチン以外の医療応用へと展開する研究も活性化している。同時に、脂質ナノ粒子の安全性と標的指向性を改善する研究も注力されている。脂質ナノ粒子を構成する分子の見直し（新たなイオン化脂質分子や生分解性脂質のライブラリ構築等）に加えて、脂質ナノ粒子のサイズ・表面電位と機能（臓器分布とmRNAデリバリー効率）相関を探

2.2
俯瞰区分と研究開発領域
バイオ・医療応用

索する研究などが多数報告されている。

● **新たな生体適合性材料と生体認識材料**

現在、ナノ医薬領域で最も多用されている生体適合性高分子材料はポリエチレングリコール（PEG）である。PEGは優れた生体適合性を有するが、非分解性で生体に蓄積する可能性や抗PEG抗体が産生される課題が指摘されている。そこでPEGを代替するため、短鎖PEGを生分解性の化学結合で連結する系、生分解性のポリアミノ酸や多糖類を骨格として利用する系などが検討されている。また、これまでのリガンド分子＋PEGで行ってきた受動的ターゲティングを、1つの分子で行う材料設計が注目されている。例えば、がん細胞などで過剰発現するタンパク質CD44に高い親和性を有するヒアルロン酸の利用などがある。

さらに「薬＋DDS」を1分子で担う系、あるいは抗体のように機能する人工分子を設計する研究も注目されつつある。単体では生理活性を発揮しない分子ユニットを、高分子化あるいは複数分子連結することにより、多点結合やシナジー効果を介して新たな高分子医薬として機能させる方法論である。

● **センサー造影剤（プローブ）と量子技術**

MRIの信号を特定の生体内環境に応じてON/OFF制御できる、センサー型造影剤（プローブ）の開発が活発である。低分子錯体や無機ナノ粒子、高分子ナノミセル、リポソーム、合金などを用いて、生体内の酵素活性、イオン濃度、pH、温度、神経脱分極などに応答してMRI信号を変化させるセンサー型造影剤（プローブ）が様々報告されており、今後の実用化も期待される。

ナノダイヤモンドやナノ炭化ケイ素の格子欠損を水素で置換することで、その量子性を利用した蛍光センサーとする技術が多数報告されている。また、MRIの信号強度を数万倍まで引き上げる「超偏極」という技術は、これまで極低温で低分子プローブを用いるアプローチが研究され、現在臨床応用に入っている。一方で近年、ナノダイヤモンド等を使って室温でMRI信号を励起する技術が欧米を中心に研究されており、今後、放射性同位体を使わずに高感度かつ高解像度で生体内を追跡できるプローブとして注目される。

● **安全性の高い代替造影剤とコンパニオン診断造影剤**

現在MRI用の造影剤には、ガドリニウムという毒性の高いレアメタルが使用されている。錯体構造によりイオン化を回避することで安全性を確保しているものの、腎障害患者や妊婦には投与が禁止されており、さらに環境中への排出の懸念もある。そこで、錯体技術の高度化に加え、高分子やナノ粒子と結合することで、十分な性能を持ちかつ人体にも環境にも安全な代替造影剤の開発が進められている。

ナノ医薬の動態や集積を事前に予測するため、治療薬とほぼ同じ組成とサイズを持ち、MRI、核医学、蛍光、超音波などの生体イメージングで検出可能な造影剤・プローブを搭載した薬剤が開発されている。これをコンパニオン診断造影剤（プローブ）と呼ぶ。ポリマーミセル、酸化鉄微粒子、ポリ乳酸グリコール酸、脂質ナノ粒子など、臨床応用可能な素材を中心に開発が進められており、ナノ粒子を応用した治療薬と組合せた利用が期待される。

● **細菌や植物細胞に対するナノ医薬**

細菌や植物細胞に対する薬物・遺伝物質導入法が注目を集めつつある。近年、多剤耐性菌の出現が大きな問題となっていること、腸内細菌叢が宿主の健康状態に大きな影響を与えること、SDGsの観点で植物由来材料が改めて注目されていることなどが背景としてある。これまでヒト疾患（哺乳類細胞）を対象に開発されてきたナノ医薬技術が、細菌や植物細胞に対しても応用できる可能性がある。併せて、植物細胞へ展開する場合は大量に必要となり得るため、簡便かつ安価に調製可能な材料開発が求められる。

● 分解／修復するナノ構造

　細胞内の様々なオルガネラでは、構成分子の生成と分解が同時に起こっており、このバランスにより機能や形態が維持されている。従来の人工ナノ構造は化学合成された構成分子が一度集合するだけであり、構成分子の置き替わりは考えられていない。そこで近年では、ナノ構造の組み立て後も定常的に構成要素を交換する方法が検討されている。たとえば、血清中でのDNAナノチューブの酵素分解に関する研究では、予め血清中に修復用DNAタイルを入れておくことで、分解酵素で破壊された箇所に修復用タイルが入り込み自動的に修復されることが示されている。

● 動作機構を持つナノ構造

　DDSなどへの応用が期待される容器状のナノ構造のフタ開閉機構の研究が進んでいる。特定のDNA分子やpHや光、あるいは細胞表面の標的分子の認識と連動させることにより、容器の内包物を放出・露出する様々なDNAオリガミ構造体が開発されている。また、DNAオリガミによって可動部をもつ形状（機械要素）を作る研究も盛んで、軸受け、スライダー、蝶番などをはじめ、これらを複数組み合わせた協調動作も研究されている。こうしたナノ構造を駆動する方法に、鎖置換反応、DNAzyme（DNA酵素）による鎖切断、DNA三重鎖／四重鎖（グアニン四重鎖、i-モチーフ）形成、アプタマーによる分子認識などがある。

［注目すべき国内外のプロジェクト］

　米国では、国立衛生研究所（NIH）の一部門である国立がん研究所（NCI）が、ナノテクノロジー特性評価研究所（Nanotechnology Characterization Laboratory: NCL）を設置し、がん治療または診断を目的としたナノ粒子の前臨床効果および毒性試験を実施している。同じくNCIのAlliance for Nanotechnology in Cancerでは、ナノテクノロジーを活用してがんの早期診断や治療を行う技術の開発を分野横断的研究コミュニティの形成を通して推進している。NCIのファンディングとしては、"Innovative Research in Cancer Nanotechnology (IRCN)"という腫瘍性疾患の理解、診断、治療におけるナノテクノロジーの利用の促進を掲げた研究プロジェクトがある。加えて、"Toward Translation of Nanotechnology Cancer Interventions (TTNCI)"というプロジェクトで、ナノ粒子製剤やナノデバイスなどナノテクノロジーに基づくがん治療法の実用化に向けた取り組みが加速している。また、NIHのNational Institute of Biomedical Imaging and Bioengineering（NIBIB）もナノ医療研究の拠点となっている。また、米国国立科学財団（NSF）の支援の下、"Molecular Programing Project"の後継として、2013年から"Molecular Programming Architectures, Abstractions, Algorithms, and Applications"が実施された。その後も分子プログラミングの大規模化および精密化の研究が精力的に進められている。

　欧州では、2005年にEuropean Technology Platform Nanomedicine（ETPN）が産業界主導で欧州委員会とともに設立され、ヘルスケア分野におけるナノテクノロジーの応用に取り組むためのイニシアティブとして活動している。現在、25カ国から125名以上の会員が参加しており、学術、中小企業、産業界、公的機関、国家プラットフォーム、欧州委員会の代表者など、ナノ医療のあらゆる関係者を網羅している。再生医療とバイオマテリアル、ナノ治療薬（ドラッグデリバリーを含む）、医療機器（ナノ診断とイメージングを含む）などを対象としている。また欧州連合のHorizon 2020の支援のもと、ナノ医薬や、ナノテクノロジーによる治療・セラノスティクスの技術、またDNAナノテクノロジーや分子ロボット、人工細胞に関する研究プログラムが数十万～数百万ユーロ規模で多数実施されている。

　日本では、日本医療研究開発機構（AMED）における創薬基盤推進事業、次世代がん医療加速化研究事業、先端的バイオ創薬等基盤技術開発事業などでナノ医薬や治療薬の動態イメージングに関する研究開発が行われている。プロジェクトの中では、研究者間の技術共有や、シーズ開発から実用化までを支援する体制が組まれている。また「ワクチン開発・生産体制強化戦略」に基づくAMEDのワクチン・新規モダリティ研究開発事業などでは、新たなワクチン開発に向け、シーズ探索と免疫応答評価、アジュバントやキャリアの

2.2
俯瞰区分と研究開発領域
バイオ・医療応用

開発、評価・解析技術、レギュレーション等の多方面への研究開発が進められている。この中で、脂質ナノ粒子を含む多様なナノ医薬技術について、各種条件に基づく（比較可能な）公開用データベースの構築が試みられている。

国内におけるナノ医療の研究開発拠点に関して、川崎市産業新興財団ナノ医療イノベーションセンター（iCONM）では、ナノ医療の研究と実用化に関して、産学連携の形成に成功し、世界的にも顕著な成果を上げている。また量子科学研究開発機構（QST）では、2019年に量子生命科学領域が発足し、2021年には量子生命科学研究所が設立された。MRIによるナノ粒子・高分子を用いたセンサー造影剤やセラノスティクスに関する取り組みを推進している。京都大学の量子ナノ医療研究センターでは、量子ビームとナノ材料の研究により、新たなナノ医療技術の開拓が目指されている。

日本学術振興会の新学術領域研究「分子ロボティクス」（2012～2016年度）は、世界で初めての分子ロボティクスに関する研究プロジェクトであった。その基本理念を継承し、学術変革領域研究（A）「分子サイバネティクス」（2020～2024年度）では、より大規模な分子システム構築の方法論に臨んでいる。センサ、プロセッサ、アクチュエータといった機能毎にリポソームで括った人工細胞を作り、それらをマイクロ流体デバイス中に配列させる。このような人工多細胞の集積により、学習機能を持つシステム（ケミカルAI）の実現を目指している。

（5）科学技術的課題

ナノ医薬技術は、マウスなどのモデル動物を用いた実験系では優れた有効性が実証されている。一方、ヒト患者への実用化に向けては、がん治療を筆頭に苦戦を強いられている。これは、ヒト患者とモデル動物の間で病態が大きく異なることに由来する。当初のナノ医薬研究では、モデル動物の重要性が認識されていなかった、あるいは効果が出やすいモデル動物が積極的に使われていた。今後のナノ医薬研究では、標的疾患を十分に見据えたモデル動物（あるいは評価系）の選択、ならびにモデル動物での実験結果を高い確度で外挿できる治療方針の設定が求められる。またナノ医薬設計においては、先行のナノ医薬が臨床試験で上手く行かなかった主要因である組織浸透性の問題（ナノ医薬の組織浸透性が低いこと）をいかに克服するかが課題となる。

がん免疫療法や遺伝病治療を中心に、ワクチン以外へのmRNA医薬応用が期待されている。ワクチンで用いられている既存の脂質ナノ粒子は、アジュバントに近い免疫活性化機能を有することが指摘されている。これは、ウイルス感染予防ワクチンに対しては非常に有用と考えられるが、それ以外の治療応用に向けては副作用として作用する可能性が懸念される。従って、免疫系を刺激しないmRNA搭載ナノ医薬の開発が今後の課題である。

分子ロボティクス研究における課題の一つは、多様な要素をシステムとしてインテグレートする技術の向上である。そのためには、部品となる各要素の規格化（同一の溶液空間中で多様な分子が不測の相互作用が起こさないようにするため、直交性が保証されたDNA配列のセットの用意や、溶液条件の統一などが必要）や、モジュール化、ネットワーク化が求められる。先述の学術変革領域研究「分子サイバネティクス」では、細胞単位のモジュール化のコンセプトを用いており、まずは細胞間の分子通信・力伝達の方法論の確立が目指される。その上で、多様な細胞モジュールのライブラリの整理が目標となる。

分子ロボティクス研究では応用先の開拓も重要である。先述のDDSへの応用は多数報告されている。さらに、RNAコンピューティングによるiPS細胞の分化制御技術をベースにして、多細胞型分子ロボットと生体組織のハイブリッドによる生体内治療や人工臓器としての応用が考えられる。また、分子を入力とする脳型の情報処理システムへの応用がある。数個～数十個の人工細胞にそれぞれ分子コンピュータを実装し、これらを人工シナプス（細胞内の分子モータで生成された突起）により動的に連結することで、ある種の人工脳（ケミカルAI）を創ることが構想されている。ケミカルAIは多様な分子を入力とする微小なコンピュータであり、生体の細胞とも共存できるため、上述のDDSや人工臓器も含め広い応用が期待される。

（6）その他の課題

　ナノ医療分野の研究開発においては、単体の要素技術ではなく、多分野の技術と多数の機材や装置が必要となる。そのため単一の大学や研究所では開発が困難であり、アカデミア間、企業間および産学において複合的な開発体制を取る必要性がある。多分野の産学関係者が優れたコンセプトの実現を目指して共同するためには、広域連携の枠組みを創ることが有用である。

　分子ロボティクス研究では、核酸やアミノ酸などの高分子科学、配列設計とシミュレーション、反応ダイナミクス設計、それを抽象化した化学プログラミング言語、といった複数の階層がある。特に、研究開発が基礎から応用へ移る段では、全ての階層を俯瞰できる人材が必要となるため、長期的かつ統合的な研究開発の中で人材育成を図っていくことが重要である。

　また、分子ロボティクスの技術は将来的に我々の人工物観を大きく変えるような可能性を持つため、研究の意義や位置づけが広く社会に受容される必要がある。例えば、医薬品で見られるようなガイドラインの設定や、品質・安全性の証明・認可の手順などが求められる。このような分子ロボティクスのELSI/RRIの観点について、2018年からJST社会技術研究開発センターで研究プロジェクトが実施されている。また、学術変革領域研究「分子サイバネティクス」では、ジャーナリストをプロジェクトに常駐させるジャーナリスト・イン・レジデンスなどの取り組みが行われ、領域内外の情報を共有しながら研究開発を進めている。

（7）国際比較

国・地域	フェーズ	現状	トレンド	各国の状況、評価の際に参考にした根拠など
日本	基礎研究	○	→	ポリマーミセルや核酸DDS（東京大学）、ナノゲルや材料科学（京都大学）、高分子医薬（東工大）、炭素素材、量子センサ（QST）など、多様なナノ基盤技術を有し、ナノ医療の基礎研究を高い水準で進めている。しかし、論文数や研究費は減少傾向にある。分子ロボティクス研究は、学術変革領域研究を中心に多細胞型分子ロボットの研究開発に注力されている。生体高分子化学や生物物理学と密な連携がなされている。
日本	応用研究・開発	△	↗	COVID–19 mRNAワクチンの臨床応用が追い風となり、ナノ医薬の応用・製品化に向けた研究費やアカデミア発のスタートアップ企業が増加傾向にある。ただ、独自のアイデアによる開発は多いものの、欧米と比較して取り組む大学・研究機関や人員が小規模な傾向がある。分子ロボティクスでは、医療応用研究のためのガイドラインを策定中である。
米国	基礎研究	◎	→	多数の大学や研究機関で、ナノ粒子の高度な要素技術の開発や生体への応用研究がされ、質・量ともに優れている。最近は、中核的な大学や研究機関だけでなく、地方大学へも裾野が拡大している。分子プログラミングの研究者層が厚く、合成生物学など関連分野との積極的な連携も見られる。
米国	応用研究・開発	◎	→	NIHなどからナノ医療技術の応用研究へ継続的に研究資金供給がされている。一つの研究室に複数分野の専門家が集まり分業化する体制が確立しており、応用展開および連携に優れている。製薬や試薬、機器メーカーも多数存在する。中でもModerna社は、COVID–19 mRNAワクチンの迅速な開発に成功した。また、脂質ナノ粒子やそれを調製するマイクロデバイス技術も世界に先駆けて開発している。
欧州	基礎研究	○	→	ドイツを筆頭にナノ粒子の高度な要素技術が開発されている。ナノ粒子を計測技術等に応用する研究も質・量ともに優れている。ナノ構造設計や反応ダイナミクスのプログラミングソフトウェアの開発では、英国・ドイツの研究グループが強みを持つ。
欧州	応用研究・開発	○	→	各国で違いはあるが、EU全体として基礎研究の成果を前臨床研究に着実に移行させている。研究費のサポート体制も充実している。また European Technology Platform Nanomedicine（ETPN）が2005年に設立され、活動を続けている。分子ロボット研究の実験システム開発に強みがあり、例えばドイツの研究グループが流体デバイス内で分子ロボットの電磁制御に成功している。

2.2
俯瞰区分と研究開発領域
バイオ・医療応用

中国	基礎研究	○	↗	豊富な資金力を背景に、中国科学院や北京・上海エリアを中心にナノ粒子に関する技術開発が急速に進んでいる。米国等で研究経験を積み、帰国して研究室を持つといった人材の好循環ができつつある。基礎研究の水準は極めて高いと言え、論文数も世界トップである。
	応用研究・開発	○	↗	現状では目立った成果はないものの、応用研究への意欲は高く、多く大学・研究機関から応用研究が報告されている。技術水準の向上も認められる。臨床研究へのハードルが低いため、ナノ医薬の臨床試験への移行では迅速な動きを見せている。今後も応用研究の増加が予想される。
韓国	基礎研究	○	→	ソウル大学を筆頭に基礎研究の水準は高い。米国と特に交流が盛んで、近い技術水準を持つ。欧米からの帰国者を中心に、多様なナノ粒子の開発が活発に行われている。分子ロボティクス分野では目立った活動は無い。
	応用研究・開発	△	↗	多数の応用研究が精力的に発表されている。アカデミアおよび民間のmRNAワクチン研究開発には多額の予算が充てられた。ソウル近郊には研究機関・大学・医療機関が集約されており、連携体制によって産業化が急発展する可能性がある。

（註1）フェーズ

基礎研究：大学・国研などでの基礎研究の範囲

応用研究・開発：技術開発（プロトタイプの開発含む）の範囲

（註2）現状　※日本の現状を基準にした評価ではなく、CRDS の調査・見解による評価

◎：特に顕著な活動・成果が見えている　　　　　○：顕著な活動・成果が見えている

△：顕著な活動・成果が見えていない　　　　　×：特筆すべき活動・成果が見えていない

（註3）トレンド　※ここ1〜2年の研究開発水準の変化

↗：上昇傾向、→：現状維持、↘：下降傾向

2.2
俯瞰区分と研究開発領域
バイオ・医療応用

関連する他の研究開発領域

・人工生体組織・機能性バイオ材料（ナノテク・材料分野　2.2.1） ・生体イメージング（ナノテク・材料分野　2.2.4） ・分子技術（ナノテク・材料分野　2.5.1）

参考・引用文献

1) Yutaka Miura, et al., "Cyclic RGD-Linked Polymeric Micelles for Targeted Delivery of Platinum Anticancer Drugs to Glioblastoma through the Blood-Brain Tumor Barrier," ACS Nano 7, no. 10 (2013): 8583-8592., https://doi.org/10.1021/nn402662d.

2) Tao Yang, et al., "Conjugation of glucosylated polymer chains to checkpoint blockade antibodies augments their efficacy and specificity for glioblastoma," Nature Biomedical Engineering 5 (2021): 1274-1287., https://doi.org/10.1038/s41551-021-00803-z.

3) Di Zhang, et al., "Enhancing CRISPR/Cas gene editing through modulating cellular mechanical properties for cancer therapy," Nature Nanotechnology 17 (2022): 777-787., https://doi.org/10.1038/s41565-022-01122-3.

4) Daiki Omata, et al., "Lipid-based microbubbles and ultrasound for therapeutic application," Advanced Drug Delivery Reviews 154-155 (2020): 236-244., https://doi.org/10.1016/j.addr.2020.07.005.

5) Mitsuru Naito, et al., "Size-tunable PEG-grafted copolymers as a polymeric nanoruler for passive targeting muscle tissues," Journal of Controlled Release 347 (2022): 607-614.,

　　　　https://doi.org/10.1016/j.jconrel.2022.05.030.

6）Y. Anraku, et al., "Glycaemic control boosts glucosylated nanocarrier crossing the BBB into the brain," Nature Communications 8 (2017) : 1001., https://doi.org/10.1038/s41467-017-00952-3.

7）Hyun Su Min, et al., "Systemic Brain Delivery of Antisense Oligonucleotides across the Blood-Brain Barrier with a Glucose-Coated Polymeric Nanocarrier," Angewandte Chemie Internationl Edition 59, no. 21 (2020) : 8173-8180., https://doi.org/10.1002/anie.201914751.

8）Nishta Krishnan, Ronnie H. Fang and Liangfang Zhang, "Engineering of stimuli-responsive self-assembled biomimetic nanoparticles," Advanced Drug Delivery Reviews 179 (2021) : 114006., https://doi.org/10.1016/j.addr.2021.114006.

9）Janos Szebeni, et al., "Applying lessons learned from nanomedicines to understand rare hypersensitivity reactions to mRNA-based SARS-CoV-2 vaccines," Nature Nanotechnology 17 (2022) : 337-346., https://doi.org/10.1038/s41565-022-01071-x.

10）Giuditta Guerrini, et al., "Characterization of nanoparticles-based vaccines for COVID-19," Nature Nanotechnology 17 (2022) : 570-576., https://doi.org/10.1038/s41565-022-01129-w.

11）Paul W. K. Rothemund, "Folding DNA to create nanoscale shapes and patterns," Nature 440 (2006) : 297-302., https://doi.org/10.1038/nature04586.

12）Cody Geary, Paul W. K. Rothemund and Ebbe S. Andersen, "A single-stranded architecture for cotranscriptional folding of RNA nanostructures," Science 345, no. 6198 (2014) : 799-804., https://www.science.org/doi/10.1126/science.1253920.

13）Leonard M. Adleman, "Molecular Computation of Solutions to Combinatorial Problems," Science 266, no. 5187 (1994) : 1021-1024., https://www.science.org/doi/10.1126/science.7973651.

14）Kyle Lund, et al., "Molecular robots guided by prescriptive landscapes," Nature 465 (2010) : 206-210., https://doi.org/10.1038/nature09012.

15）Hongzhou Gu, et al., "A proximity-based programmable DNA nanoscale assembly line," Nature 465 (2010) : 202-205., https://doi.org/10.1038/nature09026.

16）Yusuke Sato, et al., "Micrometer-sized molecular robot changes its shape in response to signal molecules," Science Robotics 2, no. 4 (2017) : eaal3775., https://www.science.org/doi/10.1126/scirobotics.aal3735.

17）Lena M. Kranz, et al., "Systemic RNA delivery to dendritic cells exploits antiviral defence for cancer immunotherapy," Nature 534 (2016) : 396-401., https://doi.org/10.1038/nature18300.

18）Hyun Jin Kim, et al., "Fine-Tuning of Hydrophobicity in Amphiphilic Polyaspartamide Derivatives for Rapid and Transient Expression of Messenger RNA Directed Toward Genome Engineering in Brain," ACS Central Science 5, no. 11 (2019) : 1866-1875., https:// doi.org/10.1021/acscentsci.9b00843.

19）Shuai Liu, et al., "Zwitterionic Phospholipidation of Cationic Polymers Facilitates Systemic mRNA Delivery to Spleen and Lymph Nodes," Journal of the American Chemical Society 143, no. 50 (2021) : 21321-21330., https://doi.org/10.1021/jacs.1c09822.

20）Iriny Ekladious, Yolonda L. Colson and Mark W. Grinstaff, "Polymer-drug conjugate

2.2 俯瞰区分と研究開発領域 バイオ・医療応用

therapeutics: advances, insights and prospects," Nature Reviews Drug Discovery 18, no. 4 (2019)：273-294., https://doi.org/10.1038/s41573-018-0005-0.

21）Hiroyuki Koide, et al., "A polymer nanoparticle with engineered affinity for a vascular endothelial growth factor (VEGF165)," Nature Chemistry 9, no. 7 (2017)：715-722., https://doi.org/10.1038/nchem.2749.

22）Jing Chen, et al., "EGFR and CD44 Dual-Targeted Multifunctional Hyaluronic Acid Nanogels Boost Protein Delivery to Ovarian and Breast Cancers In Vitro and In Vivo," ACS Applied Materials & Interfaces 9, no. 28 (2017)：24140-24147., https://doi.org/10.1021/acsami.7b06879.

23）Xudong Lv, et al., "Background-free dual-mode optical and 13C magnetic resonance imaging in diamond particles," Proceedings of the National Academy of Sciences U S A. 118, no. 21 (2021)：e2023579118., https:// doi.org/10.1073/pnas.2023579118.

24）He Wei, et al., "Single-nanometer iron oxide nanoparticles as tissue-permeable MRI contrast agents," Proceedings of the National Academy of Sciences U S A. 118, no. 42 (2021)：e2102340118., https://doi.org/10.1073/pnas.2102340118.

25）Kevin M. Bennett, et al., "MR imaging techniques for nano-pathophysiology and theranostics," Advanced Drug Delivery Reviews 74 (2014): 75-94., https://doi.org/10.1016/j.addr.2014.04.007.

26）Takaaki Miyamoto, et al., "Relaxation of the Plant Cell Wall Barrier via Zwitterionic Liquid Pretreatment for Micelle-Complex-Mediated DNA Delivery to Specific Plant Organelles," Angewandte Chemie International Edition 61, no. 32 (2022)：e202201234., https://doi.org/10.1002/anie.202204234.

27）Yi Li and Rebecca Schulman, "DNA Nanostructures that Self-Heal in Serum", Nano Letters 19, no. 6 (2019)：3751-3760., https://doi.org/10.1021/acs.nanolett.9b00888.

28）Heini Ijäs, et al., "Dynamic DNA Origami Devices: from Strand-Displacement Reactions to External-Stimuli Responsive Systems," International Journal of Molecule Sciences 19, no. 7 (2018)：2114., https:// doi.org/10.3390/ijms19072114.

29）Satoshi Murata, et al., "Molecular Cybernetics: Challenges toward Cellular Chemical Artificial Intelligence," Advanced Functional Materials 32, no. 37 (2022)：2201866., https://doi.org/10.1002/adfm.202201866.

2.2 俯瞰区分と研究開発領域 バイオ・医療応用

2.2.3 バイオセンシング

（1）研究開発領域の定義

　生体由来の物質や信号を検出・分析する技術開発に基づき、生命科学研究や医療・ヘルスケアのための計測・診断デバイスの創出を目指す研究開発領域である。核酸やバイオマーカーとなる小分子、病原体、薬物、さらには生体の物理的応答などが分析対象となり得る。新規な検出原理の創出のみならず、微量試料から対象物質を分離する技術、検出の高速化・高感度化・高集積化・マルチモーダル化、Organ-on-a-Chip技術によるヒト臓器の再現、デバイスのウェアラブル化、非接触・遠隔診断技術などの研究が進められている。センシング素子やデバイスの設計に加え、データ解析や生体由来物質や細胞の扱いなども重要となるため、幅広い分野の連携が求められる。

（2）キーワード

　1細胞オミクス、1分子シーケンシング、ナノポア、マイクロチップ、Lab-on-a-Chip、Micro Total Analysis System（μTAS）、Organ-on-a-Chip、バイオマーカー、Micro Paper-based Analytical Device（μPAD）、Point-of-Care（POC）、ウェアラブルデバイス

（3）研究開発領域の概要

[本領域の意義]

　生体由来の様々な情報を検出・分析するバイオセンシング技術は、生命現象解明などの基礎研究や、医療・ヘルスケアにおける診断、さらには感染症予防におけるキーテクノロジーである。生体情報をDNA、RNA、タンパク質といった分子の種類や量から調べようとするオミクス解析は、1細胞レベル、そして1分子レベルと、より細かい解像度で情報が得られるよう技術が進展してきた。同時に、膨大な種類と幅広いダイナミックレンジ（分子数の多寡）を有する各種分子を網羅的かつ迅速・安価に計測するため、ハイスループットなデバイス開発にも注力がされている。Lab-on-a-ChipあるいはMicro Total Analysis Systems（μTAS）と呼ばれるデバイスは、微細な流路や構造物を数cm角の基板上に加工したものであり、単一細胞レベルや高い空間・時間分解能での効率的な生化学分析を可能にする。近年では、微小なチップ内に臓器構造を再現し、生体応答などの評価に利用するOrgan-on-a-Chip技術の発展も目覚ましい。さらに、社会の超高齢化やCOVID-19の流行などを通じて、ポイントオブケア（患者近傍での、あるいは患者自身で行う診断）やセルフケア（自身で日常的に行う健康管理）に適する安全で簡便な診断ツールの充実が急務となっている。バイオマーカーとなる物質を非侵襲かつ高感度に検出するための検出素子やデバイスの開発には、ナノ材料や生体と調和性の高い材料の開発が有用であり、多様な分析装置やウェアラブルデバイスの創出に貢献している。

[研究開発の動向]

　ヒトゲノム計画以来続く熾烈なDNAシーケンサーの開発競争により、ゲノム解析の価格は急速に低下し、今や次世代シーケンシング（NGS）が一研究室レベルで運用されるようになった。また、mRNAから逆転写反応でcDNAを合成しNGSで解読する、RNAシーケンシング（RNA-seq）も可能になった。2009年には1細胞レベルでのmRNAの網羅的解析（トランスクリプトーム解析）が実践され、最近はマイクロ流路技術と組み合わせることで多細胞のトランスクリプトーム解析を全自動で行う装置まで開発されている。

　一方、NSGを用いた1細胞RNA-seqには課題もある。読み取り長に限界があり、長いmRNA（数百塩基以上）は解読できない。またポリメラーゼ連鎖反応（PCR）を用いるため、低発現量の遺伝子を見落とす可能性がある。そこで、これらの欠点を克服し得る1分子計測技術が注目されている。現在有力な手法の1つは1分子リアルタイムシーケンシング（SMRT）であり、ゼロモード導波路を利用しDNAポリメラーゼに取り込まれるDNAを蛍光測定によって一塩基レベルで検出する。もう一つにはナノポアシーケンシングがあり、

2.2
俯瞰区分と研究開発領域
バイオ・医療応用

DNAが生体ナノポアを通過する過程で生じるイオン電流変化から、1分子DNAの塩基配列を解読する。現状では計測スループットと読み取りエラー率に課題があるが、ナノポア構造のアレイ化や、深層学習アルゴリズムによる読み取りエラーの低減が急速に進められている。

　トランスクリプトーム解析による遺伝子発現量の推定ではなく、直接タンパク質の発現量を調べるためにはプロテオーム解析を行う。現在の主要技術である質量分析法では、原理上、計測可能なタンパク質の種類が限定され、またタンパク質の高次構造の情報も得ることができない。そこで、タンパク質の1分子検出法の研究開発が潮流となっている。アプローチは2種類あり、一つはタンパク質を構成するアミノ酸の配列を解読するものである。これまでに、Orbitrap質量分析法、エドマン分解法を用いた大規模並列分析、定量DNA–PAINT、生体ナノポアを用いたペプチドシーケンシング法など様々な技術が開発されている。中でも生体ナノポアシーケンシング法は急速に開発が進められており、実用に近い技術とされる。もう一つは、タンパク質の構造を1分子毎に計測するセンサ技術の開発である。固体ナノポアセンサでは、1分子タンパク質の形状識別や折り畳み構造解析技術が確立された。さらに信号解析に機械学習を用いれば、体積・表面電荷・質量といった多様な物理特性の解析も可能になる。近年では国内外でベンダーが現れ、研究開発を後押ししている。また、タンパク質をイオン化せずに、その質量を10ゼプトグラムの超高感度で測定するナノメカニカル共振子なども開発されている。

　Lab-on-a-Chip、あるいはMicro-Total-Analysis-Systems（μTAS）と呼ばれる技術が近年注目を集めている。これは、半導体加工技術（Microelectromechanical System（MEMS））をベースとして、数cm角の基板上に微細な流路や構造物を加工し、様々な流体操作・化学操作を集積させた「マイクロチップ」を利用したデバイスである。数nmから数百μmまで幅広いサイズの構造を作ることができるため、分子レベルから細胞、組織レベルまで、幅広い対象の分析に適用することができる。

　μTASの研究は、1990年代前半、マイクロ流路上の電気泳動によるDNAの分離分析から始まった。流路を使うことで多段階の分離や省試料での分析が可能となり、さらに超微細加工技術の進展に伴って、1分子毎の分離や分析が可能になるまで技術が高度化した。タンパク質も主要な分析対象分子である。抗原抗体反応を用いた1分子レベルで定量分析や、質量分析計のエミッターにマイクロ流路による電気的分離操作を組み合わせることで、1細胞レベルでの高感度タンパク質解析が報告されている。

　細胞培養実験にマイクロチップを用いることで、反応空間が大幅に減少し、実験系の効率向上や高機能化が期待される。初期には、外部で培養した細胞の懸濁液をマイクロチップ内で分離分析する研究などが報告された。近年では、マイクロチップの中で細胞を培養する手法が開発され、迅速なバイオリアクターやバイオアッセイシステムの構築が実現された。また細胞数は100万個以上から1000個以下へ、分析時間も数時間から数分以内へと飛躍的に向上している。さらに1細胞ごとに培養する技術も開発され、細胞の個性に迫る実験も可能となっている。このような技術は、様々な疾患解析等への展開が期待される。

　Organ-on-a-Chipは、マイクロチップ内で流路や構造物・膜などを組み合わせ、生体組織を模倣したデバイスである。2010年代初頭から、薬剤効果の検証など動物実験の代替として期待されている。現在、肺、腎臓、小腸、血管、血液脳関門などの臓器がOrgan-on-a-Chip技術で模倣されている。例えば肺は、流路を多数の微細貫通孔を有するポア膜で二分割し、膜の裏表に肺上皮細胞と血管内皮細胞を培養し空気と培地を分離することで模倣される。さらに、複数のOrgan-on-a-Chipを融合させて全体的な影響を調べるシステム（Body-on-Chips）も開発されており、一層の高度化が進んでいる。

　医療におけるポイントオブケア診断技術には、分析性能に加えて携帯性、迅速性、費用対効果などが求められる。COVID-19の世界的な流行は当該技術の進展をもたらし、近年では非侵襲的に採取可能な生体液（唾液、尿、汗など）を利用したバイオマーカーのスクリーニング検査が可能になりつつある。バイオマーカー濃度に対して夾雑成分の多い生体液に対しては、ナノ材料と統合した診断デバイスが、特に感度や周囲条

2.2 俯瞰区分と研究開発領域 バイオ・医療応用

件での長期安定性の向上に貢献している。例えば、サイズ、形状および凝集に依存したプラズモニック特性による光学検出スキームや、サブ波長領域の光共振器アレイの活用よって蛍光増強度を高める技術が報告されている。また、シリコンフォトニクス技術の応用は、デバイスの超小型化や多検体測定を可能にする。シリコン光導波路上で抗原濃度変化を共振波長の変化として捉えるなど、様々な原理が提案されている。

　スマートウォッチなどのウェアラブルデバイスは、生体の圧力・振動・温度などの物理センシングを実装しており、既にCOVID-19を含む様々な病気の早期発見や進行のモニタリングへ活用されている。その次世代の技術として、従来の身体パラメータに加え、生化学マーカーも含めたマルチモーダルあるいはマルチプレックス測定をリアルタイムかつ継続的に行うウェアラブルセンサの開発が追求されている。

　現在特に開発が進んでいるのは、汗成分や皮下間質液成分（代謝物（e.g., グルコース、尿酸）、電解質、コルチゾールなど）を対象としたセンシングシステムである。皮膚に貼付可能な柔軟材料を用いたセンシングデバイス（"皮膚パッチ"）は発展が著しい。従来のデバイスにはない変形し易さ、弾力性、軽さ、携帯性を持ち、かつLab-on-a-Chip技術を活用して多様な機能を搭載できる可能性がある。発汗を促す薬剤を経皮投与するイオントフォレシスとの組み合わせや、ハイドロゲルのパッドに指先を数分間"タッチ"する汗のサンプリング法も検討されている。また、刺入型のデバイスも活発に開発されている。アボット社の「FreeStyle リブレ」は、柔軟な酵素電極ファイバーを皮下に挿入して間質液中のグルコース濃度の連続的測定を行う。糖尿病患者が指先穿刺せずに日常の自己管理が可能となり、現在世界中で利用されている。マイクロニードルアレイを用いて、皮下間質液中の血糖値やアルコール、乳酸などの代謝物をモニタリングするシステムも報告されている。

　（汗や間質液中の）生化学マーカーのセンシング素子には、導電性ナノ材料の利用が関心を集めている。優れた物理的・化学的・電気的特性、多数のナノスケール形態、酵素修飾などにより、多様な化学的および生物学的センサへと加工できる。例えば、電気化学的免疫センサやDNAバイオセンサなどのウェアラブル電気化学バイオセンサ、光学現象を利用したバッテリー駆動のウェアラブルセンサ、さらにはバッテリーレスの皮膚型センサなどへ応用されている。

（4）注目動向

［新展開・技術トピックス］

・1分子ペプチド/タンパク質シーケンサー

　Oxford Nanopore Technologies社は、ナノポアを利用した1分子DNAシーケンサーの技術で強力な地位を築いているが、現在1分子ペプチドシーケンスへの技術展開が注目されている。これまでに2本のDNA鎖にペプチドを化学的に連結させる手法を用いて、数塩基のアミノ酸配列を高精度で識別できることが報告された。また、世界初となる1分子タンパク質シーケンサーの製品化を目指す複数のベンチャー企業が設立されている。エドマン法分解法を基盤技術とし、SMRTに類似した大規模並列蛍光検出の仕組みと組み合わせてリアルタイムでアミノ酸配列解読を実施する技術開発が進められている。最近では数十塩基のオリゴペプチドのアミノ酸配列解読に成功した。タンパク質の網羅的検出への発展が期待される。

・集積ナノポア構造を応用した新規1分子計測技術

　3次元集積ナノポアセンサは、ナノポアの極近傍で細胞を破砕する仕組みにより、ハイスループットな生体分子検出を可能にした。1つの細胞内のタンパク質やDNAをオンチップでその場検出できる初のナノポアセンサである。また、ナノ電極をナノピペットの先端に集積させたナノセンサが開発されている。ナノ電極間のトンネル電流計測により、ナノポアを通過する1分子DNAやタンパク質を検出できる。

- **細胞・組織の力学的特性を評価/利用するデバイス**

　Organ-on-a-Chip 技術の研究では、心臓や骨格筋、平滑筋などの動く細胞を用いて、その力学応答を調べる実験系の開発が注力されている。細胞の極わずかな力や動きの大きさを計測する必要があるため、高精度なデバイス作製が求められる。初期には、カンチレバー（片持ち梁）型の構造体に細胞を接着させて薬剤応答を見る方法や、マイクロピラーアレイ上で平滑筋細胞が接着・移動する際のピラー頭頂部の変位を計測するデバイスなどが開発されている。近年では、心臓を模した細胞組織をマイクロ流路内に再現し、拍動による流れの変化から力を評価する実験系などが報告されている。また、筋肉組織などの駆動力を利用してロボットやポンプなどの自律型機能を持つデバイスの開発も行われており、体内移動ロボットや人工心臓といった医療デバイスへの応用展開も期待される。

- **生体素子（抗体、酵素、細胞など）を用いたセンシング**

　生体由来の抗体、酵素または細胞自体が持つ優れた感度や選択性を活用して、多様なセンシング技術が開発されている。素子機能を最大限に引き出すため、生体素子の配向や固定制御、センシング場の制御などが足掛かりとなる。例えば、昆虫の嗅覚受容体を人工細胞膜に再構成した匂いセンサでは、呼気中のガンマーカー（1-オクテン-3-オール）の検出が行われた。また、生体組織や器官、個体をそのまま利活用するセンサも増えている。例えば、線虫が癌マーカー分子に誘引されることを利用したN-NOSE（エヌノーズ、HIROTSUバイオサイエンス）は、新しい癌検査方法として注目を集め、普及が進んでいる。昆虫の触角は、気中の匂いを高感度で連続検出可能なセンサ素子として機能することから、電極に繋いだ触覚単体をドローンに搭載して匂い発生源を探索する試みなどがされている。

- **3次元-マイクロ流体ペーパーベース分析装置**

　酵素免疫測定法（ELISA）やポリメラーゼ連鎖反応（PCR）などの複雑な検査を、低コストに、そしてオンサイトで実施するため、紙製の診断装置であるマイクロ流体ペーパーベース分析装置（μPAD）が注目されている。低コスト化およびパフォーマンス向上のため、ペーパーの3次元（3D）構造化、疎水性バリアの高解像度パターンの作成、紙に収縮性などの機能を付与するなどの研究開発が進められている。特にペーパーの3D化は、デバイスのサイズを大きくすることなく、多段階および複数種類の検査チャネルを搭載した密なデバイスを実現し得る。加えて、厚み方向にもサンプルを移動させることで紙の膨張によるサンプル損失を抑えられる、試料導入口と反応ゾーンを短い3D経路で結ぶことで複数のチャネルを混合せずに構成でき、処理時間を短縮できる、といった利点もある。複数の技術要素を組み合わせた性能向上が今後も期待される。

- **神経センシング**

　末梢神経系は、様々な感覚器と関連する制御システムの間での信号伝達を担う。神経・精神疾患や感覚器疾患の治療においては、抹消神経系のセンシングおよび制御を可能にする抹消神経インターフェースの開発が求められている。血糖値や血圧などの生体信号や感覚器の活動をモニタリングすることで、治療効果を高める刺激信号生成や、生体負担を緩和する刺激のタイミング・強度の調整などが期待される。非侵襲的な治療方法である経皮的電気刺激や経頭蓋磁気刺激などでは、神経活動や症状に関連する生体情報のセンシングを活用したクローズドループ刺激が研究されている。さらに、自律神経系は臓器機能や生体恒常性など広範な生理機能に関わり、かつ個別の神経単位での制御が可能と考えられることから、その活動のセンシング技術の開発が注目されている。

[注目すべき国内外のプロジェクト]

　米国では、国立衛生研究所（NIH）のRapid Acceleration of Diagnostics（RADx）イニシアティブにおいて、COVID-19に対応した新規検査手法の開発やその社会実装を加速させるため、1億700万ドル以上

の支援が実施された。この中のRADx Radical（RADx-rad）プログラムでは、迅速検出デバイス、ポイントオブケア診断、スクリーニング・在宅検査技術などに焦点を当てた、新しいウイルス検査アプローチの研究開発を推し進めている。また、将来の感染症が発生した際に展開できるプラットフォームの構築も目指している。また、NIHのNational Human Genome Research Institute（NHGRI）では、"Technology Development for Single-Molecule Protein Sequencing"というタンパク質の1分子シーケンシング技術開発のためのファンディングプログラムが立ち上げられた。既存のプロテオーム解析技術を超えてハイスループット・高感度に希少タンパク質を検出可能な候補技術として、ナノポア技術、エドマン分解法、蛍光検出法、トンネル電流計測法が挙げられている。 NIHのNational Center for Advancing Traslational Science（NCATS）では、米国国防高等研究計画局（DARPA）を含む複数の国家機関と連携して、2012年にTissue Chip for Drug Screening イニシアティブを発足しており、Organ-on-a-Chipに関する研究プロジェクトを継続的に支援している。

Northwestern大学の研究グループを中心に、トップダウンプロテオミクスのコンソーシアムが立ち上げられ、"Human Proteoform Project"が始動している。これは、約2万個のヒトの遺伝子から発現されるタンパク質分子を網羅的に解析し、Human Proteoform Atlasの構築を目指すプロジェクトである。ナノポア技術やOrbitrap質量分析法といった、1分子オミクス解析技術開発への投資も目的としている。また米国国立科学財団（NSF）では、Engineering Biology and Health（EBH）Cluster の中の "Biosensing"および"Biophotonic"プログラムにおいて、生命科学や医療診断、公衆衛生などに資するバイオセンシング技術の研究開発が進められている。

DARPAの"Smart Non-invasive Assays of Physiology（SNAP）"、"Measuring Biological Aptitude（MBA）"、"Epigenetic CHaracterization and Observation（ECHO）"といった研究プログラムでは、多様なオミクス情報やバイオマーカーの分析に基づいて、身体の状態を経時的に追跡する非侵襲・携帯型のデバイスの開発を目指している。

欧州のHorizon 2020および後継のHorizon Europeでは、ゲノムからプロテオームまで様々なオミクス情報のシーケンス技術、マイクロチップや携帯型デバイスを用いた生体試料の分析・臨床診断技術の開発に関するプログラムが多数進行している。この内、"Organ-on-Chip in Development（ORCHID）"は2017年から実施された複数の大学や研究機関によるオープンプロジェクトであり、Organ-on-a-Chip技術のロードマップの策定と国際的なネットワークの枠組みの構築を目標に活動した。その成果の一つとして、2018年にEuropean Organ-on-Chip Society（EUROoCS）が設立されており、Organ-on-a-Chip技術におけるアカデミアと産業界の繋がりや、法規制、教育等への対応が強化されている。1分子シーケンシング技術に関して進行中の大規模プログラムとしては、2019年からの"Proteome profiling using plasmonic nanopore sensors（NanoProt-ID）"がある。これは、タンパク質の部分的蛍光標識と、固体ナノポアの表面プラズモン共鳴による蛍光増強を利用して、1分子レベルのプロテオミクス解析を目指すものである。また、2021年より"Ultrafast Raman Technologies for Protein Identification and Sequencing（ProteinID）"プログラムが始動しており、固体ナノポアを通るタンパク質のアミノ酸配列を、増強ラマン散乱で超高速・超高感度にシーケンシングするアプローチが研究されている。

日本では、JSTの戦略的創造研究推進事業（CREST、さきがけ）および日本医療研究開発機構（AMED）の革新的先端研究開発支援事業（AMED-CREST、PRIME）において、2021年から生体感覚システムおよび末梢神経ネットワークを包括した「マルチセンシングシステム」の統合的な理解、および可視化・制御法の開発を目標とした連携プログラムが立ち上がっている。この中では、神経活動や生体感覚をセンシングするシステムの機構解明や、低侵襲性センシングデバイスの開発も行われる。 JSTの産学共創プラットフォーム共同研究推進プログラム（OPERA）の「埋込型・装着型デバイス共創コンソーシアム」（2017～2021年度）では、身体パラメータや非侵襲的生体試料（汗、唾液、呼気など）のセンシングによりヘルスケアや医療に資する埋込型・装着型デバイスが様々に開発されている。同じくJST-OPERAの「マルチモーダルセンシング

共創コンソーシアム」（2018～2023年度）では、イオンイメージセンサおよびマルチガス感応膜の技術を生命科学、ヘルスケア、農芸等へ応用したセンシング技術の開発を行っている。AMED「再生医療・遺伝子治療の産業化に向けた基盤技術開発事業（再生医療技術を応用した高度な創薬支援ツール技術開発）」（2017～2021年度）においては、患者負担の少ない薬物効果試験等を目指し、腎臓や血液脳関門などの様々なオンチップ模倣臓器が開発された。その他、複数の大型プロジェクト（JST-ERATO、日本学術振興機構の新学術領域研究、AMEDムーンショット型研究開発事業）の中で、バイオセンシング技術が関わる研究が推進されている。

（5）科学技術的課題

1分子レベルのオミクス解析技術は、一般的に分子と同程度の大きさの空間を作り、そこへ入ってくる分子を1個ずつ検出する仕組みを基本とする。しかし、タンパク質やmRNAに対する検出空間の大きさは1～数nmとなるため、液中に分子が高濃度で存在していないと現実的な時間で計測することは困難である。特にタンパク質は、DNAやmRNAと異なり、PCR増幅のような遺伝子工学的方法により高濃度条件を作る手段が無い。そこで、水圧や毛細管力などの外力を利用し、効率的にタンパク質分子をセンサ空間に輸送するフローセルの開発が必須になる。あるいは、1細胞をセンサ空間の極近傍で破砕し、タンパク質を抽出する仕組みも効果的であろう。さらに、多チャンネル化による大規模並列処理も重要である（既にPacBio社のSMRT技術やOxford Nanopore Technologiesのナノポア技術で開発が進められている）。

また、細胞内にはmRNAやタンパク質以外にも多様な夾雑物質が含まれている。従って無処理のまま細胞内分子を計測することは難しく、分離技術の併用が必要になる。質量分析法では、HPLCのような既存技術に加え、electrosprayの段階でナノポアをフィルタとして用いる新技術も開発されている。同様の機構は固体ナノポアセンサにも適用されており、サイズ分離しながら1細胞からタンパク質や核酸を検出できることが報告されている。

1分子オミクス解析による1細胞解析は、将来、空間オミクスへの応用展開も見込まれる。従来では、生体試料を機械破砕や酵素分解により処理しているため、生体組織のどの位置の細胞の情報であるかを明確にできない。狙った位置の細胞から効率的に内容物を抽出する技術を導入し、空間位置情報と紐づいた1分子オミクスデータの計測プラットフォームの確立を目指すことも重要である。さらには最近、1つの生細胞から非侵襲的に細胞質を採取することで、1つの生細胞で繰り返しトランスクリプトーム解析をする技術（Live-seq）が報告された。オミクス解析は、今後、時系列解析への展開も予想され、非侵襲的なサンプリング法の性能向上やハイスループット化が求められる。

Organ-on-a-chip技術に関して、まずデバイスの実効性の観点では、どの程度本来の臓器構造や機能を模倣できているかが問題である。実際の臓器は血管や神経などが複雑に絡み合っており、これを大きな組織のレベルで再現することは難しい。また神経系を組み込んだデバイスはこれまでに報告がない。さらに、他細胞との共培養による複合組織の作製という課題もある。これらの解決には、オルガノイド技術など生命・医学分野との本格的な連携が必須となる。続いて、デバイス基板の材料特性に関して、現在に主に使われているPolydimethylsiloxane（PDMS）は、微細構造を作り易くコストも安価という利点がある一方、ゴム材料であるため、長期的安定性や化学的・物理的耐性には劣る面がある。さらに、光学的検出法の適用において、PDMSでは厚みを一定程度薄くすることが難しい点や、自家蛍光や光との干渉作用が障害となる場合がある。そこで、ガラスやそのほかの材料を基板に用いたデバイス作製が検討されている。さらに、体内に埋め込んで人工臓器やその補助として用いる場合には、生体適合性や非侵襲性も求められることになる。

電気化学的原理に基づくポイントオブケア診断技術では、検出素子自体はフェムトモル濃度領域の検出限界に到達している。このため、低濃度の病原体を検出するデバイスの開発には、サンプル処理工程の簡略化、標的DNAの2本鎖検出法の開発、携帯型デバイスの感度向上といった方向性の研究開発が必要になる。また、スクリーニング検査としてのスループットを高めるためには、1度に複数のバイオマーカーを測定できる多重・

2.2
俯瞰区分と研究開発領域
バイオ・医療応用

差動センサなどの開発が求められる。

　ウェアラブルなセンシングデバイス、特に皮膚貼付型のデバイスにおいては、軽量で安全、かつ連続動作を可能にする電源が必要である。そのために、空気電池（金属/O_2電池）や太陽電池などの薄膜化やフレキシブル化が進んでいる。また、汗を電解質として利用することで未使用時の劣化や液漏れを回避したオンデマンド型電池が報告されている。さらに、環境発電の一種である摩擦発電デバイスは、人体の運動によって発電するウェアラブル電源として注目される。汗（乳酸）や尿糖などで発電する酵素電池については、研究が続けられているものの出力の安定性、寿命、発電量に課題がある。今後も、デバイス特性や使用目的に応じた電源の開発が求められる。

　神経活動のセンシングおよび制御においては、信頼性の高い神経インターフェースが必要である。神経外電極は、神経上皮に巻き付けたり貼り付けたりしてアプローチするため神経へのダメージは少なく済むが、信号対雑音比（SNR）や刺激の分解能が低くなるというデメリットがある。一方、神経内電極を用いるアプローチでは、高いSNRや刺激分解能を期待できるものの、自律神経への刺入ダメージが懸念される。また、目的の神経に確実にアクセスできることも必要である。そこで、インターフェースそのものを小さくすることが重要となり、カフ型マイクロ電極、ナノクリップ、マイクロ電極アレイなど、マイクロ・ナノ工学に基づく精密設計が検討されている。さらに、生体内での免疫反応を回避し、かつ神経インターフェースの機能を保持するため、生体適合性と柔軟性を有する材料の利用も求められる。

（6）その他の課題

　バイオセンシング技術は、化学、物理学、工学、生物学、医学、情報科学など様々な分野の技術要素から成るため、これらを統合する幅広い学際的研究領域として基礎・応用研究や産学連携が推進されるべきである。また、そのような取り組みの中で、イノベーション創出に向けて高い異分野融合能力を有する人材の育成も望まれる。学術コミュニティの構築や、分野を跨いだ情報共有・情報発信の素地を作るためには、国がフラッグシップを取り、各分野の学会を巻き込みながら進めていくことが有効な可能性がある。さらに産学連携においては、大学発の技術をより効率的・戦略的に実装までつなげるために、技術面のみでなく、消費者ニーズや市場動向・社会動向を踏まえた研究開発が必要である。ここでは、企業の参画のみならず、国による戦略的なマッチングや促進活動の必要性も考えられる。

　1分子オミクス解析技術については、その実用上の意義・価値の実証も重要な課題である。例えば、計測の感度、検出対象分子のカバレッジ、分子識別のエラー率、コスト、およびスループットの観点から技術的評価がなされるが、その実用上の利点を実証するには、グローバルな学術コミュニティで情報共有や議論をしながら研究開発および実装を促進していく必要がある。実際に1分子プロテオミクス解析分野では、関連する幅広い分野の専門家がそれぞれに最も関連性の高い問題とニーズについて議論する学際的な会議（The 2019 Single-Molecule Protein Sequencing conferenceやThe 2020 Nanopore Electrochemistry Meeting）が開かれるなどしている。

（7）国際比較

国・地域	フェーズ	現状	トレンド	各国の状況、評価の際に参考にした根拠など
日本	基礎研究	○	↗	基礎研究から産業化・医療応用までバイオセンシングに関する大型プロジェクトが継続的に実施されている。特に、JST-AMED連携領域「マルチセンシング」では、バイオセンシング技術との緊密な繋がりを持って研究がされている。大阪大学や東京農工大で集積ナノポアや生体ナノポアの先駆的研究が進められている。μTASは日本が得意とする分野で、これまで世界トップクラスの成果を挙げていたが、近年ではやや停滞傾向も見られる。

国・地域	フェーズ	現状	トレンド	各国の状況、評価の際に参考にした根拠など
日本	応用研究・開発	○	→	研究機関と企業が連携して技術開発や製品開発を実施している事例は少なくないが、大手企業の参入やグローバル市場での競争力強化が一層求められる。現状、応用研究が十分であるとは言えない。日立では固体ナノポアの製造法の開発が進められている。また、Aipore社がナノポア計測プラットフォームの製品化に成功しており、今後1分子オミクス解析に向けた技術展開が期待される。
米国	基礎研究	◎	↗	NIHやNSFでバイオセンシングに関するファンドが様々に進行している。Human Proteoform Projectが始動し、オミクス解析の基礎研究は今後も強力に推進される見込みである。MEMSの発祥地と言われるUC BerekelyやHarvard大学、MITなどを中心に、そのバイオ応用の技術は世界を牽引している。
米国	応用研究・開発	◎	↗	農業、生物、防衛、環境モニタリングなど様々な応用先への高性能バイオセンサ開発の研究費が増額している。センサの小型化技術が進展しており、主要な市場プレイヤーも存在する。シリコンバレーを含む西海岸では産学連携が非常に活発である。世界初となる1分子ペプチドシーケンサーの製品化を目指す複数のベンチャーが設立されており、今後の期待が高まっている。
欧州	基礎研究	◎	↗	Oxford Nanopore Technologies社を中心に、デルフト工科大やオックスフォード大、インペリアルカレッジロンドンなどで、ナノポア技術の最先端研究が展開されている。μTASの発祥の地であり、その基礎研究は非常に強い。特にスイス連邦工科大、デンマーク工科大、オランダ・トウェンテ大などの成果が顕著である。Horizon Europeが資金面で強力な後押しをしている。
欧州	応用研究・開発	◎	→	インフラや技術面の体制が発展しており、産業化を進めやすい環境がある。動物実験の規制が厳しいこともあり、Organ-on-a-Chip技術の実用化への動きが積極的である。Oxford Nanopore Technologies社では、1分子ペプチドシーケンシングへの技術展開が急進されている。
中国	基礎研究	◎	↗	Life SciencesとHealth Sciencesへの研究費配分が充実している。若手研究者が多く、異分野連携も活発である。μTAS技術は、中国科学院や清華大、武漢大などを中心に発展が目覚ましい。オミクス解析技術については目立った成果はないが、一部、南京大学で生体ナノポアによる1分子タンパク質検出法に関する先端的な研究が行われている。
中国	応用研究・開発	○	↗	国内市場が大きいこと、また動物実験や臨床試験が比較的行いやすいことから、事業化しやすい環境があり、今後の発展が見込まれる。2021年末にQitan Tech社が世界で二つ目となるナノポアシーケンサー「QNome」の製品化を発表しており、1分子オミクス解析技術開発においても巻き返しが予想される。
韓国	基礎研究	○	→	政府のR＆D予算は近年増加しており、その中でバイオヘルスは3大コア分野の一つとされている。基礎研究レベルは諸外国と比べてやや立ち後れていたが、近年ではソウル大を中心に存在感が高まっている。μTAS技術では日本に次ぐ位置に着けている。
韓国	応用研究・開発	○	→	大手企業がグローバル規模での研究開発を実施しており、その市場での存在感も増しつつある。また大学や研究機関での応用研究の成果も見受けられる。例えば、DNAシーケンスにおけるアライメントプロセスを高速化するソフトウェアの開発（KAIST）や、ポイントオブケア血糖値測定のための高感度センサの開発（基礎科学研究院）などがある。

（註1）フェーズ

　　基礎研究：大学・国研などでの基礎研究の範囲

　　応用研究・開発：技術開発（プロトタイプの開発含む）の範囲

（註2）現状　※日本の現状を基準にした評価ではなく、CRDSの調査・見解による評価

　　◎：特に顕著な活動・成果が見えている　　　　　○：顕著な活動・成果が見えている

　　△：顕著な活動・成果が見えていない　　　　　　×：特筆すべき活動・成果が見えていない

（註3）トレンド　※ここ1〜2年の研究開発水準の変化

　　↗：上昇傾向、→：現状維持、↘：下降傾向

関連する他の研究開発領域

・IoTセンシングデバイス（ナノテク・材料分野　2.3.4）

・バイオマーカー・リキッドバイオプシー（ライフ・臨床医学分野　2.1.7）

・一細胞オミクス・空間オミクス（ライフ・臨床医学分野　2.3.6）

参考・引用文献

1) Yating Pan, et al., "Microfluidics Facilitates the Development of Single-Cell RNA Sequencing," Biosensors 12, no. 7 (2022): 450., https://doi.org/10.3390/bios12070450.

2) Martin Philpott, et al., "Nanopore sequencing of single-cell transcriptomes with scCOLOR-seq," Nature Biotechnology 39 (2021): 1517-1520., https://doi.org/10.1038/s41587-021-00965-w.

3) Ishaan Gupta, et al., "Single-cell isoform RNA sequencing characterizes isoforms in thousands of cerebellar cells," Nature Biotechnology 36 (2018): 1197-1202., https://doi.org/10.1038/nbt.4259.

4) Henry Brinkerhoff, et al., "Multiple rereads of single proteins at single-amino acid resolution using nanopores," Science 374, no. 6574 (2021): 1509-1513., https://doi.org/10.1126/science.abl4381.

5) Jared Houghtaling, et al., "Estimation of Shape, Volume, and Dipole Moment of Individual Proteins Freely Transiting a Synthetic Nanopore," ACS Nano 13, no. 5 (2019): 5231-5242., https://doi.org/10.1021/acsnano.8b09555.

6) Prabhat Tripathi, et al., "Electrical unfolding of cytochrome c during translocation through a nanopore constriction," Proceedings of the National Academy of Sciences U S A. 118, no. 17 (2021): e2016262118., https://doi.org/10.1073/pnas.2016262118.

7) Akihide Arima, et al., "Identifying Single Viruses Using Biorecognition Solid-State Nanopores," Journal of the American Chemical Society 140, no. 48 (2018): 16834-16841., https://doi.org/10.1021/jacs.8b10854.

8) Georgios Katsikis, et al., "Weighing the DNA Content of Adeno-Associated Virus Vectors with Zeptogram Precision Using Nanomechanical Resonators," Nano Letters 22, no. 4 (2022): 1511-1517., https://doi.org/10.1021/acs.nanolett.1c04092.

9) Noritada Kaji, et al., "Separation of Long DNA Molecules by Quartz Nanopillar Chips under a Direct Current Electric Field," Analytical Chemistry 76, no. 1 (2004): 15-22., https://doi.org/10.1021/ac030303m.

10) Kentaro Shirai, Kazuma Mawatari and Takehiko Kitamori, "Extended Nanofluidic Immunochemical Reaction with Femtoliter Sample Volumes," Small 10, no. 8 (2014): 1514-1522., https://doi.org/10.1002/smll.201302709.

11) Takayuki Kawai, et al., "Ultrasensitive Single Cell Metabolomics by Capillary Electrophoresis-Mass Spectrometry with a Thin-Walled Tapered Emitter and Large-Volume Dual Sample Preconcentration," Analytical Chemistry 91, no. 16 (2019): 10564–10572., https://doi.org/10.1021/acs.analchem.9b01578.

12) Makiko Goto, et al., "Development of a Microchip-Based Bioassay System Using Cultured Cells," Analytical Chemistry 77, no. 7 (2005): 2125-2131., https://doi.org/10.1021/ac040165g.

13）Nobutoshi Ota, et al., "Isolating Single Euglena gracilis Cells by Glass Microfluidics for Raman Analysis of Paramylon Biogenesis," Analytical Chemistry 91, no. 15 (2019) : 9631-9639., https://doi.org/10.1021/acs.analchem.9b01007.

14）Sangeeta N. Bhatia and Donald E. Ingber, "Microfluidic organs-on-chips," Nature Biotechnology 32 (2014) : 760-762., https://doi.org/10.1038/nbt.2989.

15）Dongeun Huh, et al., "Reconstituting Organ-Level Lung Functions on a Chip," Science 328, no. 5986 (2010) : 1662-1668., https://doi.org/10.1126/science.1188302.

16）Andrew C. Murphy, Marissa E. Wechsler and Nicholas A. Peppas, "Recent advancements in biosensing approaches for screening and diagnostic applications," Current Opinion in Biomedical Engineering 19 (2021) : 100318., https://doi.org/10.1016/j.cobme.2021.100318.

17）Roozbeh Ghaffari, John A. Rogers and Tyler R. Ray, "Recent progress, challenges, and opportunities for wearable biochemical sensors for sweat analysis," Sensors and Actuators B: Chemical 332 (2021) : 129447., https://doi.org/10.1016/j.snb.2021.129447.

18）Juliane R. Sempionatto, Jong-Min Moon and Joseph Wang, "Touch-Based Fingertip Blood-Free Reliable Glucose Monitoring: Personalized Data Processing for Predicting Blood Glucose Concentrations," ACS Sensors 6, no. 5 (2021) : 1875-1883., https://doi.org/10.1021/acssensors.1c00139.

19）Tahir Raza, et al., "Progress of Wearable and Flexible Electrochemical Biosensors With the Aid of Conductive Nanomaterials," Frontiers in Bioengineering and Biotechnology 9 (2021): 761020., https://doi.org/10.3389/fbioe.2021.761020.

20）Subhas Chandra Mukhopadhyay, Nagender Kumar Suryadevara and Anindya Nag, "Wearable Sensors for Healthcare: Fabrication to Application," Sensors (Basel) 22, no. 14 (2022) : 5137., https://doi.org/10.3390/s22145137.

21）Brian D. Reed, et al., "Real-time dynamic single-molecule protein sequencing on an integrated semiconductor device," bioRxiv, https://doi.org/10.1101/2022.01.04.475002.

22）Makusu Tsutsui, et al., "Detecting single molecule deoxyribonucleic acid in a cell using a three-dimensionally integrated nanopore," Small Methods 5, no. 9 (2021) : 2100542., https://doi.org/10.1002/smtd.202100542.

23）Longhua Tang, et al., "Combined quantum tunnelling and dielectrophoretic trapping for molecular analysis at ultra-low analyte concentrations," Nature Communications 12 (2021): 913., https://doi.org/10.1038/s41467-021-21101-x.

24）Mosha Abulaiti, et al., "Establishment of a heart-on-a-chip microdevice based on human iPS cells for the evaluation of human heart tissue function," Scientific Reports 10, no. 1 (2020) : 19201., https://doi.org/10.1038/s41598-020-76062-w.

25）Yuta Morimoto, Hiroaki Onoe and Shoji Takeuchi, "Biohybrid robot powered by an antagonistic pair of skeletal muscle tissues," Science Robitics 3, no. 18 (2018) : eaat4440., https://doi.org/10.1126/scirobotics.aat4440.

26）Tetsuya Yamada, et al., "Highly sensitive VOC detectors using insect olfactory receptors reconstituted into lipid bilayers," Science Advances 7, no. 3 (2021) : eabd2013., https://doi.org/10.1126/sciadv.abd2013.

27）Yue Hou, et al., "Recent Advances and Applications in Paper-Based Devices for Point-of-Care Testing," Journal of Analysis and Testing 6, no. 3 (2022) : 247-273., https://doi.org/10.1007/s41664-021-00204-w.

2.2 俯瞰区分と研究開発領域 バイオ・医療応用

28) Taehoon H. Kim, Young Ki Hahn and Minseok S. Kim, "Recent Advances of Fluid Manipulation Technologies in Microfluidic Paper-Based Analytical Devices（μPADs）toward Multi-Step Assays," Micromachines (Basel) 11, no. 3 (2020)：269., https://doi.org/10.3390/mi11030269.

29) Youngjun Cho, et al., "Recent progress on peripheral neural interface technology towards bioelectronic medicine," Bioelectronic Medicine 6, no. 1 (2020)：23., https://doi.org/10.1186/s42234-020-00059-z.

30) Joshua D. Spitzberg, et al., "Microfluidic device for coupling isotachophoretic sample focusing with nanopore single-molecule sensing," Nanoscale 12, no. 34 (2020)：17805-17811., https://doi.org/10.1039/D0NR05000H.

31) Joseph Bush, et al., "The nanopore mass spectrometer," Review of Scientific Instruments 88, no 11 (2017) 113307., https://doi.org/10.1063/1.4986043.

32) Wanze Chen, et al., "Live-seq enables temporal transcriptomic recording of single cells," Nature 608, no. 7924 (2022)：733-740., https://doi.org/10.1038/s41586-022-05046-9.

33) A. J. Bandodkar, et al., "Sweat-activated biocompatible batteries for epidermal electronic and microfluidic systems," Nature Electronics 3 (2020)：554-562., https://doi.org/10.1038/s41928-020-0443-7.

34) Yu Song, et al., "Wireless battery-free wearable sweat sensor powered by human motion," Science Advances 6, no. 40 (2020)：eaay9842., https://doi.org/10.1126/sciadv.aay9842.

2.2

俯瞰区分と研究開発領域
バイオ・医療応用

2.2.4 生体イメージング

（1）研究開発領域の定義

　生命現象の理解を目的として、生体内の情報を画像として取得する手法を追究する研究開発領域である。生体を構成する物質（生体組織、細胞、細胞内オルガネラ、核酸・タンパク質・糖・脂質などの高分子、代謝物、イオン等）の分布や形態、数を時空間的に可視化する。さらに、物質間相互作用や、生体内局所の温度、物理的力なども観察対象となり得る。種々の物理・光学現象、装置設計、プローブ設計、画像処理、機械学習によるデータ解析など、多岐にわたる要素技術開発から成る学際的技術であるため、生命科学のみならず幅広い分野の連携が求められる。

（2）キーワード

　蛍光プローブ、生物（化学）発光プローブ、光制御（オプトジェネティクス）、超解像、トランススケール、非染色、ブリルアン散乱光、ラマン散乱光、光音響断層イメージング、質量イメージング、イオン動態、AI画像解析

（3）研究開発領域の概要

［本領域の意義］

　生体は多種多様な物質で構成され、それらの物理的・化学的相互作用によって生命活動がなされている。生体イメージングは、生体を構成する物質の空間分布とその時間変化、ならびに物質間の相互作用を観察する技術であり、生命現象の理解や疾病の診断において不可欠な役割を果たしてきた。現在、光学イメージング、核磁気共鳴イメージング、質量イメージング、放射線イメージング、超音波イメージングなどに分類されるような様々な手法があり、それぞれ長・短所、空間/時間分解能、物理的/化学的限界が異なる。そのため、観察対象や観察目的に適したイメージング手法の選択が必要になると同時に、現在の技術的制約を超える新たなブレークスルーが常に求められている。

　新たな標識手法や物理現象、光学素子や顕微装置の設計、画像やスペクトルデータの解析技術など、多様な技術要素に関わる基盤技術が追究されており、ここにはナノテク・材料技術の貢献が必須である。また、生命科学研究や医療、さらには農芸や食品まで、今後ますます幅広い応用展開が期待される。

［研究開発の動向］

　タンパク質、核酸、低分子といった生体内物質の動き、相互作用、濃度変化、機能変化などの可視化を図る生体イメージングでは、ターゲットとなる物質を蛍光分子などのプローブで標識することが一般的である。蛍光プローブとして、蛍光色素分子や、緑色蛍光タンパク質（GPF）を始めとする発色団を有する蛍光タンパク質が様々に開発されてきた。生物（化学）発光プローブには、（光励起なしに）生体内基質との化学反応により発光する酵素が利用される。蛍光/生物（化学）発光プローブ開発の一つの方向性は、より長波長（赤色～近赤外）の発光特性の追求である。励起光がより長波長（低エネルギー）であれば生体試料の光毒性を抑えられると同時に、光の生体内透過性が増して試料のより深部を観察することが可能となる。また、標識プローブによる立体障害などの影響を緩和するため、よりサイズの小さい標識タンパク質の開発も注力されている。近年では、ビルベルジン（biliverdin）を発色団として、GFP（26.9 kDa）の2/3程度のサイズの近赤外蛍光タンパク質（17kDa）が開発された。日本の研究グループからは13kDaまで小型化した発光タンパク質が報告されている。さらに、長時間測定に耐えられるよう、褪色しづらい蛍光色素分子や蛍光タンパク質の開発が続いている。量子ドットは光安定性に優れるが、コアの化学修飾のために蛍光色素よりも10倍程度サイズが大きいため、小型化の工夫が望まれる。 Nitrogen–Vacancy（NV）ダイヤモンドは、蛍光褪色が無く、感度も高いことから新しい蛍光プローブとして注目されるが、現状では大きさや試料への導入に課題

2.2
俯瞰区分と研究開発領域
バイオ・医療応用

があるとされている。生物（化学）発光プローブで長時間観察するためには、持続的な基質の供給が必要となる。そこで、細胞や生体中で発光基質を作り出せる生合成経路の再構築が図られている。これまで発光バクテリアの基質合成経路が応用されており、さらに高輝度化させるため、遺伝子変異やコドン最適化、蛍光タンパク質とつなげて生物発光共鳴エネルギー移動（BRET）を利用する試みが報告されている。

　光の回折限界を超えて画像の空間分解能を達成する超解像イメージング技術については、STED（Stimulated Eission Depletion）法やPALM（PhotoActivation Localization Microscopy）法、およびPALM法のもとになった1分子計測法に対して2014年にノーベル化学賞が授与された。その後も、SOFI（Super-resolution optical fluctuating imaging）や構造化照明超解像顕微鏡（SIM）、これらの改良や組み合わせなど、新しい超解像計測技術の開発が進められている。時間・空間分解能の向上、3次元化・高深度化、より長時間の測定、広視野化などが大きな研究開発の方向性である。近年では、スパースデコンボリューションを取り入れた高速SIM、超臨界角1分子局在観察による3次元超解像イメージングなどが報告されている。

　個々の分子や細胞から、組織そして個体レベルまでを横断的にイメージングする技術が求められている。同一試料をマクロとナノの双方の視点から観察できる機器や、異なる計測手法から得られるデータの統合的解析を可能にするマルチモーダル計測技術が有用である。これまでに2光子顕微鏡、X線トモグラフィーおよび電子顕微鏡を組み合わせたマウス脳のマルチスケールイメージング技術などが報告されてきた。一方で、1台の大型顕微鏡で分子レベルから個体レベルまでシームレスに可視化・計測を行うトランススケールイメージング技術の開発も進められている。わが国では日本学術振興会（JSPS）の新学術領域研究「シンギュラリティ生物学」において、1億画素を超えるイメージセンサーを搭載したトランススケール顕微鏡（AMATERAS）が開発され、第2世代、第3世代と装置開発を進めながら、同時に国内の多くの研究者への利用が開始されている。英国ではストラスクライド大学でMESOLENSが開発された。

　オプトジェネティクス（光遺伝学）は、光によってタンパク質機能を低侵襲的に制御する技術であり、特に脳科学の分野で積極的に利用される。光刺激による細胞内環境変化を、シグナル分子の濃度変化として蛍光性指示薬で観察することが多い。しかし蛍光指示薬への励起光が同時にオプトジェネティックツールの刺激も引き起こし、細胞内環境を乱す可能性がある。そこで生物（化学）発光タンパク質とオプトジェネティクスの組み合わせが注目されている。生物（化学）発光タンパク質の発光は、シグナル分子の計測に利用できるだけでなく、オプトジェネティクスツールの刺激に用いれば生体深部の操作も可能となり得る。

　非染色イメージングでは、光散乱や光吸収といった入射光と生体物質の間で起こる物理現象（相互作用）の特徴の違いを利用して、生体内のイメージングを行う。蛍光プローブの標識や化学固定などの侵襲的処理を必要としない。ラマン散乱イメージング、ブリルアン散乱イメージング、吸収分光イメージング、光コヒーレンストモグラフィ（以下、単に光トモグラフィ）、光音響断層イメージング（以下、光音響イメージング）、位相差／微分干渉イメージングなどの手法が生体試料に対して利用されている。

　非染色イメージングの技術進歩は、光源、検出器、ミラーやレンズ等の光学素子・デバイスの仕様向上や新規技術の発明に呼応する。例えば、ナノファブリケーション技術が駆使された光学素子である高分散素子（VIPA: Virtually Imaged Phased Array）の適用により、ファブリ・ペロー干渉計が簡素化・小型化され、生物用顕微鏡への導入が容易となった。これによりブリルアン散乱スペクトル計測が3次元弾性イメージング技術として発展した。また、光トモグラフィでは光走査が不要となり、高速かつ高精度な生体内部観察技術が実現された。

　非線形散乱現象、特に光第二高調波を用いた生体イメージングは用途拡張が期待されている。光第二高調波は試料中の電子的構造を反映するため、タンパク質結晶や筋組織中繊維性タンパク質の構造動態などが観察可能である。光走査の高速化と光検出器の高感度化により、ビデオレートでのイメージングが容易になった。心疾患に対する創薬スクリーニングや、人工心筋細胞の品質評価などへの応用が期待される。

　非染色イメージングに用いる光波長は近赤外化が加速する見込みである。長波長の光を用いることで、光

学的な空間分解能は低下するものの、光散乱による画像劣化が改善されるため、より高いコントラストの画像が得られるようになる。900 nm 以上の長波長帯域に感度を有するインジウムガリウムヒ素（InGaAs）センサ搭載カメラの低価格化、さらに安価で400 nm～1200 nmの広帯域に感度を持つブラックシリコンセンサの開発が、この流れを後押ししている。

　生体深部のイメージングは、様々なイメージング技術における共通課題の1つと言える。通常の可視光域の蛍光プローブを用いた共焦点顕微鏡観察では、試料中の光散乱の影響で試料表層にしか励起光が届かない。ゆえに、蛍光/生物（化学）発光プローブの長波長化や、2光子・多光子励起蛍光顕微鏡、組織試料の透明化処理技術の開発が進めされてきた。非染色イメージング手法である光音響イメージングや光トモグラフィも生体深部の観察に有用である。光音響イメージングでは試料にパルス光を照射し、内因の光吸収性物質の熱膨張で生じる超音波を検出する。数cmの深さまで高分解能で観察可能と期待されており、また励起光の多色化により、酸化ヘモグロビン、グルコース、メラニン、脂質などの多様な光吸収性生体物質の同時観察が可能となった。中赤外光をポンプ光に用いることで、$-CH_2-$ など化学構造特異的なコントラストを得た報告もされている。光トモグラフィでは、2つのコヒーレント光を重ねた干渉パターンを利用して3次元のトモグラフィ像を再構成する。電子・光学デバイスの小型化や高性能化により、内視鏡に組み込まれるなどアプリケーションの幅が広がっている。また光音響イメージングとの複合イメージング技術も開発されている。

　放射性同位体（RI）を用いたイメージング技術は、mmレベル以上の生体深部や、体内を長距離に移動する物質の観察に利用される。核医学の分野でよく研究がされており、特にポジトロン放射性核種を検出するPET（Positron emission tomography）技術に対して、イメージング装置および標識手法の両面から開発がなされている。RIイメージングは植物体内の物質、特に無機イオンの動態観察にも使われる。植物が生きた状態で非破壊的な動態観察をするため、PETの原理を利用して土壌中の根を観察する手法、検出器の間に対して植物を二次元的に配置する観察法、複数のγ線放出核種をコンプトンカメラで同時イメージングする技術などが開発されている。

　質量イメージングでは、未固定の試料切片に対してレーザーなどを照射し、生成されたイオンを質量分析する。プローブを必要とせず、ノンターゲットの探索的な観察が可能である。イオンクロマトグラフィーによる前処理を行う一般的な質量分析と比較して、質量イメージングでは試料が圧倒的に複雑となる。そのため、多段階質量分析やイオンモビリティなど、イオンとして取り出したあとの分離分析が一段と重要になる。多段階質量分析技術として、希ガスやレーザー、電子線をイオンに照射してフラグメント化させる技術がある。併せて、定量検出するイオンの選択性を高める多重反応モニタリングの適用や、複雑なフラグメントパターンを効率的に解析する計算手法の開発が取り組まれている。一方イオンモビリティは、イオンを衝突断面積（嵩高さ）の違いによって分離する技術である。このうちDrift Tube Ion Mobility技術では、イオンが低真空中を飛行する間に残存ガスから受ける抵抗の違い、即ち飛行時間の違いによって分離する。質量は同じでも立体構造の異なる異性体イオンの分離が可能となる。

（4）注目動向
［新展開・技術トピックス］
• 新たな蛍光/化学（生物）発光プローブ設計

　多様な応答性を持つ蛍光/化学（生物）発光プローブが開発されている。Fluorogenicプローブは、タンパク質と発色団となる物質が結合することにより初めて蛍光性を獲得する。発色団となる物質が生体分子の場合、その生体分子に対する指示薬として利用することも可能である。また、近年報告されたChemigeneticプローブは、Halo Tagタンパク質に蛍光色素とセンサードメインを結合させており、色素の蛍光特性が環境に応答して変化する機能を持つ。これらのプローブは蛍光色素を利用しており、蛍光タンパク質単独では困難な赤外波長域も含め蛍光特性をより柔軟に変化させることができるため、今後の展開が期待される。

　近年、分子動力学計算などを活用して、センサードメインを用いずに直接かつ瞬時にカルシウムを検出でき

2.2

俯瞰区分と研究開発領域
バイオ・医療応用

る蛍光タンパク質プローブが開発された。また、天然の生物（化学）発光タンパク質の改良でなく、これまでのタンパク質情報の蓄積から発光に有効なアミノ酸配列を組み合わせた人工ルシフェラーゼが開発され、さらに小型化されるなどの展開を見せている。今後、AlphaFold2など機械学習ベースの構造予測と組み合わせながら、新規な機能性プローブが多く作成されると考えられる。

- **生体内粘弾性イメージング**

　ブリルアン散乱イメージングによる生体試料の粘弾性計測技術は、これまで困難であった細胞内部の力学特性を評価できるとして、医学生物学分野で注目されている。ブリルアン散乱光が局所的な屈折率変化に感受することを応用して、細胞内分子混雑の画像化もできる。欧州科学技術研究協力機構（COST）の資金提供によりブリルアン散乱イメージングに関するネットワーキング（BioBrillouin, CA16124）が形成されるなど、国際的に活発な議論がされている。一方で、生体試料は個体と液体の不均質な混合体であるため、ブリルアン散乱スペクトルから算出された物理量の解釈や生命現象との関連性について不明な点が多く、解くべき課題として残されている。次いで、光トモグラフィを顕微化することで細胞精度の粘弾性計測が実現され、光シート顕微鏡に適用することにより高速化もされた。生体内粘弾性イメージングが生命科学・医学研究ツールとして実用レベルに達してきている。

- **AI（機械学習/深層学習）を用いたデータ解析**

　人工知能（AI、機械学習/深層学習）を利用した画像解析技術の効能が著しくなっている。超解像イメージングうち、SIM法、SOFI法、SPoD-OnSPAN法などでは、計測した画像データから画像再構成計算を経て超解像画像を得る。画像再構成計算では計算コストの高さがしばしば課題となるが、近年深層学習を応用した画像データ数の削減や計算時間の短縮などが報告されている。さらに今後、超解像イメージングのトランススケール化や、広視野3次元蛍光観察における3次元画像の復元解析などにおいても、画像計算のハイスループット化はますます求められるようになる。

　非染色イメージングにおいてもAIの需要は高い。例えばラマン散乱スペクトルに対して、背景信号の除去や、含有分子の推定、細胞・オルガノイド・組織の状態評価に機械学習/深層学習を利用する技術が開発されている。また位相差/微分干渉イメージングと深層学習による画像診断は、再生医療の分野でiPS細胞およびiPS細胞から作られる組織の品質を迅速、低コストかつオンサイトで評価できる技術として大いに期待されている。現在、マウス幹細胞ではわずか20分間の幹細胞分化を判別できるまでに達している。また、薬剤スクリーニング応用ではフローサイトメータに代替しつつある。

- **ラマン散乱スペクトルと遺伝子発現プロファイル**

　機械学習/深層学習を用いて、ラマン散乱スペクトルの形状から、細胞の種類や状態、さらには遺伝子発現パターンを識別・推定する技術の開発が盛んである。即ち、元来は侵襲的な生化学実験で得る情報を、ラマン散乱スペクトルという非侵襲的計測データから推定し得る。例えば、薬剤耐性大腸菌やヒト神経膠芽腫細胞において、ラマン散乱スペクトルとトランスクリプトームを数値計算によって結びつけ、解釈できることが示されている。また、単細胞精度でのラマン散乱スペクトルと一分子蛍光 in situ ハイブリダイゼーション（FISH法）のペアデータを基盤に、生細胞の単一細胞発現プロファイルを推測する実験および計算フレームワークが構築されている。

- **高度なイメージング技術のオープン・テクノロジー化**

　従来、超解像顕微鏡やトランススケール顕微鏡などの高機能な顕微鏡は、研究室レベルでは科学計測グレードの高価な装置やモジュールを組み合わせて製作されてきた。また、顕微鏡メーカーが商品化した超解像顕微鏡はさらに高価である。しかし近年、低コストな光学系によるSIM法の超解像顕微鏡や、携帯電話の

2.2
俯瞰区分と研究開発領域
バイオ・医療応用

カメラでSTROM法（確率的光学再構築顕微鏡法）の超解像イメージングを行う手法が報告され、また廉価なトランススケール顕微鏡の開発が進められている。光音響イメージングも臨床利用の試行が進み、近く一般汎用化が見込まれる。 より広く多くの研究者が高度な顕微鏡・イメージング技術を扱えるようになれば、科学コミュニティ全体に大きな効能をもたらし得る。

• **二次イオン質量分析との融合による質量イメージングの高分子量化と高解像度化**

　質量イメージングにおいて、レーザーを用いたMALDI（マトリクス支援脱離レーザーイオン化）やスプレーによるDESI（脱離エレクトロンスプレーイオン化）では、画像の空間解像度に限界がある。しかし、イオンビームを用いる二次イオン質量分析（SIM）技術を組み合わせることで、高解像度化と同時に高分子量イオンの生成と解析が可能となり得る。近年Horizon Europeの支援のもと、オービトラップ型の質量分析装置（サーモフィッシャー社）にSIMSイオン源（IonTOF社）を搭載した装置がドイツで開発された。設計にはオランダやイギリスの研究機関が関わっている。現在世界で12台が稼働している。

• **室温における超偏極核磁気共鳴イメージング**

　動的核偏極（DNP）プローブを用いた核磁気共鳴で高感度に生体分子をイメージングする研究開発が進んでいる。欧米では^{13}C−ピルビン酸を中心として、DNPプローブを用いたがん診断の臨床試験が進んでいる。近年特に注力されているのは、室温で超偏極を実現する手法開発である。現在のDNPプローブは極低温条件が必要であるが、室温でDNPを実現できれば、液体ヘリウムが不要となり、簡便化、低コスト化、安全性の向上などが期待される。日本では、科学技術振興機構の光・量子飛躍フラッグシッププログラム（Q-LEAP）などで光励起を駆動力とするtriplet−DNPの開発が進められている。一方欧米では、パラ水素を用いた室温偏極法（PHIPやSABRE）の研究が盛んに行われている。

• **画像データの標準化とオープンアクセス化**

　生体イメージングでは、様々な実験環境で多種多様なフォーマットの画像データが生産されるが、それらの標準化と共有化を図る動きが顕著になっている。日本の理化学研究所が主体で運営しているSystems Science of Biological Dynamics database（SSBD:database）とHorizon 2020の元で活動したEuro BioImagingが中心となり、生体イメージング関連における各種情報（撮像方法/装置の規格、観察状況、および、取得された画像）をFAIR（Findability, Accessibility, Interoperability and Reusability）principlesに準じて規格化し共有する活動（OME: the Open Microscopy Environment）が行われている。2021年には、イメージデータ形式の標準化とオープンアクセス化（データリポジトリ）の重要性・必要性がまとめられ、Nature Methods誌で提言された。次いで、米国のBioimaging North Americaなど5つのブランチが参画し、日米欧を中心としたバイオイメージング・データの共有システムの構築が進められている。

[注目すべき国内外のプロジェクト]

　世界各国にて、蛍光観察を含む広義の生体イメージング技術を開発または利用する研究拠点が設置されており、2010年代中期以降、研究助成支援事業が活発に行われている。 Horizon 2020の支援のもと2015年から始動したGlobal BioImagingは、イメージングに関する国際的なコンソーシアムである。欧州のイメージングネットワークであるEuro Bioimagingおよび豪州とインドのイメージング拠点の連携から発足し、現在ではインド、オーストラリア、シンガポール、南アフリカ共和国、カナダ、メキシコ、米国など、幅広い国と地域からの参加者から構成されるネットワークへと拡張した。日本もまた、JSPSの新学術領域研究の研究課題として採択された先端バイオイメージング支援プラットフォーム（ABiS, Advanced Bioimaging Support）が、2018年9月よりGlobal BioImagingに参画している。

　米国では、国立衛生研究所（NIH）のNational Institute of Biomedical Imaging and Bioengineering

（NIBIB）の下にDivision of Applied Science & Technology（Bioimaging）が設置され、バイオイメージング分野の研究促進事業を行っている。また、米国国立科学財団（NSF）の支援の下、"Biophotonics"や"Smart Health and Biomedical Research in the Era of Artificial Intelligence and Advanced Data Science"といった生体イメージングを含む研究開発プログラムが発足している。Chan Zuckerberg Initiativeは、全世界を対象に生体イメージングに関する研究とそれに従事する研究者に対する助成金支援事業（CZI Imaging program）を行っている。2021年12月には、人体内のあらゆる生物学的プロセスを、階層を超えて観察、測定、分析するツールを構築するために10年間の研究支援を行うことを発表した。また2022年1月には、Chan Zuckerberg Institute for Advanced Biological Imaging（CZイメージング研究所）の設立を発表し、広く科学コミュニティに利用されるハードウェア、ソフトウェア、生物学的プローブ、データ、プラットフォームなどの技術の創出を目指すとしている。

　欧州では、先述のEuro Bioimagingが生体イメージング分野の研究者をつなぐ大きな研究基盤となっている。現在、14か国33か所のイメージング施設の連携と利用公開、イメージング技術トレーニング、画像解析ツールの提供などを行っている。Horizon 2020および後継のHorizon Europeでは、数十万〜数百万ユーロ規模の生体イメージングの研究プログラムが多数発足している。深層学習等の画像解析技術やラマン散乱イメージングの生命科学応用に注目したプログラムも目立つ。2021年には、Horizon 2020のもと、ラマン分光スペクトルを用いた計測および観察データのFAIR principles に準じた調和を目的としたCHARISMA（Characterization and HARmonisation for Industrial Standardisation of Advanced MAterials）プログラムが発足した。CHARISMAでは、異なる装置構成から相互運用可能なラマン散乱スペクトルデータを生成・収集した上、ウェブベースのプラットフォームとユーザーインターフェースを開発するとしている。CHARISMAの活動は生体応用には限っていないが、生体イメージング分野に関わる基準・標準の礎となる可能性がある。

　日本では、先端バイオイメージング支援プラットフォーム（ABiS, Advanced Bioimaging Support）がJSPS新学術領域研究（学術研究支援基盤形成、2016〜2021年度）に採択され、引き続き2022年度からは学術変革領域研究（学術研究支援基盤形成）にも採択されている。本プラットフォームでは、光学顕微鏡、電子顕微鏡、磁気共鳴装置等の最先端イメージング装置が共同利用機器として提供されている。内閣府革新的研究開発推進プログラム（ImPACT）「イノベーティブな可視化技術による新成長産業の創出」（2014〜2018年度）では、光音響イメージングの「技術の完成」と「価値の探索」を掲げ、技術基盤開発から医療・美容診断に至るまで包括的研究がなされた。上記プロジェクトの成果に基づき、当該技術においては日本が世界を一歩リードしている。JSTの戦略的創造研究推進事業では、2016年度からCREST研究領域「量子状態の高度な制御に基づく革新的量子技術基盤の創出」、2019年度からCREST研究領域「独創的原理に基づく革新的光科学技術の創成」、さきがけ研究領域「革新的光科学技術を駆使した最先端科学の創出」が発足している。これらの基盤技術開発から新しい生体イメージング技術への展開が期待される。

　質量イメージング装置は非常に高額（一台数億円）であり、また特徴の異なる装置間での比較や前処理・解析技術の集約と標準化が有用であるため、国費による集約化が図られている。EUではオランダに、米国ではバンダービルトに、30〜100台を擁するセンターが設置されている。日本では2016年から浜松医大に国際マスイメージングセンターが設立され、JST先端研究基盤共用促進事業等の支援を受けて4台のMALDI、DESIが稼働している。2022年からは日本医療研究開発機構（AMED）の創薬基盤推進研究事業にて薬物動態評価技術の研究開発拠点の一つに選ばれ、人材や新技術の供給機関として機能している。

（5）科学技術的課題

　長時間の蛍光イメージングにおいて、励起光の連続照射による細胞の光損傷を無視することはできない。長波長蛍光を選択することで光毒性を低減させることはできるが、光の影響を受けやすい細胞や遺伝子発現、また個体深部などでは異なる標識手段が必要となる。生物（化学）発光の長時間計測では、発光基質の酸化

による活性低下が問題となる。そこでケージド保護により細胞内でのみ酸化される基質が開発され、発光基質の途中添加無しに数日間の細胞観察が報告されている。長時間観察の問題を解決する一つの流れとなり得る。

　非染色イメージングにおいても試料への光損傷が懸念される。特に、ブリルアン散乱イメージングやラマン散乱イメージングでは、信号強度が弱いために強い照射光を用いる必要があり、光損傷への配慮が必要である。近赤外光は光損傷が少ないとされるが、波長1000 nm以上では水の光吸収による局所的な温度上昇が想定される。現状、生体試料の光損傷についての科学的な調査はほとんどないが、厳正な実験解釈や医療応用における健康被害予防のため、今後詳細に研究していく必要がある。

　生体イメージングでは、今後も生体透過性と空間分解能との物理的ジレンマと向き合う必要がある。光は生体透過性が低いものの空間分解能が高い。一方で、音波や磁場は生体透過性が高いものの空間分解能は低い。この解決には、新たな物理現象を引き起こす方法や材料の発明が必要である。例えば、メタマテリアルは負の屈折率を持つ物質を製造可能とし、光における屈折・回折現象の概念を覆した。平面でありながら集光できる材料（平面ハイパーレンズ）が開発され、光学顕微鏡の分解能は従来の物理限界を超え、数十ナノメートルにまで向上している。今後も、さらなる新規光学現象の発見が予想される。それを用いた革命的な生体イメージング技術を開発するには、新概念の光学素子を用いた基礎光学科学の推進が重要である。

　生体イメージングにおける空間・時間分解能の向上、高深度化、長時間観察は、デジタル画像データのサイズ増大につながる。スペクトルデータの取得によってもデータ量は膨れ上がる。データ同化や情報処理のさらなる技術発展はもちろんであるが、大量のデータを管理するための大規模ストレージやデータ転送などの技術インフラの開発および整備が必須となってくる。また、これまで利用できていなかった大量のデータの利活用も重要となる。質量イメージング分野では、大規模データベースを利用してデータを定量・校正する数理的手法や、データの大域的構造を評価する位相幾何学的手法の応用が試みられている。

（6）その他の課題

　植物のRIイメージングについては、農業現場での生産効率化などへの応用のため、放射性同位体の規制を満たした圃場の整備、もしくは半減期が短い核種においては野外で利用可能とするなどの法規制の緩和が望まれる。また、放射性同位体を取り扱う研究者・学生は減少傾向にある。現況、当該技術開発は日本で活発に行われているが、中長期的には上記課題の解決が望まれる。

　上述のように、主に日本と欧州で情報とデータの共有化・標準化のルール作りが始まっている。近く米国も加わり世界的潮流となる。その基盤は情報処理技術、より具体的にはソフトウェア開発であるが、現状参画する日本人デベロッパーは少ない。日本が生体イメージング分野で中心に坐するためには、より多くの日本人、日本企業がGlobal Bioimagingのような世界的コミュニティに参画することが望まれる。

　生体イメージングでは、生物学的・医学的な課題に基づき、種々の生物学的現象の可視化を図るため、細分化した技術が乱立する傾向にある。体系的に生体イメージング関連技術の開発を行うためには、技術開発と生物学的・医学的実験が平行に行われ互いにフィードバッグし合うことが好ましい。例えば、共創的なコミュニティ形成としての情報共有プラットフォームの構築などが求められる。このような異分野・多分野融合の重要性は長く謳われているが、日本では異分野・多分野間の共同研究に留まる場合が多く、諸外国に比べると研究開発の速度が遅い傾向にある。早急な研究開発体制の再構築が求められる。

（7）国際比較

国・地域	フェーズ	現状	トレンド	各国の状況、評価の際に参考にした根拠など
日本	基礎研究	◎	→	超解像イメージングやライトフィールドイメージング、分光イメージング（特にラマン散乱イメージング）、光音響イメージングなどの光学技術の開発から、生体試料標識のための各種蛍光プローブ、発光プローブ、組織透明化試薬の開発まで、幅広くオリジナリティの高い基礎研究が行われている。2000年代初頭に比べると研究推進力は低下気味だが、現在でも世界と伍する研究水準にある。質量イメージングや植物RIイメージングでも中核的な研究機関が存在する。
	応用研究・開発	○	→	ニコンやオリンパスなどの大手顕微鏡メーカーが、大学や研究所に研究連携拠点（北大ニコンバイオイメージングセンター、理研BSI–オリンパス連携センターなど）を設置し、生物学・医学研究応用のイメージング技術の開発と市場開拓に力を入れている。ただし、オリンパスは顕微鏡開発を行ってきた科学事業を分社化し、米ベインキャピタルに売却予定であり、今後推進力の低下が懸念される。一方、光音響イメージングは応用研究において世界をリードする状況にある。
米国	基礎研究	◎	↗	超解像イメージング、三次元細胞イメージング、光音響イメージング、振動分光イメージングなど、多様な生体イメージング手法について毎年のように革新的技術が発表されている。その実用化に向けた応用研究も着実に進められている。多くの研究者が集まっており、予算も潤沢である。国研や州立大学でも最先端の計測技術の基礎研究基盤が厚い。当該分野に特化した大学・大学院教育も推進されており、今後も伸び続けると予想される。
	応用研究・開発	◎	↗	Haward Hughes Medical Institute（HHMI）のJanelia Research CampusやUC BarkeleyのAdvanced Bioimaging Centerをはじめとする研究機関が、イメージングの応用研究を組織的にサポートしている。特に、多分野の研究者が集まり議論する環境があることで、基礎から応用・実用化まで仕切りのない研究開発がスピーディに展開されている。また、米国だけでなく全世界の生体イメージング研究者をサポートする助成金制度がある。オリンパスから分社化したエビデントは米国資本に買収されることから、同社の有する顕微鏡技術は、今後米国主導で利用されると考えられる。
欧州	基礎研究	◎	→	古くからEMBL Imaging Centre（ドイツ）が設置され超解像技術が発明されるなど、蛍光イメージング技術を中心に光学顕微鏡開発を先導している。加えて、ギリシャのIESL–FORTHなどに代表されるように光科学研究で世界をリードしており、レーザー等の照射装置や光学デバイスに関する基盤研究が活発である。産学連携による質量イメージング装置の基礎研究がドイツと英国において盛んである。植物RIイメージング技術の開発が、ドイツに加え、近年ではベルギーやイタリアでも進められている。
	応用研究・開発	○	↗	ニコンのイメージング施設やEMBL Imaging Centreなど、複数バイオイメージング拠点が効果的に運用されている。光学顕微鏡メーカー大手のZeiss社およびLeica社は、積極的に超解像技術を製品化し、ユーザーへ浸透させている。また、超解像技術に利用可能な蛍光プローブを提供するAbberior Instruments社など、ベンチャー企業が新しい技術をいち早く市場へスピンオフする環境があり、高い産業力につながっている。
中国	基礎研究	○	↗	大小問わず様々な新規技術が国際誌に掲載されている。有名雑誌への掲載数も目に見えて増えており、全体的な技術力向上が認められる。中国科学院を中心とした成果が目立つ。
	応用研究・開発	○	↗	日本や欧米に比べて技術水準はまだ低いものの、清華大学において広い視野を高解像度で観察可能なRUSH（Rea–time Ultra–large–Scale High–resolution macroscopy）を開発するなど、技術開発力が指数関数的に高まっている。また、光学素子などの材料開発に強く、産業化指向も強いため、基礎研究成果の産業応用展開は早い。生体イメージングの市場は爆発的な勢いで成長を見せている。

| 韓国 | 基礎研究 | ○ | ↗ | 研究資金や参画研究者数は主要国に劣るものの、機械学習・深層学習分野において躍進が見られており、その生体イメージング分野への展開も華々しい。ソウル大学やKAISTは高い国際競争力が認められる。浦項工科大学校は、近赤外イメージングおよび光音響イメージングで顕著な成果を上げている。 |
| | 応用研究・開発 | △ | → | 現状では生体イメージング分野の開発力はそれほど高くなく、特に目立った動きは見られない。しかし、光音響イメージング技術の発展に伴って、応用研究開発も主要国に追随していく姿勢が見られる。 |

（註1）フェーズ

基礎研究：大学・国研などでの基礎研究の範囲

応用研究・開発：技術開発（プロトタイプの開発含む）の範囲

（註2）現状　※日本の現状を基準にした評価ではなく、CRDSの調査・見解による評価

◎：特に顕著な活動・成果が見えている　　　　○：顕著な活動・成果が見えている

△：顕著な活動・成果が見えていない　　　　×：特筆すべき活動・成果が見えていない

（註3）トレンド　※ここ1〜2年の研究開発水準の変化

↗：上昇傾向、→：現状維持、↘：下降傾向

関連する他の研究開発領域

・生体関連ナノ・分子システム（ナノテク・材料分野　2.2.2）
・ナノ・オペランド計測（ナノテク・材料分野　2.6.2）
・光学イメージング（ライフ・臨床医学分野　2.3.5）
・オプトバイオロジー（ライフ・臨床医学分野　2.3.8）

参考・引用文献

1) Olena S. Oliinyk, et al., "Smallest near-infrared fluorescent protein evolved from cyanobacteriochrome as versatile tag for spectral multiplexing," Nature Communications 10, no. 1 (2019)：279., https://doi.org/10.1038/s41467-018-08050-8.

2) Yuki Ohmuro-Matsuyama, et al., "Miniaturization of Bright Light-Emitting Luciferase ALuc: picALuc," ACS Chemical Biology 17, no. 4 (2022)：864-872., https://doi.org/10.1021/acschembio.1c00897.

3) Carola Gregor, et al., "Autonomous bioluminescence imaging of single mammalian cells with the bacterial bioluminescence system," Proceedings of the National Academy of Sciences U S A. 116, no. 52 (2019)：26491-26496., https://doi.org/10.1073/pnas.1913616116.

4) Tomoki Kaku, et al., "Enhanced brightness of bacterial luciferase by bioluminescence resonance energy transfer," Scientific Reports 11, no. 1 (2021)：14994., https://doi.org/10.1038/s41598-021-94551-4.

5) Weisong Zhao, et al., "Sparse deconvolution improves the resolution of live-cell super-resolution fluorescence microscopy," Nature Biotechnology 40, no. 4 (2022)：606-617., https:// doi.org/10.1038/s41587-021-01092-2.

6) Anindita Dasgupta, et al., "Direct supercritical angle localization microscopy for nanometer 3D superresolution," Nature Communications 12, no. 1 (2021)：1180., https://doi.org/10.1038/s41467-021-21333-x.

7) Carles Bosch, et al., "Functional and multiscale 3D structural investigation of brain tissue through correlative *in vivo* physiology, synchrotron microtomography and volume electron

microscopy," Nature Communications 13, no. 1（2022）: 2923., https://doi.org/10.1038/s41467-022-30199-6.

8) Eliana Battistella, et al., "Light-sheet mesoscopy with the Mesolens provides fast sub-cellular resolution imaging throughout large tissue volumes," iScience 25, no. 9（2022）: 104797., https://doi.org/10.1016/j.isci.2022.104797.

9) Ting Li, et al., "A synthetic BRET-based optogenetic device for pulsatile transgene expression enabling glucose homeostasis in mice," Nature Communications 12, no. 1（2021）: 615., https://doi.org/10.1038/s41467-021-20913-1.

10) Giuliano Scarcelli and Seok Hyun Yun, "Confocal Brillouin microscopy for three-dimensional mechanical imaging," Nature Photonics 2（2008）: 39-43., https://doi.org/10.1038/nphoton.2007.250.

11) Yun He, et al., "Label-free imaging of lipid-rich biological tissues by mid-infrared photoacoustic microscopy," Journal of Biomedical Optics 25, no. 10（2020）: 106506., https://doi.org/10.1117/1.JBO.25.10.106506.

12) S. Beer, et al., "Design and initial performance of planTIS: a high-resolution positron emission tomograph for plants," Physics in Medicine and Biology 55, no. 3（2010）: 635-646., https://doi.org/10.1088/0031-9155/55/3/006.

13) Shoichiro Kiyomiya, et al., "Real Time Visualization of 13N-Translocation in Rice under Different Environmental Conditions Using Positron Emitting Tracer Imaging System," Plant Physiology 125, no. 4（2001）: 1743-1753., https://doi.org/10.1104/pp.125.4.1743.

14) Shinji Motomura, et al., "Improved imaging performance of a semiconductor Compton camera GREI makes for a new methodology to integrate bio-metal analysis and molecular imaging technology in living organisms," Journal of Analytical Atomic Spectrometry 28, no. 6（2013）: 934-939., https://doi.org/10.1039/c3ja30185k.

15) Lieke Lamont, et al., "Quantitative mass spectrometry imaging of drugs and metabolites: a multiplatform comparison," Analytical and Bioanalytical Chemistry 413, no. 10（2021）: 2779-2791., https://doi.org/10.1007/s00216-021-03210-0.

16) Claire Deo, et al., "The HaloTag as a general scaffold for far-red tunable chemigenetic indicators," Nature Chemical Biology 17, no. 6（2021）: 718-723., https://doi.org/10.1038/s41589-021-00775-w.

17) Xiaonan Deng, et al., "Tuning Protein Dynamics to Sense Rapid Endoplasmic-Reticulum Calcium Dynamics," Angewandte Chemie International Edition 60, no. 43（2021）: 23289-23298., https://doi.org/10.1002/anie.202108443.

18) Kareem Elsayad, et al., "Mapping the subcellular mechanical properties of live cells in tissues with fluorescence emission-Brillouin imaging," Science Signaling 9, no. 435（2016）: rs5., https://doi.org/10.1126/scisignal.aaf6326.

19) Guqi Yan, et al., "Probing molecular crowding in compressed tissues with Brillouin light scattering," Proceedings of the National Academy of Sciences U S A. 119, no. 4（2022）: e2113614119., https://doi.org/10.1073/pnas.2113614119.

20) Nichaluk Leartprapun, et al., "Photonic force optical coherence elastography for three-dimensional mechanical microscopy," Nature Communications 9, no 1（2018）: 2079., https://doi.org/10.1038/s41467-018-04357-8.

21) Yuechuan Lin, et al., "Light-sheet photonic force optical coherence elastography for high-

2.2 俯瞰区分と研究開発領域 バイオ・医療応用

throughput quantitative 3D micromechanical imaging," Nature Communications 13, no. 1 (2022)：3465., https://doi.org/10.1038/s41467-022-30995-0.

22）Satoshi Hara, et al., "SPoD-Net: Fast Recovery of Microscopic Images Using Learned ISTA," Proceedings of Machine Learning Research 101 (2019)：694-709.

23）Ariel Waisman, et al., "Deep Learning Neural Networks Highly Predict Very Early Onset of Pluripotent Stem Cell Differentiation," Stem Cell Reports 12, no. 4 (2019)：845-859., https://doi.org/10.1016/j.stemcr.2019.02.004.

24）Dai Kusumoto, Shinsuke Yuasa and Keiichi Fukuda, "Induced Pluripotent Stem Cell-Based Drug Screening by Use of Artificial Intelligence," Pharmaceuticals (Basel) 15, no 5 (2022)：562., https://doi.org/10.3390/ph15050562.

25）Arno Germond, et al., "Raman spectral signature reflects transcriptomic features of antibiotic resistance in Escherichia coli," Communications Biology 1 (2018)：85., https://doi.org/10.1038/s42003-018-0093-8.

26）Pierre-Jean Le Reste, et al., "Integration of Raman spectra with transcriptome data in glioblastoma multiforme defines tumour subtypes and predicts patient outcome," Journal of Cellular and Molecular Medicine 25, no. 23 (2021)：10846-10856., https://doi.org/10.1111/jcmm.16902.

27）Koseki J. Kobayashi-Kirschvink, et al., "Raman2RNA: Live-cell label-free prediction of single-cell RNA expression profiles by Raman microscopy," bioRxiv (2021), https://doi.org/10.1101/2021.11.30.470655.

28）Haoran Wang, et al., "UCsim2: 2D Structured Illumination Microscopy using UC2," bioRxiv (2022), https://doi.org/10.1101/2021.01.08.425840.

29）Benedict Diederich, et al., "cellSTORM—Cost-effective super-resolution on a cellphone using dSTORM," PLoS ONE 14, no. 1 (2019)：e0209827., https://doi.org/10.1371/journal.pone.0209827.

30）Josh Moore, et al., "OME-NGFF: a next-generation file format for expanding bioimaging data-access strategies," Nature Methods 18, no. 12 (2021)：1496-1498., https://doi.org/10.1038/s41592-021-01326-w.

31）Jason R. Swedlow, et al., "A global view of standards for open image data formats and repositories," Nature Methods 18, no. 12 (2021)：1440-1446., https://doi.org/10.1038/s41592-021-01113-7.

32）Mariko Orioka, et al., "A Series of Furimazine Derivatives for Sustained Live-Cell Bioluminescence Imaging and Application to the Monitoring of Myogenesis at the Single-Cell Level," Bioconjugate Chemistry 33, no. 3 (2022)：496-504., https://doi.org/10.1021/acs.bioconjchem.2c00035.

2.2

俯瞰区分と研究開発領域

バイオ・医療応用

2.3 ICT・エレクトロニクス応用

　　サイバー空間とフィジカル空間を高度に融合させたデジタル社会（Society 5.0）の実現に向けて、サイバー空間で高速な数値解析やデータ処理、AI処理、量子計算などの高度な情報処理、フィジカル空間における情報・データの収集を行うIoT技術、機器のリアルタイムの制御に必要なエッジコンピューティング、両空間を結びつける高速・大容量・低遅延・多接続・低消費電力・セキュアな次世代の通信技術が期待されている。このICT・エレクトロニクス区分では、ナノテクノロジー・材料技術を基盤とした情報通信（ICT）およびエレクトロニクスの技術分野で世界的に注目される領域を取り上げる。具体的には、「革新半導体デバイス」、「脳型コンピューティングデバイス」、「フォトニクス材料・デバイス・集積技術」、「IoTセンシングデバイス」、「量子コンピューティング・通信」、「スピントロニクス」の6つの研究開発領域であり、以下に概要を示す。なお、エレクトロニクス技術として注目される「パワー半導体材料・デバイス」については、再生可能エネルギーを含む電力網での高効率な電力変換や、電車や電気自動車における高効率モーター駆動などで強い社会的なニーズがあるため、社会インフラ・モビリティ応用区分で取り上げる。

　　革新半導体デバイスは、従来のCMOSを超える新動作原理のデバイスを開発し、超高速・超低消費電力でデータ処理する集積システムの実現をめざす研究開発領域である。IoTやエッジAIコンピューティングなどの様々な応用に向け、主に材料とデバイスの視点で新たなロジック用デバイスおよび不揮発メモリの研究開発動向を示す。デバイスを構成する材料としては、Siなどの従来の半導体だけでなく、二次元材料、磁性材料、強誘電材料などの様々な材料を用いられるようになっている。ロジック用デバイスの構造としては、FinFETからSiナノシートを用いたGAAFET、さらにp型とn型のGAAFETを積層したCFETへと研究開発が進展している。また、さらに先の世代を見据えてチャネルに二次元材料を用いたトランジスタの試作も進められている。不揮発メモリとしては、NAND型フラッシュメモリ、相変化メモリ（PCM）、磁気抵抗メモリ（MRAM）などにおいて大容量化、高速化などの性能向上が進められている。

　　脳型コンピューティングデバイスは、人間の脳の情報処理を模倣した回路、そこに利用する革新的な材料・デバイスの基盤技術の開発により、人間のように高度な判断や予測、制御などを超低消費電力で行うことができるAIアクセラレータ・チップを実現するための研究開発領域である。ここでは、AIアクセラレータ、コンピュートインメモリ（CIM）、ニューロモルフィックチップ、リザバーコンピューティングに分類し、それらに関わるデバイス・材料・物理現象を中心に記載している。AIアクセラレータでは、クラウド向けのチップ（GoogleのTPU、NVIDIAのGPUなど）の性能向上が進み、浮動小数点演算速度はPFLOPSオーダーに突入している。また、エッジ向けも演算精度を軽量化したチップの製品化も進められている。CIMでは、ReRAMやメモリスタなどの不揮発性デバイスの特性を利用して重みを記憶するnvCIMの研究開発が活発になっている。ニューロモルフィックチップでは、Intel社のLoihi 2による実効ニューロン数の増大、欧州のHuman Brain ProjectのBrainScaleS–2による深層学習精度の向上などの進展がみられる。リザバーコンピューティングでは、材料などの持つ様々な物理的な特性を利用した物理リザバーコンピューティングが材料・デバイスの研究者を巻き込んで活発化している。

　　フォトニクス材料・デバイス・集積技術は、光の多様な現象・機能を利用して高性能/高機能な光学材料や光デバイスを創出し、エレクトロニクス技術との融合と様々なデバイスの集積により、新たな機能を有するチップ・モジュール・装置を実現する研究開発領域である。この領域では、光技術の応用、集積技術、デバイス、材料に関して動向を記載している。応用では、次世代通信応用としてオールフォトニックネットワーク実現やテラヘルツ波利用に向けた活動、光集積回路を用いたAIアクセラレータなどコンピューティング技術への応用、LiDAR（light detection and ranging）などのセンサ応用が進められている。集積技術では、シリコンフォトニクスのプラットフォームに二次元物質などの新たな材料を導入する動きや、光回路と電気回路を同時集積する光電融合集積技術も進展している。デバイスでは、フォトニック結晶ナノ共振器構造やプラズ

モニクス構造によるレーザ、光アイソレータ、メタサーフェスなどの研究開発が進展している。材料では、二次元物質、トポロジカル絶縁体、ワイル半金属、反強磁性体などの新奇物質に関する光物性研究への関心が高まっている。

　IoTセンシングデバイスは、MEMSセンサを代表とする高性能・高機能なセンシングデバイスの研究開発により、健康で便利に暮らせ安心・安全なスマート社会の基盤となるIoTを実現する研究開発領域である。これまで取り扱ってきたMEMSセンサ、化学センサに加えて、光学センサ、量子センサ（ダイヤモンドNVセンター）の動向を記載している。MEMSセンサ技術は継続的に革新され、低コスト化・小形化と高性能化が進展しており、高性能MEMSマイクロフォンを用いて、CO_2を光音響法で検出するガスセンサ、1 Pa以下のノイズレベルで数cmの上下動を測定できる気圧センサなども開発されている。化学センサでは、金属酸化物や有機高分子材料に加え金属有機構造体（MOF）が注目され、人工嗅覚センサによる食品の状態モニタリング、新型コロナウイルス（COVID–19）感染者の診断試験などが行われている。光学センサでは、従来の3Dイメージ、TOF方式測距、LiDAR、SPADに加え、偏光イメージセンサ技術が開発されている。量子センサでは、量子性の積極利用や量子限界に迫る精密制御によって、従来手法よりも感度が高いセンシングが可能であり、ダイヤモンドNVセンターを中心に生命現象や細胞内環境の精密計測、高感度なウィルス検出などの応用を目指して幅広い分野で研究開発が進められている。

　量子コンピューティング・通信は、電子や光子などの量子性を積極的に活用して、古典系では実現できない情報処理やセキュア通信を実現するための研究開発領域である。超伝導量子ビットを筆頭にイオンなどさまざまな物理系で研究開発が進められている量子コンピュータ、冷却原子系やイオン系での開発が進む量子シミュレータ、実装に向けた開発が急速に進んでいる量子暗号通信、将来に向けた基礎研究の段階にある量子中継・量子ネットワークなどが含まれる。量子コンピュータでは、様々な量子ビットの研究開発が進展し、NISQの活用、エラー訂正技術、量子アニーリング技術、量子シミュレーション、古典コンピュータとのハイブリッド化などが進められている。量子暗号通信では、伝送距離の延伸、伝送損失の低減、通信速度の向上などが行われている。

　スピントロニクスは、固体中の電子が持つ電荷とスピンの両方を工学的に応用する分野であり、電荷の自由度のみに基づく従来のエレクトロニクスでは実現できなかった機能や性能を持つデバイスの実現をめざす研究開発領域である。最近では、熱スピン流に基づいた熱電変換をめざすスピンカロリトロニクスや物質のトポロジカルな性質に着目したスピン流の制御、スピントロニクスで発展した技術の量子状態制御への応用、スピンを用いた人工知能デバイス研究など新しい展開をみせている。ここでは、スピントロニクス素子として、スピントルク発振素子（STO）、MRAM、スピンMOSFET、新たな展開として、反強磁性スピントロニクス、原子核スピン流生成と核スピン熱電効果、スピンメカニクス、トポロジカルスピントロニクス、量子スピン液体を用いたスピントロニクス、非線形コンピューティング、計算科学を用いたスピントロニクス材料探索の研究動向を示す。

2.3.1 革新半導体デバイス

（1）研究開発領域の定義

　従来のCMOSの限界性能を超える新動作原理のデバイスを開発し、超高速・超低消費電力でデータ処理する集積システムの実現をめざす研究開発領域である。材料として従来の半導体だけでなく、二次元材料、磁性材料、強誘電材料などの様々な材料が組み合わせたデバイスや、新奇なデバイス構造から得られる新たな機能を利用したデバイスが含まれる。また、量子ビットの読み出し・制御を行うための、極低温（4K）での集積回路動作が可能なクライオCMOS技術も含まれる。さらには、システムレベルでの機能向上のための、IGZOなどの酸化物半導体やGaNをチップ上に混載する技術、あるいはチップレット集積も取り上げる。研究開発課題はデバイスレベルからシステムレベルあるいはアーキテクチャレベルまで多階層に及んでいる。

（2）キーワード

　More Moore、Beyond CMOS、立体構造トランジスタ、三次元実装、ロジック・イン・メモリ、不揮発性メモリ、不揮発性ロジック、抵抗変化メモリ、相変化メモリ、トンネル・トランジスタ（TFET）、スピントロニクス、トポロジカル絶縁体、IRDS、二酸化ハフニウムベース強誘電体、ナノシート、2次元材料、CNT、クライオCMOS

（3）研究開発領域の概要
［本領域の意義］

　ロジックデバイスに関しては、2010年代に予想されたように、単純なスケーリングに拠ったシリコン半導体デバイスの高集積化は限界に達したといえる。14nm世代以降停滞が見られるようになったゲート長のスケーリングは、過去10年の間ロードマップから遅れ続け、各メーカのゲート長スケーリングはロードマップ上では、ほぼ横並びとなっている。

　一方、チップ面積を決める多層配線ピッチ（Mx）のピッチスケーリングは過去10年ロードマップどおりに、継続的に縮小された。その結果、先端ロジック集積回路上のトランジスタ数は継続的に増大しつづけている。2020年において7nm世代技術におけるトランジスタはチップ当たり100億個程度となったが、2019年には、微細パタン形成に必要不可欠なEUV露光技術が実用化され、半導体デバイスの微細化と高集積化は、少なくとも2035年ごろまでは継続される見込みであり、その時の1チップ上のトランジス集積数は約1兆個以上になると予想される。

　Si-CMOSロードマップの先にある技術も精力的な研究開発が必要になっている。スケーリング限界を超えた世代をターゲットに、チャネル材料にSiやSi混晶系以外の材料（2次元材料など）を使う検討や、量子コンピュータ実用化に必要な低温で動作するCMOSの検討などがそうした例に当たる。

　メモリに関しては、電子機器の小型高性能化の要求から、引き続き高速・大容量化が続く汎用のDRAMの他に、小型機器でのHDD置き換えが進むフラッシュメモリや、相変化メモリ、MRAMなどの不揮発メモリの重要性もますます増している。機器側から高容量を求める強い要請に応えるため3次元化がいち早く進んだメモリの分野においては、フラッシュメモリで100層を超える積層が当たり前のものとなり、スケーリング則の停滞をものともしない高集積化が続いている。

　今後、リアルタイムコンピューティング空間を支える半導体デバイスを実現するには、半導体物理・材料物理化学等に基礎科学に基づいた、新機能ナノデバイスおよびその実現に必要な製造プロセス・装置の研究開発が必要不可欠といえる。

2.3
俯瞰区分と研究開発領域
ICT・エレクトロニクス応用

［研究開発の動向］

- **ロジック半導体（Si CMOS）**
  - **➡ ロジックトランジスタのスケーリング**

    3nm世代のゲート長Lg=16nmまでFinFET構造が適用できる可能性があるが、そのあたりで、シリコン半導体の微細化スケーリングが終焉すると予想されている。2.x nm世代以降には、チャネル材料としてシリコンナノシート（シリコンナノリボン）やシリコンナノワイヤを用いたゲートオールアラウンド（GAA）構造FET（GAAFET）を構成単位とし、それらを積層した3次元構造トランジスタとなる。

    GAAFETを用いるデバイス構造としては、CMOSを回路構成単位であるn型GAAFETとp型GAAFETの配置を、第1世代では並列配置するが、1.x nm世代（2028年〜）では、それらを面内で絶縁分離して一体化したForksheet型に、0.x nm世代（2030年〜）では、それらが積層配置されたCFET型CMOSとなる。さらに、これらCMOS回路を薄膜化して積層する3D集積回路構造へ突入すると考えられている。

    その後、チャネル材料として、シリコンナノシートに替わり2次元分子層材料（TMD: Transition Metal Di-chalcogenideなど）が導入される可能性もある。現在、P型およびN型の2次元分子層材料の探索および300 mm材料成長装置の研究開発が精力的に進められている。

  - **➡ ロジック多層配線のスケーリング**

    配線微細化により、金属中の電子の平均自由行程と配線幅とが近づき、配線界面や粒界における電子の反射散乱の影響による比抵抗上昇といった材料物性の影響が出始めている。その結果、金属の電子物性および配線信頼性の両面から、現在の配線材である銅に替わる金属材料の探索が活発化してきている。5nm世代対応のピッチ36nmのMx配線においては、従来のCu配線金属を使える見込みであるが、3nm世代以細（すなわち、24nmピッチ以細）においては決着がついていない。代替金属としては、RuあるいはCoが最有力である。近年、電源配線をシリコン基板の素子分離領域に埋め込んだり、基板裏面に電源配線を設置したりすることで、セルのレイアウトを容易にする試みも提案されている。

  - **➡ ロジックスタンダードセルのスケーリング**

    2020年から2025年までの3世代で、スタンダードセルで2.2倍、SRAMセルで1.7倍密度が維持される見込みである。その結果、ロジックゲート密度、SRAMセル密度向上により、GPU/NPUコアはマルチ化が促進され、アクセスに必要なバンド幅が確保することができる。2031年以降、さらなる高密度化を実現するには、多層スタック構造が必要不可欠となる。トランジスタレベルの3D化により、NANDやSRAMといったプリミティブセルの単位面積あたりの集積度は一段と向上と予想される。但し、それに伴う熱発生の増大といった課題を解決する必要がある。消費電力低減がなされないと電力密度の増大による発熱の問題はシステム全体の動作周波数を低下させる。放熱性を考慮したあるいはエレクトロンとフォノンとの相互作用を考慮したデバイス構造/アーキテクチャや、熱発生を分散させるために、高速スイッチング動作がある領域に集中しないようにする並列演算アルゴリズムなどの開発も期待される。

- **ロジック半導体（特殊用途、Si以外の材料、新原理）**
  - **➡ クライオCMOS**

    10 mK台の極低温で動作する量子コンピュータ（超伝導量子ビット、半導体量子ビットなど）を実用化する際に、量子コンピュータの制御を行う高周波信号を多数、量子ビットチップに与える必要がある。現在のように、100本程度の信号線であれば室温の制御デバイスから同軸ケーブルで配線することが可能であるが、実用的な量子コンピュータが持つと予想される、数百万から数億ビットの制御信号を室温のエレクトロニクス機器から極低温まで配線で持っていくことは、冷凍機の熱負荷の点からまったく現実的ではない。そこで、室温からわずかな配線数で制御信号を極低温部近く（4 K程度）まで送り、そこで量子ビットチップ向けの多数の高周波信号を作りだす、CMOSデバイス（クライオCMOS）の開発が

行われている。要求される性能は、通常のSi CMOSが想定していない低温環境において、量子ビットチップに必要な多数の高周波信号を、量子ビットチップの動作に影響を与えるような発熱や電磁気的ノイズを発生させずに入出力することにある。

➡ 新しいアーキテクチャのための新材料デバイス

　ブール論理およびフォンノイマンアーキテクチャを超えた新しいコンピューティングに向け、新しいデバイスとアーキテクチャをインタラクティブに研究する必要がある。デバイスとアーキテクチャの共同最適化は、従来のソリューションの限界を超えるパフォーマンスと効率を達成するために重要な役割を果たす。低消費・高効率演算を可能とするアナログコンピューティングデバイスとしては、トポロジカル絶縁体ロジックデバイス、スピントルクゲートデバイス、磁壁ロジックデバイスの開発が進展した。また、クロスバーベースのコンピューティングアーキテクチャとして、MVM（Matrix Vector Multiplication）、VMM（Vector Matrix Multiplication）、大スケールFPGA（Large-Scale Field Programable Analog Arrays）、抵抗変化メモリクロスバーソルバーなどの開発が活発化している。生体神経網を模したスパイキングニューラルネットワークや、MTJ（Magnetic Tunnel Junction）, SEBAT（Single-electron bipolar avalanche transistor）など動作不良確率を盛り込んだプロバビリスティック回路システムの研究が進められている。

• 不揮発メモリ

➡ NAND型フラッシュメモリ

　フラッシュメモリは、電界効果型トランジスタのゲート電極とゲート絶縁膜の間に電荷を蓄積するための浮遊ゲート電極や電荷蓄積層を持つことを特徴とした不揮発型メモリであり、浮遊ゲート電極または電荷蓄積層にトンネリング等によりチャネルからの電子を注入することでトランジスタの閾値を変化させデータを記録する。従来はトランジスタの接続方法により直列接続のNAND型と並列接続のNOR型が開発されていたが、低コストで大容量化できるNAND型が現在の主流になっている。大容量化の手法は、従来の平面でのメモリサイズ縮小（シュリンク）による平面型から、3次元（高さ）方向に複数層メモリを積層し大容量化する3次元積層型へ移行した。最新の開発は、更なる高積層化実現のための課題に注力している。特に、高積層構造の形成に必要な成膜技術とドライエッチング（RIE）技術が重要分野となっている。

➡ Phase change memory（PCM）

　電圧印加によりカルコゲナイド材料の結晶相を変化させて抵抗を数桁変調させるのが、相変化型抵抗変化メモリ（Phase change memoryあるいはPCMと称される）である。メモリ機能を持たず高い非線形性を有したセレクタ素子もPCM素子同様にカルコゲナイド材料を用いて開発が進められている。用途に応じた幾つかのPCM素子が既に製品化されている。高速（例えば100ナノ秒程度）なPCMをセレクタと共にクロスポイント型（碁盤の目型）に2層積層した128Gbitと大容量な3D-XP（3D cross-point memory）が上市され、Storage領域とMemory領域のLatency gapを埋めるStorage class memory（SCM）領域での応用が展開されている。ロジック素子との混載も検討されており車載および半田付け温度以上の高温でもPCMの記憶領域の結晶状態が変化しないPCM材料も開発され、車載マイコン用記憶素子として実装され市販されている

　PCMに関する報告は2000年代後半にセレクタ付きのXPデバイス発表後、一時下火となっていたが、2016年にIntel/Micron社がクロスポイント構造の平面型1S1R（1 セレクタ ― 1 抵抗）素子を2層積層した128Gbitと大容量な3DXPのプレスリリースした後、再び活発化した。製品開発の点では、米国が先行し、韓国が追随して発表している。多値化、縦型BL構造のためのALD成膜などの基礎開発は米国、米国と共同開発の台湾で盛んである。日本は、iPCM（interfacial PCM）、新規カルコゲナイド系材料の開発などの点で基礎研究を行っており、規模は小さいながらも研究開発は維持している。中国、

米国からも異なる材料を用いて作製されたiPCMの低電流動作が報告されている。欧州では車載マイコンメーカー主導で高温耐熱性を持つPCM材料開発が盛んである。更に2021年にimecからカルコゲナイド系セレクタ素子が電圧印加の極性履歴に依存した閾値を持つ機能を応用したメモリ素子も提案されている。

➡ Magnetic Random Access memory（MRAM）

MRAMは、磁性体/トンネルバリア層/磁性層という基本構造を有し、2層の磁化方向が平行か反平行かの磁化状態に応じて抵抗が変化する、磁気トンネル接合（MTJ：Magnetic Tunnel Junction）を用いた不揮発性抵抗変化型メモリである。磁化状態を変化させる方式（書き込み方式）として、配線誘導磁場書き込み方式、スピントルク（Spin Transfer Torique：STT）書き込み方式、スピン軌道トルク（Spin Ortbit Torque：SOT）書き込み方式、電圧制御（Voltage Controlled Magnetic Anisotropy：VCMA）書き込み方式がある。MRAMは磁化反転を動作原理としており、書込/読出動作において原子の移動を伴わないことから、高速書込/読出（原理的には100ピコ秒～10ナノ秒）、低書込みエネルギー、高信頼性の原理的なメリットをもつ。また、磁性体は原理的には10nmサイズの素子でも10年を超える情報保持時間をもち、超微細化による大容量化が可能である。MRAMの持つ上記特色から、高速動作、長時間不揮発性、大容量を併せ持つメモリの実現が期待される。

STT書き込み方式のMRAM（以降STT-MRAM）は、1989年にIBMのSlonzewskiにより原理が提案されて以降、2000年代から米国、日本を中心に実用化に向けた研究開発が進められてきた。当初、半導体企業（IBM、東芝（現Kioxia）、NEC、EverSpin）およびベンチャー企業や新興企業（TDK/Headway、Grandis（現Samsung US）、Spin Transfer Technologies（現Spin Memory））が開発を牽引した。2021年頃を境にSTT-MRAMは研究開発フェーズから製品開発ステージに移行しており、上記ベンチャー企業、新興企業は役目を終えて閉鎖・撤退・売却等となっている。近年では、主要半導体企業（IBM、TSMC、Global Foundry、Samsung、Kioxia（旧東芝メモリ）、SKhynix、Sony、Runesas、Intel、EverSpin、Huawei）により実用化・応用検討が進められている。混載型STT-MRAMでは、韓国（Samsung）、台湾（TSMC）、シンガポール（Global Foundry）、日本（Sony）が製品出荷開始をアナウンスしている。米国（EverSpin）はStandalone型の誘導磁場MRAMおよびSTT-MRAMを出荷している。高密度大容量なSTT-MRAMでは依然として日本（Kioxia）、韓国（SKhynix）が先行している。

MRAMに関する基礎研究開発は、STT書き込み方式から、SOT書き込み方式・電圧制御書き込み方式などの新原理を適用したものに移行している。これらの新規書き込み技術は、米国、日本、フランス、ベルギー、韓国、台湾、中国など幅広い国で研究開発されており、国立研究所、大学を中心に半導体主要企業を巻き込んだ研究開発が加速している。SOT-MRAMに関しては、フランス（Antios）と日本（SOTI：Spin Orbit Torque Inc.）のそれぞれでベンチャー企業の設立も相次いでおり、実用化に向けた技術開発も活発化している。

（4）注目動向

[新展開・技術トピックス]

・ロジックデバイス

➡ TSMC

2018年から2019年にかけて、7nmプロセスでの製造を受託できた唯一の専業ファウンドリであり、ファブレスIC各社からの7nmプロセスによる生産委託件数が増加している。結果として、TSMCはウェハあたりの売上高を大きく伸ばし、2014年比でも13％増と、唯一、専業ファウンドリとして同時期で比べた場合のウェハあたりの売上高を上回ることができている。2021年に5nm世代の製品集荷を開始し、現在3nm世代の量産化開発を実施している。3次元構造トランジスタGAAFETの実用化は2nm世代

からとしている。

➡ Samsung

7 nm世代から4 nm世代までの4つのFinFETプロセスを極端紫外線（EUV）露光技術で製造し、その後、同じくEUVを利用して3 nm世代 GAA（3GAE）、MBCFETの製造を行なう。7 nm世代プロセスと比較して、3GAEではチップ面積を最大45%削減でき、50%消費電力を削減または35%の性能向上の実現しており、また、早くも3 nm世代プロセスICの設計が可能になり、PDK（Process Design Kit）v. 0.1の提供も開始している。

• 2Dデバイス

2次元デバイスでは、コンタクト抵抗低減が課題の一つであるが、低融点金属堆積により欠陥準位形成を抑制し、低抵抗化を達成している。また、2D–FINFETや2Dナノシート構造が実証され、3次元構造化の検討も進んでいる。トンネルFETにおいても、電気的に不活性なダングリングボンドフリー界面を利用し電流5桁平均でのサブスレッショルドスイング（SS）が26 mV/decと急峻スロープのFET動作が報告された。また、成膜技術に関してサファイア基板の面方位を選択することで99%方位の揃ったMoS_2成長を達成している。

• NANDフラッシュメモリ

更なる大容量化に必要なキー技術は（1）高積層構造形成プロセス、（2）超多値化、（3）高速インターフェースである。特に、（1）のプロセス技術は、①高アスペクト比の微細ホールの加工技術、②2種類の異なる薄膜の連続成膜技術、③大表面積構造での均一成膜および高選択比の等方エッチング技術 に代表される。今後、高積層構造を形成するプロセス技術の高コスト化が大きな課題となる。積層数の増加に伴い、必要な装置台数が増加し多額の追加投資が必要となっており、将来的には高積層化により大容量化しても低コスト化しない懸念もある。ブレークスルーとなるプロセス技術の開発が望まれる。

• PCM

AIなどの分野への応用が米国主導で進められている。クロスポイントのハードウェア的並びそのものを機械学習での積和演算用に利用する試みで、メモリ上で計算を行うことからin–memory computingと呼ばれている。PCMへアクセスするインターフェースとしては、SSD以外にもより高速なDDR4が検討されている。DDR4とDIMM形状を採用したOptane DC Persistent MemoryをIntelが製品化し、第2世代Xeonスケーラブルプロセッサからアクセスが可能な1ソケットあたり128GB〜512GBと大容量で高速アクセス可能かつ不揮発なメモリが市販されている。ただしMicronはIntelと共同開発した3DXP製品を製造していた工場を2021年7月TIに売却しPCM事業から撤退し、Intel社も2022年8月にPCM事業を終息することを宣言している。

• MRAM

STT–MRAMの機械学習への応用が、米国、フランス、ベルギー、日本、韓国から提案され検討が加速されている。MTJを用いた確率コンピューティング、リザバーコンピューティングの応用が、米国、フランス、日本から提案されている。超大容量化（>100Gbit）が可能なMTJとセレクタの組み合わせによるクロスポイント型STT–MRAMが、米国、ベルギー、台湾などから提案されている。

[注目すべき国内外のプロジェクト]

（A）日本

国内にない先端性を持つロジック半導体技術の開発として、令和元年補正予算として、ポスト5G情報通信システム基盤強化研究開発事業（1,100億円）の内、先端半導体製造技術の開発（補助）に関するNEDO

プロジェクトが2021年より開始された。経済産業省から「半導体戦略」が公表され、さらに、2022年には、その具体策となる「次世代半導体の設計・製造基盤確立に向けて」が公表された。それに基づき、2022年熊本県にTSMSの28nm世代（平面型トランジスタ）の量産工場の誘致・建設が開始された。今後、20～14nm世代のFinFET（2.5次元トランジスタ）の実生産も計画されている。さらに、国際連携をベースとし、国内2nm世代ロジック半導体（3次元トランジスタ：積層GAAFET）の量産体制の確立（Rapidus社）とそれ以降の研究開発組織であるLSTC（Leading-edge Semiconductor Technology Center: 技術研究組合最先端半導体技術センター）の開設を含む国策としての半導体ロードマップも明らかにされた。また、文部科学省からも、2022年に、半導体技術に関する先行研究と人材育成を目的とした「次世代X-nics半導体創生拠点形成事業」が開始されている。

（B）米国

・"CHIPS（Creating Helpful Incentives to Produce Semiconductors）for America"：

この法案は、国内の半導体製造を復活させ、研究開発に資金を提供し、技術サプライチェーンを確保することを目指している。CHIPS for Americaは、マーケティングとは別に、米国防総省が既に実施しているエレクトロニクスの『復活』に向けた取り組みに少なくとも120億米ドルを投入する他、半導体の研究開発に向けてその他の連邦政府機関に50億米ドルを投資することを提案している。世界最先端の半導体の微細化を驀進しているTSMCに対して、米国が国内へ半導体工場を建設するよう要請。5月15日にTSMCがアリゾナ州に半導体工場を建設することを発表。2021年から120億ドルを投じて、5nmプロセスの半導体工場を建設し、2024年から月産2万枚のウエハで半導体を製造するとしている。

・"American Foundries Act of 2020（AFA)"

CHIPS for Americaは米国国防総省をはじめとする政府機関によるプロジェクトへの資金提供を主とした法案であるが、AFAでは、米国の各州に対し、商業的な半導体製造施設の拡大を促すための助成金を提供する。各法案での資金提供額はAFAが250億米ドル、CHIPSが220億米ドルであり、その合計は470億米ドル（約5兆円）にのぼる。AFAは米商務省に対して、150億米ドルの資金を提供する権限を与えることにより、州政府が、半導体工場の他、アセンブリやテスト、最先端パッケージング、最先端の研究開発を行う関連施設の建設や拡張、近代化をサポートできるようにする。

（5）科学技術的課題

シリコン半導体の微細化はゲート長（Lg）＝16nmあたりで止まるが、積層シリコンナノシート、2次元材料ナノシート等、ロジックトランジスタの3次元化が進み、単位面積あたりのトランジスタ（トランジスタ密度）のスケーリングは継続される見込みである。すなわち、3Dスケーリング（Effective Scaling）は継続される。一方、チップの張り合わせによる機能積層による3Dパッケージング技術により、1mm2あたり百万個超の張り合わせ接続も期待されている。

3Dトランジスタでは、放熱性を加味したエレクトロンとフォノンの挙動を制御する新材料・新構造の研究開発が重要となる。一方、3次元パッケージングでは、積層に先立つ非接触ウェハテスト技術やBuilt-in Test（BIST）回路や接続不良に対応した冗長インターフェースなど3D対応アーキテクチャの開発も必要となる。

3次元積層型NAND型フラッシュメモリでは高積層化により高密度化をしているが、高積層化にはセル電流の低下という技術課題が存在する。この問題が起こるのは、3次元積層型NAND型フラッシュメモリでは、縦方向にGAA（Gate all around）縦型トランジスタを直列接続しているため、高積層化と共に直列抵抗が高くなりセル電流値が低下するためである。NANDフラッシュに使われるGAAトランジスタでは芯材のポリシリコンにチャネルを形成するが、ポリシリコンは単結晶シリコンと比較すると電子の移動度や電子密度が低く、結果として、単結晶シリコン上に形成するトランジスタより電流値が低くなる。セル電流値が低下すると、GAAトランジスタのオン/オフをセンス回路で高速に判定することが困難となり、性能劣化や動作不良に繋が

2.3

俯瞰区分と研究開発領域 ICT・エレクトロニクス応用

る。 ポリシリコンチャネルの移動度の改善のため、Metal induced lateral crystallization（MILC）等による単結晶化技術の開発が進んでいる。

PCMを用いた3DXPは、抵抗変化させるための動作電流が大きく、HP縮小時の配線抵抗の増大（細線化）と相まって、微細化スケーリングを困難にしている。このため、iPCM、新規カルコゲナイド系材料の開発、相変化膜への熱閉じ込め効果増大による動作電流の低減、配線抵抗増大の抑制、多値化などが検討されており、如何にバランスの良いデバイス開発を行うかが重要である。 SCM以外の応用である機械学習への適用は、その他のメモリ材料（MRAM、ReRAMなど）でも行われており、どの材料系が突出するのか、用途ごとに併存するのか、見極めが必要である。

MRAMで用いるMTJの磁気抵抗変化率（MR）は、他メモリ（ReRAM、PCM）と比べて小さく、安定した高速読み出しと大容量化を両立するためには、高MR化が課題である。磁性元素（Fe、Co等）はガス化しても揮発性が低く、化学的エッチング手法で容易に特性劣化することから、通常の半導体微細パタン形成プロセスで用いる反応性イオンエッチング（RIE）の適用が困難である。磁性体の微細化・高密度化が可能なエッチング技術開発が必要である。磁性体の磁化スピンは書き換えによる劣化がなくほぼ無限大の耐性を持つ一方で、MgOトンネルバリアは通常の絶縁体と同じく、絶縁破壊寿命をもつ。STT書き込み方式において、セル微細化時にMTJを貫通する駆動電流を確保するには、MgOトンネルバリアを薄膜化し抵抗を下げる必要がある。しかし、これによって、MgO膜の絶縁破壊寿命が短くなる。STT–MRAMの大容量化に向けては、MgOに替わる低抵抗トンネルバリア材料開発あるいは極薄膜MgO形成技術の開発が必要であり、絶縁破壊耐性の向上が課題である。

二次元材料集積に関しては、現状でエネルギー効率の悪いNMOSが使われており、安定なP型トランジスタを構築し、PNによるCMOSを開発することが不可欠である。また、置換型ドーピングは重要であるが、層数低減により不純物準位のイオン化ポテンシャルが増加するため活性化度が下がり単層では高濃度化に難しさが残る。2次元材料に適したプロセスの検討が必要である。ロジック用デバイスにおける大面積転写を適用する場合には、転写を科学的に理解し実用化に繋げる必要がある。

（6）その他の課題

米国における半導体関連規制に対応し、特に半導体関連の政策情報（特に、政府系ロビー活動も含め）のサーチ機能を強化するべきである。ポスト5Gでは、分散サーバとエッジ半導体との通信アーキテクチャの標準化も重要になってくる。通信と半導体との融合した標準化活動のサーチ、あるいはそれを基にした仕様提案ができる人材育成なども重要である。

新材料の研究開発を進める場合、その材料に関する知見が全く無いと研究開発への新規参入は困難である。共用施設を整備し、新材料への試行を容易にする仕組みの整備が重要である。これは、人材の流動性にも大きく寄与する。

ハードウェア開発にかかわる若手人材の育成も急務である。大学で作製できるデバイスのレベルと産業界で量産する技術との乖離が大きいうえ、材料開発も多岐にわたり、また進展も早いので、材料開発の基盤技術を共有化することができ、大学でのアイディアを検証するための場が必須である。

（7）国際比較

国・地域	フェーズ	現状	トレンド	各国の状況、評価の際に参考にした根拠など
日本	基礎研究	○	→	・ナノエレクトロニクスの基礎研究は、若い世代の研究者が減ってきており、厳しい状況。 ・2次元デバイス関係では、高品質・大面積・位置選択成長、及び面内/面外ヘテロ成長に強み。 ・学術変革領域「2.5次元物質科学」による基礎物性開拓が進む。

	応用研究・開発	○	↗	・ポスト5G情報通信システム基盤に対応した半導体デバイス・半導体製造装置に対する大型の研究投資が強化されつつある。米中と比較するとまだその規模が小さい。 ・2次元デバイス関係では、光、バイオセンサー応用が進む。
米国	基礎研究	◎	→	・国家安全保障と産業競争力の確保を基本的な価値観としている。 ・国家ナノテクノロジー・イニシアティブ（NNI）
	応用研究・開発	◎	↗	・半導体に関するすべてのサプライチェーンを自国に押さえるべく、研究開発投資を拡大。 →CHIPS for America →American Foundries Act of 2020
欧州	基礎研究	◎	↗	・Horizon 2020（2010–2020年） ・クライオCMOSなどでは存在感がある。地道なデータの取得、高精度なモデリングで優位。 ・imecが2次元トランジスタの開発を牽引。トランジスタ特性のばらつきも報告しており、集積化を目指した研究が進む。
	応用研究・開発	◎	↗	・Innovation for the future of Europe: Nanoelectronics beyond 2020. ・AIなどを対象とした10年間のデジタル戦略 ・Graphene flagship 10年継続
中国	基礎研究	○	→	・国家中長期科学技術発展計画要綱（2006–2020年） ・国家イノベーション駆動発展戦略綱要（2016–2030年）
	応用研究・開発	◎	↗	米国に対応するため、巨額な半導体関連投資が行われている。 ・半導体ファンド「国家集成電路産業投資基金」 ・大躍進政策
韓国	基礎研究	○	↗	・半導体素材・部品に関する自国生産強化にむけ、大型の研究投資が行われている。 ・「素材・部品・装備2.0戦略」
	応用研究・開発	△	→	・人工知能（AI）半導体産業の発展戦略。
その他の国・地域（台湾）	基礎研究			
	応用研究・開発	◎	↗	世界No.1の先端半導体工場、TSMCを中心に、巨額な半導体関連投資が行われている。 「高科技研発中心－領航企業研発深耕計画」

（註1）フェーズ

基礎研究：大学・国研などでの基礎研究の範囲

応用研究・開発：技術開発（プロトタイプの開発含む）の範囲

（註2）現状　※日本の現状を基準にした評価ではなく、CRDSの調査・見解による評価

◎：特に顕著な活動・成果が見えている　　　　　○：顕著な活動・成果が見えている

△：顕著な活動・成果が見えていない　　　　　×：特筆すべき活動・成果が見えていない

（註3）トレンド　※ここ1～2年の研究開発水準の変化

↗：上昇傾向、→：現状維持、↘：下降傾向

関連する他の研究開発領域

・プロセッサーアーキテクチャー（システム・情報分野　2.5.2）

・脳型コンピューティングデバイス（ナノテク・材料分野　2.3.2）

参考・引用文献

1）IEEE, "International Roadmap for Devices and Systems™ (IRDS), 2020 Update, More

2.3
俯瞰区分と研究開発領域
ICT・エレクトロニクス応用

Moore," https://irds.ieee.org/editions/2020,（2023年1月5日アクセス）.

2) Daniel Gall, "The search for the most conductive metal for narrow interconnect lines," *Journal of Applied Physics* 127, no. 5 (2020)：050901., https://doi.org/10.1063/1.5133671.

3) Anshul Gupta, et al., "High-Aspect-Ratio Ruthenium Lines for Buried Power Rail," in *2018 IEEE International Interconnect Technology Conference (IITC)* (IEEE, 2018), 4-6., https://doi.org/10.1109/IITC.2018.8430415.

4) Jack Y. -C. Sun, "System scaling for intelligent ubiquitous computing," in *2017 IEEE International Electron Devices Meeting (IEDM)* (IEEE, 2017), 1.3.1-1.3.7., https://doi.org/10.1109/IEDM.2017.8268308.

5) Ming-Fa Chen, et al., "System on Integrated Chips（SoIC（TM）for 3D Heterogeneous Integration," in *2019 IEEE 69th Electronic Components and Technology Conference (ECTC)* (IEEE, 2019), 594-599., https://doi.org/10.1109/ECTC.2019.00095.

6) Pablo Solís-Fernández, et al., "Isothermal Growth and Stacking Evolution in Highly Uniform Bernal-Stacked Bilayer Graphene," *ACS Nano* 14, no. 6 (2020)：6834-6844., https://doi.org/10.1021/acsnano.0c00645.

7) Toshifumi Irisawa, et al., "CVD Growth Technologies of Layered MX_2 Materials for Real LSI Applications -Position and Growth Direction Control and Gas Source Synthesis," *IEEE Journal of the Electron Devices Society* 6 (2018)：1159-1163., https://doi.org/10.1109/JEDS.2018.2870893.

8) Yu Kobayashi, et al., "Continuous Heteroepitaxy of Two-Dimensional Heterostructures Based on Layered Chalcogenides," *ACS Nano* 13, no. 7 (2019)：7527-7535., https://doi.org/10.1021/acsnano.8b07991.

9) Nan Fang, et al., "Full Energy Spectra of Interface State Densities for n- and p-type MoS_2 Field-Effect Transistors," *Advanced Functional Materials* 29, no. 49 (2019)：1904465., https://doi.org/10.1002/adfm.201904465.

10) Keigo Nakamura, et al., "All 2D Heterostructure Tunnel Field Effect Transistors: Impact of Band Alignment and Heterointerface Quality," *ACS Applied Materials & Interfaces* 12, no. 46 (2020)：51598-51606., https://doi.org/10.1021/acsami.0c13233.

11) Hiroki Ago, et al., "Science of 2.5 dimensional materials: paradigm shift of materials science toward future social innovation," *Science and Technology of Advanced Materials* 23, no. 1 (2022)：275-299., https://doi.org/10.1080/14686996.2022.2062576.

12) Chin-Sheng Pang, et al., "Sub-1nm EOT WS2-FET with IDS > 600 μ A/ μ m at VDS=1V and SS < 70mV/dec at LG=40nm," in *2020 IEEE International Electron Devices Meeting (IEDM)* (IEEE, 2020), 3.4.1-3.4.4., https://doi.org/10.1109/IEDM13553.2020.9372049.

13) Quentin Smets, et al., "Sources of variability in scaled MoS2 FETs," in *2020 IEEE International Electron Devices Meeting (IEDM)* (IEEE, 2020), 3.1.1-3.1.4., https://doi.org/10.1109/IEDM13553.2020.9371890.

14) Taotao Li, et al., "Epitaxial growth of wafer-scale molybdenum disulfide semiconductor single crystals on sapphire," *Nature Nanotechnology* 16, no. 11 (2021)：1201-1207., https://doi.org/10.1038/s41565-021-00963-8.

15) Weisheng Li, et al., "Uniform and ultrathin high-κ gate dielectrics for two-dimensional electronic devices," *Nature Electronics* 2 (2019)：563-571., https://doi.org/10.1038/s41928-019-0334-y.

16) Lan Liu, et al., "Ultrafast non-volatile flash memory based on van der Waals heterostructures," *Nature Nanotechnology* 16, no. 8 (2021) : 874-881., https://doi.org/10.1038/s41565-021-00921-4.

17) Li Wang, et al., "Epitaxial growth of a 100-square-centimetre single-crystal hexagonal boron nitride monolayer on copper," *Nature* 570, no. 7759 (2019) : 91-95., https://doi.org/10.1038/s41586-019-1226-z.

18) Pin-Chun Shen, et al., "Ultralow contact resistance between semimetal and monolayer semiconductors," *Nature* 593, no. 7858 (2021) : 211-217., https://doi.org/10.1038/s41586-021-03472-9.

19) T. Morooka, et al., "Optimal Cell Structure/Operation Design of 3D Semicircular Split-gate Cells for Ultra-high-density Flash Memory," in *2022 IEEE Symposium on VLSI Technology and Circuits (VLSI Technology and Circuits)* (IEEE, 2022), 308-309., https://doi.org/10.1109/VLSITechnologyandCir46769.2022.9830513.

20) Daewon Ha and Hyoung-Sub Kim, "Prospective Innovation of DRAM, Flash and Logic Technology for Digital Transformation (DX) Era," in *2022 IEEE Symposium on VLSI Technology and Circuits (VLSI Technology and Circuits)* (IEEE, 2022), 417-418., https://doi.org/10.1109/VLSITechnologyandCir46769.2022.9830465.

21) Ho-Nam Yoo, et al., "First Demonstration of 1-bit Erase in Vertical NAND Flash Memory," in *2022 IEEE Symposium on VLSI Technology and Circuits (VLSI Technology and Circuits)* (IEEE, 2022), 304-305., https://doi.org/10.1109/VLSITechnologyandCir46769.2022.9830445.

22) S. Rachidi, et al., "At the Extreme of 3D-NAND Scaling: 25 nm Z-Pitch with 10 nm Word Line Cells," in *2022 IEEE International Memory Workshop (IMW)* (IEEE, 2022), 1-4., https://doi.org/10.1109/IMW52921.2022.9779303.

23) Laurent Breuil, et al., "High-K incorporated in a SiON tunnel layer for 3D NAND programming voltage reduction," in *2022 IEEE International Memory Workshop (IMW)* (IEEE, 2022), 1-4., https://doi.org/10.1109/IMW52921.2022.9779307.

24) Alessio Spessot, et al., "Thermally stable, packaged aware LV HKMG platforms benchmark to enable low power I/O for next 3D NAND generations," in *2022 IEEE International Memory Workshop (IMW)* (IEEE, 2022), 1-4., https://doi.org/10.1109/IMW52921.2022.9779308.

25) Hitomi Tanaka, et al., "Toward 7 Bits per Cell: Synergistic Improvement of 3D Flash Memory by Combination of Single-crystal Channel and Cryogenic Operation," in *2022 IEEE International Memory Workshop (IMW)* (IEEE, 2022), 1-4., https://doi.org/10.1109/IMW52921.2022.9779301.

26) Weishen Chu, et al., "An Analytical Model for Thin Film Pattern-dependent Asymmetric Wafer Warpage Prediction," in *2022 IEEE International Memory Workshop (IMW)* (IEEE, 2022), 1-4., https://doi.org/10.1109/IMW52921.2022.9779248.

27) Lars Heineck and Jin Liu, "3D NAND Flash Status and Trends," in *2022 IEEE International Memory Workshop (IMW)* (IEEE, 2022), 1-4., https://doi.org/10.1109/IMW52921.2022.9779282.

28) Sunghyun Yoon, et al., "Highly Stackable 3D Ferroelectric NAND Devices: Beyond the Charge Trap Based Memory," in *2022 IEEE International Memory Workshop (IMW)* (IEEE, 2022), 1-4., https://doi.org/10.1109/IMW52921.2022.9779278.

29) Devin Verreck, et al., "Understanding the ISPP Slope in Charge Trap Flash Memory and its Impact on 3-D NAND Scaling," in *2021 IEEE International Electron Devices Meeting (IEDM)* (IEEE, 2021), 1-4., https://doi.org/10.1109/IEDM19574.2021.9720506.

30) Siva Ramesh, et al., "Understanding the kinetics of Metal Induced Lateral Crystllization process to enhance the poly-Si channel quality and current conduction in 3-D NAND memory," in *2021 IEEE International Electron Devices Meeting (IEDM)* (IEEE, 2021), 10.2.1-10.2.4., https://doi.org/10.1109/IEDM19574.2021.9720571.

31) Shogo Hatayama, et al., "Electrical transport mechanism of the amorphous phase in $Cr_2Ge_2Te_6$ phase change material," *Journal of Physics D: Applied Physics* 52, no. 10 (2019) : 105103., https://doi.org/10.1088/1361-6463/aafa94.

32) Mario Laudato, et al., "ALD GeAsSeTe Ovonic Threshold Switch for 3D Stackable Crosspoint Memory," in *2020 IEEE International Memory Workshop (IMW)* (IEEE, 2020), 1-4., https://doi.org/10.1109/IMW48823.2020.9108152.

33) Hsinyu Tsai, et al., "Inference of Long-Short Term Memory networks at software-equivalent accuracy using 2.5M analog Phase Change Memory devices," in *2019 Symposium on VLSI Technology* (IEEE, 2019), T82-T83., https://doi.org/10.23919/VLSIT.2019.8776519.

34) Nanbo Gong, et al., "A No-Verifiation Multi-Level-Cell (MLC) Operation in Cross-Point OTS-PCM," in *2020 IEEE Symposium on VLSI Technology* (IEEE, 2020), 1-2., https://doi.org/10.1109/VLSITechnology18217.2020.9265020.

35) Camille Laguna, et al., "Innovative Multilayer OTS Selectors for Performance Tuning and Improved Reliability," in *2020 IEEE International Memory Workshop (IMW)* (IEEE, 2020), 1-4., https://doi.org/10.1109/IMW48823.2020.9108130.

36) Shoichi Kabuyanagi, et al., "Understanding of Tunable Selector Performance in Si-Ge-As-Se OTS Devices by Extended Percolation Cluster Model Considering Operation Scheme and Material Design," in *2020 IEEE Symposium on VLSI Technology* (IEEE, 2020), 1-2., https://doi.org/10.1109/VLSITechnology18217.2020.9265011.

37) Taehoon Kim, et al., "High-performance, cost-effective 2z nm two-deck cross-point memory integrated by self-align scheme for 128 Gb SCM," in *2018 IEEE International Electron Devices Meeting (IEDM)* (IEEE, 2018), 37.1.1-37.1.4., https://doi.org/10.1109/IEDM.2018.8614680.

38) Huai-Yu Cheng, et al., "Si Incorporation into AsSeGe Chalcogenide for High Thermal Stability, High Endurance and Exteremly Low Vth Drift 3D Stackable Cross-Point Memory," in *2020 IEEE Symposium on VLSI Technology* (IEEE, 2020), 1-2., https://doi.org/10.1109/VLSITechnology18217.2020.9265039.

39) Taras Ravsher, et al., "Polarity-dependent threshold voltage shift in ovonic threshold switches: Challenges and opportunities," in *2021 IEEE International Electron Devices Meeting (IEDM)* (IEEE, 2021), 28.4.1-28.4.4., https://doi.org/10.1109/IEDM19574.2021.9720649.

40) Asir Intisar Khan, et al., "First Demonstration of Ge2Sb2Te5-Based Superlattice Phase Change Memory with Low Reset Current Density ($\sim$3 MA/cm²) and Low Resistance Drift ($\sim$0.002 at 105°C)," in *2022 IEEE Symposium on VLSI Technology and Circuits (VLSI Technology and Circuits)* (IEEE, 2022), 310-311., https://doi.org/10.1109/VLSITechnologyandCir46769.2022.9830348.

41) Sadahiko Miura, et al., "Scalability of Quad Interface p-MTJ for 1X nm STT-MRAM

with 10ns Low Power Write Operation, 10 Years Retention and Endurance > 10^{11}," *IEEE Transactions on Electron Devices* 67, no. 12（2020）: 5368-5373., https://doi.org/10.1109/TED.2020.3025749.

42) Sung-Woong Chung, et al., "4Gbit density STT-MRAM using perpendicular MTJ realized with compact cell structure," in *2016 IEEE International Electron Devices Meeting (IEDM)* (IEEE, 2016), 27.1.1-27.1.4., https://doi.org/10.1109/IEDM.2016.7838490.

43) Juan G. Alzate, et al., "2 MB Array-Level Demonstration of STT-MRAM Process and Performance Towards L4 Cache Applications," in *2019 IEEE International Electron Devices Meeting (IEDM)* (IEEE, 2019), 2.4.1-2.4.4., https://doi.org/10.1109/IEDM19573.2019.8993474.

44) Yueh Chang Wu, et al., "Deterministic and Field-Free Voltage-Controlled MRAM for High Performance and Low Power Applications," in *2020 IEEE Symposium on VLSI Technology* (IEEE, 2020), 1-2., https://doi.org/10.1109/VLSITechnology18217.2020.9265057.

45) Taeyoung Lee, et al., "Fast Switching of STT-MRAM to Realize High Speed Applications," in *2020 IEEE Symposium on VLSI Technology* (IEEE, 2020), 1-2., https://doi.org/10.1109/VLSITechnology18217.2020.9265027.

46) Kay Yakushiji, et al., "3-Dimensional Integration of Epitaxial Magnetic Tunnel Junctions with New Materials for Future MRAM," in *2021 Symposium on VLSI Technology* (IEEE, 2021), 1-2.

47) B. Jinnai, et al., "Fast Switching Down to 3.5 ns in Sub-5-nm Magnetic Tunnel Junctions Achieved by Engineering Relaxation Time," in *2021 IEEE International Electron Devices Meeting (IEDM)* (IEEE, 2021), 1-4., https://doi.org/10.1109/IEDM19574.2021.9720509.

48) Miao Jiang, et al., "GOL-03 Spin-orbit torque magnetization switching in a perpendicularly magnetized full Heusler alloy CO_2FeSi," 15th Joint MMM-Intermag Conference（January 10-14, 2022), https://magnetism.org/past-conferences/,（2023年1月5日アクセス）.

49) Y. Takeuchi, et al., "GOP-01 Chiral-spin rotation of non-collinear antiferromagnetic Mn_3Sn by spin-orbit torque," 15th Joint MMM-Intermag Conference（January 10-14, 2022), https://magnetism.org/past-conferences/,（2023年1月5日アクセス）.

50) S. Tsunegi, et al., "HOG-10 Physical Reservoir Computing Using Spin Torque Oscillator with Loop Circuit," 15th Joint MMM-Intermag Conference（January 10-14, 2022), https://magnetism.org/past-conferences/,（2023年1月5日アクセス）.

2.3.2 脳型コンピューティングデバイス

（1）研究開発領域の定義

　人間の脳の情報処理を模倣した回路、そこに利用する革新的な材料・デバイスの基盤技術の開発により、人間のように高度な判断や予測、制御などを超低消費電力で行うことができるAIアクセラレータ・チップを実現する。脳の低次機能（ニューロン・シナプス、神経回路）および高次機能（脳組織、脳全体）を模倣した情報処理アルゴリズム、ニューロモルフィックやリザバーコンピューティングなどの新回路アーキテクチャ、スパイクニューロン素子、不揮発性メモリ、メモリスタ、新機能材料などの研究開発課題がある。

（2）キーワード

　AIアクセラレータ、AIチップ、エッジAI、深層学習、インメモリコンピューティング（In-memory computing）、コンピュートインメモリ（Compute In-Memory: CIM）、ニアメモリ、ニューロモルフィック、ランダムアクセスメモリ（RAM）、不揮発性メモリ、メモリスタ、メモリスティブデバイス、スパイキングニューロン、非線形ダイナミクス、確率共鳴、ブラウンラチェット

（3）研究開発領域の概要

［本領域の意義］

　サイバー空間とフィジカル空間を高度に融合させたサイバーフィジカルシステムやSociety 5.0といった高度なデジタル社会の実現には、フィジカル空間で生み出されるデータをサイバー空間で蓄積し、必要な情報に処理して、分析・解析・認識を経て、その後の適切な処置・行動を判断し、フィジカル空間にフィードバックすることが重要になる。これには高速な演算だけでなく高度な情報処理が必要になり、人間のように低消費電力で状況に合わせた瞬時に柔軟な判断が求められる。

　脳神経系は複雑な知的情報処理を高エネルギー効率で自律的に実行できる優れた情報処理システムである。エネルギー問題や情報爆発問題などの社会的要請に応えることのできる次世代情報化社会の基盤技術として、脳神経系を模倣あるいはそこからヒントを得るニューロモルフィックシステムあるいは脳型コンピューティングのアプローチに期待が高まっている。現状では深層学習などAI（Artificial Intelligence）処理を高性能コンピュータ上でソフトウェア的に行うことが主に行われているが、ソフトウェアによるAI処理に電力、時間、コストがかかりすぎることが予測される場合は、その処理の一部をハードウェアで置換できる「脳型コンピューティングデバイス」が重要になる。

　ここでは、脳型コンピューティングデバイスとして、（1）AIアクセラレータ、（2）コンピュートインメモリ、（3）ニューロモルフィックチップ、（4）リザバーコンピューティング、に分類し、それらに関わるデバイス・材料・物理現象を中心に記載する。

［研究開発の動向］

• AIアクセラレータ

　AI用の専用集積回路（LSI）として最初に登場するのは2015年のGoogleの推論専用のTPU（Tensor Processing Unit）である。一方、当初よりAI用にGPGPU製品を普及してきた米国NVIDIAはAI専用のコアを含むV100およびA100をそれぞれ2017年、2020年に市場投入し、データの量子化・疎化技術を採用して一段上の性能を提供した。同時期に、英国Graphcore社のIPU、米国Cerebras社のWSE1、さらに日本Preferred Network Inc.のMN-Coreも参入した。2019年以降は自然言語処理モデルの巨大化に伴って演算性能競争が激化し、一挙に浮動小数点演算の速度がPFLOPSオーダーに突入し、性能をスケールアップする研究開発が中心となっている。

　エッジ向けには2016年以降に米国を中心に研究開発が本格化した。まず、演算精度の軽量化を目指す

Binary/Ternaryまで下げたデータの量子化・枝刈り等の疎化の研究、2017年以降は中国も加わりデータ移動を最小化するメモリ・ロジックの融合を目指す回路アーキテクチャ研究が激化した。また、小型化をターゲットにした不揮発性メモリ搭載の研究が積極的に行われてきた。2019年頃より本格化したCIM（Compute In-memory）技術により50 TOPS/Wを超える電力効率も視野に入りつつある（学会レベルのコア性能では>1000 TOPS/W）。市場動向としては、2016年に自動運転へモービルアイ、NVIDIA等のAI製品が採用され、スマートフォンに関しては2017年にiPhone系にA11、Android系にKirin970のAIコアが実装された。一方、2017年頃より組込IoT領域でも多くのスタートアップ企業が製品を投入し、2019年より1mA近辺のAlways-onをターゲットとした小型化（TinyML）の研究開発が活発化している。

• コンピュートインメモリ

コンピュートインメモリ（CIM）は、脳細胞のメカニズムを模倣した構成であり、アレイのグリッドの演算素子は積（重みと入力）のみを行い、和は共通のカラムラインで電流の総和として一括して処理する。電流（電圧）変化をアナログで検知することからアナログCIMと呼ばれ、高速・低消費化、さらに高密度化がはかれる。また重みをグリッド部のSRAM（Static Random Access Memory）で保持する方式（s-CIM）と不揮発性メモリ（NVRAM：Non-Volatile RAM）やメモリスタ（メモリスティブデバイス）で保持する方式（nv-CIM）がある。s-CIM方式は、2017年プリンストン大学を起点にアリゾナ大学、台湾の国立清華大学、交通大学、中国の清華大学など、また企業では台湾のTSMC社およびMacronix社が積極的に研究開発を推進している。高密度（対SRAMの約4倍、多ビットセル（Multi-level-cell: MLC）及び3D化）、超低消費電力化が可能なnv-CIM方式は、2008年のHewlett Packard社のメモリスタの開発に端を発し、ReRAM（Resistive RAM）、PCM（Phase Change Memory）、MRAM（Magnetic RAM）、NAND型フラッシュメモリ、FeRAM（Ferroelectric RAM）の混載NV応用として精力的に研究が行われている。メモリスティブデバイスの代表的なアナログ動作ReRAMは、アナログ型抵抗変化素子（Resistive Analog Neuro Device、Resistive Analog Neuromorphic Device：RAND）とも呼ばれている。脳型コンピューティングの定義には様々なものがあるが、人間の脳のように記憶装置と演算機能を一体化することで、大量のデータを低消費電力で実用上十分な速度で処理する技術と考えると、CIMはまさに脳型コンピューティングを実現する重要研究テーマの一つであり、メモリスティブデバイスはCIMの基幹をなすデバイスとなっている。

• ニューロモルフィックチップ

神経ネットワークにおける神経スパイクをイベントベースで情報をコードする信号と見立てることにより、シリコン神経ネットワークを用いて深層学習を低電力で実行する手法の研究が進んでいる。本分野では、デジタル回路によるシステム（IBM TrueNorth、Intel Loihiなど）に加え、デジタル/アナログ混在回路によるシステム（Stanford大 BrainDrop、UZH DYNAPsなど）が開発されている。2014年発表の米国IBM社のTrueNorth（DARPAプロジェクト）は、1M個のニューロンを有する推論専用のチップで、非同期かつEvent Drivenなスパイクの伝達により低消費電力で高速にタスクが実行される。スケールアップにより脳に迫ることを目指すと共に、多くのアカデミアと共同で実用化研究（Synergy University）を推進した。その流れを引き継ぎ、2017年からインテルはLoihiチップで、スパイクタイミング依存可塑性を含む学習アルゴリズムに各種の分析・認識アルゴリズムを組み合わせ、脳に迫る高性能化の探求と実用化を目指して100を越える他機関との共同研究を推進し、現在はLoihi2（2021年〜）へと活動をつなげている。

欧州のHuman Brain Project（HBP：2013〜2023年）では、ドイツのハイデルベルク大学と英国のマサチューセッツ大学が2つの核として活動しており、前者はアナログ回路をベースとしたBrainScaleSチップでシナプス・ニューロンのモデルを再現し、後者はデジタル回路をベースにしたSpiNNakerチップで脳の探求と実用化の研究を行っている。BrainScaleSの後継であるBrainScaleS2も、神経スパイクを有効活用する新しい学習手法の導入により深層学習で優れた成績を達成している。SpiNNakerは汎用マイクロプロセッサ

（ARMアーキテクチャ）を専用ファブリックで超並列結合した神経ネットワークモデルシミュレーションに特化した超並列計算システムである。数個のプロセッサによる小規模システムから、数十万プロセッサによるスーパーコンピュータまで、優れたスケーラビリティを持ち、専用ハードウェアによるシリコン神経ネットワークに比べて電力効率は劣るものの、実装できる神経モデルの柔軟性は高い。

• リザバーコンピューティング

　近年、ランダム結合ネットワークを用いるリザバーコンピューティングが注目されている。リザバーコンピューティングでは、Echo State Property（ESP）と呼ばれる性質（入力の伝達と非線形作用、入力の忘却、および入出力の再現性）を持てばよく、構成素子の持つダイナミクスの多様性が計算性能にとって重要であり、必ずしも神経活動を再現している必要がない。神経ネットワークに限らない多様なネットワークモデルを本分野で利用することができ、物理的に存在するモノ（材料）を計算媒体として使えるため、材料・デバイス分野（光、スピン、軟体（生体やゴムのような柔らかいもの）、分子など）で研究が進められている。

　現在のAIハードウェアは生物脳に備わっている様々な要素を切り捨てている。脳の小型・低エネルギー性の理解には、切り落とした部分に目を向けることも必要であり、生物機能の仕組みを物理的に模擬するために「非線形」、「ダイナミクス」、「確率論」などに切り込んだ研究も進められている。例えば、雑音支援によるしきい値系や双安定系における状態遷移である確率共鳴は生物機能として知られており、電子デバイスにおいてもこの現象が観測されている。状態遷移を引き起こすことができない微小信号に対し雑音を加えることで不足分を補うことから、省エネルギー化されると考えられている。また、リング発振器や相変化素子による弛緩型発振器などの非線形な振動子デバイスを用いて、自発ダイナミクスを利用したリザバーコンピューティングの研究も進められている。

（4）注目動向
［新展開・技術トピックス］
• AIアクセラレータ

　2021年にGoogle社がTPU4、TPU5のLSI短期開発・小型化を実証したAICAD（AIによる最適回路配置配線）が注目される。また、Cerebras社はウエハーレベルのプロセス（2019年：TSMC）を用いてWSE2で約100PFLOPSを達成し、NVIDIAは2022年に自然言語処理に適した回路コアを導入して4PFLOPSを実現している。

　エッジAIでは2つの新たな研究軸が出現した。「隠れニューラルネットワーク理論」に基づきモデル用重みを逐次オンチップで少量生成することで格納用メモリサイズを激減する「オンチップモデル構築技術」（2022年、東工大）と、自然言語処理の高演算効率をめざす応用特化型の回路研究（2022年、清華大学）が注目される。一方、製品では、Hailo-8（2020年、イスラエル）、M1076AMP（（2022年、米国）、GrAI VIP（2022年、フランス・米国）、GAP9（2022年、フランス）などが多くの新規企業より市場投入された。

　エッジ向けのTinyML Foundationの活動も注目される。2019年より英国Arm社及び米国Qualcomm社主体で1mA近辺のAlways-onをターゲットとしたTinyML（小型の製品）の団体活動（Foundation）が活発化し、現在世界で百社規模のスタートアップ企業を含む企業（日本からはソニー、ルネサス）が加盟し、学会・Webinar活動を行っており実用化研究の大きな推進源となっている。

• コンピュートインメモリ

　アナログs-CIMでは、中規模モデルで高速・高性能が実証（2022年、国立清華大）された。大規模モデルをターゲットにして総和処理のみアレイの外に引き出し行うデジタルs-CIMはTSMCが積極的に推進し（2021、2022年）、2022年には中国清華大学でReconfigurable、KU-LeuvenでA-D融合、米コロンビア大学でapproximate型、など改良型の提案が行われている。nv-CIMでは実用化研究に移行しており、製

2.3
俯瞰区分と研究開発領域
ICT・エレクトロニクス応用

品化も始まっている。PCMではSLC（Single Level Cell）－MLC（Multi Level Cell）複合方式で高精度（CIFAR-100：1%劣化）が実証（2022年、TSMC）され、ReRAMでは3bit　MLCで高精度モデルを実証（2022年、清華大等）やOne-Shot転移学習の研究（2022年、米Georgia Inst. Tech.など）、MRAMでは電流に代わる抵抗積算方式の導入（2022年、サムソン）などが報告されている。また、NOR型フラッシュメモリでは初のnv-CIM製品（80M個の重み：MLC、25TOPS）が市場投入された（2020年、米Mythic）。

・ ニューロモルフィックチップ

深層学習の根幹の誤差逆伝搬法の限界を打破すべく脳の探求が活発である。Loihi2（2021年）は、先代の微細化版で周期短縮により実効ニューロン数を8倍にしている。注目点は細胞モデルと学習機能に柔軟性・発展性を加えた点にある。欧州のHBPでは、2021年に第二世代のBrainScaleS-2/ SpiNNaker-2チップに活動の軸を移し、可塑性モデルの進化に取り組んでいる。一方、チューリッヒ大学を中心として、可塑性をトレースするEligibility propagation（2020年、グラーツ工科大学）をチップに実装し、オンライン学習（2022年、チューリッヒ大学）、やPCM-CIM（2022年、スイスIBM）が実証され大きな前進が見られる。また、米国BrainChip社のAkida、スイスSynSense社のDYNAP-CNN等のチップが製品出荷（2021年）されるなど実用化の動きがある。

人工ニューラルネットワークの一種である深層学習を、神経スパイクを用いた情報処理モデルを採用するシリコン神経ネットワークで実現しようとする試みが続いてきたが、新しい学習則等の導入により、人工ニューラルネットワークと同等の認識正答率が、アナログ・デジタル混在回路であるBrainScaleS2を用いて達成された。また、スイスのチューリッヒ大学では、ROLLSチップに代わるDYNAPsチップなどいくつかの用途特化型チップの開発、スタンフォード大学では、Neurogridに代わるBraindropシステムの開発がそれぞれ進んでいる。いずれも深層学習への応用が主要テーマの一つになっている。アナログ・デジタル混在回路はデジタル回路に比べ電力効率が高い傾向にあるため、今後、深層学習の実行に特化したアナログ・デジタル混在シリコン神経ネットワークチップの開発が、応用研究、産業分野でも進むことが予想される。

・ リザバーコンピューティング

リザバー計算のフレームワークをベースに、物質そのものが内包するダイナミクスをコンピューティングに利活用するコンセプト（マテリアル知能、in-materio computing、intelligent material）が広まりつつある。日本では阪大が欧州、米国と連携し、活動ハブとして取り組んでいる（日本学術振興会研究拠点形成事業「マテリアル知能による革新的知覚演算システム」（2022-2026年度））。

メモリスタのアナログ動作に時間軸上での変化を付与したデバイスに関しては、物理リザバーコンピューティングなどへの応用研究が盛んである。イオン液体1-Butyl-3-methylimidazolium bis (trifluoromethyl sulfonyl) amide（[bmim][Tf2N]）にCuを溶かした材料を用いたメモリスティブデバイスにおいては、その価数を制御することでFading特性が変化し、リザバーコンピューティングへの応用可能性が示されている。これらのデバイスの優位性は材料設計の柔軟性にある。時系列信号を低消費電力かつ高速リアルタイム処理することに強みをもつリザバーコンピューティングにおいて、デバイスのFading特性を広く制御できるところにイオン液体の優位性があり、「物理リザバーコンピューティング」分野における新しい潮流となる可能性がある。高いイオン伝導性を持つコバルト酸リチウム（Lithium cobalt oxide：$LiCoO_2$）等を用いた新原理コンピューティングに関する研究成果が物質・材料研究機構から多数報告されている。最近では、Protonic programmable resistorsと名付けられたプロトン制御のアナログ型抵抗変化素子も報告されている。新構造を用いた物理リザバーコンピューティングとして、MEMSデバイスを用いた例も発表されるようになってきた。

［注目すべき国内外のプロジェクト］

米国では、2016年に国家AI研究開発戦略計画 "The National Artificial Intelligence Research and Development Strategic Plan" が策定され、これを踏まえ2020年末に国家科学技術会議未来の先進コンピューティングエコシステムに関する小委員会が "Pioneering The Future Advanced Computing Ecosystem: A Strategic Plan" を発表している。Post–Moore、post–von Neumann に向けて、ニューロモルフィック計算、生物模倣計算、新しい材料とデバイスの開発、チップデザインからシステムインテグレーションまでのエコシステムの構築を目指したプランを示している。AIデバイス関連の研究開発プロジェクトはDARPAの Electronics Resurgence Initiative（ERI）があり（2017年～）、総額 $1.5 billion と想定されている。ERIでは米国の最先端の電子デバイス技術のサプライチェーン強化を目的としたイニシアティブのもとで、6つの技術に焦点を当てており、脳型コンピューティングに深く関わるのが「エッジデバイス: AI技術ハードウェアに取り込み、推論・意思決定の迅速化」である。複数のプログラムが存在するが、Lifelong Learning Machines（L2M）において、タスクの実行中に学習が可能な革新的なAIアーキテクチャ、機械学習技術の開発を目指している。Wafer Level System の研究プロジェクトとして、Cerebras社とアルゴンヌ国立研究所、ローレンス・リバモア国立研究所との共同研究が注目される。プロセス開発に関してTSMCと連携し、資金的にはピッツバーグスーパーコンピューティングセンターと共に、アメリカ国立科学財団から500万ドルの支援を受け、スーパーコンピュータシステムを構築した。インテルのLoihi1/2チップをベースに、自社はもとより世界の100以上の主にアカデミアを含む研究機関との共同研究（インテル・ニューロモルフィック・リサーチ・コミュニティー：INRC）の活動も注目される。開発用フレームワークLAVAが用意され、より便利な環境で研究が推進されると期待される。

欧州では、2020年2月 "White Paper of Artificial Intelligence: A European Approach to Excellence and Trust" を公表している。AIデバイス関連の取り組みとしては、Horizon 2020の下で "AI for New Devices And Technologies at the Edge" プロジェクト、並びにエッジでのデータ処理を行うAIのためのニューロモルフィック技術とハードウェアの研究およびエコシステム構築を狙ったTEMPO（Technologies and hardware for neuromorphic computing）プロジェクト（2019–2023）がある。エッジAIを想定し、ニューロモルフィック・ハードウェアの実装、集積化されたニューロモルフィック・ハードウェアに関するエコシステムの構築を目指している。ベンチマークなども視野に入っており、ホームページの発信力は群を抜いている。ReRAMがAutomotive用途の技術として挙げられている等、大変に挑戦的な事業である。Human Brain Project（HBP）も2021年から第二世代のBrainScaleS–2/ SpiNNaker–2チップに活動の軸を移しており注目される。このうち、SpiNNaker2は最新MPUを用いて高速化、電力効率の改善を図っている。

中国では、2017年7月、国務院が「次世代人工知能発展計画」（AI2030）」を公表し、2030年までのAI発展に関する3段階目標を設定している。重点項目の一つとして「基礎分野（スマートセンサ、ニューラルネット・チップ等）」がある。2030年までにAI理論・技術・応用のすべてで世界トップ水準となり、中国が世界の "AI革新センター" になる計画（産業規模10兆元）になっている。また、2021年3月に全国人民代表会議が開催され「第14次5ヵ年計画と2035年までの長期目標要綱」が承認され、研究開発で重視する先端7分野の中でAIに関しては重点分野のトップに掲げられている。

韓国では、2019年12月に「AI国家戦略」を発表し、IT強国からAI強国を目指すとしている。2020年10月に産業通商資源部と科学技術情報通信部が「人工知能（AI）半導体産業の発展戦略」を発表し、2030年までにAI半導体の先進国に飛躍するため、（1）世界市場シェアの20%達成、（2）AI半導体企業20社の育成、（3）関連する高度人材3,000人の育成を目標に掲げている。第1ステップとして、人間の脳神経の働きと仕組みを模倣するNPU（Neural Processing Unit）を開発、第2ステップでは新素子や革新的な設計技術などを融合したニューロモルフィックコンピューティングを開発する計画になっている。官民共同の投資により初期市場を支えるインフラの構築や、AI半導体アカデミー事業などを通じた高度人材の育成

を図る。具体的なプロジェクトの情報は見えにくいが、大学から提案するニューロモルフィックチップ試作プラットフォームに政府が積極支援しているようである。

　日本では、2019年6月に統合イノベーション戦略推進会議が「AI戦略2019」を発表し、人材育成、産業競争力の強化、「多様性を内包した持続可能な社会」のための技術体系の確立、国際的な研究・教育・社会基盤 ネットワークの整備、の4つの戦略目標を策定している。また、AI研究開発の全体構成を4領域（1. Basic Theories and Technologies of AI、2. Device and Architecture for AI、3. Trusted Quality AI、4. System Components of AI）に整理し、研究開発を戦略的に推進するとしている。その後、2021年6月に「AI戦略2021 〜人・産業・地域・政府全てにAI〜」、2022年4月「AI戦略2022」にて戦略が更新されており、AIの社会実装や利活用に重きを置いた戦略にシフトしつつある。プロジェクトしては、NEDO「高効率・高速処理を可能とするAIチップ・次世代コンピューティングの技術開発」（2016〜2027年度）が進められている。また、日本学術振興会研究拠点形成事業「マテリアル知能による革新的知覚演算システム」（2022〜2026年度）で、デバイス・材料を含めたリザバーコンピューティングの研究開発が進められている。

（5）科学技術的課題

　AIアクセラレータでは、モデルの超巨大化に伴い、重み供給用のメモリサーバ処理（WSE）の扱いが大きな課題になっている。分散学習を含めた高速の重み更新手法が課題である。またシステムの巨大化に伴う空冷及び水冷をどのように行うかが最大の課題として立ちはだかっている。データの軽量化、メモリ混載の技術は依然大きな課題であるが、新しい性能改善の手法（例えば「オンチップモデル構築技術」）の開拓が課題である。また、エッジの現場環境をリアルタイムで反映する学習機能を取り込むことがAI普及のための喫緊な検討課題になりつつある。現在、エッジAIでの学習機能は確立されていないが、学習を具備することで本来のAIの知性が引き出され人々の生活に密着したAI文化が普及すると期待される。

　コンピュートインメモリでは、アナログCIMの不安定性により認識率等の精度劣化を引き起こすが、この改善が大きな課題である。ただし、深層学習モデルのサイズでデジタルs–CIM、アナログs–CIM、nv–CIMである程度の棲み分けが出来つつある。本来大きなモデルでこそその特長が引き出せるnv–CIMとは矛盾した棲み分けとなっており、nv–CIMでの安定化が課題である。また、不揮発性やアナログ–CIMのもつ不安定さを許容もしくは利用する学習・推論のアルゴリズム（例えば、Stochastic computing、Approximate computing）や、教師データが少ない時に効果のある未学習を判定可能な不確実性（Uncertainty Qualification）検知といったStochastic性を利用した応用の開拓も課題である。

　ニューロモルフィックチップでは、依然として人間の脳とAIの性能差は歴然としており、脳科学での脳機能の解明が課題である。スパイキングニューラルネットワークについては、学習機能を含めてその高性能化の実証が課題である。実装技術面での重要課題の一つは、シナプス荷重の値を保持するアナログメモリデバイスの開発である。ReRAM、MRAM、PCMなどの新型不揮発性メモリデバイスをアナログメモリとして利用する研究が行われているが、集積度、書き換え回数、書き換えに必要なエネルギーの面で一長一短であり、新しいデバイスの開発を含めて、さらなる研究が必要である。また、不揮発性メモリデバイスをアナログメモリとして利用する場合、数日から数週間単位で、記録された値がドリフトしていくため、これを補正する技術、あるいは、計算理論側で対応する技術の開発が中長期課題である。回路の低電力化も重要課題の一つである。特に低電圧化による低電力化が有効であり、デジタル回路実装では、200–500mV程度の電源電圧で動作するサブスレッショルドロジックが使われるようになってきているが、アナログ・デジタル混在回路においては、低電圧化を進めていくとゆらぎや物理ノイズの影響を無視できなくなるので注意が必要である。一方、脳の電気活動は100mVを切る程度の振幅であり、脳マイクロサーキットではノイズを利用した情報処理が行われていると考えられている。このようなゆらぎやノイズを利用する情報処理原理を明らかにし、それを適用することは中長期課題である。さらに、ローカルな情報のみを用いた学習則、それを補う神経修飾物質の動作原理などを明らかにし、それらを基に高度な知的情報処理を効率的に実行するための計算原理を構築していく必

2.3

俯瞰区分と研究開発領域
ICT・エレクトロニクス応用

要がある。これには、実験脳科学や理論の研究者などとの密接な連携研究が必須である。

　　リザバーコンピューティングでは、リザバーの最適設計法の確立、現行の学習方法（線形・リッジ回帰、オンラインFORCE学習など）を超える学習方法の新規開拓が課題である。リザバーコンピューティングの実装や工学的応用に関する研究自体は今後も自然に進んでゆくと考えられるが、それ以外のアプローチが極めて少ないことが問題である。

（6）その他の課題

　　この分野の発展のためには、デバイスから、回路システム、理論脳科学、実験脳科学に渡る幅広い分野間連携研究が必須である。異分野の研究者間での共同研究が促進されているものの、お互いの研究分野に関する理解が浅いまま進む場合が多く、真に融合的な研究は数が限られている。特に本分野の研究を効率的に推進するためには、複数分野にわたる理解をもつ研究者の育成が必須であり、包括的に教育できる体制が望まれる。長期的な視点では、大学及び大学院教育において、学科・研究科の垣根を越えて、生物、数理、回路、デバイスを融合的に学習できる教育制度の構築が期待される。

　　地政学的問題の顕在化にともない、脳型に限らずコンピュータハードウェア産業の核心となる半導体プロセス技術の自国保持は必須となってきている。経産省を中心に我が国にも先端半導体プロセスの研究開発ができる施設・研究拠点を作る動きがあるが、AIチップの研究開発においてもそのような施設を利用して、性能的にも世界と戦えるAIチップの作製ができるようにすることが望まれる。

　　脳型コンピューティングデバイスの特性評価に関しては、IECにてデジュール標準としてそのプロトコルが開発されている。このような活動に対して日本のプレゼンスを示してルールメーカーとなることも重要な課題である。研究開発だけでなく、これら国際標準・業界標準をリードしていく活動への国の支援も期待される。

（7）国際比較

国・地域	フェーズ	現状	トレンド	各国の状況、評価の際に参考にした根拠など
日本	基礎研究	○	→	・デバイス開発は、東北大を中心にスピントロニクスデバイスの開発が継続的に進んでいる。回路開発は、東大、九工大のグループが中心となって研究を進めている。 ・高イオン伝導性新材料を用いたAIデバイス動作実証などの研究発表が継続的に行われている。 ・物理系1/fゆらぎの知見、位相同期現象の数理など非線形ダイナミクス研究の重要な基盤を築いており、世界的にも認知されている。
	応用研究・開発	△	→	・NM Core（PFN）、回路構成モデル（東工大）、MRAM実用研究（東北大等）、半導体エネ研（IGZOFET）での開発での貢献あるも世界的には動きは小さい。 ・集積化メモリスティブデバイスの研究成果発表件数が減少傾向にあるが、メモリスティブデバイスを用いたニューラルネットワーク研究に関しては優れた成果発表がある。
米国	基礎研究	◎	→	・回路開発に関して、Stanford大が中心となって、Braindropチップの開発が進んでいる。 ・サンディア、アルゴンヌ、ローレンス国立研究所等と全国的に脳科学・ニューロモルフィックの基礎研究の裾野は広い。 ・Intel社（Loihi2）がニューロモルフック工学を推進、INRC活動で世界の活動を牽引している。 ・新材料メモリスティブデバイスの研究開発、集積化メモリスティブデバイスを用いた新しいアーキテクチャの研究開発等が盛んに行われている。 ・1980年代より自然界や生物を中心とした非線形現象・機能の発見と理解に大きな役割を果たし、現在もその基盤がある。

欧州	応用研究・開発	◎	→	・Intel社がLoihiチップの開発を継続している。 ・Google社（TPU4-5）/Cerebras社（WSE2）等で応用研究がなされている。 ・s-CIMではプリンストン・ミシガン大学（s-CIM）、アリゾナ大学、GaTech社、スタンフォード大学（nv-CIM）、Mythic社（NORフラッシュ）他、さらにチップ応用ではBrainChip社等極めて活発である。 ・メモリスティブデバイス応用を進めるスタートアップが創業され、活動を続けている。
	基礎研究	◎	→	・ドイツ、スイス、イギリスのグループがそれぞれシリコン神経ネットワークチップの後継版を開発中。 ・HBP（独・英）、チューリッヒ大学（＋仏・伊）の2極を中心とした基礎研究を行っており極めて活発である。 ・メモリスティブデバイスの信頼性向上など、基礎研究と応用研究・開発をつなぐ研究開発が活発に進められている。 ・1980年代当初より確率共鳴や雑音誘起遷移などの非線形ダイナミクス、確率ダイナミクスの理論研究が非常に強い。 ・Neuromophic Computingのロードマップが欧州中に作成されている。
	応用研究・開発	◎	→	・IMEC/KU-Leuven、IBM社（PCM）、GreenWave社（MRAM）による実用化の研究活動、Graphcore社（英）/ST社（仏）、GAP9社（仏）/DYNAP社（ス）による製品化開発など幅広く行っている。 ・産学コンソーシアムが機能し、AIチップのテープアウト等がリリースされている。 ・自然・生物系非線形現象を電子デバイスやナノデバイスで発現させる例が多い（スウェーデン、独、蘭）。物理リザバー計算系を化学、固体材料それぞれの特徴を利用し実装する（蘭、ポーランド）。EU国内間で連携し基礎と応用をうまく分業している。
中国	基礎研究	○	↗	・ニューロモルフィック領域でチューリッヒ大学と共同研究を行っている。CASもこの地域との結びつきが強い。 ・メモリスタ関連の研究成果発表が極めて多い。 ・AIにかかわらず自然・生物系非線形現象に関わるテーマを広く扱っており、定常的に続けられている。数理モデルやシミュレーションベースの研究が多い。
	応用研究・開発	○	↗	・アリババ社（クラウド）、Hi-Sense社（モバイル）や、北京大/清華大/CAS/他全国的にAIアクセラレータ応用研究活動は全方位的に極めて活発になっている。 ・フラッグシップ国際会議での発表件数が増えており、メモリスティブデバイスの不揮発性メモリ応用に関する研究成果発表も増えている。
韓国	基礎研究	△	→	・ニューロモルフィック領域での活動は見えていない。 ・メモリスティブデバイスの不揮発性メモリ応用に関する学術的成果の発表は継続的に行われている。
	応用研究・開発	○	→	・KAIST、Samsung社でのAIアクセラレータ関連の応用研究は極めて活発で貢献も大きい。モバイル応用よりである。 ・一時期、Samsung社からの発表件数が減っていたが、CiMの研究開発が盛んになってきたここ数年においては、以前と同様の発表件数になっている。 ・自然現象・生物機能デバイスの観点ではアクティビティがほとんどないものの、DL型AIチップ研究開発に多くのリソースが割り振られている。政府の支援を受けてバックエンドでNeuromorphicデバイスを実装可能なCMOSプロセスが提供されている。
台湾	基礎研究	△	→	・ニューロモルフィック領域での活動は見えていない。 ・メモリスティブデバイスの不揮発性メモリ応用に関しては台湾、インド、シンガポールなどからの発表件数が増えている。
	応用研究・開発	○	↗	・国立清華大、交通大、TSMC社、Macronix社等でのSRAM/揮発性アクセラレータ/ IP関連の応用研究は極めて活発で貢献も大きい。

2.3
俯瞰区分と研究開発領域
ICT・エレクトロニクス応用

（註1）フェーズ

　　　基礎研究：大学・国研などでの基礎研究の範囲

　　　応用研究・開発：技術開発（プロトタイプの開発含む）の範囲

（註2）現状　※日本の現状を基準にした評価ではなく、CRDS の調査・見解による評価

　　　◎：特に顕著な活動・成果が見えている　　　　　　○：顕著な活動・成果が見えている

　　　△：顕著な活動・成果が見えていない　　　　　　　×：特筆すべき活動・成果が見えていない

（註3）トレンド　※ここ1～2年の研究開発水準の変化

　　　↗：上昇傾向、→：現状維持、↘：下降傾向

関連する他の研究開発領域

- AI ソフトウェア工学（システム・情報分野　2.1.4）
- 革新半導体デバイス（ナノテク・材料分野　2.3.1）
- フォトニクス材料・デバイス・集積技術（ナノテク・材料分野　2.3.3）
- スピントロニクス（ナノテク・材料分野　2.3.6）

参考・引用文献

1) Dennis V. Christensen, et al., "2022 roadmap on neuromorphic computing and engineering," *Neuromorphic Computing Engineering* 2, no. 2 (2022)：022501., https://doi.org/10.1088/2634-4386/ac4a83.

2) Abhinav Parihar, et al., "Vertex coloring of graphs via phase dynamics of coupled oscillatory networks," *Scientific Reports* 7, no. 1 (2017)：911., https://doi.org/10.1038/s41598-017-00825-1.

3) Matthew Dale, et al., "Reservoir computing in materio: A computational framework for in materio computing," in *2017 International Joint Conference on Neural Networks (IJCNN)* (IEEE, 2017), 2178-2185., https://doi.org/10.1109/IJCNN.2017.7966119.

4) Rohit Batra, Le Song and Rampi Ramprasad, "Emerging materials intelligence ecosystems propelled by machine learning," *Nature Reviews Materials* 6 (2021)：655-678., https://doi.org/10.1038/s41578-020-00255-y.

5) J. Schemmel, et al., "A wafer-scale neuromorphic hardware system for large-scale neural modeling," in *2010 IEEE International Symposium on Circuits and Systems (ISCAS)* (IEEE, 2010), 1947-1950., https://doi.org/10.1109/ISCAS.2010.5536970.

6) J. Göltz, et al., "Fast and energy-efficient neuromorphic deep learning with first-spike times," *Nature Machine Intelligence* 3 (2021)：823-835., https://doi.org/10.1038/s42256-021-00388-x.

7) Steven K. Esser, et al., "Convolutional networks for fast, energy-efficient neuromorphic computing," *Proceedings of the National Academy of Sciences U S A.* 113, no. 41 (2016)：11441-11446., https://doi.org/10.1073/pnas.1604850113.

8) Alexander Neckar, et al., "Braindrop: A Mixed-Signal Neuromorphic Architecture With a Dynamical Systems-Based Programming Model," *Proceedings of the IEEE* 107, no. 1 (2019)：144-164., https://doi.org/10.1109/JPROC.2018.2881432.

9) Saber Moradi, et al., "A Scalable Multicore Architecture With Heterogeneous Memory Structures for Dynamic Neuromorphic Asynchronous Processors (DYNAPs)," *IEEE*

2.3

俯瞰区分と研究開発領域
ICT・エレクトロニクス応用

Transactions on Biomedical Circuits and Systems 21, no. 1 (2018) : 106-122., https://doi.org/10.1109/TBCAS.2017.2759700.

10) Ashish Gautam and Takashi Kohno, "An Adaptive STDP Learning Rule for Neuromorphic Systems," *Frontiers in Neuroscience* 15 (2021) : 74116., https://doi.org/10.3389/fnins.2021.741116.

11) Steve B. Furber, et al., "The SpiNNaker Project," *Proceedings of the IEEE* 102, no. 5 (2014) : 652-665., https://doi.org/10.1109/JPROC.2014.2304638.

12) Garrick Orchard, et al., "Efficient Neuromorphic Signal Processing with Loihi 2," in *2021 IEEE Workshop on Signal Processing Systems (SiPS)* (IEEE, 2021), 254-259., https://doi.org/10.1109/SiPS52927.2021.00053.

13) Christian Pehle, et al., "The BrainScaleS-2 Accelerated Neuromorphic System With Hybrid Plasticity," *Frontiers in Neuroscience* 16 (2022) : 795876. https://doi.org/10.3389/fnins.2022.795876.

14) Thomas Bohnstingl, et al., "Biologically-inspired training of spiking recurrent neural networks with neuromorphic hardware," in *2022 IEEE 4th International Conference on Artificial Intelligence Circuits and Systems (AICAS)* (IEEE, 2022), 218-221., https://doi.org/10.1109/AICAS54282.2022.9869963.

15) Azalia Mirhoseini, et al., "A graph placement methodology for fast chip design," *Nature* 594, no. 7862 (2021) : 207-212., https://doi.org/10.1038/s41586-021-03544-w.

16) Kazutoshi Hirose, et al., "Hiddenite: 4K-PE Hidden Network Inference 4D-Tensor Engine Exploiting On-Chip Model Construction Achieving 34.8-to-16.0TOPS/W for CIFAR-100 and ImageNet," in *2022 IEEE International Solid- State Circuits Conference (ISSCC)* (IEEE, 2022), 1-3., https://doi.org/10.1109/ISSCC42614.2022.9731668.

17) Ping-Chun Wu, et al., "A 28nm 1Mb Time-Domain Computing-in-Memory 6T-SRAM Macro with a 6.6ns Latency, 1241GOPS and 37.01TOPS/W for 8b-MAC Operations for Edge-AI Devices," in *2022 IEEE International Solid- State Circuits Conference (ISSCC)* (IEEE, 2022), 1-3., https://doi.org/10.1109/ISSCC42614.2022.9731681.

18) Hidehiro Fujiwara, et al., "A 5-nm 254-TOPS/W 221-TOPS/mm² Fully-Digital Computing-in-Memory Macro Supporting Wide-Range Dynamic-Voltage Frequency Scaling and Simultaneous MAC and Write Operations," in *2022 IEEE International Solid- State Circuits Conference (ISSCC)* (IEEE, 2022), 1-3., https://doi.org/10.1109/ISSCC42614.2022.9731754.

19) Seungchul Jung, et al., "A crossbar array of magnetoresistive memory devices for in-memory computing," *Nature* 601, no. 7892 (2022) : 211-216., https://doi.org/10.1038/s41586-021-04196-6.

20) Hiroshi Sato, et al., "Memristors With Controllable Data Volatility by Loading Metal Ion-Added Ionic Liquids," *Frontiers in Nanotechnology* 3 (2021) : 660563., https://doi.org/10.3389/fnano.2021.660563.

21) Kazuya Terabe, Takashi Tsuchiya and Tohru Tsuruoka, "Solid state ionics for the development of artificial intelligence components," *Japanese Journal of Applied Physics* 61 (2022) : SM0803., https://doi.org/10.35848/1347-4065/ac64e5.

22) Takehiro Mizumoto, et al., "Mems Reservoir Computing Using Frequency Modulated Accelerometer," in *2022 IEEE 35th International Conference on Micro Electro Mechanical Systems Conference (MEMS)* (IEEE, 2022) : 487-490., https://doi.org/10.1109/

MEMS51670.2022.9699777.

23）竹村拓樹他「10P2-SS3-6 MEMS振動子アレイの動的応答を利用した時系列信号処理」第38回「センサ・マイクロマシンと応用システム」シンポジウム（2021年11月9-11日），https://sensorsymposium.org/2021/index_j.php,（2022年12月27日アクセス）.

24）Hiroaki Akinaga, et al., "Memristive Materials, Devices, and Systems," *Japanese Journal of Applied Physics* 61（2022）: SM0001., https://doi.org/10.35848/1347-4065/ac8b19.

2.3.3 フォトニクス材料・デバイス・集積技術

（1）研究開発領域の定義

　光の多様な現象・機能を利用して高性能/高機能な光学材料や光デバイスを創出し、エレクトロニクス技術との融合と様々なデバイスの集積により、新たな機能を有するチップ・モジュール・装置を実現する。光の技術は通信、情報処理、医療・バイオ、加工、分析・計測、映像、照明、発電などの幅広い応用分野への適用が期待されており、光の多様な波長や物理現象の利用、用いる材料の高品質化、デバイスの高性能化・小型化・低消費電力化・高信頼化、異種材料・多様なデバイスのヘテロ集積による高機能化、計測における高感度化・高分解能化・高精度化などの研究開発課題がある。

（2）キーワード

　光集積回路、ハイブリッド集積、光ニューラルネット、光コンピューティング、光配線、LiDAR、テラヘルツ技術、光トランシーバ、光インターポーザ、シリコンフォトニクス、光電子融合、ナノフォトニクス、量子フォトニクス、トポロジカルフォトニクス、フォトニック結晶、プラズモニクス、メタマテリアル、ナノカーボン、二次元物質、トポロジカル物質、量子欠陥、$LiNbO_3$

（3）研究開発領域の概要
［本領域の意義］

　光の技術（フォトニクス技術）は、高速・大容量の光通信、照明・表示機器、太陽光発電など日々の生活、加工技術や測量技術を活用した製造業、農業、漁業などの産業分野、光コヒーレンストモグラフィー（OCT）や内視鏡など医療の現場での利用が進められている。最近ではSociety 5.0の実現に向けて現実世界の様々なものの形や位置情報などのセンシング・イメージングデータの取得、ビッグデータの高速・低消費電力な高度情報処理といったIoT/ AI分野や、新型ウイルス感染症などの人類に対する新たな脅威に対して深紫外光源技術による殺菌・滅菌への期待も高まっている。このように、フォトニクス技術は、・健康で快適な生活、安心・安全な社会を実現するうえで欠くことのできない基幹技術の一つである。

　これらの高度で多様な機能は、単体の光デバイスだけでは実現することは不可能であり、複数の光デバイス、さらには電子デバイスとともに活用することではじめて実現されるものである。様々な光機能を有する各種コンポーネントを高度に集積することにより、小型化だけでなく、それにともなう高速化、低消費電力化、さらには新機能の発現などが期待される。一方、既存の光デバイスを集積化するだけでは性能向上はいずれ頭打ちになるため、それを打破するための素子の小型・高性能化や新機能光デバイスの創製、それらを支える物理や材料、プロセス技術に関する継続的な研究が必要である。フォトニクス技術の連続的進展および不連続な進化は、フォトニクス材料、デバイス、集積技術の研究開発が三位一体となってはじめて可能となるものであり、本領域ではこれらについて記載する。

［研究開発の動向］
・光技術の応用

　近年のIoT（Internet of things）やビッグデータ解析等の普及により、データセンタ等のシステムで処理される情報量は今後も爆発的に増大すると予測され、大規模な並列化・分散化が進められている。しかし、大規模な並列化・分散化システムでは、プロセッサ間のインターコネクトの帯域幅や遅延時間がシステム全体の性能を律速してしまうことが多く、電気配線の限界が顕在化しつつある中で、シリコンフォトニクスなどの光電子融合集積化技術を用いた光配線による広帯域化・低遅延化・小型化・低消費電力化・低コスト化が望まれている。また、AIの計算量が今後急激に増加することなどが予想されるなか、コンピューティング技術の革新も求められている。光集積回路のAIアクセラレータ、ニューラルネットワーク、ニューロモルフィッ

2.3 俯瞰区分と研究開発領域 ICT・エレクトロニクス応用

クコンピューティングなどのコンピューティング技術への応用は、学術、産業、社会のいずれにおいても注目されている。機械学習を加速するAIアクセラレータとして、シリコンフォトニクス集積回路をベースとした光ニューラルネットワーク回路、時系列データ処理に適したリザーバコンピューティングへのフォトニクス技術の適用などが報告されている。また、2017年に設立された関連ベンチャー企業（Lightmatter、Lightelligenceなど）も大きく成長している。

集積化技術を活用したLiDAR（Light Detection and Ranging、Laser Imaging Detection and Ranging）も注目を集めている。シリコンフォトニクスの通信用デバイスの設計変更によりLiDARが実現可能なことから、例えば、米国MITでシリコンフォトニクスチップとICをワンチップ化したもの、国内でもJSTのACCELプロジェクトでシリコンベースのフォトニック結晶を利用した高精度なLiDARの開発が報告されている。また、光アンテナの非冗長アレイ化により解像点数の増大、非古典光源の活用によるSN比の向上など、今後のシステム高性能化に資する新たな技術が芽生えつつある。

● 集積技術

シリコンフォトニクス技術が成熟してきており、400nm程度の幅のシリコン細線導波路をベースにして、電気光学変調器、電気光学スイッチ、受光器などを集積する技術が世界各地にあるファウンドリ拠点を通じて利用可能になりつつある。例えば、MITでは大規模な集積型フェーズドアレイを実現し、日本では産総研が位相変調器をマトリックス状に集積し32×32の光スイッチを実現している。近年、CMOSプロセッサの性能が飽和しつつあるため、光による演算が再び関心を集めるようになっているが、その中でシリコンフォトニクス集積技術をベースとした光演算技術が活発に提案、実証されるようになってきている。

また、シリコンフォトニクス技術をベースにして、光回路と電気回路を同時集積する光電融合集積技術も進展しており、2018年にはMIT、UC Berkeleyを中心とした複数の大学連合チームにより、300mmウェハ上に65 nm CMOSトランジスタ回路と様々なシリコンフォトニクスの光部品が同時集積された光トランシーバが報告され、その後Ayar labsとして本格的な応用展開につながっている。シリコンフォトニクスによる光集積技術の進展と光電変換効率の向上に伴い、世界中の様々な企業が光電融合技術に取り組みを始めており、今後の情報通信技術において重要な研究開発の方向性と考えられる。

$LiNbO_3$をシリコンなどの異種基板上に形成したLNOI（$LiNbO_3$ on Insulator）が新たな集積フォトニクスプラットフォームとして普及してきた。LNOIでは大きな電気光学効果や非線形光学効果が利用できるため、シリコンでは実現できない多くの光機能が実現できる。最近では希土類ドープLNOIを用いたレーザや増幅器が実現されるとともに、希土類イオンの長いコヒーレンス時間を活かした量子情報への応用の検討も進むなど、さらに幅広い展開を見せている。また、集積フォトニクスで実現が期待されるオンチップ光アイソレータについてもいくつかの重要な進展がいくつか報告された。

● デバイス

様々なナノフォトニクス技術がデバイスに応用され、超小型化と低消費エネルギー化が実現している。発光デバイスとしては、フォトニック結晶ナノ共振器構造を用いたレーザで極低閾値での室温連続電流注入発振が達成され、またプラズモニクス構造のレーザへの適用により、波長よりもはるかに小さいサイズのレーザ発振動作が報告されている。受光器および電気光学変調器としては、シリコンフォトニクスをベースにした小型で集積化可能な素子が開発され、シリコンフォトニクスプラットフォームで使用できるようになっている。また、フォトニック結晶やプラズモニクスをベースとした様々な超小型受光器および電気光学変調器も実現されており、飛躍的な性能向上が達成されている。光非線形を利用した全光型のスイッチでは、フォトニック結晶ナノ共振器を利用した素子でアトジュール領域でのスイッチング動作が達成されている。光メモリでは、欧州で微小共振器を用いた双安定レーザ型、日本ではフォトニック結晶ナノ共振器を用いた光非線形双安定スイッチ型が研究されている。日本を中心に高性能なデバイスが開発されており商品化が行われている。例えば、京都

大学ではフォトニック結晶型の大面積高出力の面発光レーザで10W以上の出力を取り出すことに成功し、浜松フォトニクスでこれを商品化している。また、フォトニックラティス社は東北大学の積層型3次元フォトニック結晶の技術を用いて、偏光素子など多彩な機能光部品を開発・商品化している。

　最近は、薄膜ニオブ酸リチウム（LiNbO$_3$）、グラフェン等の2次元物質といった新しい材料や有機光学材料など従来の光回路では用いられてこなかった材料が、ナノフォトニクスプラットフォームと組み合わされて、飛躍的な性能向上が実現されており、技術トレンドの一つとなっている。既に、有機電気光学ポリマー、薄膜LiNbO$_3$、グラフェンを用いたナノフォトニクス素子によって、光スイッチや光変調器として従来の成果を大幅に上回る性能が達成されており、光電変換効率のさらなる向上に寄与している。

• 材料

　2次元物質やトポロジカル絶縁体、ワイル半金属、反強磁性体などの新奇物質に関する光物性研究も活発になっている。これらの材料はテラヘルツ（THz）帯で顕著な光学応答を示すものが多く、次世代情報通信技術への応用も見据えて基礎研究の進展が期待される。また、新型太陽電池材料として期待されているペロブスカイト半導体の材料開発が進むとともに、レーザも含めた様々な光エレクトロニクス応用を目指した研究が進んでいる。カーボンナノチューブや2次元物質を利用したフォトニクス研究では、分光などによりカイラリティや層数などを決定し、原子精度で構造を特定した物質をデバイスに組み込んで調査することが可能になっており、原子精度技術とも呼べるような段階に入りつつある。スタンプ転写法により積層したりデバイスへの組み込みが行われたりすることが多い。電界効果トランジスタをはじめとし、ゲート電極を有するデバイス構造により光電流や光起電力、電界発光、荷電励起子生成などの研究が行われている。また、フォトニック結晶やリング共振器、微小球共振器、トロイド共振器など、微小光共振器に組み込んでナノスケールの光・物質相互作用を増強し、レーザー発振や非線形光学効果、変調素子、などの研究が進められている。薄膜型の共振器では多数のカーボンナノチューブからなる薄膜を組み込んでポラリトンの物理の調査が進められている。

（4）注目動向
［新展開・技術トピックス］
• 光技術の応用

　機械学習やニューロモルフィックコンピューティングなどの新たな情報処理への光技術の適用は、その高速化、省電力化を実現する手法として注目されており、ここ数年間でも膨大な数の報告がある。そのなかでも、シリコンフォトニクスを用いた高速再帰型イジングマシン、毎秒10^{12}回の積和演算を可能にする光Tensorコアなどの新しい方向性や大規模化に関する取り組みが注目される。一方、Princeton大学では、マイクロリング共振器（MRR）を用いて波長多重信号に重みを載せたのち、受光器で和算することにより積和演算を実行する方式を提案し、4つのMRRを集積した回路で基本演算部の動作実証に成功している。Munster大学では、MRRによる光積和演算器に相変化材料（GeSbTe）を集積して活性化動作を組合せ、4入力のスパイキングニューロンとして動作する実証が行われている。実用化開発も進んでおり、MIT発の2つのベンチャー企業のうちLightmatterは、MEMSベースのMZIマトリックスを用いた光積和演算器の開発を2021年に公表し、もう一つのLightelligenceは組み合わせ最適化問題のソルバーに向けた開発を行っている。また、Princeton大学発のベンチャーLuminous computingはマイクロリング共振器をベースとした光積和演算器の研究開発を行っている。光の幅広い自由度を活用する方向も見られ、光周波数コムを応用した波長多重ニューラルネットワークや、波長多重に時間分割多重を組み合わせた方式でConvolutional Neural Network動作の実証などが発表されている。

　センシング応用においては、LiDARがその代表的システムとしてここ数年でも大きく進展しており、フラッシュ方式、MEMS方式、OPA（optical phased array）方式があるが、集積フォトニクス技術を活用したLiDARで注目されるのはその大規模化である。2021年には光アンテナを電気的に切り替えることで32 × 16

（512）ピクセルでの3次元計測、2022年には1cm角程度のシリコンフォトニクスチップにおいて、MEMSを用いた光アンテナ切り替え方式による視野角70度×70度、ピクセル数128×128（16,384）での計測が報告されている。また、量子技術を適用したQuantum enhanced LiDARの研究も進んでおり、量子もつれ光源を用いることでレーザを用いる場合と比較して36dB程度のSN比の改善を達成したとの報告もある。

次世代通信応用も注目される。NTTでは、2030年における新たなコミュニケーション基盤の実現を目指して、IOWN（Innovative Optical and Wireless Network）構想を立ち上げている。この構想は、様々なレベルの光電融合技術を開発して、電気による処理の限界を突破するオールフォトニックネットワークの実現を目指すものであり、インテル、ソニー等の企業を巻き込んだ研究開発をスタートさせている。デバイスレベルの光電融合技術としては、光トランシーバ、光伝送モジュールの研究が世界的にもさらに進展が進みつつあり、米国のAyarLabsではシリコンフォトニクスの技術を駆使した高性能多チャンネル伝送モジュールの開発を発表している。テラヘルツ（THz）、サブテラヘルツの電磁波はBeyond 5G、6Gにおけるキャリアとして重要な役割を担うと考えられている。THz波はバルク光学系を用いた発生が一般的であったが、近年ではチップベースでの発生技術が進展している。その中心はカスケードレーザを用いたTHz波生成であるが、シリコンとの集積化は必ずしも容易ではない。一方、GeSnを用いた光伝導型テラヘルツエミッターなどはシリコン上に形成可能で将来の集積THz回路に向けた技術の一つになり得ると期待される。また、新たな物質群を活用したTHz波の生成についても興味深い進展が見られる。グラフェンを用いたTHz増幅が確認されたほか、3次元Dirac半金属Cd_3As_2における非線形光学効果を用いた光からTHz波への高効率変換（LNの効率を超える）が実現されている。

・ **集積技術**

最近のシリコンフォトニクスに関連する国際学会等での動向として、光トランシーバの基本構成要素である光変調器や受光器の基本構造や高速化に関する発表は減少している。マッハツェンダ型変調器やゲルマニウムのPIN型受光器を用いた50Gbps程度までの2値振幅変調に関しては、実用化レベルに達しており、現在の開発ターゲットは800Gbpsに移っている。100Gbpsをアナログ2値振幅変調で行うことは主に駆動電子回路の高速化の観点で困難だと予想され、多値変調、波長多重、マルチコアファイバを用いた空間多重、フューモードファイバを用いたモード多重等のいずれかと組み合わせて実現されるものと予想される。OIF国際標準化委員会では、64Gbpsあるいは128Gbps光トランシーバの標準化がなされており、これに適用する薄膜ニオブ酸リチウムや電気光学ポリマー材料とシリコンフォトニクスをハイブリッド化した高速光変調器、またInP系高速光変調器の研究開発・製品化開発が非常に盛んになってきている。データセンタにおける高速ASICのインターフェースとしてシリコンフォトニクスを利用したコパッケージング技術（光電子集積技術）も標準化が進められている。リング共振器型シリコン光変調器を用いた100Gbaud以上の高速・低電力・高集積可能な光変調器をASIC-LSIの周囲に配置することがIntelなどから提案されている。レーザ光源の実装技術に関しては、外部光源とする方向が主流となってきているが、PETRAが行っているフリップチップ実装やIntelが行っているヘテロ集積技術もコパッケージング技術として提案がなされてきている。

異種材料集積の一つで近年大きく進展しているのがLiNbO3 on Insulator（LNOI）である。もともとはスマートカット技術を用いてLN基板上にSiO2を介して薄膜状LNを形成する技術として誕生したが、近年ではSiO2/シリコンやサファイヤなどの基板に展開され、集積フォトニックデバイス研究の重要なプラットフォームの一つとして進展している。LNは大きな一次の電気光学効果や二次の非線形光学効果をもち各種の光機能を提供できるのが大きな魅力であるが、低損失化が重要な課題である。作製後の熱処理やCMP処理の最適化などにより導波路損失が0.2-0.3 dB/mと材料損失で決まる0.1dB/mに迫る値になってきている。また、LNが持たない光機能の一つが発光であるが、希土類イオンをドープしたLNを用いた研究が進み、ErイオンをドープしたLNを用いたLNOIにおいて、通信波長帯でのレーザや光増幅器が実現されている。また、希土類は量子メモリとしても期待されており、LIONが量子集積フォトニクスのプラットフォームとして今後さらに

注目されると予想される。一方 LN では電流注入によるレーザは実現できないため、III-V 半導体レーザを LNOI に集積する研究も進んでいる。

• デバイス

　最近、グラフェンをシリコンスロット導波路によるマイクロリング共振器と組み合わせた電気光学変調器が実現され、変調器として変調効率が最も高い性能が達成されている。また、グラフェンは光非線形材料としても高いポテンシャルを持っているが、グラフェンを強い光閉じ込め作用を持つ MIM 型プラズモニック導波路に装荷したデバイスにより、光非線形性を利用した全光スイッチが実現し、超高速（260 fs）かつ低消費エネルギー（35 fJ）での動作が達成されている。

　戻り光を遮断する光アイソレータは多くの光システムで利用されているが、光集積回路においても、システムを不安定化させる戻り光の抑制が課題であり、光アイソレータに用いられる磁気光学材料の集積化の検討が進んでいる。磁気光学材料 YIG をシリコン光回路上に貼り合わせることで偏光無依存型オンチップアイソレータが報告されている。YIG を用いた機能性フォトニックデバイスの研究については、国内では東工大のグループが精力的に取り組んでおり、YIG 上に形成したアモルファスシリコン導波路を用いた光スイッチなどを実現している。一方、光通信波長帯で利用できる材料における磁気光学効果は小さいため、その他の方式を活用したオンチップ光アイソレータの実現を目指した研究も進んでいる。SiN マイクロリング共振器上にピエゾ効果を持つ AlN を分割して集積し、分割された AlN に位相の異なる電圧を印加することでリング内に進行波型弾性波を誘起し、これと光の相互作用を用いることで 10dB のアイソレーション機能を実現している。また、リング共振器を電気的に直接変調することによるオンチップアイソレータの検討も進んでおり、$LiNbO_3$ on Insulator 技術を活用したサーキュレータも報告されている。複数のリング共振器の時間変調を活用することで、人工次元と呼ばれるトポロジカルフォトニクスの概念の一つを用いたアイソレータが実現できることが知られているが、これに向けたシリコンリング共振器や $LiNbO_3$ リング共振器を用いた人工次元に関する研究も進んでいる。これらの方式では、外部からの変調信号が必要であるが、非線形光学効果を用いることで受動デバイスとして機能するオンチップアイソレータの開発も進んでいる。

　メタマテリアルの一種であるメタサーフェスと呼ばれる構造が実用化に向けて研究が加速している。メタサーフェスは、2011 年に Harvard 大学の Capasso 等が、サブ波長の光アンテナアレイを用いて、光散乱の際の位相ずれに人為的な勾配を作ることによって、数 10nm 程度の薄膜を光が通過または反射する際に任意の波面制御が可能となることを示し、その後、高効率化、低損失化、多機能化の研究が進み、特にスマートフォン等の小型携帯機器への適用を目指して、薄膜レンズとしての応用研究も活発化している。ベンチャーの Metalenz では、3D センシングや偏光による結像レンズ、ドットプロジェクタなどを商品化している。この分野ではアジアも強く、台湾国立大では、機械学習を用いた設計法などを開発し、紫外域も含む幅広い波長域の高性能なメタレンズを開発しており、バイオセンサなどの新しい応用に展開している。韓国の POSTECH は、メタサーフェスをベースにした OVD（Optical Variable Device）を提案し、セキュリティ応用をめざした研究開発を行っている。また、日本では 2022 年にメタマテリアル研究革新拠点が東北大に設立されている。

• 材料

　グラフェンを中心に、h-BN、$MoSe_2$、MoS_2、WSe_2 等の単原子層 2 次元物質やカーボンナノチューブ、半導体ナノワイヤなど様々な新しい性質をもつナノスケール材料をナノフォトニクスと組み合わせデバイス動作させる試みが引き続き増加している。グラフェンや遷移金属ダイカルコゲナイドなどの原子層物質におけるモアレ超格子の研究が大きく進展している。原子層物質を積層する際に、同一物質であれば積層角度、また、異種物質であれば積層角度に加え格子定数の違いに由来するモアレ模様が形成される。モアレ模様の周期性によりモアレ超格子が形成され、想像を超える劇的な物性の変化が報告されている。グラフェンでは積層角度によって生じるモアレ超格子により超伝導が発現し、MoS_2/WSe_2 のヘテロ構造では格子定数の違いに由来

するモアレ超格子が作り出すポテンシャルによりモアレ励起子が出現する。また、単一光子源となる量子欠陥の研究が発展している。カーボンナノチューブでは分子修飾により局在した励起子状態が実現され、室温かつ通信波長帯での単一光子発生が報告されて以来、注目が集まっている。六方晶窒化ホウ素や遷移金属ダイカルコゲナイドなどの二次元物質では、歪みによるバンドギャップの変調で励起子を閉じ込めることで単一光子源となることが分かってきており、歪みを意図的に導入するためにピラー構造を基板上に加工し、その上に二次元物質を転写して量子欠陥をトップダウンで作製できることが報告されている。

相変化材料とナノフォトニクスの組合せが様々な系で使用される傾向が高まっている。相変化にあたって大きな屈折率変化が得られる $GeSbTe$ が最も例が多いが、シリコンフォトニクスによるナノデバイスと組み合わせて超小型の不揮発性光メモリの実現や、$GeSbTe$ を光ニューラルネットワークにおけるアナログ重みとして用いた例などがある。最近は、通信波長帯で光吸収がより少ない相変化材料として、Ge–Sb–Se–Teや、Sb_2Te_3、Sb_2S_3 といった材料が注目を集め、光部品や光デバイスへの適用が報告されている。

高次のトポロジカル状態についても研究が進展しており、コーナー状態の観測等が行われている。最近、光トポロジカル絶縁体のエッジモードを用いたリング共振器による周波数コムが実現され、トポロジカルな性質を反映した特異な特性が報告されている。光のベクトル自由度を反映した光特有のトポロジカルな性質にも興味が高まっている。その代表例として、フォトニック結晶のバンド構造によって生じるトポロジカル偏光特異点が注目を集めている。特にBound states In the Continuum（BIC）と呼ばれる、通常なら結晶の面外に漏れ出る周波数領域にあるモードが、トポロジカルな性質により束縛状態になる特異点の研究が進展している。BICを含むトポロジカル偏光特異点は、構造の対称性を変えることで制御が可能で、波数空間内の移動、トポロジカルチャージ保存則に従った分裂、合体などの現象が次々と提案され実証されている。応用に関連する研究展開として、複数のBICの重ね合わせにより超高Q状態を実現する手法が提案され、この現象を用いたレーザ発振が報告されている。また、BICを用いて光渦を発生する手法が提案・実証され、トポロジカル特異点を用いた応用研究が進みつつある。また、これらの研究では、中国や韓国の研究グループの動きが活発である。

［注目すべき国内外のプロジェクト］

米国では、集積フォトニクスに関してシリコンフォトニクスの設計・製造・組み立て・パッケージング・検査等のエコシステムを確立するために2015年に始まったコンソーシアムAIM Photonics（American Institute for Manufacturing Integrated Photonics）での取り組みや、2017年に始まったデータセンターのエネルギー効率化を目指すENLITENED（ENergy-efficient Light-wave Integrated Technology Enabling Networks that Enhance Dataprocessing）プログラム、DARPAのもとで2019年からパッケージ総バンド幅100Tbps、エネルギーコスト1 pJ/bitを目指すPIPES（Photonics in the Package for Extreme Scalability）、2020年からLUMOS（Lasers for Universal Microscale Optical Systems）、光技術を用いて低ノイズRF生成を目指すGRYPHON（Generating RF with Photonic Oscillators for Low Noise）などの大型プロジェクトが立ち上がっている。量子集積フォトニクスやダイヤモンド量子フォトニクスについてはNSF、EFRI、ACQUIREプログラムやMITRE Quantum Moonshotプログラムなどの支援の下で活発な研究活動が行われており、世界をリードしている。

欧州では、Horizon2020の枠組みでフォトニクス集積に関する大型プロジェクト（7－9億円/4年）が進んでいるほか、コンピューティング応用についても4年で5億円規模のプロプロジェクトが複数動いている。LNOI関係でも2022年9月に2つの大型プロジェクトが開始されることになっている。また、大型プロジェクトとして、2013年からGraphene Flagshipがあるが、類似のプロジェクトとしてQuantum Flagshipが2018年に立ち上がり、5000名以上の研究者が参画するテーマに10億ユーロを10年超に渡って支出する計画となっている。

国内においては、光集積技術の大型プロジェクト「超低消費電力型光エレクトロニクス」が2022年3月に

終了した。一方、異種材料集積フォトニクスの研究開発を推進するNEDOプロジェクト「異種材料集積光エレクトロニクスを用いた高効率・高速処理分散コンピューティングシステム技術開発」が2021年より開始された。コンピューティング応用に関しては、JST−CREST「最先端光科学技術を駆使した革新的基盤技術の創成」および「情報担体を活用した集積デバイス・システム」において、それぞれ1課題採択され研究が進んでいる。また、2022年度より、科研費・学術変革A「光の極限性能を生かすフォトニックコンピューティングの創成」が立ち上がった。光を用いた量子技術については、JSTムーンショットプログラムや内閣府Q−LEAPなどの多くのプロジェクトで研究が進んでいるが、集積フォトニクスとの融合を目指す大型プロジェクトやLNOIのようなフォトニクスのプラットフォームに挑戦するプロジェクトはまだない。

（5）科学技術的課題

　集積化による高度な機能が次々と実現されているが、集積回路におけるムーアの法則のようなスケーリング則はフォトニクスでは成立しないため、どこまでの集積化が可能なのか、物理的・実用的視点から議論する必要がある。エレクトロニクスにおけるマルチチップ、マルチコアと同様なコンセプトの提供もありうるが、ここでは実装技術が重要な役割を担うと考えられ、3次元フォトニクス実装などの研究が必要になる。また集積化が進むにつれて、個別の素子に求められる一様性、信頼性への要求が高まってくるため、その要求にどう応えていくかも課題である。

　シリコンフォトニクスにとって最も重要な適用領域は光インターコネクトであり、この領域で重要な主な指標は、高帯域密度（単位例：Tbps/cm^2、Tbps/cm）、低消費電力（単位例：mW/Gbps、pJ/bit）、低コスト（単位例：$/Gbps）の3つである。高帯域密度化のためには、高速化と高密度化が必要であり、前者は前記の400Gbps実現に向けた取り組みが行われているが、後者は特に光トランシーバに接続する光ファイバのピッチによって制限されていることが多く、この部分の研究開発を加速する必要がある。消費電力は主にLSIと光変調器/受光器間の電気配線の静電容量と電圧振幅で決まるため、低消費電力化の鍵は、この電気配線を短縮する実装構造・方法を電子デバイスの実装構造・方法と整合させることにある。低コスト化のためには、シリコンフォトニクス製品のエコシステムを既存のエレクトロニクスのエコシステムに整合させる必要がある。シリコンフォトニクス技術に他の技術をいかに融合していくかも重要である。現状のシリコンフォトニクスプラットフォームに、本格的なナノフォトニクス技術を一部導入する技術や、化合物半導体や薄膜LiNbO$_3$、二次元物質などを集積する技術が今後重要となっていくと考えられる。

　単一素子の更なる小型化にはナノフォトニクスの活用が欠かせない。波長による制限を超える可能性としてプラズモニクスの利用が考えられる。損失が大きな問題だが一部だけに使用するのであれば大きな問題にならないとの議論もある。プラズニクス素子とその他の誘電体ベースの光素子の間の高効率接続なども課題になるであろう。一方、同じ機能をより少ない素子数で実現するための新しいアイデアも重要である。その他、トポロジカルフォトニクスや非エルミート光学などの新しい発想で、新機能の発現や高機能化が実現できれば貢献が期待できる。

　次世代情報通信での利用が予想されるテラヘルツ帯の利用については、エネルギーコストを抑えながら伝送容量や多接続性などの求められる要求を実現するかが重要である。エネルギーコストを抑えるためには、新原理デバイスやトポロジカル材料などのエマージング材料の積極的活用が重要となると考えられる。

　以上のような今後の展開を支えるコア技術は異種材料集積技術となることが予想される。すでに様々な取り組みや研究開発が進んでいるが、これまでのデバイスや材料の枠を超えて新たな集積技術とその活用が求められる。

（6）その他の課題

　大規模光電集積によって、光をチップの中に導入することが技術的に可能となるが、それを活用するシステム開発が今後重要となる。現在、光集積を前提とした光演算器の開発が非常に活発に研究開発されているが、

そのような光による演算を活用するためには光電融合情報処理システムのシステムアーキテクチャを新たに構築していく必要があり、そのためには従来の光と電気の枠組みを取っ払った分野融合の研究開発体制が必須となっていくことが考えられる。

　シリコンフォトニクスの試作に関して、EUにはEuropractice（imec, LETI, IHP）やSTMicoronics、米国にはAIM Photonicsのファウンドリ（シャトル）サービス、シンガポールのIME（Institute of microelectoronics）などがある。日本では産総研を主体としたシリコンフォトニクス・コンソーシアムがシャトルサービスを開始し、産総研のスーパークリーンルームでウェハ・プロセスが行える体制が構築されてきている。このようなファブは世界中の人、金、技術、情報等が集まるハブとして機能を持つため、ファブを国内に持つことは、シリコンフォトニクスに限らず、ナノフォトニクス、さらにはナノテク全般で国の競争力を強化するために重要である。このような共同利用の仕組みを構築し、持続可能な形で運営していくには、少なくともファブの維持費を賄える程度の多数の参加者を国内外の多様な分野から集める必要があり、そのためには継続的な国・学会・業界等のリーダシップやサポートが重要である。

　ナノフォトニクスに関して近年中国の研究レベルが急速に伸長してきている。国家から潤沢な資金がナノフォトニクス研究に投入され、最新の作製設備が導入されており、すでに設備的には日本の研究レベルを上回りつつある。一方、日本ではこれまで高い作製技術を持っていた企業における研究開発が縮小してきていることや、大学における博士課程進学率の減少に伴って、マンパワーを投入する研究よりもアイデア勝負のニッチな分野に移行しており、長期的な視点での対策が必要と考えられる。対策の一つは研究者の参画を促す環境整備であり、産総研でのMWP試作のような大規模なものだけでなく、大学クリーンルーム施設などを積極的活用して萌芽的研究に活用できる小規模で自由度の高い試作プラットフォームを整備することが考えられる。

（7）国際比較

国・地域	フェーズ	現状	トレンド	各国の状況、評価の際に参考にした根拠など
日本	基礎研究	○	→	・東大、東工大、NTTを中心にシリコンと化合物半導体や磁性材料等の接合技術、京大、横国大を中心にフォトニック結晶を用いた高性能光デバイス等の研究開発で世界をリードしている。 ・コンピューティング応用はNTT、東大などで進んでいるが、全体にプレイヤーが少ない。 ・光物性研究も盛んである。トポロジカルフォトニクス分野の研究も近年増加している。
	応用研究・開発	○	→	・フォトニック結晶レーザやNEDOプロジェクトで開発された光I/Oコアなど、いくつかの成功事例が見られる。 ・THz関係は、情報通信技術への応用を意識した研究展開が期待される。 ・PETRA等の産学共同の研究プロジェクトも比較的初期から走っており、光電融合技術、ナノフォトニクス技術を利用した実用化が進んでいる。 ・欧米や中国において多額の投資を受けたベンチャーの開発状況と比べると遅れを取り始めている。
米国	基礎研究	◎	→	・MIT,UCSB等の大学を中心に幅広い研究が行われており、集積化やデバイス関連では圧倒的に世界をリードしている。
	応用研究・開発	◎	→	・複数の関連ベンチャー企業が現れ成長しており、資金と人的リソースの双方で好循環が生まれ始めている。 ・AIM Photonicsで他国に先んじたシリコンフォトニクスのエコシステムが構築されている。IBM、Intel、Ayar Labsでは本格的な光電融合集積に向けた研究開発が行われている。 ・CISCO,等が光トランシーバを販売中で、Intelも製品リリースを発表している。

欧州	基礎研究	◎	→	・ベルギーのGhent大, IMEC、英国のSouthampton大、フランスのLETI等を中心に幅広い研究が行われており、フォトニクス全般で基礎研究が着実に進められている。 ・Imperial College等でメタマテリアル、プラズモニクス関連の純粋基礎研究に関しては伝統的に強く、理論研究者が指導的な立場を果たしている。 ・ナノチューブ分野ではドイツを中心に基礎物性研究が強い。
	応用研究・開発	◎	↗	・IMEC, Eindhoven工科大、CNRS/LETI等にナノファブリケーションの技術が結集され、シリコンフォトニクスと化合物半導体ナノフォトニクスの融合をベースとしたデバイス応用研究、ナノフォトニクスを支えるファウンドリとして重要な役割を果たしている。 ・Horizon2020の中で総額20M€程度がシリコンフォトニクス関係であり、TERABOARD, ICT-STREAMS等、ボードレベル、システムレベルの実用化を意識したものが多い。 ・プロジェクトの支援もあり、コンピューティング応用の研究者も日本に比べて非常に多い。 ・超伝導検出器やファイバーレーザーなど研究用途の装置は欧州製が多く、ほとんどは大学からのスピンオフによる。
中国	基礎研究	○	↗	・フォトニクス材料やメタ表面、トポロジカルフォトニクスなどの分野で多くの質の高い基礎研究が報告されるようになった。 ・LNOIでは米国と並んで重要な拠点となっている。 ・拠点大学には最先端の加工技術装置が導入されており、作製技術も急速に立ち上がりつつある。 ・2次元物質を用いたナノフォトニクスや、トポロジカルフォトニクスなどの新しい分野で、世界を牽引する成果を出している。
	応用研究・開発	○	↗	・光量子技術を中心に顕著な成果を出しており、今後のBeyond 5G/6G関連分野でも活発な技術開発が予想される。 ・集積化については他国に遅れをとっている。 ・国からも応用を目指した研究に多額の資金援助が行われている。特にクリーンルームや製造設備に関しては、最新の設備が導入されて進展が目覚ましい。 ・SMICにシリコンフォトニクス用の製造ラインを構築している。
韓国	基礎研究	△	→	・Korea Advanced Institute of Science and Technology（KAIST）では古くからシリコンフォトニクスの基礎研究が行われているが、目立つ成果や産業化に繋がるような成果は見られない。 ・メタマテリアルの一部の分野を除き近年若干陰りが見えるように見える。
	応用研究・開発	△	→	・SamsungがCPUとメモリ間をシリコンフォトニクスで繋ぐ開発を行っているが、全体として目立つ成果・取り組みは見られない

（註1）フェーズ

    基礎研究：大学・国研などでの基礎研究の範囲

    応用研究・開発：技術開発（プロトタイプの開発含む）の範囲

（註2）現状　※日本の現状を基準にした評価ではなく、CRDSの調査・見解による評価

    ◎：特に顕著な活動・成果が見えている　　　　　　　○：顕著な活動・成果が見えている

    △：顕著な活動・成果が見えていない　　　　　　　×：特筆すべき活動・成果が見えていない

（註3）トレンド　※ここ1〜2年の研究開発水準の変化

    ↗：上昇傾向、→：現状維持、↘：下降傾向

関連する他の研究開発領域

・光通信（システム・情報分野　2.6.1）

・脳型コンピューティングデバイス（ナノテク・材料分野　2.3.2）

・量子マテリアル（ナノテク・材料分野　2.5.5）

2.3
俯瞰区分と研究開発領域
ICT・エレクトロニクス応用

参考・引用文献

1) Hailong Zhou, et al., "Photonic matrix multiplication lights up photonic accelerator and beyond," *Light: Science & Applications* 11（2022）: 30., https://doi.org/10.1038/s41377-022-00717-8.

2) Mihika Prabhu, et al., "Accelerating recurrent Ising machines in photonic integrated circuits," *Optica* 7, no.5（2020）: 551-558., https://doi.org/10.1364/OPTICA.386613.

3) J. Feldmann, et al., "Parallel convolutional processing using an integrated photonic tensor core," *Nature* 589, no. 7840（2021）: 52-58., https://doi.org/10.1038/s41586-020-03070-1.

4) Shuhei Ohno, et al., "Si Microring Resonator Crossbar Array for On-Chip Inference and Training of the Optical Neural Network," *ACS Photonics* 9, no. 8（2022）: 2614-2622., https://doi.org/10.1021/acsphotonics.1c01777.

5) Nanxi Li, et al., "A Progress Review on Solid-State LiDAR and Nanophotonics-Based LiDAR Sensors," *Laser & Photonics Reviews* 16, no. 11（2022）: 2100511., https://doi.org/10.1002/lpor.202100511.

6) Phillip Blakey, et al., "STu5O.4 Quantum Enhanced LIDAR Using Nonlocal Dispersion," Conference on Lasers and Electro-Optics (CLEO 2022), https://www.cleoconference.org/home/schedule/,（2022年12月27日アクセス）.

7) Rui Ma, et al., "Integrated polarization-independent optical isolators and circulators on an InP membrane on silicon platform," *Optica* 8, no. 12（2021）: 1654-1661., https://doi.org/10.1364/OPTICA.443097.

8) Toshiya Murai, et al., "Nonvolatile magneto-optical switches integrated with a magnet stripe array," *Optica Express* 28, no. 21（2020）: 31675-31685., https://doi.org/10.1364/OE.403129.

9) Tomoki Ozawa, et al., "Synthetic dimensions in integrated photonics: From optical isolation to four-dimensional quantum Hall physics," *Physical Review A* 93, no. 4（2016）: 043827., https://doi.org/10.1103/PhysRevA.93.043827.

10) Qiushi Guo, et al., "Femtojoule femtosecond all-optical switching in lithium niobate nanophotonics," *Nature Photonics* 16（2022）625-631., https://doi.org/10.1038/s41566-022-01044-5.

11) Zhe Wang, et al., "On-chip tunable microdisk laser fabricated on Er^{3+}-doped lithium niobate on insulator," *Optics Letters* 46, no. 2（2021）: 380-383., https://doi.org/10.1364/OL.410608.

12) Kazuue Fujita, et al., "Sub-terahertz and terahertz generation in long-wavelength quantum cascade lasers," *Nanophotonics* 8, no. 12（2019）: 2235-2241., https://doi.org/10.1515/nanoph-2019-0238.

13) Stephane Boubanga-Tombet, et al., "Room-Temperature Amplification of Terahertz Radiation by Grating-Gate Graphene Structures," *Physical Review X* 10, no. 3（2020）: 031004., https://doi.org/10.1103/PhysRevX.10.031004.

14) Lu Wang, Jeremy Lim, and Liang Jie Wong, "Highly Efficient Terahertz Generation Using 3D Dirac Semimetals," *Laser & Photonics Reviews* 16, no. 10（2022）: 2100279., https://doi.org/10.1002/lpor.202100279.

15) Mitsuru Takenaka, et al., "High-efficiency, Low-loss Optical Phase Modulator based on III-V/Si Hybrid MOS Capacitor," *Optical Fiber Communication Conference 2018 (OFC2018)*

(Optica Publishing Group, 2018), paper Tu3K.3., https://doi.org/10.1364/OFC.2018.Tu3K.3.

16）Takuma Tsurugaya, et al., "Cross-gain modulation-based photonic reservoir computing using low-power-consumption membrane SOA on Si," *Optics Express* 30, no. 13 (2022)：22871-22884., https://doi.org/10.1364/OE.458264.

17）Satoshi Sunada and Atsushi Uchida, "Photonic neural field on a silicon chip: large-scale high-speed neuro-inspired computing and sensing," *Optica* 8, no. 11 (2021)：1388-1396., https://doi.org/10.1364/OPTICA.434918.

18）Bhavin J. Shastri, et al., "Photonics for artificial intelligence and neuromorphic computing," *Nature Photonics* 15 (2021)：102-114., https://doi.org/10.1038/s41566-020-00754-y.

19）Kha Tran, et al., "Evidence for moiré excitons in van der Waals heterostructures," *Nature* 567, no. 7746 (2019)：71-75., https://doi.org/10.1038/s41586-019-0975-z.

20）Chenhao Jin, et al., "Observation of moiré excitons in WSe_2/WS_2 heterostructure superlattices," *Nature* 567, no. 7746 (2019)：76-80., https://doi.org/10.1038/s41586-019-0976-y.

21）Huan Zhao, et al., "Site-controlled telecom-wavelength single-photon emitters in atomically-thin $MoTe_2$," *Nature Communications* 12 (2021)：6753., https://doi.org/10.1038/s41467-021-27033-w.

22）Zhiwei Lin, et al., "DNA-guided lattice remodeling of carbon nanotubes," *Science* 377, no. 6605 (2022)：535-539., https://doi.org/10.1126/science.abo4628.

23）Masaaki Ono, et al., "Ultrafast and energy-efficient all-optical switching with graphene-loaded deep-subwavelength plasmonic waveguides," *Nature Photonics* 14 (2020)：37-43., https://doi.org/10.1038/s41566-019-0547-7.

24）Ryoichi Sakata, et al., "Dually modulated photonic crystals enabling high-power high-beam-quality two-dimensional beam scanning lasers," *Nature Communications* 11 (2020)：3487., https://doi.org/10.1038/s41467-020-17092-w.

25）Toshihiko Baba et al., "Silicon Photonics FMCW LiDAR Chip With Slow-Light Grating Beam Scanner," *IEEE Journal of Selected Topics in Quantum Electron* 28, no. 5 (2022)：8300208., https://doi.org/10.1109/JSTQE.2022.3157824.

26）Amir H. Atabaki, et al., "Integrating photonics with silicon nanoelectronics for the next generation of systems on a chip," *Nature* 556, no. 7701 (2018)：349-354., https://doi.org/10.1038/s41586-018-0028-z.

27）Francesco Testa, et al., "Optical Interconnects for Future Advanced Antenna Systems: Architectures, Requirements and Technologies," *Journal of Lightwave Technology* 40, no. 2 (2022)：393-403., https://doi.org/10.1109/JLT.2021.3113999.

28）Wei Ting Chen, et al., "A broadband achromatic metalens for focusing and imaging in the visible," *Nature Nanotechnology* 13, no. 3 (2018)：220-226., https://doi.org/10.1038/s41565-017-0034-6.

29）Chunghwan Jung, et al., "Metasurface-Driven Optically Variable Devices," *Chemical Reviews* 121, no. 21 (2021)：13013-13050., https://doi.org/10.1021/acs.chemrev.1c00294.

30）Chaoran Huang, et al., "Demonstration of scalable microring weight bank control for large-scale photonic integrated circuits," *APL Photonics* 5, no. 4 (2020)：040803., https://doi.org/10.1063/1.5144121.

31）J. Feldman, et al., "All-optical spiking neurosynaptic networks with self-learning capabilities," *Nature* 569, no. 7755（2019）: 208-214., https://doi.org/10.1038/s41586-019-1157-8.

32）Farshid Ashtiani, Alexander J. Geers and Firooz Aflatouni, "An on-chip photonic deep neural networks for image classification," *Nature* 606, no. 7914（2022）: 501-506., https://doi.org/10.1038/s41586-022-04714-0.

33）Cheng Wang, et al., "Integrated lithium niobate electro-optic modulators operating at CMOS-compatible voltages," *Nature* 562, no. 7725（2018）: 101-104., https://doi.org/10.1038/s41586-018-0551-y.

34）Katsumasa Yoshioka, et al. "Ultrafast intrinsic optical-to-electrical conversion dynamics in a graphene photodetector," *Nature Photonics* 16（2022）: 718-723., https://doi.org/10.1038/s41566-022-01058-z.

35）Ipshita Datta, et al., "Low-loss composite photonic platform based on 2D semiconductor monolayers," *Nature Photonics* 14（2020）: 256-262., https://doi.org/10.1038/s41566-020-0590-4.

36）Chenghao Wan, et al., "Switchable Induced-Transmission Filters Enabled by Vanadium Dioxide," *Nano Letters* 22, no. 1（2022）: 6-13., https://doi.org/10.1021/acs.nanolett.1c02296.

37）Taiki Yoda and Masaya Notomi, "Generation and Annihilation of Topologically Protected Bound States in the Continuum and Circularly Polarized States by Symmetry Breaking," *Physical Review Letters* 125, no. 5（2020）: 053902., https://doi.org/10.1103/PhysRevLett.125.053902.

38）Bo Wang, et al., "Generating optical vortex beams by momentum-space polarization vortices centred at bound states in the continuum," *Nature Photonics* 14（2020）: 623-628., https://doi.org/10.1038/s41566-020-0658-1.

39）Kenta Takata, et al., "Observing exceptional point degeneracy of radiation with electrically pumped photonic crystal coupled-nanocavity lasers," *Optica* 8, no. 2（2021）: 184-192., https://doi.org/10.1364/OPTICA.412596.

40）国立研究開発法人科学技術振興機構　研究開発戦略センター「無線・光融合基盤技術の研究開発　〜次世代通信技術の高度化に向けて〜」（令和4年3月）https://www.jst.go.jp/crds/pdf/2021/SP/CRDS-FY2021-SP-07.pdf（2023年1月20日アクセス）

2.3
俯瞰区分と研究開発領域
ICT・エレクトロニクス応用

2.3.4 IoTセンシングデバイス

（1）研究開発領域の定義

　MEMSセンサを代表とする高性能・高機能なセンシングデバイスの研究開発により、健康で便利に暮らせ安心・安全なスマート社会の基盤となるInternet of Things（IoT）を実現する。MEMSセンサや化学センサ、光学センサ、量子センサなどセンシングデバイスの高感度化、高信頼化、低消費電力化、小型軽量化、低コスト化、MEMSプロセス技術の高度化、複数のセンサの融合、プリンテッドエレクトロニクス技術などの研究開発課題がある。

（2）キーワード

　MEMS（Micro Electro Mechanical Systems）、弾性波デバイス、慣性センサ、気圧センサ、マイクロフォン、光学センサ、LiDAR、TOFイメージセンサ、圧電デバイス、化学センサ、バイオセンサ、病原体・生体機能分子センサ、人工嗅覚センサ、IoT分子センサ、量子計測、量子センシング、ダイヤモンドNV中心（Diamond Nitrogen-Vacancy Center）、量子生命科学

（3）研究開発領域の概要
［本領域の意義］

　Society 5.0やIoTに代表されるスマート社会を築くために、人工知能や通信（ネットワーク）と並んで主要な構成要素がセンサ（センシングデバイス）である。センサは人工知能や制御システムの入力となり、その応用はIT機器、オーディオ機器、ロボット、ドローン、VR・ARシステム、自動運転車、医療機器など、今後のイノベーションのキーとなるほとんどのシステムに広がっている。これらの応用のためのセンサとしては、画像・映像を取得するイメージセンサや、加速度、圧力、音などの多様な物理量を検出・測定可能なMEMSセンサが重要であるが、今後はこれらに加えて健康・医療などの応用分野で安定して使い易い化学センサ（バイオセンサ、分子識別センサ、匂いセンサ、ガスセンサなど）や、従来手法よりも感度の高いダイヤモンド中のNV中心（Nitrogen-Vacancy Center）を用いた量子センサなどの開発も期待され、各種の物理センサや化学センサと集積回路（IC）やプリンテッドエレクトロニクスとの組み合わせも重要になると考えられる。

　本研究開発領域ではIoTに関わるMEMS技術・センサ、化学センサを中心に、新たな光学センサ、ダイヤモンドNV中心による量子センサを取り扱う。MEMSセンサに代表される物理センサは、アカデミアから企業まで高性能化、小型化、低価格化などのための研究開発がダイナミックに進展している。有害物質のモニタリング、病気診断、健康管理などで用いられる化学センサについては、できることできないことを明確にした上で、その特徴を活かして目的を達するための研究開発が求められるようになってきている。光学センサの代表であるイメージセンサは防犯カメラやスマホのカメラなどですでに広く使われているが、最近では自動車への応用を目指して3次元的な位置情報を取得するLiDAR（Light Detection and Ranging、Laser Imaging Detection and Ranging）の研究開発も活発になっており、光センサによる新たな情報の取得も重要になっている。さらに、量子効果を利用して従来よりも高感度な検出が可能なセンサとして量子センサが期待されており、応用に向けた機能実証が求められる。

　スマート社会に関連する産業では、欧米中のサービスプラットフォーマが覇権を握り、高い利益率を確保しているが、それ以上に高い利益率を確保しているのがデバイス・モジュールメーカである。日本の企業がサービスプラットフォーマに食い込むことは容易ではないが、デバイス・モジュールに強い企業が多く、日本にとって本研究開発領域の重要性は極めて高い。

[研究開発の動向]

• MEMS技術・センサ

　MEMS技術によるセンサとしては、スマートフォン、TWS（True Wireless Stereo）イヤホン、スマートウォッチなどのIoT機器を例にとると、マイクロフォン、加速度センサ、ジャイロスコープ、および圧力センサ（気圧センサ）などが使われている。また、クロック発振器の一部もMEMSである。これらのセンサの技術は継続的に革新され、その結果、低コスト化・小形化と高性能化が進んでいる。小形化について、例えば、加速度センサの大きさは、近年、チップ面積にして約1/10に小型化されているが、これはウェハレベルパッケージングやTSV（Through Silicon Via）といった技術の高度化によるところが大きい。

　高性能化については、自動運転やロボット制御など用いられるジャイロセンサ、LiDAR、音声認識のためのマイクロフォン、上下動を測定する気圧センサ、資源探索等のための重力センサ（高感度加速度センサ）などの研究開発が進んでいる。現在、自動運転に用いられているジャイロセンサは、典型的には100万円台以上と高価な光学式であり、MEMSジャイロセンサを高性能化することによってこれを置き換えることが期待されている。　MEMSマイクロフォンも高性能化が進んでいる。音声認識率はマイクロフォンの性能によるところが大きいが、数年前に新方式のMEMSマイクロフォンがInfineon社によって実用化され、ハイエンドのTWSイヤホン等に使われている。高性能MEMSマイクロフォンを用いて、CO_2を光音響法で検出するガスセンサも登場している。この方法は、前述の化学物質吸着にともなう問題とは関係なく、CO_2の長期間・高感度モニタリングに好適である。最近では、高性能MEMSマイクロフォンを用いたレンジファインダーも登場している。気圧センサの高性能化も進み、これまで多くの気圧センサがシリコン歪ゲージ式であったが、静電容量式で汎用的なものが各社から発売された。そのノイズレベルは1 Pa（100万分の1気圧）以下であり、数cmの上下動を測定できる水準である。ここまで気圧センサの高性能化が進むと、ユーザーの身体運動の測定などが可能になるので、これまでとは異なる使い方・応用が広がると期待できる。

　MEMS技術の応用として重要なものに弾性波フィルタがある。これはセンサではなくスマートフォン等のアンテナとベースバンドプロセッサの間に使われるRFフロントエンドモジュール（RFFEM）に使われるキー部品であり、その役割は特定のバンド（周波数帯）を選択することであるが、MEMS技術によるBAW（Bulk Acoustic Wave）フィルタが大量に用いられ、MEMS最大の商品となっている。弾性波フィルタは、科技日報による中国の「ボトルネック技術35」の7番目に掲載され、米国・日本からの供給が止まるとスマートフォンなどを製造できなくなるため、中国が国産化を熱望しているハイテク製品の1つである。そのため、中国では弾性波フィルタのための開発と工場建設への投資が過熱しており、数十社が取り組んでいる。

• 化学センサ

　大部分の化学センサは、センシング対象の化学物質を吸着し、それによる周波数変化、質量変化、歪（変形）、抵抗/導電性変化などを測定する。化学センサを高感度にするには、感能膜等の化学物質の吸着性を上げる必要があるが、そうすると化学物質が脱離しにくくなり、またセンシング対象の化学物質以外の化学物質も吸着しやすくなるため、時間応答性、感度安定性、バイアス安定性などが悪くなる。これらは吸着を用いる化学センサの本質的な課題であるため、特定の応用に必要な性能をバランスよく実現することが重要になってきている。例えば、1回だけ使用するのか、IoT応用で長期間モニタリングするのか、目的に最適な化学センサの特性やセンシングシステムの設計が求められる。

　揮発性分子を長期間安定的にセンシングする上で、多湿環境によるセンサの劣化や感度変化が非常に大きな課題であるが、最近はこの課題を克服するための研究が盛んになっており、主に以下の3つの戦略で行われている。①センサ材料表面への貴金属/疎水性有機分子修飾や温度変調を行うことで、センサ自体の水分に対する影響を抑制する。②水分や温度による影響を考慮してセンサ応答を読み取るモデルを構築する。③ガスライン中でセンサの手前に$CaCl_2$などの吸湿剤を設置する。特に3番目はどんなセンサを用いた場合でも汎用的に使用できる点で優れており、長期間利用可能な吸湿剤の開発が望まれる。

　我々の身の回りに存在する様々な化学的な分子情報・データを分子識別センサを介してサイバー空間に長期的に蓄積することで、新たな学術領域と産業分野が生み出されることが期待されている。時空間的に多成分が相互作用しあう複雑な現象（例えば、生体活動）に対して、新しい切り口で現象を解明するアプローチとして注目されている。この研究アプローチでは、データを継続的に計測・蓄積することが本質であるため、現在は物理センサによる研究が主に進展しているが、堅牢な人工嗅覚センサのような化学センサを介して分子情報を時空間情報として長期的にデータ蓄積できれば、その社会的なインパクトは計り知れない。分子情報の中でも、揮発性分子群（匂い：嗅覚）は、非侵襲的な長期的な連続データ計測に最も適したアプローチであり、今後の発展が期待される。

・光学センサ

　イメージセンサ分野では、最新の技術で製造されるハイエンドセンサは大規模なB2Bビジネスの中でメーカー企業とユーザー企業の間でカスタマイズされ、デジタルカメラシステムやスマートフォンに搭載されている。汎用IoTソリューション向けには、仕様が公開され入手しやすいミドルレンジからローレンジのセンサを利用するのが合理的である。すでに汎用電子パーツとして多様なイメージセンサを入手することが可能であり、それらの中には単なるイメージングだけでなく、モーション検出や顔認識といった付加機能を備えるものもある。イメージセンサ分野において研究開発途上、あるいは最近実用化された新しい技術もあり、これについては『注目動向』で記載する。

　2020年に始まった新型コロナウイルス感染拡大においては、ネットワークを介した情報集約を必ずしも伴わない場合もあるが、センサ搭載型IoT機器の需要が生じた。代表的なものとしては、非接触型体温計（半導体赤外線センサ）、CO_2濃度計（光学式CO_2センサ）、酸素飽和度計（光学式SpO2センサ）、タブレット端末型来訪者体温計測システム（イメージセンサと半導体赤外線センサ）などがある。これらの一般向け装置類に利用されるセンサ技術の大半は光学センサを中心とする技術であり、すでに実績のある光学センサ技術を採用したシステムが普及した側面が強い。

・量子センサ

　単一ダイヤモンドNV中心の光検出磁気共鳴（Optically Detected Magnetic Resonance, ODMR）が1997年に初めて報告されてから、ドイツとアメリカを中心に政府資金による基礎研究が強力に進められ、磁場、電場、温度、圧力、pHなどのセンシングにおいて従来技術（超伝導量子干渉計（SQUID）磁気センサ、光ポンピング（OPM）磁気センサ、蛍光分子イメージング、高速AFMなど）を凌ぐ可能性が見いだされた。また最近、ダイヤモンドの表面近傍に配置したNV中心により、ダイヤモンド基板上の分子の核磁気共鳴（NMR）分光にも成功しており、ミクロ領域での分子構造化学を開拓する基礎分析ツールになると期待されている。NVision（ドイツ）、SQUTEC（ドイツ）、QNAMI（スイス）、QZABRE（スイス）、Quantum Diamond Technologies Inc.（米国）、Hyperfine（米国）、Quantum Brilliance（オーストラリア）など、基礎的な知財をおさえた上で当該分野の先駆者を擁するスタートアップが多数立ち上がっており、今後数年のうちに市場が確立されていくと考えられる。中国は10年ほど前からNV中心の研究を本格的に実施している。日本では、筑波大や産業技術総合研究所が材料面において当該分野の発展に大きく貢献してきた。

（4）注目動向

[新展開・技術トピックス]

・MEMS技術・センサ

　MEMSはこれまで広くセンサに用いられ産業的にも成功を収めているが、最近は圧電材料をはじめとする技術の進歩、および量産に耐えられる加工装置の登場によって、LiDARなどに用いられる走査型マイクロミラーデバイスやMEMSスピーカなどの新しいMEMSアクチュエータが実用化されつつある。ＡＤＡＳ

（Advanced Driver-Assistance Systems）・自動運転用 LiDAR には多くの参入者がおり、その研究開発競争は熾烈を極めており、投資またはリソースを確保できないプレーヤは脱落しつつある。MEMSスピーカが狙う用途は市場が拡大している TWS イヤホン（2021年に2億台以上生産）である。TWS イヤホンの高級機にはウーハーとツイータの2つのスピーカが搭載されているが、MEMS スピーカが最初に置き換えを狙うのはツイータであり、MEMS スピーカの採用によって小型化・低消費電力化が可能になる。なお、多くの TWS イヤホンには、片耳に2つまたは3つの MEMS マイクロフォン、MEMS 加速度センサ、タッチセンサなどが搭載されてセンサの塊となっている。

　MEMS 技術を用いた超音波デバイスは、静電容量式の cMUT（Capacitive Micromachined Ultrasonic Transducer）と圧電式の pMUT（Piezoelectric Micromachined Ultrasonic Transducer）に大別され、両方式とも医療応用、特に患者自身による検査とリモート医療のために、集積回路と一体化されたチップが開発されている。米国のベンチャー企業（Butterfly Network、EXO など）では独自の携帯型超音波撮像デバイスを開発し、診断・医療データ集積・活用ビジネスを行おうとしている。このような超音波トランスデューサチップは、医療画像を取得するためセンサの有効面積は2〜3 cm四方程度と大きい。このような大きなチップを、MEMS 量産で一般的な8インチウェハで製造すると、ウェハ毎のチップ取れ数が少なくなってしまうため、Butterfly Network はファウンドリと協力して製品を12インチウェハで製造するための開発を行っている。

● 化学センサ

　近年、金属酸化物や有機高分子などに替わる新たなガスセンサ材料として、金属有機構造体（MOF）が注目されている。MOF は金属と有機配位子を組み合わせて作製した配位高分子であり、多孔性と多様性、設計性の高さから、設計次第で MOF が有する孔とガス分子との相互作用の精密制御が可能である。これまで課題とされていた導電性 MOF の合成や MOF のデバイス実装に関する技術が発展したことで、ガスセンサ材料としての利用が急速に進んでいる。例えば、2019年に Meng らは MOF ガスセンサを利用して、高湿度環境において、低濃度のガス分子（0.3 ppm の NH_3、20 ppb の H_2S、1 ppb の NO）をセンシングすることに成功している。また、キラルな有機配位子を有した MOF センサによるエナンチオマー選択的なセンシングや、MOF センサを複数組み合わせた人工嗅覚センサによる類似骨格を持つ芳香族ガス分子の判別なども報告されている。今後は感度や選択性だけでなく、長期間安定駆動が可能な堅牢性を実現するための MOF 設計戦略が鍵になる。

　化学センサによって食品から揮発する分子群を計測し、食品の状態をモニタリングすることで食の安全やフードロス削減を実現する技術が注目を集めている。鮮魚や精肉といった劣化の早い食品はもちろん、青果（野菜・果物）や加工食品についても適熟期間（食べ頃）や安全性（腐ったりしていないか）の卸や小売店での判定が強く求められている。従来技術では、青果物の状態は光を用いたセンサ（基本的に糖度と色の評価）によるモニタリングか破壊的な検査が中心であり、揮発分子センシングは非破壊に多様な情報を取得できる技術として期待されている。基礎研究レベルでは化学センサを用いた食品揮発分子のセンシングも数多く実証されている。

● 光学センサ

　高機能光センサ・イメージセンサ技術は IoT ソリューション向けとして技術革新が進んでいる。特に近年実用化され普及したあるいは普及しつつあるものとして、①3D イメージング技術（パターン光を利用した測距イメージング）、②TOF（Time of Flight）方式測距機能イメージング技術、③LiDAR（Light Detection and Ranging）技術、④SPAD（Single Photon Avalanche Diode）センサ技術、⑤偏光イメージセンサ技術がある。①〜③は重複する要素があるが、いずれも制御された光源と光センサによって構成されるものである。PC、スマートフォンやタブレットなどからの近距離の顔認識やモーションキャプチャには、光源から2

次元的に制御されたパターン光を被写体に照射して、得られた画像をもとにした3D構造解析を行う方式（①3Dイメージング技術）が利用される。また、自動運転等で利用や屋外を含む環境で比較的長距離（数ｍ～数百ｍ）の位置把握を行うことも、センサユニットから照射した光が戻ってくるまでの時間を計測する②TOF方式や③LiDARが可能となっている。

④のSPAD技術は、半導体イメージセンサにおいて超高感度・高速計測を実現することのできる要素技術である。アバランシェフォトダイオードは、高電圧をかけた半導体フォトダイオードで感度増倍を行うものであり、光通信などで広く用いられてきた。アバランシェフォトダイオードをイメージセンサ画素に搭載して実用化に至ったのは近年の大きな進歩である。SPADセンサは高感度・高速性に優れるため、特に②や③との親和性が高い。

⑤の偏光イメージセンサ技術は、従来の入射する光強度と光の波長の情報に加え、入射光の偏光方向を取得することにより、被写体の情報（材質や面の向きなど）を取得することができるようになる。2019年にソニーより市販の偏光イメージセンサが実現され、ファクトリーオートメーションやセキュリティ用途などでの応用が期待されている。

・量子センサ

近年、ダイヤモンドの表面近傍に配置したNV中心により、ダイヤモンド基板上の分子の核磁気共鳴（NMR）分光に成功したことに加え、Qdyne（quantum heterodyne）法などの新規な手法についても開発が進み、高い周波数分解能でNMR信号を観測することが可能になってきている。2021年には、ハーバード大グループがパラ水素を用いた核スピンの超偏極手法（SABRE）を用い、6.6 mTの磁場強度において0.5%の分極を実証した。これは同磁場において、ボルツマン分布よりも5桁も分極が多くなることに相当し、1 mMの濃度の10 pLの量の分子を検出することに相当する。

生命現象や細胞内環境を精密計測するための超高感度センサとしてダイヤモンドナノ粒子が注目されている。ナノダイヤモンドを用いることで、例えば生体内のpHや温度の計測や、高感度なウイルス検出が報告されており、今後の生命科学応用が期待される。

［注目すべき国内外のプロジェクト］

米国では、MEMSセンサ関係としてDARPA（Defense Advanced Research Projects Agency）がMEMS技術を管轄するMicrosystems Technology Office（MTO）を設置し、継続的に研究開発プログラムを推進している。特に、兵器の定位やナビゲーションに必須の慣性センシング技術とクロック技術を含むPNT（Positioning, Navigation, and Timing）技術を重視し、高性能ジャイロスコープ、量子センサ、量子クロックなどのプログラムが行われている。

欧州では、フランスのLeti、ドイツのフラウンホーファー研究機構、フィンランドのVTT、スイスのCSMCなどの大型研究拠点がMEMS・マイクロシステムの研究を主導し、それらを中心に大学がネットワーキングされている。Letiは200 mmウェハの試作ラインを有し、開発技術の量産への移行、および量産ラインでの課題の解決に強みを有するが、新しい独自技術の研究開発にも熱心で、スタートアップを継続的に生み出している。ドイツでは、FMD（Research Fab Microelectronics Germany）プログラムによって、合計13のフラウンホーファー研究所とライプニッツ研究所に3.5億ユーロが投入され、マイクロエレクトロニクスの研究開発インフラが整備・更新された。化学センサ関係としては、新型コロナウイルス感染症の感染者を判別するために、人工嗅覚センサによる呼気診断研究が欧州やアメリカ、中国などで行われ、オランダでは合計4510人から取得した呼気を利用した比較的大規模な試験が行われた。この試験では、7種類の金属酸化物半導体ガスセンサからなる人工嗅覚センサで取得した呼気パターンを利用して、感度98-100%、特異度78-84%で新型コロナウイルス感染者の判別に成功している。量子センサ関係では、Quantum Flagshipが2018年から進められており、ASTERIQS（Advancing Science and Technology through diamond Quantum

Sensing）（2018～2021年）がダイヤモンドNVセンサのプロジェクトとして行われ、ダイヤモンドNVセンサによるナノレベル高空間分解能磁気センサ、電池モニタリングシステム開発、小型NMRなどの開発がなされた。また、医療応用（心血管疾患）へ向けたダイヤモンドNV中心を用いた核スピン超偏極を目指すプロジェクトとして、MetaboliQs（2018～2021年）も行われた。

中国では、IT機器や無線通信機器のキーデバイスであるMEMSの国産化を進めるため、中央政府と地方政府が主導し大きな投資が行われている。これらの投資は網羅的であり、半導体デバイスやMEMSについて、欧米とデカップリングしても困らないように、サプライチェーンの全てを中国内で完結させる方針がみえる。中国最大のMEMSの研究機関は、中国科学院上海微系统与信息技术研究所（SIMIT）であり、傘下に複数の研究所や企業を有し、学位も授与する巨大な組織である。上海に200 mmウェハラインを有する研究拠点SITRI（Shanghai Industrial μTechnology Research Institute）もSIMIT傘下にある。

日本では、量子センサ関係として、2018年度より開始された文部科学省の「光・量子飛躍フラッグシッププログラム（Q–LEAP）」の中で、ダイヤモンドNV中心による磁気センサ応用を目指したプロジェクトが進められており、脳磁計などの医療応用や、電池やパワーデバイスの電流・温度をモニタリングするシステム開発がターゲットとなっている。また、2020年度より、量子科学技術研究開発機構を代表機関としたQ–LEAP量子生命Flagshipプロジェクトが立ち上がり、ナノダイヤモンド中のNV中心を用いた医療への応用研究開発などが行われている。

（5）科学技術的課題

MEMS技術・センサの中心的な技術的課題は、チップ面積や消費電力を大きくせずにセンサのS/N比を上げること、強力なアクチュエータを実現すること、現実的な方法で異なる要素を集積化することなどである。高い性能を出すためには、高度な微細加工・集積化技術が必要であり、着実な研究開発によって産業的価値のある基盤技術を維持・進歩させつつ、研究施設を動かし、その上で新規アイデアを比較的小投資で試みることが望まれる。　MEMSでは "One Device, One Process, One Package" という言葉があるように設計とプロセスとが切り離せないが、欧米では複数のデバイスに対応する有力なプロセスプラットフォームがいくつか登場し、それらによる欧米発のデバイスが高いシェアを占めるようになった。このような状況で、日本がMEMSデバイスの高性能化、低消費電力化、高集積化といったメインストリームで勝負するには、プロセスプラットフォームの改良・革新が欠かせない。

化学センサの中のガスセンサについては、性能に関わる重要な科学技術的課題がいくつかあるが、実用化を考えると選択性と堅牢性は特に着目すべきである。天然の嗅覚受容体は高い選択性を有しているが、それを人工的に利用したガスセンサは非常に脆弱である。一方、金属酸化物半導体ガスセンサは堅牢性に優れているが、選択性が低い。選択性と堅牢性の両立は非常に困難な課題であるが、ブレークスルーを起こすためにはそのデバイス設計が重要である。また、食品モニタリングの応用に向けては、水分子と検出対象となる分子群に対する識別能や、低価格で長期間（理想的には数年単位）に渡って安定的に動作するセンサ材料・デバイス設計技術が必要となる。さらに、近年のデータ解析技術の発展普及により、空気中の揮発性有機化合物（VOC：Volatile Organic Compounds）が有する成分情報が医学・工学分野において極めて有用であり注目されているが、IoTセンシングデバイスによって得られるVOC組成データは、ガスクロマトグラフィ等の大型機器を用いたものと比較すると、データの量・質ともに遥かに劣っているため、優れた濃縮技術の開発とともに検出感度、攪乱耐性、分子識別能の飛躍的な改善が必要である。

量子センサにおいては、脳磁計などの非常に高い感度を要求される応用に対しては、さらなる高感度化が要求され、手法および物質科学的な改善が必要である。手法による高感度化では、環境からのノイズの低減などのための量子プロトコル開発などが今後の課題として挙げられる。物質科学的な改善では、ダイヤモンドのさらなる高品質化やNV中心の効率的な生成技術開発などが挙げられる。実用化の観点からは、如何に安価にするかが重要であり、小型化・集積化技術の開発が重要である。NV中心においては、光学的なスピン

状態の初期化と検出が主流であるが、電気的な制御と検出の技術開発が今後の課題として挙げられる。また、ダイヤモンドの高速成長技術、大面積化などの研究開発も長期的に取り組むべき課題である。

（6）その他の課題

　設置と維持に大きな資金投入が必要なMEMSの作製に必要な半導体研究施設は、研究費に限りがある以上は集中的に設置せざるをえないが、運営方法については十分に検討していく必要がある。例えば、ナノテクプラットフォーム事業では、研究開発施設側はユーザーへのサービス提供に注力し、自らの研究開発や共同研究は行わないことで、研究の多様性や前例のないほどの多くの成果が得られた。産業に直結した研究開発を行うべき研究拠点に対しては、従来の競争的資金による研究や施設整備がそぐわないことから、基盤部分（全体の3割程度）を公的資金によって支えるといった議論も必要であろう。

　物理センサから始まっているセンサ内である程度のデータ処理を行うin-sensor computingの化学センサシステムへの展開を進めるためには、材料からアルゴリズムまでを包括的に考えた対応が必要であり、情報工学（演算アルゴリズム）分野、材料・デバイス分野、集積回路分野の連携が必要である。例えば、食品モニタリングについては、食品の種類ごとに対象となる分子群や計測・保管環境、最終的に得たい情報（糖酸度や含まれる栄養など）が大きく異なるため、センサのユーザー側（農家とつながりのある卸業者等）とセンサ材料・デバイス研究開発者との密な連携に基づく研究実施体制が不可欠である。

　新型コロナウイルスの人工嗅覚センサによる診断研究に関して、実用化するのに十分な判別精度が得られていない原因の一つとして、データ数の不足が挙げられる。これは世界規模で同一の人工嗅覚センサを使って呼気データを取得し、かつその情報を共有することで解決できる。これを達成するためには、世界的に信頼性を認められる感度・長期安定性を両立した人工嗅覚センサを開発すると同時に、その測定データを簡単に共有できるシステムも構築することが必要になる。

　イメージセンサの製造技術面においては、継続的な技術革新が進み製造技術が高度化しており、最新のイメージセンサ技術を備えた企業（ソニーと韓国サムスン）以外ではカメラや携帯電話向けのハイエンドイメージセンサを製造することはできなくなっている。アカデミアや新規参入を考えている企業が新たな機能の光学センサの研究開発を進めていくためには、先端半導体プロセスの利用が可能な共用施設の整備や試作サービスが期待される。

　量子技術の人材が不足しており、中長期的な観点からはアカデミアのみならず産業界においても人材教育と人材確保は重要な課題と考えられる。量子センサは、センサに関する知識や量子物理の他、それを取り巻く材料科学、生命科学、情報工学等の幅広い知識の習得や、理論からシステム開発まで見渡せる力が必要である。量子技術、量子情報科学に興味をもつ学生は増えているにもかかわらず、大学での既存のカリキュラムでは必ずしも対応できていない点が課題である。また、今後の拡大する市場において、早い段階から企業の関心を惹きつけ新たな市場創生につなげるためにも、アカデミアと企業関係者との間で量子技術に関する最新技術と動向を共有することも重要である。

（7）国際比較

国・地域	フェーズ	現状	トレンド	各国の状況、評価の際に参考にした根拠など
日本	基礎研究	○	→	・MEMS関係の主要国際会議での論文数は多いが、多くの大学研究者の興味がMEMSデバイスの高性能化、低消費電力化、高集積化といった研究開発のメインストリームや産業技術から離れつつある。若手研究者の層は比較的厚いが、彼らがメインストリームや産業技術を習得できる機会は少ない。また、企業からの基礎的な研究報告が少なくなっている。 ・集積センサ技術開発で、NIMS（MEMS＋感応膜）、豊橋技科大学（CMOS＋感応膜）、東京大学（シリコンデバイス＋金属ナノ構造、堅牢な分子識別界面＋集積化センサ）、慶應大学（堅牢なセンサ回路設計）などの活動が活発に なっている。 ・イメージセンサ技術においてはアカデミアにおいても静岡大学や東北大学など、メーカーに劣らぬ高いレベルの技術を提言できるグループが存在する。 ・Q‒LEAPの中で、量子センサ関係の研究が行われている。また、JSTさきがけ「量子技術を適用した生命科学基盤の創出」が発足し、一部のテーマでNV中心を用いた研究が進められている。
	応用研究・開発	○	→	・日本のデバイス・モジュールメーカの実力は高く、弾性波フィルタ、自動車用慣性センサなどに強みがあるが、デバイス化・製品化に向けた研究開発が低調になっている。 ・I‒PEX、パナソニック、レボーン、コスモス電機、コニカミノルタ、太陽誘電などの企業で、集積センサ、匂いセンサなどの研究開発を進めている。 ・イメージセンサ製造技術においてソニーが世界トップを走っている。機能性においてもAI搭載センサや偏光イメージセンサなど高度化したセンサを実現しており、優位性は製造技術にとどまらない。 LiDAR関連技術においては自動車メーカーの牽引力もある。 ・Q‒LEAP量子計測・センシング技術領域では、脳磁計などの医療応用や、電池やパワーデバイスの電流・温度をモニタリングするシステム開発が行われている。
米国	基礎研究	◎	→	・研究者の層が厚く、研究開発のスペクトルは広く、新しい発想は米国から出てくることが多い。実力のある有名大学、Stanford大学、カリフォルニア大学 Berkeley校／Davis校／Irvine校、ミシガン大学、Georgia工科大学などは、MEMSデバイス研究のメインストリームやベンチャ起業でも高い実力を見せている。 ・BERKELEY SENSOR & ACTUATOR CENTER など、多くの大学で応用を意識した 基礎研究がなされている。 ・イメージセンサ、化学センサをはじめとする各種センサ技術への研究意欲とスペクトルの広さは依然として旺盛である。 ・ハーバード大学を中心に、NV中心の磁場計測や、ナノ粒子による温度計測の実証研究など、研究が活発に行われている。
	応用研究・開発	◎	→	・InvenSense、SiTimeなどに続く成功しそうなベンチャ企業が次々と現れている。シリコンバレーでは、この分野への投資熱も高い。 ・On Semiconductor社（Aptina社買収）、OmniVision社、STMicroelectronics社など、複数のメーカーが光学センサの高い技術力を備え、IoT向けセンサなどミドルレンジセンサに関して層が厚い。またapple社、Microsoft社やintel社などの3Dイメージング技術の有力ユーザーも存在する。 ・ハーバード大学を中心に、神経電流の DC磁場の計測など、NV中心のスピンをプローブとしたイメージング技術開発が進められている。
欧州	基礎研究	◎	→	・欧州では応用研究志向が強く、基礎研究と応用研究は一体的に進められている。特に実力のある研究拠点は、論文発表にプライオリティを置いておらず、論文からだけでは実力を測れない。 ・化学センサの基本的な検討だけでなく、集積回路と一体化の検討に関しては米国以上に活発になっている。 ・EPFLやIMECなどがイメージセンサ技術研究において存在感を維持している。 ・単一ダイヤモンドNV中心の光検出磁気共鳴（ODMR）が1997年に初めてドイツから報告されて以来、ドイツを中心に先駆的な研究がなされている。

	応用研究・開発	◎	→	・Robert BoschのMEMSセンサでの地位はゆるがない。その王者たる技術力は簡単に追いつけるものではない。同社は社内で活発な研究開発を行いつつ、シリコンバレーやフラウンホーファー研究機構とも共同研究を積極的に行っている。 ・STMicroelectronicsはMEMSについて全方位の研究開発を実施しており、ベンチャ企業との繋がりも深く、新しいデバイス開発に積極的である。 ・フランスのLeti、ドイツのフラウンホーファー研究機構などは、世界的に強力な研究機関であり、ベンチャ起業も比較的盛んである。 ・集積化学センサ関係では、Sensirion 社（スイス）が金属酸化物アレイセンサを商用化し、JLM Innovation 社（ドイツ）が Technion（イスラエル）と共同で呼気からがんを検知する Sniffphone（20 種のセンサアレイ利用）を開発している。 ・infineon 社、ams 社が光センサ、イメージセンサメーカーとして製造販売を行っている。 ・MetaboliQs、ASTERIQSのプロジェクトでダイヤモンドNVセンサを用いた磁気センサ、電池評価センサ、小型NMRなどの開発を進めている。
中国	基礎研究	○	↗	・主要国際会議で中国の占める論文シェアがもっとも高く、1/3 程度に達することもあり、最近、研究の質量ともに急伸している。 ・集積化学センサでは、北京大学で多種多様なナノ材料を用いた揮発性化合物センシングを行っている。分子だけでなく、呼気中のウイルス等の検出にも成功している。 ・中国科学技術大学、香港中文大学から、NV中心を用いた磁場計測やたんぱくのスピンラベルに関する研究が進められている。
	応用研究・開発	○	↗	・MEMSやセンサの国産化の政府方針のもと、巨額投資が行われている。多くの新興企業が登場し、科創板（中国版NASDAQ）に上場する企業も現れている。 ・現時点では、中国企業は技術とシェアで欧米企業に及ばないが、マイクロフォンと赤外線センサでは存在感を高めている。 ・SMEC社、Silex社北京拠点、CR Micro社など、MEMSファウンドリが充実してきた。 ・IoT センサに関する研究開発センターが作られている。 ・多数のメーカーが安価なグルコースセンサを製造するなど、ミドルレンジ以下のエレクトロニクスについてはあらゆる分野で極めて競争力が高い。 ・イメージセンサにおいても、他の半導体分野同様、西側諸国からの制裁を受けながらも進歩を進めている。
韓国	基礎研究	△	→	・かつてセンサ・MEMSの研究で上位に位置していたが、実用化の成功例に乏しいため、産業界や政府からの投資熱が冷めている。その結果、分野に研究資金が行き渡らず、研究者層が薄くなっている。 ・KAIST：Center for Integrated Smart Sensors を設立し、集積化センサ の R&D を精力的に進めている。
	応用研究・開発	△	→	・財閥系IT企業は、スマートフォン等に搭載するセンサ・MEMSをグループ内で調達するべく、研究開発を行ってきたが、技術的蓄積と高度人材が不足しており、成功例に乏しい。 ・サムスンがイメージセンサ製造技術においてソニーと並ぶ世界トップレベルの技術を有している。

（註1）フェーズ

　　　基礎研究：大学・国研などでの基礎研究の範囲

　　　応用研究・開発：技術開発（プロトタイプの開発含む）の範囲

（註2）現状　※日本の現状を基準にした評価ではなく、CRDS の調査・見解による評価

　　　◎：特に顕著な活動・成果が見えている　　　　　　○：顕著な活動・成果が見えている

　　　△：顕著な活動・成果が見えていない　　　　　　　×：特筆すべき活動・成果が見えていない

（註3）トレンド　※ここ1〜2年の研究開発水準の変化

　　　↗：上昇傾向、→：現状維持、↘：下降傾向

2.3
俯瞰区分と研究開発領域
ICT・エレクトロニクス応用

関連する他の研究開発領域

・バイオセンシング（ナノテク・材料分野　2.2.3）
・量子マテリアル（ナノテク・材料分野　2.5.5）

参考・引用文献

1）田中秀治「ジャイロセンサの基礎知識6: MEMSジャイロの高性能化」, Tech Note, https://technote.ipros.jp/entry/basic-gyro-sensor6/, （2022年12月27日アクセス）.

2）田中秀治「中国スマホのアキレス腱、BAWフィルターの先端技術」, 日経xTECH, https://xtech.nikkei.com/atcl/nxt/column/18/00001/02135/, （2022年12月27日アクセス）.

3）田中秀治「マイクに続き来るか、圧電MEMSスピーカー: TWSで採用の動き」, 日経xTECH, https://xtech.nikkei.com/atcl/nxt/mag/ne/18/00007/00173/, （2022年12月27日アクセス）.

4）田中秀治「300mmウエハーでのMEMS生産が当たり前に？ボッシュが計画明言」, 日経xTECH, https://xtech.nikkei.com/atcl/nxt/column/18/01537/00401/, （2022年12月27日アクセス）.

5）Arunraj Chidambaram and Kyriakos C. Stylianou, "Electronic metal-organic framework sensors," *Inorganic Chemistry Frontiers* 5, no. 5 (2018) : 979-998., https://doi.org/10.1039/C7QI00815E.

6）Lin-Tao Zhang, Ye Zhou and Su-Ting Han, "The Role of Metal-Organic Frameworks in Electronic Sensors," *Angewandte Chemie International Edition* 60, no. 28 (2021) : 15192-15212., https://doi.org/10.1002/anie.202006402.

7）Zheng Meng, Aylin Aykanat and Katherine A. Mirica, "Welding Metallophthalocyanines into Bimetallic Molecular Meshes for Ultrasensitive, Low-Power Chemiresistive Detection of Gases," *Journal of the American Chemical Society* 141, no. 5 (2019) : 2046-2053., https://doi.org/10.1021/jacs.8b11257.

8）Peng Qin, et al., "VOC Mixture Sensing with a MOF Film Sensor Array: Detection and Discrimination of Xylene Isomers and Their Ternary Blends," *ACS Sensors* 7, no. 6 (2022) : 1666-1675., https://doi.org/10.1021/acssensors.2c00301.

9）Nan Ma, et al., "Effect of Water Vapor on Pd-Loaded SnO2 Nanoparticles Gas Sensor," *ACS Applied Materials & Interfaces* 7, no. 10 (2015) : 5863-5869., https://doi.org/10.1021/am509082w.

10）Abdulnasser Nabil Abdullah, et al., "Correction Model for Metal Oxide Sensor Drift Caused by Ambient Temperature and Humidity," *Sensors* 22, no. 9 (2022) : 3301., https://doi.org/10.3390/s22093301.

11）Jiangyang Liu, et al., "Water-Selective Nanostructured Dehumidifiers for Molecular Sensing Spaces," *ACS Sensors* 7, no. 2 (2022) : 534-544., https://doi.org/10.1021/acssensors.1c02378.

12）Giorgia Giovannini, Hossam Haick and Denis Garoli, "Detecting COVID-19 from Breath: A Game Changer for a Big Challenge," *ACS Sensors* 6, no. 4 (2021) : 1408-1417., https://doi.org/10.1021/acssensors.1c00312.

13）Rianne de Vries, et al., 2021. "Ruling out SARS-CoV-2 infection using exhaled breath analysis by electronic nose in a public health setting," *BioRxiv and medRxiv* (2021)., https://doi.org/10.1101/2021.02.14.21251712.

14）Rafaela S. Andre, et al., "Recent Progress in Amine Gas Sensors for Food Quality Monitoring:

Novel Architectures for Sensing Materials and Systems," *ACS Sensors* 7, no. 8 （2022）: 2104-2131., https://doi.org/10.1021/acssensors.2c00639.

15）A. Gruber, et al., "Scanning Confocal Optical Microscopy and Magnetic Resonance on Single Defect Centers," *Science* 276, no. 5321 （1997）: 2012-2014., https://doi.org/10.1126/science.276.5321.2012.

16）J. M. Boss, et al., "Quantum sensing with arbitrary frequency resolution," *Science* 356, no. 6340 （2017）: 837-840., https://doi.org/10.1126/science.aam7009.

17）Nithya Arunkumar, et al., "Micron-Scale NV-NMR Spectroscopy with Signal Amplification by Reversible Exchange," *PRX Quantum* 2, no. 1 （2021）: 010305., https://doi.org/10.1103/PRXQuantum.2.010305.

18）Benjamin S. Miller, et al., "Spin-enhanced nanodiamond biosensing for ultrasensitive diagnostics," *Nature* 587, no. 7835 （2020）: 588-593., https://doi.org/10.1038/s41586-020-2917-1.

2.3

俯瞰区分と研究開発領域
ＩＣＴ・エレクトロニクス応用

2.3.5　量子コンピューティング・通信

（1）研究開発領域の定義

　電子や光子などの量子性を積極的に活用して、古典系では実現できない情報処理やセキュア通信を実現するための研究開発領域である。超伝導量子ビットを筆頭に冷却イオンなど様々な物理系で研究開発が進められている量子コンピュータでは、量子ビット数の大幅な増加、エラー訂正技術及び古典コンピュータとのハイブリット化、などの研究開発課題がある。また、冷却原子系やイオン系で開発が進む量子シミュレータでは、量子多体状態のプローブなどの研究開発課題がある。実装に向けた開発が急速に進んでいる量子暗号、将来に向けた基礎研究の段階にある量子中継・量子ネットワークでは、伝送距離延伸、伝送損失の低減及び通信速度向上などの研究開発課題がある。

（2）キーワード

　量子情報処理、量子コンピュータ、量子シミュレーション、量子アニーリング、イジングマシン、Noisy Intermediate Scale Quantum computing（NISQ）、量子超越、量子誤り訂正、量子誤り抑制、超伝導量子ビット、冷却原子量子ビット、イオントラップ量子ビット、半導体量子ビット、光量子ビット、スピン量子ビット、量子暗号鍵配送、量子中継

（3）研究開発領域の概要

［本領域の意義］

　量子力学の原理を用いる量子情報処理は20世紀後半には提唱され、従来の古典情報処理をはるかに超える能力を発揮する可能性が示されていた。近年、制御性・拡張性が高く、かつ、単一量子レベルでの測定が可能な幾つかの物理系に対して、複数の量子系の量子エンタングル状態や、測定等の外部からの擾乱を受けた非ユニタリー時間発展、等に関する研究が発展・成熟してきた。一方、ムーアの法則に基づく従来型情報処理の性能向上に限界が見えてきた中で、計算原理として量子力学を利用する量子情報処理システムすなわち量子コンピュータが、従来の古典コンピュータのパフォーマンスを超える量子超越性を証明した、と主張する実証実験の報告が2019年にGoogleよりなされたことで、古典コンピュータが不得意とする問題を高速で解ける量子コンピュータへの期待が高まっている。

　また、近年、軍事・外交機密を筆頭に、ゲノムデータや製薬情報など、長期間秘匿性を担保する必要のある情報が電子的に伝送、保管、処理されるようになっているが、実用的な量子コンピュータが実現されると、従来の暗号技術で守られていたデータが全て解読される事態が懸念される。量子力学の原理を用いて暗号鍵を共有する量子鍵配送技術は、従来の古典的な通信技術では実現できない秘匿性・安全性を担保することができる。さらに、量子鍵配送の伝送距離を増大させグローバルなセキュアサイバー空間を実現するためは、量子中継技術が必要となる。この量子中継技術は、異なる情報担体（例えば光子と超伝導量子ビット）間のインタフェースともなり得るので、将来、量子コンピューティングの並列化への応用も期待される。

［研究開発の動向］

- ゲート型量子コンピュータ

　現在、研究開発が進められている主なプラットフォームは、

　　・超伝導量子ビット

　　・トラップドイオン量子ビット

　　・中性冷却原子量子ビット

　　・光子とフォトニクス技術を用いた量子ビット

　　・シリコン量子ビット（量子ドット）

・トポロジカル量子ビット

である。

　最も大規模化が進展しているのは超伝導量子ビットである。超伝導量子ビットはマイクロ波を用いて制御されるが、これに必要な高密度（多ビット）の高周波生成・制御システムの開発、パッケージ技術、それらを格納する冷凍機の進展が寄与している。懸念されていた忠実度やコヒーレンス時間の改善も進み、Google、IBMなどでは50～70量子ビット高精度制御に成功している。特にGoogleは2019年に53量子ビットの量子コンピュータで量子超越性を実証したと発表し、世界中で大きな話題となった。IBMは2022年に開発ロードマップを更新し、2025年に4000ビット以上を実現する計画を明らかにした。日本では、富士通が理化学研究所と共同で1000ビット規模の量子コンピュータの研究開発を表明した。今後数年は、100ビットから1000ビットレベルのいわゆるNISQ（Noisy Intermediate Scale Quantum computing）マシンの大規模化が進むと考えられる。一方、一部の量子ビットに誤りが起こっても、それを検出し訂正できるような量子誤り訂正/耐性など、量子ビット操作の高精度化・効率化に関する研究も重要となっている。Googleは2022年に表面符号で論理量子ビットの実現につながるエラー抑制実験を発表した。

　トラップドイオン量子ビットでは、2020年に米国IonQが32量子ビットのコンピュータを発表した。2022年にはアルゴリズミック量子ビットと呼ばれるアプリケーション指向の性能指標に基づく同社および他社の量子コンピューター実機のベンチマーキング解析結果を公表し、同社の量子コンピューター実機が20アルゴリズミック量子ビットを達成しているとした。これは20量子ビットの量子回路で400回の2量子ビットゲートを含むようなアルゴリズムを実行し、一定値以上の忠実度で答えを得ることが可能であることを意味する。また、米Quantinuumは2022年7月に全結合の20量子ビットシステム開発に成功したと報告している。量子誤り訂正に関しては、2021年にメリーランド大学、IonQなどが量子誤り訂正/耐性の実現、2022年にQuantinuumが誤り耐性を有する2量子ビットゲートの実現を報告している。

　冷却原子量子ビットにも大きな進展が見られ、米国ColdQuantaなど複数のスタートアップが設立されている。日本でもリュードベリ軌道電子の超高速制御による量子計算の研究開発が進んでいる。

　光子を用いる方式では、スケーラビリティの確保や、シリコンフォトニクス等を活用する小型集積化が試みられている。米国PsiQuantumは半導体製造装置を用いて、量子誤り訂正が可能な耐障害性と拡張性を備えた光量子コンピュータを開発している。同社は100万量子ビット実現にむけたロードマップを発表しているが、現時点ではその詳細なデータは公表されていない。中国科学技術大学は2020年に光量子コンピュータで量子超越性を示したと発表し、中国は米国に次いで量子超越性を示すことに成功した。日本でも東京大学と理化学研究所が中心となって、拡張性の高い独自アーキテクチャの光量子コンピュータを開発中である。

　半導体量子ビットの研究開発では、複数量子ビットの高精度制御に成功しつつある。デルフト大学が2018年にシリコン量子ドットの1000量子ビットのモジュールを用い、2量子ビットの量子状態制御において忠実度99.9％を達成したと報告している。理化学研究所ではシリコン量子ドットデバイスで世界初となる3量子ビットもつれ状態の生成を実証した。また、東京大学は2022年に量子ビットでの量子誤り訂正を実現したと報告している。

　環境ノイズに強いとされるトポロジカル量子ビットは、局所的な物理的性質で量子情報を表現する他の量子ビットとは指向が異なるため、そのスケーラビリティやフィージビリティに対する評価は分かれている。実際Microsoftはマヨラナフェルミ粒子を使ったトポロジカル量子ビットの実現を目指した研究を継続しているが、現時点においてトポロジカル量子ビット実証の報告はなされていない。

● NISQの活用

　量子誤り訂正を実装した量子コンピュータに必要となるビットの数は100万とも1億ともいわれており、そのような大規模集積化の実現には20年以上が必要とされている。一方、ノイズを含んだ中間スケール量子コンピュータであるNISQの開発も世界各国で盛んに実施されている。NISQを用いた化学シミュレーション、

組み合わせ最適化への適用の報告がある。現時点では明らかな有用性を示しているとは言い難いが、今後新しいアルゴリズム・アプリケーションが発見されれば市場展開できる可能性がある。

- **量子アニーリング型コンピュータ**

　最適化問題をイジングモデルに変換し、量子アニーリングを用いて問題解決を図る量子アニーリング型コンピュータも盛んに研究されている。イジングモデルでは、上向きまたは下向きの二つの状態をとるスピンから構成され、隣接するスピンは、相互作用および外部から与えられた磁場によって状態が更新される。最終的に、イジングモデルのエネルギーが最小の状態でスピンは安定する。量子アニーリング型コンピュータでは、この物理過程を最適化問題として効率よく解くことを目指している。カナダD–Waveは5000量子ビット超の商用ハードウェアシステムを発表するなど集積化を進めている。しかし、現状、量子アニーリング型コンピュータの多くの実現形態では、古典コンピュータに対する実用上の有効性が十分には示されていない。

- **量子シミュレーション**

　冷却原子として一般的に利用されるRb原子を用いて、米国ウィスコンシン大、フランスCNRS、などが2000年代から研究を開始して基礎技術の開発を進め、2010年代には、さらに米国ハーバード大学、韓国KAIST、などが量子計算・量子シミュレーション開発を行い、日本でも電気通信大学が先駆的に研究を行った。現在、Rb原子に内在する様々な問題点の克服が期待される2電子系原子のYbやSrを用いた研究が、米国Caltech、プリンストン大学、JILA、ベンチャー企業Atom Computing、京都大学、中国（精華大学・香港科学技術大学）で行われている。なお、米国ハーバード大学、MITはベンチャー企業QUERA Computingと、JILA、NISTはAtom Computingと、米国ウィスコンシン大学はColdQuanta社とそれぞれ連携して研究開発を進めている。

- **量子通信（量子暗号、量子中継、量子ネットワーク）**

　量子通信の中で最も研究の成熟度が高い量子暗号鍵配送（Quantum key distribution: QKD）は1984年のBB84プロトコルの提案に始まり、2010年ごろまでには理論的基礎が確立した。その後、装置の不完全性があっても成立する安全性理論の開拓が始まり、2010年ごろから実装されたデバイス特性にまで踏み込んだ解析と対策が進められている。この実装安全性に関する研究は、欧州電気通信標準化機構（ETSI）や国際標準化機構（ISO）におけるQKD装置安全性保証の標準化ドキュメント作成に強い影響を与えている。QKDの鍵生成の高速化では、2015年ごろまでにはデコイBB84プロトコルを実装したクロック周波数1GHz台の実用的な装置が、日本の東芝とNECによって完成した。

　連続量QKD（CV–QKD）は従来型のコヒーレント光通信の部品のみで構成できるため、低価格のQKD装置となりうる。2019年には日本においてホモダイン検出の周波数弁別特性（モードセレクション特性）を活かし、18 Tbpsの高速光通信とCV–QKDの同一ファイバでの共存実験に成功している。この結果はCV–QKDが専用線を用いなくても実装可能であることを意味し、ファイバ敷設コストを含めた低コスト実装の可能性を示している。一方、CV–QKDは損失耐性が低く、BB84型と比較し伝送距離に厳しい制限がある。また、鍵生成率は極めて低い。

　QKDのネットワーク化は量子中継技術がまだ発展途上であること等から、現状、信頼できる局舎（trusted node）を介した鍵リレー・ネットワーク化による鍵共有エリアの拡大が世界各国で採用されている。米国では民間企業を中心にQKDネットワークの実証試験が進められている。米国Quantum Xchangeは耐量子ネットワーク（量子コンピュータが出現しても安全なネットワーク）を提供しており、データチャンネルと量子チャンネルは1本のダークファイバーで多重化し、鍵生成速度143 kbps、量子ビット誤り率（Quantum bit error rate: QBER）3.31%（24時間平均）を記録した。1か月稼働を達成し、高信頼な商用QKDサービスが利用可能としている。また2022年にはJPモルガン・チェース、シエナ、東芝アメリカが、QKDネットワー

クを使用したと報告している。欧州では2019年6月に、26のEU加盟国が、欧州委員会と協力し欧州宇宙機関の支援を受けて、EU全体をカバーする量子通信インフラストラクチャの開発に取り組むEuroQCI宣言に署名した。これは、既存の地上のセグメントと、EUおよびその他の大陸全体をカバーする宇宙ベースのセグメントで構成される。現在18箇所のQKDネットワークテストベッド拠点が整備され、医療、金融、衛星関係機関への安全な鍵をアプリケーションに提供するプラットフォームとしての実証実験が進められている。日本でも2010年世界最高速のネットワークとしてTokyo QKD Networkが完成し現在に至るまで運用が続けられている。一方、中国では2021年には700のファイバリンクと2つの地上−衛星リンクを統合した量子鍵配送ネットワークを構築し、4600 kmに渡って150人以上のユーザ間での量子鍵配送デモを実施した。また、人工衛星によるQKDシステムは、現時点で、大陸間・グローバルな鍵配送が実証された唯一の方法である。2017年に中国が世界初の衛星−地上間QKD実証を発表している。また、日欧それぞれで衛星量子暗号の研究開発が進められている。衛星を使ったQKDサービスの充実には、衛星の姿勢制御、衛星・地上局双方でのトラッキング、昼間にQKDを可能とするフィルタリング機能、モード選択機能を備えた光子検出システム、等の要素技術開発が不可欠である。

　量子中継では、中継ノードで2つの光子の量子もつれ状態（Bell状態）測定が行なわれる。光子対の片方が届かないままBell測定を行うとスケーラビリティが失われるため、光子を受け取れたことを確認し選択的にBell測定を行うことが量子中継において重要である。これを実現するには一定時間忠実に量子状態を保持する量子メモリが重要であり、単一イオン、原子集団（atomic ensembles）、共振器量子電磁力学（cavity QED）、結晶中色中心（color defect centers）などが提案されている。2017年には冷却されたYbイオンを用いた量子メモリでコヒーレンス時間10分間という記録が中国精華大学から報告されている。また中国科学技術大学は2019年に22 kmのファイバで結合された集団原子を用いた二つの量子メモリ間のもつれ生成に成功している。しかし、メモリ（コヒーレント）時間、忠実度など全ての性能指標を満たすものはまだなく、光子だけで量子中継をおこなう方式も提案されている。大阪大学は2019年に、中国精華大学は2022年に光子だけによる量子中継の原理実験の成功を発表するなど一定の期待を集めているが、複雑な多数の量子ビットの状態を用意する必要があり、量子メモリを使う方式とは異なる困難さがある。

（4）注目動向
［新展開・技術トピックス］
・量子コンピュータ実機の利用環境整備の進展
　NISQマシンが利用できる環境が拡がっている。IBM、Amazon、Microsoft、Googleなどの大手のクラウドサービスで利用可能となった。超伝導量子コンピュータだけではなく、IonQなどのイオントラップ量子コンピュータも接続可能となっており、量子コンピュータ利用加速に貢献している。中国や欧州各国でも独自のサービス環境が提供されている。日本においてもIBM−Qのクラウドサービスに加えて、初の国産機による量子アプリケーション検証実験が開始されている。

・量子コンピュータ性能評価指標
　多様なプラットフォームにおける多数のハードウエア実機が登場する中で量子コンピュータ性能評価指標の提案が盛んになってきた。例えばIBMは量子ボリューム、CLOPS（Circuit Layer Operations Per Second）を提案している。これらは物理層に近いシステムに依存している指標だが、アプリケーションを実行する性能で評価する指標なども現れている。今後、これらの指標を用いた量子コンピュータの性能比較や標準化への動きが加速すると思われる。

・大規模化を目指した技術開発
　超伝導量子コンピュータでは、IBMにより1万量子ビットまでを見渡したロードマップが示された。1チッ

プの量子ビット集積の大規模化に加えて、チップ間の通信によるスケールアップ、冷凍機のさらなる大型化がポイントになっている。Googleからも大規模マシンへのロードマップが示されている。様々な課題がある中でも量子ビット制御システム系の実装密度が大規模化の制約になることが懸念されており、量子ビットの制御を低温部で行うデバイス技術の研究開発が進んでいる。クライオCMOS技術を用いるものや超伝導単一磁束量子回路技術（SFQ）による実証実験やアーキテクチャの提案が活発になってきた。

• 量子誤り訂正/抑制技術

　表面符号に基づく量子誤り訂正に加えて、比較的小規模の量子ビット数でも実証可能な量子誤り抑制技術も理論だけではなく実験的な検証が進展している。超伝導量子コンピュータのようにシステムのハードウエア構成や量子ビット制御の仕様がはっきりしてきたプラットフォームを中心に、量子誤り訂正や量子誤り抑制技術を適用するためのハードウエアアーキテクチャの研究も進んでいる。

• イオントラップ量子コンピュータ

　これまで広く使われてきたYbイオン（^{171}Yb$^+$）に加えて、Baイオン（^{133}Ba$^+$、^{137}Ba$^+$など）を用いた研究開発が進展している。Baイオンは、初期化が容易、高忠実度の読み出し、可視光や近赤外光レーザーで冷却・制御するため光源構成が容易、等Ybイオンにはない利点を持つ。Baイオンを用いた場合の量子ビットの状態生成と読み出しまでを含めた通称SPAM（state preparation and measurement）の忠実度は2020年に99.99%が報告された。

• 2電子系原子光ピンセットアレー

　レーザー冷却で標準的に用いられているアルカリ原子のRb原子では、量子計算機実現の上で、リドベルグ状態への2光子励起に伴うデコヒーレンス、基底状態の超微細構造を用いた量子ビットの大きな光シフトによるデコヒーレンス、リドベルグ状態の光トラップ困難性、などの問題が存在する。一方、2電子系原子のYbやSrでは、上記の問題はすべて克服可能であり、さらに、自動イオン化の利用やエラー検出の可能性など、多くの点で非常に有利な特徴を兼ね備えている。実際、コヒーレンス時間1秒にも及ぶ核スピン量子ビットやリドベルグ状態の光トラップ、自動イオン化を用いた高精度観測などが実証されている。

• イジングマシンによる組合せ最適化問題解法の大規模化

　イジングマシンを用いた組合せ最適化問題を解く際のボトルネックの一つとして、スピン数（決定変数の個数）不足が挙げられる。これを解決する方法は大きく分けて2つあり、1つはイジングマシンのハードウェアのさらなる開発により搭載されるスピン数を大きくする方法、もう1つはソフトウェア的側面からハードウェアの問題点を緩和する方法である。前者についてはイジングマシンを開発している各機関にて継続的に進められている。後者については、近年、従来型コンピュータによる前処理で変数固定を行い、実効的にイジングマシンで解く問題を縮小するという取り組みがなされている。

• QKDの実装検証

　東芝が2020年にQKDの製品化を発表し社会実装検証（POC）が進行中である。東芝は2019年Quantum Xchange社の機密情報通信ネットワークにおいて、データチャンネルと量子チャンネルを1本のダークファイバーで多重化し、鍵生成速度143 kbps、量子ビット誤り率（Quantum bit error rate: QBER）3.31%（24時間平均）を記録した。1か月稼働を達成し、高信頼な商用量子鍵配送サービスを可能としている。2022年にはJPモルガン・チェース、シエナ、東芝アメリカが、量子鍵配送ネットワークを使用し、大都市において、100 kmの距離まで、実用レベルの伝送速度である800 Gbpsで暗号通信が可能なことを確認した。

欧州ではスイスID Quantiqueが本社と災害復旧センターとの間（100 km）で、QKDによる暗号鍵を用いた10ギガEthernetの暗号化装置で暗号化通信を行うシステムを導入した。中国ではQuantumCTekの製品を用いて量子暗号化されたデジタル認証情報の送信に成功したとの報告もある。

• 長距離QKD

2019年に東芝ケンブリッジ研により発明されたTwin field QKD（TF–QKD）はQKDの鍵伝送を大幅に改善できる方法として注目されている。TF–QKDでは鍵を共有する二者それぞれが中間地点へ向けて光パルスを送り、中間地点において1個の光子を検出する構成となっている。そのため、TF–QKDは鍵伝送チャネルの伝送透過率の平方根に比例する鍵生成レートを実現でき、鍵生成レートが伝送透過率に比例するBB84型と比較し、鍵伝送距離の長距離化に向いた方式となっている。2022年には中国科学技術大学により830 kmでの鍵生成が報告されている。

• 量子中継

量子中継、または量子インターネットについては、デルフト工科大学のQuTechプロジェクトが、2022年に量子中継のデモをダイヤモンド内のNVセンターを用いた量子メモリ3つを用いて実証した。米国Qunnect社は2021年に世界初の量子メモリの販売を開始し、忠実度95%以上の単一光子のオンデマンド保管・放出が可能と発表している。シカゴ大学とアルゴンヌ国立研究所による量子インターネットプロトタイプ開発では、2020年2月にシカゴ郊外の敷設済みファイバを使い、52マイル（約84 km）の量子もつれ共有に成功している。

[注目すべき国内外のプロジェクト]
[日本]

量子技術イノベーション戦略をさらに進めた「量子未来社会ビジョン」が2022年に制定され、量子技術による社会変革への展望が示された。8拠点とされていた量子技術の推進拠点は2拠点増加となり10拠点となった。光・量子飛躍フラッグシッププログラム（Q–LEAP）のフラッグシッププロジェクトである理化学研究所の超伝導量子コンピュータは初の国産実機として量子アプリケーション検証実験を2023年から開始している。Q–LEAPでは人材育成系の教育プログラムも開始し、研究者や技術者の育成も強化されている。内閣府のムーンショット目標6「2050年までに、経済・産業・安全保障を飛躍的に発展させる誤り耐性型汎用量子コンピュータを実現」は、2050年までに誤り耐性型汎用量子コンピュータの実現を目指している。2022年度に新たに追加の公募がなされ、冷却原子、シリコンに関する新たなテーマが立ち上がることになった。

NEDO量子計算及びイジング計算システムの統合型研究開発は、ハードウェア（量子アニーリングマシン）開発、ミドルウェア開発、ソフトウェア開発の3つの領域からなる統合的な研究プロジェクトである。特に、イジングマシン向けソフトウェア開発においては、様々な種類のイジングマシンが開発されている状況を鑑み、統一的なプログラミングによってイジングマシンを活用するためのソフトウェア開発を実施している。既に最適化計算を行っている企業等でよく用いられている数理最適化ソルバや、ゲート型量子コンピュータや量子回路シミュレータを用いた最適化計算にも活用することが可能になった。

[米国]

米国では、2018年の国家量子イニシアチブ法（The National Quantum Initiative Act）に基づく量子技術に向けた国家投資が進んでいる。2021年度には7億9,300万ドルが計上されており、2022年度に向けて8億7,700万ドルが要求されている。研究拠点化では2022年時点で、5か所のNSF Quantum Leap Challenge Institutes、5か所のDOE QIS Research Centers、3か所のNDAA QIS Research Centersが量子拠点として運営されている。R&D予算として2019年度に4億4,900万ドル、2020年度に6億7,200

万ドル、また、2022年に新たに制定された米国CHIPS及び科学法により量子技術開発を後押しすることがアナウンスされた。

　量子インターネット基盤技術開発では、The Chicago Quantum Exchange（CQE）が設立され、シカゴ大学とアルゴンヌ国立研究所、フェルミ加速器研究所が中心となり、中西部の3つの大学と15の企業パートナー（2020年7月現在）が参加している。また、ブルックヘブン国立研究所を中心としてオークリッジ国立研究所、ロスアラモス国立研究所とストーニーブルック大学がニューヨークでテストベッドを建設している。2022年には124マイルの量子ネットワークが形成され、東芝と共同してのQKD実験も実施されている。

[中国]

　米国に続いて光と超伝導で量子超越を実証したと報告した。2021年からの第14次5か年計画でも量子コンピュータの強化が謳われている。企業も本源量子、アリババグループなどが量子コンピュータに取り組んでおり、百度グループは2022年にクラウドサービスの運用をアナウンスした。

[欧州]

　EU Quantum Flagshipでは、2022年から新しいQUCATSと呼ばれる新しいフェーズに移ることになった。量子技術の普及、協力、活用に向けた取り組み、標準化やベンチマーク、量子技術に関連する人材教育や訓練の開発・評価などの活動が強化される。ドイツでは、ユーリッヒ研究所にD-Waveの量子アニーリング型コンピュータが設置されたことが2022年1月に発表された。英国は2014年から進められているThe UK National Quantum Technologies Programmeに対する2019年からの追加投資が表明された。産業界からの投資も含めて総額3億5000万ポンドになる。フランス・イノベーション省（MESRI）が2021年1月に発表した量子国家戦略では、量子コンピュータ、量子暗号・通信、量子センサなど7つの分野に5年間で18億ユーロを投資する予定である。

　量子通信基盤の構築では、EuroQCI initiativeが進められており、これをサポートするように2019年6月にEuroQCI declarationが採択され、2020年10月時点で25カ国が署名している。また、2019年9月から開始したOPENQKDではQKDを組み込んだ通信インフラの実現をめざして15百万ユーロの予算、38機関（13か国）からなるコンソーシアムが組まれており、18ヶ所のテストサイトが運用されている。

[その他]

　インドは量子技術の強化に乗り出しており、2020年度に5か年計画を制定し8000億ルピーを投資すると発表した。2026年までに50ビットの量子コンピュータ実現を目指している。イスラエルも2022年に量子コンピューティング研究開発センター設置をアナウンスし、3年間で29Mドルを投資する。

（5）科学技術的課題

　量子技術全般に渡り、今後は量子ビットの精度向上とともに、損失耐性・誤り耐性を整備することによりシステムとしてのスケーラビリティを実現することが普及・市場拡大に重要となる。量子力学のみならず材料科学、デバイス技術、実装技術、高周波制御回路、冷凍機、高速光通信、システムアーキテクチャなどの広い分野にわたる協業が不可欠である。また、システムの全てを量子技術で実現するのは困難であり、量子技術と従来技術を融合させる必要がある。

　これまで量子コンピューティングのプラットフォームとしては超伝導が中心であったが、トラップドイオン、光、半導体、冷却原子などでも量子計算の実証がなされるようになり、これらの今後の大きな目標は誤り訂正、量子誤り耐性に係るものに移っていくものと思われる。

　測定型量子計算の研究も進展している。今後、妥当な実装規模で実現するハードウエア構成が出現すれば、論理ビットを多数の物理量子ビットで冗長実装する必要が無くなる。量子誤りなしの演算が可能なトポロジカ

2.3 俯瞰区分と研究開発領域 ICT・エレクトロニクス応用

ル量子計算に必要なトポロジカル材料の研究も中長期的な基礎科学として期待される。

（6）その他の課題

　量子コンピュータハードウエア研究開発は、挑戦的・総合的な理工学研究の様相を呈している。関係する人材がますます必要となるため、連携・融合の場を作り人材の広がりと育成を図るべきである。また、量子コンピュータ実機を使う環境が整いつつあること、様々なプラットフォームが出てきたことを踏まえ、公平で適切な性能評価（ベンチマーク）指標の確立と国際標準化が重要である。

（7）国際比較

国・地域	フェーズ	現状	トレンド	各国の状況、評価の際に参考にした根拠など
日本	基礎研究	◎	→	・国家プロジェクト（Q-LEAP、ムーンショット）活動が本格化し、基礎・将来技術の研究が進む。量子技術拠点の体制強化が進む。
	応用研究・開発	○	↗	・NEC、富士通、日立などがハードウエア研究開発にも参入し産学連携が発展的に進められている。産学連携を担うコンソーシアムが立ち上がり活性化している。内閣府「量子未来社会ビジョン」が国策としても社会実装推進を宣言した。 ・Q-LEAP/PRISMで、基礎基盤研究とともに、冷却原子量子シミュレータのクラウドサービス化などの社会実装を目指した応用研究が進む。 ・量子通信に関してはNICTを中心に社会実装が進んでいる。衛星量子通信についても実証に向けた研究がソニー、スカパーJSATも参加して進められている。またITU-T等での標準化活動を主導している。
米国	基礎研究	◎	→	・13か所の量子拠点、主要大学の基礎研究が世界をリードしている。 ・CUA（ハーバード大・MIT）など、各大学で冷却原子量子計算・量子シミュレータの基礎研究が盛んに研究されている。 ・国家量子調整室（NQCO）は、2020年2月量子ネットワーク戦略的ビジョンを発表し、量子インターネット構築に係る目標・集中すべき6つの研究活動領域の提言を実施している。
	応用研究・開発	◎	↗	・Google、IBMの超伝導量子コンピュータ研究開発が世界をリードしている。イオントラップ方式の研究開発でもリード。スタートアップ企業が増加し巨額投資が続いている。 ・ベンチャー企業QUERA ComputingやColdQuantaがRb原子を用いたリドベルグ原子の研究や、クラウドサービスを開始しようとしている。 ・金融分野におけるブロックチェーンアプリケーションで送受される情報を保護するために量子鍵配送ネットワークを使用し、大都市において、最大100kmの距離で、実用レベルの800Gbpsの伝送実証に成功した。
欧州	基礎研究	◎	→	・EU Quantum Flagship活動でアカデミア機関の活動をサポートし、継続的な成果創出が続く。 ・独マックスプランク量子光学研究所などで、冷却原子量子シミュレータの基礎研究が盛ん。
	応用研究・開発	○	↗	・量子拠点をベースとしたスタートアップが増加し、EU Quantum Flagshipでも産学連携活動強化を発表している。 ・今後10年以内に欧州全体で量子通信インフラ（QCI：quantum communication infrastructure）を開発し、展開する方法を検討することを合意する宣言に欧州7か国が署名した。
中国	基礎研究	◎	→	・量子情報拠点が完成するなど、巨額の政府投資がなされている。中国科学技術大学で超伝導、光量子コンピュータで量子超越などの大型成果が挙げられた。 ・精華大学でSr原子を、香港科学技術大学でYb原子を用いた光トラップアレー量子計算の取り組みが始められている。

2.3
俯瞰区分と研究開発領域
ICT・エレクトロニクス応用

中国	応用研究・開発	○	↗	・本源量子、アリババなどが量子コンピュータの開発を加速し、クラウドサービスも開始された。 ・世界で唯一の量子通信衛星を打ち上げ、量子システムの長距離ネットワーキングを実証した。総延長4600 kmに及ぶ量子鍵配送ネットワークを有している。
韓国	基礎研究	△	↗	・リドベルグ原子を用いた量子コンピューティング・量子シミュレーションに関して、KAISTで先端的な基礎研究がなされている。 ・ソウル大、KAISTなどで、冷却原子量子シミュレータ・量子計算の基礎研究が盛んに研究されている。
	応用研究・開発	△	→	・イオントラップ関係で米国IonQとの関連を深めて最先端技術の獲得を進めている。 ・2022年ソウル特別市と釜山市間の約490 kmにおいて、異機種の量子暗号通信システムをつないだ長距離ハイブリッド量子暗号通信ネットワークを構築した。

（註1）フェーズ

　　　基礎研究：大学・国研などでの基礎研究の範囲

　　　応用研究・開発：技術開発（プロトタイプの開発含む）の範囲

（註2）現状　※日本の現状を基準にした評価ではなく、CRDSの調査・見解による評価

　　　◎：特に顕著な活動・成果が見えている　　　　　　　○：顕著な活動・成果が見えている

　　　△：顕著な活動・成果が見えていない　　　　　　　×：特筆すべき活動・成果が見えていない

（註3）トレンド　※ここ1〜2年の研究開発水準の変化

　　　↗：上昇傾向、→：現状維持、↘：下降傾向

関連する他の研究開発領域

・量子コンピューティング（システム・情報分野　2.5.3）

・量子通信（システム・情報分野　2.6.3）

・量子マテリアル（ナノテク・材料分野　2.5.5）

参考・引用文献

1) W. Chang, et al., "Long-Distance Entanglement between a Multiplexed Quantum Memory and a Telecom Photon," *Physical Review X* 9, no. 4 (2019): 041033., https://doi.org/10.1103/PhysRevX.9.041033.

2) Viktor Krutyanskiy, et al., "Light-matter entanglement over 50 km of optical fibre," *npj Quantum Information* 5 (2019): 72., https://doi.org/10.1038/s41534-019-0186-3.

3) Raju Valivarthi, et al., "Teleportation System Toward a Quantum Internet," *PRX Quantum* 1, no. 2 (2020): 020317., https://doi.org/10.1103/PRXQuantum.1.020317.

4) Pei Zeng, et al., "Mode-pairing quantum key distribution," *Nature Communications* 13 (2022): 3903., https://doi.org/10.1038/s41467-022-31534-7.

5) Guus Avis, et al., "Requirements for a processing-node quantum repeater on a real-world fiber grid," *arXiv* 2207 (2022): 10579., https://doi.org/10.48550/arXiv.2207.10579.

6) Feihu Xu, et al., "Secure quantum key distribution with realistic devices," *Reviews of Modern Physics* 92, no. 2 (2020): 205002., https://doi.org/10.1103/RevModPhys.92.025002.

7) Juan M. Pino, et al., "Demonstration of the trapped-ion quantum CCD computer architecture," *Nature* 592, no. 7853 (2021): 209-213., https://doi.org/10.1038/s41586-021-03318-4.

2.3
俯瞰区分と研究開発領域
ＩＣＴ・エレクトロニクス応用

8）Ye Wang, et al., "Single-qubit quantum memory exceeding ten-minute coherence time," *Nature Photonics* 11（2017）: 646-650., https://doi.org/10.1038/s41566-017-0007-1.

9）Lars S. Madsen, et al., "Quantum computational advantage with a programmable photonic processor," *Nature* 606, no. 7912（2022）: 75-81., https://doi.org/10.1038/s41586-022-04725-x.

10）Kenta Takeda, et al., "Quantum error correction with silicon spin qubits," *Nature* 608, no. 7924（2022）: 682-686., https://doi.org/10.1038/s41586-022-04986-6.

11）Robert Ian Woodward, et al., "Gigahertz measurement-device-independent quantum key distribution using directly modulated lasers," *npj Quantum Information* 7（2021）: 58., https://doi.org/10.1038/s41534-021-00394-2.

12）Adam M. Kaufman and Kang-Kuen Ni, "Quantum science with optical tweezer arrays of ultracold atoms and molecules," *Nature Physics* 17（2021）: 1324-1333., https://doi.org/10.1038/s41567-021-01357-2.

13）Florian Schäfer, et al., "Tools for quantum simulation with ultracold atoms in optical lattices," *Nature Reviews Physics* 2（2020）: 411-425., https://doi.org/10.1038/s42254-020-0195-3.

14）Christian Gross and Waseem S. Bakr, "Quantum gas microscopy for single atom and spin detection," *Nature Physics* 17（2021）: 1316-1323., https://doi.org/10.1038/s41567-021-01370-5.

15）Ehud Altman, et al., "Quantum Simulators: Architectures and Opportunities," *PRX Quantum* 2, no. 1（2021）: 017003., https://doi.org/10.1103/PRXQuantum.2.017003.

16）Ming Gong, et al., "Quantum walks on a programmable two-dimensional 62-qubit superconducting processor," *Science* 372, no. 6545（2021）: 948-952., https://doi.org/10.1126/science.abg7812.

2.3 俯瞰区分と研究開発領域 ICT・エレクトロニクス応用

2.3.6 スピントロニクス

（1）研究開発領域の定義

固体中の電子が持つ電荷とスピンの両方を工学的に応用する分野であり、電荷の自由度のみに基づく従来のエレクトロニクスでは実現できなかった機能や性能を持つデバイス実現をめざす研究開発領域である。ハードディスクの大容量化、不揮発性メモリの実現など、私たちの生活の中ですでに使われている技術もあるなか、最近では電子スピンを用いた熱電変換や人工知能の研究において、さらには量子効果の制御などにおいて新しい展開をみせている。高度にスピン偏極した材料の開発、スピン状態の制御といった研究開発課題がある。

（2）キーワード

スピン流、スピントルク、スピン軌道トルク、スピン軌道相互作用、スピンホール効果、スピンゼーベック効果、核スピン、不揮発性メモリ、電圧トルク、磁気センサ、反強磁性体、フェリ磁性体、トポロジカル物質、量子状態制御、スピンカロリトロニクス、スピンメカニクス、スピン波コンピューティング

（3）研究開発領域の概要
［本領域の意義］

従来、研究分野として電荷を主に扱う「電子工学」とスピンを主に扱う「磁気工学」の2つに分かれて発展してきたが、1990年代以降のナノテクノロジーの発展により、電子の電荷とスピンを効果的に結びつけて利用する学理体系の構築が始まり、スピントロニクスと呼ばれる研究領域の誕生へとつながった。中でも強磁性金属とその多層膜をベースとした分野では最も応用研究が進展しており、既にハードディスクの磁気センサとして広く普及し、記録密度の大容量化に貢献した。

電子が有する電荷の自由度に加えてスピンを利用する意義は、スピンの不揮発性とその操作が低エネルギーでできることにある。スピントロニクスが提示した重要概念であるスピン流の散逸機構は電流のそれと大きく異なることから、従来の電子素子のジュール熱によるエネルギー損失を解決し、電子機器類の小型化・高性能化、画期的な省エネデバイス開発や量子効果の制御へ寄与できる。

既にスピン流を用いた固体不揮発メモリである磁気抵抗メモリ（MRAM）が実用化され、その市場は広がりつつある。最近では、スピンが有する量子力学的な整流作用や量子ゆらぎを利用したスピン流生成現象や物質中の原子核の持つスピンを利用したスピン流生成効果・熱電変換現象も発見され、新原理のエネルギーデバイス技術として注目されている。スピンの運動を計算技術へ応用する試みも実験・理論の両面から開拓が進んでおり、将来的なデバイス利用に向けた基礎の確立が進められている。

［研究開発の動向］

スピンと電気伝導の研究は1960年代の強磁性半導体の研究、1975年のトンネル磁気抵抗素子の研究にさかのぼるが、スピントロニクスという概念が意識されるようになるのは1988年の強磁性金属多層膜における巨大磁気抵抗効果（GMR）の発見以降である。A. Fertらの1988年の論文に、Fe/Cr多層膜において非常に大きい磁気抵抗効果がGMRとして示されている。単に磁気抵抗効果が大きいということのみならず、発現メカニズムがナノスケールの構造に起因することから、ナノテクノロジーの大規模応用の代表例としても挙げられる。Fertらによる論文発表と同時期にP. Grunbergらも基本的に同じメカニズムによる磁気抵抗効果を見出しており、さらには磁気ヘッドへの応用に関する先見的な特許申請も行った。Grunbergらの研究では、GMRの大きさ自体はFertらのものより小さいが、磁気ヘッドへの応用に直結する3層構造が用いられている。ほどなく米国・日本を中心にハードディスクの読み出しに応用され、記憶容量の爆発的な増大（年率60%）をもたらした。さらに2つの強磁性金属でトンネル障壁層を挟んだトンネル磁気抵抗（TMR）素子において大きな磁気抵抗効果が発見され、ハードディスクの記憶容量のさらなる増大に寄与した。GMR素子において

磁気スピン注入によるスピントルク発振（STO）も見いだされ、磁気ヘッドにSTOを取り付け、局所的磁気共鳴によって高異方性媒体へ書き込むことで記憶容量を増大させる方法が研究されている。読み取りに関してもスピンホール効果や異常ホール効果を用いた読み取りヘッドの特許申請が数年前に行われ、その実現を目指した研究が行われている。スピン注入磁化反転を用いた不揮発性メモリSTT–MRAMは既に小規模なものが市場に出荷され、現在ではDRAM置き換えを狙う大規模なものやSRAM置き換えを狙う高速なものも開発が進んでいる。

最近急浮上してきたのが、スピン波コンピューティングである。スピン波を用いた論理ゲートが提案され、動作実証が報告されている。また、スピン波の非線形な干渉効果を用いた非線形コンピューティングも注目を集めている。スピン波は室温でも十分に干渉効果を得ることが可能なため、これを利用することでデバイス構造を簡易化できる。反強磁性体のスピン波やスピン流を利用したスピン情報伝送の実験も進められている。

さらに、熱、光、音などからスピン流が作られる現象も続々と発見されている。代表的な例がスピンゼーベック効果であり、磁性体／金属界面に温度勾配を加えるとスピン流が生成されることが2008年に日本の研究者によって見出され、この効果を利用した新しい熱電変換技術の研究も始まっている。最近では、スピン流が電気と運動を相互に変換する物質機能を担うことが示され、MEMSとスピントロニクスが融合したスピンメカニクス分野にも注目が集まっている。

（4）注目動向
［新展開・技術トピックス］
• スピントルク発振素子（Spin–torque oscillator: STO）

ハードディスクのさらなる高密度化のためにSTOを利用する試みがなされており、この技術はマイクロ波アシスト磁気記録（Microwave Assisted Magnetic Recording: MAMR）と呼ばれる。近年、MAMRヘッドが企業から出荷され始めた。また、STOは超伝導量子回路のマイクロ波源としても注目されている。

• 磁気抵抗メモリ（MRAM）

スピンホール効果あるいはラシュバ型スピン軌道相互作用を用いることで高効率のMRAMが作れることが期待されている。原理的に3端子であるため書き込みラインと読み出しラインを分離できるという回路上の利点があるが、一方で素子サイズが大きくなるという問題も抱えている。近年、その高速性、高信頼性を生かしたSRAM置き換えの研究開発が進んでいる。MRAMによりキャッシュを不揮発にすることで携帯端末などの省エネルギー化も期待されている。

STT–MRAMやスピン軌道トルクMRAM（SOT–MRAM）は、書き込みに電流が作る磁界を使う場合に比べて低消費電力となるものの、ジュール熱によるエネルギー散逸を伴う。一方、電圧誘起磁気異方性変化による電圧トルクを書き込みに用いる電圧制御型スピントロニクスメモリ（Voltage Control Spintronics Memory: VoCSM）は、電流をほとんど流さずに電圧のみで書き込むため、理論的にはさらに2桁程度小さなエネルギーでの書き込みが可能となる。電圧パルスによる高速双方向磁気書き込みが実験的に示されたこと、10^{-7}台のエラーレートが実証されたことで、実用化の可能性が高まっている。

• スピンMOSFET

スピンMOSFETの論理回路は、素子数の少なさと不揮発性により低消費電力動作が期待できる。これまでいくつかの試作と原理的な動作実証の研究が行われている。最近、東大グループは、GaMnAs/GaAs/GaMnAsからなる強磁性半導体ヘテロ接合を用いた縦型FETにサイドゲートを付けた独特のトランジスタ構造を作製し、低温ではあるがスピンMOSFETの動作と大きな磁気抵抗比60％の達成に成功した。また、東工大–NIMS–東大グループは、既存のTMR素子とMOSFETを組み合わせることにより、擬似スピンMOSFETの作製と良好な特性の室温動作を示した。

● **反強磁性スピントロニクス**

　反強磁性体やフェリ磁性体はネットの磁化がほぼゼロであり、メモリデバイスのセル間の干渉低減によって高集積化や高速化に有益である。東大および東北大のグループが、それぞれ反強磁性のMn_3SnにSOTによる情報書き込みに成功したことを報告している。双極子による記録保持から、多極子への展開の可能性を秘めている。

● **原子核スピン流生成と核スピン熱電効果**

　最近、強い超微細相互作用を有する磁性体材料において、ラジオ波及び熱流を入力とした核スピン流生成とその電気的検出が実現され、核スピンゼーベック効果と名付けられた。核スピンゼーベック効果は、核スピンの高エントロピー特性により、絶対零度に迫る極低温域（100 mK）で増大する。今後、絶対温度4ケルビン以下の低温域で機能するパワーデバイス、熱センサ、冷却技術へと展開が期待されている。

● **スピンメカニクス**

　物体の力学回転とスピンはスピン回転結合により相互作用し、スピンを回転の軸にそろえる効果（バーネット効果）を生む。これを用いると、物体回転によるスピン制御や、スピンによる回転の検出（ジャイロセンサー）への応用が期待される。

　さらに、最近我が国のグループから、スピン流注入によってスピンのゆらぎを制御することで磁性体材料の体積を変調する新原理（スピン流体積効果）が実証され、微小化が進む精密機器部品において、スピントロニクス分野の知見を用いた新たな材料開発、力学素子作製・制御の可能性が示された。

● **トポロジカルスピントロニクス**

　トポロジカル絶縁体表面のスピン流やトポロジカル反強磁性体の仮想磁場などのトポロジーに起因する特性を利用することにより、素子の高密度化や高速動作、高効率なスピン流・電流変換もしくは熱電変換の実現など、新材料・新デバイス開発を目指した新しいスピントロニクス技術として期待されている。特に近年、ワイル反強磁性体であるMn_3SnやMn_3Geなどにおいて、反強磁性体では発現しないと考えられてきた異常ホール効果、異常ネルンスト効果、磁気光学効果などが、電子構造のトポロジーを起源として出現することが東大物性研グループにより報告され、反強磁性体を用いたスピントロニクスの新しい方向性が切り拓かれつつある。また、実空間でトポロジーに保護された磁気構造であるスキルミオンに関しても、レーストラックメモリ活用に向けた研究が進められている。

● **量子スピン液体を用いたスピントロニクス**

　2017年に1次元ラッティンジャー量子スピン液体系におけるギャップレス素励起「スピノン」によるスピン流が観測された。その後2021年に、1次元スピン鎖におけるスピンのダイマー状態（スピンが2個ずつ強く結合した状態）における素励起「トリプロン」によるスピン流が実証され注目を集めている。スピノンやトリプロンを示す物質群は、磁気秩序がないために周囲の回路やデバイスに磁気的影響を与えず、かつ原理的には原子レベルまでダウンサイズ可能であるという特徴を有している。

● **非線形コンピューティング**

　スピン波は強い非線形性を示すため非線形コンピューティングの媒体として有望である。近年日本のグループから、スピン波の非線形性を用いた確率的ビットが提案・実証されている。さらに、スピン波の非線形ゆらぎはマグノンによる量子技術に不可欠な要素であり、マグノンを用いた超高感度磁場測定や新たな量子コンピューティング技術の基盤となることが期待されている。東北大と産総研において、それぞれ脳型コンピューティングをターゲットにした研究開発に力が入れられている。スピントロニクス分野のAIハードウェアに関す

る研究は米国、ドイツ、フランスをはじめ世界中の大きな潮流となっている。

• **計算科学を用いたスピントロニクス材料探索**

機械学習や量子アニーリングによって、磁気抵抗効果素子の特性改善を狙ったハーフメタル材料の探索や、大きなTMRの実現を目指した研究開発が行われている。さらには薄膜成長やデバイス用ヘテロ構造形成のためのプロセスインフォマティクスも広く活用されると予想される。強磁性材料では、計算科学や放射光を用いたナノ測定の高度化に支えられて多元合金・新規化合物が再び着目されている。

［注目すべき国内外のプロジェクト］
［日本］

JSPS科研費特定領域研究「スピン流の創出と制御」（領域代表者：高梨弘毅、2007～2010年度）やJST戦略的創造研究推進事業（さきがけ）「革新的次世代デバイスを目指す材料とプロセス」（略称：次世代デバイス）領域（研究総括：佐藤勝昭、2007～2013年度）において、スピン流物理に関する基盤が構築された。特に特定領域「スピン流の創出と制御」からは、巨大スピンホール効果やスピンゼーベック効果の発見、スピン起電力の実証等、スピン流の学術的基盤に関して非常に高水準な研究成果が多数報告されたことが高く評価されている。また、さきがけ「次世代デバイス」においても、磁性誘電体中のスピン流を利用した電気信号の伝達、グラフェンを介したスピン流の制御など、スピントロニクスの発展に寄与する多くの成果が生まれている。その後、スピンの角運動量変換を介して固体中の巨視的物理量が別の物理量に変換されるスピン変換物性の学理追求、物質界面のナノスケール制御による磁気的、電気的、光学的、熱的、機械力学的なスピン変換機能の開拓を目指すJSPS科研費新学術領域「ナノスピン変換科学」（領域代表者：大谷義近、2014～2018年度）が発足した。また、内閣府革新的研究開発推進プログラム（ImPACT）「無充電で長期間使用できる究極のエコIT機器の実現」（PM: 佐橋政司、2014～2018年度）では、AI/IoT時代における低消費電力化への要請に応えるため、電圧で磁気メモリに情報記録する究極の不揮発性メモリや省電力スピントロニクス論理集積回路などのコンピュータにおける各メモリ/ストレージ階層の省電力を極めることに挑戦した。また、JST戦略的創造研究推進事業におけるCREST「トポロジカル材料科学に基づく革新的機能を有する材料・デバイスの創出」（研究総括：上田正仁、2018～2025年度）およびさきがけ「トポロジカル材料科学と革新的機能創出」（研究総括：村上修一、2018～2023年度）においても、ワイル磁性体やスキルミオンなどのトポロジカル物質をスピントロニクスに応用したトポロジカルスピントロニクスに関する研究が推進されている。2020年開始のCREST「情報担体を活用した集積デバイス」（研究総括：平本俊郎）においてもスピントロニクスは重要な分野の一つとして取り上げられている。加えて、JST未来社会創造事業大規模プロジェクト型・技術テーマ「トリリオンセンサ時代の超高速情報処理を実現する革新的デバイス技術」においては、「スピントロニクス光電インターフェースの基盤技術の創成」（研究開発代表者：中辻知、2020年度～）が採択され、スピントロニクスとフォトニクスを融合した革新的情報処理ハードウェア技術開発が推進されている。

また、日本学術会議「マスタープラン2014」重点大型計画および文部科学省「学術研究の大型プロジェクト−ロードマップ2014」においてスピントロニクスが重点課題の一つとして取り上げられた。これを受け「スピントロニクス学術研究基盤と連携ネットワーク」拠点の整備が始まりスピントロニクス学術連携研究教育センターを拠点大学（東京大学、東北大学、大阪大学、慶應大学）に設置し、主要大学、国研、関連企業をはじめとする国内有力研究機関を結ぶネットワークを形成した。スピントロニクスは日本学術会議「マスタープラン2020」重点大型計画および文部科学省「学術研究の大型プロジェクト−ロードマップ2020」にも採択され、2022年度より新しく京都大学を拠点に加えた整備を開始した。

[米国]

NSF、DOE、DoDなどの支援の下、スピントロニクス関連の研究プロジェクトが多数存在し、基礎研究から応用研究まで幅広く実施されている。中でも、DOEのエネルギーフロンティア研究センター（Energy Frontier Research Centers: EFRCs）の1つであるSpins and Heat in Nanoscale Electronic Systems（SHINE、2014～2020年）では、伝導電子スピン流とマグノン流を制御するナノ電子システムを構築することを目的とし、カリフォルニア大学リバーサイド校を中核に、ジョンホプキンス大学、カリフォルニア大学ロサンゼルス校、テキサス大学オースチン校）が参画した。

[欧州]

欧州では、Horizon 2020の枠組や各国の研究資金で基礎研究を中心に実施されている。 Horizon 2020においては、反強磁性スピントロニクスの実現を目指したAntiferromagntic spintronics（ASPIN、2017～2021年）プロジェクトや新規トポロジカル物質・トポロジカル物性の開拓を目指すToplogical materials: New Fermions, Realization of Single Crystals and their Physical Properties（TOPMAT、2017～2022年）が行われた。また、ドイツにおいてはDFG（ドイツ研究振興協会）支援の下、スピンカロリトロニクスに関する新しい研究分野開拓を目指したSpin Caloric Transport（SpinCAT、2011年～）、スキルミオンを含む実空間でのトポロジカルスピンソリトンを用いたデバイスとアプリケーション開発に向けた基礎研究を行うSkirmionics: Topological Spin Phenomena in Real−Space for Applications（2018年～）などがある。特にSpinCATに関しては、2008年に慶應大グループによって発見されたスピンゼーベック効果に注目した大型プロジェクトである。フランスではFrance 2030の優先プログラムとして2021にPEPR SPIN exploratory programが取り上げられた。

（5）科学技術的課題

スピン軌道トルク（SOT）は実用化の道筋がある程度見えてきた一方で、重要な課題がまだ多く残されている。まず、SOTの物理メカニズムが必ずしも十分には解明されていない。スピンホール効果のようなバルク的な寄与と、ラシュバ効果のような界面の寄与の両方があるとされているが、微視的メカニズムには多くの議論がある。種々多彩な理論モデルが発表されており、しっかりとした取り組みが必要である。つぎにSOTを利用したデバイス構造について、微視的ではなく半古典的な範囲においても、アンチダンピングトルクとフィールドライクトルクがデバイス動作にどのように寄与して、反転電流の低減や書込みエラーレートの低下に繋げられるかも明確でない。さらに、材料選択に関しては、TaやWは有力なSOT材料であるが、電気抵抗率が高いことが集積デバイス化への一つの障碍となっている。トポロジカル物質は非常に魅力的であるが、輸送メカニズムや製造プロセスとの兼ね合いを考慮する必要がある。

磁性半導体をはじめとする半導体スピントロニクス材料開発に関しては、高い強磁性転移温度（T_c）を得るための指針を確立するため、結晶成長機構の解明、欠陥やキャリア濃度の制御方法の開発、バンド構造と強磁性発現機構の理解、さらにはそれらの理解に基づくマテリアルデザイン方法の確立が求められる。また、スピンMOSFETなどスピンデバイスの研究については、着実に進歩しているものの、室温動作、高いトランジスタ性能、平行磁化と反平行磁化の違いによる大きなMR比や磁気電流比など、すべての要件を満足するデバイス作製が今後の重要な課題である。

異分野との融合も重要な課題である。特に注目されるのが光物性・光技術である。原理的に電子スピンと光の間の相互作用は弱いため、これらを融合することによる新現象・新機能の創出は容易ではないが、突破口となり得る研究も少なくない。結晶欠陥や分子性物質の利用は、基礎的観点での一つの攻めどころである。また、円偏光によるスピン操作、具体的には光学的磁化反転はメモリやストレージへの応用が展望できる。近年、スピン軌道相互作用に関わる物理が大きな発展を見せているものの、一般的にスピン軌道相互作用の大きな元素はレアアースが多く元素戦略的な観点が必要となる。また、スピンカロリトロニクスやスピンメカ

ニクスにおいては、応用のためには「熱／力学的運動↔スピン流↔電流」の変換効率の桁違いの向上が必要であり、新物質の開発と原子レベルでの界面制御技術が必要になる。さらに、トポロジカル物質を用いたスピントロニクスに関しては、まだ基礎研究フェーズであるが、実験室レベルの基本動作実証からプロトタイプの作製、デバイスの安定性や信頼性を検証するレベルまでステージアップさせることが必要である。

（6）その他の課題

スピントロニクスはもともと磁性薄膜の成長と物性を得意とする研究グループに牽引されてきた経緯があり、個々の研究者が前述の分野全体にわたる広い知識を必ずしも有しているわけではない。そのため、物理・数学・物性・結晶工学・磁気工学・半導体工学・微細加工技術・計測工学の諸分野の研究者、さらにシステム（回路）・デバイスの専門家や産業界をいかに結集し学際的かつ産学連携を誘発する土壌を豊かにしていくかが重要である。本研究開発領域は日本が強みを有する領域であり、今後も競争力を維持していくためには若手人材の育成と確保も最重要課題の一つである。

（7）国際比較

国・地域	フェーズ	現状	トレンド	各国の状況、評価の際に参考にした根拠など
日本	基礎研究	◎	→	・JST戦略的創造研究推進事業などを中心に基礎研究が継続的に行われている。 ・トポロジカルスピントロニクス、核スピントロニクス、スピンメカニクスなどの新しい概念に基づく研究開発が成果を上げ始めている。
	応用研究・開発	○	→	・複数の企業がMRAMの生産を開始した。企業のより一層の寄与が必要である。
米国	基礎研究	◎	↗	・NSF、DOE、DOE傘下のNERSC、ONRからの手厚い支援のもと、良質な基礎研究成果を出し続けている。とりわけ、二次元物質を利用した新規スピントロニクス機能の開拓が盛んに進められている。
	応用研究・開発	◎	↗	・キャッチアップが早く、電圧トルクなど多くの応用研究が始まっている。Everspin、Global-Foundries、IntelがMRAMの量産体制を準備しつつある。
欧州	基礎研究	◎	→	・フランス、ドイツ、イギリス、オランダ等を中心に良質なスピントロニクスの基礎研究が展開されており、スピン波を利用した計算処理技術などの基礎開拓が進んでいる。
	応用研究・開発	○	↗	・グラフェン・フラッグシップの活動を支援する欧州委員会の資金援助により、二次元物質を利用したMRAM素子の開発に向けた研究が行われている。
中国	基礎研究	◎	↗	・量子異常ホール効果の実証など、質の高い研究が行われるようになっている。 ・潤沢な研究資金と最新機器を活用し、米国・欧州帰りの研究者が活発に研究を行っており、高いポテンシャルを有する。
	応用研究・開発	△	↗	・応用研究に関する情報はそれほどないが、基礎研究の質が高くなっており今後国家的事業として一気にアクティビティが高まる可能性がある。
韓国	基礎研究	○	↗	・これまで理論中心だったが、界面DMIの研究などの実験においても良質な研究がみられるようになっている。
	応用研究・開発	○	↗	・SamsungがMRAMの量産体制を準備している。 ・財閥系企業などからの潤沢な資金をもとに応用研究・開発を活発に行う可能性がある。
その他の国・地域	基礎研究	○	↗	・シンガポールのA*STARがスピントロニクス研究に力を入れている。
	応用研究・開発	◎	↗	・台湾の大手ファウンドリーがMRAMの量産体制を整備した。

2.3
俯瞰区分と研究開発領域
ICT・エレクトロニクス応用

（註1）フェーズ

　　　基礎研究：大学・国研などでの基礎研究の範囲

　　　応用研究・開発：技術開発（プロトタイプの開発含む）の範囲

（註2）現状　※日本の現状を基準にした評価ではなく、CRDS の調査・見解による評価

　　　◎：特に顕著な活動・成果が見えている　　　　　　　　○：顕著な活動・成果が見えている

　　　△：顕著な活動・成果が見えていない　　　　　　　　　×：特筆すべき活動・成果が見えていない

（註3）トレンド　※ここ1～2年の研究開発水準の変化

　　　↗：上昇傾向、→：現状維持、↘：下降傾向

関連する他の研究開発領域

・脳型コンピューティングデバイス（ナノテク・材料分野　2.3.2）

・量子マテリアル（ナノテク・材料分野　2.5.5）

参考・引用文献

1）齊藤英治, 村上修一『スピン流とトポロジカル絶縁体：量子物性とスピントロニクスの発展』(東京：共立出版, 2014).

2）G. Binasch, et al., "Enhanced magnetoresistance in layered magnetic structures with antiferromagnetic interlayer exchange," *Physical Review B* 39, no. 7 (1989)：4828., https://doi.org/10.1103/physrevb.39.4828.

3）M. N. Baibich, et al., "Giant Magnetoresistance of (001) Fe/ (001) Cr Magnetic Superlattices," *Physical Review Letters* 61, no. 21 (1988)：2472., https://doi.org/10.1103/physrevlett.61.2472.

4）Terunobeu Miyazaki and Nobuki Tezuka, "Giant magnetic tunneling effect in $Fe/Al_2O_3/Fe$ junction," *Journal of Magnetism and Magnetic Materials* 139, no. 3 (1995)：L231-L234., https://doi.org/10.1016/0304-8853 (95) 90001-2.

5）J. S. Moodera, et al., "Large Magnetoresistance at Room Temperature in Ferromagnetic Thin Film Tunnel Junctions," *Physical Review Letters* 74, no. 16 (1995)：3273., https://doi.org/10.1103/physrevlett.74.3273.

6）Ken-ichi Uchida, et al., "Thermoelectric Generation Based on Spin Seebeck Effects," *Proceedings of the IEEE* 104, no. 10 (2016)：1946-1973., https://doi.org/10.1109/JPROC.2016.2535167.

7）Andrii V. Chumak, et al., "Advances in Magnetics Roadmap on Spin-Wave Computing," *IEEE Transactions on Magnetics* 58, no. 6 (2022)：0800172., https://doi.org/10.1109/TMAG.2022.3149664.

8）Yuki Shiomi, et al., "Spin pumping from nuclear spin waves," *Nature Physics* 15 (2019)：22-26., https://doi.org/10.1038/s41567-018-0310-x.

9）Takashi Kikkawa, et al., "Observation of nuclear-spin Seebeck effect," *Nature Communications* 12 (2021)：4356., https://doi.org/10.1038/s41467-021-24623-6.

10）Daichi Hirobe, et al., "One-dimensional spinon spin currents," *Nature Physics* 13 (2017)：30-34., https://doi.org/10.1038/nphys3895.

11）Yao Chen, et al., "Triplon current generation in solids," *Nature Communications* 12 (2021)：5199., https://doi.org/10.1038/s41467-021-25494-7.

12）Hiroki Arisawa, et al., "Observation of spin-current striction in a magnet," *Nature Communications* 13 (2022) : 2440., https://doi.org/10.1038/s41467-022-30115-y.

13）Hiroyuki Chudo, et al., "Observation of Barnett fields in solids by nuclear magnetic resonance," *Applied Physics Express* 7, no. 6 (2014) : 063004., https://doi.org/10.7567/APEX.7.063004.

14）Masaki Imai, et al., "Angular momentum compensation manipulation to room temperature of the ferrimagnet $Ho_{3-x}Dy_xFe_5O_{12}$ detected by the Barnett effect," *Applied Physics Letters* 114, no. 16 (2019) : 162402., https://doi.org/10.1063/1.5095166.

15）Takahiko Makiuchi, et al., "Parametron on magnetic dot: Stable and stochastic operation," *Applied Physics Letters* 118, no. 2 (2021) : 022402., https://doi.org/10.1063/5.0038946.

16）Tomosato Hioki, et al., "State tomography for magnetization dynamics," *Physical Review B* 104, no. 10 (2021) : L100419., https://doi.org/10.1103/PhysRevB.104.L100419.

17）Hiroki Shimizu, et al., "Numerical study on magnetic parametron under perpendicular excitation," *Applied Physics Letters* 120, no. 1 (2022) : 012402., https://doi.org/10.1063/5.0063103.

18）Hyunsoo Yang, et al., "Two-dimensional materials prospects for non-volatile spintronic memories," *Nature* 606, no. 7915 (2022) : 663-673., https://doi.org/10.1038/s41586-022-04768-0.

19）国立研究開発法人科学技術振興機構（JST）「トポロジカル材料科学に基づく革新的機能を有する材料・デバイスの創出」CREST, https://www.jst.go.jp/kisoken/crest/research_area/ongoing/bunyah30-3.html,（2023年1月6日アクセス）.

20）国立研究開発法人科学技術振興機構（JST）「トポロジカル材料科学と革新的機能創出」さきがけ, https://www.jst.go.jp/kisoken/presto/research_area/ongoing/bunyah30-3.html,（2023年1月6日アクセス）.

21）国立研究開発法人科学技術振興機構（JST）「情報担体を活用した集積デバイス・システム」CREST, https://www.jst.go.jp/kisoken/crest/research_area/ongoing/bunya2020-3.html,（2023年1月6日アクセス）.

22）国立研究開発法人科学技術振興機構（JST）「情報担体とその集積のための材料・デバイス・システム」さきがけ, https://www.jst.go.jp/kisoken/presto/research_area/ongoing/bunya2020-4.html,（2023年1月6日アクセス）.

23）国立研究開発法人科学技術振興機構（JST）「大規模プロジェクト型 技術テーマ：トリリオンセンサ時代の超高度情報処理を実現する革新的デバイス技術」未来社会創造事業, https://www.jst.go.jp/mirai/jp/program/large-scale-type/theme08.html,（2023年1月6日アクセス）.

24）Satoru Nakatsuji, Naoki Kiyohara and Tomoya Higo, "Large anomalous Hall effect in a non-collinear antiferromagnet at room temperature," *Nature* 527, no. 7577 (2015) : 212-215., https://doi.org/10.1038/nature15723.

25）日本学術会議「第24期学術の大型研究計画に関するマスタープラン（マスタープラン2020）」http://www.scj.go.jp/ja/info/kohyo/kohyo-24-t286-1.html,（2023年1月6日アクセス）.

26）文部科学省研究環境基盤部会 学術研究の大型プロジェクトに関する作業部会「学術研究の大型プロジェクトの推進に関する基本構想 ロードマップの策定：ロードマップ2020」文部科学省, https://www.mext.go.jp/b_menu/shingi/gijyutu/gijyutu4/toushin/1388523_00001.htm,（2023年1月6日アクセス）.

27）Secrétariat général pour l'investissement (SGPI), "France 2030: 600 millions d'euros pour 13 nouveaux programmes de recherche," Gouvernement, https://www.gouvernement.fr/france-2030-600-millions-d-euros-pour-13-nouveaux-programmes-de-recherche,（2023年1月6日アクセス）.

28) Luqiao Liu, et al., "Spin-Torque Switching with the Giant Spin Hall Effect of Tantalum," *Science* 336, no. 6081（2012）: 555-558., https://doi.org/10.1126/science.1218197.

29) Nguyen Huynh Duy Khang, Yugo Ueda and Pham Nam Hai, "A conductive topological insulator with large spin Hall effect for ultralow power spin-orbit torque switching," *Nature Materials* 17（2018）: 808-813., https://doi.org/10.1038/s41563-018-0137-y.

30) P. A. V. der Heijden, et al., "Magnetic sensor using inverse spin hall effect," US9947347B1（2018）.

31) Tomoya Higo, et al., "Perpendicular full switching of chiral antiferromagnetic order by current," *Nature* 607, no. 7919（2022）: 474-479., https://doi.org/10.1038/s41586-022-04864-1.

32) Yutaro Takeuchi, et al., "Chiral-spin rotation of non-colinear antiferromagnet by spin-orbit torque," *Nature Materials* 20（2021）: 1364-1370., https://doi.org/10.1038/s41563-021-01005-3.

33) Dongjoon Lee, et al., "Orbital torque in magnetic bilayers," *Nature Communications* 12（2021）: 6710., https://doi.org/10.1038/s41467-021-26650-9.

34) Seungchul Jung, et al., "A crossbar array of magnetoresistive memory devices for in-memory computing," *Nature* 601, no. 7892（2022）: 211-216., https://doi.org/10.1038/s41586-021-04196-6.

35) Julie Grollier, et al., "Neuromorphic spintronics," *Nature Electronics* 3（2020）: 360-370., https://doi.org/10.1038/s41928-019-0360-9.

36) Qiming Shao, Zhongrui Wang and Jianhua Joshua Yang, "Efficient AI with MRAM," *Nature Electronics* 5（2022）: 67-68., https://doi.org/10.1038/s41928-022-00725-x.

37) C.-H. Lambert, et al., "All-optical control of ferromagnetic thin films and nanostructures," *Science* 345, no. 6202（2014）: 1337-1340., https://doi.org/10.1126/science.1253493.

2.3

俯瞰区分と研究開発領域　ICT・エレクトロニクス応用

2.4 社会インフラ・モビリティ応用

　社会インフラは、道路・鉄道・航空網などの交通インフラや電力網・通信網・上下水道などの各種ライフラインなど多岐にわたる。わが国においては、阪神・淡路大震災や東日本大震災を1つの契機とし、さらに近年、頻発している水害などに対応するため、社会インフラの安全性を担保するための課題がより顕在化している。わが国の国土には、国土交通省道路統計年報によれば65,000ヶ所を超える橋梁と1万ヶ所以上のトンネルが存在し、それらの多くが老朽化の問題を抱えている。欧米諸国でも同様の問題を抱えており、大型橋梁の崩落事故が国際的に報道されている。これらの老朽化施設の補強技術や更新は喫緊の課題である。2021年度には「防災・減災、国土強靱化のための5か年加速化対策」の開始されている。

　モビリティ分野は、自動車・航空機・列車など人や物資の輸送手段に関連する分野であり、環境負荷を低減するために、いずれの輸送手段においても電動化や軽量化の流れが加速している。また、AIやIoTなどの最先端技術の導入も進んでおり、20世紀初頭の自動車革命に匹敵する大きな変換期を迎えているといわれている。

　社会インフラ・モビリティ応用分野は非常に広範囲であり、構成する全てについて俯瞰することは不可能であるため、本区分では、建物や土木、自動車などで力学的強度を保持するための構造材料や、効率的に発電し利用するための材料、エネルギー効率改善や部品・部材の長寿命化に資する材料技術を中心に取り上げる。具体的な研究開発領域としては、金属系構造材料、複合材料、ナノ力学制御技術、パワー半導体材料・デバイス、磁石・磁性材料を取り上げる。

　本区分で共通する流れとして、①カーボンニュートラルへの対応、②経済安全保障への対応、③データ駆動型アプローチの3つが挙げられる。

　カーボンニュートラルへの対応としては、自動車や航空機、新幹線などで、燃費改善が求められており、金属材料や複合材料の軽量・高強度化の検討や、異種材料の接着技術などの研究開発が推進されている。また、モーター・発電機の効率改善のための磁石・磁性材料の研究や、使用目的に合わせて効率よく電圧・電流を調整するためのパワー半導体材料・デバイスの研究が積極的に推進されている。さらには、機械の摩擦・摩耗を低減するための基礎的な研究や、自己修復材料の設計・開発も行われている。

　経済安全保障への対応としては、希少金属や地域偏在している元素の使用を減らす動きが見られ、金属系構造材料、磁石・磁性材料で検討が進んでいる。

　カーボンニュートラルや経済安全保障への対応を進めながらも、それぞれ材料では常に一層の性能改善が求められ、さらに開発期間の短縮も重要な課題となっている。このため、本区分においても、多くの研究開発テーマにデータ駆動型アプローチが採用されている。

　以下では、本区分で取り上げた5つの研究開発領域の概要を示す。

　金属系構造材料は、高強度、高靱性、軽量化、耐環境性、易加工性、高耐久性、環境調和性などの材料特性の向上、および、高品質、低コスト、高生産速度など製造技術の向上をめざす研究開発領域であり、金属組織設計やその具現化を行うプロセス研究、素材や部品の特性を精緻に定量化する評価研究などが主なアプローチである。最近では、水素脆化への対応が注目されている。水素脆化は、水素社会に向けての重要な課題であるとともに、アルミニウム合金は水素が高強度化を妨げていることが分かってきていており、水素脆化を理解することによる高強度化の研究が進んでいる。また、金属3D積層造形（Additive Manufacturing）については、研究の中心が、正確な寸法で部品を作ることから、金属組織を制御して本来の性能を発現させることに移ってきている。

　複合材料は、金属やプラスチック、セラミックスなど2種類以上の材料を組み合わせることによって、個々

の材料では持ちえない高比強度（引張強さ／比重）や高比剛性（剛性／比重）、高耐熱性などの性能を有する構造材料の創出をめざす研究開発領域であり、代表的な材料には、炭素繊維強化プラスチック（CFRP）、セラミックス基複合材料（CMC）、セルロースナノファイバー複合材料などがある。金属材料と比較して、現状では高価格であり、信頼性、加工性、生産性等に課題があり、これらを解決するための研究開発が推進されている。また、リサイクルや再生産可能な資源利用の観点から、熱可塑性樹脂をマトリックスに使う技術やセルロースナノファイバーを強化材として使う技術が検討されている。成形時の樹脂挙動や成形品の機械的特性等を予測するためのシミュレーションやデータ科学の活用も活発である。

ナノ力学制御技術には、接着、摩擦・摩耗、自己修復が含まれ、ナノスケールでの観察・分析・計算を活かして、マクロな挙動の制御につなげようというのが共通するアプローチである。接着では、自動車や航空機などの部材のマルチマテリアル化におけるキーテクノロジーとして異種材料接着が注目されている。摩擦・摩耗は機械システムの故障や寿命の主原因であり、耐摩耗技術が機械システムの信頼性と耐久性の鍵を握るものとして注目されている。自己修復が可能になれば、メンテナンスの費用が大幅に削減できるだけでなく、材料の長寿命化を通じてCO_2の削減にも大きな効果が期待される。それぞれの技術において、ナノスケールでの科学的知見は着実に集まってきているものの、その知見をマクロな挙動の制御技術につなげるところは今後の課題である。

パワー半導体材料・デバイスは、高効率の電力変換を可能にするための半導体材料・デバイスであり、太陽光発電など再生可能エネルギーの導入やそれに伴う電力網のスマートグリッド化や、産業機器や輸送機器、各家庭での電力有効利用のために重要な技術である。Si系では、Si-MOSFETのさらなる高性能化や大口径ウェハ製造技術が検討されている。次世代品としてはSiCとGaNなどが注目されており、高電力用途で使われるSiC、高周波数用途で使われるGaNともに、最適なデバイス構造の設計・製造技術、大口径結晶成長技術が検討されている。

磁石・磁性材料には、モーター用永久磁石などに用いられる強磁性材料と、インバータ用コイルや電磁波シールドなどに用いられる軟磁性材料がある。強磁性材料では、広い温度範囲での磁束安定性を実現するための研究や、希土類、特にNdの使用量を減らす新組成の検討が実施されている。ここではデータ駆動型アプローチが活発に使われている。軟磁性材料について、透磁率増大、高周波対応が課題であり、金属の微細組織の制御が焦点となっている

2.4
俯瞰区分と研究開発領域
社会インフラ・モビリティ応用

2.4.1 金属系構造材料

（1）研究開発領域の定義

　構造用金属材料に関して、高強度、高靭性、軽量化（高比強度、高比剛性）、耐環境性（耐熱性、耐食性、耐脆化性など）、易加工性、高耐久性（高疲労強度、耐摩耗性など）、環境調和性（リサイクル性、有害物質フリー）などの材料特性の向上、および高品質、低コスト、高生産速度など製造技術の向上をめざす研究開発領域である。

　金属組織設計やその具現化を行うプロセス研究、素材や部品の特性を精緻に定量化する評価研究、金属組織と特性の関係を原理的に解明する解析研究などが主なアプローチである。

（2）キーワード

　鉄鋼、非鉄、合金、高強度、高靭性、高延性、加工性、高比強度、耐環境性、耐熱性、耐食性、軽量性、水素脆化、ナノ組織、ミクロ構造、マルチスケール、計算科学、機械学習、変形、破壊、腐食、転位、き裂

（3）研究開発領域の概要

［本領域の意義］

　金属系構造材料は、社会インフラや輸送機器などの大型部材から人体内で使用するステント材料などの小型部材までの広いスケールや用途をカバーし、高い強度・耐腐食性能などによって社会基盤や人命を支える重要な材料である。使用時の荷重や環境に長期間耐えることに加えて、構造体に成型するための加工性や使用時の変形性（例えば、自動車の衝突安全性を担保するためのエネルギー吸収能）など、多様な機械的特性などにおいて優れた性能が求められる。特に、部材の軽量化と成形性にそれぞれ寄与する高強度・高延靭性はトレードオフの関係にあり、両性能をバランスよく向上させることが研究開発領域共通の課題である。また、長期間の使用により発生する疲労・クリープ・腐食などの長期損傷課題は、人身事故に直結することや経済的な損失が大きいために、社会的に大きな課題である。

　代表的な構造材料である鉄鋼は、原料資源が豊富で比較的安価に製造できること、相変態や添加元素の活用で幅広い強度レベルが得られること、リサイクルが容易であることなどから、長い間、我々の生活に欠かせない材料として使用されてきた。また、鉄鋼材料において開発された様々な材料技術は他の材料にも展開されており、技術的・学術的にフロントランナーの役割を果たしてきた。近年、マルチマテリアル化の傾向が強まっており、非鉄金属材料や有機系材料を鉄鋼材料と組み合わせてそれぞれの長所を活かす新たな技術開発が活発に行われつつある。

　近年においては、社会インフラの安全性を担保するための課題がより顕在化している。多くの橋梁やトンネルなどが老朽化の問題を抱えており、老朽化施設の補強技術や更新は、喫緊の課題である。また、地球規模の問題であるCO_2削減・省資源に対しては、発電プラント・輸送機器のエネルギー効率の向上、希少資源の使用量抑制やリサイクル性を向上させる技術などにより、低環境負荷の実現と持続性の担保が強く求められている。環境負荷の評価においては、材料の製造や使用段階だけではなく、資源採取、原料生産から廃棄、リサイクルに至るまで、ライフサイクル全体での評価、すなわちライフサイクルアセスメント（LCA）が重要になってきている。今後は、各構造材料の特性だけでなく、LCAの考え方において環境負荷を低減させる材料開発と各素材のポテンシャルを引き出す最適設計が求められる。

　金属系構造材料は経済的にも重要な役割を果たしているが、今後も高い競争力を維持・向上させるためには、他国の追随を許さない高付加価値材料を生み出す技術力が一層重要になるであろう。

［研究開発の動向］

　カーボンニュートラルを実現する手段として構造材料が果たす役割は幅広い。カーボンニュートラル実現に

CRDS-FY2022-FR-05

おいては水素が重要な役割を持つが、その水素の貯蔵や運搬に必要なタンク・配管には種々の金属材料が使われている。水素と接する構造材料の共通の課題の一つが水素脆化である。水素は、金属中に侵入し機械的特性の低下や脆性的な破壊を引き起こす。特に鉄鋼材料では強度が高まるほど脆化の感受性が大きくなり、水素脆化は高強度化の最大の障害となっている。

京都大学構造材料元素戦略研究拠点より提唱されている新しい格子欠陥の概念「プラストン」は、力学的に励起された状態の原子集団を指し、き裂や転位などの格子欠陥に遷移する。外力下においてプラストンから遷移する格子欠陥の種類によって材料の機械的特性が大きく変わるため、これを制御することができれば新たな材料設計の指針が確立できると期待されている。プラストンの概念を活用して鉄鋼材料の水素脆化を理論的に理解しようとする試みが行われており、計算科学と動的解析の両面からアプローチされている。

また、ハイエントロピー合金に関する研究が世界的に注目されているが、最近は実用化を見据えた研究に移りつつある。ハイエントロピー合金とは、一般的に4、5種類以上の元素で構成され、高い配置エントロピーを有し単一固溶体相を示す合金と定義される。強度－靭性・延性のバランスがよい材料などが多く発表されており、同時にその機構解明も盛んに行われている。科学研究費補助金新学術領域研究において「ハイエントロピー合金：元素の多様性と不均一性に基づく新しい材料の学理」が進行中である。最近は、耐酸化性や熱伝導性が良好なハイエントロピー合金の遮熱コーティングとしての実用化も期待されている。また、高温での耐食性が良好であることから、欧州では鋼管などの構造材料への被覆材としての適用性が検討され、地熱発電設備への適用性が評価されている。さらには、高エントロピー合金の中には、高強度でありながら水素脆化をほとんど起こさないものも見出されており、実用化に向けた検討が進んでいる。

金属3D積層造形（Additive Manufacturing）は、3D-CADなどの3次元データをもとに金属粉末等の層を積み重ねていくことにより3次元の造形物を製造する技術である。本技術では、切削や鋳造などの従来の加工法では難しい3次元複雑形状品の加工が可能であり、次世代の加工技術として注目されている。米国やヨーロッパを中心に、宇宙探査やロケットなど航空宇宙関連への適用も検討されている。例えば、インコネル718に代表されるNi基合金は高温強度と靭性に優れることからロケットエンジンや圧力容器に使われてきたが、加工が難しいため複雑形状の部材への適用は見送られてきた。しかし、積層造形技術によって、その適用限界を超えることができる。具体的には、最小限の重量で、かつ過熱を防ぐための表面流路により効率的な冷却能を有するように人工知能で設計し、それを積層造形で一体型成形した部材が、様々な宇宙開発プロジェクト向けに試作され実証実験が進められている。わが国の積層造形技術への取り組みは内容・規模ともにやや遅れていたが、メタラジー制御に関する取り組みを得意とすることから追い上げを図っている。精度の向上に伴って、積層造形の目的は外形制御から金属材料の特徴である組織制御に移行しつつあり、今後も注目の技術分野である。

以下に、応用について、市場ごとに動向を述べる。構造用金属材料の代表的な適用分野は、建設（建築・土木）、輸送（自動車、船舶、航空、鉄道）、産業機械等であるが、国内においては特に建設、エネルギー、自動車、造船分野が主体となる。

2.4
俯瞰区分と研究開発領域
社会インフラ・モビリティ応用

建築分野における金属材料の研究では、安全性向上、工期短縮、建築物の長寿命化に向けた材料開発や溶接技術向上のための研究が確実に行われている。一方、環境負荷をいかに低減するかも商品価値を決める重要な概念になっている。そのため、例えば一般社団法人サステナブル経営推進機構（SuMPO）が認証する「エコリーフ」環境ラベルを得るための製品開発とそれを支える研究が重要になっている。一方で、高度成長期を中心に投資されたインフラ、各種構造物の劣化は国家レベルでの課題と認識されており、日本鋼構造協会、日本鉄鋼協会、日本機械学会などにおける研究会など、評価・センシング技術やそれらに基づく数値解析が実施されている。中でも鉄鋼材料では腐食などの環境劣化の抑制技術が重要であることから、腐食メカニズムに立脚した寿命予測手法の基盤技術開発が進められている。

エネルギー分野では、今後の国内エネルギーミックスにおいて火力発電比率が急速にはゼロに近づかない状況を踏まえ、火力発電の発電効率向上をめざした耐熱材料の研究が進められている。JST先端的低炭素化技術開発（ALCA）においては、フェライト系、オーステナイト系の超高温耐熱鋼の開発において挑戦的な取り組みがなされている。一方、燃料としてのアンモニアが注目されており、特に技術開発が進んでいるのが、石炭火力発電のボイラーにアンモニアを混ぜて燃焼させる火力混焼技術である。2014～2018年の内閣府戦略的イノベーション創造プログラム（SIP）を経て、2021年からは民間企業による大規模実証試験が行われている。アンモニアを用いた火力混焼は既存の設備を利用することができるが、アンモニア燃焼時の材料に及ぼす腐食影響などはまだ明らかになっておらず、今後、信頼性を裏付けるための材料評価と開発が必要であり、それを支える基盤的研究が期待される。また、原子力発電については、日本でも政府から次世代原子炉の開発や検討の方向性が示されており、それに応える材料開発が求められる可能性もある。米国では、NEI（Nuclear Energy Institute）のレポートにおいてAMM（Advanced Manufacturing Methods）で製造した部材を原子力発電プラントで使用するための規格承認が検討されている。AMMとしては、Additive Manufacturing（AM）、Near Net Shape Manufacturing、Joining/Cladding、Surface Modification/Coatingが項目として掲げられている。

自動車分野は現在、CASE（Connected：コネクテッド、Autonomous：自動運転、Shared&Services：カーシェアリングとサービス、Electric：電気自動車）やMaaS（Mobility as a Service：サービスとしての移動）に代表されるモビリティ革命に直面している。電動化、環境調和を考慮した燃費向上をめざした各種技術開発のなかで、鋼材部品のハイテン（高張力鋼）化、Al合金部材の拡大、CFRPを量販車へ採用する傾向がさらに加速している。その中でも鉄鋼材料では、衝突安全と軽量化の両立を目指し、多くの先進高強度鋼板が開発されている。

現在、自動車用鋼板は引張強さにして270 MPa級から2.0 GPa超級までの広い強度クラスの材料が実用化されている。元来の自動車用鋼板は炭素含有量を低減してすべてをフェライトとし、270 MPa級の引張強度と40%超の優れた伸びを持つ軟鋼板であり、この基本組織に対して固溶強化や析出強化、硬質組織を用いた組織強化などにより高強度化が行われる。自動車に使用されているアルミニウム合金は300 MPa程度の引張強度を持つものが多いが、980 MPa級以上の引張強度の高強度鋼板ではアルミニウム合金以上の軽量化が実現可能となる。自動車用鋼板の内、最も高強度化が進んでいるのが車体骨格向けの鋼板であり、1.5 GPa級以上の強度を持つ部材を得るためにホットスタンプ技術が実用化されている。この技術は冷間成形時に課題となる破断や形状精度確保の難しさを回避し、かつ超高強度を得ることができる優れた方法である。900℃程度まで加熱しオーステナイトとした鋼板をプレス成形し、金型内で冷却することにより焼き入れを行い、金属組織をマルテンサイトとする。高温で成形されることからプレス荷重は小さく、かつ金型内でマルテンサイト変態が起こることから形状不良を引き起こす残留応力が小さなものとなるため、良好な形状精度が得られる。衝突時の高耐力が重視されるバンパー用には1.8 GPa級ホットスタンプ用鋼板が実用化され、さらには2.0 GPa級以上の鋼板の開発が進んでいる。客室周りの骨格部材では、2.0 GPa級ホットスタンプ用鋼板とともに、冷延成形用には1470 MPa級冷延超高強度鋼板の開発も進んでいる。衝突エネルギー吸収用部材では、衝突による大変形でも破断しない十分な変形能が求められる。その場合には軟質なフェライトやTRIP現象（マルテンサイト変態誘起塑性）を示す残留オーステナイトなどを用いる必要があり、現在、1180 MPa級鋼板の開発が進められている。

鉄鋼材料の高強度化の進展とともに、高強度化に伴う技術的ハードルを克服するための技術革新が求められているおり、第3世代のAHSS（Advanced High-Strength Steels）の代表格とされる中Mn鋼やQ&P鋼の研究開発も、精力的に行われている。中Mn鋼は焼戻しマルテンサイトであり、高強度で高延性であることから、欧州では自動車用鋼板として実用化レベルにある。一方、製造時のCO_2排出削減の観点から、熱処理プロセスを簡略化する試みが行われている。NEDOの先導研究プログラム／エネルギー・環境新技術先導研究プログラム「熱制御科学による革新的省エネ材料創製プログラムの研究開発」では、熱間圧延のみのワ

2.4
俯瞰区分と研究開発領域
社会インフラ・モビリティ応用

ンヒートプロセス、One-Step Q&Pによる非調質TRIP鋼が提案されている。また、JFEスチールが開発した冷延材は、加熱の必要が無いために従来のホットスタンプ材に比べてコストを抑制することが可能で、トヨタ自動車がすでに採用している。鋼材と他の材料との適切な組み合わせによるマルチマテリアル化や、トポロジー最適化などによる最適構造設計などの取り組みも進展している。

造船分野においては、各種耐環境性（低温用、耐食性、高靭性等）とコンテナ船等の大型化対応等、従来のトレンドが継続すると同時に、今後、超高効率LNG燃料船、アンモニア燃料船、水素燃料船、CO_2回収船などの普及・拡大が見込まれて適用範囲が拡大するとともに、従来とは異なる性能が求められることが予想される。

以上のように、各市場の構造用金属材料開発は着実に進展している。これらの研究開発を支える技術の1つが材料工学と情報工学を融合させたマテリアルズインテグレーション（Materials Integration：MI）であり、要求特性から材料・プロセスをデザインする逆問題MIの手法を開発するSIP第2期「統合型材料開発システムによるマテリアル革命」に対する期待は大きい。本SIPではMIによる材料開発手法の革新を目標に、産業用発電プラント、航空機機体・エンジン等の材料開発をターゲットとしている。また、JST戦略的創造研究推進事業CREST「革新的力学機能材料の創出に向けたナノスケール動的挙動と力学特性機構の解明」・さきがけ「力学機能のナノエンジニアリング」が今後の高機能構造用金属材料開発の基盤になるものと考えられる。各種機能発現のためには、ミクロ・ナノレベルでの組織解析技術と材料評価技術が重要となる。従来のSEM、TEM、3Dアトムプローブ等に加え、高エネルギービームや高輝度X線などを利用した微量化学分析技術、空間分解能向上、in-situ観察、さらには3D・4Dの観察技術開発が進められており、今後の材料開発に大きく貢献すると期待される。

（4）注目動向

［新展開・技術トピックス］

計算科学、データ科学の進展に伴い、AIや機械学習を用いた現象解明や特性予測に関わる研究が急増している。鉄鋼分野においても、既存の公表データを活用し、鋼の成分範囲に応じた強度や延性の予測、SEMやEBSDによる組織解析結果と合わせ、マルテンサイト鋼やDP鋼の破壊に至る過程での変形挙動や破壊の起点を予測する研究が実施されている。

水素脆化に関しても、各種材料の水素放出曲線をAIによって分析し、水素脆化の原因となる鋼中水素の状態を特定し、水素脆化耐性向上のための材料設計に繋げる試みが注目される。従来、水素脆化の研究は鉄鋼、ステンレス、Ni合金が中心であったが、近年Al合金の水素脆化研究が増えている。Al合金の水素脆化研究の中には、放射光を用いたin-situ観察により、水素脆化の起点となるボイドの可視化に成功したとの報告がある。また、高エントロピー合金においては、高強度でかつ水素脆化感受性が低い新たな合金が見出されており、実用化検討とともに、金属の水素脆化を克服するための理論的研究が進められている。

構造材料の合金や部材設計に計算科学、データ科学を応用しようとする取り組みも進められている。高エントロピー合金は、延性や靭性に優れること、耐熱性を示すことなどから、様々な分野での実用化が望まれているが、合金成分の最適化を計算科学・データ科学が有効に用いられている。また、メタマテリアルの概念を取り入れ、積層造形と人工知能や機械学習との組み合わせにより、材料に新たな物性を付与させようとする取り組みも注目されている。

マルチスケール的解析によって、材料の特性発現の素過程を微視的にとらえる組織学的・力学的計測手法の高度化は確実に進展している。3次元アトムプローブ、TEMトモグラフィーなどの原子レベルでの知見から普遍的な原理・原則を見出し、種々の構造材料の特性制御に繋げる成功例が積み上がっている。また、ナノ/マクロのスケールギャップをモデリングで埋める試みが成果に繋がっている例もできてきている。さらに、高温での再結晶や相変態、破壊現象など短時間で起こる現象を捉えるためには、空間分解能とともに時間分解能の高い解析手法が必要であるが、顕微鏡法と放射光を組み合わせたin-situ解析などによる、時間スケー

ル解析の高度化への挑戦も進められている。

［注目すべき国内外のプロジェクト］

　データ駆動型材料開発のプロジェクトが国内外で活発に展開中である。先駆けとなった米国のMaterials Genome Initiativeに加え、欧州のEuropean Centres of Excellenceの一環として進められているThe Novel Materials Discovery（NOMAD）、中韓も同様の取り組みを進行中である。日本国内では、情報統合型物質・材料開発イニシアティブ（MI²I）やSIP革新的構造材料などのプロジェクトが進められてきた。2023年度から開始予定の次期SIPの候補課題にも構造材料に関連するものが含まれている。

　2022年度からは、文科省「データ創出・活用型マテリアル研究開発プロジェクト」において「極限環境対応構造材料研究拠点」（代表機関：東北大学）が開始されている。この課題では、水素、高温、摩耗・疲労の諸課題に対してデータ駆動型の材料開発手法を構築することを目指す。多くの材料に対してこのアプローチが研究されているが、構造材料に特有の問題として"階層構造性"がしばしば議論される。構造材料の性能が発現する機構として、Processing–Structure–Properties–Performanceの相互関係が鍵であるとする考え方である。この階層性が、入力情報であるProcessingから出力情報であるPerformanceを得る過程を複雑にするため、構造材料領域でこのアプローチを成功させる難易度は高いと考えられている。重要な取り組みの一つは、精度が高く、質が揃った実験データをいかに効率よく取得するかである。

　日本国内では、防衛装備庁「安全保障技術研究推進制度」における取組の中に、耐熱合金におけるハイスループット測定技術開発が進められている。国外では、ハイエントロピー合金の組成多様性と機械的特性の関係に関する網羅的な取り組みが進められている。多元組成合金は、元素種や組成比の組み合わせが無限に存在するため、網羅的かつ高効率に探索できる技術を持つことが極めて大きなアドバンテージになる。

　また、金属系構造材料に関連する研究課題は、以下のプログラムなどにおいて取り組まれている。

- JST e-ASIA 共同研究プログラム「材料（マテリアル・インフォマティクス）」分野/データ駆動による金属積層構造の力学特性設計
- JST–さきがけ「物質探索空間の拡大による未来材料の創製」
- JST–さきがけ「力学機能のナノエンジニアリング」/ナノスケール内部応力制御による鉄鋼強靱化
- JST A–STEP 産学共同（本格型）/スポット溶接された超ハイテン材の破壊予測技術の開発
- JST 未来社会創造事業（探索加速型）「地球規模課題である低炭素社会の実現」領域/ゼロカーボン社会に向けた発電プラント用耐熱金属材料の基盤技術
- 未来社会創造事業（探索加速型）「持続可能な社会の実現」領域/モノの寿命の解明と延伸による使い続けられるものづくり
- NEDO/革新的新構造材料等研究開発
- NEDO/航空機エンジン向け材料開発・評価システム基盤整備事業
- NEDO/超高圧水素インフラ本格普及技術研究開発事業
- NEDO/環境調和型プロセス技術の開発

（5）科学技術的課題

　構造材料が使用される条件は、静的・動的力学条件、温度・雰囲気などの環境によって極めて多岐にわたる。これらの条件に対して材料設計の最適化を行うためには、単独の領域の知見によるアプローチでは限界があり、分野を横断する総合的な取り組みが求められる。

　例えば、水素利用社会においては、水素脆化の克服が古くて新しい課題である。特に、高強度の構造材料における水素脆化の克服は、従来の理論ではカバーできない挑戦的な課題でもあり、新たな評価方法とともに計算科学や先進解析技術を駆使したアプローチが必要である。さらに、水素の輸送や貯蔵においては液体水素に対応する極低温での安全性に優れた材料が求められる。また、新エネルギーとしてのアンモニア、さら

2.4
俯瞰区分と研究開発領域
社会インフラ・モビリティ応用

にはCO$_2$貯蔵における高濃度・高圧のCO$_2$環境下で耐えうる材料が必要になり、従来経験のない環境下での耐環境性の評価法の検討とデータ採取、新たな指導原理や理論構築が必要となる。使用環境の多様化とともに、異なる領域が相互に効果的に結びつく取り組みが求められている。

　新しいコンセプトの創生も必要である。たとえば、従来の平衡論を中心とする材料設計に加えて、速度論に基づくデザインがその一つになりうる。すなわち、非平衡や準安定状態の積極的に活用することであり、未知の準安定相の探索のためには、計算科学・データ科学の活用やハイスループット評価技術の開発がキーになる。また、材料の動的挙動の機構解明やモデリングも重要であり、自由エネルギーや幾何学などの複数の理論を異なるスケールで組み合わせる挑戦的なアプローチが求められる。

（6）その他の課題

　我が国の材料は歴史的にも高い水準を維持してきた。しかしながら、他国の追い上げは厳しく、近い将来、その存続基盤が揺らぎ、ニーズの変化への機動的な対応が困難になることが危惧される。構造材料は、新しい材料シーズを生み出し、製品開発し、社会実装するまでに長い年月を必要とする分野である。今後、マテリアルズ・インフォマティクスやデータ科学を駆使することにより、社会実装までの期間をある程度短縮できると期待されるものの、一方で、地道な基盤的研究のマインドが低下していけば、材料の研究開発力を急速に弱体化させることが危惧される。

　学術界では、蓄積する知識が将来の（現時点では認識されていない）産業界でのニーズに寄与する可能性を考慮して、極力広範囲での基盤現象の把握など、長期的な知識の蓄積や世代を超えた研究継続が重要である。すなわち、現時点でのブームやトレンドのみにとらわれない研究課題を選択し推進していくことが求められる。大学等で材料研究の根幹となる基礎学理に取り組むことは非常に重要である。

（7）国際比較

国・地域	フェーズ	現状	トレンド	各国の状況、評価の際に参考にした根拠など
日本	基礎研究	◎	→	・新学術領域研究で構造材料関連の複数の課題が同時に進行中であり、基礎的な取り組みは高いレベルを維持している。 ・2022年度から文科省「データ創出・活用型マテリアル研究開発プロジェクト」において「極限環境対応構造材料研究拠点」がスタートした。
	応用研究・開発	○	→	・産・学ともに世界初の革新的材料の開発と社会実装が推進されている。
米国	基礎研究	◎	→	・NSFのMechanics of Materials and Structuresプログラム予算は過去5年ほぼ横ばいだが、論文引用数は世界トップレベルを維持している。
	応用研究・開発	◎	→	・Advanced Manufacturingプログラムを政府主導で推進中である。GEが耐熱材料プロジェクト「ULTIMATE」を2021年に開始。
欧州	基礎研究	○	→	・ドイツ、英国を中心に質の高い論文を創出する活動が依然として活発に行われている。材料系での高IF論文がみられる。
	応用研究・開発	○	→	・脱炭素化のトレンドをリードしているものの、現行の社会情勢により開発が停滞している。
中国	基礎研究	○	→	・National Natural Science Fundによる予算額が上昇傾向。 ・論文数、質とも上昇傾向ではあるが、他国の後追いの内容も散見される。
	応用研究・開発	○	↗	・日本の大手自動車メーカーが電磁鋼板の一部を中国の鉄鋼メーカーから調達するとの報道があり、応用研究・開発の向上を意味している。
韓国	基礎研究	○	→	・アジアでは高いレベルを維持しているが、中国との競争でやや苦境に立たされている。
	応用研究・開発	○	→	・注力してきた自動車向けMg板材がCFRPなどの他材料との競争で苦戦。

2.4 俯瞰区分と研究開発領域 社会インフラ・モビリティ応用

研究開発の俯瞰報告書 ｜ ナノテクノロジー・材料分野（2023年）

（註1）フェーズ

基礎研究：大学・国研などでの基礎研究の範囲

応用研究・開発：技術開発（プロトタイプの開発含む）の範囲

（註2）現状　※日本の現状を基準にした評価ではなく、CRDS の調査・見解による評価

◎：特に顕著な活動・成果が見えている　　　　　○：顕著な活動・成果が見えている

△：顕著な活動・成果が見えていない　　　　　×：特筆すべき活動・成果が見えていない

（註3）トレンド　※ここ1〜2年の研究開発水準の変化

↗：上昇傾向、→：現状維持、↘：下降傾向

関連する他の研究開発領域

・破壊力学（環境・エネ分野　2.6.3）

参考・引用文献

1）Nobuhiro Tsuji, et al., "Strategy for managing both high strength and large ductility in structural materials-sequential nucleation of different deformation modes based on a concept of plaston," *Scripta Materialia* 181（2020）: 35-42., https://doi.org/10.1016/j.scriptamat.2020.02.001.

2）Isao Tanaka, Nobuhiro Tsuji and Haruyuki Inui, ed., *The Plaston Concept*（Singapore: Springer, 2022）.

3）Morris Cohen, "Unknowable in the Essence of *Materials Sicence and Engneering*," Materials Science and Engineering 25（1976）: 3-4., https://doi.org/10.1016/0025-5416（76）90043-4.

4）G. B. Olson, "Computational Design of Hierarchically Structured Materials," *Science* 277, no. 5330（1997）: 1237-1242., https://doi.org/10.1126/science.277.5330.1237.

5）Weidong Li, et al., "Mechanical behavior of high-entropy alloys," *Progress in Materials Science* 118（2021）: 100777., https://doi.org/10.1016/j.pmatsci.2021.100777.

6）青木宗太「鉄鋼業における環境への取り組み」『日本機械学会誌』125 巻 1239 号（2022）: 14-19.

7）樋渡俊二「自動車の強みとしての先進高強度鋼板」『日本機械学会誌』125 巻 1239 号（2022）: 24-27.

8）Easo P. George, Dierk Raabe and Robert O. Ritchie, "High-entropy alloys," *Nature Reviews Materials* 4（2019）: 515-534., https://doi.org/10.1038/s41578-019-0121-4.

9）一般社団法人サステナブル経営推進機構（SuMPO）, "SuMPO環境ラベルプログラム," https://ecoleaf-label.jp/,（2022年12月22日アクセス）.

2.4 俯瞰区分と研究開発領域 社会インフラ・モビリティ応用

2.4.2　複合材料

（1）研究開発領域の定義

　金属やプラスチック、セラミックスなど2種類以上の材料を組み合わせることによって、個々の材料では持ちえない機能・性能を有する構造材料の創出をめざす研究開発領域である。特に、繊維状の強化材とマトリックス材を複合化した材料は、均質材料では達成できない高比強度（引張強さ／比重）や高比剛性（剛性／比重）、高耐熱性などの特性を発揮可能であり、代表的な材料には炭素繊維強化プラスチック（CFRP）、セラミックス基複合材料（CMC）、セルロースナノファイバー複合材料などがある。

（2）キーワード

　複合材料、炭素繊維強化プラスチック、炭素繊維、熱硬化性樹脂、熱可塑性樹脂、SiC繊維、セラミックス基複合材料、セルロースナノファイバー、CNF、高比強度、軽量化、プリプレグ、樹脂含浸成形法、RTM、CFRP、GFRP、SiC/SiC、CMC、MMC

（3）研究開発領域の概要

［本領域の意義］

　複数の異なる材料の複合化によって、均質材料では達成できない特性を発揮する複合材料は、目的に応じて設計可能な材料ともいえる。省エネルギー、低環境負荷（CO_2排出量削減）という地球的課題に対して、軽量高強度を実現する複合材料は自動車、航空機、風車発電等、輸送・エネルギー分野への適用により、その解決に直接的に寄与する。なかでも、繊維強化プラスチック（Fiber Reinforced Plastics: FRP）は高比強度、すなわち強くて軽い、という点で金属材料に大きく優り、さらに理想的には、構造物にかかる荷重の分布に合わせて繊維（強化材）を配置することで、より効率的な材料として機能しうる。一方、金属材料と比較して現状では高価格であり、信頼性、加工性、生産性等にも課題が多いことから、まだ金属系構造材料ほどには普及していないのも事実である。また、セラミックス基複合材料（Ceramics Matrix Composites: CMC）や金属間化合物に関する技術革新は、材料の軽量性と耐熱性を向上させ、航空機用エンジンの高効率化に大きな期待が寄せられている。さらに、航空機分野に比べて市場規模は小さいものの、宇宙分野や原子力発電の燃料被覆管用としても、特殊環境下で高信頼性が維持される材料の候補として期待が高まっている。さらに、再生産可能な資源の有効活用および石油資源からの脱却の観点から、強化材としてセルロースナノファイバーが注目を集め、産学官での取組が活発化している。

［研究開発の動向］

　一般に、複合材料は強化材としての繊維と母材としてのマトリックスから構成され、前者は炭素、ガラス、セラミックス、セルロース、後者は樹脂、セラミックス、金属が代表的である。実用化された複合材料のなかではFRPがもっとも普及しており、FRPにはガラス繊維強化プラスチック（Glass Fiber Reinforced Plastics: GFRP）と炭素繊維強化プラスチック（Carbon Fiber Reinforced Plastics: CFRP）がある。もっとも使われているのはGFRPであり、その用途は主には浴槽・浴室ユニット等の住宅機材、他に建設資材、輸送機器、浄化槽などがある。一方、CFRPはGFRPの数倍の比強度を有するが、高価であるため、一般的な用途はスポーツ用品等に限定されてきた。しかし近年、輸送機器への適用により、CFRPに対する注目度が高まっている。その代表例が航空機であり、例えばボーイング787の機体構造重量の約半分がCFRPである。エアバスA350においても複合材は53%と、主翼、胴体、尾翼など主要部位に採用されている。また、自動車についても、2013年11月にドイツBMW社は、世界で初めてCFRPを車体の主要骨格に採用した電気自動車「i3」を発売した。加えて、2017年にはトヨタ自動車「プリウスPHV」の新モデルのバックドア骨格にCFRPを採用したことが発表された。

2.4
俯瞰区分と研究開発領域
社会インフラ・モビリティ応用

　CFRP技術開発は素材開発と成形技術開発に大別される。素材については、炭素繊維にアクリル繊維を使用する PAN（Polyacrylonitrile）系、ピッチを使用するピッチ系がある。いずれも日本発の技術であり、その生産量のおよそ6割超を日本メーカーが占める。前述のボーイング787の場合も、CFRPの70％が日本メーカーにより製造されている。

　また、炭素繊維は用途・成形法により、長（連続）繊維と短繊維が使い分けられている。炭素繊維はアクリル繊維を空気中・高温で耐炎化（焼成）して製造するため、高コストかつ高CO_2排出であり、その大幅改善が求められる。一方、マトリックス樹脂には熱硬化性樹脂と熱可塑性樹脂があり、これらも用途・成形法により使い分けられている。

　成形法については、プリプレグ（強化繊維の織物に樹脂を含浸させたシート状の中間基材）をオートクレーブ（圧力釜）にかける方法が代表的であり、高強度、高剛性かつ品質安定性に優れる。一方、高価であり、成形性、生産レートに難があるため、用途が限定される。例えば航空機のように高価な材料の適用が認められやすい場合でも、主翼、胴体という主構造を除く尾翼、ドア等には、新たな成形法が望まれる。その候補は脱オートクレーブ成形法であり、プリプレグを用いる方法とRTM（Resin Transfer Molding: 樹脂含浸）成形法がある。 RTM成形法は繊維のみをあらかじめ積層し、その後に樹脂を含浸させるので高価なプリプレグが不要となる。これは1970年代に国内において確立されたが、その発展形であるVaRTM成形法（真空樹脂含浸成形法）は低温で樹脂含浸を行うもので、より低コスト化が可能となる。脱オートクレーブ成形法の最重要課題の1つはボイド（空孔）の低減である。

　さらに、自動車のように、安価かつ成形性、高生産性がより一層重視される生産には、プレス成形、射出成形等が適している場合が多い。以上の成形法を高性能かつ高コストの順に並べると、オートクレーブ、RTM、プレス成形、射出成形となる。このとき、最適な素材の組み合わせも成形法に依存する。繊維については、オートクレーブ、RTMには長繊維、プレス成形、射出成形には短繊維が用いられる。一方、樹脂は、オートクレーブ、RTMには熱硬化性樹脂、射出成形には熱可塑性樹脂、プレス成形には両方の樹脂が候補となりうる。なお、樹脂については、必ずしも成形性、生産性だけを考慮して使い分けることにはならない。例えば、航空機エンジンのファンに適しているのは熱可塑性樹脂と考えられているが、これはバードストライクに対する耐衝撃性が熱硬化性樹脂より優れているためである。ただし同じエンジン部品でも、圧縮機のより高温部（最高でおよそ300℃）に適用可能なCFRP開発の場合、温度特性から熱硬化性樹脂が適当と考えられている。

　また、複合材成形におけるロボティクスあるいは自動化の流れが加速されている。既に、ボーイング787においてはプリプレグ自動積層装置が利活用されている。現在は、比較的幅広なプリプレグに基づく成形から細幅のプリプレグ束を用いる取り組みが世界的に注目を浴びている。特に、熱可塑のプリプレグ束を用いて、直接その場で固化するIn-situ consolidationは次世代の技術だと考えられている。こういった細幅のテープを用いたときには、形状の自由度が広がる反面、ラップ（重なり）やギャップ（すき間）といった欠陥が生じやすい。この辺りの生産時欠陥の改善を実験あるいは解析の両面から実施した論文が数多く公刊されている。このような流れは航空機機体よりも小さな部品にも展開されており、その場合には、より小さな装置である3Dプリンターによって成形される。現在、低価格にて、連続繊維、不連続繊維を扱える装置が数多く販売されており、活況を呈している。

　FRP以外の複合材料には、金属、セラミックスをマトリックスとする金属基複合材料（Metal Matrix Composites: MMC）、セラミックス基複合材料（CMC）がある。なかでもCMCは①酸化物系CMC、②非酸化物系CMCに大別され、非酸化物系CMCであるSiC/SiC CMCはNi基超合金を超える軽量耐熱材料として、民間航空機用エンジンの部品にGE社により実用化されている。フランスのサフラン社からもCMCを航空機用エンジン材料として実用化したことが報告されている。このために、プラット・アンド・ホイットニー（P&W）社やロールス・ロイス（RR）社においても開発が急速に進められており、実用化の手前にあると推測される。国内重工業メーカーにおいても航空機用エンジン部品用の開発が進められ、この他にも、地上発

電用エンジン部品や原子力発電に用いられる燃料棒への用途開発が行われ、自動車のブレーキローター用として開発されたものは、オプションパーツ用が主ではあるが、使用量が増加する傾向を示している。

SiC/SiC CMCは、用途に応じた実用材料への選択と集中が行われ、ここ数年間は実使用環境下で生じる問題を解明し、材料の性能向上に活かすという視点からの研究開発が行われてきた。複合化形態は、SiC繊維の織物にマトリックスとしてのSiCを含浸させたものやSiC繊維を並べたものを積層した繊維構造を持ち、繊維とマトリックス間界面のコーティングにはBN（窒化ホウ素）が用いられ、航空機用としての部品製造技術にはMI法と呼ばれる溶融Siと炭素の反応を利用してSiCを生成させる方法を利用した製造技術が国際的に多数を占めるようになった。日本ではこの方法を利用して、将来の検査技術に対する国際的共同研究を推進するためのSiC/SiC国際標準試験材料が開発された。さらに、酸化物系、非酸化物系を問わず、損傷許容性を利用した部品設計の考え方や、使用環境下でのクリープや疲労、あるいは両者が混合した環境などにおける長時間耐久性についての研究開発へと関心が移行している。特に、SiC/SiCでは2700°F級材料としての期待から、1400℃での実使用に耐えるマトリックス材料の改質や使用環境に応じた耐環境コーティング（Environmental Barrier Coating：EBC）の開発も行われている。EBCの研究開発は欧米で活発に行われている。研究開発にはSiC/SiCを使用する実際の環境を知ることが必要であり、この点が国内での研究開発を難しくしている。CMC全般の課題としては、材料の汎用化という観点からは、現段階では部位コストに占める製造コストの割合が大きく、低コストプロセスを完成させることが重要と考えられている。加えて、部材としての実使用に耐える信頼性評価方法の構築や使用時の劣化の定量検出が重要になっている。CMCの大きな利点が損傷許容性にあるため、部品として使用する際に、その特性を活かした使用を保証できる非破壊検査手法も求められている。これらの解決策として、使用環境下でのバーチャルテスト技術の確立が開発を加速するための技術ツールとして望まれている。今後は、実用化に伴って発生する信頼性保証技術や使用時の劣化診断技術等の構築に必要な、基礎から応用に至る広範囲な技術の開発と適用が望まれる。

近年、持続性という観点から再生可能かつ生物由来の有機性資源であるバイオマス素材が注目されているが、その1つとしてセルロースナノファイバー（Cellulise Nano Fiber：CNF）を強化繊維として用いる複合材料開発に向けた動きも活発化している。CNFは、木材などの植物中から得られるパルプをナノレベルまで解きほぐしたものであり、鉄の5倍の強度で1/5の軽さ、熱膨張率は石英ガラス並という特性を持っているため、樹脂などと複合化することで軽量高強度複合材料や軽量で熱寸法安定性の高いプリント基板への利用が期待されている。また、CNFの原料であるセルロースはあらゆる木材や植物から抽出可能であるため、資源枯渇の心配がないことも特徴である。一方、CNFは表面に水酸基、あるいは水中で解離するカルボキシル基、リン酸エステル基、硫酸エステル基などが多数存在するため親水性が極めて高く、疎水性の石油由来の樹脂と複合化するには表面を化学処理する必要があるため、製造コストが高いという問題がある。そのため、現状では機能性添加剤として親水性CNFを用いた大人用消臭おむつ、かすれないボールペンインク、エコタイヤの部材、抗菌マスク、高級自動車用塗料、化粧品や歯磨き剤などでの実用化に留まっている。

（4）注目動向
［新展開・技術トピックス］

複合材料全般で注目すべき技術の1つがデータサイエンスの導入である。材料成形プロセスあるいは材料種の選択等に、AIやビッグデータといったデータサイエンスの適用が進められている。今後はより広範囲での利用が期待される。また、モデリング・シミュレーションの研究開発も、成形時の樹脂挙動、成形品の機械的特性等を高精度で予測するために重要である。これらとデータサイエンスが融合することで、複合材料におけるデジタルツインが構築されることが予想される。

CNFに関しては、オールジャパン体制でナノセルロース（セルロースナノファイバー、セルロースナノクリスタル、およびそれらを用いた材料の総称）の研究開発、事業化、標準化を加速するための産業技術総合研究所コンソーシアム「ナノセルロースフォーラム」が2014年6月に発足したが、2020年3月に発展的に解消した。

その後、新たに企業主導の「ナノセルロースジャパン（NCJ）」が発足し、木材、製紙、化学・樹脂、自動車、電気・電子製品など幅広い分野から約100社の企業、45名の企業等の個人会員、101の特別会員（大学、国研、公設試験所、県や市のメンバー等）、省庁のオブザーバーが参画している。並行して、東海、近畿、中国、四国などの地域においてもナノセルロースに関する研究会やコンソーシアムが活発に活動している。CNFの社会実装に向けた産官学のダイナミックな動きは、ますます活発化すると考えられる。

［注目すべき国内外のプロジェクト］

• CFRP

　日本は炭素繊維の生産では世界市場で圧倒的な強さを維持しているが、成形技術においては、米国、ドイツが日本と同等以上とみられる。主に、米国は航空、ドイツは自動車を対象としてその技術を磨いている。代表的な研究開発拠点として、米国ではデラウェア大学、ドイツではフラウンホーファーのICT（化学技術研究所）、生産技術・応用マテリアル研究所（IFAM）があげられる。また、英国のブリストル大学を中心とするNCC（国立複合材料センター）も、航空機向けに特化して、産学官コンソーシアムを形成している。一方、アジアでは中国、韓国が近年、世界の炭素繊維市場に進出しつつある。国内では、NEDO「革新的新構造材料等研究開発」（2014〜2022年度）、内閣府の戦略的イノベーション創造プログラム（SIP）「革新的構造材料」（2014〜2018年度）がある。前者が主に自動車向け、後者が航空機向けであり、成形技術等の開発が行われている。2018年度より開始されたSIP第2期「統合型材料開発システムによるマテリアル革命」（2018〜2022年度）においては、上記SIP「革新的構造材料」で開発してきたマテリアルズインテグレーション（MI）の素地を活かし、欲しい性能から材料・プロセスをデザインする「逆問題」に対応した次世代型MIシステムを世界に先駆けて開発するとともに、MIを活用して、競争力ある革新的な高信頼性材料の開発や設計・製造・評価技術の確立に取り組み、発電プラント用材料や航空用材料等を出口に先端的な構造材料・プロセスの事業化をめざしている。特に、東北大学が中心となって開発されたCoSMIC（Comprehensive System for Materials Integration of CFRP）は計算機上でプロセス・組織・特性・性能をつないで複合材料開発を加速する統合型材料開発システムであり、計算機上で材料の諸事象をバーチャルに再現することで、材料・製品開発の時間短縮・コスト低減を主目的としている。既に、数多くの企業が本システムを利用している。また、NEDO「次世代構造部材創製・加工技術開発」（2015〜2019年度）では、製造プロセスモニタリング技術の開発を進めている。NEDO「次世代複合材創製・成形技術開発プロジェクト」（2020〜2024年度）においては中小型機の低コスト・高レートな成形組み立て技術を目指し、設計から製造までを一貫して取り組んできた。なかでも、高レート生産に適した熱可塑性複合材の積極利用に、その特徴がある。

• SiC/SiC CMC

　上記SIP第2期「統合型材料開発システムによるマテリアル革命」（2018〜2022年度）においては、国内の重工業3社が参画してCMCの研究開発に役立つシミュレーションツールを作成した。JST未来社会創造事業「持続可能な社会の実現」領域（2019〜2021年度）においては、先進的複合材料の因子分類による疲労負荷時の複合劣化機構の解明と寿命予測が行われた。NEDO「次世代複合材創製・成形技術開発プロジェクト」（2020〜2024年度）では1400℃級CMC材料の実用化研究開発、高レート・低コスト生産可能なCMC材料およびプロセス開発が行われている。さらに、NEDO「クリーンエネルギー分野における革新的技術の国際共同研究開発事業」（2020〜2025年度）では航空機エンジンの燃費改善に寄与するCMCの信頼性・品質保証手法の開発に関する研究が開始され、そのなかでCMCの信頼性保証技術開発として、疲労寿命に関する研究が行われている。米国においては軍や企業からの支援によりCMCの広範囲な技術分野で研究開発が行われている。最近では、特定の企業と特定の大学間の連携が強化されている。フランスではボルドー大学、ドイツではフラウンホーファー研究機構、英国ではバーミンガム大学などが企業との密接な関係を持ち公的資金ならびに企業からの支援により研究開発を行なっている。

• CNF

　軽量・高強度・低熱膨張などの特性を示すCNFは次世代のグリーンナノ材料として注目を集め、2004年以降、論文数や特許数が増加している。その中心となっているのは、森林資源が豊富で製紙産業がさかんな北欧、北米、日本である。近年、中国の追随も無視できない状況にある。2011年からはフィンランド、カナダ、米国、日本の主導で国際標準化の議論も始まっている。国内における研究プロジェクトとしては、CNFを活用することで自動車の10%軽量化をめざした環境省「NCV（Nano Cellulose Vehicle）プロジェクト」（2016〜2019年度）があり、京都大学をはじめとする21の大学、研究機関、企業等のサプライチェーンで構成される一気通貫のコンソーシアムが設立され、それらの成果として2019年10月に開催された東京モーターショーでは、NCVが展示され、国内外から大きな関心を集めた。同モーターショーではCNFを用いた自動車用エコタイヤも展示された。JST未来社会創造事業「低炭素社会」領域（土肥義治分科会長）では、次世代ナノセルロース材料を創製するための階層構造制御技術に関する研究テーマ2件が採択され、2018および2019年度から実施されている。また、NEDO「炭素循環社会に貢献するセルロースナノファイバー関連技術開発」（2020〜2024年度）では関連するテーマを募集し、2020年度には関連技術開発と安全性評価の合計14件を採択している。特にNEDOプロジェクトでは、CNFの使用量増加と、それに対応して石油系プラスチックの使用量の減少が期待されるCNF/高分子複合化に関するテーマが主体となっている。これまでは、親水性のCNFを疎水性の高分子基材に凝集させることなく均一に複合化させることが課題であった。NEDOプロジェクトではこれらの課題をCNFの表面改質や複合化技術、各種添加剤との組み合わせによって克服することを主眼としている。その結果、CNF含有高分子複合材料の物性の向上と均一性が達成され、耐水性、耐湿性、長期安定性等の付与技術を構築し、各種高機能材料および汎用材料への利用量拡大をめざしている。

　また、複合材料に特化したものではないが、文部科学省における令和3年度戦略目標「資源循環の実現に向けた結合・分解の精密制御」の下に設定されたJST戦略的創造研究推進事業CREST「分解・劣化・安定化の精密材料科学」（研究総括：高原淳・九州大学特任教授、2021〜2028年度）およびさきがけ「持続可能な材料設計に向けた確実な結合とやさしい分解」（研究総括：岩田忠久・東京大学教授、2021〜2026年度）において、無機フィラーと分解性樹脂からなる複合材料の分解を可能にする界面設計をはじめとする「分解の科学」を分子レベルからマクロレベルまで多階層的に理解し、学問的に体系化することを目指した研究開発が行われている。

（5）科学技術的課題

　CFRPの材料・プロセス技術の進化に伴い、その特長を最大限に活かす構造の設計技術の要望も高まっている。CFRPはブラックメタルとも呼ばれるが、それは肯定的な意味とはいえず、いまだに金属材料の代替材料という位置づけから脱していない。これまでほとんどの場合、構造設計は金属材料（機械的特性が均一）を前提としたままで適用されてきた。部材内部で機械的特性の分布を変化できることがCFRPの強みであり、それを活かした設計・成形技術により、さらなる軽量化、ひいては省エネルギー、コスト削減が期待される。

　さらに、切削等の二次加工技術の進歩も不可欠である。3次元・複雑形状に対して前述の成形技術開発が進められる一方、穴あけ等は成形時に行うことは無理である。併せて、接合技術の重要度も増している。CFRPが全ての特性において金属材料に優るわけではないので、鉄鋼、アルミニウム合金、チタン合金等の異種材料と組み合わせたマルチマテリアル構造が最適な場合もある。そのための異種材料接合技術がキーテクノロジーの一つとなる。例えば、金属材料と同等にボルト接合を行うことは、（一次）部材成形に加えてさらにコスト増加の要因となる。そこで、接着剤による接着に大きな期待が寄せられる。これは既に構造物に多用されている技術ではあるが、主たる荷重を支持する部分に用いられるほどの信頼性は確保されていない。

　また、CFRPをはじめとする複合材料の特長を十分に発揮するためには破壊機構の解明が不可欠であるが、まだ十分とはいえない。結果的に、CFRPにおいては板厚を増す、接着とボルト接合を併用するなど、軽量化を犠牲にして安全率を高くする構造を選択する場合が多い。複合材料部材の寿命等、パフォーマンスの評

価方法の標準化およびその認証に関する取り組みも併せて重要である。加えて、航空機等向けの大型部材向け生産ライン、大量生産に対応した自動化技術、検査技術においても、欧米に遅れをとっており、キャッチアップが求められる。

複合材料の研究開発においては、構造設計と材料設計が一体となって行われることが多く、研究者も機械工学系が多い傾向にある。しかし、特に、破壊機構、接合の研究を通してさらに進化させるためには、繊維／樹脂間、接合面等の界面の解析・制御をはじめとする、ナノ・ミクロスケールでのアプローチが重要であり、材料科学工学系との協働の促進が求められる。特にCFRPは炭素を主体とする材料であるため、金属系、セラミックス系と比較して、物理解析技術を適用しにくいことが障壁になっている。その進歩がCFRPの発展に大きく寄与することは間違いない。

また、成形に関する設備導入コストが膨大であり、新規参入の障壁が高いことも課題の1つになっている。このため、利用方法は従来の金属の延長線上にあり、ブラックメタルとも揶揄されるが、3次元プリンターはその参入障壁を下げる契機になる可能性がある。前述の通り、連続繊維を利用できる小型の3次元プリンターが低価格で購入可能であり、これにより、より自由度の高い製品の製造が可能となる。CADあるいは各種設計ツールとの連携もスムーズであり、データサイエンスの適用も期待できる。

CNFによる軽量・高強度高分子複合材料開発では、親水性のCNFを疎水性の高分子基材中に均一に分散させる技術の構築、そのメカニズム解析、分散状態の定量的評価方法の開発が求められている。繊維強化高分子複合材料の強度は、その繊維のアスペクト比（長さ／幅の比率）に支配されるので、幅が細く、長さが長いCNFの構造を維持したまま、凝集せずに高分子基材中で複合化できれば、低添加量でCNFの親水性、耐水性の低さ、耐湿性の低さの欠点が現れることなく、軽量高強度高分子複合材料に変換できる。そのためには、CNFの表面改質、添加剤によるCNFのその場表面改質、および適正な複合化技術の構築が必要となる。それらを達成することで初めて、バイオマス由来のCNFの大量利用が可能となり、その先に石油資源の使用量の削減、大気中の二酸化炭素の削減、地球温暖化防止、異常気象防止、海洋マイクロプラスチック問題の解決へとつながる技術となり得る。

（6）その他の課題

航空機産業はCFRP、SiC/SiC CMCの今後の巨大ユーザーと期待されるが、機体はボーイング、エアバス、エンジンはP&W社、GE社、RR社と、米欧メーカーが圧倒的に強い。したがって、彼らの動向を常に注視し、彼らの開発スケジュールに合わせて新技術等を提案する必要がある。標準化についても同様である。さらに、採用までの所要時間を短くするために、日本国内に認証機関を持つことも重要である。これらは、まさに府省連携、産学官連携で取り組まなければ、目標達成は極めて困難である。その際、連携の中核となる拠点形成も必要となる。

（7）国際比較

国・地域	フェーズ	現状	トレンド	各国の状況、評価の際に参考にした根拠など
日本	基礎研究	〇	→	・大学、国研による、CNTベースのナノコンポジット、繊維／樹脂界面の解析・制御の研究開発。 ・大学中心の、植物由来原料によるCFRP素材、セルロースナノファイバー関連の開発。 ・国研中心の、耐熱CFRPの開発。 ・2017年に東京工科大学内にCMCセンターを設立。 ・セルロースナノファイバーに関する基礎研究が東大、京大、九大を中心に活発化。

2.4
俯瞰区分と研究開発領域
社会インフラ・モビリティ応用

	応用研究・開発	◎	↗	・経産省「革新的新構造材料等技術開発」による自動車用CFRP成形技術開発。 ・NEDO「次世代構造部材創製・加工技術開発（複合材構造）」による構造ヘルスモニタリング技術の開発。 ・内閣府SIP「革新的構造材料」による、航空機用CFRP脱オートクレーブ成形技術、強靭性オートクレーブCFRP材料開発。 ・航空機エンジンメーカー中心の、高性能・高生産性SiC/SiC CMCの開発。 ・宇部興産がSiC繊維を製造できる技術を有する。 ・原子力発電用のSiC/SiC CMCの開発が進められている。 ・ほぼ全ての製紙産業と一部の化学産業がナノセルロースの製造と応用展開を進めている。 ・産総研のコンソーシアム「ナノセルロースフォーラム」の後継として、企業主導の「ナノセルロースジャパン」が発足し、ナノセルロースの実用化を目指した情報交換の場として機能。
米国	基礎研究	○	→	・Materials Genome Initiativeの下での計算材料科学による材料設計。 ・CNTなどを用いたナノコンポジットなどの基礎研究。農務省林産物研究所や大学で、数種類のナノセルロースを製造し、企業にサンプル提供。 ・CMCの応用に伴って発生した課題解決のための基礎研究が産学連携体制で開始。
	応用研究・開発	◎	↗	・デラウェア大学複合材料センターによる、各種成形技術およびそれを前提とする材料設計技術、生産ライン最適化技術の開発。 ・エジソン溶接研究所（EWI）による、金属−CFRPの接合・接着技術の開発。 ・DOE/IACMIプログラムによるCFRP材料・成形技術、及び成形・損傷シミュレーション技術。 ・1m級の酸化物系CMCを製造できる企業が存在。 ・GE社およびP&W社ではSiC/SiC CMCを航空機エンジン材料としての応用展開が進展。 ・P&W社がカリフォルニア州にCMC研究開発施設を設置。 ・ナノセルロースの先端材料への実用化を目指したベンチャー企業が存在。
欧州	基礎研究	○	→	・ナノコンポジット、ナノ繊維強化プラスチックの研究への巨額の公的投資。 ・主に北欧では、国研や大学を中心にセルロースナノファイバーの基礎研究が活発化。 ・CMC用強化素材とCMC信頼性保証技術の基礎研究が進展。
	応用研究・開発	◎	↗	・ドイツ連邦教育研究省（BMBF）のファンディングによる「マルチマテリアルシステム」における複数構造材料の組み合わせによる車体軽量化技術開発。 ・フラウンホーファー化学技術研究所（ICT）による、各種成形技術およびそれを前提とする材料設計技術の開発。 ・フラウンホーファー生産技術・応用マテリアル研究所（IFAM）による、大型部材の生産・検査自動化技術、接合・接着技術（異種材料間含む）の開発。 ・ドイツCFK−Valley Stade, MAI Carbon ClusterなどによるCFRP成形技術拠点。 ・ドイツではすでにCF/SiC CMCを軽量耐摩耗材料として自動車やオートバイのブレーキローターに使用している。近年、ドイツ以外の国でも用途が広がり使用量が増加している。 ・産官学の連携体制が強化され、CMC開発拠点を形成。同時に、EUとイギリスではCMCに関する共同研究が進んでいる。 ・ドイツでは、SiC繊維が販売され始めるとともに、SiC/SiC CMCの販売も始まった。 ・Ox/Ox CMCの製造技術が完成し、材料として販売されている。 ・英国溶接接合研究所（TWI）による、金属−CFRPの接合・接着技術の開発。 ・英国（EPSRC）の高価値センター"CATAPULT"プロジェクトによる、ブリストル大学中心の産学官コンソーシアムの航空機向けCFRP研究開発拠点、国立複合材料センター（NCC）。 ・製紙産業でナノセルロースやミクロフィブリル化セルロースの製造・販売を開始。プラスチック容器に代わる環境適合型食品容器分野をターゲットにしている。

2.4
俯瞰区分と研究開発領域
社会インフラ・モビリティ応用

中国	基礎研究	○	→	・日本のISMA、SIPに相当するような国家プロジェクトは持たないが、政府は有力大学へ個別に研究資金を提供している。特に国家支援の航空機メーカーであるCOMACが関係したものが多く、豊富な資金力で、欧米からの購入により設備、ソフトを揃えている。 ・セルロースナノファイバーに関しては、学術的な論文は多数発表されている。関連学術論文の約半数が中国発。
	応用研究・開発	◎	↗	・1960年に国家建材局の下に4研究所を設立、1999年に組織改革し、企業活動を開始。 ・航空機、電気自動車、風力発電用の応用開発に多額の資金投資中。 ・紙以外の用途に対するナノセルロースの研究開発はさかんではない。 ・SiC繊維の特性向上研究および国内製造・実用化が進展。
韓国	基礎研究	△	↗	・日本のISMA、SIPに相当するような国家プロジェクトはない。個々の研究者による研究が中心。 ・ナノセルロースに関する論文数が増加傾向にある。先端分野への応用研究が主体。
	応用研究・開発	○	→	・2006年に政府主導で本格的な炭素繊維開発に入り、2013年に商用化。 ・韓国材料科学研究所（KIMS）による、大型FRP部材（風力発電ブレードなど）の性能評価。他に韓国炭素収束技術研究所（KCTECH）による自動車向けCFRPの開発がある。 ・一部の企業がナノセルロースをサンプル提供している。日本のナノセルロースフォーラムのような組織の設立を検討中。

（註1）フェーズ

　　　基礎研究：大学・国研などでの基礎研究の範囲

　　　応用研究・開発：技術開発（プロトタイプの開発含む）の範囲

（註2）現状　※日本の現状を基準にした評価ではなく、CRDSの調査・見解による評価

　　　◎：特に顕著な活動・成果が見えている　　　　　　　○：顕著な活動・成果が見えている

　　　△：顕著な活動・成果が見えていない　　　　　　　×：特筆すべき活動・成果が見えていない

（註3）トレンド　※ここ1〜2年の研究開発水準の変化

　　　↗：上昇傾向、→：現状維持、↘：下降傾向

関連する他の研究開発領域

・破壊力学（環境・エネ分野　2.6.3）

・金属系構造材料（ナノテク・材料分野　2.4.1）

・ナノ力学制御技術（ナノテク・材料分野　2.4.3）

・次世代元素戦略（ナノテク・材料分野　2.5.2）

・データ駆動型物質・材料開発（ナノテク・材料分野　2.5.3）

・物質・材料シミュレーション（ナノテク・材料分野　2.6.3）

参考・引用文献

1）福田博, 邉吾一, 末益博志 監『新版 複合材料・技術便覧』（東京：産業技術サービスセンター, 2011）.

2）物質・材料研究機構 調査分析室『調査分析室レポート：社会インフラ材料研究の新たな展開：安全・安心な持続性社会の構築へ向けて』（茨城：物質・材料研究機構, 2013）.

3）武田展雄, 越岡康弘「航空宇宙機複合材構造の構造ヘルスモニタリング技術の進展」『非破壊検査』60巻3号（2013）：157-164.

4）Shu Minakuchi, et al., "Life cycle monitoring and advanced quality assurance of L-shaped composite corner part using embedded fiber-optic sensor," *Composites Part A: Applied Science*

2.4

俯瞰区分と研究開発領域

社会インフラ・モビリティ応用

and Manufacturing 48（2013）: 153-161., https://doi.org/10.1016/j.compositesa.2013.01.009.

5）新構造材料技術研究組合（ISMA）, https://isma.jp,（2023年2月17日アクセス）.

6）戦略的イノベーション創造プログラム（SIP）「革新的構造材料（終了課題）」https://www.jst.go.jp/sip/k03.html,（2023年2月17日アクセス）.

7）戦略的イノベーション創造プログラム（SIP）「統合型材料開発システムによるマテリアル革命」https://www.jst.go.jp/sip/p05/index.html,（2023年2月17日アクセス）.

8）University of Delaware, "Center for Composite Materials（CCM）," http://www.ccm.udel.edu/,（2023年2月17日アクセス）.

9）EWI, https://ewi.org,（2023年2月17日アクセス）.

10）Fraunhofer Institute for Chemical Technology（ICT）, https://www.ict.fraunhofer.de/en.html,（2023年2月17日アクセス）.

11）Fraunhofer Institute for Manufacturing Technology and Advanced Materials（IFAM）, https://www.ifam.fraunhofer.de/en.html,（2023年2月17日アクセス）.

12）The Welding Institute（TWI）, https://theweldinginstitute.com,（2023年2月17日アクセス）.

13）Korea Institute of Materials Science（KIMS）, https://www.kims.re.kr/?lang=en,（2023年2月17日アクセス）.

14）ナノセルロースジャパン（NCJ）, https://www.nanocellulosejapan.com,（2023年2月17日アクセス）.

15）磯貝明「セルロースナノファイバー」『表面技術』71巻6号（2020）: 389-395., https://doi.org/10.4139/sfj.71.389.

16）磯貝明「完全分散化セルロースナノファイバーの構造と特性」『粉体技術』11巻12号（2019）: 1015-1019.

17）磯貝明「セルロースナノファイバーの現状と今後」『自動車技術』73巻11号（2019）: 88-93.

18）磯貝明「新規ナノ素材「セルロースナノファイバー」の開発の現状と応用展開」『化学装置』62巻9号（2020）: 17-24.

19）日刊工業新聞社「特集：進化するセラミックス複合材料の拡大する用途と展望」『工業材料』69巻6号（2021）: 11-66.

20）香川豊「セラミックス複合材料（CMC）の力学特性の特徴」『日本ガスタービン学会誌』49巻4号（2021）: 223-228.

21）香川豊, 関根謙一郎, 時本扶美「セラミックス複合材料（CMCs）の特徴と応用」『砥粒加工学会誌』65巻11号（2021）: 585-588.

2.4.3 ナノ力学制御技術

（1）研究開発領域の定義

　ナノ力学制御技術とは、材料の力学特性発現機構をナノスケールまで立ち戻って理解し制御することを目的とした研究開発領域である。材料が本来持つ力学機能を最大限まで引き出し、これまで実現できなかった高性能・高機能・高耐久な材料の開発および新しい材料設計技術を構築するために重要な技術である。以下では、マクロな材料力学特性に関して社会的要請が強い応用技術領域を代表するものとして、「接着」「摩擦・摩耗」「自己修復」の3つを主に取り上げる。

（2）キーワード

　マルチスケール解析、ナノ構造、ナノ界面、オペランド計測、ナノ計測、接着界面、分子接着技術、マルチマテリアル化、キッシング・ボンド、トライボケミカル反応、表面テクスチャ、コーティング、固液界面、超低摩擦、自己修復、水素結合、動的架橋、超分子

（3）研究開発領域の概要
［本領域の意義］

　材料が本来持つ力学機能を最大限まで引き出すためには、従来行われてきた現象論・経験則によるアプローチに加え、ナノスケールにおける相互作用を出発点としてマクロな力学特性の発現メカニズムを体系的に理解することが重要である。それによって、これまで実現できなかった高性能・高機能な材料開発および新しい材料設計技術を構築することができるようになる。ナノスケールにおける非平衡・散逸・非定常状態も含めた現象メカニズムの解析起点とし、ナノスケール〜メソスケール〜マクロスケールの各階層構造をつなぐトランススケールな検討を行うことが重要である。

• 接着

　次世代モビリティ、特に自動車や航空機などの輸送機器における軽量化ならびに高強度化のため、部材のマルチマテリアル化検討が進められており、このためのキーテクノロジーとして異種材料接着に注目が集まっている。しかし、現状では接着の信頼性が十分ではなく、依然としてボルト・リベットによるスチールの使用が継続されている。今後、接着剤の信頼性・健全性をいかに担保するかが重要である。

　また、自動車製造工程における炭酸ガス排出の約半分が塗装工程であるとも言われており、塗装を低温・短時間で可能な接着技術で代替できれば、大きな環境低負荷に繋がる。さらに、高強度な接着界面を自在に剥離できれば廃車時の部材リサイクル効率も向上する。

　これらを実現するためには、接着剤自身の高性能化・高機能化はもちろん、接着剤がなぜくっつくのか、壊れるのか、どのくらいで壊れるのかといった動作機構を明らかにし、接着の学理を構築することが必要となる。

• 摩擦・摩耗

　機械システムがその機能を実現するために動く箇所には必ず「摩擦」が発生し、それはエネルギー損失の大きな要因となる。現在の自動車において、燃料の約1/3はエンジンや変速機、タイヤなどにおける摩擦損失によって消費されている。摩擦制御技術は、自動車、家電、情報機器、産業用ロボットなど機械産業機器、生活環境におけるエネルギー高効率化の鍵を握る。一方、機械システムの故障や寿命の原因の75%は摩擦により引き起こされる「摩耗」に起因していると言われ、耐摩耗技術は、コスト損失や時に重大事故の抑制など機械システムの信頼性と耐久性の鍵を握る。

　しかし、摩擦と摩耗は、個別の材料の特性ではなく、システムの応答特性であり、接触条件や環境など多

様な因子に敏感に左右される動的変化を伴う複雑系の現象であるため、ナノスケールでの構造や挙動に関する科学的知見とマクロな摩擦摩耗現象を制御する技術開発の間には大きな乖離がある。マクロスケールの現象のナノスケールでの現象まで立ち戻っての科学的理解を基盤とする合理的な設計論による開発の加速が重要となる。

● 自己修復

材料の自己修復が可能になれば、メンテナンスの費用が大幅に削減できるだけでなく、材料の長寿命化を通じてCO_2の削減にも大きな効果が期待される。また、宇宙空間や深海など、通常のメンテナンスが困難な応用先では特に重要な技術と考えられる。

自己修復現象はマクロな力学特性であるが、それを実現するためには、ナノおよびマイクロスケールの原子・分子の構造または高次構造と、そのダイナミクスが決定的な役割を果たす。したがって自己修復現象を科学的に理解し、その修復の程度や速度を制御するためには、ナノとマクロをつなぐ空間の階層構造に関する学理、それぞれの時空間スケールをカバーする測定手法の開発、マルチスケールシミュレーションなどの基礎研究が必要となる。

［研究開発の動向］

持続可能社会を実現するためには、素材産業や機械産業に対するCO_2排出量削減や低消費電力化などの環境低負荷に向けた要求がますます高まり、素材が持つ性能を極限まで引き出す機械機器設計が求められている。いわゆる「限界設計」の時代に突入しつつある今、社会的な要求を満たすためには、高性能な材料開発はもちろんのこと、それらの機能発現メカニズムの本質的な理解を通じた材料の余寿命予測技術の確立、さらに最終製品の信頼性や耐久性を担保できる新しいサイエンスが求められている。そのため、現象論的なマクロ特性の解析のみならず、ナノスケールにまで掘り下げた詳細な機能発現の原理解明が必要となり、機械工学や流体工学などのマクロスケール現象を取り扱う研究者・研究分野と、化学や物理学などのナノスケール現象を取り扱う研究者・研究分野の協働が重要になってきている。それぞれの研究分野においては、データ科学やシミュレーション技術も駆使してナノとマクロの両方からのアプローチをすることによって革新材料の創製をめざす動きが徐々に始まっている。

● 接着

接着技術の信頼性・健全性を向上させるためには、学理に基づく強度や耐久性の保証が求められる。しかし、接着層は両側を固体で挟まれた薄い層であり、外から直接観測することが困難なため、実接着界面での接着機構や破壊挙動が明確になっていない。また、強度設計の系統的な指針や環境による劣化原因究明も十分ではない。

高温下、湿度下、変形下など多様な条件での接着剤の高性能化には、マテリアルズインフォマティクス（MI）の手法が有効である。ただし、現在、接着強度に関する現在の評価は破壊試験がメインであり、データのばらつきが大きく、多くの試験回数を要する上に、疲労試験は長期間を要するという問題がある。このため、接着現象を、分子中の官能基の配向状態や接着剤の硬化反応の空間不均性から、巨視的な剥離・破壊など力学強度までのマルチスケールな空間で、かつ時間変化で包括的に解析し、その発現機構を明らかにし、それを分子設計に活かすことが重要になる。

近年では、硬化収縮の起こりにくい接着や温度・湿度変化とその繰り返しに耐え得る接着等の設計が開始されている。また、界面にクラック等の初期破壊が起こってもそれを修復する接着、部材のリサイクルを考えた際の易解体性接着、環境に優しいバイオベース接着なども重要である。

● 摩擦・摩耗

　1980年代末頃の磁気記憶装置の急速な発展時の小さな接触面でのゼロ摩耗の要求が、マイクロおよびナノスケールでの摩擦・摩耗制御技術と原子・分子レベルでの摩擦・摩耗メカニズムの科学的解明に取り組むきっかけとなっている。ものづくりとして実用化される表面は均質な表面であることはなく、また取り巻く環境はさまざまであり、さらに、摩擦エネルギーにより表面は常に変化するため、実際の表面では科学と技術のギャップは大きい。特に、摩擦および摩耗過程では、環境の影響も相まってさまざまな化学反応（トライボケミカル反応）が発生する。その結果として形成されるナノメートルオーダーの表面層の理解が、摩擦・摩耗解明のためには不可欠となる。また、摩擦と摩耗の動的な現象を真に理解するためには、in situ 観察技術が必要であり、光干渉法、分光法、TEM、振動分光法、その場放射XRD等の最先端の表面評価装置と摩擦摺動部を組み合わせた摩擦界面の in situ 観察技術の開発が国内外で進んでいる。

　摩擦がゼロに近づく現象およびそのアプローチを超潤滑（Superlubricity）と呼び、マイクロ・ナノスケールにおいて多くの注目を集め数多くの研究が推進されてきた。その発現機構については科学的な解明が進む一方で、超潤滑の最終的な目的である超低摩擦と超低摩耗を備えた有望な機械システムの設計への展開は依然として困難な状況であり、大きな課題となっている。

● 自己修復

　自己修復材料の対象は、有機・高分子材料と無機材料に大別できる。

　有機・高分子材料の自己修復としては、もっとも大きな応用分野が自動車などの自己修復コーティングである。軽微な擦り傷が時間とともに修復するものであり、変形した高分子の形状が自然に元に戻る物理的な自己修復である。ヤング率が低い柔らかい高分子では当然のことであるが、比較的硬いコーティング用の高分子材料で実現することに意義がある。しかし、硬い高分子材料で高い復元性と速い復元速度を低温で両立することは今でも困難であり、架橋密度の制御、水素結合の部分的導入、トポロジカル超分子の利用など新しい技術を導入しながら現在もさかんに研究されている。これに加えて最近は化学的な自己修復が注目されている。水素結合、疎水性相互作用、結晶化、ホストゲスト相互作用などのさまざまな非共有性相互作用を用いるものや、エステル交換反応、Diels–Alder 反応などの動的結合を利用するものなどさまざまな研究成果が報告されている。

　無機材料分野である自己治癒セラミックスの研究開発については、おおむね3世代に分けることができる。第1世代は、亀裂の入ったセラミックスを再焼結することによる亀裂の再接合の現象解析を中心に研究開発が行われた。この段階は自己治癒性を積極的に活用した材料設計がなされたわけではない。第2世代は、SiC粒子の高温酸化を利用した自己治癒セラミックスなどであり、粒子分散材と分散質の化学反応を活用した亀裂の再接合現象を中心に研究開発が行われている。第3世代は想定される用途に合わせて自己治癒機能を発現する最適な化学反応を選定し材料設計を実施するものであり、長繊維強化自己治癒セラミックスが代表例である。

（4）注目動向
[新展開・技術トピックス]
● 接着

　新構造材料技術研究組合（ISMA）は自動車を中心としたモビリティの軽量化に向けた技術開発を推進しており、物質・材料研究機構（NIMS）と共同で、代表的な熱硬化性樹脂であるエポキシ樹脂を分解する資源循環システムを提案している。これにより、炭素繊維強化プラスチック（CFRP）の再利用の促進が期待できる。

　産業技術総合研究所（AIST）は、接着技術の基礎から応用に至る幅広い分野を対象として研究開発を行う接着・界面現象研究ラボを設立し、また、産官学の連携構築の場として、接着接合基盤技術共同研究体

2.4
俯瞰区分と研究開発領域
社会インフラ・モビリティ応用

（ABC–U）および接着・接合技術コンソーシアムを設立している。ここでは、異種材料接着接合技術（構造接着技術）の開発を目指し、接着界面の分析技術、接着剤の開発、接合部の強度評価および耐久性予測技術、接着・接合のための金属やプラスチックの表面処理技術など様々な取り組みが行われている。また、接着接合の信頼性向上に繋がる評価技術の開発と国際標準化、および企業への橋渡しにも取り組んでいる。

　九州大学は、次世代接着技術研究センターを設立し、接着機構の分子論的解明と熱硬化における基礎物性の理解を掲げ、社会実装に向けた開発研究に必要な知見を蓄積するとともに、接着寿命の予測解析の高速化、接着界面にタフネス性・自己修復性・易解体性を付与することやバイオベース化にも取り組んでいる。また、これらの技術を、企業の開発目標を達成するための共通基盤技術として位置づけ、界面マルチスケール4次元解析に加えて、数理統計・MIに基づき接着現象を本質的に理解するとともに分子接着技術を導入することで、これまで達成できなかったスペックの接着を可能とし、バリューチェーンを意識しながら社会実装に展開していく特徴ある活動をしている。

● 摩擦・摩耗

　摩擦・摩耗を制御するための高性能・高機能な材料開発および新しい材料設計技術を構築するため、マイクロ・ナノスケールの現象解析に基づいた設計論構築のための橋渡しが強く求められている。特に実用機械システムにおいては信頼性と耐久性は極めて重要であり、今後は低摩擦発現機構のみならず、摩耗機構に基づいた低摩擦の信頼性と耐久性の評価が必要となる。

　摩擦過程、特に摩擦初期のなじみ過程においては、摩擦下での化学反応（トライボケミカル反応）により常に摩擦面が変化することが知られており、このトライボケミカル反応を制御することが、安定した低摩擦の発現の鍵を握ると考えられている。東北大学の久保百司らのグループは、摩擦下での化学反応ダイナミクスを解明可能な反応力場分子動力学シミュレータにより、摩擦下で発生するトライボエミッション現象のメカニズムを解明し、ダイヤモンドライクカーボン（DLC）のナノレベルの摩耗現象を明らかにしている。今後は、摩耗しにくい材料・表面に加え、摩擦エネルギーによって摩擦界面の良好な状態を継続的に自己形成させる技術、すなわち摩擦界面の自己治癒技術が重要になると考えられ、関連する研究が始まっている。

　材料としては、濃厚ポリマーブラシの潤滑効果の研究が進められている。濃厚ポリマーブラシは、固体表面の表面修飾、低摩擦化材料や生体内潤滑モデルとして世界的に大学を中心に研究されてきているが、耐荷重性に乏しく実用化には限界があった。これに対し、京都大学の辻井敬亘らのグループは濃厚ポリマーブラシの厚膜化に成功し、膨潤溶媒としてイオン液体や潤滑油を利用することも可能になり、実用化を視野に入れ摩耗の学理構築とそれに基づく新機能開拓を目指した研究が進められている。

● 自己修復

　有機・高分子材料の自己修復としては、動的結合を利用したものがさかんに研究されている。LeiblerらフランスCNRSのグループのエステル交換反応で自己修復するヴィトリマーと呼ばれる熱硬化樹脂や、東京工業大学の大塚英幸らのグループのジアリールビベンゾフラノンの動的結合を利用した例などがあげられる。また、水素結合を利用した自己修復材料では、理化学研究所の相田卓三らのグループが、ガラス状の硬い自己修復材料の合成に成功した。従来の有機・高分子の自己修復材料は、弾性率が低い柔らかい材料に限定されていたが、ポリエーテルにチオ尿素を導入することで、硬い材料でありながら、室温で数時間圧着するだけで強度が元に戻るものが実現できている。ちなみに水素結合を用いた自己修復材料としては、Leiblerらと共同しながらアルケマ社が「Reverlink®」という製品を実用化している。

　岐阜大学の三輪洋平らのグループでは、ポリマーに少量付加したフッ素成分が集まる性質に着目し、新しいタイプの自己修復エラストマーを開発した。切断した傷口は自己修復により瞬時に接合し、15分程度で元通りに回復する。単純な分子構造で自己修復機能が実現する点に特徴がある。東京大学の吉江尚子らのグループでは、ビシナルジオールを用いたエラストマーの自己修復に成功している。ビシナルジオールの結合・

2.4 俯瞰区分と研究開発領域　社会インフラ・モビリティ応用

解離の緩和時間は25分程度と人間の時間感覚と同程度にあることや、エントロピー駆動で自己修復が起こることなど、これまでの自己修復とは異なる新しい技術や観点として注目されている。

　無機材料系自己治癒材料の研究開発において注目される動向として、自己治癒機能を力学機能の一機能として有限要素法モデルなど構造物の連続体モデルへ組み込む試みがある。横浜国立大学の尾崎伸吾らのグループは、セラミックスの自己治癒速度を温度、酸素分圧の関係式として有限要素法モデルに組み込み、有限要素法解析内で、クラックが自己治癒されていく挙動および強度が回復されていく挙動を模擬している。また、サーキュラーエコノミーに対応する材料技術として、無機材料の自己治癒技術を使用済み部材の再利用、再資源化技術として転用することが注目されており、産業界の関心が極めて高い。

［注目すべき国内外のプロジェクト］

・接着

［日本］

　内閣府 戦略的イノベーションプログラム（SIP）では、「革新的構造材料」（PD：岸輝雄、2013～2019年度）および「革新的設計生産技術」（PD：佐々木直哉、2014～2018年度）において、軽量かつ耐熱・耐環境性に優れた材料開発が行われた。「統合型材料開発システムによるマテリアル革命」（PD：三島良直、2018～2022年度）においては、欲しい性能から材料・プロセスをデザインする逆問題に対応した次世代型マテリアルズインテグレーションシステムを活用して、競争力ある革新的な高信頼性材料の開発や設計・製造・評価技術の確立を目指した取り組みが進んでいる。ターゲットとして発電プラント用材料や航空用材料を選び、先端的な構造材料・プロセスの事業化を目指している。

　産業技術総合研究所（AIST）は、新エネルギー・産業技術総合開発機構（NEDO）から委託を受けた「車体接着長期安定化のための界面設計技術開発」（2021～2024年度）をドイツ・ブラウンシュバイク工科大学と共同で推進している。

　JST 未来社会創造事業 大型プロジェクト型 技術テーマ「Society5.0の実現をもたらす革新的接着技術の開発（PM：田中敬二、2018年度～）では、先端解析ならびに原子・分子レベルの材料設計がもたらす革新的な接着素材やプロセスの開発を目指し、アカデミアに加え我が国を代表する化学・素材メーカーが参画している。ここでは、各企業単独では達成し得ない成果を創出・確立し、現場で実装可能な接着剤あるいは接着プロセス技術として熟成させ、部品メーカーや自動車OEM等のユーザへ導入していくことも視野に入れたプロジェクトとなっている。

　また、JST-CREST「革新的力学機能材料の創出に向けたナノスケール動的挙動と力学特性機構の解明」（研究総括：伊藤耕三、2019～2026年度）やJST-CREST「分解・劣化・安定化の精密材料科学」（研究総括：高原 淳、2021～2027年度）、JSTさきがけ「力学機能のナノエンジニアリング」（研究総括：北村隆行、2019～2024年度）、JST さきがけ「持続可能な材料設計に向けた確実な結合とやさしい分解」（研究総括：岩田忠久、2021～2026年度）においても、接着に関連したテーマが採択されている。

［海外］

　ドイツのフラウンホーファー研究機構は、欧州企業を含む10社が参画するプロジェクト「FlexHyJoin」（2015～2030年）を主導し、鋼板とプラスチックの接合技術に関し、軽量化、コストと時間の効率化、接合強度の向上に取り組んでいる。また、欧州内外の自動車メーカー14社が参画する欧州共同研究開発機構（EUCAR）では、4つの研究開発クラスター SEAM（SafeEV、ENLIGHT、ALIVE、MATISSE）が推進されている。この内、EV車両の軽量化を扱うプロジェクトはENLIGHTとALIVEで、それぞれ軽量化材料の性能向上とそれらを加工・接合する技術の開発が主に行われている。

　米国および中国では、環境にやさしいバイオベース接着剤の研究が活発化している。

　韓国では、2030年に次世代二次電池の分野で世界トップを目指すK-バッテリ発展戦略を掲げ、その中で素材と接着剤の開発が進んでいる。

・摩擦・摩耗

［日本］

　マイクロ・ナノスケールにおける現象解明にもとづく摩擦摩耗の理論的設計をめざすプロジェクトとして以下のものをあげることができる。

　JST-CREST「革新的力学機能材料の創出に向けたナノスケール動的挙動と力学特性機構の解明」（研究総括：伊藤耕三、2019～2026年度）では、高分子化学の視点において低摩擦を実現する厚膜濃厚ポリマーブラシの開発がなされている。また、氷とゴムの界面に発生する摩擦を支配する要因をナノスケールで解析することで、摩擦機構を解明し摩擦予測モデルを提案するとともに、摩擦最適化と省エネルギーを両立する革新的なゴム材料の分子設計の指針を目指した研究が進められている。さらに、摩擦界面におけるトライボケミカル反応を設計・制御することにより、超低摩擦界面が継続的を自己形成させる「自己治癒型超低摩擦システム」の設計指針の構築を目指す研究も推進されている。

　JSTさきがけ「力学機能のナノエンジニアリング」（研究総括：北村隆行、2019～2024年度）では、過酷な摩擦条件においても高い潤滑性をもつ高分子の境界膜における低摩擦発現機構解明のために、多角的かつ階層的なアプローチでの低摩擦発現機能の解明を目指した研究を進めている。また、ハドロゲルにより実現される超低摩擦機構のナノスケールでの流体力学的解析目指した研究も推進されている。

［海外］

　EUでは、リーズ大学（英国）でのイオン液体（IL）の潤滑剤としての応用やボローニャ大学（イタリア）でのエンジンオイル用の環境に優しい添加剤に関する研究があげられるが、どちらも界面における固体表面と潤滑剤分子の相互作用のメカニズム解明にもとづく合理的な設計をめざすものである。また、「Intelligent Open Test Bed for Materials Tribological Characterisation Services」（2019～2022年）においては、材料特性や摩擦摩耗特性の膨大なデータを人工知能によって解析することによるトライボロジー材料特性評価の世界初のオープンテストベッドの確立を目指している。

　中国では、清華大学摩擦学国家重点実験室で、数十人規模の博士課程学生によりマイクロ・ナノスケールのトライボロジー現象の科学的解明のための研究が推進されている。韓国では、延世大学Center for NanoWearにおいて、実験的なアプローチに加えて、理論的解釈とシミュレーションなどを活用した幅広い研究がなされている。

・自己修復

［日本］

　内閣府「革新的研究開発推進プログラム（ImPACT）」の「超薄膜化・強靱化『しなやかなタフポリマー』の実現」（PM：伊藤耕三、2014～2018年度）において、有機・高分子の自己修復材料が取り上げられ、画期的な成果が得られている。また、JST-CREST「革新的力学機能材料の創出に向けたナノスケール動的挙動と力学特性機構の解明」（研究総括：伊藤耕三、2019～2026年度）およびさきがけ「力学機能のナノエンジニアリング」（研究総括：北村隆行、2019～2024年度）においても、自己修復材料は力学機能の1つとして有力な対象となっている。

［海外］

　自己修復材料を集中的に研究している組織として、米国のイリノイ大学アーバナ・シャンペーン校（UIUC）、オランダのデルフト工科大学、ドイツのフラウンホーファー生産技術・応用マテリアル研究所（IFAM）、ライプニッツ高分子研究所などが良く知られている。それぞれ中心としている研究対象は異なり、イリノイ大学では接着剤入りの微粒子を用いた高分子の自己修復樹脂、デルフト工科大学は自己修復コンクリート、フラウンホーファーはコーティング材料、ライプニッツ高分子研究所はタイヤを含むエラストマーなどに注力している。国際会議としては、International Conference on Self-healing Materials という国際会議が2年おきに開催されており、2022年はミラノで開催された。

（5）科学技術的課題

　接着に関しては、接着現象の機構が理解できていないことに起因して、強度の支配因子が不明、環境劣化の理由不明、品質保証・健全性の指針がないなどの問題がある。これら問題を解決するための課題には、接着剤となる分子の設計・配合、接着界面解析、硬化樹脂の構造・物性解析と力学特性評価、さらには、プロセス設計など多様な要素があり、その解決には、化学・物理・数学や、機械を代表とする工学等幅広い専門分野の連携が必要である。また、接着現象を正しく理解するためには、実試料での界面計測とシミュレーションをマルチスケール、かつ、時間を含めた4次元で行う必要がある。得られる情報を数理統計解析、また、データ科学を活用して包括的に解釈して、分子接着と構造接着を統合できる接着機構を解明する必要がある。

　摩擦・摩耗に関しては、マイクロ・ナノスケールでの科学的な解明が進む一方で、それらの理解にもとづくマクロな摩擦摩耗の制御システムの合理的な設計と創成には未だ繋がっていない。今後は、これらの理解にもとづく実用機械システムへの発展とそのためのマイクロ・ナノスケールでの摩擦面の変化の理解を機械システム設計につなげる新しいアプローチが求められる。また摩耗機構にもとづいた低摩擦の信頼性と耐久性の評価が重要となる。

　自己修復材料においても、修復の分子的機構については、未だにほとんど理解が進んでいない。具体的には、自己修復の速度や回復率を決める要因が明らかになっていない。たとえば接着剤入りの微粒子を用いた自己修復性樹脂については、修復に時間を必要とし、また、元の強度までには完全に回復しないという問題があり、より高速で完全に強度が回復する技術開発が求められている。また、物理的な自己修復コーティング材料については、擦り傷程度は回復するが、材料の切断を伴うような大きな傷は回復できないことから、より強い負荷に対する自己修復性が求められている。さらに、動的結合や水素結合を用いた化学的な自己修復高分子材料の場合には、完全に切断しても、切断面を接合するだけで元の強度まで回復するが、回復に時間がかかるなどの問題を抱えている。今後は、自己修復メカニズムをナノスケールで集中的に研究することが重要であり、それによって、飛躍的な性能の向上や修復機能の制御、耐環境性の改善などが期待される。

　ナノスケールでのその場計測下の力学実験技術、力学解析法、シミュレーション技術により、機能発現のメカニズムの理解を進める必要があること、そこを起点としてマクロスケールにおける設計へと繋がる技術体系とする必要があることなどが、接着、摩擦・摩耗、自己修復のいずれの領域にも共通する技術課題である。

（6）その他の課題

　ナノ力学制御技術は、力学的特性評価や界面分析、非破壊検査、表面処理、分子設計、プロセス設計など多様な要素があり、課題の解決には、機械や物理、化学等幅広い分野の専門家の連携が不可欠である。また長年の実用実績によって支えられて発展してきた技術であるため、実経験のある研究者の協力も不可欠である。これらをとりまとめられる横断的な知見を有する優れたリーダーと、受け皿となる連携促進するための組織が求められる。一般論として、アカデミアは理想的で綺麗な実験系を好む一方、企業は社会実装を急ぐため、学理を追求することなく、目先の改良を優先する場合が多い。このようなギャップを、さまざまな産官学連携のプロジェクトを遂行することで徐々に克服していくことが期待される。

　また、エネルギーの高効率利用による温室効果ガス排出削減、省エネルギー・省資源としての低炭素化社会構築、安全安心な機械システム・社会構築、そしてその経済効果等、昨今の社会要請に応える鍵を握る基礎科学技術の1つでありながら、十分注目されているとはいえない研究領域であり、その重要性とその成果を世の中に訴求する必要がある。また、今後を支える若い研究者・技術者の育成することも重要な課題である。

　自己修復材料については、機械部品や構造材料として設計する際の指針が存在しないという課題もあげられる。従来、機械部品や構造材料は、充分な強度・耐久性を維持するように設計される。しかし、自己修復機能は、損傷が発生した後に効果が現れるため、現在の設計指針には考慮されていない機能である。自己修復機能を活用した新たな強度基準を提唱、実証し、法規制することが必要になっている。

（7）国際比較

国・地域	フェーズ	現状	トレンド	各国の状況、評価の際に参考にした根拠など
日本	基礎研究	◎	↗	・文科省戦略目標「ナノスケール動的挙動の理解に基づく力学特性機構の解明」のもとで実施されているJST-CREST、さきがけにおいて、接着、摩擦・摩耗、自己修復ともに取り組まれ、化学、計測、計算分野などの研究者の参画が増加し、マイクロ・ナノスケールの現象の解明が進んでいる。
	応用研究・開発	◎	↗	・NEDOプロジェクト、JST未来社会創造事業、ISMAなどにおいて、産官学の連携による研究開発が加速している。 ・日本の機械システムの信頼性の高さと優れた耐久性は、世界が認めるところであり、機械の摺動部における摩擦と摩耗の制御技術は世界トップのレベルにあるといえる。 ・自己修復材料の主用途である耐傷性コーティングは自動車メーカーや化学メーカーを中心に研究開発がさかんに行われている。
米国	基礎研究	◎	↗	・接着に関しては、Materials Genome Initiative（MGI）によって技術の研究環境が整備されている。 ・摩擦・摩耗に関しては、Carpickら（ペンシルベニア大学）が最新の研究成果を加えた教科書を出版。 ・自己修復材料ではリードしており、接着剤入りの微粒子を用いた自己修復材料では、イリノイ大学が世界的な拠点になっている。
	応用研究・開発	○	→	・接着分野では、接着状態の変化に伴って着色する材料、異なる熱膨張係数を有する基板を接合する方法などが開発されている。 ・摩擦・摩耗分野で、アルゴンヌ国立研究所は、低摩擦機構解明とともに低摩擦技術のための数多くの特許を取得している。 ・自己修復材料では、接着剤入りの微粒子を用いた自己修復材料の実用化に向けた研究が進んでいる。
欧州	基礎研究	◎	↗	［EU］ 摩擦・摩耗に関してERC（European Research Council）およびHorizon 2020により計算の側面から優れた基礎研究が推進されている。 ［英国］ Imperial College Tribology Groupで基礎実験から応用研究、シミュレーションなど幅広く研究が行われている。また産業界との連携した研究が進められている。 ［フランス］ Ecole Centrale de Lyonでは、先端的解析・分析装置が継続的に開発されており、質の高い基礎研究を支えている。CNRSにおける動的架橋を用いた新規な自己修復材料など自己修復材料の研究をリードしている。 ［オーストリア］ Austrian Excellence Center for Tribologyにおいてスマート材料、表面およびコーティング、潤滑剤および潤滑システム、摩擦および摩耗プロセスのシミュレーションなど精力的に研究が実施されている。
	応用研究・開発	○	↗	・自動車をはじめとする機械システム分野において、産学官の連携体制は進んでいる。マイクロ・ナノスケールにおける現象解明に基づくモノづくりへのアプローチに関してはまだ目立った成果があるとは言い難い。
中国	基礎研究	○	↗	・接着に関しては、バイオ材料利用の研究が盛ん。 ・摩擦・摩耗に関しては、清華大学を軸に、マイクロ・ナノスケールのトライボロジー現象の科学的解明が急速に進んでいる。 ・自己修復に関しては、論文は非常に多いが、基本コンセプトは他国の成果をもとにしたものであったが、最近では独自のアイデアも見られるようになってきた。
	応用研究・開発	○	→	・マイクロ・ナノスケールのトライボロジー現象の科学的解明と実用展開のため、Institute of Superlubricity Technology（深圳）が設立されている。

| 韓国 | 基礎研究 | △ | → | ・延世大学にCenter for Nano-Wearが設立され、独創的成果も見られるが、国全体として特筆すべき基礎研究はあまり見られない。 |
| | 応用研究・開発 | ○ | → | ・構造用接着剤、耐傷性コーティングなどの開発が見られる。 |

（註1）フェーズ

　　　基礎研究：大学・国研などでの基礎研究の範囲

　　　応用研究・開発：技術開発（プロトタイプの開発含む）の範囲

（註2）現状　※日本の現状を基準にした評価ではなく、CRDSの調査・見解による評価

　　　◎：特に顕著な活動・成果が見えている　　　　　　　○：顕著な活動・成果が見えている

　　　△：顕著な活動・成果が見えていない　　　　　　　×：特筆すべき活動・成果が見えていない

（註3）トレンド　※ここ1〜2年の研究開発水準の変化

　　　↗：上昇傾向、→：現状維持、↘：下降傾向

関連する他の研究開発領域

・トライボロジー（環境・エネ分野　2.6.2）

参考・引用文献

1）国立研究開発法人科学技術振興機構研究開発戦略センター「トランススケール力学制御による材料イノベーション〜マクロな力学現象へのナノスケールからのアプローチ〜」https://www.jst.go.jp/crds/report/report01/CRDS-FY2018-SP-05.html,（2022年12月22日アクセス）.

2）Laboratoire de Tribologie et Dynamique des Systèmes (LTDS), http://ltds.ec-lyon.fr/spip/？lang=fr,（2022年12月22日アクセス）.

3）清華大学摩擦学国家重点実験室, https://sklt.tsinghua.edu.cn/,（2022年12月22日アクセス）

4）Center for Nano-Wear, "About CNW," https://cnw.yonsei.ac.kr/cnw/About%20CNW.htm,（2022年12月22日アクセス）.

5）Imperial College London, "Tribology Group," https://www.imperial.ac.uk/tribology,（2022年12月22日アクセス）.

6）AC2T research GmbH, "Austrian Excellence Center for Tribology: Welcome in the world of friction, wear and lubrication research," https://www.ac2t.at/en/,（2022年12月22日アクセス）.

7）Toshio Osada, et al., "Self-healing by design: universal kinetic model of strength recovery in self-healing ceramics," *Science and Technology of Advanced Materials* 21, no. 1 (2020)：593-608., https://doi.org/10.1080/14686996.2020.1796468.

8）Shingo Ozaki, et al., "Kinetics-based constitutive model for self-healing ceramics and its application to finite element analysis of Alumina/SiC composites," *Open Ceramics* 6 (2021)：100135., https://doi.org/10.1016/j.oceram.2021.100135.

2.4

俯瞰区分と研究開発領域

社会インフラ・モビリティ応用

2.4.4 パワー半導体材料・デバイス

（1）研究開発領域の定義

　高効率の電力変換を可能にする電力制御用半導体素子（パワーデバイス）を、その応用技術とともに研究開発する領域である。現在主流のSiパワーデバイスの性能向上に加え、SiC、GaN、Ga_2O_3、ダイヤモンドなどワイドギャップ半導体の結晶品質向上、ウェハの大口径化、物性制御、デバイス構造、作製プロセスなど、材料・デバイス技術に関する研究開発課題がある。さらに、受動部品や制御技術、実装技術、応用技術など、システム化に関する研究開発課題もある。

（2）キーワード

　直流送電、電動機駆動、系統連系パワーエレクトロニクス、半導体電力変換システム、パワーモジュール、デジタルゲートドライブ、パワーデバイス、パワー半導体、ワイドギャップ半導体、シリコン、Si、炭化ケイ素、SiC、窒化ガリウム、GaN、酸化ガリウム、Ga_2O_3、ダイヤモンド、PiNダイオード、ショットキーバリアダイオード（SBD）、MOSFET、IGBT、HEMT、スーパージャンクション、バイポーラ劣化、しきい値電圧シフト、結晶欠陥、界面欠陥、HVPE、アモノサーマル法、Naフラックス法

（3）研究開発領域の概要

[本領域の意義]

　地球環境保全のため、カーボンニュートラル社会の実現に向けた取り組みがますます重要になっている。脱化石燃料のため太陽光発電に代表される再生可能エネルギーの導入やそれに伴う電力網のスマートグリッド化だけでなく、産業機器や輸送機器、各家庭での電力有効利用のため、電力変換技術、すなわちパワーエレクトロニクスは欠かせない。特に、最近では欧州を中心とした自動車の電動化の動きは避けられないものとなっており、パワーエレクトロニクスの高度化に対する要求は高まっている。

　パワー半導体材料としては、これまでシリコン（Si）が用いられてきた。Siデバイスにも性能改善の余地はあるものの、特に中・高耐圧以上の領域では、ワイドギャップ半導体を用いることで大幅な高性能化（高耐圧、低損失、高速スイッチング）が可能となる。ワイドギャップ半導体で最も開発の進んでいる炭化ケイ素（SiC）は、ショットキーバリアダイオード（SBD）の実用化から20年、パワーMOSFETの実用化から10年が経過し、それらをパワーエレクトロニクス装置に組み込んで高効率化、小型化を達成した製品やシステムが多くみられるようになった。典型的な応用例は、電車（代表例：新幹線N700S、山手線、東京メトロ銀座線）と電気自動車（代表例：Tesla Model 3）である。しかし、SiCの基板・ウェハ作製技術やデバイス集積化などの技術レベルはSiには程遠く、コストの面も含めて改良の余地は大きい。また、他のワイドギャップ半導体と同様に学理の面でもまだ未解明な部分も多い。Siとワイドギャップ半導体を含めたパワー半導体全体で、学理と合わせた材料開発・デバイス開発をおこなうことで、パワー半導体デバイスだけでなく受動部品も加えた電気回路・モジュール・システムとしてのパワーエレクトロニクスの高性能化や低コスト化も可能となり、爆発的な普及によりカーボンニュートラル社会の実現に資することが期待される。

　この研究開発領域では、パワーエレクトロニクスとして分類される、①パワー半導体の材料・プロセス研究、②パワー半導体材料を使用したパワー半導体デバイス・チップ・モジュールの研究、および③パワー半導体デバイスを使用した電力変換システムとその応用研究、の中で主に①と②について取り上げ、応用領域として③の一部を記述する。デバイスとしては製品化、実用化に向けた研究開発が世界的に活発に行われている、Si、SiC、GaN、Ga_2O_3を中心に、材料、デバイス、モジュール、システム化の研究開発の動向について記載する。また、前回は「環境・エネルギー」の俯瞰区分に入れていたが、インフラだけでなくモビリティへの応用も重要になってきたので「社会インフラ・モビリティ応用」の領域区分に変更した。

［研究開発の動向］

・Si

　我が国のパワー半導体の特筆すべき特徴は、日本企業が強みを発揮し存在感を放っていることにある。業界トップは欧州のInfineon Technologies、2位は米国のON Semiconductorだが、上位10社のうち5社を我が国の企業が占めている。2022年の世界のパワー半導体市場は約2.3兆円であり、約95％をSiパワー半導体が占めている。2030年には5.4兆円規模が予想されており、SiC, GaN, Ga_2O_3等の新材料パワー半導体の伸びが著しいが、Siパワー半導体市場も拡大し、Siパワー半導体は80％以上を維持すると予測されている。

　低耐圧系（100V以下）では、現在普及しているSi-MOSFETのさらなる高性能化（低オン抵抗化）の開発が進んでいる。微細化・トレンチ構造などのMOSFETデバイス構造の改良とあわせて、Si基板抵抗の低抵抗化などによる性能向上が試みられている。中耐圧系（100V～600V）でもSi-MOSFETのさらなる高性能化の開発が進んでいる。この耐圧領域ではスーパージャンクション構造が用いられることが多く、トレンチ構造の最適化によるオン抵抗低減、プロセス技術の向上によるスーパージャンクション構造の微細化・最適化が進んでいる。高耐圧系（1200V）は、Si-IGBTが主要パワーデバイスであり、世代アップを重ねてオン抵抗の低減、IGBTチップの小型化（高パワー密度化）を進めてきている。1200V系は自動車等の電動化に対応してこれから需要の急激な拡大が予想されている。超高耐圧系（1700V以上）は、6.5kVまではSi-IGBT、それ以上ではSi-サイリスタが使われている。超高耐圧系デバイスは電力グリッド、高速鉄道などの超高パワー応用系に用いられることが多いため、高耐圧とあわせて大電流容量が必須となっている。この領域のSiパワー半導体の技術開発は欧州・日本で競争となっている。

　Siパワー半導体の最近の傾向は、大口径ウェハ量産技術開発により低コスト化が進んでいることである。これまでSiパワー半導体は200mm製造ラインが主流であったが、欧州のインフィニオンでは300mmラインでの製造が本格化しており、同社は2021年に2つめの300mmラインの操業を開始した。また、中国では複数の300mmラインが建設中である。一方、日本ではようやく300mmラインの建設が決定した。

・SiC

　現在、SiCのウェハは直径150mmの製品が中心に販売されており、デバイス作製に用いられている。200mmウェハの開発も進んでおり、一部の企業からは2024年頃の製品化のスケジュールがアナウンスされ、デバイスメーカーからもそれに合わせて2025年頃に200mmプロセスラインの構築がアナウンスされている。デバイスとしては、600V～1700Vで数Aから100A強のショットキーバリアダイオード（SBD）、MOSFETのディスクリート素子が、モジュール品では600V～3300V、1000A程度とより高耐圧、大電流の製品が販売されている。

　ウェハに関しては、昇華法によりインゴットを形成し、スライス・研磨した後にCVD法によるエピタキシャル成長層を成膜した150mm（6インチ）径が主流である。昇華法の坩堝を大型化して200mm（8インチ）化への動きもあるが、150mmウェハの品不足がコロナパンデミック前から続いており、高品質ウェハの供給体制の増強が図られている。デバイスメーカーがウェハメーカーを自社グループに取り込む動きもみられる。2019年にはSiCデバイスの最大手のSTマイクロエレクトロニクス社がNorstel社を買収するなど、ローム、Wolfspeed（旧Cree）、ON Semiconductorなどウェハからデバイスまでを一気通貫で開発・製造する企業が増えている。昇華法は黒鉛坩堝の閉鎖空間内での結晶成長技術であるため、成長環境の制御が難しくこれまでは研究者の経験に頼られていたが、最近ではコンピュータシミュレーションやAIを活用した機械学習を用いることで、高品質結晶成長の条件最適化が急速に進展している。低コスト化や高品質化を狙って昇華法以外のウェハ製造法として、ガス成長法、溶液法、貼り合わせ法などが国プロなどの支援を受けて研究開発がなされているが、まだ量産に至っていない。また、基板品質が悪くてもエピ前処理やエピ条件の最適化によりデバイスの信頼性（バイポーラ劣化）に影響する基底面転位（Basal Plane Dislocation, BPD）を

影響しない欠陥である貫通刃状転位（Threading Edge Dislocation, TED）に転換する技術や、高品質単結晶にイオン注入して多結晶支持基板に転写し、高品質単結晶は再利用するといった低コスト化技術が研究開発されている。

　SBDに関しては、技術的には成熟して以前よりも低コスト化も進み、Siのファストリカバリダイオード（FRD）に対する高速スイッチングなどの優位性も十分にあるため、置き換えが進むと考えられる。逆方向リーク電流を抑え、順方向でもサージ耐量を高めるためにショットキー電極下にp型層を配置したJBS（Junction Barrier controlled Schottky）やMPS（Merged PiN Schottky）構造、さらには低抵抗化の要望に応えるための基板の薄化などが行われている。パワーMOSFETは、1200V級を中心に各社が最も力を入れて研究開発しているデバイスである。デバイス構造は、プレーナ型のDMOS構造とトレンチ型に大別される。トレンチ型の方がオン抵抗の低減には有利であるが、トレンチ底部の電界集中緩和構造の導入など、高度な設計・プロセス技術が必要となる。SiCのMOSチャネル移動度が低いことから、1200V級素子ではオン抵抗に対してチャネル抵抗の占める割合が半分程度と大きく、信頼性と両立したプロセス技術の開発が待たれる。3300kV級以上になるとドリフト層の抵抗が主成分となる。このドリフト層の抵抗を下げるために超接合（Super-Junction、SJ）構造の導入も検討され、開発されている。SJ構造の作り方にはマルチエピ法（エピとイオン注入を繰り返す）とトレンチ埋め込み法（深いトレンチ溝を作り、エピ成長で埋める）がある。マルチエピ法は特に高耐圧素子になるほど繰り返し回数が増えるためトレンチ埋め込み法が望ましいが、技術的な難易度が高い。しきい値電圧変動の課題も依然として残っている。変動メカニズムの解明は現在各機関で行われているところであり、詳細な分析結果が待たれる。パワーMOSFETをインバータに適用する際に、内蔵ボディダイオードに電流が導通すると、バイポーラ劣化を起こす恐れがある。これを避けるために、SBDを内蔵したパワーMOSFETが開発され市販されているが、SBD内蔵の追加コストとバイポーラ劣化対策のコストで企業の戦略が分かれている。デバイスの短絡耐量も重要な指標であり、オン抵抗とトレードオフになるのが一般的である。Si-IGBTと同等の短絡耐量を得るのは難しいが、素子単体だけでなくシステム全体としての開発が重要であり、近年ではゲート保護回路が高速化しており、短絡後2〜3マイクロ秒以内に回路を遮断できるようになってきている。

　パッケージについても、従来の3端子（TO-247）品だけでなく、ケルビン接続した4端子とすることでソースインダクタンスを低減して高速動作を可能とした製品も用意されるようになった。面実装タイプのTO-263の採用も増えている。大電流化のためにはチップを並列に多数接続したモジュールにする必要があるが、低インダクタンス化や両面冷却化に向けた開発が行われ、一部実際に使用されている。今後、機電一体型を目指した開発が増えると考えられ、デバイス単体の研究開発だけでなく、実装技術の開発も重要課題となる。

　SiC-MOSFET/SBDモジュールを使用したパワーエレクトロニクス機器・システムは基礎研究から応用研究に移行している。具体的には、1.2kV SiCモジュール（電流定格は100〜1200A）を容易に入手できるようになり、さらに1.7kV 300A SiCモジュールを国内外の複数の企業が市場に投入している。同一電圧・電流定格のSiC-MOSFET/SBDモジュールとSi-IGBT/PNDモジュールの価格を比較すると、現時点ではSiCモジュールが4〜8倍高価であるが、その差は縮小傾向にある。2020年7月から営業運転を開始した新幹線電車N700SはSiCモジュールを使用したインバータを採用し、N700系のSi-IGBTインバータと比較して55%の小型化と約600kgの軽量化を実現している。

• GaN

　Siに比べて低オン抵抗、高速スイッチングが可能でキャパシタやインダクタの大幅な小型化が可能なため、2019年頃からGaN横型パワーデバイスは、65W以上の大容量のUSB充電器に搭載された製品が登場し急速に広まっている。GaN横型パワーデバイスを高速動作させることは回路的に難しいことがあったが、各社が、専用の駆動回路をセットにしたGaNパワーICを開発し、回路技術者はパワーICを利用することでGaN横型パワーデバイスの良さを引き出した回路を容易に設計することができるようになった。

・Ga₂O₃

　最安定結晶構造に相当するβ-Ga₂O₃のバルク単結晶融液成長に関しては、既存のチョクラルスキー（CZ）、Edge-defined Film-fed Growth（EFG）、ブリッジマン技術が着実に進展している。米国ノースロップ・グラマン子会社のSynopticsは、CZ育成したGa₂O₃単結晶バルクから2インチ径半絶縁Ga₂O₃（010）ウェハの製造に成功している。また、Ga₂O₃ウェハ製造の最大手であるノベルクリスタルテクノロジーは、現在EFG育成単結晶バルクから製造した4インチバルクおよびエピウェハを市販している。

　デバイス開発も、これまでの日本、米国に加えて、中国を中心に活発化しており、トランジスタ、ダイオードの開発成果がこの2年でこれまで以上に多く発表されるようになった。パワーデバイスとして有用な縦型構造に関しては、特にショットキーバリアダイオードのデバイス性能に着実な進展が見られる。横型トランジスタもFin-FETを主流に次々と報告されており、耐圧に代表されるデバイス特性において改善が見られる。ただし、デバイス構造としては、フィールドプレートによる端部終端を施すなど、従来とは大きく変わっていない。縦型トランジスタ開発に関しては、米国、ドイツ、中国、日本でこの2年で開発を行う機関が増加している。

　また、準安定構造に相当するα-Ga₂O₃の薄膜結晶成長やデバイス開発も活発化している。日米欧に加えてアジアでも韓国、中国、台湾、シンガポール、インドなどにおいてα-Ga₂O₃研究開発が開始され、特に中国においてはこの1～2年で多くの大学、研究所が研究開発を開始して急激な盛り上がりを見せている。α-Ga₂O₃は、主にサファイア基板上のヘテロエピタキシャル成長で得られる結晶構造であるため、準安定構造の中では最も研究が進んでいる。FLOSFIAでは、α-Ga₂O₃を用いたショットキーバリアダイオード、トランジスタ開発が進められており、α-Ga₂O₃ SBDを用いたDC/DC降圧コンバーターの販売を開始している。

（4）注目動向
[新展開・技術トピックス]
・Si

　最近の我が国発のIGBT新技術として、「IGBTスケーリング」と「ダブルゲートIGBT」がある。IGBTスケーリングでは、IGBT性能向上の基本原理であるInjection Enhancement（IE）効果を起こすため、MOS駆動部の密度は上げずMOS駆動部の間隔（セルピッチ）は一定とすることで、MOSゲート部の性能を向上させつつMOS駆動部でのキャリアの逆注入を抑え、キャリア注入レベルを向上させることができる。これにより高電流時でも導通抵抗を低減でき、1200V系でも3300V系でも従来IGBTと比較して約35%のターンオフ損失を実現できている。IGBTスケーリングのもう一つの特徴はゲート駆動電圧を従来の15Vから5Vに低減することであり、デジタルゲートドライブと極めて相性が良い。ダブルゲートIGBTは損失低減と高周波化の切り札と言える技術である。IGBTはバイポーラデバイスのため、ターンオフ時にキャリアがn型のベース層に残り、電流が完全にオフになるのに時間を要する課題があり、このためにターンオフ損失の増大や高周波化が困難という問題にもつながっている。この問題を克服する方法として、基板表面に第一のメインゲートに加えて第二のゲートを設け、第一のメインゲートとタイミングをずらしてnベース内のキャリアの動きを制御する方法（デュアルゲートIGBT）が提案され、3300V系で28%程度のターンオフ損失低減が実現されている。「ダブルゲートIGBT」は第二のゲートを基板裏面に設けたものである。ターンオフ時のキャリア蓄積はMOS表面ではなく裏面側で起こるので、裏面に第二ゲートを設ける方がはるかにキャリアの排出が効果的である。ダブルゲートにより3300V系で65%ものターンオフ損失低減が確認されている。

　IGBTのゲートを駆動するゲート駆動集積回路は15Vという高いゲート電圧が必要なこともあり、アナログ回路ベースで構成されている。ゲート駆動電圧が5Vに低減されればゲート駆動集積回路をデジタル化することが容易になり、人工知能（AI）などの最先端情報技術を用いてパワーエレクトロニクスをインテリジェント化することができる。デジタルゲートドライブ技術を用いて、AI技術でゲート駆動波形の最適化を実現する研究もおこなわれており、従来のベテラン技術者の勘と経験を頼りに最適化されてきたパワーエレクトロニクスにもデジタル化による新しい技術の波が押し寄せている。

2.4 俯瞰区分と研究開発領域 社会インフラ・モビリティ応用

・SiC

　SiCデバイスのバイポーラ劣化の原因となるSiC基板のBPDをなくす技術として、2021年に関西学院大学と豊田通商がDynamic AGE-ingと呼ばれる独自技術を報告した。本手法では基板に内在するBPDや加工ひずみ層を除去し、BPDフリーとなる表面層を形成できる。これにより、BPD密度の多い低品位な基板でもBPDをゼロとすることが可能となり、高品位基板を低コストで実現することが可能になる。6インチ基板で実証されているが、8インチの開発がなされている。

　京都大学のグループでは、SiC-MOSFETを作製する際にSiCの酸化を徹底的に排除するプロセスを考案し、チャネル移動度を大幅に高めることに成功した。これは、SiCが酸化されると残留Cによる欠陥が発生するという第一原理計算に基づく結果を踏まえたものである。さらに、高温水素エッチングによる表面ダメージ層の除去及び平たん化が加わり、Si面だけでなくトレンチMOSFETでチャネル面となるa面、m面での効果が大きいことが示された。これにより、従来手法に比べて6〜80倍の大きなチャネル移動度が得られ、実デバイスへの適用が期待されている。

　トレンチMOSFETの高いチャネル移動度を利用し、かつトレンチ底部の電界集中を避けるため構造として、チャネル部をFin形状とするデバイスが日立製作所より提案され、他のグループからも、電流駆動能力を向上させるためにチャネルにFin構造を取り入れる研究開発例が報告されている。さらに、Fin幅を55nmと狭くして非常に狭いボディ領域とすることで、チャネルを界面から遠ざけて界面散乱の影響を避け、電流駆動能力が大幅に向上する例が方向されている。

　パワーMOSFETと駆動回路をモノリシックに形成できると、配線の寄生インダクタンス低減や素子の小型化が可能になる。産総研では、初めて縦型パワーMOSFETと、CMOS駆動回路を同一チップ上に集積したデバイスを開発した。SiCの耐熱性や高速性をフルに発揮するには、このようなモノリシック化は有効であり、パワーICの開発も含めて機能を統合したパワーデバイスの開発が加速されると考えられる。

　600V系のスイッチングデバイスの半導体材料はSi、SiC、GaNの三つ巴の戦いに突入しているが、1200V以上のスイッチングデバイスとしては既存のSi-IGBTと新規参入のSiC-MOSFETとの戦いになりつつある。欧州の大学はEUや自国の公的機関から研究資金を獲得し、米国の大学はNSF（National Science Foundation）などから研究資金を獲得して、10kV耐圧のSiC-MOSFET/SBDモジュールを使用したSST（Solid-State Transformer）の研究を実施しているが、定格電流は小さく、まだ基礎研究の域を出ていない。

・GaN

　GaN自立基板についても近年進展が著しい。HVPE法では、n型の2インチ、4インチ基板が多くのメーカーから販売されている。アモノサーマル法では、ポーランドのアモノ社、米国sixpoints社、三菱ケミカルなどがGaN基板の製造販売を行っており、三菱ケミカルと日本製鋼は共同で低圧アモノサーマル法による4インチGaNのパイロット量産ラインを立ち上げ、商品化を進めている。Na金属融液を媒質に用いるNaフラックス法はスケーリングが容易であり大口径の結晶成長を実現しやすいことから、大阪大学で精力的な技術開発が進められており、豊田合成と共同で6インチを超えるGaNバルクの結晶成長に成功している。また、GaN基板製造においては種結晶の確保が問題となるが、大阪大学はマルチポイントシード法というサファイア基板上への形成方法を開発しており、8インチサファイア基板を使うことで8インチGaN基板の作製も可能と考えられる。

　シリコン基板上に作製した横型GaN-HEMT（GaN on Si）は移動体通信の基地局に使用され始めているが、最近はSiC基板上に作製したGaN-HEMT（GaN on SiC）の使用も検討されている。GaN on SiCはGaN on Siよりも高価であるが、SiCの熱伝導率はSiやGaNの3倍以上あって放熱効果が格段に優れていることが注目される。欧州企業はGaN-HEMTを使用した400 Vdc、2.5 kW、100 kHz双方向チョッパの評価ボードを市販している。2022年9月開催のEPE（European Power Electronics）Conferenceでは、欧州の大学と企業からGaN-HEMTの応用に関する多数の研究論文が発表され、欧州の活発な研究開発活

動が伺える。米国企業はGaN-HEMTを使用したサーバー用電源（3kW）を開発し、寿命部品である冷却ファンを除去することに成功している。カナダのGaN Systems Inc. は600V/150AのGaN-HEMT 2-in-1モジュールを市場に投入している。

- Ga$_2$O$_3$

単結晶バルク育成の新しい動きとしては、東北大学発ベンチャーであるC&Aからは、貴金属ルツボを使用しない新規結晶育成手法Oxide Crystal growth from Cold Crucible（OCCC）法による、単結晶Ga$_2$O$_3$バルク育成が報告された。OCCC法では、隙間の空いたバスケットの中に充填したGa$_2$O$_3$原料を、高周波コイルにより発生する磁場で直接加熱して溶融させるが、バスケットを水冷することで周辺部のGa$_2$O$_3$を固化させ、この固化した周辺部をルツボの代わりに使用している。

一般的なエピタキシャル成長手法であるMOCVD Ga$_2$O$_3$成長技術の進展が著しい。主に、米国の大学と企業（MOCVD装置メーカー）の努力により、Ga$_2$O$_3$ MOCVD技術およびMOCVD成長したGa$_2$O$_3$エピ膜の品質は、この2年間で大きく改善し、結晶品質はHVPE成長膜と同等程度以上になっている。

［注目すべき国内外のプロジェクト］

欧州では、2017年度からSTMicroelectronicsがコーディネータとなってR3-Powerupコンソーシアムが始まり、Si-300mmパイロットラインを活用して個別半導体素子開発からロジック、アナログデバイスとパワーデバイスの統合によるシステムオンチップ、パワーIC開発を進めている。また、「Power2Power」プロジェクトが2019年6月から3年間、7400万ユーロの予算でスタートし、300mmウェハによる1700V Si-IGBT技術、200℃動作による電力密度20％向上、キャリアライフタイムの50％向上などの目標を掲げている。コーディネータをインフィニオンが務め、8か国の43機関が参加している。Ga$_2$O$_3$関係では、ドイツ ベルリン地区の国研、大学らのグループにより、GraFOx（Growth and fundamentals of oxides for electronic applications）というGa$_2$O$_3$結晶成長、物性研究に関する大型研究ファンド（4年総額 1.1 Mユーロ）が2016年から2020年まで実施され、その後継プロジェクト（GraFOx2）が2020年7月にスタートしている。

米国では、2019年から米国の複数大学が研究チームを結成し、ARPA-Eからのファンディングを受けて中電圧・高電圧高速直流遮断器の研究に着手している。これは現在の交流給電ネットワークの一部を直流送電・配電に置換あるいは併用の実現を目指したもので、その要の技術が高速直流遮断器である。2018年スタートのGa$_2$O$_3$結晶成長、物性研究に関する2件のAir Force Office of Scientific Research（AFOSR）Multidisciplinary University Research Initiatives（MURI）プログラム "The Gallium Oxide Materials Science and Engineering（GAME）"（5年総額 750万ドル）、"Fundamentals of Doping and Defects in Ga$_2$O$_3$ for High Breakdown Field"（3年総額 150万ドル）が継続している。

国内のパワーエレクトロニクスの機器・システム・デバイスを対象とした研究開発プロジェクトとしては、NEDOの「低炭素社会を実現する次世代パワーエレクトロニクスプロジェクト」（2009〜2019年度）、内閣府の戦略的イノベーション創造プロジェクト（SIP）「次世代パワーエレクトロニクス」（2014〜2018年度）が行われ、様々なパワー半導体技術における多くの成果が挙げられた。最近では、Si関係としては2021年度からNEDOの省エネエレクトロニクスの製造基盤強化に向けた技術開発事業において、「大口径インテリジェント・シリコンパワー半導体の開発」プロジェクトが行われている。また、NEDO「グリーンイノベーション基金事業／次世代デジタルインフラの構築」（2021〜2030年度）において、8インチの高品質低コストSiC単結晶／ウェハ製造技術開発および8インチ次世代SiC MOSFETの開発や次世代高耐圧電力変換機器向けモジュールの開発などが取り組まれている。第2期SIPの「IoE社会のエネルギーシステム」（2018年〜）のサブテーマ「IoE共通基盤技術」において、ワイドギャップ半導体を用いたユニバーサルスマートパワーモジュール（USPM）の開発、その応用を目指したコランダム型α-Ga$_2$O$_3$パワートランジスタ開発、ワイヤレス電力伝送システムの基盤技術として、GaNデバイスの研究開発が行われている。学理に関しては、文科省の

2.4
俯瞰区分と研究開発領域
社会インフラ・モビリティ応用

「革新的パワーエレクトロニクス創出基板技術研究開発事業」（2021〜2025年）において、大阪大学を中心に産総研、複数の大学と協力してSiCのMOS界面科学の構築と新規MOS構造形成技術の探索が取り組まれている。

（5）科学技術的課題

Siパワー半導体では、我が国の強みを今後維持していくための課題として、（i）個別半導体デバイスとしての性能向上、（ii）個別半導体デバイスからモジュール化・システム化への変化への対応、（iii）需要拡大に対応する量産化技術などがある。これらは相互に関連しており、パワー半導体の川上にあるSi基板、デバイスプロセス技術、また川下にある回路、システム技術、応用技術との連携が必須である。特に、パワーデバイスの300mmウェハ化を我が国でも早急に進めるとともに、我が国が先行しているパワーデバイス向け300mm Siウェハ技術については、引き続き開発を継続していく必要がある。例えば、ウェハ材料技術では酸素・炭素などの軽元素不純物濃度の低減、低濃度の軽元素を正確に測定する評価技術の確立が求められており、これらへの対応などが重要になっている。

SiCデバイスが広く世の中で使われるためには、さらなる低コスト化やデバイスの使いこなし技術の開発が必要である。ウェハの低コスト化のためには、従来法である昇華法による結晶の長尺化や高速成長に加え、ガス法や溶液法の研究開発も重要である。SiC MOSFETにおける共通の課題は、MOS界面欠陥に起因した特性劣化（低チャネル移動度、しきい値電圧変動）の解決である。SiC–MOS界面欠陥に関する学理がまだ不十分であるため、欠陥の正体や発生原因を突き止め、Si–MOS界面と同等の高品質界面を実現するための基礎研究が必要である。3300V〜6500V級ではドリフト層の抵抗が大きくなるため、その低減のためのスーパージャンクション構造を形成するマルチエピ法、超高加速電圧のイオン注入（10MeVなど）、トレンチ埋め込みエピ技術などの開発が必要である。10kV超ではPiNダイオードやIGBTなどバイポーラデバイスが必要であり、SiC固有の問題であったバイポーラ劣化の解明と対策法が進んだ後として、バイポーラデバイスをより高性能化するためのキャリア密度分布の制御技術、や高速エピ成長技術の開発が必要になっている。

GaNデバイスでは、大電流化、高耐圧化などのパワーデバイスとしての性能向上・低コスト化に加え、信頼性の向上、特性ばらつきの低減などについても電気自動車などへの応用上は極めて重要な課題となる。パワーデバイスの性能や信頼性の向上という観点では、コスト的には大きな問題ではあるがGaN基板上のGaN横型が最も素直なアプローチとなる。GaN基板自体も耐圧維持に活用できるので高耐圧化が容易であり、結晶欠陥の大幅な低減による大電流化（チップサイズ拡大時の歩留まり向上）や信頼性向上、ばらつき抑制も期待できる。

Ga_2O_3デバイスについては、バルク・薄膜結晶成長、デバイスプロセスなどの基盤技術を、今後の応用を見据えて厚く進めていくことが必要である。材料面ではウェハの大口径・高品質化、エピタキシャル薄膜の導電性制御、ヘテロ構造、表面・界面制御などがあり、デバイスプロセス開発では基板・エピ層エッチング加工技術、ゲート絶縁膜、エッジ終端などがある。また、Ga_2O_3デバイスのその物性上抱える本質的な技術的課題として、p型Ga_2O_3の実現とGa_2O_3デバイスの放熱がある。これらに対しは、p型を用いずにデバイス構造・回路の設計を考えることや、水冷配置等の実装技術、高熱伝導率および電気伝導率を有する異種材料基板への直接接合技術などを開発することが重要になる。

（6）その他の課題

我が国が競争力を持つSiパワー半導体企業は、量産工場は有するものの、専用のSi研究開発ラインを有していない。量産工場で新規Siパワーデバイスの開発を行うことは困難であり、大学等におけるSiパワーデバイス研究拠点の整備が必要と考えられる。Siパワー半導体の研究開発には汚染のない専用クリーンルームと大型装置が必須であり、要素プロセス研究だけではなく、デバイスの性能実証を総合的に行えるようなSiパワーデバイス研究拠点を設け、共通プラットフォームの整備が求められる。

　パワーデバイスは材料だけ、デバイスだけといった特定分野のみ着目するのではなく、回路やシステムなどの応用分野まで全体を見据えて研究開発をすることも重要である。SiCをはじめワイドギャップ半導体のキラーアプリとなる応用を創出することで、デバイスや材料技術も発展すると考えられるので、技術分野の枠を超えて議論する場を増やす必要がある。

　GaN横型パワーデバイスは我が国が先行していたものの、今日の大ブームを前にしてほとんどの企業が撤退してしまった。GaN縦型パワーデバイスについてはこれからであるが、量産化のためにはいくつかの技術課題があり、継続した研究開発が必要である。我が国では国家プロジェクトで継続的にGaN縦型パワーデバイスの研究開発がサポートされ多くの技術的蓄積、人的ネットワークがあるので、これをうまく産業へとつなげる取り組みが極めて重要である。縦型デバイス特有の信頼性に関する技術、生産技術、製造装置などの開発も必要であるが、これらの技術はGaN横型パワーデバイスやGaNマイクロ波トランジスタなど他のGaNデバイスにも展開・利用可能な技術にもなるので、全体を見渡した研究開発の戦略が求められる。

　海外、特に米国においては、Ga_2O_3を含む"Ultrawide bandgap（UWBG）"と呼ばれる、SiC, GaNよりもバンドギャップの大きな半導体材料の研究に対する注目が高まり、それに伴いこの分野への研究ファンドが拡大し、アカデミア（大学、国研）に所属するGa_2O_3研究者人口は増加している。一方、日本国内でのGa_2O_3パワーデバイス研究開発に対する研究開発ファンドは増えてきてはいるが、ベンチャー企業への助成が多く、基礎・基盤技術を担当するアカデミック機関を対象とするものが少ない。また、パワーデバイスメーカーのGa_2O_3パワーデバイスへの本格的参入がまだ行われていないことも、実用化に向けては大きな課題である。Ga_2O_3は日本発の新半導体材料であり、今後も我が国が研究開発で優位性を持ち、産業化を早期に進めていくためには、アカデミアの研究開発を活発化し、企業の本格的な参入を加速する公的資金のサポートが重要になる。

（7）国際比較

国・地域	フェーズ	現状	トレンド	各国の状況、評価の際に参考にした根拠など
日本	基礎研究	◎	→	・SiC国際会議（ICSCRM/ECSCRM）、パワーデバイス国際会議（ISPSD）をはじめ、基礎研究に関する発表件数、評価の高い論文は依然として多い。 ・GaN-HEMT（横型）を使用したパワエレ機器・システムの基礎研究を行っている日本の大学は限られている。一方、GaN縦型パワーデバイスに関しては文科省プロジェクトや環境省プロジェクトでさまざまな成果がでている。 ・バルク・薄膜結晶成長、物性基礎研究などの材料研究、およびデバイス基盤技術開発が着実な進展を見せている。
	応用研究・開発	◎	→	・ロームをはじめ三菱電機、富士電機、日立製作所、東芝などでデバイス・モジュールの量産及びそれを使ったシステム開発が行われている。 ・企業を中心にSiC-MOSFET/SBDモジュールの応用が進展している。 ・GaN基板について、HVPE技術の洗練、Naフラックス技術、アモノサーマル技術などの開発が進んでいる。 ・GaN横型パワーデバイスについては、日本のメーカーの撤退があったが、東芝がGaN-on-Si事業を再開した。 ・世界で唯一、ベンチャー企業（ノベルクリスタルテクノロジー）が、Ga_2O_3バルク・およびエピ基板の製造販売をしている。
米国	基礎研究	◎	→	・大学や軍関係の研究所、Wolfspeedなどの会社やコンソーシアムで、レベルの高い基礎研究に取り組んでいる。 ・一部の研究拠点大学で10kV以上の高耐圧SiC-MOSFET/SBDモジュールを使用したパワエレ機器の基礎研究を行っている。 ・GaN-HEMT（横型）を使用した機器・システムの基礎研究を行っている大学は増加している。 ・Ultrawide bandgap半導体への注目の高まり、およびそれに伴う新規研究ファンドのスタート等に引っ張られる形で、その研究開発人口は多い。

2.4 俯瞰区分と研究開発領域 社会インフラ・モビリティ応用

米国	応用研究・開発	◎	→	・産業用から軍事応用まで、幅広く研究開発がなされている。特に超高耐圧デバイスは、軍関係のサポートにより進んでいる。Power AmericaやFREEDMといったコンソーシアムが中心的な役割を果たしている。 ・SiC–MOSFET/SBDモジュールの応用研究・開発は、性能と小型・軽量化を優先した医療機器、さらに損失低減を重視した大容量太陽光発電などを対象に進められている。軍事産業を対象としたパワエレ機器・システムの研究も積極的に推進しているが、論文発表は限定的である。 ・一部の米国企業はGaN–HEMTを使用したサーバー用電源を製品化し、応用は着実に進展している。 ・Nexgen power systemsは縦型GaNパワーデバイスを用いたモジュール、ACアダプターの商品化段階にある。 ・Ga_2O_3デバイスは、基盤技術開発の段階にある。
欧州	基礎研究	◎	→	・複数の研究拠点大学ではパワエレ機器・システムの研究を活発に行っている。 ・大きな国プロは見当たらず、大学や国研のSiC研究者は次の材料（Ga_2O_3など）に研究対象を変えている。 ・企業との共同研究または企業研究所において、SiCの信頼性などに関する基礎研究は依然として深く行われている。 ・GaNデバイスでは基礎研究のプロジェクトよりむしろ応用研究・開発に比重が移りつつある ・Ga_2O_3デバイスではドイツ ベルリン地区の大学・国研が一体となった材料・デバイス研究開発プロジェクト（GraFOx 2）が進められている。
	応用研究・開発	◎	↗	・STMicroはSiC MOSFETがTesla Model3に採用されて躍進しており、8インチウェハ製造やチップ工場の拡張などを進めている。 ・GaN–HEMT（横型）の応用研究は着実に進展しており、GaN–on–Si横型パワーデバイスに関してInfineonなど企業の製品化が進んでいる。 ・Ga_2O_3デバイスは、基盤技術開発の段階にある。
中国	基礎研究	○	↗	・学会・論文発表件数は増加している。デバイス関連では、TCADによるデバイス特性解析や新規構造設計に関するものが目立つ。 ・新規性はあまりないものが多いが、材料・デバイスの特性自体は優れたものも多い。 ・パワーデバイス関連国際会議の中国開催も増えつつある。 ・政府や地方自治体の補助により、国内でデバイス作製環境が整いつつある。 ・GaN–on–Si横型パワーデバイスに関して多額の研究費が投入されており、GaN–on–GaNの研究も増えている。
	応用研究・開発	○	↗	・中国中社（鉄道）やEVメーカーなど、SiC採用を検討するユーザーが多数存在し、それらに向けて、ウェハからデバイス、モジュールまで全方位での研究開発が行われている。 ・HVPE法によるGaNウェハメーカーが健闘している。 ・GaN–on–Si横型パワーデバイスを利用した製品（PC用ACアダプター）の企業が多数でている。チップメーカーと連携し着実に技術を高度化させている。
韓国	基礎研究	△	→	・KERIを中心にデバイス開発が行われているが、学会発表や論文数に大きな増加は見られず、目立った動きはない。 ・GaN HEMTパワーデバイスを研究しているグループがあるが、活動は限定的である。 ・Ga_2O_3パワーデバイス開発の国プロがスタートしているが、まだ新規的なものではない。
	応用研究・開発	△	→	・SK SiltronによるDuPont社のSiCウェハ事業の買収や、Onsemi社の富川工場でSiCデバイス生産など、ウェハ・デバイスの製造が増えている。 ・産業界でのGaNパワーデバイスについての積極的な動きは見られない。

2.4

社会インフラ・モビリティ応用

俯瞰区分と研究開発領域

（註1）フェーズ

基礎研究：大学・国研などでの基礎研究の範囲

応用研究・開発：技術開発（プロトタイプの開発含む）の範囲

（註2）現状　※日本の現状を基準にした評価ではなく、CRDSの調査・見解による評価

◎：特に顕著な活動・成果が見えている　　　　　　○：顕著な活動・成果が見えている

△：顕著な活動・成果が見えていない　　　　　　　×：特筆すべき活動・成果が見えていない

（註3）トレンド　※ここ1〜2年の研究開発水準の変化

↗：上昇傾向、→：現状維持、↘：下降傾向

関連する他の研究開発領域

・エネルギーシステム・技術評価（環境・エネ分野　2.5.2）

参考・引用文献

1）T. Saraya, et al., "Demonstration of 1200V Scaled IGBTs Driven by 5V Gate Voltage with Superiorly Low Switching Loss," in *2018 IEEE International Electron Devices Meeting (IEDM)* (IEEE, 2018), 8.4.1-8.4.4., https://doi.org/10.1109/IEDM.2018.8614491.

2）Takuya Saraya, et al., "3300V Scaled IGBTs Driven by 5V Gate Voltage," in *2019 31st International Symposium on Power Semiconductor Devices and ICs (ISPSD)* (IEEE, 2019), 43-46., https://doi.org/10.1109/ISPSD.2019.8757626.

3）T. Saraya, et al., "3.3 kV Back-Gate-Controlled IGBT（BC-IGBT）Using Manufacturable Double-Side Process Technology," in *2020 IEEE International Electron Devices Meeting (IEDM)* (IEEE, 2020), 5.3.1-5.3.4., https://doi.org/10.1109/IEDM13553.2020.9371909.

4）平本俊郎, 大村一郎「スケーリングIGBTが拓くパワーエレクトロニクスの新しいパラダイム」『応用物理』86巻11号（2017）: 956-961.

5）Koutarou Miyazaki, et al., "General-Purpose Clocked Gate Driver IC With Programmable 63-Level Drivability to Optimize Overshoot and Energy Loss in Switching by a Simulated Annealing Algorithm," *IEEE Transactions on Industry Applications* 53, no. 3（2017）: 2350-2357., https://doi.org/10.1109/TIA.2017.2674601.

6）Yifan Dang, et al., "Adaptive process control for crystal growth using machine learning for high-speed prediction: application to SiC solution growth," *CrystEngComm* 23, no. 9 (2021): 1982-1990., https://doi.org/10.1039/D0CE01824D.

7）Keita Tachiki, et al., "Mobility enhancement in heavily doped 4H-SiC (0001), (11$\bar{2}$0), and (1$\bar{1}$00) MOSFETs via an oxidation-minimizing process," *Applied Physics Express* 15 (2022): 071001., https://doi.org/10.35848/1882-0786/ac7197.

8）Yuki Mori, et al., "Device design to achieve low loss and high short-circuit capability for SiC Trench MOSFET," in *2021 33rd International Symposium on Power Semiconductor Devices and ICs (ISPSD)* (IEEE, 2021), 111-114., https://doi.org/10.23919/ISPSD50666.2021.9452303.

9）T. Kato, et al., "Enhanced Performance of 50 nm Ultra-Narrow-Body Silicon Carbide MOSFETs based on FinFET effect," in *2020 32nd International Symposium on Power Semiconductor Devices and ICs (ISPSD)* (IEEE, 2020), 62-65., https://doi.org/10.1109/ISPSD46842.2020.9170182.

2.4 俯瞰区分と研究開発領域 社会インフラ・モビリティ応用

10）Mitsuo Okamoto, et al., "First Demonstration of a Monolithic SiC Power IC Integrating a Vertical MOSFET with a CMOS Gate Buffer," in *2021 33rd International Symposium on Power Semiconductor Devices and ICs (ISPSD)* (IEEE, 2020), 71-74., https://doi.org/10.23919/ISPSD50666.2021.9452262.

11）Hirofumi Akagi, "Multilevel Converters: Fundamental Circuits and Systems," *Proceedings of the IEEE* 105, no. 11 (2017)：2048-2065., https://doi.org/10.1109/JPROC.2017.2682105.

12）Ryo Haneda and Hirofumi Akagi, "Design and Performance of the 850-V 100-kW 16-kHz Bidirectional Isolated DC-DC Converter Using SiC-MOSFET/SBD H-Bridge Modules," *IEEE Transactions on Power Electronics* 35, no. 10 (2020)：10013-10025., https://doi.org/10.1109/TPEL.2020.2975256.

13）Fabian Sommer, et al., "Design and Characterization of a 500 kW 20 kHz Dual Active Bridge using 1.2 kV SiC MOSFETs," in *2022 International Power Electronics Conference (IPEC-Himeji 2022-ECCE-Asia)* (IEEE, 2022), 1390-1397., https://doi.org/10.23919/IPEC-Himeji2022-ECCE53331.2022.9807023.

14）Ryo Tanaka, et al., "Mg implantation dose dependence of MOS channel characteristics in GaN double-implanted MOSFETs," *Applied Physics Express* 12, no. 5 (2019)：054001., https://doi.org/10.7567/1882-0786/ab0c2c.

15）国立研究開発法人科学技術振興機構 低炭素社会戦略センター「LCS-FY2017-PP-11 GaN系半導体デバイスの技術開発課題とその新しい応用の展望（Vol. 2）―GaN結晶と基板製造コスト―（平成30年2月）」国立研究開発法人科学技術振興機構（JST）, https://www.jst.go.jp/lcs/pdf/fy2017-pp-11.pdf,（2022年12月27日アクセス）.

16）栗本浩平他「低圧酸性アモノサーマル法によるGaN単結晶成長技術の開発」『日本製鋼所技報』72 巻（2021）：13-20.

17）Takeyoshi Onuma, et al., "Valence band ordering in β-Ga$_2$O$_3$ studied by polarized transmittance and reflectance spectroscopy," *Japanese Journal of Applied Physics* 54, no. 11 (2015) 112601., https://doi.org/10.7567/JJAP.54.112601.

18）J. L. Hudgins, et al., "An assessment of wide bandgap semiconductors for power devices," *IEEE Transactions on Power Electron* 18, no. 3 (2003)：907-914., https://doi.org/10.1109/TPEL.2003.810840.

19）Masataka Higashiwaki, et al., "Gallium oxide (Ga$_2$O$_3$) metal-semiconductor field-effect transistors on single-crystal β-Ga$_2$O$_3$ (010) substrates," *Applied Physics Letters* 100, no. 1 (2012)：013504., https://doi.org/10.1063/1.3674287.

20）J. Blevins, et al., "Manufacturing Challenges of Czochralski Growth and Fabrication of 2-inch Semi-Insulating β-Ga$_2$O$_3$ Substrates," CS-MANTECH Conference 2022, https://csmantech.org/paper/manufacturing-challenges-of-czochralski-growth-and-fabrication-of-2-inch-semi-insulating-beta-gallium-oxide-substrates/,（2022年12月27日アクセス）.

21）Fumio Otsuka, et al., "Large-size (1.7 × 1.7 mm^2) β-Ga$_2$O$_3$ field-plated trench MOS-type Schottky barrier diodes with 1.2 kV breakdown voltage and 10^9 high on/off current ratio," *Applied Physics Express* 15, no. 1 (2022)：016501., https://doi.org/10.35848/1882-0786/ac4080.

22）Arkka Bhattacharyya, et al., "4.4 kV β-Ga$_2$O$_3$ MESFETs with power figure of merit exceeding 100 MW cm^{-2}," *Applied Physics Express* 15, no. 6 (2022)：061001., https://doi.org/10.35848/1882-0786/ac6729.

2.4

俯瞰区分と研究開発領域

社会インフラ・モビリティ応用

2.4.5 磁石・磁性材料

（1）研究開発領域の定義

　材料物性としての磁性には様々な種類があるが、ここでは、モータや大電力用途などのパワーエレクトロニクスに関係の深い強磁性材料を取り上げる。強磁性材料には保磁力の高い永久磁石材料と、保磁力がゼロに近い軟磁性材料がある。

　モータの高性能化の鍵を握る永久磁石用の強磁性材料には、高い保磁力および飽和磁束密度と、−50℃から200℃といった環境温度での動作安定性が求められるのに加え、資源制約にかからない元素からなることが望まれる。さらに、機械強度、電気抵抗といった機械的・電気的性能も重要な物性であり、特に後者はモータの高速回転時には界磁の時間変化により誘導される渦電流損および磁石の発熱の抑制に重要である。一方、インバータ用コイル、変圧器磁心、モータの磁路、電磁波シールドなどに用いられる軟磁性材料は、強磁性体（フェロ磁性体、フェリ磁性体）の中で、比較的簡単に磁極が消えたり反転したりする材料であり、保磁力（抗磁力）が低く高い透磁率を有し、高い飽和磁束密度と高周波での低い損失といった特性が望まれている。磁性材料の性質は組成だけでなく材料組織にも大きく影響されるため、ナノからメソに至るまでの材料構造制御技術や製造プロセス技術上の開発課題がある。

（2）キーワード

　保磁力、残留磁束密度、最大磁気エネルギー積、キュリー温度、結晶磁気異方性、希土類磁石、ネオジム磁石、フェライト磁石、ボンド磁石、サマリウムコバルト磁石、金属磁性体、高周波、渦電流、比抵抗、導電率、微粒子、偏平微粒子、複合材料、グラニュラー材料、パワーエレクトロニクス、電磁ノイズ抑制

（3）研究開発領域の概要

［本領域の意義］

　強磁性材料は、モータ、発電機等の電力用途から、トランス／インダクタとしてのエレクトロニクス用途等に幅広く応用されており、材料の特性改善が、それらの機器・デバイスの電力効率の向上に大きな貢献を果たす。

　モータ、発電機に使われる永久磁石が、広い動作温度にわたって安定に磁束を供給するためには、磁気秩序を保つ上限温度であるキュリー温度が高いこと、飽和磁束密度が大きく温度変化が小さいこと、外部磁界に対する磁化の安定性の指標である保磁力が大きいこと、の3点がすべて満たされることが必要である。現在、最も高性能な永久磁石材料としてモータ用途に広く用いられているNd-Fe-B系磁石（ネオジム磁石）は、現在知られている材料中最大の飽和磁束密度と高いキュリー温度を持つが、高温で保磁力が低下することが知られていた。高温保磁力を向上させるためには、資源国が限定され安定供給に不安があるDyやTbなどの重希土類元素を少量添加する必要がある。さらに、材料中に30重量％程度含まれるNdの需要量も、資源的には重希土類ほど希少ではないにもかかわらず、今後のモビリティー電動化の急拡大、大型風力発電設備の建設、ハードディスク型磁気記録装置における需要継続等の要請に応えるために一層の増加が見込まれる結果、供給量のひっ迫や価格高騰が現実的な問題となっている。以上の状況から、性能を落とすことなく希少な重希土類元素の一部を資源量の豊富な希土類元素で置換して希釈する材料開発や、熱安定性に優れた革新的な低希土類組成の磁石材料の開発が重要な意義を持つ。また、今後も電力エネルギーのひっ迫と高騰が予想される深刻な情勢を踏まえると、モビリティー以外の用途でも誘導モータが主流の工場用動力モータを磁石式モータで置換することによるエネルギー効率向上の重要性も再認識されるため、性能対コスト比が高く産機用途に有利なフェライト磁石の高性能化も有意義な課題である。

　一方、軟磁性材料は古くから産業界で多用されており、特に、モータやトランス／インダクタなど電気／電子デバイスでの需要が高く、市場の拡大は止まっていない。モータについては、全世界の電力消費の半分、

2.4
俯瞰区分と研究開発領域
社会インフラ・モビリティ応用

日本ではそれ以上を占めると言われているほど電力消費が大きい機器であり、近年の地球温暖化抑制のためのカーボンニュートラルに向けて、デバイスの高効率化は必須である。磁気デバイスの高効率化には、動作周波数の高周波化が極めて効果的であるため、これに用いられる軟磁性材料も対応しなければならない。軟磁性材料における損失は、表皮効果や渦電流の効果により、高周波になるほど大きくなることが知られており、高周波での低損失動作を保つためには、材料におけるこれらの効果の抑制が必要となる。他方、高周波化でもう一つ課題となるのが、周囲の機器への電波障害（EMI）や電磁両立性（EMC）であり、無線機器が発展する今日においては、電磁ノイズ抑制技術の発展も急務である。こちらも、携帯電話の5Gに代表されるように高周波化している。電磁ノイズ抑制には軟磁性材料が有効であり、この用途では低損失ではなくむしろ磁性材料の損失が大きいことが求められるが、こちらも損失をいかに高周波領域で発現させるかの高周波化対応が必要である。このように、最新の軟磁性材料の研究開発領域においては、高周波化対応に大きな意義があると言える。

[研究開発の動向]

• 磁石材料

　最新の研究開発動向においても、Nd–Fe–B磁石が依然として最も重要かつ先端の材料である。また、ナノコンポジット磁石も概念と可能性が提唱されてから現在まで研究対象になっている。2011年の希土類ショック以降、非希土類磁石および省Nd磁石（Ce置換磁石）も重要な研究対象となってきた。また、フェライト磁石、1–12型磁石のような課題も、新規な発見もあり、主要研究対象として復活している。

　過去10年ほどにわたって各国で行われたプロジェクト型研究の結果から、「非希土類磁石では主用途の主機モータ・発電機用の磁石が作れない」という認識が得られている。永久磁石の新規材料開発に必要な学理的基盤はほぼ確立され、研究開発はその基盤の上に市場の要求特性にかなう材料を迅速に開発する「開発力」強化の側面に重点が移りつつあると言える。それを表す近年の動向として、機械学習や深層学習などの情報数理科学的手法を用いた材料開発加速をテーマとする研究が急速に盛んになっていることが挙げられる。その分野の論文出版数は2016年に対し2021年は約2.4倍に増え、今後もますます盛んになると予想される。我が国においては10年間の元素戦略磁性材料研究拠点（ESICMM）の成果を産業界と共に発展させる、NIMSと国内の主要なネオジム磁石メーカ4社による磁石マテリアルズオープンプラットフォーム（MOP）が発足し、熱力学データベースや微視的解析などの共通基盤研究を実施している。そこでは、材料組織の予測に使える実効的な熱力学パラメータセットを決めて材料開発に生かす試みなど、産業界側の基盤的競争力強化を主眼に置いたテーマが選ばれ、その中でデータ科学的手法が応用されている。また、近年は情報科学的手法を取り込むマテリアルズインフォマティックスによる材料開発が世界的潮流となり、新たな国家戦略的課題として認識されるに至っている。

　2022年に、データ創製・活用型マテリアル開発研究プロジェクトが文部科学省から公募され、NIMSが代表機関である磁性材料研究拠点が採択された。

• 軟磁性材料

　人工的な軟磁性材料の歴史は、1900年頃の、鉄にケイ素を添加することで、磁気特性を向上させながら比抵抗も上昇させ、鉄損（ヒステリシス損失、渦電流損失、残留損失）を抑制できるケイ素鋼（電磁鋼）発明から始まった。以降、1910年代のニッケル鉄合金（パーマロイ）、1930年代から1940年代にかけて、センダスト、急冷パーマロイ、4％モリブデンパーマロイ、1040合金、スーパーマロイなどのニッケル系合金の発明が続いた。1960年代には、超急冷法などの新プロセスにより強磁性アモルファス合金が登場し、1980年代には、アモルファス合金から派生したナノ結晶磁性体が発見されている。材料特性として見てみると、透磁率に関しては、スーパーマロイの登場あたりからほぼ頭打ちの状況にあり、それ以降は、主に飽和磁束密度や比抵抗などの増加が性能向上を支えてきた。

　また、1930年代には、酸化物でありながら軟磁性体となるフェライトも日本で発明され、様々な結晶系（スピネル、六方晶、ガーネット）や組成系（元素置換）、および添加物（焼結助剤等）が検討された。これらの非金属系の軟磁性材料の新発明は、第二次世界大戦前までは海外の研究者が牽引したが、戦後は日本が世界を主導してきた。酸化物系軟磁性体の新ファミリーの発見は、20世紀半ば以降はほぼないと言える。

　このように、軟磁性体単体としての組成や結晶構造は、金属系、酸化物系ともども20世紀までに検討され尽くされた感があり、近年は、高周波化対応のために、材料の組成や結晶構造ではなく、既存材料の組織を制御する方向にシフトしている。

　高周波化における課題は、ひとつは、軟磁性材料の多くが金属であり、導電性を有するため、表皮効果における表皮深さの減少によって磁束が磁性体内に入りにくくなることや、入った磁束が周波数の二乗に比例する渦電流損失をもたらすことにある。このような効果を抑制するために磁性体を微粒子化し、これを絶縁体との複合体としてマクロな比抵抗を増加させることが行われている。磁性微粒子が絶縁体に分散した系は、1980年代の、磁性ナノ粒子がセラミックのマトリックスに分散したナノグラニュラー軟磁性薄膜として登場し、1990年代には、磁性扁平粉末とポリマー樹脂を混合して成型したシートにおいて、MHz帯で優れた電磁ノイズ抑制効果が得られることが実証されるに至っている。その後は、ナノグラニュラー薄膜か磁性微粒子−樹脂複合材料のコンセプトをベースとして、高比抵抗軟磁性材料の研究開発が続いている。

　2000年代は応用先である携帯電話がMHz帯中心であり、かつ、電力も比較的小さかったため、薄膜材料の研究が活発であったが、2010年代後半になると、電力も大きくなり、通信もGHz帯に突入してきたため、薄膜材料よりもデバイスの磁路断面積を稼げる複合材料の研究が活発となっている。

　他方、パワーエレクトニクス分野において、特にメガワットなど電力が高い領域やモータ分野においても高周波化が検討されている。通信用途に比べるとはるかに低いHz帯やkHz帯が主流であるが、電力が高いため、発生する磁束も多く、極めて高い飽和磁束密度と透磁率が求められる。上記の微粒子複合系手法を用いると、磁性体の体積占有率が減少するため、体積磁化と透磁率が減少する。使用する磁束量が多いため、磁路断面積も大きくする必要があるため、薄膜系では対応が困難となる。このことから、この領域では、表皮効果の表皮深さよりも薄い磁性金属箔帯の研究が2010年代から萌芽している。飽和磁束密度が高く安い純鉄を用い、これまでよりも一桁薄い純鉄の薄帯などが提案され、これらを絶縁層を介しながら重ねて、大きな磁路断面積を稼ごうとしている。

　ハードディスクの磁気ヘッドなどにも軟磁性薄膜が用いられており、これの高周波動的磁化特性に関する研究も現在地道に行われている。また、非常に古くに発明されたセンダストはピンポイントの組成でのみ優れた軟磁気特性を示すことで知られていたが、薄膜化し原子規則度を制御することで、実はもっと広い組成範囲で軟磁気特性を示すことが示された物性物理的な研究も2022年に登場している。

（4）注目動向
［新展開・技術トピックス］
・磁石材料
ナノメートルスケールのシェル層形成による省希土類高保磁力化技術

　高性能モータや発電機には100℃以上の高温度でも高い保磁力を持つネオジム磁石が使用され、その実現のためにジスプロシウム（Dy）が使用されてきたことはよく知られている。しかし、2000年代初頭の希土類供給危機を契機にDyを使用しないで高保磁力を得る技術の開発が長年続けられてきた。その結果、Dyを結晶粒界に沿って主相粒子の表層付近の数10ナノメートルの層に濃化させたコア／シェル構造の主相粒子からなる焼結磁石において、希少元素Dyの使用量を最小にしながらも、磁化の低下を抑制した材料を作ることができることが示された。焼結磁石でDyの粒界拡散によりDy拡散層を主相外郭に形成する技術を、サブミクロン径の微細組織に適用できるようにした改良したナノシェル形成技術がNIMSを中心とする元素戦略磁性材料研究拠点（ESICMM）（2007年度第一期開始から2021年度の第二期終了まで）で研究開発された技

術が、現在、世界の研究機関で用いられている。

有限温度の磁気特性シミュレーション技術

有限温度での磁性の定量的な計算は積年の課題であり、さらには、保磁力については非常に挑戦的な課題であったが、ESICMMの電子論グループが原子描像のハミルトニアンを使って、磁化や異方性といった熱力学量の温度依存性や磁場依存性の計算、さらには、磁化反転の緩和時間や自由エネルギー障壁を計算して、保磁力の温度依存性を、人為的なパラメータの設定なしで知ることができる全く新しい手法を開発した。このようなミクロな領域での理論計算の意義は、より大きな領域の計算に用いる連続体描像のマイクロマグネティックスシミュレーションにおいて、有限温度の実効的な磁気パラメータを合わせこむ場合の物理学的根拠を与えることにより、マイクロマグネティックス・シミュレーションを説明ツールとしてではなく、設計ツールとして使っていく新たな展開が考えられる。

深層学習を活用した磁気シミュレーション技術

機械学習にベイズ最適化手法を取り込んでプロセスパラメータを少ない回数の予測−実験サイクルで最適化するアクティブラーニングの手法の有効性は既に知られているが、磁石材料でもその高い実用性がESICMMのなかで実証された。予測ツールの開発と開発現場での活用といった産学連携が目下の有効な活動であり、早期の成果創出が期待されている。

また、深層学習にマイクロマグネティックスに基づく評価を課すことで、複雑なマイクロマグネティックス・シミュレーションを実施せずに高速でシミュレーション結果を予測する新たな手法が提案されている。きわめてコストのかかる大規模なシミュレーションを用いずにその結果を予測する新たな手法として、今後の発展が期待される。

フェライト磁石の高性能化

フェライト磁石はネオジム磁石と市場を二分する重要材料であるが、生産は海外が圧倒的に多く、日本企業としてはプロテリアルとTDKが主要なメーカとしてハイエンドの高級品を生産しているに過ぎない。国内研究機関からの最先端の学術研究論文も極めて少ないが、最近日本の研究陣によってハイエンドフェライト磁石で添加されているコバルトの性能向上メカニズムが明確に解明され、その制御指針について、基礎学理面での新たな発展が期待されている。

● 軟磁性材料

ナノ結晶磁性体

ナノ結晶磁性体として有名なファインメットは、FeCuNbSiB組成のアモルファス合金を熱処理して、析出した正磁歪のFeSiのナノ結晶の結晶粒界を、負磁歪のFe系磁性アモルファス相が取り巻く構造を形成させた磁性材料である。正磁歪と負磁歪が打ち消し合うことで零磁歪となり、高い透磁率を示すことで知られる。しかし、Feの含有量が75 at.%を超えないため比較的飽和磁束密度が低く、これを改善しようとする研究が活発である。最近は、非磁性元素を極力省いたFeBでもナノ結晶磁性体を得ることに成功している例が見られるが、零磁歪からは逸脱しているので、透磁率が思ったように上がらない課題がある。ナノ結晶磁性体は薄帯として利用されることが多かったが、最近は微粒子化させて樹脂との複合材料とすることで、低透磁率化は起きるが比抵抗および高周波特性が向上することを利用した高周波ノイズ抑制シート開発が開発されている。また、高周波インダクタの磁芯に用いる検討も行われている。また、物性物理分野でも、改めてナノ結晶磁性体の損失機構が解析され、磁歪が損失の原因になるとする結果が示された。

フェライト

六方晶フェライトの従来から知られているM型、Y型、Z型、およびW型とは異なる組成において、単相を得る研究が続けられている。汎用性の高いスピネル構造のフェライトについては、Coを添加、もしくはCoフェライトそのもの用いて高周波化する試みが多く行われている。ガーネット構造のフェライトについては、有機金属熱分解法により、高品質の厚膜が得られるようになっており、これらの主用途は磁気光学であるが、ガーネット薄膜を多層化することでフォトニック結晶を得て、高周波デバイスへの応用も展開されており、これも世界的にも日本が先行していると言える。

センダスト

古来の軟磁性材料であるセンダストは、ピンポイントの組成（Fe–10Si–5Al付近）で軟磁性を示すことで知られ、産業界でも多用されているが、なぜピンポイント組成で軟磁性を示すのか明らかではない部分もあった。このセンダストを薄膜化し、組成探索と熱処理条件の検討を行うことで、原子規則度とAl濃度との関係を解明すると共に、広い組成範囲で軟磁性を発現させることに成功したことが2022年に発表された。スピントロニクス分野での軟磁性層への利用が検討されている。

窒化鉄

最大の飽和磁束密度を有するパーメンジュール（鉄とコバルトからなる合金）を凌駕する可能性が指摘されている窒化鉄についても、最近、次々世代材料として研究が再び活発化しているようである。α''相は、高い飽和磁化を示すことが予見されている。γ'相は軟磁性相であり、薄膜での物性追求が行われている。

Fe薄帯およびFeSi薄帯

薄膜は、産業界ではコストがかかるものとして未だに敬遠されがちである。また、Coなど高価な元素含まない安価な原料コストも要求される。これを受けて、Feの薄帯についての研究が萌芽している。従来の薄帯の厚みは数十ミクロンであるが、従来よりも一桁薄い厚みにし、これを絶縁体を介しながら積層して体積をえることで高周波対応させようという試みが見受けられる。また、極薄のFeSi薄帯を用いた巻積層鉄芯についても積極的な検討が見られる。

FeB

結晶もしくはアモルファスのFeBに関する研究が活発となってきている。FeB球形微粒子を磁界中で数珠繋ぎとすることで針状とし、形状磁気異方性を付与することで高周波特性を改善される。単結晶球形FeB微粒子でも、これを磁場中で配向させて磁気異方性を付与すると、その磁化困難方向の磁気特性が極めて高周波化することで、30 GHz帯でロスが最大となり、5G携帯電話の電磁ノイズ吸収に使用可能な設計に成功している。

バルク軟磁性材料と軟磁性薄膜とのハイブリッド磁芯

近年の軟磁性材料研究の新展開は、低コストを意識したバルク軟磁性材料の研究が多いことがわかるが、バルク材料の高周波化は低透磁率化を招くため、閉磁路デバイスへ適用しても、漏れ磁束が多くなる。他方、磁性薄膜は、高透磁率を保って高周波化するものがあるため、これでシールドするバルク/薄膜ハイブリッド磁芯の研究が萌芽している。しかし、磁性薄膜も従来の金属系薄膜では比抵抗が不十分で損失を抑えられないため、絶縁物との複相構造であるナノグラニュラー薄膜が用いられる。

[注目すべき国内外のプロジェクト]

2013年に創設された米国のCritical Materials Institute（DOE: Department of Energyが主導）において、多数の企業や大学の連携のもと、2018年からの第2期プロジェクトで永久磁石分野が含まれた形で実

施されている。欧州では2014年から2020年の間、Horizon2020において応用、リサイクル等も含む45の磁石関係のプロジェクトが遂行された。2020年以降はHorizen Europeとなって実施されているが、特に磁性材料の研究開発に焦点を合わせた単独の大型プログラムは遂行されず、磁性材料分野はエネルギー分野などの中で研究が遂行されているようである。そのような状況の中で、ドイツのDarmstadt工業大学とDuisburg-Essen大学が連携した「HoMMage」と呼ばれるプログラム「The Collaborative Research Centre/Transregio（CRC/TRR）270」がドイツ研究振興協会（DFG）のファンディング（12百万ユーロ）で磁石材料と軟磁性材料分野を主対象として2020年から4年間活動していることが注目される。恐らく次期プロジェクトが計画されると推定されるので、推移を注視する必要がある。

　我が国では2012年度から2021年度までの10年間、経済産業省と文部科学省間の連携で進められた「未来開拓」と「元素戦略」両プロジェクトにおいて、それぞれ「高効率モータ用磁性材料技術研究開発組合（MagHEM）」と「元素戦略磁性材料研究拠点（ESICMM」）が実施され、豊富な希土類元素セリウムを用いても高い性能を発現する「省ネオジム磁石」（MagHEM）、究極高性能ネオジム磁石の実現指針と実証（ESICMM）、ネオジム磁石の性能限界を突破する可能性を持つ「1-12型サマリウム-鉄-コバルト化合物」、ボンド磁石用磁粉などの新材料・新物質（MagHEM、ESICMM）などの成果が得られ、今後の社会実装に向けた研究が継続されている。

　日本金属学会では、2020年3月にソフト磁性研究会（代表世話人：遠藤恭）が立ち上がり、現在も定期的に研究会を開催している。数百kHzからGHz帯の周波数領域における磁化の動的挙動を学術的に体系化し、ケイ素鋼やソフトフェライトに代わる新しい軟磁性材料の開発指針を示すことが目指されている。電気学会では、基礎・材料・共通部門（A）部門に「マグネティックス技術委員会」（委員長：佐藤敏郎）があり、その傘下の8つの調査専門委員会において、現在は特に、「磁性材料の高周波特性活用技術調査専門委員会」（委員長：直江正幸）、「電磁機器高性能化に向けた電力用磁性材料活用技術調査専門委員会」（委員長：槙田雄二）、「ナノスケールソフト磁性体の創製とデバイス応用調査専門委員会」（委員長：遠藤恭）の3つの委員会（設置順）において、軟磁性材料が調査対象となっており、研究会の実施によって軟磁性材料研究の活性化が目指されている。

　文部科学省においては、2021年度に令和3年度革新的パワーエレクトロニクス創出基盤技術研究開発事業が立ち上がり、採択12件の課題の中で、軟磁性材料の研究開発に関わるのは「磁気異方性軟磁性材料を用いた高周波・電力変換用トランス・インダクタの開発」（代表：水野勉）、「革新的パワーエレクトロニクスのための超低損失磁性材料の創成」（代表：岡本聡）、「次々世代パワエレ用高飽和磁束密度窒化鉄の研究」（代表：齊藤伸）の3課題が占める。科学研究費助成事業だけでも、軟磁性材料を取り扱う現在進行中の課題は31件もある。

（5）科学技術的課題

　磁石材料の磁気特性の温度変化は小型軽量高出力なモータにおいて大きな課題であり、それを軽減するためにはキュリー温度が高く電気抵抗も高い材料の実現が望ましい。現在はネオジム磁石のキュリー温度を高める元素として希少元素であるコバルトが少量使用されている。渦電流による磁石自体の発熱を低減するために、材料の電気抵抗を高めることが有効であるが、良い方法がないため、磁石を分割して絶縁層を挟む手法が用いられている。絶縁層を内在させて高性能を維持した材料の開発は積年のテーマであり、今後挑戦されるべき研究課題である。

　さらに、キュリー温度が高く鉄を主成分とする新規な磁石材料の探査も継続していく必要がある。現在は1-12型と呼ばれるThMn12型結晶構造のRFe12系化合物のNdFe11TiNおよび（Sm-Zn）（Fe-Co-M）12系化合物が知られているが、磁石材料としての性能はネオジム磁石に匹敵するところまで到達していない。その原因は構造安定化のためにFeを置換して添加される安定化元素により飽和磁束密度の低下が著しいこと

にある。これらを解決するためには「M」を多成分化して相平衡を改善する研究が必要であり、磁化の大きな低下を招くことなく高保磁力を発現する多元組成を見出すことができれば、大きなインパクトが期待できる、磁石材料探査における技術課題の一つである。

フェライト磁石においては、高性能化のためには磁気異方性を高めるCoの添加が重要技術であり、近年の研究により、Coが主相の5つのFeサイトの特定の一つを置換する必要があることが判明し、その傾向を増強する経験的指針が得られている。この知見の物理学的根拠を明確にし、材料開発に適用することが、性能対価格比でネオジム磁石と競合できる唯一の素材であるフェライト磁石における技術課題の一つであり、新規高性能フェライト磁石の開発により一定の市場でネオジム磁石の代替が進む可能性が期待できる。

上述の磁性材料における技術課題の解決は材料組織の厳密なコントロールにより初めて発現する。永久磁石においては本質的にナノメートル領域の組織制御が必要であり、わが国はその先端を走っているが、優位性の維持とともに、バルク磁石内部のより高感度高分解能さらに高効率な磁気情報の取得・解析技術の開発が課題である。今後の課題はそれらから得られる膨大で顕微鏡画像データや計測データをデータ科学的解析に適合するようにフォーマットし、次の材料開発を飛躍的に加速する研究手法を開発するデータ活用型研究開発の領域にあると考えられる。

また、材料プロセス設計に必須の基盤的な情報源である熱力学データベースの構築は過去10年間の元素戦略磁性材料研究拠点（ESICMM）により進められ、世界的に見て希少で正確なデータベースがNIMSに構築された。それは磁石MOPでの産学連携研究の資源となっているが、実際の磁石材料開発と早期の生産に結び付けるには、さらに継続した努力が必要である。情報科学的手法や電子論計算も駆使して新規材料から部材製造までの開発研究を支援し、製品化までの期間を大幅に短縮する取り組みが、地味ではあるが、重要な課題である。有限温度での安定性の理論予測には格子振動効果を取り扱う必要があり、さらに、磁性への影響の理論計算などの第一原理計算分野では、有限温度の理論手法の開拓がここでも重要になる。

軟磁性材料は、大きく酸化物（フェライト）と金属に分けられる。金属磁性材料は、直接相互作用によるフェロ磁性によって磁化が大きく、優れた高周波特性が期待できるが、低抵抗であるため、高周波対応させるためには微粒子化や薄帯／薄膜化する必要がある一方で、デバイスにおける磁路断面積が小さいと電子部品中の磁気回路においてリラクタンスが増加し、実効透磁率が小さくなってしまうというジレンマがある。一方、セラミックスであるフェライトは高抵抗であるため、バルク形状でも利用可能であるが、磁性の起源が超交換相互作用によるフェリ磁性であり、磁化が金属系よりも小さいため、そもそも高周波では大きな初透磁率が得られない。また、高抵抗であるが絶縁体とまでは言えないため、動作環境温度が高温化すると、比抵抗が低下して損失が増える。この一長一短で限定的な性格は、多くが絶縁物であり、常誘電体であっても真空と有意差のある誘電率を発現する誘電材料と比較した場合にも不利となり、特に超高周波分野では、磁界ではなく電界を用いたデバイスが先行している。磁性体の場合は、常磁性体の透磁率が真空と優位な差がないため、強磁性体以外を磁気デバイスに用いることはできない。しかし、電気・電子デバイスには、絶対に磁界制御が必要となる用途も多く、これまでよりも高い性能を持った新規組成・新規微細組織の材料開発は不可欠である。磁性薄膜の用途は限定的であるが、高周波特性を向上させるには薄膜は有利であるため、「この薄膜でなくてはなし得ない」といった高性能薄膜材料の開発が望まれる。

計測技術の発展も必須である。高周波での透磁率計測については、20 GHz程度までは絶対値まで信用できる計測技術が市販に至っているが、それ以上の周波数に対しては、薄膜においては基板、複合系バルク材料においては樹脂の誘電率が、治具の電気的な共振周波数の低下を招き、計測が難しくなる。また、これから高周波化されるパワーエレクトロニクス分野においては、高周波で大振幅の磁界を印加しながら透磁率を計測できる装置が少なく、現状では10 MHz程度である。また、高周波での磁性材料の磁化機構を解釈するために多用されるLandau–Lifshitz–Gilbert（LLG）方程式は、あくまでも磁性体内部の磁化ベクトルに対して、それに直交する方向に小振幅の交流磁界が印加された場合に成立するものであって、この交流

磁界の振幅が強くなり、非線形特性を考慮しなければならなくなると、LLG方程式は広く知られる単純な形ではなく、高次の項が付与されるなど、複雑になっていくものと考えられる。この辺りの物性研究の進展も必要である。

（6）その他の課題

マルチスケール・マルチアスペクト組織解析に用いる最先端の分析機器の更新、維持に多大な経費が必要である。また、データ創製活用型の材料開発研究では実験データの構造化と集積管理、言語データ処理によるデータマイニング、画像データからの情報抽出および材料特性との関連付けとデータベース化、逆問題として、所望の特定特性を有する材料組織とその実現のためのプロセス条件を予測する技術の開発などが強化すべき課題であり、特に材料開発側とデータサイエンス側の研究者間の連携促進が重要な課題である。膨大なデータはクラウド上のデータベースに保管される場合が多いと想定され、その維持や、通信の地政学的安全性・安定性など、材料開発とは別の課題や体制整備の必要性があると思われる。

産業界とアカデミアの意識や認識の乖離も問題である。例えば、産業界では、薄膜よりバルク、CoやNiよりもFeというように、市場規模の大きな汎用軟磁性材料には低コストであることが求められるが、アカデミアの磁性材料研究者は物性の追求に興味が集中しておりコスト意識が高いとは言えない。また、産業界では、薄膜は製造装置やマシンタイムによりコストが高いと思われがちであるが、原料の使用量はバルクと比較すると圧倒的に少なく環境負荷が低いという意識が薄い。

軟磁性材料の応用先である電気電子回路系研究者と軟磁性材料研究者との研究者間でも意識や知識の乖離も見られる。およそ1 MHzを境に、用いることができる磁性材料の磁化機構が変わることも含め、高周波になるほど透磁率が低下することが回路系研究者に広く浸透しているとは言えない。このような意識の食い違いの無いよう、材料と他分野とのマッチングが重要性である。

（7）国際比較

国・地域	フェーズ	現状	トレンド	各国の状況、評価の際に参考にした根拠など
日本	基礎研究	◎	→	永久磁石材料の基礎研究は10年間の「元素戦略〈研究拠点形成型〉」により活性化、世界でもトップクラス。NIMSと国内磁石メーカとのオープンプラットフォーム型連携研究が2022年4月から開始されている。
	応用研究・開発	◎	→	モータ設計と材料開発当事者企業間の連携によるHEVへの新型モータが搭載された党の事例あり。EV駆動モータおよび発電機、電動アクスルやロボット用モータなどでの日本企業の競争力は依然として高い。
米国	基礎研究	○	→	DOEによるCMIがAMES研究所拠点として全米規模で希少元素代替技術の広い研究分野を対象に継続。レアアースフリー、非希少レアアース磁石などにフォーカスした結果、特に画期的な成果はない。
	応用研究・開発	○	→	モータに関する研究は盛んにおこなわれており水準も高い。材料プロセスでは3Dプリンティングによるアディティブ・マニュファクチュアリング技術の開発が行われている。
欧州	基礎研究	◎	→	ドイツのDarmstadt工業大学とDuisburgh–Essen大学を中心に幅広い研究を実施している。シミュレーション分野では、いくつかは依然として世界トップレベル。欧州委員会の長期的視点に立った施策で元素リスクやリサイクルに関する調査研究等の活動が支援され。
	応用研究・開発	◎	→	ニッチな新規用途の開拓に力点が置かれている。

2.4
俯瞰区分と研究開発領域
社会インフラ・モビリティ応用

中国	基礎研究	◎	↗	基礎研究分野でも大学等の研究設備面ではほぼ日欧米と同等。研究人口では圧倒しており、研究の質は着実に向上。研究テーマは、実用的・現場的なものが多く、突出したレベルには至っていないが、総合的に見れば脅威と言える。
	応用研究・開発	◎	↗	モータの電磁気設計等の研究数は非常に多い。その中から斬新なものが生まれる可能性があり、脅威ととらえるべき。
韓国	基礎研究	○	→	韓国における磁石の研究は比較的長い歴史を持つが、多くが日本の後追いになっている。
	応用研究・開発	○	↗	研究事例は中国に次いで多い。
その他の国・地域（任意）	基礎研究	○	→	欧州以外では、ロシアは伝統的に希土類磁石の研究には高水準の研究があり、ロシア科技大学などの実力ある研究機関がある。研究成果は欧米雑誌には多数が出てこないようである。
	応用研究・開発	△	→	永久磁石モータなどの論文件数ではインドは常にランキング上位10内にあるが特に新規な発明はないと思われる。

（註1）フェーズ

　　　基礎研究：大学・国研などでの基礎研究の範囲

　　　応用研究・開発：技術開発（プロトタイプの開発含む）の範囲

（註2）現状　※日本の現状を基準にした評価ではなく、CRDS の調査・見解による評価

　　　◎：特に顕著な活動・成果が見えている　　　　　　○：顕著な活動・成果が見えている

　　　△：顕著な活動・成果が見えていない　　　　　　×：特筆すべき活動・成果が見えていない

（註3）トレンド　※ここ1〜2年の研究開発水準の変化

　　　↗：上昇傾向、→：現状維持、↘：下降傾向

参考・引用文献

1）Seiji Miyashita, et al., "Atomistic theory of thermally activated magnetization processes in $Nd_2Fe_{14}B$ permanent magnet," *Science and Technology of Advanced Materials* 22, no. 1 (2021): 658-682., https://doi.org/10.1080/14686996.2021.1942197.

2）加藤晃也他「Material DXを用いた省Nd磁石の開発」『まてりあ』60巻1号（2021）：57-59., https://doi.org/10.2320/materia.60.57.

3）Guillaume Lambard, et al., "Optimization of direct extrusion process for Nd-Fe-B magnets using active learning assisted by machine learning and Bayesian optimization," *Scripta Materialia* 209 (2022): 114341., https://doi.org/10.1016/j.scriptamat.2021.114341.

4）George Em Karniadakis, et al., "Physics- informed machine learning," *Nature Reviews Physics* 3 (2021): 422-440., https://doi.org/10.1038/s42254-021-00314-5.

5）T. Schrefl, et al., "HOM-07 Physics informed neural networks for computational magnetism," 15th Joint MMM-Intermag Conference (January 10-14, 2022), https://magnetism.org/past-conferences/, （2023年1月5日アクセス）.

6）Hiroyuki Nakamura, et al., "Co site preference and site-selective substitution in La-Co co-substituted magnetoplumbite-type strontium ferrites probed by ^{59}Co nuclear magnetic resonance," *Journal of Physics: Materials* 2, no. 1 (2019): 015007., https://doi.org/10.1088/2515-7639/aaf540.

7）Mohamed A. Kassem, et al., "Bismuth substitution at the strontium site in the magnetoplumbite-type Sr ferrite: Phase stability, structure, and magnetic properties," *Journal of Magnetism and Magnetic Materials* 560 (2022): 169603., https://doi.

2.4

俯瞰区分と研究開発領域
社会インフラ・モビリティ応用

org/10.1016/j.jmmm.2022.169603.

8）佐久間秀「愛知製鋼、高回転モータを生かす減速比21.8を実現した小型高減速機搭載「EV向け次世代電動アクスル」実証に世界初成功」Car Watch, https://car.watch.impress.co.jp/docs/news/1387490.html,（2023年1月5日アクセス）.

9）榎本裕治他「国際高効率規格IE5レベルを達成したアモルファスモータ」『日立評論』06-07（2015）：50-55.

10）Xin Tang, et al., "（Nd,La,Ce）-Fe-B hot-deformed magnets for application of variable-magnetic-force motors," *Acta Materialia* 228（2022）：117744., https://doi.org/10.1016/j.actamat.2022.117747.

11）fabiodisconzi, "H2020 projects about "magnet"," https://www.fabiodisconzi.com/open-h2020/per-topic/magnet/list/index.html,（2023年1月5日アクセス）.

12）Technische Universität Darmstadt, "CRC/TRR 270 - Hysteresis design of magnetic materials for efficient energy conversion," https://www.tu-darmstadt.de/sfb270/about_crc/index.en.jsp,（2023年1月5日アクセス）.

13）元素戦略磁性材料研究拠点（ESICMM）「About ESICMM」https://www.nims.go.jp/ESICMM/about/index.html,（2023年1月5日アクセス）.

14）国立研究開発法人物質・材料研究機構（NIMS）「物質・材料研究機構（NIMS）と磁石メーカー4社による磁石マテリアルズオープンプラットフォームの発足」https://www.nims.go.jp/news/press/2022/05/202205300.html,（2023年1月5日アクセス）.

15）本田技研工業株式会社「重希土類完全フリー磁石をハイブリッド車用モーターに世界で初めて採用」https://www.honda.co.jp/news/2016/4160712.html,（2023年1月5日アクセス）.

16）高効率モーター用磁性材料技術研究組合（MagHEM）「高効率モーター用磁性材料とモーター設計」新エネルギー・産業技術総合開発機構（NEDO）, https://www.nedo.go.jp/content/100947797.pdf,（2023年1月5日アクセス）.

17）山本真史他「自動車用モータの技術動向」『デンソーテクニカルレビュー』23巻（2018）：37-44.

18）日本電産株式会社（NIDEC）「モーターとは」https://www.nidec.com/jp/technology/motor/,（2023年1月5日アクセス）.

19）Ames National Laboratory, "Critical Materials Institute," https://www.ameslab.gov/cmi,（2023年1月5日アクセス）.

20）Thomas Schrefl, "Thomas Schrefl," Google Scholar, https://scholar.google.com/citations?user=XehtsQEAAAAJ&hl=ja,（2023年1月5日アクセス）.

21）Richard F. L. Evans, "Richard F L Evans's profile," University of York, https://www.york.ac.uk/physics/people/physics-staff-richard-evans/,（2023年1月5日アクセス）.

22）KU Leuven, "Horizon 2020: DEMETER," https://www.kuleuven.be/english/research/EU/p/horizon2020/es/msca/itn/demeter,（2023年1月5日アクセス）.

23）Osamu Takeda and Toru H. Okabe, "Current Status on Resource and Recycling Technology for Rare Earths," *Metallurgical and Materials Transactions E* 1（2014）：160-173., https://doi.org/10.1007/s40553-014-0016-7.

24）Jasmin Werker, et al., "Social LCA for rare earth NdFeB permanent magnets," *Sustainable Production and Consumption* 19（2019）：257-269., https://doi.org/10.1016/j.spc.2019.07.006.

25）Braeton J. Smith, et al., "Rare Earth Permanent Magnets - Supply Chain Deep Dive Assessment," US Department of Energy, https://doi.org/10.2172/1871577,（2023年1月5日アクセス）.

2.5 物質と機能の設計・制御

物質もしくは機能を設計・制御する概念や技術はナノテクノロジー・材料分野全体に関与するものであり、わが国においては長年の技術蓄積にもとづく強みを有する。進化したナノテクノロジーを駆使することで所望の物質・機能を実現させるための構造の設計・制御を可能とし、サイエンスの新局面を拓き、社会・産業に貢献しうる領域である。以下では、本節で取り上げた6つの研究開発領域の概略を示す。

• 分子技術

分子を設計・合成・制御・集積することによって、分子の特性を活かして所望の機能を創出し、応用に供するために必要な一連の技術を指す日本発の概念である。「分子の設計・創成技術」、「分子の変換・プロセス技術」、「分子の電子状態制御技術」、「分子の形状・構造制御技術」、「分子集合体・複合体の制御技術」、「分子・イオンの輸送・移動制御技術」からなる6つの横断的技術分野に分類され、それぞれで連携しながら研究開発が推進されている。分子技術は広範な技術分野に関連するものであるが、技術トピックスとしては、有機合成・触媒、有機エレクトロニクス、高分子・分子配向について重点的に取り上げる。

• 次世代元素戦略

物質・材料の特性・機能を決める特定元素の役割を理解し有効活用することで、物質・材料の特性・機能の発現機構を明らかにし、有害元素や海外依存度の高い希少元素に依存することなく高い機能を持った物質・材料を開発することを目的としている。元素戦略は日本発の概念であるが、構造的な資源問題に対処し、持続可能社会を実現するために取り組むべき重要課題として世界中で認知されている。最近では、単一性能の向上だけではなく複数機能の同時実現のために、複数の元素を用いることによる材料の多元素化やハイエントロピー化、準安定相などの多種多様な安定相（準安定相も含む広義の意味）の設計技術や、材料の使用後の劣化・分解性能まで含めた元素間の結合分解制御技術の重要性が高まっている。

• データ駆動型物質・材料開発

4つの科学（実験科学、理論科学、計算科学、データ科学）を統合的に活用して、新物質・新材料開発を効果的に推進することを目的としている。新規物質・材料の設計・探索・発見を飛躍的に加速するマテリアルズ・インフォマティクスが一定の成果を示しており、今後は材料製造プロセスを最適化するプロセス・インフォマティクスや、計測・解析を効率化する計測インフォマティクスとの連携の重要性が増している。また、それらを支えるロボットによるハイスループット実験や、AI技術を活用した自律的最適化実験（Closed-Loop）など実験DXも重要な技術要素である。国内では、2022年よりデータ創出・活用型マテリアル研究開発プロジェクト事業が開始されている。米国では、2011年開始のMGIが終了後は後継の大型プロジェクトは顕在していなかったが、2021年11月に今後5年間を想定した戦略目標 MGI Strategic Plan 2021 が発表された。その他の国々も積極的な取り組みを継続している。

• フォノンエンジニアリング

ナノスケールの微小空間、微小時間でのフォノンおよび熱の振る舞いを理解し制御することにより、熱の高効率な利用や、デバイスのさらなる高性能化・高機能化を実現することを目的としている。スピントロニクスと熱利用技術の融合分野であるスピンカロリトロニクス、ゼーベック効果やスピンゼーベック効果などを用いた熱電変換材料・デバイス技術、フォノニック結晶、半導体デバイス中の熱マネジメントなどが重要な研究テーマである。また、それらを支えるフォノン輸送の理論・シミュレーション、材料・構造作製によるフォノン輸送制御、フォノン／電子／フォトン／スピンなどの量子系の統一的理解と制御、熱伝導計測技術などに関する

研究が推進されている。

• 量子マテリアル

　量子マテリアルは、電子やスピンの量子状態を人為的に制御することで新たな量子力学的な機能を発現する物質・材料である。グラフェンや遷移金属カルコゲナイドなどの２次元物質（原子層物質）や、キタエフ模型に代表される量子スピン液体、トポロジカル絶縁体をはじめとするトポロジカル量子物質、ナノチューブやリボン状構造の１次元材料、自己集合分子などの０次元材料も含む。ムーアの法則の限界を克服する次世代半導体の実現や、センシング及びエネルギー変換・貯蔵への応用のため、シリコンを凌駕する電荷移動度を持つ２次元物質や、非磁性の欠陥や不純物に対して電子が堅牢な輸送特性を持つトポロジカル物質が注目されている。また、２次元物質の単層シートを特定のツイスト角度で積層することによって新奇物性を開拓する研究が大きな流れになっている。

• 有機無機ハイブリッド材料

　無機材料と有機材料を融合（ハイブリッド化）することで、無機材料の結晶性や頑健性にもとづく機能発現と、有機材料の柔らかさ・分子選択性にもとづく機能発現とを両立させ新たな機能を創出することを目的としている。有機無機ハイブリッドの考え方は古くから存在しその範囲は広いが、当初の「有機物と無機物を混ぜ合わせたもの」という考えから、単相物質として概念に変革され、新物質科学の機運が高まっている。無機材料、有機材料それぞれでは実現が難しい特性や材料機能が見いだされ、成形加工性や作動温度などにも注目されている。有機無機ハイブリッドペロブスカイト材料や金属−有機構造体（MOF/PCP）の研究が特に活発である。透過・分離・吸着・変換・貯蔵材料、触媒・反応性制御、構造材料、電池材料、エネルギー変換材料、ドラッグデリバリーシステム、生体適合材料、分子認識材料、電子材料などの多様な応用分野への適応が期待されている。

2.5.1 分子技術

（1）研究開発領域の定義

　「分子技術」は、日本発の課題解決型の研究開発領域であり、目的を持って分子を設計・合成・操作・制御・集積することにより、所望の物理的・化学的・生物学的機能を創出し、応用に供するための一連の技術である。①分子の設計・創成技術、②分子の変換・プロセス技術、③分子の電子状態制御技術、④分子の形状・構造制御技術、⑤分子集合体・複合体の制御技術、⑥分子・イオンの輸送・移動制御技術の6つの横断的技術分野が相互に密接に連携することが重要である。分子技術によって創出される新物質、新材料、新デバイス、新プロセス等は応用分野のさまざまな研究開発領域において重要な役割を果たすものである。

　分子技術は広範な技術分野に関連するものであるが、技術トピックスとしては、有機合成・触媒、有機エレクトロニクス、高分子・分子配向について重点的に取り上げる。

（2）キーワード

　分子設計、分子科学、先端材料、高機能触媒、ソフトマテリアル、創薬、精密合成、自己組織化、高次構造、配列・配向制御、電荷輸送、先端計測、計算科学

（3）研究開発領域の概要

［本領域の意義］

　分子技術は、環境・エネルギー・医療など、我々人間の社会活動において社会的・産業的課題の解決に貢献し、持続可能な社会の実現に対して重要な役割を果たす科学技術として期待されている。分子科学が、分子および分子集合体の構造や物性を解明し、化学反応や分子の相互作用およびその本質を、理論と実験の両面から理解することを目的とする学問であるのに対して、わが国において誕生した技術概念／研究開発領域である分子技術は、分子科学がもたらす知見・理解を基盤として所望の機能を新たに創出することを明確な目的とする工学的な技術概念である。

　革新的かつ精密な分子や分子集合体を創出できれば、効果的で、しかも最終的な課題解決が可能になるので、より強力な国際的競争力の獲得につながる。材料に対する要求がますます高度化していく状況であり、分子技術はさらに重要性が増すと考えられる。

　分子技術の基盤となるのは化学であるが、近年は、物理学・生物学・薬学・数学などの様々な科学的知見を取り入れるとともに、機械学習や人工知能など最先端のコンピュータ技術を活用することで、分子設計・合成化学に急速な進展が見られている。今後は、我が国の持続・発展を目指すうえでも、自然科学の学理に迫る伝統的な分子科学を追求しつつも、同時に、工学・産業に資する科学技術としての分子技術へのパラダイムシフトを加速することが求められる。

［研究開発の動向］

　過去よりさまざまな分野で分子の設計・合成が行われてきたが、従来、普遍的な技術として分子技術が明確に意識されることはほとんどなかった。すなわち、化学的に構造式レベルでは解明されていても、その構造式によってその化合物が作り出すさまざまな物性についての論理的説明ができることは稀であり、目的のためにその構造が最適であるという保証はほとんどなかった。

　最適・最善な分子構造にいたっていない段階で製品化を進めてしまった場合には、その製品の機能がベストである保証はなく、その模倣・改良が比較的容易なものとなる。また、最適解でないがゆえに特許による技術の保護も十分とはいえないため、市場での成功が明らかになった段階にはさまざまな後発品が上市されると考えられる。分子技術によって、最適分子の設計と合成を進めることは極めて重要である。また、分子技術は日本発の概念であるが、フランスなど日本との分子技術に関する共同研究を実施し重要性を理解して

いる国も出てきており、世界的にさらに発展することが想定される。

　分子技術は、精密合成技術と理論・計算科学との協働により新機能物質を自在に設計・創成する「分子の設計・創成技術」、分子の形状構造を厳密に制御することにより新たな機能の創出につなげる「分子の形状・構造制御技術」、分子レベルでの精密な構造設計にもとづく新たな触媒・システム開発につなげる「分子の変換・プロセス技術」、分子の電子状態を自在に制御する「分子の電子状態制御技術」、分子集合体・複合体の形成や機能解析・化学制御に関連する「分子集合体・複合体の制御技術」、膜物質を介した分子・イオンの輸送速度や選択性向上などの分子・イオンの輸送に関係する「分子・イオンの輸送・移動制御技術」からなる6つの横断的技術に分類される。また、それぞれが相互に密接に連携することが重要である。

　分子技術の概念は、研究開発プログラムにおいて明示的に言及されているもの以外にも、さまざまな応用分野において新物質、新材料、新デバイス、新プロセス等の創出に重要な役割を果たしている。

　最適・最善な分子の設計と合成を進めるためには、圧倒的に高い水準の技術力が必要となるが、この基盤技術の育成に必要な基礎科学を持ち、かつ十分な資金を継続的に提供できる国・企業は世界的に少ない。世界的な経済環境が大きく変化する中、材料創製においても、日本発の技術をグローバル展開することを目指し、注意深く育成し製品化へ結びつける戦略的な取り組みが一層求められる。

（4）注目動向
［新展開・技術トピックス］
・有機合成・触媒

　光酸化還元触媒を利用した反応開発がきわめて盛んになっている。これを従来の遷移金属触媒と組み合わせることによって革新的な有機合成反応、特に二酸化炭素固定など熱的反応では進行しない反応が開発されている（京大・村上正浩ら）。また、貴金属触媒を安価な第一遷移金属触媒で代替する手法も着実に進展した（東大・中村栄一ら）。

　有機合成反応を生体内、特にタンパク質の特定の位置で行わせる手法も大きく進展して、標的タンパク質の精密ラベル化（京大・浜地格ら）や患部での医薬合成（東工大・田中克典ら）が達成された。

　窒素を活性化してアンモニアを得る触媒反応においては、不均一系（東工大・細野秀雄ら）、均一系（東大・西林仁昭）の金属触媒双方で顕著な活性向上が達成されている。

　一方、量子化学計算や人工知能の活用によって新反応や新触媒を予測ベースで開発する手法が確立されつつある。代表的な成果として、AFIR法（人工力誘起反応法）による反応経路探索を応用した新反応開発（北大・前田理ら）や、機械学習による酸化触媒の最適化（産総研・矢田陽ら）が挙げられる。

・有機エレクトロニクス

　電荷輸送を担うπ共役系分子やπ共役系高分子の開発を中心に、その機能を制御するためのドーパント分子やデバイス応用技術の研究など、多岐に渡る研究が、継続的かつ盛んにおこなわれている。高性能エレクトロニクスデバイス応用のためには、π電子系分子の電子状態や集合体構造の制御を両立することが重要である。

　近年の特筆すべき国内の研究動向としては、分子技術と有機合成技術の融合的研究の展開がある。例えば、π共役系骨格への窒素元素の導入による高性能なn型有機半導体分子（東大・岡本敏宏ら、名大・忍久保洋ら）、複数の分子軌道が伝導に関わるミックスオービタル分子（東大・岡本敏宏ら）、新奇な置換基により集合体構造を制御したp型有機半導体分子（東北大・瀧宮和男ら、東大・井上悟・長谷川達生ら）などが挙げられる。また、スーパーコンピュータによる効率的な分子選定を基に、理研・宮島大吾らは、新機軸な有機発光材料を開発した。

　世界的にはπ共役系高分子の研究が主に行われ、導電性高分子、有機熱電変換素子、有機シナプストランジスタなどの研究分野の発展が著しい。

• 高分子・分子配向

　合成高分子の配列を制御することは、より高度な物理的・化学的・生物学的機能の創出に向けて重要である。リビング重合により多種多様の官能基を一本の高分子鎖に精密に導入し、それらが協調することで従来の高分子とは一線を画する高分子機能の発現を目指す研究（京大・大内誠ら）が実施されており、自己組織化、温度応答性、自己修復性など興味深い成果が報告されている。

　また、マイクロプラスチックの問題解決や脱炭素社会の構築に向けて、ケミカルリサイクル可能な循環型高分子への関心も高まっており、開環重合触媒の研究が活発化している。開環重合は逐次重合に比べて高分子量化が容易な連鎖重合であり、また、生成ポリマーの主鎖にヘテロ原子を導入できるため、生成ポリマーへの分解性の付与や解重合による完全モノマー化が期待できる。開環重合と付加重合を融合した共重合も発展している。構造転移、分解、再結合、交換などが可能な共有結合を高分子材料に組み込むことで、応力、破壊、結晶化、接着などの過程を測定あるいは観測するための分子設計の技術が進んでいる。国内では、大塚英幸（東工大）らが力学的刺激によって蛍光性のラジカルを与える分子骨格を、斎藤尚平（京大）らは環境に応じて骨格を変化させる柔軟なπ共役構造を組み込んだ高分子材料を開発し、当該分野を先導している。今後、このような共有結合に加えて、非共有結合も組み合わせた設計によって、より高機能な材料が開発されると予想される。

　高分子を複雑かつ精密な構造を築くクリップケミストリーの概念が2021年に提唱されている（J. A. Johnson（MIT））がこれは、2001年にSharplessによって提唱されたクリックケミストリーの概念を高分子鎖の結合の切断や組み換えにまで発展させたものである。

　ハイドロゲルの設計・制御による医療用材料の創製の研究も注目すべき分野である。酒井崇匡（東大）らは、水を多く含み生体に似た材料であるハイドロゲルの構造を精密に制御することで、新たな機能性を有する医療材料の開発を目指し、臨床応用研究にも積極的に取り組んでいる。

　分子集合体の配置や配向を結晶構造や液晶配向の視点から制御・解析し、材料物性の飛躍的向上を実現する研究も進んでいる。宍戸厚（東工大）らは、フィルム状の高分子が湾曲する挙動をリアルタイムに解析する手法と装置を開発し、次世代スマートフォンやフレキシブルデバイスに資する材料の設計指針を提案している。

［注目すべき国内外のプロジェクト］

　2012年にスタートしたJST-CREST「新機能創出を目指した分子技術の構築」（研究総括：山本尚）からは多くの成果が得られており、社会や産業の課題解決のブレークスルーにつながることが期待される。また、同じくJSTさきがけ「分子技術と新機能創出」（研究総括：加藤隆史）でも6技術領域全体にわたって多数の研究テーマが展開され、2017年度に終了したが、一部の成果は新たな研究開発プロジェクトへと発展している。

　分子技術（Molecular Technology）は、国際的な広がりもみせている。2014〜18年に実施されたJST-SICORP（戦略的国際共同研究プログラム）日本-フランス共同研究「分子技術」分野（研究主幹：山本尚、副研究主幹：加藤隆史）では、触媒・ケミカルバイオロジー、エネルギー、材料、センシング、界面制御などに関する研究が展開された。

　これら「分子技術」をプログラム名に明示的に含んでいるものは終了しているが、分子技術の概念を活かした研究課題は、以下に挙げるプログラムなどにおいて推進されており、分子技術の適用範囲が広がっていることが見てとれる。

・新学術領域研究「ハイブリッド触媒」（領域代表：金井 求、2017〜21年度）
・新学術領域研究「水圏機能材料」（領域代表：加藤隆史、2019〜23年度）
・学術変革領域研究（A）「高密度共役の科学：電子共役概念の変革と電子物性をつなぐ」（領域代表：関修平、2020〜24年度）

2.5
俯瞰区分と研究開発領域
物質と機能の設計・制御

- 学術変革領域研究（A）「2.5次元物質科学：社会変革に向けた物質科学のパラダイムシフト」（領域代表：吾郷浩樹、2021〜25年度）
- 学術変革領域研究（A）「デジタル化による高度精密有機合成の新展開」（領域代表：大嶋孝志、2021〜25年度）
- 学術変革領域研究（B）「精密高分子進化工学による次世代医薬開拓」（研究代表：星野 友、2022〜24年度）
- 世界トップレベル研究拠点プログラム（WPI）「化学反応創成研究拠点」（拠点長：前田 理、2018年度〜）
- 文部科学省 データ創出・活用型マテリアル研究開発プロジェクト事業「バイオ・高分子ビッグデータ駆動による完全循環型バイオアダプティブ材料の創出」（研究代表者：沼田圭司、2022年度〜）
- JST−CREST「実験と理論・計算・データ科学を融合した材料開発の革新」（研究総括：細野 秀雄、2017〜23年度）
- JST−CREST「革新的力学機能材料の創出に向けたナノスケール動的挙動と力学特性機構の解明」（研究総括：伊藤 耕三、2019〜25年度）
- JST−CREST「原子・分子の自在配列・配向技術と分子システム機能」（研究総括：君塚信夫、2020〜26年度）
- JST−CREST「未踏探索空間における革新的物質の開発（未踏物質探索領域）」（研究総括：北川 宏、2021〜27年度）
- JST−CREST「分解・劣化・安定化の精密材料科学」（研究総括：高原 淳、2021〜27年）
- JST−未来社会創造事業「界面マルチスケール4次元解析による革新的接着技術の構築」（研究代表：田中 敬二、2018〜27年度）
- ERATO「ニューロ分子技術」（研究総括：浜地 格、2018〜23年度）
- ERATO「化学反応創製知能」（研究総括：前田 理、2019〜24年度）
- ERATO「野崎樹脂分解触媒プロジェクト」（研究総括：野崎京子、2021〜26年度）

（5）科学技術的課題

　分子技術を開発する目的は、社会や産業の重要課題に対する効果的かつ最終的な解決法の提供にある。今後さらに複雑化、高度化すると予想される諸課題に対して、既存の科学技術の延長で対応することは困難である。したがって、研究開発テーマには、現在の科学技術では到達できない「夢の目標」と、従前の研究開発の延長ではない新規な研究開発プランが必須である。さらに、プランを進めるための明確で独創的な分子技術の「イメージ・ストーリー」を描き、それを実現することが求められる。そのためには、研究開発に対する姿勢を根本的に変えていく必要がある。すなわち、分子レベルからの課題解決をめざし、化学を基盤として、物理学、生物学、薬学、数学、工学などに加えて各種の技術も融合し「最適・最善の解」を得ることが求められる。

　成功には、基礎科学者、工学者および企業技術者が、分子技術という共通の土台に立ち、協働することが重要となる。一方、本研究開発領域においては、研究者の意識変革もまた重要である。研究者は、自らの研究開発により社会や産業の重要課題を解決するという強い意志を持たなければならない。「現行品より良いモノを作る」という考え方から「最適・最善なモノを創る」という考え方への転換も求められる。これらの目標は一朝一夕に解決するものではないが、その目標は従来のトライアルアンドエラーの世界から、論理的にベスト分子を探索するアプローチが要求される。

　各技術概念について、必要となる研究課題には以下のようなものが挙げられる。
　a）分子の設計・創成技術
　　機能から分子を創出するための計算化学にもとづく理論創成とシミュレーション技術の開発、機能設

計・予測にもとづく最終目的物をめざす精密合成法の開発、分解・リサイクルを実現する分子設計、反応開発（高分子分解、骨格変性反応など）など

b）分子の変換・プロセス技術

酵素インスパイアードモレキュラーインプリンティング触媒の開発、多酵素の配列による高度な分子設計手法の開発、金属フリー有機合成触媒の開発、触媒・生成物の in situ キャラクタリゼーション法の開発、マイクロ反応装置などによるフロー型システムケミストリーの開拓、原料転換プロセスの開発（未利用化石資源、バイオマスなどの利用）、室温稼働化学プロセスの開発、細胞内など狭雑系での精密有機合成反応、材料の分解・劣化・安定化の精密制御など

c）分子の電子状態制御技術

電極−有機分子間（電荷注入）、有機分子同士（電荷輸送）の電荷授受の機構解明、高純度化によるキャリアトラップの解消、分子性物質の純度測定評価技術の開発、デバイス上での分子配列技術・階層性構築制御技術の確立、液体半導体などによる自己修復可能なデバイスの開発、分子性物質・分子材料の劣化機構の解明など

d）分子の形状・構造制御技術

自己組織化などビルドアップおよびトップダウン手法による空間空隙構造形成技術、ナノからマクロ構造への規模拡大技術・高強度化・高速合成・低コスト化、マクロ構造を持つ材料における物理的諸現象（貯蔵、物質・エネルギー変換など）の観測・解析技術、計算機シミュレーションによるマクロ構造の合成および構造・機能の設計・解析など

e）分子集合体・複合体の制御技術

分子集合体の精密設計による力学・光学・電気・熱物性の向上、創薬開発を目指した分子集合体の動的構造変化と機能制御の解析、タンパク質への非天然アミノ酸導入による人工酵素の構築、液体分子の構造と機能制御の解析とシミュレーションなど

f）分子・イオンの輸送・移動制御技術

不純物の選択的移送と捕捉を目指した超高性能分離膜の開発、効率の薬物輸送を実現する高度 DDS の開発など

（6）その他の課題

今後、分子技術は、さらに中長期的視点に立った次世代の分子技術の開発と集積を戦略的に進める必要がある。6つの横断的技術に分類されるように分子技術は多様であるため、その構築は継続的な戦略・投資なしには実現しない。社会や産業の課題には終わりがないなかで、新しい挑戦的な目標を掲げた研究開発チームを適時に立ち上げ続けるのが、分子技術の推進に必要な姿である。分子技術には、新物質、新材料、新デバイス、新プロセス等のブレークスルーの創出が期待されている。しかし、これらは、分野単独の科学技術から生み出すことは困難であり、多様な分野の科学技術の融合により初めて可能となる。したがって、高い志を持った分野融合型の研究開発チームが組織され、また効率的に活動できることが重要である。

分子技術の発展と深化に伴い、近年では応用研究やそれを志向した分子開発が広まっているものの、学術研究レベルを超えた、社会との関連は未だ十分ではない。今後は、文部科学省・JST だけでなく、経済産業省や産業界とのさらなる緊密な連携により、新産業につなげてゆくことが期待される。

（7）国際比較

国・地域	フェーズ	現状	トレンド	各国の状況、評価の際に参考にした根拠など
日本	基礎研究	◎	↗	・分子技術の重要性が世界で初めて日本で認識されたことは極めて重要な点。日本の高いレベルの分子科学が競争力ある分子技術の開発基盤となる。化学を中心に、物理学・生物学・数学・データ科学など他分野との連携が、大学間連携を含めて高まっており、各分野での基礎研究力の高さが相乗的に世界を牽引している。 ・分子技術の概念を活かした研究課題が、様々な研究プログラムにおいて推進されており、分子技術の適用範囲が広がっている。
	応用研究・開発	◎	→	・環境・エネルギー・資源、医療・健康、水・食料など分子技術が鍵となる応用分野は多い。産業化については、持続的イノベーションを志向した研究開発が多く、上記分野への応用展開を企図した先端材料で優位にある。 ・しかし、米国に比べると、全体として必ずしも十分な競争力はなく、さらに、中国、韓国などに追い上げられつつある。
米国	基礎研究	◎	→	・米国でも、近年、分子工学の重要性が認識され始めている。しかし、バイオやマテリアルなど応用末端の分野にその研究が集中しており、化学というよりも工学が前面に出ている。従って、分子レベルまで掘り下げた設計、合成や制御をめざす研究は多くない。 ・機械学習による触媒探索や光酸化還元触媒において先導的成果がある。
	応用研究・開発	◎	↗	・応用研究は非常に強い。特に資金が集中しているライフサイエンスは圧倒的なレベルにあり、今なお向上し続けている。産業化については、ベンチャーが中心となって諸課題への対応を図っている。 ・エレクトロニクス分野でも、ヘルスケア分野を志向したベンチャー企業などが中心になっている。
欧州	基礎研究	◎	→	・EU枠内でのグラント（ERC）が有力研究者に行き渡り、特にイギリス、ドイツ、スイスは質・量ともに高いレベルを維持している。 ・ドイツは、分子科学の基礎研究は高いレベルにあり、分子技術においても光化学や超分子化学などにおいて高い水準が保たれている。 ・英国は、ライフサイエンス分野の分子技術が進んでいる。 ・フランスは、フッ素化学などの限定された分野では優れているが、全体としては低調である。
	応用研究・開発	○	→	・ライフサイエンス分野の応用研究では、ドイツ、英国が非常に優れている。 ・エレクトロニクス分野では、英国、ドイツやベルギーなどで優れているが、各国とも一部の組織が牽引している状況である。 ・産業化を促進する制度的バックアップは優れているが、分子技術という視点では若干手薄い。
中国	基礎研究	○	↗	・米欧日で成功した研究者が本国に招聘されており、潤沢な資金と相まって、成果をあげ始めている。 ・欧米や日本の後追い的な研究が依然として多い一方で、研究成果の量は群を抜いており、なかにはかなりオリジナリティの高い成果も見られるようになった。
	応用研究・開発	○	↗	・大学や公的研究機関に多くの研究費が投入され、応用研究が進展している。 ・米国と似た制度の下で、ベンチャー企業が誕生しやすい環境にある。産業化についても、今後ベンチャーが重きをなす可能性がある。
韓国	基礎研究	△	→	・米国型の研究スタイルであるが、最近、大学や政府研究機関で外国人研究者が十分な雇用・処遇を得られないケースがみられる。欧米からの帰国者を優遇する点は中国と似ているが、研究レベルは中国にやや遅れている。
	応用研究・開発	△	→	・製品化を目指した応用研究・開発に強みがある。 ・分子技術というより、エンジニアリング的アプローチが中心である

（註1）フェーズ

基礎研究：大学・国研などでの基礎研究の範囲

応用研究・開発：技術開発（プロトタイプの開発含む）の範囲

（註2）現状　※日本の現状を基準にした評価ではなく、CRDS の調査・見解による評価

◎：特に顕著な活動・成果が見えている　　　　　○：顕著な活動・成果が見えている

△：顕著な活動・成果が見えていない　　　　　　×：特筆すべき活動・成果が見えていない

（註3）トレンド　※ここ1〜2年の研究開発水準の変化

↗：上昇傾向、→：現状維持、↘：下降傾向

参考・引用文献

1）国立研究開発法人科学技術振興機構研究開発戦略センター「分子技術"分子レベルからの新機能創出"〜異分野融合による持続可能社会への貢献〜」https://www.jst.go.jp/crds/report/CRDS-FY2009-SP-06.html,（2022年12月22日アクセス）.

2）Peyton Shieh, et al., "Clip Chemistry: Diverse (Bio)(macro) molecular and Material Function through Breaking Covalent Bonds," *Chemical Reviews* 121, no. 12 (2021): 7059-7121., https://doi.org/10.1021/acs.chemrev.0c01282.

3）Toshihiro Okamoto, et al., "Robust, high-performance n-type organic semiconductors," *Science Advances* 6, no. 18 (2020): eaaz0632., https://doi.org/10.1126/sciadv.aaz0632.

4）Keita Tajima, et al., "Acridino [2,1,9,8-klmna] acridine Bisimides: An Electron-Deficient π-System for Robust Radical Anions and n-Type Organic Semiconductors," *Angewandte Chemie Internaitonal Edition* 60, no. 25 (2021): 14060-14067., https://doi.org/10.1002/anie.202102708.

5）Kazuo Takimiya, et al., "'Manipulation' of Crystal Structure by Methylthiolation Enabling Ultrahigh Mobility in a Pyrene-Based Molecular Semiconductor," *Advanced Materials* 33, no. 32 (2021): 2102914., https://doi.org/10.1002/adma.202102914.

6）Shohei Kumagai, et al., "Nitrogen-Containing Perylene Diimides: Molecular Design, Robust Aggregated Structures, and Advances in n-Type Organic Semiconductors," *Account of Chemical Research* 55, no. 5 (2022): 660-672., https://doi.org/10.1021/acs.accounts.1c00548.

7）Satoru Inoue, et al., "Emerging Disordered Layered-Herringbone Phase in Organic Semiconductors Unveiled by Electron Crystallography," *Chemistry Materials* 34, no. 1 (2022): 72-83., https://doi.org/10.1021/acs.chemmater.1c02793.

8）Craig P. Yu, et al., "Mixed-Orbital Charge Transport in N-Shaped Benzene- and Pyrazine-Fused Organic Semiconductors," *Journal of the American Chemical Society* 144, no. 25 (2022): 11159-11167., https://doi.org/10.1021/jacs.2c01357.

9）Naoya Aizawa, et al., "Delayed fluorescence from inverted singlet and triplet excited states," *Nature* 609, no. 7927 (2022): 502-506., https://doi.org/10.1038/s41586-022-05132-y.

10）Geoffrey W. Coates and Yutan D. Y. L. Getzler, "Chemical recycling to monomer for an ideal, circular polymer economy," *Nature Reviews Materials* 5 (2020): 501-516., https://doi.org/10.1038/s41578-020-0190-4.

11）Yuki Kametani, et al., "Unprecedented Sequence Control and Sequence-Driven Properties in a Series of AB-Alternating Copolymers Consisting Solely of Acrylamide Units," *Angewandte Chemie International Edition* 59, no. 13 (2020): 5193-5201., https://doi.org/10.1002/

anie.201915075.

12) Kentaro Shibata, et al., "Homopolymer-block-Alternating Copolymers Composed of Acrylamide Units: Design of Transformable Divinyl Monomers and Sequence-Specific Thermoresponsive Properties," *Journal of the American Chemical Society* 144, no. 22 (2022): 9959-9970., https://doi.org/10.1021/jacs.2c02836.

13) Jinghui Yang and Yan Xia, "Mechanochemical generation of acid-degradable poly（enol ether）s," *Chemical Science* 12, no. 12（2021）: 4389-4394., https://doi.org/10.1039/d1sc00001b.

14) Benjamin R. Elling, Jessica K. Su and Yan Xia, "Degradable Polyacetals/Ketals from Alternating Ring-Opening Metathesis Polymerization," *ACS Macro Letters* 9, no. 2（2020）: 180-184., https://doi.org/10.1021/acsmacrolett.9b00936.

15) John D. Feist and Yan Xia, "Enol Ethers Are Effective Monomers for Ring-Opening Metathesis Polymerization: Synthesis of Degradable and Depolymerizable Poly（2,3-dihydrofuran)," *Journal of the American Chemical Society* 142, no. 3（2020）: 1186-1189., https://doi.org/10.1021/jacs.9b11834.

16) Peyton Shieh, et al., "Cleavable comonomers enable degradable, recyclable thermoset plastics," *Nature* 585, no. 7823（2020）: 542-547., https://doi.org/10.1038/s41586-020-2495-2.

17) Francis O. Boadi, et al., "Alternating Ring-Opening Metathesis Polymerization Provides Easy Access to Functional and Fully Degradable Polymers," Macromolecules 53, no. 14（2020）: 5857-5868., https://doi.org/10.1021/acs.macromol.0c01051.

18) Yifei Liang, et al., "Degradable Polyphosphoramidate via Ring-Opening Metathesis Polymerization," *ACS Macro Letters* 9, no. 10（2020）: 1417-1422., https://doi.org/10.1021/acsmacrolett.0c00401.

19) Suong T. Nguyen, et al., "Depolymerization of Hydroxylated Polymers via Light-Driven C-C Bond Cleavage," *Journal of the American Chemical Society* 143, no. 31（2021）: 12268-12277., https://doi.org/10.1021/jacs.1c05330

20) Brooks A. Abel, Rachel L. Snyder and Geoffrey W. Coates, "Chemically recyclable thermoplastics from reversible-deactivation polymerization of cyclic acetals," *Science* 373, no. 6556（2021）: 783-789., https://doi.org/10.1126/science.abh0626.

21) Yi Lu, et al., "Mechanochemical Reactions of Bis（9-methylphenyl-9-fluorenyl）Peroxides and Their Applications in Cross-Linked Polymers," *Journal of the American Chemical Society* 143, no. 42（2021）: 17744-17750., https://doi.org/10.1021/jacs.1c08533.

22) Sota Kato, et al., "Crystallization-induced mechanofluorescence for visualization of polymer crystallization," *Nature Communications* 12, no. 1（2021）: 126., https://doi.org/10.1038/s41467-020-20366-y.

23) Takuya Yamakado and Shohei Saito, "Ratiometric Flapping Force Probe That Works in Polymer Gels," *Journal of the American Chemical Society* 144, no. 6（2022）: 2804-2815., https://doi.org/10.1021/jacs.1c12955.

24) Ryota Kotani, et al., "Bridging pico-to-nanonewtons with a ratiometric force probe for monitoring nanoscale polymer physics before damage," *Nature Communications* 13, no. 1（2022）: 303., https://doi.org/10.1038/s41467-022-27972-y.

25) Maxim Ratushnyy and Aleksandr V. Zhukhovitskiy, "Polymer Skeletal Editing via Anionic

Brook Rearrangements," *Journal of the American Chemical Society* 143, no. 43（2021）: 17931-17936., https://doi.org/10.1021/jacs.1c06860.

2.5.2 次世代元素戦略

（1）研究開発領域の定義

　物質・材料の特性・機能を決める特定元素の役割を理解し有効活用することで、物質・材料の特性・機能の発現機構を明らかにし、有害元素や海外依存度の高い希少元素に依存することなく高い機能を持った物質・材料を開発する研究開発領域である。最近では、単一性能の向上だけではなく複数機能の同時実現のために、複数の元素を用いることによる材料の多元素化やハイエントロピー化、準安定相などの多種多様な安定相（準安定相も含む広義の意味）の設計技術や、材料の使用後の劣化・分解性能まで含めた元素間の結合分解制御技術の重要性が高まっている。

（2）キーワード

　元素戦略、希少元素、Critical Materials、Critical Minerals、代替、減量、循環、新機能、多元素化、ハイエントロピー化、準安定相、ハイスループット実験、コンビナトリアル、データ科学、オペランド計測、マテリアルズ・インフォマティクス、プロセス・インフォマティクス、結合分解制御、循環型材料、サーキュラーエコノミー

（3）研究開発領域の概要

［本領域の意義］

　日本発の研究開発戦略である「元素戦略」は、2010年の中国／レアアースショックを契機として世界中から注目を集めることになったが、産業的観点からの重要性のみならず、元素の新たな機能や隠れた効果を探索して新材料設計に活かそうとする、科学的洞察をベースとして産学連携・異分野融合を促進する取組みであった。こうした日本の施策を皮切りに、欧・米・中でも類似の戦略・施策が次々に推進されている。米国では、2010年にエネルギー省が「Critical Materials Strategy」を策定、電池や磁石などエネルギー産業上重要となる希少元素の確保と代替物質開発が進められている。その後、トランプ政権・バイデン政権下における希少元素のサプライチェーン脆弱性への対処を謳った大統領令に伴う研究開発プログラムの開始、直近では経済安全保障政策との関係もあいまって、激変する国際環境のなかその位置づけ・重要性が再定義されている。欧州では2011年以降、重要希少元素（Critical Raw Materials）リストを定期更新し、フレームワークプログラムHorizon 2020、Horizon Europeを通じて希少元素の持続可能な供給の促進、資源循環効率の向上などを掲げたプロジェクトを多数推進している。

　わが国においては、世界に先駆けて希少元素や有害元素を対象として元素機能を科学的に解明し、代替技術や使用量削減技術の研究開発を行ってきた。今後は、これらの蓄積した成果をもとに発展的展開を図り、例えば、四元系や五元系など多元素化・複合化を伴うより複雑な組合せによる新機能創出や、データサイエンスを活用することによるそれら新材料の合成プロセスの予測・設計などの諸課題に、産業界とともにチャレンジすることが課題として挙がる。マイクロプラスチックによる海洋汚染などがクローズアップされるなか、材料への要請は使用時の高機能に留まらず、使用後の分解・分離といった循環機能にまで拡大している。そのため、物質・材料のライフサイクル全体を最適化する新たな材料科学の体系化が求められる。学術界が将来を見据えて豊かな科学基盤の土壌を保ち、研究力向上の礎となることが求められる。

［研究開発の動向］
【日本】

　わが国においては、必要な資源は入手できるという旧来の考え方から脱して、資源をデバイス・部材の中でいかに効率よく使うか、いかに新たな機能を引き出して材料の選択肢を広げるかという視点に立ち、資源の持続可能な利用や高付加価値製品の安定生産をめざすための研究コンセプト「元素戦略」を、2004年に諸

外国に先駆けて提唱した。

「元素戦略」は以下の5つの柱によって構成される物質材料科学の基盤を構築する研究コンセプトである。

① 代替：特定の元素に依存することなく、豊富で無害な元素により目的機能を代替する

② 減量：希少元素・有害元素の使用量を極限まで低減する

③ 循環：希少元素の循環利用や再生を推進する

④ 規制：有害物質の使用量規制や基準を乗り越える高い技術を戦略的に開発する

⑤ 新機能：元素の秘められた力を引き出すことで新たな機能を生み出す

一般に「元素戦略＝希少元素や有害元素を無害かつありふれた元素に置き換えること」と解釈されがちであるが、それは上記①にすぎない。本質は「物質・材料における各元素の役割を理解し、機能発現メカニズムを解明する」ことである。また、この研究コンセプトの特徴としては、化学、物理、金属、セラミックスや磁石など、多彩な学術界が共通して取り組めるという点にある。

元素戦略や希少元素代替材料技術に関する研究開発は、2007年に文部科学省「元素戦略プロジェクト〈産学官連携型〉」および経済産業省「希少金属代替材料開発プロジェクト」に始まる。これらは後の府省連携施策の原型となる極めて先進的な国家プロジェクトであり、内閣府を積極的に巻き込みつつ、共同での公募や、役割分担に沿った審査の相互乗り入れを行うなど、従来になかった協力体制で取り組まれた。その後、2010年には文部科学省が設定する戦略目標「レアメタルフリー材料の実用化及び超高保磁力・超高靭性等の新規目的機能を目指した原子配列制御等のナノスケール物質構造制御技術による物質・材料の革新的機能の創出」の下に、JST戦略的創造研究推進事業CREST「元素戦略を基軸とする物質・材料の革新的機能の創出」（研究総括：玉尾皓平、2010～2017年度）およびさきがけ「新物質科学と元素戦略」（研究総括：細野秀雄、2010～2016年度）が発足し、元素間融合による新規ナノ合金の開発、アルケンのヒドロシリル化用鉄・コバルト触媒の開発、反強磁性スピントロニクスにつながる新たな磁性体の発見など、多くの興味深い基礎的な成果が創出された。2012年からは10年間の事業として文部科学省「元素戦略プロジェクト〈研究拠点形成型〉」（2012～2021年度）が開始され、磁性材料、電子材料、触媒・電池材料、構造材料を各研究開発テーマとする4つの研究拠点が形成され、「材料創製」「解析評価」「理論」が三位一体となった研究体制が構築された。事業終了後の2022年に実施された事後評価では、「いずれの拠点の事業目標も元素戦略のコンセプトに沿っており、各目標は、拠点ごとに達成度の高低はあるが、全体としては達成された。」と評価されつつも、各拠点内の知財戦略をより明確にすべきだった点や、元素戦略コンセプト定着に向けた今後のサポート体制への懸念点が示された。特に、本プロジェクトで蓄積された材料データを2022年度開始のデータ創出・活用型マテリアル研究開発プロジェクトへ引継ぎ、さらに発展させる必要があるとの言及がなされた。

一方、経済産業省・NEDOは比較的短期間での実用化をめざす「希少金属代替材料開発プロジェクト」の他、2012年からは「次世代自動車向け高効率モーター用磁性材料技術開発」を開始し2021年度まで推進された。また、経済産業省は2020年3月に、エネルギーレジリエンスの向上に向けた資源の確保に加えて、"アジア大"の視点、気候変動問題を一つとして捉える政策指針となる「新国際資源戦略」を発表した。この中で「レアメタル等の金属鉱物のセキュリティ強化」のための対応方針として、1）鉱種ごとの戦略的な資源確保策の策定、2）供給源多角化の促進、3）備蓄制度の見直し等によるセキュリティ強化、4）サプライチェーン強化に向けた国際協力の推進、5）産業基盤等の強化が挙げられている。

他にも、JSPS科研費の新学術領域研究や内閣府SIP、文部科学省・JSTにおいて多くの関連プロジェクトが推進されてきた。また、レアメタルにかかる安定したマテリアルフローを実現したサプライチェーンの確立をめざした東北大学レアメタル・グリーンイノベーション研究開発センター（2014年1月設立）などの研究開発拠点も整備されている。

【米国】

　米国は日本に追随する形で、2010年にエネルギー省（Department of Energy：DOE）が「Critical Materials Strategy」を発表し、電気自動車、太陽光発電、風力タービンなどのエネルギー産業において米国がリーダーシップをとるためにも希少元素の確実な供給と、需要を減らす代替技術、循環技術を確立すべき対象としたうえで、研究プロジェクトの組織化や国際協力の提案を行った。また、2012年にAmes研究所にCritical Materials Institute（CMI）が設立され、5年間で約1億2000万ドルの資金が導入された。2018年7月に5年間の延長が認められている。

　さらに、トランプ政権下の2017年12月に発令した大統領令「希少鉱物の安全かつ信頼できる供給確保のための連邦政府戦略（Federal Strategy to Ensure Secure and Reliable Supplies of Critical Minerals）」に基づき、2018年2月に内務省（Department of the Interior：DOI）は米国の経済および国家安全保障上の観点から35種の希少鉱物のリストを作成した（パブリックコメントを経て、同5月に確定）。これらを踏まえ、2019年6月には商務省（Department of Commerce：DOC）が政府機関全体の行動計画を含む希少鉱物の供給確保戦略を発表し、リサイクルや代替技術の開発、サプライチェーン強化など希少鉱物の対外依存度低減に向けた方策を打ち出している。2020年9月には大統領令「希少鉱物を敵対的な外国に依存することによる、国内サプライチェーンへの脅威への対処（Addressing the Threat to the Domestic Supply Chain from Reliance on Critical Minerals from Foreign Adversaries）」が発出された。本大統領令は米国内の希少鉱物サプライチェーンの確保と拡大に向け、輸入制限措置をはじめ資源マッピングやリサイクル、プロセス技術への資金提供など必要な行政措置を整備するよう関係省庁に指示するものである。本大統領令に基づき、DOEは新たに「国内重要鉱物・材料サプライチェーン支援戦略」を発表した。同戦略は、供給の多様化、代替品の開発、再利用とリサイクルの改善、の3つを柱としている。

　DOEは2021年1月に化石エネルギー局内に鉱物持続可能性部門（Division of Minerals Sustainability）を立ち上げた。同部門は上流から下流まで、環境的、経済的、地政学的に持続可能な希少鉱物のサプライチェーンを促進することを目的とし、希少鉱物の抽出、処理、使用、処分等に関するDOEの技術開発と展開を管理するほか、エネルギー、商業、防衛等に関連した連邦政府機関間の調整や、同盟国との国際協力を任務としている。

　また、バイデン政権下の2021年2月に発令した大統領令「米国のサプライチェーン（America's Supply Chain）」において、100日以内に希少鉱物および材料のサプライチェーンの脆弱性を見直すことを命じ、同年6月のサプライチェーン評価では、希少鉱物・材料について海外供給元や敵対国に過度に依存することが、国家や経済の安全保障上の脅威となっていることが明らかにされた。それに基づき、バイデン大統領は、行政や産業界のリーダー等と会談し、希少鉱物および材料の国内生産への大規模な投資を発表した。具体的には、DODの産業基盤分析・維持プログラムにおいて、MP Materials社がカリフォルニア州マウンテンパスの施設で重希土類元素を分離・加工し、現在中国が市場の87%を占めている永久磁石サプライチェーンを国内で完結させることを目指して、3,500万ドルを獲得した。また、DOEは超党派インフラ法（BIL）の資金提供を受けた1億4,000万ドル規模で、石炭灰やその他の鉱山廃棄物から希土類元素や希少鉱物を回収する実証プロジェクトを行っている。さらに、DOIは、鉱山の許可と監視に関する立法・規制の改革を主導する省庁間ワーキンググループ（IWG）を設立し、時代遅れの1872年鉱業法および規制を更新するとともに、2020年エネルギー法に従い、経済および国家安全保障に不可欠で、混乱に対して脆弱な鉱物をリストアップした連邦希少鉱物リストを更新する予定となっている。2022年10月には、上記サプライチェーン評価を踏まえた「米国電池材料イニシアチブ」が開始された。同イニシアチブは、重要鉱物・材料を含む電池サプライチェーン全体の開発を加速するために、連邦政府の投資や活動および国内外の協力を調整する取り組みである。本イニシアチブ発表に合わせ、DOEはBILを資金源として電池製造・加工企業20社に28億ドルの助成金を授与した。

【欧州】

EUでは2008年に打ち出した「原材料イニシアチブ（Raw Materials Initiative）」のもと、3年ごとに希少元素リストを作成・更新している（2011年：14種、2014年：20種、2017年：27種、2020年：30種）。2020年版リストでは、e-モビリティへの移行に欠かせないリチウムが初めて追加された。

2020年9月に欧州委員会は「希少原材料に関する行動計画（Action Plan on Critical Raw Materials）」として、欧州外の第三国への依存を低減し、一次・二次供給源からの供給を多様化し、資源の効率と循環を改善すると同時に、責任ある資源調達を世界的に促進するための推進方策を発表した。同行動計画に基づく政策の一環として、欧州委員会は同9月に欧州原材料アライアンス（European Raw Materials Alliance：ERMA）を発足させた。これはレアアースをはじめとする希少原材料の戦略的確保を目指す産、学、官、投資機関、労働組合、NGO、市民等のステークホルダーを巻き込んだ協働モデルで、EU域内でのレアアースの開発や循環を向上させて、EUの自立性を包括的に高めることを目指している。Horizon 2020（2014年～2020年）では希少鉱物関連プロジェクトに総額10億ユーロを投じて、専門家ネットワーク形成プログラムや、リサイクル、マイニング等に関するプロジェクトを実施した。Horizon Europe（2021年～2027年）では全体予算955億ユーロのうち、第2の柱（社会的課題の解決）の中の6つの社会的課題群（クラスター）の一つ「デジタル・産業・宇宙」（155億ユーロ）の一部に「原材料供給の安全を有する戦略的バリューチェーンでの産業リーダーシップと自律性向上」を位置付けており、欧州圏の循環経済確立に向けた取組がより活発化していくと予想される。実際に、2022年9月には「欧州重要原材料法（European Critical Raw Materials Act）」を制定することが発表され、先述の希少物質リストに戦略的に重要な鉱物を加え、資源確保のため、探査、採掘、精製、リサイクルに至るまで全てを支援・規制することを目的とし、4つの指針「戦略的に重要なアプリケーションに焦点を当てること」「欧州機関のネットワークを構築すること」「紛争や災害等の問題が生じても、回復力のあるサプライネットワークを構築すること」「持続可能性と公平性を高いレベルで維持出来るものであること」が示されている。

また、重要鉱物の安定供給を市場に大きく依存しているとの認識を持つ英国は、2022年に国内の採掘・研究開発能力の拡大や、国際パートナーとの協業などを軸とした「重要鉱物戦略（The UK's Critical Minerals Strategy）」を発表した。

【中国】

中国は2020年4月にレアアースを使った新材料や応用技術開発の拠点となる「国家レアアース機能材料イノベーションセンター」の設立許可を発表した。中国産の「戦略資源」であるレアアースを使って磁石、発光体、合金など高機能材料を開発し、自国のハイテク産業を強化しようとするもので、脱輸出依存モデルを目指す取組の一環である。また、2021年1月には中国工業情報化省が「新興産業の発展と国防科学技術の進歩」の観点から重要であるとして、レアアース管理条例の草案を発表した。鉱山開発から精錬分離、金属精錬などの生産、利用、製品流通までのサプライチェーン全体を統制の範囲とし、国がこれらの分野での科学技術革新と人材育成を支援してレアアース新製品、新材料、新技術の研究開発と産業化を支持することが盛り込まれている。ただし、2022年12月現在、当該条例は施行されていないようである。さらに、2021年12月には、レアアースの技術開発、探査、分離製錬、精密加工、実用化、プラント、産業インキュベーター、技術コンサルティング、輸出入事業に特化した国有企業「中国希土集団有限公司」を設立した。同時期（2021年12月）、工業・情報化部は「第14次5か年計画における原材料工業発展計画」の詳細を公表し、原材料工業の今後5年の全体的な発展方向と今後15年の長期目標を明確にした。加えて、「自動車排ガス浄化用高効率希土類触媒材料及び適用技術」プロジェクトが2021年11月に立ち上げられ、総投資額は9,000万元（約18億円）で、そのうち中央財政からの支出額は2,000万元（約4億円）と言われている。プロジェクトには天津大学をはじめとする研究開発機関や大手企業が参画している。国内自動車用触媒産業のサプライチェーンを確保し、国内の自動車業界に安全で信頼できる安定的な技術支援を提供することを目的としている。

【韓国】

韓国産業通称資源部は、2022年12月に大統領に報告した2023年業務計画の中で、リチウムイオン電池（LIB）、電気自動車（EV）など先端需要産業の成長を支援すべく、リチウム、ニッケル、ネオジム、グラファイトなど10大戦略"核心（コア）"鉱物の戦略的備蓄量を、2022年基準の54日分から2031年までに100日分に増やす計画を推進した、と明らかにした。また、グローバル需給指導を通じて10大戦略鉱物を特別管理し、海外資源開発投資に対する税制支援を拡大することも決定した。

【その他】

鉱物資源国としてオーストラリアは2019年に「オーストラリア希少鉱物戦略（Australia's Critical Minerals Strategy）」を発表した。同じく鉱物資源国のカナダも2019年に「カナダ鉱物・金属計画（The Canadian Minerals and Metals Plan）」および2022年に「重要鉱物戦略（The Canadian Critical Minerals Strategy）」（8年間で最大総額38億カナダドル）を発表しており、それぞれ自国の鉱工業を保護・育成しつつ、戦略的に資源を活用したイノベーションを推進している。

国際協調の観点からは、2011年～2020年にかけて毎年「Trilateral EU–US–Japan Conference on Critical Materials」という施策上重要な物質に関する日米欧三極会議が行われ、レアアース等の希少元素主要消費国である三極の技術者・研究者が、代替・削減技術および鉱石や製品からの効率的な精製分離技術等について密接な情報交換を行うことで、当該分野の研究促進を図るとともに、希少元素消費国間の連携状況を国際的に発信してきた。2021年からは豪州・カナダも参画し「Conference on Critical Materials and Minerals」という会合に名称変更された。ここでは、日米欧豪加の5か国・地域の政策当局者が参加し、重要物質（Critical Materials）に関する各国の政策や研究開発等の取組や今後の課題などについて情報交換、意見交換を行い、今後も重要物質の安定供給確保等に向けた連携体制を構築することを目的としている。また、2022年6月には、クリーンなエネルギー転換に不可欠な重要鉱物資源（ニッケル、コバルト、レアアース等）のサプライチェーンの強靭化を確保するため、米国の主導により、鉱物資源安全保障パートナーシップ（MSP）が立ち上げられた。MSPには米国、英国、フランス、ドイツ、カナダ、EU、オーストラリア、フィンランド、ノルウェー、スウェーデン、韓国、日本の12か国が参加しており、メンバー国間で情報共有を行い、環境、社会、ガバナンス（ESG）基準に準拠した戦略的な鉱山開発・精錬・加工、投資の呼び込み、鉱物資源のリサイクル・リユースの実現などを目指すとしている。

（4）注目動向

［新展開・技術トピックス］

後述の通り、元素戦略の5つの柱のうち、「新機能」と「循環」に関して、ここ数年で新しい動きが活発になりつつある。

●「新機能」に関する新しい潮流

さまざまな社会的課題の解決に向けて、技術を根本から変革し大幅な性能向上や高機能化などを実現できる材料への要求はますます高まってきており、もはや単純な元素構成、実現容易な安定相（結晶構造）の利用などの従来の材料探索範囲での新材料開発は困難になっている。このため、未知の可能性を秘めている複雑な組成や未利用安定相の活用など未開拓の材料群へ対象を拡げていくことが求められている。また、材料開発競争の激化から、新材料の探索から実際の材料作製に至る材料設計や作製プロセス設計も含めた開発期間の短縮も求められており、材料創製の新たな指針の構築が必要になっている。従来型の専門家の経験や勘に頼った手法だけでは短期間で探索することは不可能に近く、革新的な材料開発のためには、原子レベルで物質の結晶構造や局所構造をミクロに設計するだけでなく、多種多様な安定相を含んだ微細組織や界面などメゾスケールの構造の制御、さらにはバルクの材料（素材）としてのマクロスケールに

いたる、階層的な不均一構造について、それらの構造情報や特性の要因を明らかにし、材料設計・プロセス設計へとフィードバックすることが極めて重要となる。複数機能の共存や相反する機能の両立など、高い付加価値を持つ材料の研究開発を戦略的に推進していくことが求められている。

● 「循環」に関する新しい潮流

　従来の大量生産・大量消費・大量廃棄型社会から脱却し、循環型社会を構築すべきであるという考え方が欧州の循環型経済（サーキュラーエコノミー）をはじめ世界中で主流になり、ものづくりの在り方を大きく変えようとしている。海洋プラスチックごみ問題にみられるように、使い終わった後にどう廃棄・リサイクルするかといった問題が大きくクローズアップされている。すなわち、安定で劣化しにくい構造をめざしてきたこれまでの材料設計から、使用後に原料などへ分解できる循環型材料へのシフトへの期待が高まっている。この実現に資する「分解の科学」の確立が求められている。近年の有機化学における安定結合活性化技術、高分子化学における分解性材料の設計、材料科学における複合材料の界面制御などの進展を受け、分解の科学の体系的理解と循環型材料の開発に取り組みが活発化している。「分解」をキーワードに異分野の研究者が集うことにより、循環型社会に貢献するサイエンスの確立と分解性の精密制御という新しい付加価値をもつ材料開発の進展への期待が高まっている。

[注目すべき国内外のプロジェクト]

【日本】

● 「新機能」に関する注目プロジェクト

　文部科学省は、従来の元素戦略で実践してきた物質創製・計算科学・解析評価の融合に加えて、データサイエンス的手法や先端の計測技術などを積極的に取り入れることで、未踏の多元素・複合・準安定物質探査空間を効率的に開拓し、新機能性材料を創出することで、元素間の相互作用などを活用する元素科学を世界に先駆けて構築することを目的として令和3年度戦略目標「元素戦略を基軸とした未踏の多元素・複合・準安定物質探査空間の開拓」を設定した。その後、JST戦略的創造研究推進事業に下記CREST、さきがけが発足している。

・CREST「未踏探索空間における革新的物質の開発」（研究総括：北川宏、2021〜2028年度）

・さきがけ「物質探索空間の拡大による未来材料の創製」（研究総括：陰山洋、2021〜2026年度）

　それ以外には、JST未来社会創造事業「共通基盤」本格研究「マテリアル探索空間拡張プラットフォームの構築」（研究開発代表者：長藤圭介、2021年度〜）、JSPS科研費特別推進研究「非平衡合成による多元素ナノ合金の創製」（研究代表者：北川宏、2020〜2024年度）、科研費新学術領域研究「ハイエントロピー合金」（領域代表者：乾晴行、2018〜2022年度）などが推進されている。

● 「循環」に関する注目プロジェクト

　文部科学省は、材料における結合制御法の開発や寿命を自在に制御できる材料の開発、さらには高機能を発現する材料階層構造の分解制御に関する研究を通じて、結合・分解の精密制御を達成し、安定性と分解性の自在制御を可能にするサステイナブル材料の開発、および持続可能な循環型社会の実現に不可欠な「分解の科学」を分子レベルからマクロレベルまで多階層的に理解し、学問的に体系化することを目的として令和3年度戦略目標「資源循環の実現に向けた結合・分解の精密制御」を設定した。その後、JST戦略的創造研究推進事業に下記CREST、さきがけ、ERATが発足している

・CREST「分解・劣化・安定化の精密材料科学」（研究総括：高原淳、2021〜2028年度）

・さきがけ「持続可能な材料設計に向けた確実な結合とやさしい分解」（研究総括：岩田忠久、2021〜2026年度）

・ERATO「野崎樹脂分解触媒プロジェクト」（研究総括：野崎京子、2021〜2026年度）

　また、JST未来社会創造事業「持続可能な社会の実現」領域の本格研究「製品のライフサイクル管理とそれを支える革新的解体技術開発による統合循環生産システムの構築」（研究開発代表者：所千晴、2019〜

2024年度）では、高選択的・高効率な物理的分離技術である「新規電気パルス法」を開発し、分解が容易な設計・製造プロセスの提案につなげることにより、全く新しい循環生産システムの構築を目指している。さらに、NEDO「革新的プラスチック資源循環プロセス技術開発」（2020〜2024年度）では、環境負荷が少なく、かつ高効率なプラスチック資源循環システムを実現するため、複合センシング・AI等を用いた廃プラスチック高度選別技術、材料再生プロセスの高度化技術、高い資源化率を実現する石油化学原料化技術、高効率エネルギー回収・利用技術の開発を一体的に推進している。

【米国】

- 2020年2月、DOEは2021年度（2020年10月開始）の予算要求において、既存の希少鉱物関係プログラムをパッケージ化した「希少鉱物イニシアチブ（Critical Minerals Initiative）」を発表した。イニシアチブ全体で1.31億ドルを計上し、DOE国立研究所主導のコンソーシアムを形成して、希土類物性の基礎の理解、使用の削減と代替材料の発見、希土類の分離と化学処理の向上、などに取り組む方針が掲げられている。

- 2020年8月、DOEは米国でのレアアースの安定供給確保を目的とした基礎研究課題の採択を発表した。元素の使用および地質源・リサイクル源からの抽出効率の改善のほか、同等またはより優れた特性を持つ代替材料の発見に取り組むとしている。プロジェクトはDOEの5つの国立研究所のチームが主導し、DOE研究所のほか大学の研究者が参加する。5つのチームへの助成総額は3年間で2,000万ドルを見込む。

- 2020年10月、DOEエイムズ研究所CMIは、米国の希少材料サプライチェーン確立に向け産業界と提携する4件の研究開発プロジェクト（合計400万ドル）を採択した。プロジェクトはそれぞれ、磁石製造に必要なレアアースの生産と精製、電池からの希少金属の分離、高濃度コバルト選鉱のための物理的・化学的分離、鉱石からのコバルト回収プロセスに取り組んでいる。

- 2022年8月、DOEは「希少物質の研究・開発・実証・商業化プログラム」（総額6億7,500万ドル）の策定と実施に関する情報提供要請を発表した。本プログラムは、経済的な不利益をもたらしクリーンエネルギーへの移行を阻む、希少物質の国内サプライチェーンの脆弱性に対処するものである。希土類元素、リチウム、ニッケル、コバルトなどの希少物質は、バッテリー、電気自動車、風力タービン、ソーラーパネルなど多くのクリーンエネルギー技術による製造に不可欠なものである。希少物質の国内調達および生産を促進し、世界の製造業のリーダーとしての米国の地位を強化するものである。

- 2019年11月、DOEはエネルギー効率の高いプラスチックリサイクル技術の革新をめざす包括的取組「プラスチック・イノベーション・チャレンジ」の開始を発表した。また2020年2月にはDOEと米国化学工業協会（ACC）でプラスチックリサイクル技術開発の協力覚書を締結した。これらにおいて、材料開発の側面からは、プラスチックのアップサイクリング（高付加価値物質への転換）や、リサイクルを考慮したプラスチック材料の設計などがあげられている。

- 2020年3月、DOEはプラスチックリサイクルの研究開発プログラムBOTTLE（Bio-Optimized Technologies to Keep Thermoplastics out of Landfills and the Environment：熱可塑性プラスチックを埋立地や環境から遠ざけておくためのバイオ最適化技術）を開始した。対象分野は（1）リサイクル性の優れたプラスチックまたは生分解性プラスチックの開発、（2）従来のプラスチックを分解およびアップサイクルする方法の開発、（3）BOTTLEコンソーシアムとの協働体制の構築、の3つである（予算総額は2,500万ドル、プロジェクト期間は3年程度）。なお、BOTTLEコンソーシアムは新プラスチック設計およびリサイクル戦略を開発するための産学官の枠組みで、国立再生可能エネルギー研究所、オークリッジ国立研究所、ロスアラモス国立研究所が主導することになっている。

- 2020年10月、DOEは「プラスチック・イノベーション・チャレンジ」の一環として、先進プラスチックリサイクル技術の開発と、リサイクル可能な新しいプラスチックの設計開発を行う12件のプロジェクト（合

2.5
俯瞰区分と研究開発領域
物質と機能の設計・制御

計2,700万ドル）を採択した。プロジェクトは、リサイクル性や生分解性の高いプラスチックの開発、プラスチックの分解およびアップサイクリング技術の開発、BOTTLEコンソーシアムとの協働などに焦点を当てている。

・NSFは2020年からEmerging Frontiers in Research and Innovation（EFRI）programの枠組みのなかで使用済みプラスチック材料の解重合技術開発を目的とした「Engineering the Elimination of End-of-Life Plastics（E3P）」プロジェクトを開始した。

・2022年12月、NSFはオーストラリアCSIROと共同で、「コンバージェンス・アクセラレータ」プログラムの「地球規模課題のための持続可能な材料」領域で16件のプロジェクト（合計1,150万ドル）を採択した。プラスチックやマイクロエレクトロニクスなどの希少材料や重要材料について、基礎的な材料科学から設計・製造・利用・リサイクルに至るまで、ライフサイクル全体を考慮した循環経済型のアプローチを推進する。

【欧州】

・2018年12月、UKRIは産業戦略チャレンジ基金（ISCF）の一環として、「スマートで持続可能なプラスチック包装」（SSPP）チャレンジの開始を発表した。ワークショップおよびネットワーキング（200万ポンド）、アカデミア主導の研究開発（800万ポンド）、産業界主導の研究開発（5,000万ポンド）に対する計6,000万ポンドの政府資金配分に加え、民間部門から1億4,900万ポンドの投資を見込んでいる。チャレンジ全体で7回の公募が行われ、57件のプロジェクトに資金が提供されている。

・2022年7月、タイヤ大手Michelinは、プラスチック製の繊維を含む複合廃棄物を付加価値の高い製品に変換する循環型経済の発展を目指した「WhiteCycle」プロジェクトの開始を発表した。欧州委員会の「Horizon Europe」プログラムの共同出資により、本官民パートナーシップには17の組織が参加している。

（5）科学技術的課題

　材料開発が原子レベルで行われるようになり、材料の分析手段も原子レベルで行われる必要が出てきており、放射光施設や高性能な電子顕微鏡を用いることで材料の静的な構造などは詳しく解析されるようになっている。しかし、例えば触媒材料開発に注目すると、実際の反応場で材料（触媒）がどのように振る舞っているかの多くは未だ解明されておらず、例えば、鉄触媒研究においては鉄触媒活性種が不安定かつ常磁性状態が安定になりやすいため、溶液中での反応機構の解析手法、それにもとづく合理的な触媒設計や触媒反応設計が確立していない。鉄触媒反応に限らず、さまざまなメカニズムの解明は材料開発にとって不可欠であり、新たな指針を与えるものである。そのためにはその場観察（オペランド）実験手法の確立が必要となる。

　特に、多元素系材料開発においては、性能を支配している要因を科学的に解明し、その知見に基づき普遍的な開発指針を確立することが望まれるが、その際の重要な技術の一つが熱力学的な相の制御技術である。準安定相などの多種多様な安定相の設計と制御を行う指針、および実際にそれらを実現するための作製プロセス技術開発が必須であり、マテリアルズ・インフォマティクス、プロセス中のオペランド計測、プロセス・インフォマティクス、それらに基づく高度なプロセス制御技術の開発を進めていくことが不可である。

　また、材料の安定性と分解性を制御するためには、既存材料における劣化・破壊機構の解明と分離・リサイクルプロセスの科学的な理解を通じて、分解の科学を確立することが必要になる。そのためには、より複雑な現象を扱うことができるシミュレーション技術や計測技術を高度化することが求められる。特に、現状では未成熟である、分解プロセスを含む非平衡・非定常状態におけるシミュレーション技術の開発、反応・プロセスなどの時間発展を追える動的なデータを蓄積したデータベースの構築が望まれる。また、元素間の結合分解制御を可能にする新たな技術の創出とそれを支えるハイスループット実験手法、プロセスの実時間計測手法の開発が必要となる。

（6）その他の課題

　元素機能の発現機構は、物理、化学、金属などの既存の学問領域が単独で解明できるものではないため、異分野の力を結集することが重要である。異分野連携・融合によってさまざまな学問領域の視点から機能発現機構を解明することが材料挙動の原理解明に直結し、材料の革新につながる可能性が高いと考えられる。しかし、この異分野連携・融合が自然発生的に生まれることは一般的には期待できず、政策的な誘導が必要である。既に終了した文部科学省「元素戦略プロジェクト〈研究拠点形成型〉」では、4つ全ての拠点に対して「電子論」「解析評価」「材料創製」の3つグループで構成する等、トップダウンによって連携体制の構築を促進した。今後は、データ科学も加えた4つのグループ構成が主となっていくと考えられる。その先駆けとなるデータ創出・活用型マテリアル研究開発プロジェクトが2022年度より本格的に開始されているが、元素戦略プロジェクトと比べると予算が半分であるなど、さらなる支援が必要と考えられる。

　また、この数年で、カーボンニュートラル宣言とも相まって、ものづくり産業では資源循環を戦略としてとらえるべき機運が高まっていることから、今後は、材料開発の段階から、使用後の資源循環を見据えることが求められる。既にそのような考え方のもと、JSTやSIPなどでは資源循環を主軸としたプロジェクトがスタートしているものの、研究者層・マネージメント層ともに固体を固体のままで分離する技術開発とその学術的体系化の重要性を理解されていない可能性もある。製品が使用済みになってから分離のことを開発検討するような現状にあっては、分離開発研究が材料創成の先端の知見を活用することはできないであろう。材料開発側、分離・リサイクル側それぞれの研究者が、同じ目標に向かって連携・融合を進めていくための、各々の研究者が持つ学術的好奇心と応用への方向性を、意図的に合致させていく仕組みが必要である。

（7）国際比較

国・地域	フェーズ	現状	トレンド	各国の状況、評価の際に参考にした根拠など
日本	基礎研究	◎	↗	文部科学省、経済産業省、JST、NEDOなどにおける各プロジェクトの推進により基礎学理の構築および研究コミュニティが形成されている。政府が策定した「マテリアル戦略」においてもレアメタルの安定供給に関する検討が始まっている。さらに発展的展開として、四元系や五元系など多元素化・複合化を伴うより複雑な組合せによる新機能創出、データ科学活用による新材料の合成プロセスの予測・設計、使用後の分解・分離といった循環機能を含むライフサイクル全体を最適化する新たな材料科学の体系化に繋がるプロジェクトも始まっている。
	応用研究・開発	◎	↗	上記のプロジェクトで開発された成果をもとに新物質・新材料の実用化が進みつつある。特にジスプロシウムやネオジムなどの希土類元素の使用量を大幅に削減した永久磁石が市販車に導入されている。新国際資源戦略策定によって、レアメタル等の金属鉱物のセキュリティ強化への意識が高まりつつある。
米国	基礎研究	◎	↗	希少鉱物に関する大統領令が多数発令され、希少元素のサプライチェーン強化に向けた研究開発プロジェクトなど、今後も研究開発がより活発化する可能性がある。
	応用研究・開発	◎	↗	炭素鉱石・レアアース・希少鉱物（CORE-CM）イニシアチブの一環として、埋蔵石炭からレアアースや希少鉱物等を抽出する技術の研究開発や、「希少物質の研究・開発・実証・商業化プログラム」を発表するなど、希少元素の国内調達・生産を促進し、世界の製造業リーダーとして米国の地位を強化する取り組みが活発化している。
欧州	基礎研究	◎	↗	循環型経済（Circular Economy）の観点で、欧州圏内の希少鉱物の埋蔵量、偏在性の把握に関する活動が活発化している。
	応用研究・開発	◎	↗	希少鉱物の安定供給に対する意識が高まっている。Horizon 2020に引き続き、Horizon Europeにおいても産業化をめざした研究開発プロジェクトが推進されている。「希少鉱物に対する行動計画」に基づく欧州原材料アライアンスや「欧州重要原材料法」の制定など、今後産業化へ向けた包括的な取り組みが活発化すると思われる。

中国	基礎研究	◎	→	「国家レアアース機能材料イノベーションセンター」の設立により、戦略資源であるレアアースを使って磁石、発光体、合金など高機能材料を開発し、自国のハイテク産業を強化しようする動きが活発化している。
	応用研究・開発	◎	↗	「レアアース管理条例草案」の発表や、国有企業「中国希土集団有限公司」の設立など、レアアースのサプライチェーン全体を統制し、レアアース新製品、新材料、新技術の研究開発と産業化を目指した取り組み活発化している。
韓国	基礎研究	△	→	米国のMaterials Genome Initiativeや日本の元素戦略にならった成果が出ているものの、独自性ある成果はみられない。
	応用研究・開発	○	↗	リチウムイオン電池（LIB）、電気自動車（EV）など先端需要産業の成長を支援すべく、リチウム、ニッケル、ネオジム、グラファイトなど10大戦略"核心（コア）"鉱物の戦略的備蓄量を増やす計画を推進するなどの動きが見られる。

（註1）フェーズ

基礎研究：大学・国研などでの基礎研究の範囲

応用研究・開発：技術開発（プロトタイプの開発含む）の範囲

（註2）現状　※日本の現状を基準にした評価ではなく、CRDSの調査・見解による評価

◎：特に顕著な活動・成果が見えている　　　○：顕著な活動・成果が見えている

△：顕著な活動・成果が見えていない　　　×：特筆すべき活動・成果が見えていない

（註3）トレンド　※ここ1～2年の研究開発水準の変化

↗：上昇傾向、→：現状維持、↘：下降傾向

関連する他の研究開発領域

・リサイクル（環境・エネ分野　2.9.4）

・ライフサイクル管理（設計・評価・運用）（環境・エネ分野　2.9.5）

・分離技術（ナノテク・材料分野　2.1.2）

・金属系構造材料（ナノテク・材料分野　2.4.1）

・複合材料（ナノテク・材料分野　2.4.2）

・磁石・磁性材料（ナノテク・材料分野　2.4.5）

・データ駆動型物質・材料開発（ナノテク・材料分野　2.5.1）

・ナノ・オペランド計測（ナノテク・材料分野　2.6.1）

・物質・材料シミュレーション（ナノテク・材料分野　2.6.2）

参考・引用文献

1）国立研究開発法人科学技術振興機構研究開発戦略センター「戦略イニシアティブ「元素戦略」」 https://www.jst.go.jp/crds/pdf/2007/SP/CRDS-FY2007-SP-04.pdf,（2023年2月19日アクセス）.

2）Eiichi Nakamura and Kentaro Sato, "Managing the scarcity of chemical elements," Nature Materials 10, no. 3（2011）: 158-161., https://doi.org/10.1038/nmat2969.

3）中山智弘『元素戦略：科学と産業に革命を起こす現代の錬金術』（東京：ダイヤモンド社, 2013）.

4）元素戦略プロジェクト広報誌企画委員会「日本発、科学で元素資源問題に挑む「元素戦略」：革新的な物質・材料で持続可能な社会を構築する」文部科学省 元素戦略プロジェクト〈研究拠点形成型〉, https://elements-strategy.jp/images/esi_2020/pdf/elements-strategy.pdf,（2023年2月19日アクセス）.

5）U.S. Department of Energy, "Critical Materials Strategy, December 2011," https://www.

energy.gov/sites/prod/files/DOE_CMS2011_FINAL_Full.pdf,（2023年2月19日アクセス）．

6）Ames National Laboratory , "Critical Materials Institute," https://www.ameslab.gov/cmi,（2023年2月19日アクセス）．

7）Donald J. Trump, "Executive Order on Addressing the Threat to the Domestic Supply Chain from Reliance on Critical Minerals from Foreign Adversaries," The White House, https://trumpwhitehouse.archives.gov/presidential-actions/executive-order-addressing-threat-domestic-supply-chain-reliance-critical-minerals-foreign-adversaries/,（2023年2月19日アクセス）．

8）Joseph R. Biden Jr., "Executive Order on America's supply Chains," The White House, https://www.whitehouse.gov/briefing-room/presidential-actions/2021/02/24/executive-order-on-americas-supply-chains/,（2023年2月19日アクセス）．

9）Executive Office of the President, "A Federal Strategy To Ensure Secure and Reliable Supplies of Critical Minerals," The Office of the Federal Register, https://www.federalregister.gov/documents/2017/12/26/2017-27899/a-federal-strategy-to-ensure-secure-and-reliable-supplies-of-critical-minerals,（2023年2月19日アクセス）．

10）European Commission, "Commission announces actions to make Europe's raw materials supply more secure and sustainable," https://ec.europa.eu/commission/presscorner/detail/en/ip_20_1542,（2023年2月19日アクセス）．

11）European Commission, "Critical Raw Materials Act: securing the new gas & oil at the heart of our economy I Blog of Commissioner Thierry Breton," https://ec.europa.eu/commission/presscorner/detail/en/STATEMENT_22_5523,（2023年2月19日アクセス）．

12）村上進亮「我が国の金属鉱物資源政策について」『日本LCA学会誌』18巻 4 号（2022）：180-185., https://doi.org/10.3370/lca.18.180.

俯瞰区分と研究開発領域
物質と機能の設計・制御

2.5

2.5.3 データ駆動型物質・材料開発

（1）研究開発領域の定義

　4つの科学（実験科学、理論科学、計算科学、データ科学）を統合的に活用して、新物質・新材料開発を効果的に推進する研究開発領域である。新規物質・材料の設計・探索・発見を飛躍的に加速するマテリアルズ・インフォマティクスが一定の成果を示しており、今後は材料製造プロセスを最適化するプロセス・インフォマティクスや、計測・解析を効率化する計測インフォマティクスとの連携の重要性が増している。

　また、それらを支えるロボットによるハイスループット実験や、AI技術を活用した自律的最適化（Closed-Loop）実験など実験DXも重要な技術要素である。

（2）キーワード

　データ駆動、マテリアルズ・インフォマティクス、プロセス・インフォマティクス、計測インフォマティクス、機械学習、データ科学、ハイスループット実験、ロボティクス、自動化、自律的最適化実験、Closed-Loop、AI技術

（3）研究開発領域の概要
[本領域の意義]

　SDGsの達成やSociety 5.0の実現に向けて、材料開発に対する要求がますます高度化している。このため、材料開発は多元素化・複合化や準安定相・ハイエントロピー相の利用などの方向に向かっており、材料探索空間は急拡大している。この広大な材料探索空間を従来の材料探索技術（実験科学・計算科学・理論科学を駆使した試行錯誤的アプローチ）のみで探索するのはもはや不可能である。そのため、データ科学とAI技術を駆使したデータ駆動型物質・材料開発が必須の技術領域となり、世界的に急ピッチで技術開発が進められている。

　2011年に米国が「Materials Genome Initiative（MGI）」を発表して以来、マテリアルズ・インフォマティクスは、特に、新規物質・材料の設計・探索において有力な手法であることがさまざまな研究事例をもって実証され、材料研究にデータ科学を活用することが今では当たり前となりつつある。しかし、マテリアルズ・インフォマティクスによって設計された新規物質・材料が、その合成方法が見つからずにその性能を実証できない例も散見されている。このため、今後は、材料製造プロセスを探索・最適化するプロセス・インフォマティクスや、計測・解析を効率化する計測インフォマティクスとの連携の重要性が増している。

　また、広大な材料探索空間においてデータ駆動型物質・材料開発を行うために、実験DX（Digital Transformation）の活用も重要である。ロボットなどによるハイスループット実験や、AI技術によるスペクトル解釈・画像解析、これらを統合した自律的最適化手法が、材料研究分野における日本の国際競争力の強化に大きく貢献すると期待される。

[研究開発の動向]

　データ駆動型物質・材料開発技術の動向を、まず、マテリアルズ・インフォマティクス、プロセス・インフォマティクス、計測インフォマティクス分けて記載する。

　その後に、日本、米国、欧州における主な動向について記載する。

● マテリアルズ・インフォマティクス

　マテリアルズ・インフォマティクスは、広義にはデータ駆動型材料科学の全体を示すこともあるが、2010年代前半頃から特に活発に研究開発が行われてきたのは、材料特性の予測や新材料を設計する技術としての

マテリアルズ・インフォマティクス、いわば狭義のマテリアルズ・インフォマティクスであり、現在では、様々な記述子データ（数値・スペクトル・画像・グラフ・テキストなど）から、物性値の予測や新材料の組成・構造の推定が可能となっている。

　データを活用して材料特性予測や新材料設計をするさまざまな技術は確立されつつあり、データが十分に揃っている領域であれば物性予測・新材料設計は可能だといえる。しかし、材料データが十分に揃っている領域はまだ限定的であるため、ハイスループット実験や大規模計算によってデータ蓄積を強化することが引き続き課題である。

• プロセス・インフォマティクス

　マテリアルズ・インフォマティクスによって物性予測や新材料設計は可能となりつつあるが、実際にそれを合成するには大きな障壁がある。合成される材料の品質・性能は、その製造プロセス（合成温度、圧力、時間など）に大きく影響を受けるため、これらプロセス・パラメータを効率的に最適化する必要があるが、合成には大きなコストがかかるため、より少ない試行回数で最適化する技術が求められる。データ科学を活用して効率的に材料合成プロセスを探索する技術はプロセス・インフォマティクスと呼ばれ、近年活発に研究が進められている。

　プロセス・インフォマティクスで使われるプロセス・パラメータ（合成温度、圧力、時間など）は、マテリアルズ・インフォマティクスで使われる材料パラメータ（物性値、組成、構造など）に比べてその種類が格段に多いが、このようなデータを十分に蓄積しているデータベースは非常に少ない。また、データ科学を有効に活用するためには、失敗データ（例えば、目的の材料が合成できなかった時のプロセスデータなど）が必要であるが、このようなデータはほとんど保存・蓄積・共有されていない。そのため、プロセス・インフォマティクスは、マテリアルズ・インフォマティクスよりさらに高難易度であると考えられている。

　そこで、プロセスデータを効率的に蓄積するための技術として、実験機器のIoT化や、文献からテキストマイニングを活用してプロセス情報を抽出する技術、データ科学とロボティクス活用することによる実験の自動化・自律化に関する研究が活発に進められている。

• 計測インフォマティクス

　計測インフォマティクスは、データ科学によって計測・解析を効率化する技術である。

　特に近年、ハイスループット実験が盛んにおこなわれるようになり、人間ではデータ処理できないほどの大量の計測データが手に入るようになった。例えば放射光施設では、二次元スペクトルマッピングなどのデータが手軽に取得できるようになっているが、大量データを効率的に解析するためにデータ科学が積極的に活用されはじめている。さらに超解像技術を使うことによってこれまで計測できなかったものの計測が可能になっている事例もある。

　また、データ科学とロボティクスと計測技術を組み合わせた計測の自動化・自律化についても活発に研究が進められている。

• 日本

　第6期科学技術・イノベーション基本計画（2021年3月発表）おいて、知のフロンティアを開拓し価値創造の源泉となる研究力の強化が必要だとされ、そのための施策の一つとして、オープンサイエンスやデータ駆動型研究等の新たな研究システムの構築が挙げられている。具体的な施策として、研究データの管理・利活用、スマートラボ・AI等を活用した研究の加速や、研究施設・設備・機器の整備・共用、研究DXが開拓する新しい研究コミュニティ・環境の醸成が取り上げられている。

　2021年4月には、マテリアル革新力強化戦略が発表された。マテリアル・イノベーションを創出する力である「マテリアル革新力」を強化するためのアクション・プランの1つとして「マテリアル・データと製造技術を

活用したデータ駆動型研究開発の促進」が示されており、具体的には、良質なマテリアルの実データ・ノウハウ・未利用データの収集・蓄積・利活用促進や、製造技術とデータサイエンスの融合、革新的製造プロセス技術の開発が記載されている。

マテリアル革新力強化戦略を踏まえ、文部科学省では、「マテリアルDX（デジタルトランスフォーメーション）プラットフォーム」を構築し、データ創出から、データ統合・管理、データ利活用まで一気通貫した研究DXを推進することを目指している。このために、①データ中核拠点整備、②データ創出基盤構築、③データ創出・活用型マテリアル研究開発プロジェクト開始をし、それぞれが強く連携してマテリアル研究開発を推進することを目指している。

データ中核拠点は、世界最大級の材料・物質データベースであるMatNaviを保有・運用している物資・材料研究機構（NIMS）が担い、マテリアル先端リサーチインフラ事業で新たに創出されるデータを含めて利活用できる材料データプラットフォーム事業を推進する。

データ創出基盤としては、マテリアル先端リサーチインフラ事業（ARIM）が、7つの重要なマテリアル分野をカバーする形で、全国25の大学・研究機関が参加して2021年度よりスタートしている。各機関が先端共用設備を保有し、それを利用して高品質なデータを創出する基盤としての役割が期待されている。また、得られたデータを収集・構造化し、利用しやすい形で登録するための手法の検討も進めている。また、ARIMで得られたデータは、当該研究当事者だけが利用できるクローズド方式だけでなく、ある一定の範囲の者が利活用できる方式（データシェア）にすることが望ましいが、それを実現するためには制度・仕組みの整備が重要であり、それらの検討も進めている。

データ創出・活用型マテリアル研究開発プロジェクトは、データ活用型研究を取り入れた次世代型研究方法論を実践し、革新的機能を有するマテリアル創出を目的としており、2021年度のフィージビリティースタディーを踏まえて、2022年度からは5拠点で研究開発プロジェクトが開始された。具体的には、「極限環境対応構造材料研究拠点（代表機関：東北大学）」「バイオ・高分子ビッグデータ駆動による完全循環型バイオアダプティブ材料の創出拠点（代表機関：京都大学）」「智慧とデータが拓くエレクトロニクス新材料開発拠点（代表機関：東京工業大学）」「再生可能エネルギー最大導入に向けた電気化学材料研究拠点（代表機関：東京大学）」「データ創出・活用型磁性材料開発拠点（代表機関：物質・材料研究機構）」である。

NEDO「超先端材料超高速開発基盤技術プロジェクト（超超プロジェクト）」（2016～2021年度）は、主に有機系材料を対象とし、計算・プロセス・計測の三位一体による革新的な材料基盤の構築、従来と比較して試作回数・開発期間の1/20への短縮、国内素材産業の優位性確保のためプロジェクト成果の実用化を最終目標としていた。

産業技術総合研究所では、超超プロジェクトの成果を活かし、データに基づく材料開発への変革をさらに推し進めることを目指して「データ駆動型材料設計技術利用推進コンソーシアム」を2022年4月に設立した。また、産業技術総合研究所では、マテリアル・プロセス・イノベーション・プラットフォームの構築も進めている。製造プロセスの高度化をデータ駆動型の観点から支援するために、セラミックス・合金拠点（中部センター）、先進触媒拠点（つくばセンター）、有機・バイオ材料拠点（中国センター）に、それぞれの材料の製造プロセスデータを収集し活用するための基盤整備を目指している。

● 米国

MGIの初期5年間が一度終了したのちは国家政策上の後継は顕在化していなかったが、NISTや主要大学では活発な活動を継続していた。2020年6月に大統領科学技術諮問会議（PCAST）が発出したレポートにおいて、ポストMGIとしての方向性が再提起され、その後、科学技術政策局（OSTP）にMaterials Genome Initiative（MGI）に関するサブコミッティが設けられ、2021年11月には、この先5年間を想定した戦略目標 MGI Strategic Plan 2021 が発表された。ここでは、（1）材料イノベーション基盤（MII: Materials Innovation Infrastructure）を統合すること、（2）材料データの力を活用すること、（3）材料

2.5
俯瞰区分と研究開発領域
物質と機能の設計・制御

研究開発の労働力について教育と訓練を行い繋げていくことの3つのゴールが掲げられている。

MIIとは、シームレスに統合された先進モデリングツール及び計算ツール、実験ツール、定量データの動的かつ発展的でアクセス可能な枠組みを指し、それらを統合することで、個々のツールの価値を高め、より簡単にアクセスできるようにし、材料開発全体にわたり全てのステークホルダーが容易に理解を共有するプラットフォームの構築を指す。また、MGIコミュニティ全体の現在及び未来のニーズに対処するために、National Materials Data Network（NMDN）の構築を掲げている。

MIIに関しては、データ流通のために満たすべきFAIR原則（Findable：データを見つけられるようにする、Accesible：アクセスできるようにする、Interoperable：相互運用できるようにする、Reusable：再利用できるようにする）に沿ったデータ管理を実現することを目指す内容である。とくに、米国が重視するAI研究との融合による産業競争力強化のためにも、このようなデータ管理が極めて重要であることを強調している。

MIIを実現するための取り組み事例として、NSFがファンディングする拠点形成のプログラムであるMaterials Innovation Platforms（MIP）が挙げられており、現在、4拠点が採択されており、2020年から5年前後の予定で取り組みが進められている。

MNDNを後押しする具体的な施策としては、オープン・アクセス可能・相互運用可能な材料データを実現することを目的として2019年11月に設立された材料研究データアライアンス（MaRDA）が挙げられている。パブリックとプライベートの両セクタのデータを統合できるようなフレームワーク開発などが期待されている。

データ・インフラストラクチャーに関しては、米国におけるデータプラットフォームシステムのいくつかにおいてデータ公開のサービス運用が開始されている。

Materials Data Facility（MDF）は、ノースウエスタン大学のCenter for Hierarchical Materials Design（CHiMaD）のデータツールの一つとして開発が進められてきたものであり、登録されるデータにDOIを付与し、グローバルな学術コミュニケーションの中でデータを流通させることができるほか、組織、登録年、キーワード、関連する元素などに注目した検索機能を有している。600件強のデータセット（2022年8月時点）が収録されている。

また、ミシガン大学のPRISMSセンターが開発したMaterials Commonsも、同様のデータ公開機能を有し、100件弱のデータセット（2022年8月時点）が収録されている。

MDFもMaterials Commonsも、Globusと呼ばれる学術データ流通サービスと連携が取れるように設計されている。データにアクセスするためにはアカウント認証が必要であるが、ORCIDと呼ばれるグローバルな研究者IDを利用してログインすることが可能である。FAIR原則を実現していく上で、データにまつわる行為とその主体者を記録することが求められるが、このような仕組みは今後ますます重要性を増すものと考えられる。

NISTでは2017年からHigh-Throughput Experimental Materials Collaboratory（HTE-MC）という取り組みが始まっており、ここでは米国内の研究施設をネットワーク化し、データ・試料を流通させて、設計、製造、評価を最適なラボで行う一貫した研究開発基盤提供を目指している。

• 欧州

ドイツ・オランダを中心とする研究機関連携の母体としてFAIR Data Infrastructure for Physics, Chemistry, Materials Science, and Astronomy e.V.（FAIR-DI）が2018年9月に発足している。この団体はNOMAD-CoEを主軸におくが、材料分野に止まらずバイオ分野・天文学分野とも横串を指す形で、FAIR原則に従うデータ管理の実現と、そのための世界的なデータ・インフラストラクチャーを構築することを目的としている。生データを登録・管理するリポジトリサービス、解析ツール、可視化、知識ベース、メタデータの統合の合計5つのサービスを柱として発展している。2020年3月に3年間の追加ファンディングが決定し、活動を継続している。

MAterials design at the eXascale（MAX）a European centre of excellenceは、エクサスケールの

High Performance Computing（HPC）のためのインフラストラクチャーである。このセンターでは、5箇所のHPCリソースをネットワークし、それらの上で動くcode開発をテクノロジーパートナーと連携して活動している。

MAXのデータ管理プラットフォームとして機能するのが、Materials Cloudである。PythonをベースとするオープンなシステムであるAiiDAをベースとして動作するもので、特に、計算データの生成ワークフローを管理し、これにともなうデータ来歴（provenance）の管理も行えることが特色となっている。AiiDA、Materials CloudのいずれもスイスEPFLにおいて開発が進められてきたものであり、AiiDAは2022年4月のバージョンアップでストレージとの連携機能が大幅に強化されている。

European Materials Modeling Council（EMMC）は、Horizon2020ファンディングを得てデータ標準化を進めてきた。EMMCは、材料分野において産業界、とくに中小企業をカスタマーとするデータ市場の立ち上げを目標としており、市場でデータを流通させるために必要な共通記述様式の策定を進めてきた。2018年にロードマップをまとめ上げて一旦終了したが、2019年7月に非営利法人化してその後も活動を継続している。データ市場実現に向けたプロジェクトが2つあり、いずれもMODAと呼ばれる材料モデリングにおけるデータ記述のための標準規格に準拠した標準オントロジーを基礎においてデータ構造化を進めている。

一方、入出力するデータの形式を揃える別の手段として、入出力結果へのアクセスを全てAPI化し、そのAPIの仕様を標準化するという方法がある。この方式のもと、コミュニティ主導で進められている活動がOPTIMADEである。年1回ワークショップで材料分野におけるデータ入出力をREST API化することについて議論を進めており。現在、バージョン1.0.0として仕様が公開されている。欧州のNOMAD、Materials Cloudに加えて、米国の代表的な第一原理計算データベースを運営するAFLOW、Materials Project、OQMDはいずれもこの取り組みに関与しており、現在16のAPIプロバイダーがOPTIMADEに準拠しているとしている。今後、第一原理計算コミュニティにおいて、OPTIMADEはデータ入出力のデファクト標準になる可能性があり、注視する必要がある。

また、2022年3月、EUは循環型経済行動計画としてSustainable Products Initiative（SPI）を発表した。この中でDigital Product Passport（DPP）という考え方が導入された。これは製品の製造元、使用材料、リサイクル性、解体方法などの情報を備えた電子証明書で、製品のトレーサビリティを確保することでサーキュラーエコノミーを実現しようという試みであるが、今後、この多くの材料情報が含まれることが予想されており、新たな材料データ源としての活用も想定される。

• 中国

2014年に上海市と上海大学が共同で進めるShanghai Materials Genome Instituteを設立し、2016年には中国科学院物理研究所と北京科技大学が共同で北京マテリアルズゲノム工学イノベーション連盟を設立した。さらに同年、上海交通大学においてもマテリアルズゲノム連合研究センターを設立するなど、国を挙げてマテリアルゲノム研究に力を入れている。2016年3月に発表された科学技術イノベーション第13次五カ年計画においては、中国産業の国際競争力向上のための重点技術の1つ「新素材技術」のなかに「マテリアルズゲノム工学（目標：新材料の開発期間・コストの半減）」と明記され、さらに、国家重点研究開発計画の1つとして「材料ゲノム工学のキーテクノロジーと支援プラットフォーム」（2016〜2018年の3年間に計44課題、総額約8億元）が推進された。2021年3月に発表された科学技術イノベーション第14次五カ年計画では、材料ゲノム工学についての明示的な記載は見当たらないようだが、データ科学を活用した材料開発研究が引き続き推進されているものと見られる。

• 韓国

2015年から10年計画でCreative Materials Discovery Projectが実施されている。また、最近、韓国科学技術研究所（Korea Institute of Science and Technology：KIST）において計算科学を中心とした

Materials Informatics Database for Advanced Search（MIDAS）が設置された。

（4）注目動向

［新展開・技術トピックス］

• データ科学とロボティクスの組み合わせによる自律的最適化実験システム

　一杉、清水らのグループ（東大、東工大）は、無機薄膜の自動成膜・自動物性評価とベイズ最適化を組み合わせたシステムを開発している。中央に試料搬送用ロボットアームを配置し、その周辺に自動成膜装置、自動評価装置がサテライト状に配置されている。これらの成膜・評価・最適化をコンピュータにより一括制御することで、全自動で物質探索ができるシステムとなっている。全固体電解質の成膜プロセスの最適化実験では、人間が実験する場合の約10倍のスループットが得られたとしている。

　欧州については、自律実験に関する大型の研究プロジェクトに積極的である。特に英国のCroninらのグループ（Glasgow大）とCooperらのグループ（Liverpool大）の2グループが先行している。Croninらのグループは、標準的な有機合成プロセスで使用される丸底フラスコ、フィルター、分液ロート、ロータリーエバポレーターなどの従来型装置を組み合わせて、さまざまな化合物の合成に対応できる自動実験プラットフォーム「Chemputer」を構築し、代表的な医薬品化合物の自動合成が可能であることを実証している。Cooperらのグループは、一般的な自走式のロボットを改良し、実験室の中を移動し人間の化学者と同じ機器を用いた実験ができるようにしている。このロボットにより光触媒の性能向上を目的とした実験を行い、人間が行えば数ヶ月かかる検討を8日間で完了したことを報告している。このロボットシステムは従来の実験室に改良を加えることなく使えるもので、適用範囲が広いことを特徴としている。

　また、Horizon EuropeのBattery Partnershipの2022年の公募（TOPIC ID: HORIZON-CL5-2022-D2-01-03）においては、持続可能なバッテリーについての、AI、ビッグデータ、全自動ロボット合成、ハイスループット評価を用いた材料開発プラットフォーム開発に大きな予算が割かれており、今後、バッテリー分野における競争が激化することが想像される。ドイツはEUが導入したDPPをEV向けバッテリーに対して先行的に適用することを発表している。

　カナダでは、Berlinguetteらのグループ（British Columbia大）の進展が目覚ましい。有機薄膜の原料調整、成膜、特性評価を自律的に行うことができるモジュール式で自動運転プラットフォーム「Ada」を活用したペロブスカイト太陽電池薄膜の最適化実験では、従来は9か月かかっていたものが5日間でできるとしている。

　米国においても、MIPの採択課題に"automated"、"accelerated"などの含まれるものが見られ自動化プラットフォームづくりを目指している様子が窺える。また、個別の自律実験の報告件数が多いのは米国であり、要素技術の水面下での開発が進んでいると思われる。

　ただし、例えば、ロボットやAIは予め決められたプロトコルは粛々とこなすが、いつ自律実験を「終了すべきか」の客観的な指標がなく、現状では人間の主観に依存していることが多い。最近は、このような収束判定の自己判断を行う機械学習の報告も出始めている。

• 機械学習モデルの解釈性と物性物理のメカニズム理解

　機械学習モデルの『解釈性（Interpretability）』も注目されている。深層学習のようなブラックボックス型の機械学習モデルは、高い予測性能を誇る一方、モデル内部の詳細な情報を抽出することが難しい。そこで近年、高い予測性能を保ちつつ高いモデル解釈性を持つ機械学習手法の開発が進められている。機械学習モデルの解釈性に関しては、材料研究領域だけではなく機械学習（AI）研究領域全体においてもホットなトピックであり、"Interpretable machine learning"や"Explainable AI（XAI）"といったカテゴリとして急速に研究が進められている。解釈性の高い機械学習を用いると、物理、化学、材料学などの知見をベースとして人間が機械学習モデル内部を解析することができるため、材料研究を推進するためのキーテクノロジーの一

つとして考えられる。

　また、多量のデータから新規材料・物性を"予測"するのではなく、材料物性のメカニズムを"理解"しようと研究も進められている。ここでは、深層学習のようなブラックボックス型の機械学習だけではなく、説明性や解釈性の高いホワイトボックス型の機械学習も用いられる。機械学習モデルの説明性や解釈性に関しては、材料科学に限らず様々な分野でも注目されるホットトピックであり、世界中で研究が進められている。

［注目すべき国内外のプロジェクト］

【国内】

・データ創出・活用型マテリアル研究開発プロジェクト事業（2022年～）

　　共通的なデータ収集・蓄積・流通・利活用のための基盤整備を進めるとともに、先端共用施設・設備からのデータ創出や重要技術・実装領域を対象とする、データを活用した研究開発プロジェクト（前掲）

・JST-CREST / 社会課題解決を志向した革新的計測・解析システムの創出（2022年～）

　　計測技術の進化と最先端の数理モデリング・機械学習等の情報技術とを組み合わせて、計測・解析手法を高度に進化させることにより、現実の様々な難課題を解決でき、また、今後長期間にわたり計測・解析プロセスを革新できる、新たな計測・解析システムの創出を目指す。

・JST-CREST / 未踏探索空間における革新的物質の開発（2021年～）

　　元素の高度利用を基軸に新材料を効率的に探索するため、計算科学 / データ科学 / 高スループット評価 / 非平衡プロセス / プロセス・インフォマティクスに直結させたその場計測などを含む材料創製手法を開発し、新機能の発見や、信頼性・耐久性の飛躍的な向上を実証することにより、元素高度利用の科学と新機能材料創製の開発基盤構築を目指す取り組みがなされている。

・JST 未来社会創造事業 / マテリアル探索空間拡張プラットフォームの構築（2021年～）

　　材料探索空間を圧倒的に拡張し、研究開発の効率を上げることを目標として、①ハイスループット自律探索システム、②データ駆動 / 仮説駆動ハイブリッド型研究、③ナレッジシェアリングの3つの柱でマテリアル探索空間拡張プラットフォームの構築を進めている。電池材料を題材とし材料探索スループットの1,000倍向上をPoC（Proof of Concept）に掲げている。

・JST 未来社会創造事業 / ファンデルワールス複合原子層の物性創発におけるマテリアルインフォマティクス活用と指導原理導出（2021年～）

　　ファンデルワールス複合原子層を題材として、マテリアルズ・インフォマティクス、プロセス・インフォマティクスを活用する。物性と構造の相関を明らかにして、社会実装に向けた指導原理導出を目指している。

・科研費 学術変革領域（A） / デジタル化による高度精密有機合成の新展開（2021年～）

　　有機合成の多様性に対応した独自のデジタル化プラットフォーム構築をめざす。反応条件最適化、合成経路探索、高次複雑系分子設計の3つの自動化システムを開発し、革新的な基礎反応の発掘や開発効率の超加速化（10倍以上）を実証することを目指している。また、バッチ反応からフロー反応への変換法開発と自律的な条件最適化ユニットを組み込んだ自動合成システムの構築にも取り組んでいる。

・NEDO マテリアル革新技術先導研究プログラム（2021年度）

　　先導研究によって15年から20年以上先の新産業創出に結びつく革新的なマテリアル技術のシーズを育成し、将来の国家プロジェクトなどにつなげることを目的としたマテリアル革新技術先導研究プログラムにおいて、データ駆動型物質・材料開発に関連する研究開発テーマとして「SiCバルク成長技術の革新に向けたプロセス・インフォマティクス技術の研究開発」「水分解水素製造用光触媒結晶のマテリアルDX研究開発」「データ駆動科学によるスマートスケーラブルケミストリーの確立」「ファインセラミックスのプロセス・インフォマティクス基盤構築」が採択された。

・経産省 / 計測分析装置の計測分析データ共通フォーマット及び共通位置合わせ技術に関するJIS開発

（2020～22年）

NEDO「省エネ製品開発の加速化に向けた複合計測分析システム研究開発」（2018～19年）での検討を踏まえて、国内メーカーが強みを持つ電子顕微鏡や質量分析装置、X線分析装置などの各種計測分析機器のデータを統合させるプラットフォームを構築化（JIS化）し、AI等を活用した高度な解析を可能とする複合計測分析システムの開発を行う。

・JST-ERATO / 前田化学反応創成知能プロジェクト（2019年～）

有機合成化学における量子化学計算に基づいた反応経路探索を行い、情報科学的手法と組合せて、化学反応における原子の動きの全貌を予測し、有用な未知反応を次々に提案する「化学反応創成知能」を創出する。ロボットによる自動合成・データベース化にも取組んでいる。

・SIP第2期 / 統合型材料開発システムによるマテリアル革命（2018年～）

第1期SIP「革新的構造材料」後継プロジェクトとして発足し、マテリアルズインテグレーション（MI）の技術基盤を生かし、欲しい性能から材料・プロセスをデザインする逆問題MIに対応した統合型材料開発システムの開発を目指す。

・次期SIP（第3期）のフィージビリティースタディー（2022年）

大量に使用・廃棄されるプラスチック等素材を対象としたサーキュラーエコノミーシステムの構築、マテリアルユニコーンの継続的創出を目指すマテリアル・プロセス・イノベーション基盤技術構築が次期SIP課題候補として選定されており、それぞれにおいてデータ駆動型材料開発の推進が計画されている。

・JST-CREST / 実験と理論・計算・データ科学を融合した材料開発の革新（2017年～）

これまで実施されてきた物質・材料開発の基本となる実験科学と、理論、計算、データ科学とを融合させることにより、革新的材料開発へとつながる手法の構築を目指す。

【海外】

・Materials Research Data Alliance（MaRDA）［米国］

2019年11月にスタートし、オープン・アクセス可能・相互運用可能な材料データを 実現することを目的として設立された。

・Center for Hierarchical Materials Design（CHiMaD）［米国］

CHiMaD は2014年からノースウエスタン大学を中心とする研究チームの5年プログラムのファンディングが開始し、NISTのMGI研究チームとの密接なコラボレーションのもとシカゴ地区でのデータ活用型材料研究 を牽引してきたが、2019年にさらに5年間にわたるファンディングの継続が決定された。

・High Through-put Experimental Material Collaboratory（HTE-MC）［米国］

MGIの後継策の一つとして始まったHTE-MCは、高品質な実験データを迅速に大量取得してデータベースに登録し、材料設計を大幅に改善するための材料合成・特性化・データ管理サービスの統合型ネットワークである。

・Materials Innovation Platforms（MIP）［米国］

材料研究の進歩を加速するためにNSFがファンディングする拠点形成のプログラムであり、材料合成/加工 － 材料特性評価 － 理論/モデリング/シミュレーションを反復する "closed-loop" 型研究を行うものである。第1期（2015年）では無機結晶（バルク、薄膜）の開発、第2期（2019年）では材料研究と生物科学の融合に焦点が当てられた。

（5）科学技術的課題

日本では、実験データのデータ蓄積基盤が整っているとは言えない。それに比べ、米国では、NISTがHigh-Throughput Experimental Materials Collaboratory（HTE-MC）を立ち上げ、実験データの蓄積基盤を整えている。National Renewable Energy Laboratory（NREL）は PV関連材料などの実験デー

タの公開基盤を整備している。これらと、2011年よりMGIで進めてきた計算データ蓄積基盤（Material ProjectやAFLOWなど）を合わせることで、実験データと計算データの両方のデータ蓄積基盤が整うことになる。

　日本においても、ハイスループット実験技術・コンビナトリアル実験技術・ロボット自律実験技術等を活用して実験データを効率的に蓄積する仕組みを整備することが、今後のデータ駆動型物質・材料開発において重要な因子になってくる。マテリアル先端リサーチインフラでのデータ蓄積をスムーズに立ち上げることが日本の競争力にとって重要である。

　また、新奇物質・材料の合成には、合成過程のその場観察を通じた中間状態（反応中間体）を含めた理解を深めることが必要である。計測インフォマティクスなどを活用し、反応素過程の理解を深め、それに基づく高精度なシミュレーションを実現することも重要な課題である。大型共用研究施設SPring-8、J-PARC等でもデータ基盤の整備が始まっており、その活用が期待される。

（6）その他の課題

　本研究開発領域は、複合領域の横断研究であり、物質・材料科学を中心として、機械学習・ロボット工学・制御理論の知識・技術の統合が必要となる。特に人材育成の面では、細分化された専門を超えて、横断的な関心を持ち、協業することが重要である。論文発表が主要な成果となる研究者のみならず、技術者、技能者の果たす役割は極めて重要であり、その処遇・キャリアパスは大きな課題である。

　また、機械学習・AI技術は、材料開発のみならず、幅広い分野で研究開発が積極的に進められている。国内で複数あるプロジェクト間において、分野を超えた横断的な情報交換がなされ協働できることが望まれる。

　自律実験システムにおいては、合成から計測・評価までを一貫した容器や搬送機構でシームレスにつなぐことが有効である。そのためには、研究開発の早い段階から、ロボティクスメーカーや計測機器メーカーと綿密に連携していくことが大切である。あわせて、システムの観点からIT/ソフト業界との連携強化も必要である。マテリアル分野はベンチャーが育ちにくいが、データ駆動型マテリアル開発技術を活用することでベンチャー企業の創出が期待できる。

（7）国際比較

国・地域	フェーズ	現状	トレンド	各国の状況、評価の際に参考にした根拠など
日本	基礎研究	◎	↗	・MI技術に関わる論文数は増加傾向。 ・プロセス・インフォマティクス関連の論文も増加。 ・自律実験に関する研究も活発になってきている。
	応用研究・開発	○	↗	・MI関連の産業界からのプレスリリースが大幅増加。 ・大企業だけでなく、ベンチャー企業（MI-6、Creative AI Roboticsなど）も健闘。 ・計測装置の規格標準化の動きもある。
米国	基礎研究	◎	↗	・MI技術に関わる論文数は増加傾向。 ・トランプ政権に比べ、バイデン政権ではMI関連技術への大型予算投入の可能性大。 ・自律実験に関する研究も増えてきている。
	応用研究・開発	◎	↗	・巨大IT企業（Google, Facebook, IBMなど）もMI分野に本格参入。 ・製薬関連では、大手企業（Eli-Lily）も自動開発プロセスを導入。自動開発プロセス自体の事業化の動きもある。（SRI international、KEBOTX社）

欧州	基礎研究	◎	↗	・MI 技術に関わる論文数は増加傾向。 ・NOMADは追加予算で継続中。 ・自律実験については、英国を中心に大型プロジェクトが進行中。
	応用研究・開発	○	↗	・自動合成装置がChemspeed社より製品化。この商品を使った研究論文もある。 ・計測装置をはじめとした規格標準化・規制化については、欧州が主導するケースが目立つ。
中国	基礎研究	○	↗	・MI 技術に関わる論文数は増加傾向。 ・プロセスに関しても、有機化合物のフロー合成、MOFの開発などができてきている。
	応用研究・開発	○	↗	・MI 関連特許多数
韓国	基礎研究	○	↗	・MI 技術に関わる論文数は増加傾向
	応用研究・開発	○	↗	・MI 関連特許多数

（註1）フェーズ

　　　基礎研究：大学・国研などでの基礎研究の範囲

　　　応用研究・開発：技術開発（プロトタイプの開発含む）の範囲

（註2）現状　※日本の現状を基準にした評価ではなく、CRDS の調査・見解による評価

　　　◎：特に顕著な活動・成果が見えている　　　　　　　○：顕著な活動・成果が見えている

　　　△：顕著な活動・成果が見えていない　　　　　　　×：特筆すべき活動・成果が見えていない

（註3）トレンド　※ここ1〜2年の研究開発水準の変化

　　　↗：上昇傾向、→：現状維持、↘：下降傾向

関連する他の研究開発領域

・AI・データ駆動型問題解決（システム・情報分野　2.1.6）
・AI創薬（ライフ・臨床医学分野　2.1.3）

参考・引用文献

1）国立研究開発法人科学技術振興機構研究開発戦略センター「データ科学との連携・融合による新世代物質・材料設計研究の促進（マテリアルズ・インフォマティクス）」https://www.jst.go.jp/crds/report/CRDS-FY2013-SP-01.html,（2022年12月22日アクセス）.

2）国立研究開発法人科学技術振興機構研究開発戦略センター「材料創製技術を革新するプロセス科学基盤〜プロセス・インフォマティクス〜」https://www.jst.go.jp/crds/report/CRDS-FY2021-SP-01.html,（2022年12月22日アクセス）.

3）文部科学省マテリアル先端リサーチインフラセンター運営室「文部科学省マテリアル先端リサーチインフラ」https://nanonet.mext.go.jp/,（2022年12月22日アクセス）.

4）NSTC Subcommittee on the Materials Genome Initiative, "The 2021 Materials Genome Initiative Strategic Plan," Materials Genome Initiative, https://www.mgi.gov/sites/default/files/documents/MGI-2021-Strategic-Plan.pdf,（2022年12月22日アクセス）.

5）Materials Research Data Alliance (MaRDA), https://www.marda-alliance.org/,（2022年12月22日アクセス）.

6）University of Chicago, "Globus," https://www.globus.org/,（2022年12月22日アクセス）.

7）AiiDA team, "AiiDA v2.0.0 released," AiiDA, https://www.aiida.net/news/aiida-v2-0-0-released/,（2022年12月22日アクセス）.

2.5
俯瞰区分と研究開発領域
物質と機能の設計・制御

8）European Materials Modelling Council (EMMC), "The EMMC Roadmap 2018 for Materials Modelling and Informatics," https://emmc.eu/wp-content/uploads/2020/03/EMMC_Roadmap2018.pdf,（2022年12月22日アクセス）.

9）Rickard Armiento, "OPTIMADE v1.0.0," GitHub, https://github.com/Materials-Consortia/OPTIMADE/releases/tag/v1.0.0,（2022年12月22日アクセス）.

10）Ryota Shimizu, et al., "Autonomous materials synthesis by machine learning and robotics," *APL Materials* 8, no. 11 (2020) : 111110., https://doi.org/10.1063/5.0020370.

11）Sebastian Steiner, et al., "Organic synthesis in a modular robotic system driven by a chemical programming language," *Science* 363, no. 6423 (2019) : eaav2211., https://doi.org/10.1126/science.aav2211.

12）Benjamin Burger, et al., "A mobile robotic chemist," *Nature* 583, no. 7815 (2020) : 237-241., https://doi.org/10.1038/s41586-020-2442-2.

13）B. P. MacLeod, et al., "Self-driving laboratory for accelerated discovery of thin-film materials," *Science Advances* 6, no. 20 (2020) : eaaz8867., https://doi.org/10.1126/sciadv.aaz8867.

14）Cynthia Rudin, "Stop Explaining Black Box Machine Learning Models for High Stakes Decisions and Use Interpretable Models Instead," *Nature Machine Intelligence* 1, no. 5 (2019) : 206-215., https://doi.org/10.1038/s42256-019-0048-x.

15）José Jiménez-Luna, Francesca Grisoni and Gisbert Schneider, "Drug discovery with explainable artificial intelligence," *Nature Machine Intelligence* 2 (2020) : 573-584., https://doi.org/10.1038/s42256-020-00236-4.

16）Jinchao Feng, et al., "Explainable and trustworthy artificial intelligence for correctable modeling in chemical sciences," *Science Advances* 6, no. 42 (2020) : eabc3204., https://doi.org/10.1126/sciadv.abc3204.

17）国立研究開発法人科学技術振興機構未来社会創造事業「マテリアル探索空間拡張プラットフォーム（MEEP）」https://meep.nagato-u-tokyo.jp/,（2022年12月22日アクセス）.

2.5

俯瞰区分と研究開発領域

物質と機能の設計・制御

2.5.4 フォノンエンジニアリング

（1）研究開発領域の定義

　ナノスケールの微小空間、微小時間でのフォノンおよび熱の振る舞いを理解し制御することにより、熱の高効率な利用や、デバイスのさらなる高性能化・高機能化を実現する。熱計測、フォノン輸送の理論・シミュレーション、材料・構造作製によるフォノン輸送制御、フォノンと電子/フォトン/スピンなどとの相互作用やハイブリッド量子系の統一的理解と制御、高度な熱伝導制御による蓄熱/放熱/断熱材料、熱スイッチ、熱ダイオードや高性能熱電変換素子などの革新的な材料・デバイス技術、などの研究開発課題がある。

（2）キーワード

　フォノン、電子、フォトン、スピン、マグノン、フォノン輸送、フォノニクス、フォノニック結晶、ナノスケール熱伝導、ナノスケール熱計測、時間分解サーモリフレクタンス法、TDTR、ナノ構造制御、熱電変換、熱スピン効果、スピンカロリトロニクス、スピンゼーベック効果、スピンペルチェ効果、トポロジカルフォノニクス、熱環境発電、エネルギーハーベスティング

（3）研究開発領域の概要

[本領域の意義]

　Society 5.0の実現に向けて、大規模情報処理・データストレージやハイパフォーマンスコンピューティングの需要が伸び続け、デバイスやシステムに対するミクロスケール・ナノスケールでの熱マネジメントの重要性が増してきている。デバイスレベルでは、バルク材料中の熱拡散を記述するフーリエ則が成立しない寸法の構造で構成されることが多いため、熱伝導を担う熱フォノンの弾道的輸送特性や異種材料間の界面熱抵抗を考慮して熱伝導を議論することが必須となる。また、熱電変換材料開発においても、フォノンエンジニアリングは90年代に始まった構造設計論的アプローチの中核技術となっており、熱フォノンスペクトルを考慮したマルチスケールデザインによって高性能化を実現している。フォノンエンジニアリングは、このようなメソスケールにおける特殊な熱伝導を理解し、ナノ構造化によって制御を可能にする。これらの固体中のより高度な熱流制御技術や熱マネジメント技術、熱電変換応用などの確立は幅広い社会的インパクトを持つ。具体的には、情報処理デバイスの放熱問題の解決による超スマート社会の実現や未利用熱（廃熱）利用や熱環境発電によるカーボンニュートラル社会の実現を支える技術として期待されている。その期待に応えるためにも、理論・計測技術・実験・インフォマティクスの連携により、新たな物理・機能探索、材料開発、制御手法開発を進めていくことが重要になっている。このように、フォノンエンジニアリングはナノスケールの熱伝導理解・熱制御にかかわる様々な技術領域にまたがるが、ここでは、フォノン伝導の制御技術、ゼーベック効果やスピンゼーベック効果などを用いた熱電変換材料・デバイス技術、熱伝導計測技術を中心に紹介する。

[研究開発の動向]

　熱電材料の高性能化を実現するためには、電気を流すが熱をできるだけ遮蔽することと、高い出力因子 $S^2\sigma$ の実現（高電気伝導度 σ かつ高ゼーベック係数 S）が必要である。前者については、ナノスケールでの熱伝導の理解と制御が大きな鍵となることが、1990年代後半以降広く理解されるようになった。電気伝導を損なわずに熱伝導を低減するためには、フォノンの選択的な散乱が必要である。例えば、電荷キャリアとフォノンの平均自由行程の差を利用して、フォノンの長さスケールに対応する種々のナノ・ミクロ構造を材料に作り込むことでフォノンエンジニアリングを実現し、2000年代の中盤以降、熱電性能の高性能化が図られてきた。また、ナノ・ミクロ構造制御のほかにも、カゴ状結晶構造を有するスクッテルダイトやクラスレートなどにおいて、内包する原子のラトリング現象により、音響フォノンが効果的に散乱され、2000年代から新規な高性能熱電材料が見出されてきた。その他にも、ローンペア（孤立電子対）、層状構造に起因する Cu_3SbSe_3 や

BiCuSeOなどの高性能熱電材料が見出された。ここ数年の潮流として、化学結合の対称性等に着目した材料設計が注目されている。一方、後者の高い出力因子の実現に向けては、フォノンエンジニアリングほど広範囲に有効な出力因子の高性能化原理は最近まで見出されておらず、重要な課題として残されている。

　フォノニック結晶は、フォノンに対する人工的な周期構造であり、この構造を用いたフォノン輸送制御を行う場合、波動的な性質を利用する手法と弾道性を利用する手法がある。多くの場合、波動性を利用する際は、比較的狭い周波数スペクトルを持つ音響波や弾性波に対して、フォノニック結晶が作るポテンシャルによってバンドエンジニアリングを行うことでフォノン輸送制御を行う。後者は熱フォノンのような広いスペクトルを持つ場合に、周波数が高いフォノンに対して微細構造による散乱で輸送特性の制御が行われてきた。歴史的には比較的大きな寸法でのフォノニック結晶によるフォノン輸送制御に関する研究が多かったが、近年では、量子情報キャリアとしてのフォノンの活用が検討されている。また、厚さ数nmの超格子構造であれば室温でも熱伝導の低減が可能であることが示されており、フォノニクスは熱制御にも活躍の場を広げつつある。弾道性を用いる場合は、コヒーレンス性を必要としないため、活用できる温度帯域や構造寸法が広く低コストで作製できることから、実用的な熱マネジメント技術への期待に応える研究が増加している。欧米や中国にシミュレーションを中心とした研究グループが多く存在し、国内では北海道大学と東京大学などが研究を進めている。フォノニック結晶によるバンドエンジニアリングは、室温における効果の発現に超微細周期構造が要求されるが、現在主流であるフォノンの弾道性を用いた手法では成しえない新機能や性能を実現する可能性を秘めており、酸化物半導体や二次元層状物質を用いた超格子構造や、トポロジカルフォノニクスを用いたフォノン輸送制御も研究が進展している。

　半導体中の熱マネジメントに関する技術開発が重要性を増しており、異種材料界面における熱輸送の基礎的理解や、集積回路などの発熱部とヒートスプレッダーやシンク間を満たす熱界面材料の製品化が進んでいる。特に、パワー半導体用途の熱界面材料の開発は企業がしのぎを削っており、熱伝導率の低い樹脂に充填される窒化アルミニウムや窒化ホウ素、アルミナなどの高熱伝導率のフィラーの充填密度を高め、フィラー間の接触面積を増やす工夫がなされている。また、炭素系材料を用いた柔軟性をもつ高熱伝導シートも商品化が進んでおり、今後大きな市場を形成する見込みである。

　スピンゼーベック効果の発見以降、日本・米国・欧州を中心に、多くの物性物理・磁性分野の研究者がスピントロニクスと熱利用技術の融合分野であるスピンカロリトロニクスに関する研究を開始した。特に、ドイツで2010年に大型プロジェクト「SpinCaT」が立ち上がったことを皮切りに、スピンカロリトロニクス分野の研究者人口が爆発的に増加した。ここ10数年間の基礎研究により、スピン流−熱流変換現象に関する物理的理解は大きく進展した。スピンペルチェ効果やスピンネルンスト効果（2017年に初観測）などの相次ぐ新現象の発見に加え、磁気トムソン効果（2020年に初観測）など非線形領域における磁気熱電効果の研究も開始されており、物理としてのスピンカロリトロニクスは成熟期に入りつつも、未だ勢いは衰えていない。

　近年では異常ネルンスト効果を中心とした"横型"熱電効果が注目を集めている。横型熱電効果を用いれば熱流と電流がそれぞれ直交する方向に変換されるため、従来のゼーベック素子より簡易なデバイス構造が期待でき、耐久性向上や低コスト化のみならず、理論効率に近いデバイス効率を達成しやすいなどの利点が得られる。ホイスラー合金を含むトポロジカル物質（ワイル磁性体）や永久磁石など様々な物質・材料においてスピンカロリトロニクス現象の開拓が進められており、典型的な強磁性金属材料よりも一桁以上大きな異常ネルンスト効果が相次いで見出されるなど、顕著な成果が得られている。

　スピンカロリトロニクスはスピントロニクスから派生した研究分野であり、これまでの研究の大部分は物性物理・磁性材料分野の研究者によって行われたものである。一方で熱電分野においても、金属・半導体材料に磁気の性質を取り入れることで熱電性能指数の向上を狙う研究が広がっており、これは国内外に共通する傾向である。実際に日本においても、JST ERATO、CREST、未来社会創造事業やNEDO先導研究プログラム「未踏チャレンジ2050」および「エネルギー・環境新技術先導研究プログラム」などで研究が進められてきた。

熱物性計測については、時間領域サーモリフレクタンス法（Time-Domain-Thermoreflectance：TDTR）が、ナノスケールの材料や界面における熱物性の計測において、標準的な方法論となってきており、材料開発や物性研究において欠かすことのできないツールとなっている。国内においても普及が進み、TDTR法を効果的に用いた研究開発が数と質の両面において充実しつある。

TDTR法によるフォノン熱輸送スペクトルの計測では、試料表面にナノスケールのグレーティング構造を施した手法が一定の成功を収めるとともに、高速周期加熱や微小スポット径などによる挑戦が進められている。

（4）注目動向
［新展開・技術トピックス］

国内のアカデミアの動きとして、2016年に応用物理学会に新設された「フォノンエンジニアリング」セッションが定着し、研究力強化、人材育成、ネットワーキングが活発に行われている。また、2018年に応用物理学会に設立された「エネルギーハーベスティング研究グループ」も、フォノンエンジニアリングを利用した熱電発電をカバーし、産学連携によるスマート社会化を支える環境発電システムの構築に貢献が期待される。

熱電材料の高性能化に向けては、ゼーベック係数を増強するいくつかの原理が提唱されている。バンド構造の縮重度の活用や、異種界面における低エネルギー電荷キャリアの遮蔽技術（エネルギーフィルタリング）があげられる。また、磁性を活用したゼーベック係数の増強についても拡がりを見せている。従来より知られている、磁性金属における低温でのマグノンドラグではない新規な試みとして、比較的高温の常磁性状態において有効な電荷と磁性イオン間の磁気相互作用を活用したゼーベック係数の増強（パラマグノンドラグ）が示されている。例えば、Fe_2VAl系ホイスラー合金において、スピン揺らぎの効果によってゼーベック係数が通常期待される拡散値に比べて1.5倍に増強されているという示唆が実験的に初めて見出された。パラマグノンドラグの戦略がいろいろな材料系に適用されて、スピン揺らぎ、スピンエントロピーのより広い活用など、磁性活用の高性能化原理としての潮流の勢いが増している。

欠陥の制御・活用による熱電高性能化に関しては、スクッテルダイトと並び中高温で最高性能を示すGeTeを対象として、欠陥の理解および活用がより多彩になり、深化した。Geの欠陥形成エネルギーをドーピングで制御、生成しやすくすることにより、押し出されたGeのミクロナノ析出物が効果的にフォノンを選択的に散乱してZT～2の高性能が得られたり、欠陥の多い相を安定化し電子供与体のドープ許容量を大きくすることで初めてのn型半導体特性を発現させたり、欠陥の有効活用が多彩になっている。また、GeTe以外にも欠陥が高性能化に種々活用されるようになってきている。

また、Mg_3Sb_2系材料における欠陥制御効果により、大幅な性能増強が得られ、実用的な形態のモジュールにおいて、Bi_2Te_3系の世界最高性能モジュールに匹敵する熱電変換効率が得られた。開発材料性能自体からは1.5倍の変換効率が示唆されている。本材料は、Bi_2Te_3のように希少元素を用いていないため、資源制約からの解放やそれによるコスト低下が期待され注目に値する。

ここ数年、化学結合の精密制御による格子熱伝導率を低減する研究が大きく加速している。非調和的な結合が低熱伝導率につながることが知られていたが、複合アニオン化合物において、複合アニオンの導入によりローカルな結合の対称性が落ちることによって、フォノン散乱が促進され、～0.5 W/m/Kなどの極めて低い熱伝導率が実現している。また、特定のドーピングによって、格子が大幅にソフト化することで、フォノン散乱に比べて、より大きく熱伝導率を低減させることが示されている

その他にも、薄膜形態の資源豊富なホイスラー合金材料でZT～5も報告され、注目を集めている。出力因子に関しても、室温近傍で、Bi_2Te_3系の約3倍の出力因子～10 mW/m/K²を示すホイスラー合金系熱電材料がバンドギャップの制御や局在状態の活用などによって報告されている。

フォノニック結晶に関しては、従来フォノンの弾道性と波動性が顕著になる領域においての熱輸送現象の理解と制御技術の確立が進展してき。近年は、フォノンと他の量子との結合による新しい熱輸送現象の研究も進展してきており、表面フォノンポラリトン（フォノンとフォトンの結合による新しい固有状態）によって、誘

電体薄膜の熱伝導が増大することが実験的に報告されている。さらに、光とメカニクスの融合領域であるオプトメカニクス分野では、内閣府のムーンショット型研究開発制度における量子コンピュータに関する研究開発が本格化し、スピンオプトメカニクスなどの研究が始まった。また、フォノニック結晶マイクロ共振器を用いて、フォノンとマグノンの相互作用を増強するマグノメカニクスの研究も生まれている。今後、フォノンエンジニアリングは、高いパーセルファクターを可能にする共振器などを利用し、他量子との相互作用や量子結合を利用して活躍の場を広げると考えられる。

トポロジカル物質を用いた熱電変換・熱スピン変換研究は、日本のみならず世界的に推進されており、物性物理学における一つのトレンドとなっている。これらの研究により異常ネルンスト効果の発現機構や物質設計指針が明らかになり、基礎物性開拓から応用研究にも波及しつつある。磁性体と熱電半導体の複合材料において巨大な横熱起電力を生成できる「ゼーベック駆動横型熱電効果」は2021年に我が国で実証された新しい横型熱電変換機構であり、熱電変換出力向上への貢献のみならず、スピンカロリトロニクス分野と熱電分野の橋渡し役を担うことも期待される。

スピンカロリトロニクスで培われてきた物理を異分野に適用して更なる新展開を狙う試みも始まっている。2021年には強誘電体中の電気分極の集団励起を用いることで、絶縁体である強誘電体においても熱電効果が発現することが理論的に提案されており、これはマグノン輸送理論のアナロジーから生まれたものである。強誘電体を用いた熱電変換研究については、現時点では世界的な研究潮流と生み出すほどには至っていないが、電気分極の自由度を活用して新たな熱電変換現象・熱制御機能の実証を狙うプロジェクトが日本及び米国で始まっている。

一般的な傾向として、マテリアルズ・インフォマティクスをより活用する試みも増している。低い格子熱伝導率系の探索、高い出力因子の材料を抽出するようなデータマイニング的なアプローチが増えている。高性能の新規な材料系を実際に見出した例はまだ少ないが、各国でマテリアルズ・インフォマティクスを推進しており、今後もこの試みは続くと考えられる。

熱計測や理論的観点では、様々なエレクトロニクスで重要なアモルファス材料の熱伝導特性について、ディフューゾンとプロパゴンがどのように熱輸送を担うのかの機構理解が注目を浴びている。例えば、米国MITグループでは、ナノグレーティングとTDTR法を用いてアモルファスシリコンのフォノンスペクトルを計測し、アモルファスのような長距離秩序を持たない系における熱輸送の起源を報告している。近年TDTR法による2次元材料の超断熱特性の報告が急増している。積層した2次元材料を利用して高性能な断熱特性が得られており、ナノサイズの構造体において自在な熱制御を実現するための基本材料として注目される。ナノ材料の熱物性計測手法では、ラマンによる計測も近年増えつつある。ラマンではTDTR法で必要なトランスデューサー膜が不要であるため、特に2次元材料などで有利である。定常的な温度上昇を解析する単純なものから、周期的加熱や高度な時間分解手法を取り入れて精度向上を狙ったものなど新しい提案がされている。

［注目すべき国内外のプロジェクト］

日本においては、近年フォノンエンジニアリングおよび熱電材料に関する研究開発が複数進められている。2015年からJSTのCREST・さきがけ複合領域「微小エネルギーを利用した革新的な環境発電技術の創出」において、複数の熱電材料関連の課題があり、エネルギーハーベスティングの実用化に向けた高性能材料・デバイスで有望な成果が得られている。2017年からのCREST「ナノスケール・サーマルマネージメント基盤技術の創出」、さきがけ「熱輸送のスペクトル学的理解と機能的制御」においては、フォノンエンジニアリングに関する課題が多数進められている。2019年にJST未来社会創造事業（大規模プロジェクト型）に採択された「磁性を活用した革新的熱電材料・デバイスの開発」では、磁性による熱電増強効果を利用した高効率熱電材料により、産業プロセス、低コスト大量生産に適したモジュール開発までを行い、IoTセンサー・デバイスのための自立電源需要に応える研究開発が推進されており、産学連携の活発化による社会実装を目指した展開が期待される。経産省では、未利用熱を回収・利用することで社会全体のエネルギー効率を向上させ

ることを目的として、産総研を中心としたNEDOプロジェクト「未利用熱エネルギーの革新的活用技術研究開発」プロジェクト（2015年度〜2022年度）が推進されており、ソフトウェア開発、高効率熱電モジュール、吸熱冷凍機開発などの成果が出ている。同じくNEDOのエネルギー・環境新技術先導研究プログラムや未踏チャレンジ2050でも、熱電変換材料やモジュール、システム開発などに関するテーマが推進されている。

2020年に始動した内閣府のムーンショット型研究開発制度目標6では、超電導量子ビットと光通信波長帯の光子や固体中の量子メモリとの相互作用の量子トランスデューサーとしてフォノンが考えられており、量子間の相互作用を増強させるスピンオプトメカニクス系の開発が行われている。

2022年よりJST-ERATO事業において、スピンカロリトロニクスを基盤として、ナノスケールでのみ利用可能であった熱スピン変換能がマクロスケールで発現する材料、デバイス開発のプロジェクトが開始されている。

米国では、基礎材料開発研究に関しては、NSFやDOEのプロジェクトによって研究が進んでいる。ナノスケール熱輸送に関する研究が数多く採択されており、依然として基礎研究への研究費配分が行われている。熱電変換に関しては、基礎研究からデバイスやシステムレベルへの研究開発にステージが移行しているが、組織だったプロジェクト推進はみられない。

必ずしも熱電やフォノンエンジニアリングに限らないが、DoEのEnergy Earthshots Initiativeにおいて、Industrial Heat Shotがプロジェクトとして2022年に設定され、産業熱のCO_2排出削減に向けた技術開発が進展しようとしているため、今後注視に値する。

欧州では、2000年代後半からHERMOMAG, NANOHIGHTECHなど複数の熱電材料開発の大型プロジェクトの推進によって熱電関連の研究人口と活動の大幅な増加をもたらした。現在でも、分子界面の熱電的輸送現象の解明（NANO-DECTET）、有機・ハイブリッド熱電システム（HORATES）、ミクロTEGによるワイヤレスデバイス給電（WiPTherm）、2次元カルコゲナイド熱電ナノ構造デバイス（THERMIC）など、室温近傍の比較的低温域におけるエネルギーハーベスティングをターゲットとしたプロジェクトが進行している。フォノンエンジニアリング関連では、Horizon 2020やERC（European Research Council）において、複数のプロジェクトが進行している。2016年から4年間行われたPHENOMENにおいて、全フォノニックサーキットの開発、オプトメカニクス、トポロジカルフォノニクス、二次元材料の電子フォノン相互作用などのプロジェクトが採択されている。グラフェンフラッグシップの中では、GrapheneCore3の中で半導体熱マネジメントに関するプロジェクトが進行する。また、2016年から5年間継続したSmartphonプロジェクトでは、フォノニクスをソフトマテリアルに展開するプロジェクトが進行し、ポリマーやコロイド科学への新展開があった。最近は、ナノフォノニクスの量子情報処理や通信分野に展開する研究が多く採択されている。全体的な傾向として、大規模のファンディングに関しては、基礎材料研究から、企業との連携などが必要なプログラムに主眼が移行している。

欧州各国の特筆すべき各取り組みに関して、いくつか抜き出してピックアップする。

ドイツにおいては、材料研究に関しては、Max Planck固体化学物理研究所（MPICPfS）とLeibniz固体研究所を筆頭に、継続的に成果が生まれている。モジュール開発に関しては、フラウンホーファー研究所やGerman Aerospace Center（DLR）で国研ならではの基盤的な実用化研究開発がMg_2Si系やスクッテルダイト系材料デバイスの作製や電極開発などに関して継続的に行われている。

フランスにおいては、熱電モジュール開発よりも材料開発研究の方が盛んで、CRISMAT、Institut Jean Lamourを筆頭に、20〜25のグループが取り組んでおり、GIS Thermoelectricityというネットワークを形成している。高温熱電材料（HIGHTHERM）など、French National Research Agency（ANR）のプロジェクトが常時数件推進されている。France 2030は2030年まで75兆円相当を投資するイニシアティブで、低炭素化のターゲットに熱電に関するプロジェクトが入る可能性がある。

英国においては、2050年までのカーボンニュートラルを達成するために制定された5つの材料開発ロードマップの一つに熱電材料が選ばれており、今後の大きなファンディングの可能性がある。

中国において、熱電関連に極めて大きな研究投資がされており、研究者数は現在世界で圧倒的に多いと考

えられる。例えば、基礎熱電材料開発には２千人以上の国研・大学の研究者がおり、中国材料学会（Chinese Materials Research Society）の中で、中国熱電学会（Chinese thermoelectric society）が全ての学会の中で一番大きな組織となっている。

　ファンディングに関しては、材料開発の基礎研究はMinistry of Science and Technology（MOST）やNational Natural Science Foundation of China（NSFC）、実用化研究は、National Key Research and Development Program of China で毎年大型の予算が充当されている。

　例えば、MOSTでは、約５億円の規模で、室温近傍の高性能材料の研究開発（2019–2024）、磁性熱電材料の開発研究などが進行している。2022 ～ 2023年にも室温近傍の熱電材料・デバイスの開発、室温近傍の熱電デバイス・システムが採択される予定である。地方自治体も熱電関係のプロジェクトに積極的に投資しており、例えば、Bi_2Te_3系の実用関連プロジェクトをはじめとした複数のプロジェクトが推進されている。

　ファンディングの全体的な傾向として、先に立ち上がった日本のCREST・さきがけ「微小エネルギー」領域、未来社会創造事業大規模プロジェクトと同様に、室温近傍のエネルギーハーベスティングや磁性などの活用による高性能熱電材料開発などをターゲットしたものが目立っており、激しく追い上げている印象である。

　韓国においては、数多くの大学、国研で熱電研究が盛んに行われている。従来は、基礎の材料開発に比べて、実用化研究に比重があったが、基礎研究や新規材料開発への投資が増えているのが大きな変化である。公的な競争的資金では、現在は100超の大小の熱電関係のプロジェクトが走っており、国の人口を考えると熱電予算規模が非常に大きい。企業の活動が活発であり、サムスン重工業、LG電子、LGイノテック、Hyundaiなどの複数の大企業が熱電研究開発を行っている。最近の顕著な動きで、サムスン重工業とLGイノテックの共同開発で、初めての船用の熱電発電システムを共同開発し、日本郵船が実施する予定である。

（5）科学技術的課題

　ナノスケールにおけるフォノン輸送と熱伝導の物理探求および制御技術は、様々な材料、ナノ構造中および異種材料界面での系統的な実験結果の蓄積と計測技術およびシミュレーション技術の進歩、インフォマティクスの活用によって着実に進展している。しかし、解釈やシミュレーションによる再現が困難な実験データが得られる場合が少なくない。ナノ構造では、構造パラメータに加えて界面や表面の性質、形状、欠陥などに依存する散乱がフォノン輸送特性に大きな影響を与えることが知られている。今後、より一層応用に展開するフォノンエンジニアリングにおいて、表面状態や欠陥の制御技術や異種材料の接合技術が重要な技術的課題になると考えられる。

　熱電材料においては、磁性増強、欠陥導入など高性能化の指針が見出されているが、準安定状態や非平衡相の制御も含めて非常に広大な材料探索空間が存在する。したがって、材料探索の加速のための系統的に開拓する仕組みや理論的なツール・方法論などの構築が引き続き望まれる。

　IoTセンサーの動作電源用の熱環境発電は世界的にファンディングの対象となっているが、フレキシブルな熱電材料も一つのターゲットであり、有機無機のハイブリッド熱電材料などの開発が引き続き望まれる。一方で高性能化を阻む問題として、有機−無機界面や、有機−金属電極界面における、コンタクトの向上、電荷輸送の阻害を低減するブリッジ技術や異種界面の電荷輸送を促進する新規機構の開発が期待される。こうした技術開発は、熱電変換技術以外にも広く活用でき、波及効果が大きい。また、デバイスやモジュールとして確立するためには、電極コンタクト選定・形成技術、温度差維持のための放熱技術、モジュール作製技術、モジュールデザインなどの総合的な設計技術にも取り組む必要がある。

　熱電材料の材料開発側面に関しては、ホイスラー系薄膜の準安定状態やCu_2Se系などの超イオン伝導体やイオン化ゲルなどの非平衡的な状態を活用して、熱電の超高性能、高性能を発現させる新規な試みで最近顕著な成果が出ており、こうした準安定や非平衡的な系を系統的に開発する研究開発の仕組みや理論的なツール・方法論などの構築が望まれる。ナノコンポジット材料も、単一の材料の熱電物性を凌駕する方法として、変調ドーピング、エネルギーフィルタリング、粒界に金属相を入れ込んだナノコンポジット化などで熱電性

能の高性能化が示されているが、このような熱電ナノコンポジット材料の開発をマテリアルデザインへ昇格させることが重要である。すなわち、より高い制御性で精緻なナノコンポジット構造の作製手法の開発、マルチスケールな計算手法の開発などが必要である。また、熱電高性能化の簡易なフォノンエンジニアリング手法としてナノ多孔を導入する方法がある。例えば、Bi_2Te_3系材料の代替材料として研究が進んでいるMg_3Sb_2系においてMgに起因すると思われる多孔が散見され、これが高性能の要因の１つと考えられているが、十分な理解や制御ができていない。上記のナノコンポジット同様、ナノ多孔のより精緻な作製手法、およびシミュレーション方法の開発が待たれる。

スピンカロリトロニクスは毎年のように新現象が発見されている稀有な分野であり、ここ10数年でその学理形成は大きく進展した。しかし、様々な現象や機能が実証されているものの、未だ実応用に資する熱電変換能・熱制御能は得られていない点が大きな課題であり、その性能向上に向けて物性物理から物質・材料科学へと研究動向がシフトしつつある。ゼーベック効果に基づく熱電変換能を高めるための原理として、長らく量子効果や低次元化が主要な研究トピックとなり成功を収めているが、スピンカロリトロニクスにおいてはこのような報告は見当たらない。各種スピンカロリトロニクス現象の量子効果・低次元化の影響を明らかにすることは、基礎物理・工学応用の両面において重要であろう。実際、米国や韓国などでは、二次元物質を用いてスピンカロリトロニクス現象の性能向上や新機能創発を目指す基礎研究が報告されている。実験技術が成熟しているスピンゼーベック効果、異常ネルンスト効果に関しては、性能指数・熱電発電効率の評価基盤が確立されているものの、モジュールに対する適用や、実際の利用形態における性能評価には至っていない。熱エネルギー制御技術としての応用を目指すためには、熱エネルギー輸送効率の評価基盤や熱設計指針も必要であろう。

熱物性計測の課題として、スピンカロリトロニクスを好例とする動的な熱制御材料（熱流ダイオード、熱伝導スイッチ等）の評価への対応がある。温度、圧力、磁場、電場、相変態、化学反応など様々な外場を材料に加えた状況でその場計測を行う技術が重要である。極低温、高磁場、高圧力など専門的な知識と設備を要するものについては、分野間における幅広い連携と人材交流が求められる。

（6）その他の課題

これまで、フォノンエンジニアリング分野の研究の多くは、フォノンのみの熱輸送について行われてきたが、他の量子とのハイブリッド状態の輸送や新奇物理現象、量子情報通信分野といった量子科学分野への展開が始まった。そのため、伝熱工学分野のみならず、他分野の研究者との緊密な連携が必要になる。

国内外を含めて研究グループが増加し、基礎研究と応用研究に進展がみられるものの、実用化への道はいまだ険しい状況である。材料開発から社会実装までの各レイヤーにおける課題解決に対する努力はなされており連携も進んできているが、フォノンエンジニアリングや熱電環境発電が普及し産業や社会に貢献するためには、キラーアプリの探索に一層の努力が必要である。

また、2015年以降、JSTなどにおいてフォノンエンジニアリングに関する基礎研究と熱制御や熱電変換の実用化に向けた研究開発が推進された。これらのプログラムのいくつかが2022年に終了するため、獲得した研究開発力が失われないよう、これらをより深い基礎研究や実用化につながる展開を可能にするための仕組み作りも重要である。社会実装の促進という観点では、初期フェーズでコスト側面の圧力を緩和するような政策導入によって、産業界の参画を積極化し、新興市場の創出を促す必要もあると考えられる。

（7）国際比較

国・地域	フェーズ	現状	トレンド	各国の状況、評価の際に参考にした根拠など
日本	基礎研究	◎	→	・ Society 5.0の実現へ向けたIoT熱環境発電開発の必要性により、異分野からの研究者の新規参入で熱電の研究者は増えている。 ・ファンディングにおいても、2015年後半からJSTやNEDOでさまざまなプロジェクトが推進されている。特に、スピンを利用した熱電変換・熱制御に関する研究が多数展開されている。 ・量子情報通信技術を志向したナノフォトニクスに関する研究も開始している。 ・ 応用物理学会などで、フォノンエンジニアリングやエネルギーハーベスティングの活動が活発化し、ネットワーキング、人材育成が加速している。
	応用研究・開発	○	↗	・経産省の未利用熱を削減する大型プロジェクトが産総研と企業中心に走っており、モジュール作製や評価が進展。 ・NEDO先導研究プログラム「未踏チャレンジ2050」、「エネルギー・環境新技術先導研究プログラム」でスピンを利用した熱電変換に関する研究が開始された。 ・エネルギーハーベスティングをキーワードとして、コンソーシアム活動や商業化活動なども活発である。
米国	基礎研究	◎	↘	・研究者人口が多く、材料開発、計測技術、理論・数値解析など幅広くカバーしており、二次元材料の作製・熱計測で新展開がみられる。 ・新規な原理（低次元量子効果、フォノンの選択散乱、共鳴準位、変調ドーピング、バンドの縮重度増強など）などを提唱してリードしてきた側面があるが、エネルギー政策的な変遷もあり、熱電関連の大型プロジェクトが終了している。 ・複数の拠点形成型事業により、スピンカロリトロニクスの研究が大学を中心に精力的に進められている。
	応用研究・開発	◎	→	・探査機の熱電原子力電池で長年の実装研究開発実績を誇るNASA JPLは、次世代機へ向けたスクッテルダイトや$Yb_{14}MnSb_{11}$系などの新規材料のモジュール作製技術、長時間の性能試験、信頼性試験と総合的な応用研究の開発能力を持っている。 ・Matrix Industriesがクラウドファンディングで資金調達、phononicが注目を浴びるなど、スタートアップの活動が活発化。
欧州	基礎研究	◎	→	・EUからのERC、Horizon 2020の大型予算プロジェクトのほかに各国の個別の熱電プロジェクト予算（ドイツDFG、BMBFやフランスANRなど）がある。例えばスピンカロリトロニクス関係では、ERC Synergy Grants（研究費 約10Mユーロ）でのスピン流–電流変換とスピンカロリトロニクスを主軸とした大型プロジェクト（2014～2020年）や、SPINBEYOND（2017～2022年）などがある。 ・eMRS内のセッションとEurothermおよびワークショップ、スクールが高頻度で開催されており、研究交流が活発である。 ・ドイツでは、Max Planck研究所やLeibniz研究所などが材料開発研究を先導している。
	応用研究・開発	○	↗	・Horizon 2020で応用研究に関するプロジェクトが多数採択されている。 ・ETCやTHERMINICといった応用をカバーする国際会議やCNRSの熱電ネットワークが活動を継続している。 ・熱電環境発電では、ERC予算配分があり、スタートアップ企業も存在する。 ・モジュール開発に関しては、例えば、フラウンホーファー研究所やGerman Aerospace Center（DLR）で国研ならではの基盤的な研究開発が引き続き行われている。 ・企業の顕著な活動として、Isabellenhütteがホイスラー合金、Treibacher Industries AGがスクッテルダイト系のそれぞれの熱電材料の工業的なスケールアップ生産に成功している。

2.5

俯瞰区分と研究開発領域
物質と機能の設計・制御

2.5

俯瞰区分と研究開発領域
物質と機能の設計・制御

中国	基礎研究	◎	↗	・MOST、NSFCなどから熱電関連プロジェクトに大きな投資がされており、研究者数も世界トップとなっている。 ・室温近傍のエネルギーハーベスティングや磁性などの活用による高性能熱電材料開発などをターゲットしたプロジェクトが目立つ。また、広範な周波数帯でのフォノニック結晶や音響メタマテリアルに関する基礎研究を行う研究者が多い。
	応用研究・開発	○	↗	・実用化研究に関しては、今後もMOSTから5億円規模のプロジェクトが複数計画されている。 ・中国の熱電専門企業は、20社以上あり、FerroTecを筆頭にペルチェの熱電冷却の企業の活動が、5G応用のために特に活発で、スタートアップも増えている。
韓国	基礎研究	○	↗	・公的な競争的資金により100超の大小の熱電プロジェクトが走っており、予算総額約53億円で、2022年度の予算は31.5億円/年と、国の人口を考えると熱電予算規模が非常に大きく、増えている傾向にある。 ・従来はBi_2Te_3系材料を対象にしたプロジェクトが最も多かったが、現在はウェアラブル・フレキシブル熱電材料へと関心が移っており、二次元材料など各種の熱電材料の開発プロジェクトが増えている。
	応用研究・開発	◎	↗	・サムスン重工業、LG電子、LGイノテック、Hyundaiなどの複数の大企業が熱電研究開発を行っている。 ・船舶の排熱を熱電変換技術で再利用し炭素排出量を削減する取り組みが注目。韓国の通商産業エネルギー省のグリーン技術としての認定を受けるなど、官民で取り組んでいる。

（註1）フェーズ

　　　基礎研究：大学・国研などでの基礎研究の範囲

　　　応用研究・開発：技術開発（プロトタイプの開発含む）の範囲

（註2）現状　※日本の現状を基準にした評価ではなく、CRDSの調査・見解による評価

　　　◎：特に顕著な活動・成果が見えている　　　　　○：顕著な活動・成果が見えている

　　　△：顕著な活動・成果が見えていない　　　　　×：特筆すべき活動・成果が見えていない

（註3）トレンド　※ここ1～2年の研究開発水準の変化

　　　↗：上昇傾向、→：現状維持、↘：下降傾向

関連する他の研究開発領域

・革新半導体デバイス（ナノテク・材料分野　2.3.1）

・スピントロニクス（ナノテク・材料分野　2.3.6）

参考・引用文献

1) Kunihito Koumoto and Takao Mori, eds., *Thermoelectric Nanomaterials: Materials Design and Applications*, Springer Series in Materials Science 182 (Berlin, Heidelberg: Springer, 2013)., https://doi.org/10.1007/978-3-642-37537-8.

2) Baoli Du, et al., "The impact of lone-pair electrons on the lattice thermal conductivity of the thermoelectric compound $CuSbS_2$," *Journal of Materials Chemistry A* 5, no. 7 (2017): 3249-3259., https://doi.org/10.1039/C6TA10420G.

3) Yan-Ling Pei, et al., "High thermoelectric performance of oxyselenides: intrinsically low thermal conductivity of Ca-doped BiCuSeO," *NPG Asia Materials* 5 (2013): e47., https://doi.org/10.1038/am.2013.15.

4) 森孝雄, 塩見淳一郎 監『計算科学を活用した熱電変換材料の研究開発動向』(東京: シーエムシー・リサーチ, 2022).

5）Fahim Ahmed, et al., "Thermoelectric properties of CuGa$_{1-x}$Mn$_x$Te$_2$: power factor enhancement by incorporation of magnetic ions," *Journal of Materials Chemistry A* 5, no. 16 (2017): 7545-7554., https://doi.org/10.1039/C6TA11120C.

6）Yuanhua Zheng, et al., "Paramagnon drag in high thermoelectric figure of merit Li-doped MnTe," *Science Advances* 5, no. 9 (2019): eaat9461., https://doi.org/10.1126/sciadv.aat9461.

7）Tian Wang, et al., "Machine Learning Approaches for Thermoelectric Materials Research," *Advanced Functional Materials* 30, no. 5 (2020): 1906041., https://doi.org/10.1002/adfm.201906041.

8）Hiromasa Tamaki, Hiroki K. Sato and Tsutomu Kanno, "Isotropic Conduction Network and Defect Chemistry in Mg$_{3+\delta}$Sb$_2$-Based Layered Zintl Compounds with High Thermoelectric Performance," *Advanced Materials* 28, no. 46 (2016): 10182-10187., https://doi.org/10.1002/adma.201603955.

9）Zihang Liu, et al., "Demonstration of ultrahigh thermoelectric efficiency of ~7.3% in Mg$_3$Sb$_2$/MgAgSb module for low-temperature energy harvesting," *Joule* 5, no. 5 (2021): 1196-1208., https://doi.org/10.1016/j.joule.2021.03.017. Zihang Liu, et al., "Maximizing the performance of n-type Mg$_3$Bi$_2$ based materials for room-temperature power generation and thermoelectric cooling," *Nature Communications* 13 (2022): 1120., https://doi.org/10.1038/s41467-022-28798-4.

10）Masahiro Nomura, et al., "Review of thermal transport in phononic crystals," *Materials Today Physics* 22 (2022): 100613., https://doi.org/10.1016/j.mtphys.2022.100613.

11）Laurent Tranchant, et al., "Two-Dimensional Phonon Polariton Heat Transport," *Nano Letters* 19, no. 10 (2019): 6924-6930., https://doi.org/10.1021/acs.nanolett.9b02214.

12）Gerrit E. W. Bauer, Eiji Saitoh and Bart J. van Wees, "Spin caloritronics," *Nature Materials* 11, no. 5 (2012): 391-399., https://doi.org/10.1038/nmat3301.

13）Ken-ichi Uchida, "Transport phenomena in spin caloritronics," *Proceedings of the Japan Academy, Series B* 97, no. 2 (2021): 69-88., https://doi.org/10.2183/pjab.97.004.

14）Min Young Kim, et al., "Designing efficient spin Seebeck-based thermoelectric devices via simultaneous optimization of bulk and interface properties," *Energy Environmental Science* 14, no. 6 (2021): 3480-3491., https://doi.org/10.1039/D1EE00667C.

15）S. Meyer, et al., "Observation of the spin Nernst effect," *Nature Materials* 16, no. 10 (2017): 977-981., https://doi.org/10.1038/nmat4964.

16）Ken-ichi Uchida, et al., "Observation of the Magneto-Thomson Effect," *Physical Review Letters* 125, no. 10 (2020): 106601., https://doi.org/10.1103/PhysRevLett.125.106601.

17）Weinan Zhou, et al., "Seebeck-driven transverse thermoelectric generation," *Nature Materials* 20, no. 4 (2021): 463-467., https://doi.org/10.1038/s41563-020-00884-2.

2.5.5　量子マテリアル

（1）研究開発領域の定義

　量子マテリアルは、電子やスピンの量子状態を人為的に制御することで新たな量子力学的機能を発現する物質・材料である。グラフェンや遷移金属カルコゲナイドなどの2次元物質（原子層物質）や、キタエフ模型に代表される量子スピン液体、トポロジカル絶縁体をはじめとするトポロジカル量子物質、ナノチューブやリボン状構造の1次元材料、自己集合分子などの0次元材料も含む。ムーアの法則の限界を克服する次世代半導体の実現や、センシング及びエネルギー変換・貯蔵への応用のため、シリコンを凌駕する電荷移動度を持つ2次元物質や、非磁性の欠陥や不純物に対して電子が堅牢な輸送特性を持つトポロジカル物質が注目されている。また、2次元物質の単層シートを特定のツイスト角度で積層することによって新奇物性を開拓する研究が大きな流れになっている。

（2）キーワード

　2次元物質、ワイル/ディラック半金属、マヨラナ準粒子、ワイル半金属、量子スピン液体、反強磁性スピントロニクス、超高速メモリ、光電融合、トポロジー、ノーダルライン半金属、異常ホール効果、磁気熱電効果、ナノシート集積回路、自己集合分子

（3）研究開発領域の概要
［本領域の意義］

　量子マテリアルは、1980年代後半の高温超伝導フィーバーをきっかけに強相関電子系をベースに盛んに研究されてきた。近年ではトポロジカル絶縁体をはじめとするトポロジカル物質群、グラフェンなどの2次元物質群が注目されている。

　トポロジカル物質群の中核をなすトポロジカル絶縁体は、内部は絶縁体状態であるにもかかわらず、表面にトポロジーに特徴づけられた特異な金属状態が実現している。その金属状態を流れる電子は質量がほぼゼロで、かつスピンの向きが揃っていることが特徴である。また、トポロジカル絶縁体の派生物質であるトポロジカル超伝導体の中にマヨラナ準粒子が存在しうること、トポロジカル半金属の1種であるワイル半金属の中にワイル準粒子が存在することなどが相次いで発見されている。これらの準粒子はトポロジカル物質の特異な物性の起源となっている。通常の物質とは異なり、一般的にトポロジカル状態は外乱に対してロバストな性質をもつため、スピントロニクスや量子コンピューティング分野において、デバイスの微細化・高性能化・誤り耐性化に寄与すると期待される。

　グラフェン、カルコゲン化物（カルコゲナイド）シートなど2次元物質（原子層物質）に特徴的な電子状態（層数に依存した電子バンド構造の変調、ディラック電子系、非常に高い易動度、等）を用いたエレクトロニクスデバイス、エネルギーデバイス、低次元物質特有の光学特性や磁気・スピン特性などを利用した、オプトエレクトロニクスやスピントロニクスが注目されている。またヘテロ積層によってトポロジカルな性質を発現させた例や、ツイスト積層によって母物質では現れない物性を発現させた例がある。適切な組み合わせを選ぶことで有用な機能を出すことが可能である。同時に、界面の超構造等に着目することで元々の低次元物質からは想像もしなかった物性が発現することが分かってきている。

［研究開発の動向］

　本領域では、物質の有する電子構造の成り立ちを基礎的に理解することから始まり、空間群と電子構造を繋ぐ新たな分類を確立しつつある。トポロジカル絶縁体は絶縁体と真空の界面だけで電流が流れるという、従来の金属・半導体・絶縁体の分類では記述できない新たなタイプの物質相であり、トポロジカル不変量で記述される。トポロジカル物質が示す各種物性を基礎的観点から理解することに加えて、それらの制御指針

の確立に向けた取り組みが行われている。さらに最近では、2次元物質や界面を精密に合成し電子構造の制御によって物性を発現させる応用研究も進んでいる。また、強磁性スピン状態の制御や量子異常ホール状態に生じる非散逸エッジ状態の電子伝導方向制御、マヨラナ準粒子の検証実験が広く行われ、基礎と応用の両面で着実に研究が進んでいる。

こうした物質の探索に加えて、2次元材料や界面の特異な物性を用いたデバイス化技術の構築も行われつつある。シリコンを中心としたこれまでの半導体は、ムーアの法則に従って微細化、集積化が進み、低消費電力化と高速動作、メモリ容量の増大を実現してきたが、微細加工の極限に近づき、性能向上の限界に直面しつつある。この限界を打破するアプローチの1つとして、材料面ではシリコンを凌駕する移動度を持つグラフェンに代表される原子層物質や、質量ゼロのワイル準粒子の磁気的性質を外部磁場で制御可能なワイル磁性体が注目されている。

（4）注目動向
［新展開・技術トピックス］
● 反強磁性スピントロニクス

すでに実用化の段階に到達した磁気抵抗メモリ（MRAM）の構成要素はすべて強磁性体であり、その処理速度は10 ns程度で、ロジック回路のキャッシュであるSRAMの置き換えに必要な100 psに達していない。一方、反強磁性体は、

- 反強磁性体は漏れ磁場を持たず、集積密度を大きくできる。
- 磁場に対して鈍感であり、メモリ保持力が強い。
- 強磁性体に比べて3桁もの大きな歳差運動の周波数（THz）を持つ。

という利点があるため、近年、大きな脚光を浴びるようになってきている。通常、反強磁性体は磁場に対しての応答性が低く、これまで上記の利点を十分に利用することが困難であった。しかし、最近注目されているMn_3X系は反強磁性体でありながら巨大な異常ホール効果を示し、反強磁性体の抱える問題を一挙に解決する性質を持つため、デバイス化に向けた研究が精力的に行われている。

● 異常ネルンスト効果の熱電デバイス応用

ワイル半金属性は反強磁性体に強磁性体と同等の機能を付与するだけでなく、強磁性体の性能も大きく増強することが分かってきた。その最たる例が異常ネルンスト効果である。異常ネルンスト効果は19世紀に発見されて以来、ゼーベック効果よりも3から4桁程度も小さいと考えられ、熱電効果としては全く注目されていなかった。しかし、ワイル半金属状態を使えば、ネルンスト効果がゼーベック効果の数%の大きさまで迫ることがわかってきたため、近年注目されている。ミクロンサイズの熱電モジュールの作製においては、異常ネルンスト効果を用いたデバイスの方がゼーベック効果を用いたものより効率が良いこともわかってきている。すでに、ワイル半金属やノーダルライン半金属を用いた磁気熱電デバイス応用は一部実現している。

● 2次元材料のねじれ積層

2次元材料には、ディラック半金属（グラフェン）、金属または超伝導体（$NbSe_2$等）、半導体（MoS_2等）、絶縁体（BN）などがあり、そのほとんどがバルクとは異なる特性を示している。それぞれの単層シートを構成要素として用いたヘテロ構造の形成は、設計によって量子マテリアルとしての特性をさらに豊かにすることが可能である。グラフェンを特定の角度でねじって積層することにより、ねじれ角によってモット絶縁体状態、超伝導状態、量子異常ホール状態となることが発見されたことから、「ツイストロニクス」と呼ばれる領域が誕生している。グラフェンは電子相関やスピン軌道相互作用をほとんど示さないが、魔法角（～1.1°）のねじれで生じるモアレ構造によって相互作用強度が劇的に増大し、超伝導およびチャーン絶縁体になる。このような量子現象は、2次元遷移金属ダイカルコゲナイドでも設計可能である。その例として、60°近くねじれた

MoTe$_2$WSe$_2$ヘテロ2層膜がある。2次元ヘテロ構造の設計は、今後も新しい量子現象・機能の豊富な供給源となることが期待される。

- **バルク光起電力における太陽電池の変換効率の向上**

　太陽電池の開発は、実用上十分な発展があり、今日の重要なエネルギー政策の一つになっている。太陽電池のエネルギー変換効率は、物質や積層構造の工夫により現在も向上しているが、現在のpn接合における一電子励起では、理論的な上限が30%（Shochley–Queisser Limit）と指摘されており、これ以上の効率を追求するには、新たな原理が必要である。バルク光起電力は、上記の制限を受けない機構として知られており、pn接合も必要ない。物質に反転対称性がない場合は、光の交流電場から直流電流を生み出す量子的な仕組みがあり、この効果を用いた研究は古くから行われていたが、変換効率が非常に低く実用化を議論することができなかった。しかし、近年遷移金属カルコゲナイド2次元物質やナノチューブを用いたバルク光起電力の研究が行われ、従来の太陽電池に及ばないものの従来のバルク光起電力の変換効率を非常に大きくすることが可能となった。ドイツや日本で活発に研究がなされている。

- **人工次元フォトニクス**

　空間以外の次元（人工次元）を活用することで4次元量子ホール効果など、実空間では起こらない現象を探究できるほか、磁気光学効果を用いない光アイソレータへの応用も期待される。周波数次元を使った人工次元フォトニクスの研究では、光ファイバーを用いた大きなリング共振器が使われてきた。最近、シリコンフォトニクスのプラットフォームでの実現、低損失で高速変調が可能なLiNbO on insulatorでの実現が報告され、集積フォトニクスへの応用を視野に入れた研究が進みつつある。

- **トポロジカル量子コンピュータ**

　超伝導状態におけるマヨラナ準粒子の非可換性を利用した計算が注目されているが、動作原理の確立がまだ十分でない。超伝導状態以外でも、量子スピン液体状態におけるマヨラナ準粒子を利用した量子コンピュータも提案されている。量子スピン液体状態を使う利点として、トポロジカル保存量があり量子計算のエラーが少ないと言われている。米国、EU、日本で研究が盛んである。

- **バイオ材料としての低次元量子物質の開拓**

　2次元材料を用いてウイルス抗体検査を短時間で行う研究、自己集合分子を用いたたんぱく質を囲む技術などが提案されている。ウイルスや光合成の機能を理解するためには、量子的な機構を巧みに利用した究極の効率で行われていることが指摘されている。また最近、カーボンナノチューブを用いたミトコンドリアのDNAの操作の報告もあり、量子マテリアルを用いたバイオ研究が注目されている。

［注目すべき国内外のプロジェクト］
［日本］
- **内閣府「量子技術イノベーション戦略（2020年1月）」と「量子未来社会ビジョン（2022年4月）」**

　量子マテリアルは、2020年の内閣府「量子技術イノベーション戦略」において、4つの主要技術領域の1つと位置付けられている。日本の大学・研究機関では、質の高い研究開発が継続して行なわれており人材や国際競争力で優位性を保持している。次世代のデバイス開発や新たな物性材料の創成など、これまで、国際的な成長産業分野において、世界に後塵を拝してきた我が国の産業競争力の強化にもつながる有望な技術領域であり、着実な推進が重要である。また、2022年の内閣府「量子未来社会ビジョン」では、量子技術イノベーション拠点の体制強化が謳われており、量子マテリアル拠点（物質・材料研究機構）に加えて量子機能創製拠点（量子科学技術研究開発機構）が世界最先端の量子マテリアルの研究開発・供給拠点として示さ

れている。

- JST 戦略的創造研究推進事業・さきがけ「物質と情報の量子協奏」（2022〜2027年度）

「量子多体系の制御と機能化」、「新現象・新状態の量子デバイス・量子材料応用」の2つの観点から研究を推進している。具体的には、量子情報に基づいた量子物質における新しい量子状態制御手法の開拓、新原理の量子ビット・量子センサ・量子シミュレーションの提案と実証、将来的に実現可能な物理系を念頭においた量子アルゴリズムの提案と実証などを対象としている。物質科学・情報科学・数理科学・ナノ構造科学などと連携することによって、量子制御技術によるイノベーションを目指す。

- JSPS 科研費 学術変革領域研究（A）「2.5次元物質科学：社会変革に向けた物質科学のパラダイムシフト」（2021〜2025年度）

様々な組成をもった2次元物質をファンデアワールス力のみで人工的に積層することで、化学結合や格子整合に制限されない新しい物質群を合成する。積層の角度をずらし、モアレ超格子と呼ばれる長周期構造を人工的につくると、モアレパターンに依存してホスト物質のバンド構造は著しく変化する。例えば2層グラフェンの積層の角度を約1°ずらすと、低温で超電導を示すようになる。さらに、層間のナノサイズのスペースに分子やイオンなどを挿入し、ホスト物質の電気的、磁気的あるいは光学的性質を変化させるという研究も行われている。2.5次元物質科学は全く新しい物質の創製や特異的な物性の発現など物質科学に大きなインパクトを与えると考えられる。

- JST 戦略的創造研究推進事業・CREST「トポロジカル材料科学に基づく革新的機能を有する材料・デバイスの創出」（2018〜2025年度）

電子状態のトポロジーに関する物性物理学を中心に置き、フォトニクスやスピントロニクス分野、さらに新規機能を実現するデバイス工学への展開を研究対象としている。また、実空間のトポロジーにおいても位相欠陥等のトポロジカルな性質を利用したスピン流の制御に加え、分子の幾何学的性質や絡み合いを制御するソフトマターも対象としている。これらの研究分野が複合的に連携することで、結晶成長技術、構造や物性の解明と制御のための計測・解析・加工プロセス技術、部素材・デバイス設計技術等の技術基盤の創出や、これらに関する基礎学理の構築、革新的機能を有する材料・デバイスの創出に取り組んでいる。

- JST 戦略的創造研究推進事業・さきがけ「トポロジカル材料科学と革新的機能創出」（2018〜2023年度）

トポロジーという新たな物質観に立脚したトポロジカル材料科学の構築と、それによる革新的な新規材料・新規機能創出を目的とし、「トポロジカル絶縁体」に代表される様々なトポロジカル量子材料に加え、磁性、光学、メカニクス、ソフトマター（高分子材料・ゲル材料など）分野など、広範な領域における"トポロジカル材料科学"の探求を通して、原理的にその性能向上の限界が顕在化してきているエレクトロニクスデバイス分野等において新たなパラダイムを築くことを目指している。

- NEDO エネルギー・環境新技術先導研究プログラム「2次元材料の産業化に向けた革新的製造プロセスとデバイス作製基盤技術の開発」（2021年度）

本プログラムでは、産業創出に結びつく産業技術分野の中長期的な課題を解決していくために必要となる技術シーズとして、絶縁基板上大面積高品質グラフェン成膜技術の開発と光デバイス応用、2次元材料の高速・液相コーティング技術の研究開発、高機能テープを用いた2次元材料の革新的転写法の開発を行っている。

[米国]

エネルギー省（DOE）の管轄のもと Energy Frontier Energy Center として4年間で約20億円の予算が

AMES研究所を中心としたCenter for the Advancement of Topological Semimetals（CATS）に投資されている。この研究所においては、新しい磁気トポロジカル半金属物質の開発、薄膜とヘテロ構造での新しい量子状態の開発、トポロジカル状態の動的操作の研究という3本柱の研究が遂行されている。さらに同研究所においては、日本において開発されたワイル半金属Mn_3Sn, Mn_3Geも本格的に研究され、バルク単結晶の研究に始まり、単結晶薄膜の開発、さらにその光を用いたスピン状態の制御の研究が推進されている。

2013年に開始したゴードン・アンド・ベティ・ムーア財団のEmergent Phenomena in Quantum Systems Initiative（EPiQS）は、材料合成・実験・理論を含む量子マテリアルの統合研究プログラムであり、これまで1.7億ドル以上が投資されている。

［中国］

2017年に北京市と清華大学、北京大学、中国科学院などの中国のトップ大学および研究機関と共同設立された北京量子信息科学院（BAQIS）では、物質の量子状態、量子コンピューティング、量子通信、量子マテリアル・デバイス、量子精密測定を5つの主要な研究分野として推進している。また、それらの研究をサポートするマイクロ・ナノプロスと材料合成の2つのプラットフォームを整備している。BAQISが主催するInternational Symposium on Quantum Physics and Quantum Information Sciences（QPQIS）といった国際会議では米国、英国、ドイツ、フランス、イタリア、日本など、さまざまな国から研究者が招待され、最先端の量子技術について議論されている。

精華大学ではCheng Song教授を中心として、反強磁性スピントロニクスの研究を推進しており、予算はSingle PIとしてNational Science Foundation of China, Beijing Natural Science Foundation等から公開されているだけでも総額70億円/年である。

［欧州］

Eu Quantum Flagshipは、欧州が量子技術（量子通信、量子センシング・メトロロジー、量子シミュレーション、量子コンピューティング）に対して10億ユーロを投資するものであり、量子技術関連産業の立ち上げと市場投入の加速を目的としている。2019年に中核となる20のプロジェクトが採択された。Two-dimensional quantum materials and devices for scalable integrated photonic circuits（2D-SIPC）、Photons for Quantum Simulation（PhoQuS）、Scalable Two-Dimensional Quantum Integrated Photonics（S2QUIP）、等、光量子ビット技術関連が多い。

ドイツのMax Plank Graduate Center for Quantum Materialsでは、トポロジーに起因する新現象、コヒーレント光による電子状態制御、多様なヘテロ構造合成など、量子マテリアル研究及び人材育成に取り組んでいる。Matter and Light for Quantum Computing（ML4Q）は、ケルン大、アーヘン工科大、ボン大学およびユーリッヒ総合研究機構が参画し、2019年からドイツ研究振興協会（DFG）の資金提供を受けている。ML4Qでは、固体物理学、量子光学、量子情報科学の3つの主要研究分野を推進している。フラウンホーファー研究機構やimec等17の機関が参画するMaterials for Quantum Computing（MATQu）コンソーシアムでは、量子ビットとして機能する超伝導ジョセフソン接合を工業用300 mmシリコンベースのプロセスで製造するための技術検証を行っている。

フランスは2021年に国家量子戦略を公表した。投資額は5年で18億ユーロ以上の計画である。この中で量子センサー技術・応用に2億5800万ユーロの投資が予定されている。

スイスのETH Zurichには、Advanced Semiconductor Quantum Materialsグループは、半導体ヘテロ構造や量子ドットの作製技術を基盤とした量子マテリアル研究を開始している。Neutron Scattering and Magnetismグループは、様々な量子磁性体分析行っている。

（5）科学技術的課題

トポロジカル物質研究は基礎学術分野として、実験技術の高度化や複合的な検証が主流となっており、計算と実験、合成と評価、合成とデバイス化などの融合研究が必須である。国内では、CRESTがこうした分野融合や共同研究を推進する役割を果たしてきた。今後、基礎と応用、理学と工学の観点で橋渡しして実用化を加速させる必要がある。工学分野との連携をより一層推進し、例えば、スピントロニクス分野でのスキルミオンやワイル磁性体を用いた磁気メモリの開発、量子計算分野でのトポロジカル・超伝導素子や、マヨラナ粒子制御、トポロジカル集積光デバイスなどがあげられる。量子コンピューティングにトポロジカル物質群を用いることは誤り耐性量子コンピュータの実現に大きなメリットを有するため、長期的な視野に立って研究を持続する必要がある。基礎研究における検証から、工学応用に向けた制御技術の確立、単一素子から多数素子へのスケール、等の技術的要素が多岐に渡るため、いかに連携できる体制を作れるかが課題である。

フラストレート磁性体、量子臨界物質、また、異常金属状態などの物質の理解も大きく進展しつつあり、これら量子マテリアルのスピントロニクス応用は、今後数年で発展する可能性が高い。反強磁性スピントロニクスはその高速性から今後の電気配線の光化に対応する最も信頼性の高い技術となる。現在のデータセンターなどのクラウドサービスでの消費電力の30%は電気配線での発熱である。これを踏まえて、電気配線の光化の流れは半導体の3次元実装の潮流とも時期を同じにしており、シリコンフォトニクスが今後のCo-packaged Optics（CPO）の基盤技術となると同時に、高速メモリによる光のバッファメモリとしての役割を果たす可能性が高い。特に電荷を用いた半導体技術の周波数特性の限界が100 ps程度であるのに対して、反強磁性スピントロニクスは1 ps程度であり、光のバッファメモリとしての役割への期待は大きい。スピンと光のカップリングが課題だが、電流や電荷を介したカップリングが注目されている。

半導体集積回路微細化は、ムーアの法則に従ってきたが集積回路の素子長（素子設計の方眼紙の1辺の長さ）が今日では2 nmであり、この長さになると物質固有の移動度が急速に小さくなる問題が近年明らかになってきた。グラフェンに代表される原子層半導体では、3次元物質に比べ微細化しても移動度が小さくならないことがわかっており、インテルなどは2030年代のデバイスとしてナノシート半導体を採用すると提案している。しかし、半導体集積回路を設計するには、絶縁層や電極も2次元物質にしなければならず、「いかに2次元物質を積層するか」という課題が発生している。学術変革領域研究（A）「2.5次元物質科学」（2021～）はこの問題を解決する取り組みである。

（6）その他の課題

近年の我が国の研究現場の環境は年々悪化の一途を辿り、折角の素晴らしい研究トピックスがあっても、大学の運営や学生のケアなどのために駆り出され、研究する時間がとれないという状況が定常化しつつある。一方で、若手は任期付きが増える傾向にある。このような若手が審査を経て無期転換されるような制度が求められる。

現在、多くの企業が大学との連携を求めるようになってきているが、企業が拠出する共同研究費が限られている一方で、共同研究で得られたシーズを下に、企業が大学と共願で特許出願することが増えている。連携を効率化し利益を最大化するためには、産学官連携のサポートの充実が必要である。

（7）国際比較

国・地域	フェーズ	現状	トレンド	各国の状況、評価の際に参考にした根拠など
日本	基礎研究	○	→	・プレセンスの高い成果を挙げているが、海外に比べて研究者人口が少ないのが課題。近年、量子コンピュータや量子センシングなどの量子技術へは巨額の投資がなされているものの、量子マテリアルに対してはそれほど投資がなされていない。

日本	応用研究・開発	○	→	・THz回路への応用などが進んでいるが、長期的企業の応用研究開発は減少している。
米国	基礎研究	○	→	・外国人の研究者の研究に対する動機が高く、基礎研究の中心的な存在は維持している。
	応用研究・開発	◎	→	・室温で磁気特性を安定保持できる層状2次元材料など、デバイス応用に向けた研究開発が継続している。
欧州	基礎研究	○	→	・独マックス・プランク研究所等でトポロジカル物質の設計、合成、特性評価などの基礎研究がしっかり推進されている。
	応用研究・開発	○	↗	・半導体製造装置メーカーなど、巨大企業があり、技術力の高さを維持している。 ・Horizon 2020の枠組みで高周波デバイス応用を目指したトポロジカル絶縁材料の研究など、応用研究が進められている。
中国	基礎研究	○	→	・欧米で学んだ若手PIが大活躍。ハイインパクト誌にも多数掲載。実験研究ではマイクロ波を用いたものが多い。
	応用研究・開発	○	↗	・経済成長もあり、企業が応用研究に参入する傾向が強い。グラフェンの研究所など、応用研究を促進する政策がある。
韓国	基礎研究	○	→	・ソウル大学が先導している。 ・IBS（Institute of Basic Science）が設立され、基礎研究が推進されている。
	応用研究・開発	○	→	・サムソン、LGなど巨大企業の開発は、市場の占有率を維持している。
インド	基礎研究	○	→	・2022年にS. N. Bose National Centre for Basic Sciences（SNBNCBS）が独ドレスデン工科大学と新規磁性材料とトポロジカル量子物質に関するMOUを締結した。
	応用研究・開発	○	↗	・2020年に開始したNational Mission on Quantum Technologies and Applications（5年間で8000ルピー（12億USD））の中で量子マテリアル・デバイス研究を推進している。

（註1）フェーズ

　　基礎研究：大学・国研などでの基礎研究の範囲

　　応用研究・開発：技術開発（プロトタイプの開発含む）の範囲

（註2）現状　※日本の現状を基準にした評価ではなく、CRDS の調査・見解による評価

　　◎：特に顕著な活動・成果が見えている　　　　　　　○：顕著な活動・成果が見えている

　　△：顕著な活動・成果が見えていない　　　　　　　　×：特筆すべき活動・成果が見えていない

（註3）トレンド　※ここ1～2年の研究開発水準の変化

　　↗：上昇傾向、→：現状維持、↘：下降傾向

関連する他の研究開発領域

・フォトニクス材料・デバイス・集積技術（ナノテク・材料分野　2.3.3）

・IoTセンシングデバイス（ナノテク・材料分野　2.3.4）

・量子コンピューティング・通信（ナノテク・材料分野　2.3.5）

・スピントロニクス（ナノテク・材料分野　2.3.6）

参考・引用文献

1）Sumio Ikegawa, et al., "Magnetoresistive Random Access Memory: Present and Future," *IEEE Transactions on Electron Devices* 67, no. 4 (2020): 1407-1419., https://doi.org/10.1109/TED.2020.2965403.

2）Tomas Jungwirth, et al., "Antiferromagnetic spintronics," *Nature Nanotechnology* 11 (2016): 231-241., https://doi.org/10.1038/nnano.2016.18.

3）Taishi Chen, et al., "Anomalous transport due to Weyl fermions in the chiral antiferromagnets mn₃X, X = Sn, Ge," *Nature Communications* 12 (2020) : 572., https://doi.org/10.1038/s41467-020-20838-1.

4）Satoru Nakatsuji, Naoki Kiyohara and Tomoya Higo, "Large anomalous Hall effect in a non-collinear antiferromagnet at room temperature," *Nature* 527, no. 7577 (2015) : 212-215., https://doi.org/10.1038/nature15723.

5）Muhammad Ikhlas, et al., "Large anomalous Nernst effect at room temperature in a chiral antiferromagnet," *Nature Physics* 13 (2017) : 1085-1090., https://doi.org/10.1038/nphys4181.

6）Tomoya Higo, et al., "Large magneto-optical Kerr effect and imaging of magnetic octupole domains in an antiferromagnetic metal," *Nature Photonics* 12 (2018) : 73-78., https://doi.org/10.1038/s41566-017-0086-z.

7）Tomoya Higo, et al., "Perpendicular full switching of chiral antiferromagnetic order by current," *Nature* 607, no. 7919 (2022) : 474-479., https://doi.org/10.1038/s41586-022-04864-1.

8）Masaki Mizuguchi and Satoru Nakatsuji, "Energy-harvesting materials based on the anomalous Nernst effect," *Science and Technology of Advanced Materials* 20, no. 1 (2019) : 262-275., https://doi.org/10.1080/14686996.2019.1585143.

9）Akito Sakai, et al., "Giant anomalous Nernst effect and quantum-critical scaling in a ferromagnetic semimetal," *Nature Physics* 14 (2018) : 1119-1124., https://doi.org/10.1038/s41567-018-0225-6.

10）Taishi Chen, et al., "Large anomalous Nernst effect and nodal plane in an iron-based kagome ferromagnet," *Science Advances* 8, no. 2 (2022) : eabk1480., https://doi.org/10.1126/sciadv.abk1480.

11）Tomoki Ozawa, et al., "Topological photonics," *Reviews of Modern Physics* 91, no. 1 (2019) : 015006., https://doi.org/10.1103/RevModPhys.91.015006.

12）F. D. M. Haldane and S. Raghu, "Possible Realization of Directional Optical Waveguides in Photonic Crystals with Broken Time-Reversal Symmetry," *Physical Review Letters* 100, no. 1 (2008) : 13904., https://doi.org/10.1103/PhysRevLett.100.013904.

13）Zheng Wang, et al., "Observation of unidirectional backscattering-immune topological electromagnetic states," *Nature* 461, no. 7265 (2009) : 772-775., https://doi.org/10.1038/nature08293.

14）Mohammad Hafezi, et al., "Imaging topological edge states in silicon photonics," *Nature Photonics* 7 (2013) : 1001-1005., https://doi.org/10.1038/nphoton.2013.274.

15）Long-Hua Wu and Xiao Hu, "Scheme for Achieving a Topological Photonic Crystal by Using Dielectric Material," *Physical Review Letters* 114, no. 22 (2015) : 223901., https://doi.org/10.1103/PhysRevLett.114.223901.

16）Sunil Mittal, et al., "Topological frequency combs and nested temporal solitons," *Nature Physics 17* (2021) : 1169-1176., https://doi.org/10.1038/s41567-021-01302-3.

17）Andrea Blanco-Redondo, et al., "Topological protection of biphoton states," *Science* 362, no. 6414 (2018) : 568-571., https://doi.org/10.1126/science.aau4296.

18）Yasutomo Ota, et al., "Active topological photonics," *Nanophotonics* 9, no. 3（2020）: 547-567., https://doi.org/10.1515/nanoph-2019-0376.

19）Yongquan Zeng, et al., "Electrically pumped topological laser with valley edge modes," *Nature* 578, no. 7794（2020）: 246-250., https://doi.org/10.1038/s41586-020-1981-x.

20）Jae-Hyuck Choi, et al., "Room temperature electrically pumped topological insulator lasers," *Nature Communications* 12（2021）: 3434., https://doi.org/10.1038/s41467-021-23718-4.

21）Lechen Yang, et al., "Topological-cavity surface-emitting laser," *Nature Photonics* 16（2022）: 279-283., https://doi.org/10.1038/s41566-022-00972-6.

22）Taiki Yoda and Masaya Notomi, "Generation and Annihilation of Topologically Protected Bound States in the Continuum and Circularly Polarized States by Symmetry Breaking," *Physical Review Letters* 125, no. 5（2020）: 053902., https://doi.org/10.1103/PhysRevLett.125.053902.

23）Bo Wang, et al., "Generating optical vortex beams by momentum-space polarization vortices centred at bound states in the continuum," *Nature Photonics* 14（2020）: 623-628., https://doi.org/10.1038/s41566-020-0658-1.

24）Yihao Yang, et al., "Terahertz topological photonics for on-chip communication," *Nature Photonics* 14（2020）: 446-451., https://doi.org/10.1038/s41566-020-0618-9.

25）Ze-Guo Chen, et al., "Classical non-Abelian braiding of acoustic modes," *Nature Physics* 18（2022）: 179-184., https://doi.org/10.1038/s41567-021-01431-9.

26）Xu-Lin Zhang, et al., "Non-Abelian braiding on photonic chips," *Nature Photonics* 16（2022）: 390-395., https://doi.org/10.1038/s41566-022-00976-2.

27）Aravind Nagulu, et al., "Chip-scale Floquet topological insulators for 5G wireless systems," *Nature Electronics* 5（2022）: 300-309., https://doi.org/10.1038/s41928-022-00751-9.

2.5.6 有機無機ハイブリッド材料

（1）研究開発領域の定義

　無機材料と有機材料を融合（ハイブリッド化）することで、無機材料の結晶性や頑健性と、有機材料の柔らかさ・分子選択性を両立させ、新たな機能性材料を創出する研究開発領域である。無機成分と有機成分が結晶構造を形成する材料として、有機無機ハイブリッドペロブスカイト材料や金属−有機構造体（MOF）／多孔性配位高分子（PCP）が注目されている。また、無機成分を有機成分で表面修飾した材料も、触媒材料や生体適合材料として研究開発が進んでいる。

（2）キーワード

　有機無機ハイブリッドペロブスカイト、金属−有機構造体（MOF）、超原子、LED、レーザー、自己組織化、量子効率、オプトエレクトロニクス、センサー

（3）研究開発領域の概要

［本領域の意義］

　有機無機ハイブリッドの考え方は長く存在し、その解釈は幅広い。過去10年間で合成技術は多様性を増し、その中には有機無機ハイブリッドペロブスカイトや金属−有機構造体（MOF）が含まれる。また、放射光や電子顕微鏡を用いた構造解析や動的特性の解析技術も進展したことで、厳密な結晶構造と特性の相関の理解が進められてきた。その結果、分子性材料やポリマーなどの有機物のみ、あるいはセラミックス等の無機物のみでは難しい特性や材料機能が見いだされた。バルク固体としての特性や機能だけではなく、結晶構造生成過程の易制御性や、塗りやすい・混ぜやすいといった成形加工性、さらには材料としての作動温度の広域化など、ハイブリッドならではの機能が得られる。それらは昨今の社会要請にマッチしており、一部は実用に達している。単相の物質としての解釈が発展したことで、従来の「有機物と無機物を混ぜ合わせたもの」という捉えられ方が変革されつつあり、さらなる新物質科学の開拓の機運が高まっている。

　構造や設計の自由度の高さにより多様な材料機能が創出され得る。そして、透過・分離・吸着・変換・貯蔵材料、触媒・反応性制御、構造材料、電池材料、エネルギー変換材料、ドラッグデリバリーシステム、生体適合材料、分子認識材料、電子材料などの多様な応用分野への適応が期待される。

［研究開発の動向］

• 有機無機ハイブリッドペロブスカイト

　有機無機ハイブリッドペロブスカイトは有機カチオンと金属ハライドからなる結晶性化合物である。基本構造ユニットとして金属ハライドが頂点共有した八面体があり、その空隙を有機カチオンが占めることでペロブスカイト構造をつくる。特に、金属ハライドからなる無機格子が三次元・二次元的に配列した物質が現在世界中で活発に研究されている。ハイブリッドペロブスカイトの構造自体は1960年代から報告されていたが、2009年に宮坂（桐蔭横浜大）らの報告した三次元ハイブリッドペロブスカイトを利用した太陽電池が脚光を浴びたことで、世界的に研究が一気に活性化した。以来、今日に至るまで太陽電池材料への応用は有機無機ハイブリッドペロブスカイト研究の中心的テーマである。材料としての安定性の向上や非鉛材料への代替など、学術的観点の研究も依然多い一方で、多くのスタートアップや大手企業が太陽電池デバイスの評価・量産に乗り出しており、社会実装への壁を越えられるかどうかという段階に来ている。

　有機無機ハイブリッドペロブスカイト太陽電池が注目され、その研究分野に多くの化学系・物理系研究者が参入した。その結果、二次元ペロブスカイトを中心に新物質の探索が進み、発光特性や強誘電特性などで優れた性能を示す物質も報告されるようになった。二次元ハイブリッドペロブスカイトの包括的な構造化学的探索や光電的物性の追究は、有機無機ハイブリッドペロブスカイトが脚光を浴びる前の1990年頃から日本に

おいても詳細に検討されてきた。これらの研究は、近年の爆発的な研究発展の重要な基礎となったと言える。近年では、有機無機ハイブリッドを利用したLED等の光学素子に関する研究開発も進展を見せつつある。多くは基礎研究段階にあるものの、学術的な理解の深化を進めることにより今後大きな発展が見込まれる分野である。

コロイド結晶化学やスコッチテープ化学の手法を用いて超格子的なヘテロ構造を創り、ペロブスカイト単独では得られない特性を開拓しようとする研究も活発化している。このような超構造の作製はボトムアップ及びトップダウンの両面から試みられており、超発光、スピントロニクス、電界効果トランジスタなどへ応用できる材料として検討が始まっている。二次元超格子に関する研究は、グラフェンや金属カルコゲナイドを用いた単層物質科学の発展によって可能になってきた側面があり、有機無機ハイブリッドペロブスカイトの中でも比較的新しい研究領域と言える。

● 金属－有機構造体（MOF）

MOFまたはPCPは、金属イオンと架橋性配位子が配位結合により連結された結晶性の多孔性材料と認識されている。18世紀より知られるプルシアンブルーは、鉄イオンとシアノ基（$-C\equiv N$）からなる多孔性三次元構造である。1990年代後半から2000年代初頭にかけシアノ基のような無機配位子ではなく、有機配位子を利用した多孔性構造の合理的な設計指針が次々に提示され、今日では7万以上の結晶構造がデータベースに登録されている。当初は耐水性に代表される安定性や合成コストなどが材料展開において大きな課題とされてきたが、様々な改良や用途検討を経て、幅広い実用に至っている。特に注目すべき応用事例としては、半導体製造用ガスの貯蔵・運搬や、海水からのリチウムイオンの回収が挙げられる。

MOFの発見以来、多孔性材料としての検討が長くなされてきたが、過去5年間で電子材料や生体適合材料への応用研究が急激に進んできた。多くのMOFは絶縁体であったが、2015年頃より高い電子伝導性を示すMOFの開発が進められてきた。当初はキャパシタや電気化学触媒などエネルギーデバイスへの展開が主であったが、均一な細孔構造と電気伝導性の両立により、現在はセンサー素子への応用可能性が大いに示されている。一方で、新規な多孔性MOF構造の報告数は近年大きく減少している。これは代表的かつ利用しやすい組成・構造が実質的に出揃いつつあることを示唆している。新規構造探索の面で成熟してきた中、材料応用として必要な基礎知見や技術は常に更新、蓄積されている。例えば、材料の力学特性やモルフォロジー（膜、ナノ粒子、複合化など）が精密に制御され、デバイスへの実装や生体適合性などに合わせた技術発展が進んでいる。また、MOFは長く粉末微結晶としての形状でしか得られないという制約があったが、2015年頃から液体相やガラス相を示すMOFの一群が発見され、非晶質MOFの流れが大きくなっている。結晶では難しいメゾ～マクロ構造の制御や他の材料との複合化はMOFの新たな可能性を引き出しており、全体の学術的動向としては、柔軟性や環境応答性を備えたソフトな系かつ多成分系の方向へ進んでいるといえる。

● 半金属あるいはカルコゲンからなる構造体、および超原子

ハイブリッドペロブスカイトやMOFの多くが遷移金属や典型金属から合成される一方、半金属あるいはカルコゲン金属と有機分子からなる有機無機ハイブリッド材料が知られる。有機ホスホン酸やメソポーラス有機シリカ、シルセスキオキサン由来の骨格などについて、古くから活発な研究がなされている。これらの材料の多くは長距離秩序を持たないアモルファスか、結晶性であっても構造が不明であることが多く、厳密な構造の理解や系統的な構造制御が長らく課題であった。その中、2017年にSiO_6ユニットが芳香族有機分子で連結された二次元性の結晶構造が報告され、$1200\ m^2/g$を超える細孔表面積を持つことが示された。合成ではシリカゲルをSi源として利用でき、また共有結合性の構造であることから軽量かつ安定である。その後、同Si含有組成における三次元結晶構造体、同じく14族のゲルマニウム（Ge）から成る構造体、さらにはジシラベンゼンをユニットに持つ構造体など、ケイ素やそれに派生する物質群からなる構造体は広がりを見せている。

クラスターは分子とバルク固体の中間に位置する原子の集合体であり、特にその集合体が一つの原子のよ

うに振る舞うものを超原子と呼ぶ。これらは独自の構造・組成に根ざした電子・磁気・光学的物性が注目されてきた。2004年にAlクラスターが気相合成され、近年ではデンドリマーを用いた液相でのクラスター精密合成などへ展開されている。またここ数年で、遷移金属とカルコゲン元素（特にSeやTe）からなる超原子が固体材料の構成要素として注目を集めている。さらに、金属クラスターとフラーレンなどの有機分子が集積構造を形成することで優れた熱電特性を示す超原子固体材料の研究も進展している。

（4）注目動向
［新展開・技術トピックス］
・太陽光発電

現在のペロブスカイト太陽電池の最も重要な課題は、安定性・耐久性の向上、及び大面積モジュール製造技術の開拓である。実用化に向けては、20年の耐久性が目標として掲げられている。材料自体の安定性を合成化学的に改良する方法から、デバイス構造を改良する工学的方法まで様々な検討が進められている。

・光学材料（LED・レーザー）

有機無機ハイブリッドペロブスカイトを用いた光学材料に関しては、LEDやレーザー発振を用途とした検討が進んでいる。有機無機ハイブリッドペロブスカイトでは有機カチオンを設計することで様々な種類の量子井戸構造が得られ、紫外から赤外まで幅広い範囲の発光が得られる。

LED用途では、擬二次元型ペロブスカイトが注目を集めている。太陽電池用途として用いられる三次元型ペロブスカイトには、結晶格子中に導入できる小型の有機アミンがカチオンとして使用される。一方、擬二次元型ペロブスカイトでは、分子サイズの小さい有機アミンに加えて、分子サイズの大きい嵩高い有機アミンを用いる必要があり、大型有機アミン層が低次元構造を形成することとなる。低次元構造の形成による次元性及び結晶サイズの低下により、量子効果および誘電閉じ込め効果が強くなり、高効率発光が可能となる。擬二次元型ペロブスカイトLEDでは20%を超える高い外部量子効率が報告されている。

有機無機ペロブスカイトは、低閾値のレーザー発振を示すことが知られている。2014年の三次元ペロブスカイト膜からのレーザー発振の実現を皮切りに多くの研究事例が報告されている。近年では鉛系ペロブスカイトやスズ系ペロブスカイトからのレーザー発振が実現しており、比較的低閾値で1nm以下の半値幅を示している。また、室温・大気中でのレーザー発振や連続発振の安定性という課題も克服されつつあり、ペロブスカイトの低コスト性を利用して、低コストの分析ツールや医療ツールへの応用が期待される。一方で、LED応用の課題は、高効率の青色発光の実現と耐久性の向上である。

・強誘電性

ハイブリッドペロブスカイトでは対称性の低い有機カチオンが分極を担うことができ、無機格子の組成を変更しても強誘電性を大きく損なわない。そのため、強誘電性を維持したまま、バンドギャップやキャリア移動度等を比較的自由に設計することができる。このような頑強な強誘電性は無機物質単独では得ることが難しいため、ハイブリッド材料ならではの特長として注目が集まっている。また強誘電性と高い発光特性を共存させることで、メモリーなどの情報デバイスへの応用を目指す研究も進展している。

・ヘテロ超格子

有機無機ハイブリッドペロブスカイトは比較的軟らかく動的な格子を持つ。このソフトな性質は、歪み、温度、圧力、電場といった外部刺激に敏感な特性を生み出す。そこで単層材料として利用することでその特性を先鋭化させた上、さらに異種物質と積層化させることで、次世代のデバイス技術を生み出そうとする研究が進んでいる。機械的剥離、化学蒸着、溶液中でのエピタキシャル成長等の手法で単層から数層のペロブスカイトが得られることが報告されている。単層ペロブスカイトは他の二次元材料とヘテロ構造を作ることで、種々

の物性が実現できると考えられている。例えば二次元ハイブリッドペロブスカイトの軟らかい格子は容易にポラリトンを形成するため、単層構造を微小共振器としたポラリトンレーザーが提案されている。

・電子伝導性・センサー

高い電子伝導性を示すMOFの多くは、π共役が広がった有機配位子と酸化還元特性を示す遷移金属イオンからなる二次元シート構造を持つ。シート構造内の電子の非局在化を狙い、より共有結合的な配位結合を形成する硫黄系の配位子が良く用いられる。他方、このような直接的な結合を介さず、密に集積したπ系配位子のπ–π相互作用で伝導パスを確保する設計指針もある。後者の利点としては、金属イオンに制約がないため細孔サイズなどの構造設計の自由度が高いことが挙げられる。現在までに、金属伝導を示すものや、高い伝導性（数百 S cm^{-1} 以上）と多孔性を両立するものなどが報告されており、電子伝導性MOFの設計指針は確立されつつある。一方で高い電子伝導性を追及するだけではなく、液–液または気–液界面合成による薄膜化や、ナノ粒子化による懸濁液としての加工性の向上なども盛んに検討されている。構造ライブラリの拡充と材料としての成形技術の発展により、電界効果トランジスター（FET）、多孔性を活かしたケミレジスタ型ガスセンサーやスーパーキャパシターなどへの応用の幅を広げ始めている。

［注目すべき国内外のプロジェクト］

日本では、新エネルギー・産業技術総合開発機構（NEDO）のグリーンイノベーション基金事業において、ペロブスカイト太陽電池を含む次世代太陽電池を対象とした研究開発プロジェクトが進行している。また、基礎研究においては、学術変革領域研究「超セラミックス」（2022年〜2026年）が開始され、無機材料と有機材料の垣根を越えた研究が推進されている。

米国では、エネルギー省（DOE）が2020〜2021年にかけてペロブスカイト太陽電池に関する22件のプロジェクトを採択している（予算総額は4000万ドル程度）。他にもSunShot initiative等、太陽電池関係の研究プロジェクトが多数進行している。またMOFについては、NSFを中心として、ガスセンサーやエネルギー・環境材料への応用をめざしたプロジェクトが複数進行している。

欧州では、Horizon 2020や欧州研究評議会（ERC）のプロジェクトにて、ハイブリッドペロブスカイトを用いた次世代太陽電池、LED、MOFのセンサー応用や次世代デバイス技術の開発が進んでいる。特に、2019年から開始したHYPERION（HYbrid PERovskites for Next GeneratION Solar Cells and Lighting）プロジェクトでは、ペロブスカイトタンデムPVデバイスや白色LEDに関して、アカデミアと産業界をまたぐコンソーシアム型の研究開発が進展している。

中国では、カーボンニュートラルに向けた政府主導の取り組みによって太陽電池関連の研究開発が活発化しており、有機無機ハイブリッドペロブスカイトを利用した太陽電池や発光デバイスに関するプロジェクトが多数進行している。それにより、研究者数の増加や質の高い論文の発表が目立っている。

（5）科学技術的課題

有機無機ハイブリッド材料の定義が広いこともあり、世界的にみると多岐にわたる分野で離散的に研究開発が行われている。一方、我が国の日本学術振興会（JSPS）のプロジェクトにおいては、過去10年で新学術研究領域「融合マテリアル」「元素ブロック」、そして現在進行している学術変革領域「超セラミックス」において、分子化学者と無機材料学者の連携が模索されてきた。これらはいずれも重要な成果を生み出す一方、プロジェクト終了後にまた細分化された学問に戻ってしまう問題もあった。

有機無機ハイブリッド材料分野における変革は、「有機と無機を（様々なスケールで）混ぜ合わせる」という捉え方から、本質的にこれらは単相の物質である、という材料観が進展したことであろう。ここに大きく貢献したのは、結晶構造の厳密な理解とその構造に伴う特性や機能の相関解明である。その点において構造解析技術の発展は極めて重要であり、放射光を始めとした我が国が有する先端解析技術をより広く普及させ、

特に金属と分子が内在したハイブリッド物質系に最適化していくことが求められる。

　有機無機ハイブリッド材料の構造の特徴として階層性、異方性、揺動性などが挙げられる。これらの特徴を引き出し、実用的な材料へ展開していくには、大規模な単結晶成長技術など材料工学的な技術の深化が求められる。

　今後めざすべき方向性の一つは、セラミックスに代表される無機構造の内部や表面に分子を導入、配列させ、結晶構造のバルク物性や界面物性を改変する技術の進化である。もう一つは材料としての力学特性の理解と制御の高度化である。例えば有機高分子や金属の利点の一つは成形加工性であるが、セラミックスは専ら脆性材料であるため、焼結などのエネルギー高負荷のプロセッシングが必要とされる。材料の弾性率や破壊靱性など、基礎力学特性を定量的に評価し、ミクロ構造や振動との相関を理解していくことは材料の実用化に向けて不可欠である。

　有機無機ハイブリッドペロブスカイトやMOF、超原子に共通して言われてきた課題は耐水性を始めとした化学的安定性の欠如である。近年マクロスケールの複合化技術でも特性が改善されることが指摘されているが、さらなる安定性向上の設計指針の開拓が求められる。

　今後の学術の流れとして、物質の形成過程の制御、並びに準安定な相の発見および材料への利用が、新しい視点や可能性を与えると考えられる。前者に関連し、結晶成長プロセスや欠陥生成の制御、また多成分系（ハイエントロピー）の物質探索が金属やセラミックスでは大きな役割を担ってきた。これら豊富な知見や技術を有機無機ハイブリッド材料に適用していくことが求められる。また後者については、有機無機ハイブリッド構造の構築を駆動する熱力学的パラメーターの理解にもとづき、相転移現象やガラスを含む準安定相・非晶質構造の制御と材料への利用が期待される。

（6）その他の課題

　有機無機ハイブリッド材料の関わる学問は幅広く、例えば化学の分野だけでも高分子/錯体/超分子/固体化学などがあるものの、各々の分野で研究が行われている現状にある。即ち、ハイブリッドという言葉に象徴されるように、携わる多くの研究者は無機化学か有機化学（高分子を含む）のどちらかを軸にアプローチしてきた。今後さらに学会や研究プロジェクトを舞台とした交流が期待される。特に、それぞれの領域で発展している合成法や解析法についての技術交流が重要であろう。

　当該領域では、材料の特性や性能の向上に目がいきがちだが、学問として強固な基盤を作っていくには、その構造と特性の相関についての学理を深く掘り下げる必要がある。そのためには、産業界から生まれる物質への本質的な問いや期待を抽出していくことが求められる。有機無機ハイブリッドペロブスカイトが太陽電池応用で脚光を浴びた後、光学物性や誘電性などへ幅広く発展しているのは、結晶構造や内部分子の挙動、電子構造を詳細に分析した成果の上に成り立っている。ケイ素に代表される半金属やカルコゲンからなる非晶質構造においても同様の解析の発展が期待される。

　有機無機ハイブリッド材料の研究では、新物質を合成する学問としての化学に加え、実用化を推進するためには材料工学や冶金学などの知見や見識が求められる。ゆえに、当該分野の研究者には、キャリアの早い段階において、無機化学（固体化学、錯体化学）や分子化学などの幅広いスキルを有することが求められる。

　材料の社会実装という観点では、ペロブスカイト太陽電池の鉛規制への対応を考慮する必要がある。特に、鉛廃棄物の発生を抑止するためのリサイクル技術や非鉛原料の探索を進めていく必要がある。

（7）国際比較

国・地域	フェーズ	現状	トレンド	各国の状況、評価の際に参考にした根拠など
日本	基礎研究	○	↘	世界をリードする研究グループは存在するが、その数や広がりが乏しい。
	応用研究・開発	○	↗	ペロブスカイト太陽電池を中心にNEDO等のファンディングが進行中。また、大学発のスタートアップが複数立ち上がっており、また素材・鉄鋼など大手メーカーの興味も広がっている。
米国	基礎研究	◎	→	当該分野を開拓してきた研究者やその門下の若手研究者が継続して意欲的な研究を推進している。NSFやDOEにおいて、継続的な支援が進んでいる。例えば、2次元型ペロブスカイト材料による白色発光素子、伝導性MOFによるセンサー開発などがある。
	応用研究・開発	◎	→	大手メーカーやスタートアップが多く存在する。明確な出口を見つけ規模を拡大している事例や、応用実証の報告も多い。
欧州	基礎研究	◎	↗	米国と同様、若手の研究者の裾野が広い。EUのファンディングによる複数国にまたがる分野横断型のプロジェクトを推進している。ハイブリッドペロブスカイトによる次世代太陽電池とLEDの開発（HYPERION）、MOF材料によるフォトニックセンサーの開発（PROMOFS）などがある。
	応用研究・開発	○	→	環境・エネルギーへの興味は引き続き強く、CO_2やバイオテックへの投資や開発は堅調になされている。
中国	基礎研究	◎	↗	当該分野に関わる研究者人口が多く、論文の量・質ともに目を見張るものがある。ペロブスカイト材料に関するプロジェクトが多数進展している。電池や触媒などのエネルギー応用を志向した材料研究がさかん。
	応用研究・開発	○	↗	ペロブスカイト太陽電池に関して、スタートアップ企業の製品出荷報道など、実用化に向けた動きが活発化している。
韓国	基礎研究	○	→	新たな材料設計の提案は多くみられないが、ペロブスカイト太陽電池に関しては世界最高効率の報告を継続している。
	応用研究・開発	○	→	半導体分野において関連材料の開発、実証が進むなど、堅調な研究開発が進む。

（註1）フェーズ

  基礎研究：大学・国研などでの基礎研究の範囲

  応用研究・開発：技術開発（プロトタイプの開発含む）の範囲

（註2）現状　※日本の現状を基準にした評価ではなく、CRDSの調査・見解による評価

  ◎：特に顕著な活動・成果が見えている　　　　　○：顕著な活動・成果が見えている

  △：顕著な活動・成果が見えていない　　　　　　×：特筆すべき活動・成果が見えていない

（註3）トレンド　※ここ1〜2年の研究開発水準の変化

  ↗：上昇傾向、→：現状維持、↘：下降傾向

関連する他の研究開発領域

・太陽光発電（環境・エネ分野　2.1.3）

・次世代太陽電池材料（ナノテク・材料分野　2.1.1）

参考・引用文献

1）Maria Inês Severino, et al., "MOFs industrialization: a complete assessment of production costs," *Faraday Discussions* 231 (2021): 326-341., https://doi.org/10.1039/D1FD00018G.

2）Zhijie Chen, et al., "The state of the field: from inception to commercialization of metal-organic frameworks," *Faraday Discussions* 225 (2021): 9-69., https://doi.org/10.1039/

D0FD00103A.

3）Mark Kalaj, et al., "MOF-Polymer Hybrid Materials: From Simple Composites to Tailored Architectures," *Chemical Reviews* 120, no. 16 (2020) : 8267-8302., https://doi.org/10.1021/acs.chemrev.9b00575.

4）Jérôme Roeser, et al., "Anionic silicate organic frameworks constructed from hexacoordinate silicon centres," *Nature Chemistry* 9, no. 10 (2017) : 977-982., https://doi.org/10.1038/nchem.2771.

5）Kewei Sun, et al., "On-surface synthesis of disilabenzene-bridged covalent organic frameworks," *Nature Chemistry* 15, no. 1 (2023) : 136-142., https://doi.org/10.1038/s41557-022-01071-3.

6）Tetsuya Kambe, et al., "Solution-phase synthesis of Al_{13}^- using a dendrimer template," *Nature Communications* 8 (2017) : 2046., https://doi.org/10.1038/s41467-017-02250-4.

7）Evan A. Doud, et al., "Superatoms in materials science," *Nature Reviews Materials* 5 (2020) : 371-387., https://doi.org/10.1038/s41578-019-0175-3.

8）Natalia A. Gadjieva, et al., "Dimensional Control of Assembling Metal Chalcogenide Clusters," *European Journal of Inorganic Chemistry* 2020, no. 14 (2020) : 1245-1254., https://doi.org/10.1002/ejic.202000039.

9）Grigorii Skorupskii and Mircea Dinca, "Electrical Conductivity in a Porous, Cubic Rare-Earth Catecholate," *Journal of the American Chemical Society* 142, no. 15 (2020) : 6920-6924., https://doi.org/10.1021/jacs.0c01713.

10）Zhi-Kuang Tan, et al., "Bright light-emitting diodes based on organometal halide perovskite," *Nature Nanotechnology* 9, no. 9 (2014) : 687-692., https://doi.org/10.1038/nnano.2014.149.

11）Nana Wang, et al., "Perovskite light-emitting diodes based on solution-processed self-organized multiple quantum wells," *Nature Photonics* 10 (2016) : 699-704., https://doi.org/10.1038/nphoton.2016.185.

12）Chuanjiang Qin, et al., "Stable room-temperature continuous-wave lasing in quasi-2D perovskite films," *Nature* 585, no. 7823 (2020), 53-57., https://doi.org/10.1038/s41586-020-2621-1.

2.6 共通基盤科学技術

　ナノテクノロジー・材料分野の基礎および応用を支える「共通基盤科学技術」区分には、「加工・プロセス」（微細加工・三次元集積）、「計測・分析」（ナノ・オペランド計測）、および「理論・計算・データ科学」（物質・材料シミュレーション）が含まれる。

　「加工・プロセス」の微細加工・三次元集積は、シングルナノメートルレベルまでのシリコンの微細加工プロセスの高度化および3次元集積を実現する研究開発領域である。半導体集積回路の従来の2次元的な微細化は物理的な限界を迎えつつあるが、ウェハレベルで同じまたは異なる機能回路を積層して3次元構造を作ったり、複数のチップ（チップレット）を2次元（2D）/2.5次元（2.5D）/3次元（3D）実装したりする技術が登場し、トランジスタレベルにおいても複数のチャネルを積層して3次元構造化する研究開発が進められている。

　「計測・分析」のナノ・オペランド計測は、材料やデバイス等の機能発現中に刻々と変化する現象の実時間または経時観測によって、観測対象のナノスケール構造と実環境中の機能との相関を見出すことを目的とした研究開発領域である。手法としては、透過型電子顕微鏡（TEM）、走査プローブ顕微鏡（SPM）、ラマン散乱顕微鏡、放射光X線イメージング、中性子イメージング、等がある。プローブとしては、電子線、レーザ、放射光X線、中性子線、等が利用されている。近年では、オペランド計測という用語が初めて使われた触媒分野にとどまらず、バイオ分野、太陽光発電デバイス、さらには量子マテリアルにまで対象が急拡大し、学術界と産業界の両方において不可欠になりつつある。

　「理論・計算科学」の物質・材料シミュレーションは、量子力学や統計力学の諸知見を元に、物質の構造、物性、材料組織、化学反応機構などを高精度に解析・予測する技術の確立をめざす研究開発領域である。手法としては、分子系電子状態計算、固体系電子状態計算、分子シミュレーション、モンテカルロシミュレーション、統計力学にもとづく積分方程式、連続体モデルなどがある。化学反応や電子移動などの原子・電子レベルの現象の解明に加えて、それらがミクロな組織や物性に与える影響、メゾスコピックレベルの非線形現象とマクロな性能・機能との関係性など、マルチスケールの階層構造、さらには異なったスケールにおける多様な物理・化学現象が絡みあうマルチフィジックスプロセスを明らかにすることで諸現象の制御方法を見出し、新材料の設計指針を提供する。近年では、極限環境下の現象予測においても、非経験的で予言能力の高いシミュレーション技術が大きな役割を果たしている。また、マテリアルズ・インフォマティクス等のデータ駆動型材料創製にも大きな係わりを持つ。ナノテクノロジー・材料分野におけるグローバルな研究開発競争が激化するなか、シミュレーション・データ科学を駆使したハイスループットな材料開発に大きな期待が寄せられている。

2.6.1 微細加工・三次元集積

（1）研究開発領域の定義

　シングルナノメートルレベルまでのシリコンの微細加工プロセスの高度化および三次元集積を実現する研究開発領域である。現状のフッ化アルゴン（ArF）液浸露光技術と多重露光技術の高度化に加え、EUVリソグラフィ（Extreme ultraviolet lithography）、ナノインプリント、ブロックコポリマー（block copolymer）の誘導自己組織化パターンなどの利用によるシングルナノメートルレベルの新たなリソグラフィ技術、原子層堆積・エッチング（ALD・ALE）、高アスペクト比パターン形成などの研究開発課題がある。

（2）キーワード

　シングルナノ、リソグラフィ技術、露光装置、ArF液浸、極端紫外線（EUV）、誘導自己組織化（DSA）、ブロックコポリマー、多重露光、線幅ばらつき（LWR）、ナノインプリント、ナノインプリントリソグラフィ（NIL）、モールド、複製テンプレート、ロールtoロール、マルチビーム描画、金属酸化物系レジスト、自由電子レーザーEUV光源、ALD・ALE、選択的原子層堆積（AS–ALD）、熱的原子層エッチング（Thermal ALE）、シリコン貫通電極（TSV）

（3）研究開発領域の概要

［本領域の意義］

　近年はスマートフォン、パソコン、液晶テレビ、掃除ロボットなどの情報通信機器・エレクトロニクス機器の高機能化、高性能化、低消費電力化が進んでおり、これを支えているのが半導体の大規模集積回路（LSI）の性能向上である。半導体集積回路の従来の二次元的な微細化は終焉を向かえつつあるが、ウェハレベルで同じまたは異なる機能回路を積層して三次元構造を作ったり、複数のチップ（チップレット）を2次元（2D）/2.5次元（2.5D）/3次元（3D）実装したりする技術が登場し、トランジスタレベルにおいても複数のチャネルを積層して三次元構造化する研究開発が進められている。このようなトランジスタレベルや集積回路の性能向上は、基本的には材料の革新を含む微細加工技術、半導体プロセス技術や実装技術の継続的な進展によって牽引されてきた。今後はトランジスタレベルおよびウェハレベル、チップレベルでの三次元構造化が重要になり、それらを実現するためのシングルナノメートルレベルの微細加工技術、ウェハレベルの三次元集積技術、チップレベルでの高密度三次元実装技術といった基盤技術の研究開発が重要になる。

　この研究開発領域では、シングルナノメートルレベルのパターン形成技術としてEUVリソグラフィを含む光リソグラフィ、ナノインプリント、ブロックコポリマーの誘導自己組織化、ウェハレベル/チップレベルの高精度な三次元構造形成技術として、ALD・ALE、高アスペクト比パターン形成、三次元チップ実装技術について記載する。

［研究開発の動向］

● 光リソグラフィ

　微細加工技術の中核を担う光リソグラフィ技術は、使用する光の短波長化、縮小投影技術、近接効果補正、液浸技術など光学系やマスクの工夫、レジスト材料の改良、基板のケミカルメカニカルポリッシング（Chemical Mechanical Polishing: CMP）など様々な技術を取り入れ、波長193nmのArFエキシマレーザ光による液浸リソグラフィを用いた多重露光技術により、10nm台の回路パターンを持つLSIが量産されるになった。

　ArF液浸リソグラフィによる多重露光技術では、波長限界より微細なパターン形成を可能にする反面、製造コストの高さが課題となってきた。そこで、さらに波長が短いEUV光源を用いたリソグラフィの技術開発が進められ、2019年には波長13.5nmのEUVリソグラフィの量産技術適用が開始された。TSMCとSamsung

がスマートフォン用16 nm（7 nm世代）ロジックデバイスへ適用し、2020年と2021年にはそれぞれ5 nm世代と3 nm世代のロジックデバイスの量産に使われた。 EUVリソグラフィ技術の研究開発項目としては、①EUVレジストパターンおよびパターン形成プロセス技術開発、② EUVマスクの開発、③EUV光源の開発があり、2 nm世代以降の量産展開に向けて研究開発が続けられている。

EUVのレジスト材料に関しては、高解像、高感度、低LWR、低アウトガスのEUV用レジスト材料が要求される。LWRの主要因はレジスト材料そのものにあると考えられ、化学増幅系レジストの場合には、酸発生材（photoacid generator: PAG）の不均一分布がLWRの主要因であることが明らかにされている。近年、軟X線の共鳴散乱法でPAG等のレジスト構成材の凝集状態を観測し空間的なばらつきを把握できるようになった。さらなる高感度化、高解像度化を可能にするレジスト材料として、金属酸化物系レジストの研究開発が進められている。これは金属錯体を骨格にした2〜3 nm程度の粒子サイズを有する材料であり、EUV光に対して大きな吸収断面積を有するHf、Sn、Zr、Zn、Te等の金属が用いられている。金属含有レジストの実用化に向けた課題は保存安定性とプロセス安定性であり、特に大気中の水分に大きく影響されることが問題となっている。一方で、ALDを用いたレジスト膜の形成および溶液による現像に代わって、ドライエッチングによるパターン形成手法を用いるドライレジスト材料・プロセス技術が欧米から提案されている。これは、日本のレジストメーカーが市場を拡大してきた従来のレジスト材料・プロセスの牙城を崩そうとする意図が見られる。

マスク開発では、レチクル基板洗浄技術、多層膜成膜技術の開発に加えて、マスク欠陥検査・修正技術、ペリクル技術の開発が進められている。量産用露光装置では、光学系やマスク表面への炭素堆積を防止するために真空中に水素ガスが導入されているが、これにより高強度EUV露光環境下ではマスクの多層膜や吸収体、ペリクル、レジストが水素化され、微細パターン形成に大きな影響を及ぼす。このため、水素環境下での高強度EUV照射によるマスク材料の水素脆性の加速試験や、実際の露光環境に耐えるマスクの開発が進められている。

EUV光源については、高スループットを維持するため光源のさらなる高強度EUV光が安定的に生成可能な光源開発が進められた。この中で、LPP（Laser Produced Plasma）型のEUV光源ではASML Cymer社が性能面で有利な位置にいる。一方、マスク検査用のEUV光源ではDPP（Discharge Produced Plasma）型のEUV光源開発を進めてきたウシオ電機が有利な位置にいる。

• ナノインプリント

ナノインプリントは原版となるモールド（金型）を型押しして数十nm単位の3Dパターンを一括加工する技術であり、従来技術と比較して大幅な低コスト化が期待できる。米国と日本では最先端の半導体集積回路製造への応用が進められており、有効エリア30 mm角程度のモールドを用いたステップアンドリピート方式のパターン形成技術の開発が行われている。重ね合わせ精度は基本的にモールド寸法が小さいほど有利であるが、半導体応用では非常に高い精度が要求されるため、これまでに加圧による倍率補正や、硬化光とは異なる波長の光をウエハに照射しウエハを所望の形状に微小変形させることで高次補正を行う機構も装置に導入されている。米国の大学ではプリンストン大、ミシガン大、テキサス大が歴史的に強い。企業ではキヤノンナノテクノロジーズが日本のキヤノンと共同で半導体用のナノインプリントステッパーの開発を続けている。日本では、大日本印刷がキヤノンのナノインプリントステッパー用のモールドを開発し、キオクシアが四日市工場でNAND型フラッシュメモリの製造プロセスへの導入を始めている。

半導体集積回路製造以外の応用では、ロールtoロールのナノインプリントの研究開発が世界的に行われている。例えば、欧州はナノインプリントによる光学デバイスの製造に力を入れている。この方法では、200-300 mmウエハ寸法のモールドを利用しウエハ一括でパターンを形成する。ウエハ一括用のモールド作製では、EVG770NTなどのステップ＆リピートによるウエハサイズモールドの作製を行う装置が市販され、ウエハサイズモールドの作製サービスも始まっている。

● DSA技術

　ブロックコポリマーを用いたDSA技術に関しては、欠陥低減が最大の課題である。また、さらなる高解像度化に向けて、相互作用パラメータ（χ）の大きな高χ材料の開発も重要である。実用化に向けた技術課題として、像形成シミュレーション技術の高度化、形成された像の評価・検査技術の高度化などがあげられる。最近ではIntel社やIBM社がEUVリソグラフィにより形成したガイドパターンを用いてDSAを適用することで、低LWRのパターン形成を実証している。

● ALD・ALE技術

　ALD技術は、2007年に先端CMOSデバイスへの高誘電率（High-k）ゲート絶縁膜の導入を契機に活発化し、2009年頃からはArF液浸リソグラフィの自己整合ダブルパターニング（Self-Aligned Double Patterning: SADP）のスペーサー用としてプラズマALDによるSiO_2成膜技術として用いられている。このSADP技術は、2010年代の後半よりFlashやDRAM等の微細パターニングに用いられ、現在ではSADPを2回繰り返すことで密度をさらに倍増することが可能なSelf-Aligned Quadruple Patterning（SAQP）も実用化されている。研究段階ではSADPを3回繰り返すSelf-Aligned Octuplet Patterning（SAOP）も検討されているが、プロセスステップが大幅に増加して高コストなプロセスとなるため、SAQP以降はEUVリソグラフィが本命視されている。DRAM向けキャパシタ材料としても以前よりHigh-k膜がALDで成膜されているが、さらに比誘電率を増加させる目的で多元系材料のALD成膜が必要になっており、今後もこの技術開発の方向性は継続すると予想される。また、これまで半導体デバイスで用いられていなかった新材料のALDも学会では活発に議論されている。

　Area-Selective ALD（AS-ALD）が継続的に注目を集めている。AS-ALDは現状ではBEOL（Back End of Line: 配線工程）のLow-k膜上のAl_2O_3保護膜の成膜に量産レベルで用いられており、Cu上には堆積せずLow-k絶縁膜上のみにAl_2O_3を成膜させることで配線の信頼性を確保している。選択成長はCVD等でも昔から検討がなされているが、AS-ALDも同様に成長の選択性に最大の課題があり、半導体デバイス製造には用いられていない。imecがコンソーシアムとして業界内での存在感を示しおり、特にAS-ALDを中心とするALDの分野で活発に対外発表している。

　ALE技術も、従来のドライエッチングよりもSiO_2とSiNとの選択比を高くした加工ができるため、2010年代後半より活発化し、ロジックデバイスのSAC（Self-Aligned Contact）工程から使用されはじめた。ALEは処理時間が長いという課題があるため、コストが重視されるメモリデバイスでは採用が見送られているが、最先端のロジックデバイスでは数nmの制御が要求されるため、今後も熱的原子層エッチング（Thermal ALE）技術といった新たなALE技術の開発やその適用が拡大すると考えられる。

● 高アスペクト比パターン形成技術

　ロジック回路とメモリ回路、アナログ回路、イメージセンサ回路といったように異種の回路をウェハレベルで三次元集積化する技術はすでに製品にも使われており、そこではSi貫通電極を形成するためのTSV（Through-Silicon Via）加工が非常に重要な技術になっている。TSVについては従来の延長戦上で技術開発が進められており、新たな進展はみられない。一方、3D NANDフラッシュメモリやDRAMで用いられる絶縁膜の高アスペクト比加工は極めて難易度が高く、ドライエッチングの分野ではALEとならび注目を集めている。現状では、アスペクト比50以上の構造を形成する加工が要求されており、最先端の重要な研究開発課題となっている。

● 三次元チップ実装技術

　半導体チップの三次元集積の要素技術の研究開発は1990年代から行われ、2000年を過ぎたあたりからメモリやセンサ製品への利用が始まり、2000年代後半からロジックを含めた展開が活発化してきた。チップ外

接続型の三次元集積技術にはパッケージ積層（PoP）やベアチップ積層（CoC）が含まれ、ベアチップ積層ではワイヤーボンディングやフリップチップを用いたものが存在している。当時はコントロールチップやSRAMなど特定用途から用いられ、ロジックチップを組み合わせてシステムインテグレーションとしての選択肢が広がった。その後、特定領域からベアチップ流通や組み合わせが拡大する方向と、半導体チップの微細化・ウエハ大口径化に伴う異種回路集積のプロセス管理が技術的・経済的にも困難になる方向、さらにはTSMCなどファウンドリへのチップ製造集中の方向などから、小型化・システム化された半導体パッケージとしてチップレットを利用する活動が活性化している。

（4）注目動向
[新展開・技術トピックス]
・光リソグラフィ

EUVリソグラフィでは、LWRおよびStochastic欠陥の低減が特に注目されている。1つのチップ上に10 nmレベルのパターンを数十億個以上形成すると、統計的ゆらぎに伴う欠陥（stochastic defect）が顕在化してくる。これまでEUV光の入射フォトンのゆらぎ（ショットノイズ）が原因とみられていたが、2019年のSPIE Advanced Lithography国際会議でレジスト材料そのものに原因があるとの見解が示され、レジスト構成材の空間的なばらつきを測定し低減を目指す研究が進められている。また、レジストのパターン形成では線幅が微小になるとレジストパターンが倒れやすくなるため、レジスト薄膜の構造解析が重要であり、下地等の密着性改善に向けた解析が進められている。

・ナノインプリント

半導体製造用のナノインプリントステッパーに関しては、年々着実に性能が向上している。高次補正に加えてインクジェットによる樹脂配置の適正化によるパターン配置精度の向上、下層膜によるHe吸収を利用した樹脂の高速充填によるスループットの向上、インプリント時のパーティクル発生の徹底的な抑止によるモールドの長寿命化などが図られている。また、Heに代わるガスとしてCO_2の適用も試みられている。

半導体製造用のステップアンドリピート用のモールド作製では、マルチビームの電子ビーム描画装置が利用できるようになり、マスターモールドの作製に適用されている。マスターモールドの欠陥修正技術や検査技術も開発されている。

ウエハ一括のナノインプリントでは、大量生産に向けた300 mm FOUP（Front-Opening Unified Pods: ウエハの工程内搬送に用いる密閉型容器）を備え完全自動化されたUV-NIL装置が市販されている。この応用としてはAR（Augmented Reality：拡張現実）/MR（Mixed Reality：複合現実）用デバイスがあり、屈折率1.9の高屈折率ガラスウエハと屈折率1.9の光硬化樹脂を用いてAR/MR用導波路を300 mmガラスウエハ上にナノインプリントで作製している。また、サブ波長構造で光学機能を発現させるFlat Opticsという新しい分野もある。光学素子の厚みが薄くなるだけでなく従来の光学素子では実現できなかった機能を付与することができるために注目され、ナノインプリントの新しい応用先としても魅力がある。

ウエハ一括用のモールド作製では、EVG770NTなどのステップ＆リピートによるウエハサイズモールドの作製を行う装置が市販され、ウエハサイズモールドの作製サービスも始まっている。大面積モールドの作製では電子ビーム描画はコスト的に見合わないため利用されてこなかったが、低コストの超高スループット電子ビーム描画装置が開発され、電子ビームによるウエハ寸法のモールドへのナノパターン作製の道が開けた。

・ALD・ALE技術

デバイスサイズの縮小に伴い、数nmレベルの膜厚を持つ極薄膜の膜質をバルクの膜質と同様に制御する課題が生じている。今後のALDの膜質制御では、これまで「界面」と考えられていたレベルの極薄膜（< 5 nm）の膜質制御の重要性がますます高まる。これまでの半導体デバイスでは用いられていなかった新材料だ

けでなく、SiO₂やSiN、High-k材料といった使い慣れた材料にとっても新たな検討課題になっている。

　ALEの最大の課題は処理時間の長さにあり、高コストなプロセスであることからデバイスメーカーでの使用が敬遠されていた。しかし、近年では、高スループット化に向けた研究が報告されており、実用化に向けて技術が進展している。また、処理時間が長いと基板へのイオンの侵入が多くなりダメージの蓄積が懸念されるが、プロセスシーケンスや条件設定の工夫により、低ダメージ化の検討がなされている。超高選択比加工を目的に、表面処理によって吸着種を所望の材料上のみに吸着させる手法も、近年新しく提案されている。これは、表面機能化（Surface functionalization）とよばれ、コロラド鉱山大（Colorado School of Mines）のグループによって積極的に報告されている。超高選択比化を実現する目的で、表面処理や新しいガス系の研究も今後期待される分野である。Thermal ALEの検討も①高アスペクト比構造への適用、②超高選択比加工への適用、③難エッチング材加工（Cu、Ni、Co等）への適用を目指して活発化している。これまでのALEはArイオンによる反応生成物の脱離が主であったのに対し、熱脱離させる点が特徴である。さらに、光を用いて反応を促進させる新しいALEの方法も提案されるなど研究開発が活発化している。

● 高アスペクト比パターン形成技術

　3D NANDフラッシュメモリやDRAMで用いられる絶縁膜の高アスペクト比加工が注目されている。従来のエッチング装置では、処理の途中でエッチングが停止したり、形状が変形したりする等の課題があったが、超高パワーの装置開発により、アスペクト比50程度の加工が可能になっている。しかし、さらなる高アスペクト比への要求も高く、新しいガス系やマスク材料の提案などが切望されている。また、微細なパターン内での粒子挙動をシミュレーションする技術も重要になっている。さらに、使用されるガス系が堆積性のガスであることから、チャンバー内壁に多くのポリマー堆積物が付着してプロセス変動要因となっていることから、チャンバー内のドライクリーニング技術の開発も強く求められている。

● 三次元チップ実装技術

　チップレットを用いた2.5D、3D集積の実装技術領域が活発化している。技術的には以前から取り組まれていたベアチップ実装や2.5Dと呼ばれるパッケージ技術であるが、ベアチップ自体の接続インターフェースの規格化や、パッケージ基板におけるデザインルール差への対応などが行われて組み合わせの自由度が拡大され、また自社の開発範囲外での技術進展を促すようになっている。

［注目すべき国内外のプロジェクト］

　米国では、EUVリソグラフィ技術の開発が、2016年より5年間で5億ドル支出し、Global Foundries社とニューヨーク州立大Albany 校（SUNY）で進められた。また、Intel社、Samsung社、TSMC社、Inpria社が出資し、ローレンスバークレイ国立研究所内にEUREKA研究センターが形成されている。2022年にはCHIPS法（CHIPS and Science Act of 2022）により、半導体関係の幅広い分野（半導体の製造、組立、試験、パッケージング、研究開発など）に新たに527億ドルの投資が行われる。その中で、商務省（DOC）が発足を予定する全米半導体技術センター（NSTC）は、先端半導体技術の研究と試作、労働者訓練プログラム、スタートアップ支援などを行う官民コンソーシアムを担うものとして注目される。NSTCは2025年までに、チップレットプラットフォームの創設または資金提供を行い、スタートアップや学術機関の研究者が、より迅速にイノベーションを起こし、開発コストを大幅に削減できるようにすることや、パッケージ技術開発を行うためのNational Advanced Packaging Manufacturing Program（NAPMP）の製造拠点の設立も計画している。DARPAはプロジェクト「次世代マイクロエレクトロニクス製造（NGMM）」において、高度な3Dパッケージングによって可能となる異種材料や異種部品を統合する3Dヘテロジーニアスインテグレーションの研究開発とプロトタイプの製造を行う拠点（オープンアクセス施設）の設立を目指している。

　欧州では、imecやLeti等のコンソーシアムでシングルナノメートルの微細加工プロセス技術開発を継続中

であり、EUV露光や電子線露光技術（EB）の開発が精力的に進められている。imecには日本、韓国、米国から多くの半導体プロセス技術者が出向し、量産型露光装置NXE-3400Bを導入して応用研究が進められている。ナノインプリント関係では、微細構造を有する光学デバイスを作製するためのパイロットラインの構築を目指したPHABULOUSが注目される。ALD・ALEに関しては、imecがコンソーシアムとして業界内での存在感を示しており、AS-ALDの分野で大手装置メーカーとの研究開発を活発に行っている。それにともない、オランダのアイントホーフェン工科大学も、ALDやALEの分野で先駆的な研究を行っている。

国内ではEIDEC（Evolving Nano-process Infrastructure Development Center）を中心とするプロジェクトが2015年に終了し、その後の進行中の国家プロジェクトはないが、兵庫県立大学にはEUVリソグラフィの基盤技術開発を目的とした企業との共同研究の形で実質的なコンソーシアムが形成され、光学系、レジスト、マスクなどEUVリソグラフィ技術の基礎から応用まで幅広い研究開発が進められている。ナノインプリント技術に関しては、2022年度に始まったNEDO「ポスト5G情報通信システム基盤強化研究開発事業」がある。この中の「先端半導体製造技術の開発」の前工程（Beyond 2 nm）で、ナノインプリントリソグラフィ技術が先端半導体製造プロセス技術開発に利用されており、ナノインプリントによる半導体製造への活用を目指した日本における初めてのプロジェクトとして注目される。半導体の経済安全保障に関わる政策も注目される。2021年6月の経産省の「半導体戦略」や2022年5月の日米の「半導体協力基本原則」合意に沿って、Beyond 2 nm の次世代半導体の確保に向けて、Rapidusによる量産製造拠点とLSTC（Leading edge Semiconductor Technology Center）による研究開発拠点の体制が整備され、2022年度より次世代半導体プロジェクトが進められることになった。ここではALD・ALE技術は重要であり、本プロジェクトを通じてこれらのプロセス技術の進展が期待される。三次元チップ実装技術に関しては、材料メーカー主体の活動であるJOINT2も2021年度から2.5D実装や3D実装などの次世代半導体の実装技術や評価技術を確立するための活動を行っている。さらに、NEDO「ポスト5G情報通信システム基盤強化研究開発事業/先端半導体製造技術の開発」の後工程（実装3Dパッケージ）がTSMCジャパン3DIC研究開発センターを中心に実施されることになり、今後チップの三次元実装の研究開発の加速が期待される。

（5）科学技術的課題

IRDS（International Roadmap for Devices and Systems）半導体国際ロードマップ半導体2021年版によると、2022年、2025年、2028年にはそれぞれ3 nm、2.1 nm、1.5 nm世代のロジックデバイスの量産にEUVリソグラフィの量産展開が計画されている。また、研究としてはDSAではEUVリソグラフィにより形成したガイドパターンを用いて、DSAのパターン形成を行う研究が進められている。これらの微細化を進めていくための課題として、EUVリソグラフィをはじめ他のリソグラフィに共通してあげられるのがLWRの低減、レジストのパターン倒れの抑制がある。従来のスピンコート法に代わる可能性を有するCVDやALDによる新しいレジスト成膜法の検討や、従来のウェット現像に代わってドライ現像プロセスも視野に入れた研究で必要である。また、EUV光源のさらなる高出力化に向けて、自由電子レーザー（FEL）光を用いた光源の開発も重要であり、輝度が非常に高いため、レジストのアブレーションや多層膜へのダメージ、偏光の制御、コヒーレンシーの制御などの課題に取組む必要がある。

ナノインプリント技術については、半導体応用は実用化に近づき、ロールtoロールもコストを議論するレベルにある。一方で、ウエハ一括のインプリントはレーザー描画などを用いてミクロンレベルの3次元構造を形成しているが、超高スループットの電子ビーム描画装置により50～500 nm 程度の寸法のパターンを自在に描画して低コストでウエハ一括用モールドを加工できるようにしていく必要がある。ナノインプリントはバブル欠陥を抑止するために真空中で行われる場合もある。また、大気圧中であってもHeガスの特殊性を利用してバブル欠陥を抑止できるが、Heは需給状況が大変逼迫し価格も高騰しているため、今後も安定的に低コストで十分な量を確保できるかに懸念がある。このため、He代替としてCO_2や凝縮性ガス（例えば、PFP（HFC-245fa））の利用、PFPよりもEarth frendlyなHFO系のガス（例えば、CTFP（HFO-1233zd）

やTFP（HFO-1234ze））の利用も今後検討していく必要がある。

ALDに関しては、極薄膜化に対応する膜質の制御と解析技術の進展が重要になる。例えばSiN膜が5 nm以下に薄膜化されると、低密度化、界面特性劣化、ピンホール形成、アイランド成長など、厚膜とは異なる膜質になることが報告されている。また、DRAMで用いられる多元系のキャパシタ材料や、二次元物質などの新たなチャネル材料のようにこれまで半導体で使用されていなかった新材料のニーズが年々高まっており、新材料のALD技術とその基礎となるメカニズム解明も極めて重要となる。ALDにおける注目領域であるAS-ALDの課題としては、①選択成長が極めて困難（選択性不良）、②等方的な成長（マッシュルーム成長）、③ALEやWet処理と組み合わせたクラスター装置の開発、がある。low-k膜上にAl$_2$O$_3$を10 nm以下の膜厚で堆積することはできているが、厚膜で選択成長を実現することはまだ大きな課題となっている。成長領域と非成長領域での製膜遅れ時間（incubation time）の差違を利用し、サイクル時間制御によって選択成長を行うが、表面状態に大きく左右されるため、in-situでの表面状態の把握などが今後重要な課題となる。ALDの等方的な成長に起因した寸法の拡大（マッシュルーム成長）については、等方成長はALDの基本原理なので根本的な解決策は無いが、プラズマALDを用いることや、エッチングとの組み合わせの検討や、そのプロセスを可能とするクラスター装置の開発が必要である。

ALEの課題としては、①新規吸着ガスの探索、②ALEサイクル毎の表面の再現性、③チャンバー内壁との相互作用によるレート変動（特に絶縁膜のALE）、④ALEに特化した装置開発・高速加工、⑤低ダメージ化、がある。これらの課題には相互に関連するものもあり、解決策の模索が必要である。また、Thermal ALEの課題としては、①等方性加工、②新材料（特に難エッチング材料）に対応したガスケミストリーの探索、③熱脱離物の分解抑制、④装置開発、などがある。材料に応じて、最適なガスケミストリーや表面処理が異なるので、材料毎のガスケミストリーのデータベース化が強く求められる。

高アスペクト比の加工に関しては、現在のガス系や装置構成ではさらなる高アスペクト比化に陰りが見えているのが現状である。装置としては、高印加電圧化が期待される。一方で微細ホール内の粒子挙動など、メカニズム的にまだ分かっていないことも多く、メカニズム解明を並行して進めることで、新規ガス系等の提案に繋がることが期待される。また、高選択比を実現する従来のアモルファスカーボン膜に代わる新規マスク材料の選択や、装置内の効率的なクリーニングプロセスの開発など、エッチング以外の周辺技術にもまだ多くの改善の余地がある。

（6）その他の課題

ロジック半導体製造で40 nm世代以降のプロセス技術を持たない我が国にとって、どのように最先端の微細加工プロセス技術の研究開発を進めて行くのか、大変難しい状況にある。一方、半導体材料、製造装置、計測技術・装置には強みを持っているので、これらの技術・産業分野を基に、強いプロセス技術を有する海外と連携して、最先端の微細加工プロセス技術・半導体製造技術を再度獲得することが経済安全保障上も重要である。

また、先端の半導体技術の知識を持つエンジニアや、最先端の研究開発に携わる研究者などの半導体人材の育成も非常に重要である。半導体産業で日本の存在感が減少する中で、若い人が半導体分野への関心が無くなり、優秀な人材の確保ができなくなっているのが現状であり、これを根本的に改善していく必要がある。

一方で、2021年から始まった経産省の半導体戦略および一連のプロジェクトやコンソーシアムに関する政策は非常に重要であり、日本の半導体技術開発、半導体人材の流れを大きく変える可能性がある。半導体の経済安全保障の問題が社会的にも注目され、それに対して日本への28 nm世代の工場誘致、Beyond 2 nm世代の先端半導体製造（前工程）と三次元実装（後工程）技術開発に多額の投資がなされることで、我が国の半導体復権の期待も高まっている。この機会に、産業界とアカデミアが密に連携して技術開発と人材育成を強化していくことが重要である。そのような活動をサポートするための経産省、文科省の様々なファンディングとそれらの連携による、長期的な視点での産業戦略と研究開発戦略が望まれる。

（7）国際比較

国・地域	フェーズ	現状	トレンド	各国の状況、評価の際に参考にした根拠など
日本	基礎研究	〇	↘	・EUVリソグラフィの基礎研究では兵庫県立大学で光学系、レジスト、マスク等の基盤技術開発の基礎研究が精力的に進められている。 ・ナノインプリント技術に関して、大阪府立大学、東北大学、産業技術総合研究所などで各種基礎検討を続けている。極限ナノ造形・構造物性研究会ではシングルナノ領域のナノインプリントに取り組んでいる。 ・ALD技術における日本の存在感は低下傾向である。国内の大学では東大等が検討していたが、近年では発表件数も低下している。ALE技術は、名古屋大（ALEプロセス）、大阪大（表面反応）が、国内の研究拠点となっており、精力的に研究を行っている。
	応用研究・開発	◎	→	・EUV用光源開発では 日本の光源メーカー2社がEUVマスク欠陥検査装置用にレーザーテック向けに開発が進められている。また、日本国内メーカーがペリクルの開発を進めている。さらに、レジストの塗布現像装置および洗浄装置は日本企業が大きな世界シェアを有している。 ・ナノインプリント技術については、東芝メモリ、キヤノン、大日本印刷がNANDフラッシュメモリの生産に向けて精力的に研究開発を行っている。 ・ALDでは、東京エレクトロン、日立国際が、High-k等を含む金属材料の熱ALD技術で世界的なシェアを持っている。ALEでは、装置メーカーとして、東京エレクトロンが異方性ALE（絶縁膜）の量産化を世界に先駆けて実現した。また、日立ハイテクも等方的なThermal ALE技術のデバイス適応を世界に先駆けて検討している。 ・材料メーカ主体の活動（JOINT2、フレキシブル3D実装協働研究所など）がみられる。ただし、牽引役の半導体メーカーが不在である。
米国	基礎研究	◎	→	・EUVリソグラフィに関しては無機材料を中心としたレジスト材料の開発と、そのメカニズム解析が、材料メーカーだけでなく、大学や研究機関によって積極的に進められている。 ・ナノインプリント技術は、プリンストン大、ミシガン大、テキサス大、マサチューセッツ大で精力的に研究されている。 ・AS–ALDや、Thermal ALEではコロラド大やスタンフォード大など、大学が先駆的な発表を継続的に発表している。
	応用研究・開発	◎	→	・EUVリソグラフィの実用化が着実に進んでいる。 ・ナノインプリント技術についてはキヤノンナノテクノロジーズが引き続き米国を拠点として精力的に研究開発を進めている。ロールtoロールの研究もある。 ・Intel社の先端ロジックデバイスでは、ALEやThermal ALE技術がFin FETの製造で用いられている。Thermal ALEは日立ハイテクの技術である。 ・intelを中心としたチップレット規格化が進められている。
欧州	基礎研究	◎	→	・EUV リソグラフィについては、スイスのPSIにおける放射光を用いた干渉露光や、Carl Zeiss SMTでの高NA化開発等、微細化の最前線を牽引している。材料面でもMulti Triger型など提案している。 ・ナノインプリント技術はWuppertal 大、PSI、Letiなどで研究しているが、NaPaNILの後は大きなプロジェクトは走っていない。 ・アイントホーヘン工科大は、ALD・ALE共に、大学としては最も進んだ研究開発を行っており、大学研究の中心的な役割の一つを担っている。

欧州	応用研究・開発	◎	↗	・ベルギーのimecにおける微細加工技術、オランダのASMLの露光装置開発が、半導体の微細化技術の中心として君臨している。EUVリソグラフィ、マルチビーム型描画装置や検査装置なども積極的に研究開発を進めている。 ・ナノインプリントについてはEVGおよびLetiがウエハ括ナノインプリントの実用化に力を入れている。 ・imecがALD・ALEに関連する世界で唯一のコンソーシアム的開発拠点となっており、特にAS-ALD技術で、先駆的な検討を行っている。また、オランダのASM社は有数のALD関連の装置メーカーであり、特にプラズマALD技術において最先端の技術を有している。英国のOxford Instruments社は、研究用途のALD装置を多く製造し、ALDの研究で幅広く使用されている。 ・3D実装もimec、Fraunhofer IZMによる技術研究が継続されている。
中国	基礎研究	△	↗	・欧米や日本を追う状況に変わりはないが、大学からの研究発表がみられるようになり、近い将来、研究者や研究費の増加で基礎研究が活発化していく可能性がある。 ・2018年からナノインプリント技術の研究開発がブームを迎えており、2019年には論文発表件数で世界トップに躍り出た。香港大学、南方科技大学、天津大学、中国科学院、大連理工大学、南京大学、厦門大学などから多くの発表がなされている。 ・ALD・ALE関係はALD Conferenceでの発表件数から見ても、まだ件数は少ない状況である。
	応用研究・開発	△	↗	・各種加工技術関連装開発、プロセス技術開発、材料開発が積極的に進められており、発表文献数にも伸びがみられる。 ・ALD・ALE関係での中国企業の発表は、ほとんどみられていない。しかし、微細加工技術に関する研究開発を積極的に進めている。 ・RISC-V展開の状況もあり、中国製半導体の流通は増加。ファウンダリ保有の強みもある。
韓国	基礎研究	○	→	・EUVリソグラフィ技術に関しては、Hanyan大学でEUV用ペリクル膜の研究が進められているが、基礎研究のレベルはそれほど高くない。EUV用位相シフトマスクの研究開発が進められている。 ・ナノインプリント技術ではKIMMとKorea大が基礎研究を行っている。 ・ALD最大の学会であるALD Conferenceにおいて、非常に多くの発表があり、各種研究機関、大学での研究開発が極めて活発に行われている。
	応用研究・開発	○	→	・Samsung社が微細加工技術の最先端技術をリードしている。 ・SK Hynix社が東芝メモリとナノインプリントの共同研究を行っている。
台湾	基礎研究	○	→	・リソグラフィ技術の先端的研究の一部は台湾放射光施設で進められているが、活発に進められている状況ではない。 ・ALD Conferenceでの発表件数が比較的多い国であり、特にALD関連の発表が多い。
	応用研究・開発	◎	→	・TSMC社は世界のファウンドリのトップ企業であり、半導体製造の量産技術で微細化のトレンドを牽引している。

（註1）フェーズ

基礎研究：大学・国研などでの基礎研究の範囲

応用研究・開発：技術開発（プロトタイプの開発含む）の範囲

（註2）現状　※日本の現状を基準にした評価ではなく、CRDSの調査・見解による評価

◎：特に顕著な活動・成果が見えている　　　　　　　　○：顕著な活動・成果が見えている

△：顕著な活動・成果が見えていない　　　　　　　　×：特筆すべき活動・成果が見えていない

（註3）トレンド　※ここ1〜2年の研究開発水準の変化

↗：上昇傾向、→：現状維持、↘：下降傾向

参考・引用文献

1）Alberto Pirati, et al., "The future of EUV lithography: enabling Moore's Law in the next decade," *Proceedings of SPIE 10143, Extreme Ultraviolet Lithography* 8（2017）：101430G., https://doi.org/10.1117/12.2261079.

2) Christopher K. Ober, et al, "EUV photolithography: resist progress and challenges," *Proceedings of SPIE 10583, Extreme Ultraviolet Lithography* 9（2018）：1058306., https://doi.org/10.1117/12.2302759.

3) Erik R. Hosler, Obert R. Wood and William A. Barletta, "Free-electron laser emission architecture impact on extreme ultraviolet lithography," *Journal of Micro/Nanolithography, MEMS, and MOEMS* 16, no. 4（2017）：041009., https://doi.org/10.1117/1.JMM.16.4.041009.

4) Keisuke Tsuda, Tetsuo Harada and Takeo Watanabe, "Development of an EUV and OoB Reflectometer at NewSUBARU synchrotron light facility," *Proceedings of SPIE 11148, Photomask Technology* 2019（2019）：111481N., https://doi.org/10.1117/12.2540815.

5) Takeo Watanabe, Tetsuo Harada, and Shinji Yamakawa, "Fundamental Evaluation of Resist on EUV Lithography at NewSUBARU Synchrotron Light Facility," *Journal of Photopolymer Science and Technology* 34, no. 1（2021）：49-53., https://doi.org/10.2494/photopolymer.34.49.

6) Hirotaka Tsuda, et al., "Process control technology for nanoimprint lithography," *Proceedings of SPIE 10584, Novel Patterning Technologies* 2018（2018）：105841D., https://doi.org/10.1117/12.2297332.

7) Marc A. Verschuuren, Korneel Ridderbeek and Rob Voorkamp, "Substrate conformal imprint lithography: functional resists, overlay performance, and volume production results," *Proceedings of SPIE 10958, Novel Patterning Technologies for Semiconductors, MEMS/NEMS, and MOEMS* 2019（2019）：109580D. https://doi.org/10.1117/12.2514757.

8) 尹成圓他「超高速電子ビーム描画装置及び高精度ナノインプリント技術の開発」『精密工学会学術講演会講演論文集 2019年度精密工学会秋季大会』（2019）：214-215., https://doi.org/10.11522/pscjspe.2019A.0_214.

9) 応用物理学会・ナノインプリント技術研究会『ナノインプリント技術ハンドブック』（東京: オーム社, 2019）.

10) Harm C. M. Knoops, et al., "Status and prospects of plasma-assisted atomic layer deposition," *Journal of Vacuum Science & Technology A* 37, no. 3（2019）：030902., https://doi.org/10.1116/1.5088582.

11) Kazunori Shinoda, et al., "Thermal Cyclic Atomic-Level Etching of Nitride Films: A Novel Way for Atomic-Scale Nanofabrication," *ECS Transaction* 80, no. 3（2017）., https://doi.org/10.1149/08003.0003ecst.

12) Akiko Hirata, et al., "Mechanism of SiN etching rate fluctuation in atomic layer etching," *Journal of Vacuum Science & Technology A* 38, no. 6（2020）：0602601., https://doi.org/10.1116/6.0000257.

13) Xia Sang, Ernest Chen and Jane P. Chan, "Patterning nickel for extreme ultraviolet lithography mask application I. Atomic layer etch processing," *Journal of Vacuum Science & Technology A* 38, no. 4（2020）：042603., https://doi.org/10.1116/6.0000190.

14) Ryan J. Gasvoda, et al., "Surface prefunctionalization of SiO_2 to modify the etch per cycle during plasma-assisted atomic layer etching," *Journal of Vacuum Science & Technology A* 37, no. 5（2019）：051003., https://doi.org/10.1116/1.5110907.

15）向井久和「高スループット微細加工を実現した電子ビーム加工装置の開発」『NanotechJapan Bulletin』13巻6号（2020）: 1-10.

16）保坂教史「ナノインプリントリソグラフィの開発状況」『NGL 2022次世代リソグラフィワークショップ予稿集』（東京: 応用物理学会次世代リソグラフィ技術研究会, 2022), 31.

17）鈴木健太, 大川達也, 尹成圓「微小液滴を利用する光ナノインプリントにおける混合凝縮性ガス導入の影響」『NGL 2022次世代リソグラフィーワークショップ予稿集』（東京: 応用物理学会次世代リソグラフィ技術研究会, 2022), 21.

18）Antony Premkumar Peter, et al., "Engineering high quality and conformal ultrathin SiN_x films by PEALD for downscaled and advanced CMOS nodes," *Journal of Vacuum Science & Technology A* 39, no. 4 (2021): 042401., https://doi.org/10.1116/6.0000821.

19）Brennan M. Coffey, Himamshu C. Nallan and John G. Ekerdt, "Vacuum ultraviolet enhanced atomic layer etching of ruthenium films," *Journal of Vacuum Science & Technology A* 39, no. 1 (2021): 012601., https://doi.org/10.1116/6.0000742.

2.6

俯瞰区分と研究開発領域
共通基盤科学技術

2.6.2 ナノ・オペランド計測

（1）研究開発領域の定義

　材料やデバイス等の機能発現中に刻々と変化する現象の実時間または経時観測によって、観測対象のナノスケール構造と実環境中の機能との相関を見出すことを目的とした研究開発領域である。最近ではオペランドという用語が初めて使われた触媒分野にとどまらず、生きた細胞や組織などの生体試料から、半導体や蓄電池などの実デバイスにまで測定対象は急速な広がりをみせ、学術界と産業界の両方において不可欠な研究手法となりつつある。実環境に即したモデル環境の構築、計測装置の高感度化・高分解能化、大量データを効率的に処理し階層スケール間をつなぐデータ科学技術、ユーザーの利便性を考慮した計測・解析システム構築、などの研究開発課題がある。

（2）キーワード

　オペランド計測、その場（in situ）計測、走査型透過電子顕微鏡（STEM）、透過型電子顕微鏡（TEM）、パルス電子顕微鏡、光−電子相関顕微鏡（CLEM）、走査型プローブ顕微鏡（SPM）、ケルビンプローブフォース顕微鏡（KPFM）、超解像顕微鏡、蛍光顕微鏡、ラマン散乱顕微鏡、走査透過軟X線顕微鏡（STXM）、X線吸収分光、軟X線発光分光、コヒーレントX線、中性子イメージング

（3）研究開発領域の概要
［本領域の意義］

　微細構造や局所的な電子状態等が材料機能発現に寄与していることがある。ナノ金属触媒は言葉通りナノサイズの微細構造が触媒機能を持ち、巨大な誘電率を持つリラクサーと呼ばれる誘電材料は内部の局所的な電荷揺らぎや格子歪が特性と相関を持つと考えられている。このように、分散や非対称度や尖度が異なるような集合、平均的なデータだけで判断すると本質を見逃す恐れがあり、不均一なものを不均一なまま計測する、つまり材料の異なる位置における構造、電子状態等をそのまま観測するナノ計測は、材料の真の特性を見出す有効な手段である。

　しかし、材料を別の環境に取り出していわゆるex situで測定しても、特性発現の要因を決定できないことがある。そこで、温度・圧力・雰囲気等をコントロールして、実際の動作条件と似た状態に保って計測するのが、その場（in situ）測定である。触媒を例にとると、典型的な不均一系触媒において、反応中に導入するガスによって活性点たる金属微粒子表面の酸化・還元・吸着・解離・脱離等の様々な反応場を提供しているため、ex situ測定では、別環境に取り出す際に金属表面が酸化され触媒の機能に結び付く構造を見出せないことがある。しかし、in situ測定であれば、性能と直接繋がる情報が得られやすい。このin situ測定をより一歩進め、オペランド計測では、現実の動作環境を計測装置内に作り出し、構造、電子状態、分光特性等の時間変化を観測する。近年では、イン・オペランド計測（*in-operando* measurement）の用語も用いられる。さらに、「場のアクティブ制御」をナノ計測技術に融合させた概念も日本から提案されている。

［研究開発の動向］
● 透過型電子顕微鏡（TEM）

　TEMでは試料は電子が透過できる厚みに限られ真空中に置かれるため、オペランド計測を行うためには、軽元素から成る薄膜によって試料と反応ガスなどを試料ホルダーに封入することが必須である。MEMS技術を用いた様々な試料ホルダが開発され、ガス中、液中、電圧印加、加熱、冷却、磁場印加、加重、引張試験など特殊な環境下における観察が可能になった。さらに、近年先端クライオ電子顕微鏡の商用化によって、生体中環境を模擬した生物分野への応用が広がっている。

- **走査プローブ顕微鏡（SPM）**

　高温場やガス雰囲気場で稼働する原子分解能SPM、外部制御された応力場における原子分解能SPMなどの材料イノベーションに関連した環境場制御SPM計測技術の開発が進展している。1000K程度までの高温場SPMでは、原子ステップ分解能の原子間力顕微鏡（AFM）や原子分解能の走査型トンネル顕微鏡（STM）が達成されている。触媒応用に関連したガス雰囲気高圧場や高温場を制御し、反応生成物の計測も融合させた反応場オペランドSPMは、Reactor STMやReactor AFMとも呼ばれている。このタイプのオペランドSPMは、オランダ・ライデン大学のFrenkenらが精力的に開発しており、モデル触媒における原子分解能での触媒反応解析に応用している。

- **ラマン散乱顕微鏡**

　従来ラマン分光法が利用されて来なかった生物試料の分析に関して、蛍光色素等による標識を利用した観察法では得られない試料情報を取得できるため、細胞や生体組織の状態や応答を非破壊で検出できる技術として大きく注目されている。さらに、ラマン散乱で試料中の多種の標的を同時に観察する技術も注目を集めている。ラマン散乱の鋭い発光ピークにより、複数のプローブを同時に使用する事が可能となり、20程度の異なる標的を同時に観察した例（蛍光は5色程度まで）が示されている。

- **超解像顕微鏡法**

　古典的な光学顕微鏡を上回る空間分解能を有する超解像顕微鏡は非線形な相互作用を利用して回折限界以下の空間分解能に到達する。光照射による発蛍光性の切り替え、蛍光分子のブリンキング効果、誘導放出や光励起の飽和などを活用し、超解像観察技術が実現されている。超解像顕微鏡の空間分解能は数10–100nmであり、生体試料の内部観察や生きたままでの観察、また各種材料の内部構造の観察など、オペランド計測技術として高い拡張性を実現している。ラマン散乱顕微鏡や、光吸収（明視野）顕微鏡、散乱顕微鏡などでも、超解像観察が可能であることが示されている。特にラマン散乱顕微鏡に関しては、近接場光を利用した超解像顕微鏡の開発が進んでおり、製品化もされている。

- **X線吸収分光（X-ray absorption fine structure: XAFS）法**

　XAFS法は元素選択性と局所構造敏感という2つの特徴があり、それらは特に不均一系触媒の解析に関しては相性が良い。初期のオペランドXAFS測定は、主に自動車触媒のような気体−固体界面反応の観測に使われた。大型放射光施設（SPring-8）で、燃料電池の正極触媒として使われるPt_3Co/C電極触媒の電位を変化させた際における金属微粒子の表面吸着・構造変化を、PtのL_3吸収端のXAFSを用いてその場かつ実時間分割測定している。

　一方、軟X線領域（200–4000 eV）は透過能力が低く、あまりオペランド測定への適用はなされてこなかったが、100 nm程度の厚みのSiCまたはSi_3N_4を軟X線用の窓材として使うことで軟X線でも透過率を50%程度確保できるようになり、それを利用したオペランド測定が広がっている。

- **X線回折（X-ray diffraction: XRD）法**

　XAFS法とは異なりX線エネルギーを掃引する必要が無いことから、必ずしも放射光源を必要としない。光学系を動かさずに測定できることから条件を細かく変更しつつ連続的に測定することが容易であり、温度や雰囲気を制御してのin situ XRDは汎用的な手法となっている。XRDと同様な配置でより幅広くX線散乱パターンを測定する、いわゆる全散乱測定を行うことで、原子対レベルの局所構造から数十Å程度の中距離構造の距離範囲に至るまでの構造が得られる二体分布関数（Pair distribution function: PDF）法でもin situ測定が発展してきている。

● 放射光 X 線イメージング

タイコグラフィーはコヒーレンス性を利用した X 線回折イメージング手法であり、異なる位置からのコヒーレント X 線回折パターンを得た後、位相回復計算を実行することで位置分解像を得るものである。SPring-8において10 nm の位置分解像を得ることに成功している。さらに、X 線 CT 等のイメージングと分光計測の統合によって、日本では燃料電池触媒の失活に関わるオペランド反応可視化など主にエネルギー関連材料のオペランド計測で多数の成果が上がっている。

● 放射光の高輝度化とコヒーレントフラックス増大

世界中に50カ所ある放射光施設のうち、第3世代の放射光光源（DBA：ダブルベントアクロマット方式：蓄積リングを構成する1セルあたり、磁石列に偏向電磁石を2つ配置）では、十分なコヒーレントフラックスを得ることができない。最もエミッタンスの低い SPring-8 でさえ、0.1%のコヒーレントフラックスしかない。近年、主要な国際的放射光施設の多くは MBA（マルチベントアクロマット方式）の低エミッタンス光源へのアップグレードを実施または、予定している。日本では、低エミッタンス光源として NanoTerasu が2023年完成、2024年より運用が開始される。

● 中性子線

中性子線の特徴として、相互作用が弱く物質透過性が高いこと、Li や H などの軽元素測定に有利なこと、同位体を見分けること、磁気構造を測定できること、物質構造を測定できること、物質の運動（速度）を見やすいことなどがあげられる。一方、放射光 X 線と比較すると強度が弱く、ハイスループットや微小領域測定には不利である。オペランド計測では、中性子粉末回折法（Neutron Powder Diffraction: NPD）、広角中性子回折法（Wide-angle Neutron Diffraction: WAND）、小角中性子散乱法（Small Angle Neutron Scattering: SANS）、中性子反射率（Neutron Reflectivity: NR）測定法、中性子イメージング法（Neutron Imaging : NI）が主に用いられ、結晶構造の解析、金属部材の残留応力の測定やバルク材料中のナノ析出物の同定および分布の測定が、オングストロームオーダーからセンチメートルオーダーまで可能である。

（4）注目動向
［新展開・技術トピックス］
● X 線光電子分光（X-ray photoelectron spectroscopy: XPS）法

XPS は直接的に電子状態を知ることができる手法であり、特に電子分光器にて電圧を精密制御することで高いエネルギー分解能での観測が可能なことから、電子状態の詳細観測に広く利用されている。窓材を SiO_2 の薄膜とすることで、固液界面のその場 X 線光電子分光が行なわれている。

● 共鳴 X 線非弾性散乱（Resonant inelastic X-ray scattering: RIXS）法

RIXS は物質に X 線が入射して内殻電子を外殻状態に共鳴励起し、その励起状態が入射光よりも小さなエネルギーの X 線を発光して緩和する現象であり、非弾性 X 線散乱の一種である。RIXS は電場、磁場、圧力などの外場の下での電子状態の観測に適している。例えば、RIXS 測定によってリチウムイオン電池の正極材料に充電過程に固有の価電子帯の電子励起が観測されている。

● 中性子線によるオペランド分析

電極界面の SEI（Solid Electrolyte Interphase）被膜の生成過程のオペランド測定が NR 法を用いて行われている。また、中性子による回折とイメージングの原理を組み合わせたブラッグエッジイメージングと呼ばれる新しい解析手法により、リチウムイオン実電池の劣化が負極におけるリチウムの空間分布の変化として

2.6
俯瞰区分と研究開発領域
共通基盤科学技術

観測されている。

● **エネルギー・環境分野への応用**

　対象表面の接触電位差（Contact Potential Difference: CPD）のナノスケール計測が可能なケルビンプローブフォース顕微鏡（KPFM）およびナノ・オペランド計測に必要な基盤技術（断面創製、断面計測、光照射など）の開発が急速に進展し、太陽光発電デバイスにおいて光照射下や電圧印加状態において、励起中心近傍の電位・電子状態・電荷分布などの計測で光電変換過程の知見が得られている。

● **量子マテリアル研究への応用**

　また、量子マテリアルの特異な性質は、電子の持つ電荷、スピン、軌道といった性質の複雑な絡み合いにより発現するため、ナノ・オペランド計測の相補的な利用は、量子マテリアルの特異な性質の解明とその応用を加速すると期待される。RIXS では電荷・軌道・スピン・格子などの素励起の分散を観測できるため、量子マテリアル研究への活用が期待される。また、極限環境場で動作可能な超高分解能ナノ・オペランドSPM計測の開発と応用が米国、欧州（ドイツ、スイス）、アジア（中国、日本）などで着実に進展している。東大と装置メーカーが共同開発した原子分解能磁場フリー電子顕微鏡は原子磁場の直接観察を可能とし、先端量子マテリアル研究への活用が注目される。

● **バイオ分野への応用**

　生体における筋収縮や細胞分裂などのプロセスはタンパク質分子の働きに依存している。このため、生体環境である液中でのタンパク質分子の動態を実空間かつナノスケールで可視化することが求められてきた。高速原子間力顕微鏡（High-Speed Atomic Force Microscopy: HS-AFM）は、金沢大の安藤教授グループが1993年に着手し、2008年に世界最速AFMとして完成した。さらに最近では、更なる高速化と広域範囲走査に成功している。

● **データ科学応用**

　マルチスケール、高解像度、時分割イメージングは、データの容量を指数関数的に増加させる。例えば、放射光施設では年間に60ペタバイトに上るデータが生み出されると言われており、スマートサンプリングやデータートリアージ手法の開発が重要である。機械学習を用いて必要とする部分のみ重点的に計測する方法、などの開発と基盤化が必要である。さらに、対象の真の姿を見るためには、複数のマルチスケールな手法を駆使して、同じ試料を計測するマルチモーダル計測と、複数の計測データを繋ぎ必要な情報を抽出するデータ科学応用がますます重要になる。

［注目すべき国内外のプロジェクト］
［日本］

　CREST/さきがけ「計測技術と高度情報処理の融合によるインテリジェント計測・解析手法の開発と応用」（2016～）およびCREST「社会課題解決を志向した革新的計測・解析システムの創出」（2022～）、ERATO「柴田超原子分解能電子顕微鏡プロジェクト」（2022～）などで、様々な計測技術に関する研究開発が進んでいる。さらに、光計測・センシング技術をヘルスケア、医療、創薬に活用する拠点「フォトニクス生命工学研究開発拠点」がJST共創の場形成支援プログラム（2020年育成型、2022年本格型）に採択されている。

　文部科学省世界トップレベル研究拠点（WPI）プログラム「金沢大学ナノ生命科学研究所（NanoLSI）」（2017～）は、バイオSPM技術と超分子化学技術を融合・発展させ、細胞の表層や内部におけるタンパク質や核酸などの動態を分析、操作するためのナノ内視鏡技術を開発する。

[米国]

Chan Zuckerberg Initiativeが2020年に32Mドル、2021年には5Mドルの研究助成を生体イメージングに関して行っている。またEikon Therapeuticsが超解像技術を利用した創薬技術の実用化に対して多額の投資（519Mドル、シリーズB）を得たことが話題になっている。

UCバークレーのAdvanced Bioimaging Centerは高度な光学イメージングの研究開発と開発した技術を広くユーザーに提供する研究開発型のイメージングセンターとして、2020年に設置された。最先端の技術開発を行いながら、その技術をいちはやくユーザーに届け、その恩恵を得て最新の科学を開拓するというサイクルを形成している。

コネチカット大内UCONN TechParkにIn-Situ/Operando Electron Microscopy（InToEM）Centerが設立されている。

[欧州]

2019年よりEURO BIOIMAGINGという生体イメージングに関するネットワーク形成が進んでおり、加盟する機関が有する技術（ハードウェア、ソフトウェア）とデータとの共有を速やかにするインフラが形成しされている。

EU加盟国の国立標準研究所の共同アライアンスであるEURAMET（European Association of National Metrology Institutes）は様々なメトロジーにおける諸課題の研究開発を共同で推進している。Horizon EuropeにおいてもEMPIR（European Metrology Programme for Innovation and Research）プロジェクト等を通じて、全固体LIBを含むエネルギー貯蔵材料のイン・オペランド計測を推進してきた。

（5）科学技術的課題

・オペランド測定用試料セル設計

高圧触媒反応のオペランド観測では10気圧以上に耐えるセルが求められているが、高圧ガス保安法の問題もあり、あまり進んでいない。窓材を厚くすることが可能な中性子分野ではこの意味においてセル開発が進んでいる。赤外や可視・紫外光の分野においては、裾野が広いことと、機器メーカーが光源・検出器の統合的開発を行っていることもあって、オペランド計測用の試料セルの汎化・製品化・共通化が高いレベルまで進んでいる。産学連携の観点からも、各種ニーズにおけるオペランド測定用試料セルの開発が不可欠である。

・オペランド計測のための試料調製技術

各種デバイスの断面計測のために、全工程を不活性雰囲気もしくは超高真空環境で行う平坦な断面試料調製技術は開発途上にあり、汎用性のある最適化された手法は確立されていない。

・オペランド計測のための環境場創製

対象デバイス・材料のニーズに応じて、非侵襲測定、機能発現環境創製、外部回路系とのインターフェースを新たに創製する必要がある。

・オペランド計測のためのビッグデータ解析

複数の測定を行う多次元計測・イメージングでは膨大なデータを創出することになる。データの解析を効率的かつ効果的に行うには、多変量解析や機械学習などの情報科学の活用が必要である。データ処理の速度の向上だけでなく、計測段階から必要なデータのみの取得や計測条件の最適化などを行い、計測データ自体の質を高めることも重要である。

• 低エミッタンス放射光の活用

現在、X線レーザーを除き、コヒーレントX線をオペランド計測に十分な輝度で活用できる放射光施設は、MAX-IVやESRF-EBSなどに限られている。我が国では、次世代型の低エミッタンス光源NanoTerasuが2024年より利用可能となり、本格的なコヒーレント放射光の活用が始まる。 NanoTerasuはナノ・オペランド計測を工学、生命科学、農学、食品科学、医療、医薬など様々な応用分野に一気に広め、日本の研究力強化、産業競争力強化の源泉となる計測技術となることが期待される。

（6）その他の課題

• 産学連携

ナノ・オペランド計測の基盤技術及び装置の研究開発においては、最先端の計測分析技術・装置開発に関わる企業技術者との連携と協働が必要である。

• 人材育成

物理学、化学、生物学、情報数理学など、様々な分野の技術が融合する学際的な研究分野となっており、複数の分野の知見と技術を活用できる人材を育成する必要がある。先端半導体デバイスの研究開発においてもナノ・オペランド計測は重要であり、今後、ナノ・オペランド計測の基盤技術や装置開発から応用展開までを担う若手人材の育成が望まれる。

• 標準化

国際標準化の現場において、英国をはじめとする欧米はアジア各国に対して比較的優位にある。今後は、ナノ・オペランド計測においても、標準化のニーズが高まることは容易に想定できる。

2.6 俯瞰区分と研究開発領域 共通基盤科学技術

（7）国際比較

国・地域	フェーズ	現状	トレンド	各国の状況、評価の際に参考にした根拠など
日本	基礎研究	◎	↗	・エネルギー・環境分野では文科省「ナノテクノロジーを活用した環境技術開発プログラム」等によりナノ・オペランド計測の要素技術開発が進展。 ・軟X線に強みを持つ低エミッタンス光源として2024年にNanoTerasuが稼働予定。今後の活用に期待。
日本	応用研究・開発	◎	↗	・エネルギー環境分野での新規材料・デバイス開発に資する応用研究、特に太陽電池や全固体電池の内部を可視化するナノ・オペランドSPM計測の応用展開がNIMSを中心として進展している。 ・生体由来物質（biological materials）等を対象とするバイオ・ライフサイエンス応用では高速AFMによる動的観察や走査型イオン伝導顕微鏡（SICM）による非接触細胞形状可視化などで金沢大学ナノ生命科学研究所（WPI-NanoLSI）が世界を先導している。
米国	基礎研究	◎	↗	・エネルギー材料デバイスを対象とし、Advanced Photon Source（7 GeV）、Advanced Light Source（1.9 GeV）などの放射光X線オペランド解析（XRD、XAS、xPDF、TXM、STXM、XPS）の開発で先導している。 ・オークリッジ国立研究所（ORNL）では材料機能の多次元計測のための新規多次元SPM計測手法、多元次元測定ビッグデータのデータ駆動型解析技術の開発を先導している。
米国	応用研究・開発	◎	↗	・国立標準技術研究所（NIST）などで、リチウムイオン電池、太陽電池、触媒などのエネルギーデバイス分野のナノ・オペランドSPM、オペランド放射光解析、オペランドTEM、オペランドラマン顕微分光解析などによる応用研究が活発に行われている。

欧州	基礎研究	○	↗	・European Synchrotron Radiation Facility（6 GeV）、Swiss Light Source（2.4 GeV）などが中心。 ・高温・高圧ガス雰囲気環境でのオペランドSPMの基礎研究と装置開発ではライデン大学（オランダ）やデンマーク工科大学（DTU）で進展。 ・ハンブルグ大学（ドイツ）では量子応用のためのナノ・オペランド複合極限場SPM（STM/AFM）の開発で先導。
	応用研究・開発	◎	↗	・様々な触媒材料のナノ・オペランドSPMを用いた応用研究ではライデン大学（オランダ）が先導。 ・エネルギー関連材料への展開では、ドイツが最も多く、英国、オランダ、フランス、ベルギー、スイス、スペイン、イタリアなどの欧州各国において、次世代太陽電池とリチウムイオン電池などの次世代二次電池のオペランドSPM（特にKPFM）やオペランドTEMを用いた応用研究が行われている。
中国	基礎研究	○	↗	・Shanghai Synchrotron Radiation Facility（3.4 GeV）, National Synchrotron Radiation Laboratory（0.8 GeV）などを中心に研究が進められている。 ・ナノ・オペランドSPM計測技術は、界面超伝導やナノフォトニクスなどの量子効果応用を指向した複合極限場SPMの研究開発で、清華大学、中国科学院物理研究所（IOP）、中国科学技術大学（USTC）などが先導。
	応用研究・開発	○	↗	・エネルギーナノデバイス分野でのナノ・オペランドSPMの応用研究が進展しており、論文等の出版数も米国に次いで多い。光触媒、次世代薄膜太陽電池、リチウムイオン二次電池等のエネルギーデバイス応用を指向したオペランドSPMの応用研究開発では、蘇州ナノテクナノバイオニクス研究所（SINANO）、USTC、大連化学物理研究所などが先導している。 ・加速器中性子施設CAS-CSNSが2018年に実運転を開始し、2020年には100 kW定常運転を実現している。
韓国	基礎研究	○	→	・Phohang Light Source（PLS-II、3 GeV）を中心に研究が進められている。水酸化反応触媒に関するオペランド観測で顕著な成果を表すなど、存在感が高まっている。 ・極限場SPMの基礎研究で、ソウル大学やナノ量子サイエンスセンターで基礎研究が進展している。
	応用研究・開発	○	↗	・半導体プロセスライン用大型SPM、エネルギーデバイス応用やバイオ・ライフサイエンス応用を志向した次世代SPM等の装置開発が顕著に進展している。

（註1）フェーズ

　　基礎研究：大学・国研などでの基礎研究の範囲

　　応用研究・開発：技術開発（プロトタイプの開発含む）の範囲

（註2）現状　※日本の現状を基準にした評価ではなく、CRDSの調査・見解による評価

　　◎：特に顕著な活動・成果が見えている　　　　　　　○：顕著な活動・成果が見えている

　　△：顕著な活動・成果が見えていない　　　　　　　　×：特筆すべき活動・成果が見えていない

（註3）トレンド　※ここ1～2年の研究開発水準の変化

　　↗：上昇傾向、→：現状維持、↘：下降傾向

関連する他の研究開発領域

・トライボロジー（環境・エネ分野　2.6.2）

・破壊力学（環境・エネ分野　2.6.3）

・物質・材料シミュレーション（ナノテク・材料分野　2.6.3）

・光学イメージング（ライフ・臨床医学分野　2.3.5）

参考・引用文献

1）藤田大介「アクティブナノ計測知的基盤」『まてりあ』41 巻 9 号（2002）: 623-627., https://doi.org/10.2320/materia.41.623.

2）Joost Frenken and Irena Groot, eds., *Operando Research in Heterogeneous Catalysis*, in Springer Series in Chemical Physics 114 (Cham: Springer International Publishing, 2017).

3）Lu Wei, et al., "Super-multiplex vibrational imaging," *Nature* 544, no. 7651 (2017): 465-470., https://doi.org/10.1038/nature22051.

4）Li Gong, et al., "Saturated Stimulated-Raman-Scattering Microscopy for Far-Field Superresolution Vibrational Imaging," *Physical Review Applied* 11, no. 3 (2019): 034041., https://doi.org/10.1103/PhysRevApplied.11.034041.

5）Kozue Watanabe, et al., "Structured line illumination Raman microscopy," *Nature Communications* 6 (2015): 10095., https://doi.org/10.1038/ncomms10095.

6）Kentaro Nishida, et al., "Using saturated absorption for superresolution laser scanning transmission microscopy," *Journal of Microscopy* 288, no. 2 (2022): 117-129., https://doi.org/10.1111/jmi.13033.

7）Shi-Wei Chu, et al., "Measurement of a Saturated Emission of Optical Radiation from Gold Nanoparticles: Application to an Ultrahigh Resolution Microscope," *Physical Review Letters* 112, no. 1 (2014): 017402., https://doi.org/10.1103/PhysRevLett.112.017402.

8）Sheng-Chih Lin, et al., "Operando time-resolved X-ray absorption spectroscopy reveals the chemical nature enabling highly selective CO_2 reduction," *Nature Communications* 11 (2020); 3525., https://doi.org/10.1038/s41467-020-17231-3.

9）J. R. Dahn, et al., "Mechanisms for Lithium Insertion in Carbonaceous Materials," *Science* 270, no. 5236 (1995): 590-593., https://doi.org/10.1126/science.270.5236.590.

10）Yuanyuan Tan, et al., "Pt-Co/C Cathode Catalyst Degradation in a Polymer Electrolyte Fuel Cell Investigated by an Infographic Approach Combining Three-Dimensional Spectroimaging and Unsupervised Learning," *The Journal of Physical Chemistry C* 123, no. 31 (2019): 18844-18853., https://doi.org/10.1021/acs.jpcc.9b05005.

11）Jiajun Wang, et al., "Visualization of anisotropic-isotropic phase transformation dynamics in battery electrode particles," *Nature Communications* 7 (2016): 12372., https://doi.org/10.1038/ncomms12372.

12）Ziyang Ning, et al., "Visualizing plating-induced cracking in lithium-anode solid-electrolyte cells," *Nature Materials* 20, no. 8 (2021): 1121-1129., https://doi.org/10.1038/s41563-021-00967-8.

13）Dmitry Karpov, et al., "Three-dimensional imaging of vortex structure in a ferroelectric nanoparticle driven by an electric field," *Nature Communications* 8 (2017): 280., https://doi.org/10.1038/s41467-017-00318-9.

14）Jiecheng Diao, et al., "Evolution of ferroelastic domain walls during phase transitions in barium titanate nanoparticles," *Physical Review Materials* 4, no. 10 (2020): 106001., https://doi.org/10.1103/PhysRevMaterials.4.106001.

15）Tomoya Kawaguchi, et al., "Electrochemically Induced Strain Evolution in Pt-Ni Alloy Nanoparticles Observed by Bragg Coherent Diffraction Imaging," *Nano Letters*. 21, no. 14 (2021): 5945-5951., https://doi.org/10.1021/acs.nanolett.1c00778.

16）Rafael A. Vicente, et al., "Bragg Coherent Diffraction Imaging for In Situ Studies in

Electrocatalysis," *ACS Nano* 15, no. 4 （2021）: 6129-6146., https://doi.org/10.1021/acsnano.1c01080.

17）Lucas Schneider, et al., "Precursors of Majorana modes and their length-dependent energy oscillations probed at both ends of atomic Shiba chains," *Nature Nanotechnology* 17 （2022）: 384-389., https://doi.org/10.1038/s41565-022-01078-4.

18）Yonghao Yuan, et al., "Evidence of anisotropic Majorana bound states in 2M-WS$_2$," *Nature Physics* 15, no. 10 （2019）: 1046-1051., https://doi.org/10.1038/s41567-019-0576-7.

19）Fan-Fang Kong, et al., "Probing intramolecular vibronic coupling through vibronic-state imaging," *Nature Communications* 12 （2021）: 1280., https://doi.org/10.1038/s41467-021-21571-z.

20）Yuji Kohno, et al., "Real-space visualization of intrinsic magnetic fields of an antiferromagnet," *Nature* 602, no. 7896 （2022）: 234-239., https://doi.org/10.1038/s41586-021-04254-z.

21）Molang Cai, et al., "Control of Electrical Potential Distribution for High-Performance Perovskite Solar Cells," *Joule* 2, no. 2 （2018）: 296-306., https://doi.org/10.1016/j.joule.2017.11.015.

22）William E. Gent, et al., "Coupling between oxygen redox and cation migration explains unusual electrochemistry in lithium-rich layered oxides," *Nature Communications* 8 （2017）: 2091., https://doi.org/10.1038/s41467-017-02041-x.

23）Jingtao Fan, et al., "Video-rate imaging of biological dynamics at centimetre scale and micrometre resolution," *Nature Photonics* 13, no. 11 （2019）: 809-816., https://doi.org/10.1038/s41566-019-0474-7.

24）Tetsuro Ueno, et al., "Automated stopping criterion for spectral measurements with active learning," *npj Computational Materials* 7, no. 1 （2021）: 139., https://doi.org/10.1038/s41524-021-00606-5.

25）Yuchen Zhu, et al., "In-situ transmission electron microscopy for probing the dynamic processes in materials," *Journal of Physics D: Applied Physics* 54, no. 44 （2021）: 443002., https://doi.org/10.1088/1361-6463/ac1a9d.

26）Shibabrata Basak, et al., "Operando transmission electron microscopy of battery cycling: thickness dependent breaking of TiO$_2$ coating on Si/SiO$_2$ nanoparticles," *Chemical Communications* 58, no. 19 （2022）: 3130-3133., https://doi.org/10.1039/D1CC07172F.

27）Steven R. Spurgeon, et al., "Towards data-driven next-generation transmission electron microscopy," *Nature Materials* 20, no. 3 （2021）: 274-279., https://doi.org/10.1038/s41563-020-00833-z.

28）Zheng Fan, et al., "In Situ Transmission Electron Microscopy for Energy Materials and Devices," *Advanced Materials* 31, no. 33 （2019）: 1900608., https://doi.org/10.1002/adma.201900608.

29）Shunsuke Muto, et al., "Environmental high-voltage S/TEM combined with a quadrupole mass spectrometer for concurrent in situ structural characterization and detection of product gas molecules associated with chemical reactions," *Microscopy* 68, no. 2 （2019）: 185-188., https://doi.org/10.1093/jmicro/dfy141.

30）Takayuki Nakamuro, et al., "Capturing the Moment of Emergence of Crystal Nucleus from Disorder," *Journal of the American Chemical Society* 143, no. 4 （2021）: 1763-1767., https://doi.org/10.1021/jacs.0c12100.

2.6.3 物質・材料シミュレーション

（1）研究開発領域の定義

　量子力学や統計力学の諸知見を元に、物質の構造、物性、材料組織、化学反応機構などを高精度に解析・予測する技術の確立をめざす研究開発領域であるが、近年では、データ科学の応用による手法の高度化もなされている。化学反応や電子移動などの原子・電子レベルの現象の解明に加えて、それらがミクロな組織や物性に与える影響、メゾスコピックレベルの非線形現象とマクロな性能・機能との関係性など、マルチスケールの階層構造、さらには異なったスケールにおける多様な物理・化学現象が絡みあうマルチフィジックスプロセスを明らかにすることで諸現象の制御方法を見出し、新材料の設計指針を提供する。

　また、実験的手段による解析が困難な極限環境下の現象予測などにおいても、非経験的で予言能力の高いシミュレーション技術が大きな役割を果たしている。近年盛んになってきた、マテリアルズ・インフォマティクス等のデータ駆動材料創生にも、大きな関わりを持っている。

（2）キーワード

　量子力学、統計力学、第一原理電子状態計算、分子動力学法、モンテカルロ法、分子シミュレーション、フェーズフィールド法、粒子法、連続体力学、流体力学材料、マルチスケールシミュレーション、マテリアルズ・インフォマティクス、ケモインフォマティクス、データベース、ハイスループットスクリーニング、データの高品質化、データ同化

（3）研究開発領域の概要

［本領域の意義］

　物質・材料の性質の大部分はその電子状態によって決まっているため、ナノスケールの原子配列の中で電子の電荷、スピンの分布や運動状態を知ることが、材料物性の根源的理解や、新規機能性物質の開発にとって重要である。また、人間の肉眼で見えるスケールでは一様に見える材料においても、多くの場合メゾスケール（数十nmから数百mm）では不均一であり、そのスケールでの材料組織が、マクロな材料の電気的、磁気的、機械的特性や機能発言に大きな影響を及ぼしている。

　我が国の得意とする材料研究・材料開発分野において、資源、資金、労働力が豊富な他国に比して、我が国が世界を先導するためには、物質・材料シミュレーションの発展による、より高度かつ高速な材料設計の実現が強く求められている。材料の持つ機械的・熱的・電気的・磁気的特性とそれが導き出す機能の発現に対して、ナノ、メゾ、マクロの階層構造が生み出すマルチスケールスケール現象、さらには異なったスケールにおける多様な物理・化学現象が絡みあうマルチフィジックス現象を明らかにし、それらをいかに制御するかの設計指針を構築することで、新たな材料開発に結び付けることが、物質・材料シミュレーションに期待されている。

　具体的に、物質・材料シミュレーションを活用した材料設計の目的としては、

　1）多様な元素の組み合わせから、最適な元素の設計（特に多成分から構成される材料）

　2）界面、粒界、組織、形状、多孔質構造などの制御による、元素に頼らない材料設計

　3）メカニズムの解明による、新たな材料設計指針の導出

　などがあげられる。

　近年では、機械学習などのデータ科学の手法が、計算機の計算能力の爆発的な向上とアクセス可能なデータ量の増加によって、新物質探索と合成において欠かせない基本ツールとして定着しつつある。特にまだ作られていない物質、実験による解析が困難な極限環境下にある物質の解析において、しばしば決定的な役割を演じている。

［研究開発の動向］

● 主な計算プログラム

　計算物質科学では様々なプログラムが開発され、それらを用いた応用計算が数多く行われている。以下では個々の分野において広く使われるプログラム、および特に顕著な進展を示す。なお、この分野における日本の研究者の貢献度は高く、以下では、日本の研究者によるものには、人名、所属を明記する。

　・分子系電子状態計算分野

　　海外製の有償ソフトウェアであるGaussianが最も広く使われており、海外製の有償ソフトウェアとしては、Jaguar、Q–Chem、TURBOMOLE、ADF、Spartanなどが、海外製の無償のソフトウェアとしてGamess、NWChemなどが使用されている。国内では、NTChem（中嶋：理化学研究所）、Smash（石村：クロスアビリティ）、GELLAN（天能、神戸大学）、DC–DFTB–MD（中井：早稲田大学）、ABINIT–MP（望月：立教大学）、PAICS（石川：鹿児島大学）などがある。

　・固体系電子状態計算分野

　　海外製のソフトウェアであるVASPが最もよく使われており、海外製の無償ソフトウェアであるQuantum Espresso、CPMD、CP2Kなども広く使用されている。国内では、RSDFT（岩田：Advance Soft）、OpenMX（尾崎：東京大学）、RSPACE（小野：神戸大学）、State（森川：大阪大学）、QMAS（石橋：産業技術総合研究所）、Conquest（宮崎：物質・材料研究機構）、Salmon（矢花：筑波大学）、PHASE/0（物質・材料研究機構）などの開発が積極的に進められている。最近、汎用グラフィカルボード（General purpose graphical processing unit; GPGPU）向けの開発も進められている。

　・分子シミュレーション分野

　　固体、ソフトマター系のシミュレーションには、海外製の無償ソフトウェアであるLAMMPSが、生体分子系のシミュレーションには、海外製の無償ソフトウェアであるGROMACSが最も広く使用されている。国内では、MODYLAS（岡崎：東京大学）、GENESIS（杉田：理化学研究所）、Laich（久保：東北大学）などの開発が進められている。GPGPU向けの開発も進んでいる。

● データ駆動科学

　データ駆動科学による革新マテリアルの探索に関わる研究としては、ICSD、Materials Project、AFLOW、AtomWork、NOMAD、Bilbao Crystallographic Serverなどのデータベースが日々、目覚ましい勢いで拡張されていることが注目される。競争力のあるデータベースはアメリカ、欧州を中心に開発されているが、日本でも物質材料研究機構によるものが有名である。

　現在のところ、蓄積される計算データとしては密度汎関数理論、スピン密度汎関数理論によるものがほとんどであるが、量子物質として異常な振る舞いを見せる物質の多くは標準的なLDA/GGAを用いた第一原理計算を越えた計算が必要になることが多い。従来手法を超えつつ、かつハイスループット計算を行うことが可能な程度に計算コストが抑えられた理論の開発も必要となっている。

（4）注目動向

［新展開・技術トピックス］

● ニューラルネットワークポテンシャルを活用した分子動力学計算

　数式を用いたポテンシャルを活用した分子動力学計算に代わって、ニューラルネットワークに第一原理計算結果を学習させることで得られた相互作用に基づき原子のダイナミクスを計算する、ニューラルネットワークポテンシャルを活用した分子動力学計算が急速に注目されている。第一原理分子動力学法に比較して10,000倍以上の高速化が期待でき、第一原理分子動力学法に匹敵する計算精度が得られる可能性があるとして、期待が高まっている。また、本手法を活用して1億原子系に対して1日当たり1ナノ秒の計算を実現したアメリカ

と中国のグループによる大規模シミュレーションの成果が、2020年のゴードン・ベル賞に輝いている。現状、高温、高圧、高せん断場、高応力場での計算など、学習が十分できていない系に対して難があるとされるが、今後、解決されていくものと思われる。

この手法を用いた商用サービスも始まっており、Preferred NetworksとENEOSは、材料開発者向けに、共同開発した汎用原子レベルシミュレータMatlantisを用いたサービスの提供を開始している。

● マルチスケールの発展形

ナノの情報をメゾに、メゾの情報をマクロにパラメータを介して転送する積み上げ式のマルチスケールシミュレーションでは、現実の現象を十分説明できない例が数多く報告される中、近年、マルチスケールの発展形と言える新しいコンセプトが提案されている。

1）「トランススケール」これまで取り扱いが困難であったナノスケールにおける非平衡・散逸・非定常状態も含めた現象メカニズムの解析結果を起点とし、ナノスケールで起こっている現象が、メゾスケール、マクロスケールにどのように繋がっているのかをスケール間の壁を越えて一気通貫に解析するアプローチ。

2）「クロススケール」ミクロとメゾスケールの手法、またはメゾとマクロスケールの手法を同一スケールでシミュレーションすることで融合するクロススケールアプローチ。北大の大野、東大の澁田、京都工繊大の高木らにより開発が進められている。分子動力学法とフェーズフィールド法で全く同一スケールの計算を行うことで、両者の結果の直接比較や分子動力学計算で得た組織構造をフェーズフィールド・モデルの計算の初期組織にすることも可能である。

3）「スケール協奏現象」ナノ、メゾ、マクロの異なるスケールが協奏しながら、お互いに助けあうことで、全体が卓越した機能・性能を創出する現象をシミュレーションする技術。東北大の久保らにより原子数可変の超大規模分子動力学ソフトウェアLaichをベースに開発が進められている。

● 量子物質データベース

Bilbao Crystallographic Serverに、与えられた物質の電子状態がトポロジカルに自明か非自明かを判定する機能がつけられた。トポロジカルに自明/非自明の問題は、構造相転移の温度の高低といった問題に比べると曖昧さなしに判定できることもあり、大規模な物質探索のスクリーニングには適したものである。より最近では磁気秩序が存在する状況での判定機能も付加された。これらの判定の基礎になる電子状態については局所密度近似、あるいは局所スピン密度近似およびその拡張を用いて計算することが想定されている。入力データとしてはVASPなどの第一原理電子状態計算のパッケージの出力が使われる。Materials Projectに掲載されている計算結果もVASPによるものであるが、データ駆動物質科学においてデータベースとの結合が弱いコードが淘汰され、強いコードの独占状態になる危険性もあり、計算結果の比較が難しくなるといった観点から注意が必要である。

［注目すべき国内外のプロジェクト］
【日本】
・「富岳」成果創出加速プログラム（文科省）

2020年4月からスタートした「富岳」成果創出加速プログラムにおいては、

1. より精密・広域・長時間のシミュレーションによるブレークスルー

2. 膨大な組み合わせや多様・複雑な条件下でのシミュレーションによる新たな知見の獲得

3. 大量データ処理・ビッグデータ解析による新たな研究・開発の展開

など、フラッグシップスーパーコンピュータ「富岳」により初めて可能となる超大規模計算・データ解析の実行が期待されている。物質科学に関連するテーマとしては、強相関電子系、生体分子、半導体デバイス、二次電池、永久磁石などに関するものが採択されている。

・マテリアルDXプラットフォーム構想（文科省）

　マテリアル革新力強化戦略の元で実行されているマテリアルDXプラットフォーム構想において、マテリアルイノベーション創出を加速するとともに、データを有効に活用して迅速に社会実装に繋げることができる手法の確立とその全国の産学への展開を目指すプロジェクトとしてデータ創出・活用型マテリアル研究開発プロジェクト事業が令和3年度にFS（フィージビリティスタディ）が実施され、令和4年7月に本格実施機関が決定し、9年間の長期プロジェクトがスタートした。

　また、同構想のもとで、データ創出基盤の役割を担うものとして整備されたマテリアル先端リサーチインフラでは、全国各地の先端共用設備からの高品質なデータを構造化し、それを同構想のデータ中核拠点であるNIMSに蓄積し利活用することも計画されている。

・ERATO前田化学反応創成知能プロジェクト（JST）

　2019年10月からERATO前田化学反応創成知能プロジェクトがスタートしている。このプロジェクトでは、北大の前田らにより世界に先駆けて開発された反応経路自動探索技術（AFIR法）と組み合わせ最適化技術を基盤として、量子化学計算、情報科学、さらにはマテリアルズ・インフォマティクスの技術を組み合わせることで、化学反応における原子の動きを予測し、未知の化学反応を提案する技術の開発を推進している。具体的には、反応経路を過程して量子化学計算を行う従来の理論計算手法の枠組みを取り払い、未知の反応過程を系統的に自動探索するという新たな計算手法の確立を目指している。

・実験と理論・計算・データ科学を融合した材料開発の革新（JST）

　平成29年度よりCRESTが進行中である。国内のトップ研究者によって、高分子材料、触媒、スピントロニクス材料、マルチフェロイクス材料、電池材料といった多岐にわたる物質群に対し、実験とデータ科学の融合研究が進められている。公募の段階で企業との連携、社会実装を特に重視することが強調されたプロジェクトで、その成果に注目が集まっている。関連して、さきがけとして「理論・実験・計算科学とデータ科学が連携・融合した先進的マテリアルズ・インフォマティクスのための基盤技術の構築」が令和元年度まで進められ、新進気鋭の研究者によって多岐に渡る研究がなされた。

・計算物質科学人材育成コンソーシアム（JST）

　物質科学分野向けのスーパーコンピュータ共同利用・共同研究拠点である、東北大学金属材料研究所（以下 金研）、東京大学物性研究所（以下 物性研）、自然科学研究機構分子科学研究所（以下 分子研）と、教育拠点である大阪大学ナノサイエンスデザイン教育研究センターの4機関は、2015年8月に「文部科学省 科学技術人材育成費補助事業 科学技術振興機構『科学技術人材育成のコンソーシアムの構築事業（次世代研究者プログラム）』」の採択を受け、計算物質科学人材育成コンソーシアム（Professional development Consortium for Computational Materials Scientists: PCoMS）を設立した（2015年8月～2023年3月）。上記コンソーシアムでは、ハイパフォーマンスコンピューティング技術を駆使して物質科学分野の課題発見と解決ができる人材育成の環境を整備し、同時に若手研究者の安定雇用につながる仕組みを構築することによって若手研究者を支援している。

・燃料電池等の飛躍的拡大に向けた共通課題解決型産学官連携研究開発事業/共同課題解決型基盤技術開発/評価解析プラットフォーム（NEDO）

　2030年以降の固体高分子形燃料電池の自立的普及拡大に資する高効率・高耐久・低コストの燃料電池システムを実現するための共通基盤技術となる評価・解析プラットフォーム（FC・Platform）の構築を目的としたプロジェクトであり、シミュレーショングループ、マテリアルズインフォマティクスグループ、電気化学的特性測定グループ、材料分析/解析グループ、マネジメントグループの5グループから構成さ

れている。特にシミュレーショングループでは、固体高分子形燃料電池の化学・機械劣化連成シミュレータ、製造プロセスから触媒層構造を予測するシミュレータ、発電性能を予測するマルチスケールシミュレータなどの原子レベルからマクロまでの多様なマルチスケールシミュレータの開発が進行中である。

・マテリアル革新技術先導研究プログラム、マテリアル・バイオ革新技術先導研究プログラム（NEDO）

2021年度から開始されたマテリアル革新技術先導研究プログラムにおいて、「データを活用した革新的マテリアル製造プロセスインフォマティクス技術の開発」、さらに2022年度から開始されたマテリアル・バイオ革新技術先導研究プログラムにおいて、「マテリアル開発手法のDX革新に資する基盤技術の開発」に関するプロジェクトが進行している。

・コンソーシアムの構築

ソフトウェアの開発や継続的発展の枠組みとしてのコンソーシアム構築が注目されている。代表的な例として、「電気化学界面シミュレーションコンソーシアム」、「RadonPyデータベース共同開発事業コンソーシアム」、「FMO創薬コンソーシアム」などがある。

これらの他に、スーパーコンピューターセンターが主導する組織やプロジェクトも存在する。代表的なものとして、金研、物性研、分子研、大阪大学エマージングサイエンスデザインR3センターの4機関を運営機関とする「計算物質科学協議会」、金研、物性研、分子研の間の「計算物質科学スーパーコンピュータ共用事業」、金研、物性研の行う「ソフトウェアの高度化事業」、物性研が運営するMateriAppsなどがある。

● 米国

物質・材料シミュレーションを活用したMaterials Informaticsのプロジェクトとして有名なものに下記がある。

・Materials Project

物質材料のスーパーコンピュータの第一原理計算結果のデータベースの開発プロジェクト。結晶構造、バンド構造、熱力学特性、電池特性、化学反応などの計算結果を提供している。マサチューセッツ工科大学のCederが中心となって進めている。

・AFLOW (Automatic Flow for Materials Discovery)

Duke大学が中心となって進めている物質材料の第一原理計算結果のデータベース。結晶構造、バンド構造、電子密度、機械特性、熱特性などを提供する。300万を越える構造と7億を越える計算結果が含まれている。

・Open Catalysis Project

Meta AIとカーネギーメロン大学が進めている再生可能エネルギー貯蔵に使用する新しい触媒のモデル化および発見を目的としたプロジェクトで、データベースには130万を越える構造、2億6000万以上の第一原理計算結果が含まれている。

・OQMD (The Open Quantum Materials Database)

Northwestern大学のChris Wolvertonが中心となって進めている、第一原理計算結果によって得られた熱力学特性と構造に関するデータベース。

・Clean Energy Project

Harvard大学が中心となって、次世代の太陽電池やさらにはエネルギー貯蔵装置の新素材を見つけるために、分子力学計算と第一原理計算を併用して、有機材料の探索を行っている。

・Polymer Genome
コネチカット大学のRampi Ramprasadが中心となって進められている、実験と第一原理計算から得られたポリマーの構造と物性値に関する構造データベース。

また、Materials Informaticsを推進する機関として有名なものに、Materials Genome Initiativeの時に設立されたNIST、ノースウェスタン大学、CHiMaD（Center for Hierarchical Materials and Design）を中心として進めているシカゴ大学がある。

Materials Genome Initiative後には、Designing Materials to Revolutionize and Engineer our Future（DMREF）というプロジェクトが立ち上がった。DMREFの興味深い取り組みとして、物質の合成に焦点を当てたThe Synthesis Genomeで、既存の合成方法から新規物質の合成法を予測するという試みがある。

● 欧州
EU全体での研究・イノベーションのプログラムである2014年～2020年に実施されたHorizon2020の後継プロジェクトとして、Horizon Europeが2021年～2027年の予定で進行しており、7年間で955億ユーロの予算が予定されている。Horizon Europeの中のDigital Europeという枠組みの中で、2023年までに世界トップレベルのエクサスケールコンピュータを完成させることが計画されているなど、スーパーコンピューティング、AI技術、量子コンピューティングの利用拡大が推進されている。

・Fair-DI（Fair Data Infrastructure for Physics, Chemistry, Materials Science, and Astronomy e.V.）
2015～2018年にEUで行われたNOMAD（Novel Materials Discovery）プロジェクトの成果がドイツやオランダを中心とする研究機関コンソーシアムFair-DIに引き継がれ、継続的な運営が進められている。

・Materials' Revolution Computational Design and Discovery of Novel Materials（MARVEL）
Swiss National Science Foundationによる12年に渡る長期プロジェクトで、第一原理計算を活用した材料インフォマティクスによって新材料の発見することを目的とした、EPFL中核のプロジェクト。AiiDA（Automated Interactive Infrastructure and Database for Computational Science）と呼ばれるプラットフォームをベースとして進められている。

・QM9
スイスのベルン大学のJean-Louis Reymondのグループによって進められている第一原理計算によって得られた低分子化合物のデータベース。13万分子以上の最適化構造とそのエネルギー以外に双極子モーメントなども掲載されている。

● 中国
北京科技大学にBeijing Advanced Innovation Center for Materials Genome Engineeringが、上海大学にMaterials Genome Instituteが、上海交通大学にMaterials Genome Initiative Centerが設立されている。

- 韓国

 韓国科学技術院が中心となってCreative Materials Discovery Project（2015–2024）が進められている。

（5）科学技術的課題
• 計算物質科学全体の課題

 計算物質科学において、手法の開発が望まれている領域としては、1）強い電子相関をもつ電子系、2）光、有限温度などによる励起状態、3）多数の原子・分子、長い時間のダイナミクス、4）複数のサイズや時間スケールにまたがる現象を追うマルチスケール、などがある。これらの課題は、近年、現実の系との比較や予測を行えるように、計算対象が大規模化・複雑化していることから、ますます重要な意味を持つようになっている。

 課題の全体的方向性については、計算物質科学協議会が2020年、2022年にまとめた提言書に詳しく述べられている。

 計算物質科学協議会において、2020年8月に「計算科学技術関連の科学技術政策に対する提言書」がまとめられている。「HPCI関連事業、マテリアル革新力強化戦略事業の実施課題」に関する提言書1と「計算物質科学分野の動向と今後のありかた」に関する提言書2の2部構成になっている。提言書1では、国家事業として、1）計算データのリポジトリと利活用促進事業、2）戦略的データ利活用のためのソフトウェア開発事業、3）実験研究者のスパコン利活用促進事業を促進する必要性が述べられている。提言書2では、計算物質科学分野の今後のありかたとして、1）基礎・基盤科学技術としての計算物質科学、2）合成・計測・計算の連携、3）マテリアルズ・インフォマティクス、4）計算物質科学の産業応用・展開、5）コミュニティソフトウェアの開発・普及、6）若手人材の育成、7）計算物質科学の裾野を広げる計算機環境の観点から、それらの重要性について提言がなされている。

 また、2022年3月には、計算物質科学協議会は、マテリアルDXにおける計算データリポジトリに関する提言書」もまとめている。この中では、1）計算物質科学界におけるデータリポジトリの世界および日本の情勢、2）「富岳」成果創出加速プログラムでの研究データマネジメント状況、3）計算、合成、計測のデータ融合と利活用を考慮したデータ同化技術、4）産学官で活用される計算物質科学データリポジトリの在り方、5）国産ソフトウェアパッケージ開発の重要性、6）「富岳」を頂点とする大規模計算機に立脚した材料データの自動創出、7）計算物質科学コンソーシアムの育成とそれを基盤とするデータリポジトリの創出、の7項目の観点から、それらの重要性について提言がなされている。

• データ科学利用に関連した課題

 実験データに関しても、計算データに関しても、取得しやすいものは大規模なデータベースが出来上がっている。実験データとしては結晶構造、計算データとしては、一体の量（エネルギー分散やバンドギャップ）についてのデータベース化は十分に進んでいるといえる。ところが、実験による決定に手間がかかる物性値、たとえば、（非共線）磁気構造、構造相転移温度、磁気転移温度、超伝導転移温度などや、計算しにくい電気伝導度やスピン感受率、誘電率といった二体の量、低エネルギー物性を正確に記述する有効模型のパラメータ、計算コストがかかるフォノンに関わる物理量についてはあまりデータが蓄積されておらず、今後も規模拡大を継続していくことが強く望まれている。また、論文として出版されないものの、人工知能による解析によって意味を持つことが期待される実験データをコミュニティで共有できるような体制作りも望まれる。

 密度汎関数理論、スピン密度汎関数理論に基づく局所密度近似、局所スピン密度近似による計算は多くの物質で比較的信頼性の高い結果を与えてきたが、異常物性を示す量子物質の中には標準的な手法が適用できない例も多い。精度の面で従来手法を超えつつ、かつハイスループット計算を行うことが可能な程度に計算コストが抑えられた手法の開発も重要課題といえる。

 機械学習による物質探索を進める上でよい記述子の発見は重要な鍵である。非自明な記述子を人工知能に探索させるという戦略はデータ科学ならではの考え方であるが、よい記述子の発見に物性物理学の理解の進

歩も本質的な役割を果たしうることは忘れられるべきではない。例えば、近年、異常ホール効果を示す反強磁性体の研究が盛んに行われているが、異常ホール効果を磁化の大きさで整理していると強磁性体しか探索の網にかからない。強磁性体、反強磁性体を同じ土俵で探索するためには磁化という概念を一般化した量を記述子として導入する必要がある。その際、磁性体の電子状態や磁気構造の分類に関する理解を深めることで非自明な記述子に到達でき、かつ物性物理学のあらたな展開に結びつけられることがある。このような物性物理学とデータ科学の間の正の循環を起こすためには幅広い分野の人材交流が有効である。

（6）その他の課題

　この分野に求められる人材として、1）基礎理論やソフトウェアの開発を実施する人材、2）様々な階層の手法を連結し、系全体を丸ごと扱うマルチスケールシミュレーションが実施できる人材、3）既存のシミュレーションと機械学習・データサイエンスの手法を高度に組み合わせ、隠れた相関を発見し、さらに物質のデザインが自在にできる人材、4）実験グループと密に連携を取りながら、新しいサイエンスを開拓できる人材、5）計算の専門家と実験グループのマッチングを先導し、新しい共同研究を生み出す研究コーディネータ などがあるとされるが、いずれの人材に関しても、物理、化学、材料工学等と、計算科学に関連した体系的な教育の両方を受けている必要がある。こうした教育カリキュラムを充実させていくとともに、若手人材のキャリアパスの多様化を実現していくことが、慢性的に人材不足が叫ばれるこの分野には強く望まれている。

（7）国際比較

国・地域	フェーズ	現状	トレンド	各国の状況、評価の際に参考にした根拠など
日本	基礎研究	◎	→	分子系電子状態計算、固体系電子状態計算、分子シミュレーションの全てにおいて、ソフトウェア開発が精力的に行われている。特に2014年度から2020年3月までに実施されたポスト「京」重点課題・萌芽的課題において、「富岳」での活用を目的としたソフトウェアの開発・発展が行われ、さらに2020年4月から開始された「富岳」成果創出加速プログラムに引き継がれている。 文科省のデータ創出・活用型マテリアル研究開発プロジェクト事業、マテリアル先端リサーチインフラ、学術変革領域研究（A）「データ記述科学の創出と諸分野への横断的展開」および「学習物理学の創成」など多くのプロジェクトが走っている。物質材料研究機構を中心とした安定した研究基盤が存在する。富岳を中心とした計算資源もある。
	応用研究・開発	◎	↗	国の大型プロジェクトに牽引される形で、物質・材料シミュレーションの応用研究が活発化している。計算、実験、計測、さらにはデータ科学の合同プロジェクトが増え、また産官学の連携プロジェクトも増える中で、応用研究が急速に広がっている。また、電気化学界面シミュレーションコンソーシアムに代表されるように多数の企業が参加するコンソーシアムやプロジェクトも拡大している。 機械学習ポテンシャルを使った分子動力学シミュレーションに取り組むベンチャー企業が設立されるなど、民間でも動きが激しい。
米国	基礎研究	◎	↗	世界で最も多く活用されている分子動力学ソフトウェア LAMMPS の開発と無償配布、世界で最も多く活用されている分子系電子状態計算ソフトウェア Gaussian の開発と販売に代表されるように、無償、有償のソフトウェアの開発が盛んに行われている。 Materials Genome Initiative 以来の伝統が脈々と続く。 Designing Materials to Revolutionize and Engineer our Future が進行中。
	応用研究・開発	◎	→	Materials Project、AFLOW に代表されるように、第一原理計算結果のデータベースの開発に加えて、データベースと Materials Informatics 技術を活用した材料探索など活発に応用研究・材料設計を推進している。新物質の探索だけでなく、合成方法についての研究も盛ん。特許申請も多い。

欧州	基礎研究	◎	↗	世界で最も多く活用されている固体系電子状態計算ソフトウェアVASPの開発に代表されるように、無償、有償のソフトウェアの開発が盛んに行われている。 Materials' Revolution: Computational Design and Discovery of Novel Materials (MARVEL) やThe Novel Materials Discovery (NOMAD) Laboratoryなど、大型かつ長期のプロジェクトが進行中。
	応用研究・開発	◎	↗	Horizon Europeの中のDigital Europeという枠組みの中で、エクサスケールのスーパーコンピュータのシステム開発、ソフトウェア開発とあいまって、欧州で開発されたソフトウェアの活用による応用研究が精力的に推進されている。
中国	基礎研究	○	↗	中国ではマクロなスケールのシミュレーションが中心であり、ナノ・メゾを扱う物質・材料シミュレーションに関しては、中国発の方法論およびソフトウェアは多くは無い。日欧米へ留学していた研究者が中国に帰国して活躍を始めており、今後、方法論、ソフトウェア開発が活発化する可能性が高い。 経済安全保障上鍵となる「核心的部材」と定義される材料に関する研究は盛んである。ただ、真に価値のある高品質なデータを世界と共有して科学の発展に資する姿勢があるか、と言う点で政治的な難しさがある。
	応用研究・開発	○	↗	現状、中国ではマクロスケールのシミュレーション手法を活用した応用研究が中心的であるが、今後、ナノ・メゾを扱う物質・材料シミュレーションに関しても、日欧米から中国に帰国した研究者により活発に応用研究が進む可能性が高い。 データ科学は透明性が肝心である。欧米など中国以外で公開しているデータやコードを中国が利用することはありえても、中国が独自にもつ高品質なデータを中国以外の国が無制限に利用して研究をすることがありえるか、の見通しは応用研究のレベルになると必ずしも明るくないと考える。個人のレベルの研究交流と組織のレベルの研究交流の慎重な切り分けが難しい。
韓国	基礎研究	△	→	韓国発の方法論およびソフトウェアは多くは無く、現状では今後、活性化して行く兆候は見られない。
	応用研究・開発	△	→	研究分野としては、エレクトロニクス関係の論文は多いが、今後さらに応用研究が活発化する兆候は見られない。

（註1）フェーズ

  基礎研究：大学・国研などでの基礎研究の範囲

  応用研究・開発：技術開発（プロトタイプの開発含む）の範囲

（註2）現状　※日本の現状を基準にした評価ではなく、CRDS の調査・見解による評価

  ◎：特に顕著な活動・成果が見えている　　　　　○：顕著な活動・成果が見えている

  △：顕著な活動・成果が見えていない　　　　　×：特筆すべき活動・成果が見えていない

（註3）トレンド　※ここ1〜2年の研究開発水準の変化

  ↗：上昇傾向、→：現状維持、↘：下降傾向

参考・引用文献

1) Claudia Draxl and Matthias Scheffler, "NOMAD: The FAIR concept for big data-driven materials science," *MRS Bulletin* 43 (2018): 676-682., https://doi.org/10.1557/mrs.2018.208.

2) Camilo E. Calderon, et al., "The AFLOW standard for high-throughput materials science calculations," *Computational Materials Science* 108, Part A (2015): 233-238., https://doi.org/10.1016/j.commatsci.2015.07.019.

3) Stefano Curtarolo, et al., "AFLOWLIB.ORG: A distributed materials properties repository from high-throughput ab initio calculations," *Computational Materials Science* 58 (2012): 227-235., https://doi.org/10.1016/j.commatsci.2012.02.002.

2.6 俯瞰区分と研究開発領域 共通基盤科学技術

4) Anubhav Jain, et al., "Commentary: The Materials Project: A materials genome approach to accelerating materials innovation," *APL Materials* 1 (2013) : 011002., https://doi.org/10.1063/1.4812323

5) Leopold Talirz, et al., "Materials Cloud, a platform for open computational science," *Scientific Data* 7 (2020) : 299., https://doi.org/10.1038/s41597-020-00637-5.

6) Sten Haastrup, et al., "The Computational 2D Materials Database: high-throughput modeling and discovery of atomically thin crystals," *2D Materials* 5, no. 4 (2018) : 042002., https://doi.org/10.1088/2053-1583/aacfc1.

7) Giovanni Pizzi, et al., "AiiDA: automated interactive infrastructure and database for computational science," *Computational Materials Science* 111 (2016) : 218-230., https://doi.org/10.1016/j.commatsci.2015.09.013.

8) Mois Ilia Aroyo, et al., "Bilbao Crystallographic Server: I. Databases and crystallographic computing programs," *Zeitschrift für Kristallographie - Crystalline Materials* 221, no. 1 (2006) : 15-27., https://doi.org/10.1524/zkri.2006.221.1.15.

9) Mois Ilia Aroyo, et al., "Bilbao Crystallographic Server. II. Representations of crystallographic point groups and space groups," *Acta Crystallographica* A62 (2006) : 115-128., https://doi.org/10.1107/S0108767305040286.

10) Shyue Ping Ong, et al., "Python Materials Genomics (pymatgen) : A robust, open-source python library for materials analysis," *Computational Materials Science* 68 (2013) : 314-319., https://doi.org/10.1016/j.commatsci.2012.10.028.

11) Jörg Behler and Michele Parrinello, "Generalized Neural-Network Representation of High-Dimensional Potential-Energy Surfaces," *Physical Review Letters* 98, no. 14 (2007) : 146401., https://doi.org/10.1103/PhysRevLett.98.146401.

12) So Takamoto, et al., "Towards universal neural network potential for material discovery applicable to arbitrary combination of 45 elements," *Nature Communications* 13 (2022) : 2991, https://doi.org/10.1038/s41467-022-30687-9.

13) 尾崎泰助「計算物質科学関連の科学技術政策に関する提言」計算物質科学協議会（CMSF）, http://cms-forum.jp/wp/wp-content/uploads/2022/05/teigensyo-CMSF202008-public-file.pdf,（2023年1月6日アクセス）.

14) 計算物質科学協議会・提言書作成ワーキンググループ「マテリアルDXにおける計算データリポジトリに関する提言書」計算物質科学協議会（CMSF）, http://cms-forum.jp/wp/wp-content/uploads/2022/05/teigensyo-CMSF202203-public_file.pdf,（2023年1月6日アクセス）.

2.7 共通支援策

2.7.1 ナノテク・新奇マテリアルのELSI/RRI/国際標準

（1）研究開発領域の定義

　新規物質や新製品の健康・環境への影響、倫理面の取り扱い、リスクの評価・管理、標準化は、国際的課題である。ナノテクノロジーに代表される新興技術・新奇マテリアルは、従来の材料とは異なる微小構造ゆえの新物性を持つものがあることから、未知のものとして適切な評価や管理を行うことが求められる。組成だけで分類することができず、サイズ、形状、表面状態など影響する因子が多岐にわたり、科学的評価研究には多くの時間・資金・設備等を要する。このことから、国や国際協調の枠組みのもと、世界の産官学が協調して取り組んでいる。リスク評価手法・管理手法の確立に関する科学的再現性の担保や、医学・疫学的評価、評価結果の知識基盤整備、社会への情報提供とコミュニケーションの仕組み構築、産業界や社会における情報の活用システム、合意形成と意思決定の在り方など、責任ある研究・イノベーション（RRI）の観点から多様な課題が存在する。倫理的・法的・社会的側面（ELSI）からと、環境・健康・安全（EHS）の科学的側面からの取り組みがあるが、近年特にナノマテリアルを使用した製品の実用化の進展や、海洋マイクロ・ナノプラスチックなどに対し、各国・地域単位で規制・制度面の整備が顕在化している。有用技術・材料のリスクを適切に管理し、恩恵を社会が広く享受するためには、健全な国際市場での流通が欠かせない。固有の用語、評価試験方法、リスク評価法などの多方面にわたる国際標準化が重要となる。

（2）キーワード

　ナノマテリアル、ナノ材料、ナノ粒子、アドバンストマテリアルズ、マイクロ・ナノプラスチック、ナノELSI、RRI、ナノEHS、ナノカーボン、リスク、有害性、毒性、規制、国際標準化、REACH、TSCA、ISO/TC229、IEC/TC113、OECD/WPMN、VAMAS

（3）研究開発領域の概要
［本領域の意義］

　ナノテクノロジー・材料科学技術への期待の一つに、ナノテクノロジーを応用した製品やナノマテリアルが、従来技術によるデバイスや材料とは異なる新奇で優れた特性を有していることがある。このことは同時に、ナノテク応用デバイスやナノマテリアルが健康や環境に対して未知の影響をもたらす可能性があることも意味し、有用面だけでなく、リスクを適切に評価・管理することが重要となる。人類が公害問題で経験した化学物質や、農産物における遺伝子組み換え技術のように、適切な利用に限れば有用な技術であっても、不確実性・リスクへの懸念や不安から、社会が判断を下すことが難しくなる、または拒絶する可能性もある。社会への周知やコンセンサス形成が十分でないままに、効用・効率のみを追い求めて環境へ曝露してしまう懸念もある。例えば近年、マイクロ・ナノプラスチックによる海洋汚染の影響がクローズアップされているが、原料から製造・使用・廃棄・リサイクルまでの循環を考慮し、科学的評価を踏まえ、持続可能な使用を実現することが求められている。そのためには、科学者、技術者、事業者、消費者・市民、行政が、ナノテクを用いた製品やナノマテリアル等新材料の未知の側面に関心を寄せながら適切な役割分担で取り組み、ルール形成や意思決定に反映していくことが肝要となる。

　ナノマテリアルは、少なくとも一次元の大きさが100 nm以下で人工的に製造された材料を指すことが一般的である。材料をナノスケールサイズにすると、生体にとっては組織浸透性が向上することに加え、比表面積が大きくなることで電子反応性や界面反応性も向上し、高機能化が実現する。半導体に代表されるエレクトロニクス産業のほか、医薬品（造影剤、ドラッグデリバリーシステム）や、化粧品（ファウンデーションや日焼け止め）、食品（固結防止剤）など様々に使用され、機能素材として活用されている。製品に使用されるナ

ノマテリアルの種類の増加に伴い、今後ナノマテリアルへの曝露機会の増加可能性を考慮すると、安全性を確保するためには生体影響や環境影響の評価を、サイズ・表面性状をはじめとした物性との連関によって解析することが必要となる。この観点から様々なナノマテリアルを細胞／動物に添加／投与し、その応答が解析されている。リスクの解析には、曝露実態に沿った生体応答／細胞応答評価が重要であり、ハザードに関する情報のみならず、吸収・分布・代謝・排泄や蓄積といった動態情報を定性・定量解析し、「曝露実態」を解明することで、リスク解析に資する情報の集積を図ることが必要となる。

近年、欧州を中心にナノマテリアルの登録制度・規制や評価基準の規定、国際標準化が進んでいる。このことは、事業者がナノマテリアルを活用したビジネスを行う際に、事業推進の可否に決定的な影響を及ぼす。ナノマテアリアルの定義、分類、測定方法、評価方法、評価結果の解釈は国際協調で進むが、科学的データの共有は十分に進んでおらず、また、対象範囲の広さやバラつきもあることから、あらゆるナノマテリアル種に完全に対応するような取り組みは現実的でなく、ほぼ不可能である。ナノマテリアルを用いた製品が価値あるものとして世界市場で流通するには、世界共通の客観的尺度でその有用性や品質を示していくことが欠かせない。国際標準化することの意義がまさにそこにある。国際標準は、客観性のある科学的知見に基づき国際的な合意の下で形成された文書であり、国際標準に準拠することは市場展開において信頼性の観点で特に重要となる。

一方、現時点において「ナノスケールであるがゆえに特有」の負の健康影響や環境影響の存在は、科学的には未だ確定したとはいえない。このことを踏まえ、世界的にナノマテリアルを含む化学物質の規制当局は、ナノマテリアルの登録制度を開始するなどしながら、それぞれの規制枠組みの中で実際にどのようにナノマテアリルのリスク評価を行うのかの観点で検討を進めている。健康・環境へのリスク評価の国際的要請の高まりを受けて15年ほどが経過したが、当初は分野横断的な技術的連携の必要性が謳われる同時に、これまでの化学物質のリスク評価・管理の枠組みを拡張する方向で様々な評価法の開発が進められてきた。2019年以降、欧州の化学物質規制の根幹である欧州化学品規制REACH（化学物質の登録、評価、認可及び制限に関する法規制）において、ナノマテアリルが本格的に対象となった。安全性を評価するため、OECDにおいてもリスク評価のための試験法ガイドラインの開発や改良が進められた。欧州では、ナノマテリアルを含む先端的材料やそれらを複合的に組み合わせた新規物質を「アドバンストマテリアルズ（Advanced Materials）」とカテゴライズして、ナノマテリアルのみならずより広い新材料の安全性をどう評価すべきであるかの方向へと議論が展開している。

対象がナノマテリアルからアドバンストマテリアルズに拡大するとしても、生体への吸収性や反応性の点では検討すべきことは同様であり、安全性評価のために検討してきた研究課題のフレームは毒性学的観点から大きく変わることはない。単一の化学物質のサイズ領域である1nm以上から、生体には吸収されないであろう巨大な粒子や高分子ポリマーサイズ（数十μm以上）の間に入るサイズの物質について評価を行うための、手法開発が中心的な課題となる。一方、評価対象がナノマテリアルからアドバンストマテリアルズに拡がる際の課題は、健康評価の毒性学的観点よりも、行政的なリスク評価・管理体制へのインパクトの方が大きい。新規の物性・機能を様々な用途へと応用できるナノマテリアルの評価は、様々な材料の原料としての化学物質評価体系の中で行おうとしているが、アドバンストマテリアルズは、単なる一材料としての評価だけではなく最終（消費者）製品としての製品評価を行うことが必要になる。現に医療機器や食品容器などへの適用が進んできていることから、化学物質を単独で管理する体系とは異なった行政的な管理体系での評価も必要となる。日本の「化学物質の審査及び製造等の規制に関する法律（化審法）」は、化学物質が環境経由でヒトに曝露する際の安全性を評価対象としているが、医療や食品関連へ開発された物質が直接ヒトに曝露する際の安全性評価に対して、環境経由による影響評価を行う毒性試験の曝露形態では、本来的に評価対象とすべきアドバンストマテリアルズのリスクをカバーできない可能性がある。また、医療や食品関連の製品はそれぞれ異な

る評価システムで管理されているため、一つの物質でも異なった評価が行われることがあり、安全性評価の整合性の観点から課題となる。

　一方、長期曝露による発がん性を中心とした評価法の課題は、依然として解決していない。慢性影響の評価を確定するための試験は、動物実験などの長期毒性試験に頼らざるを得ず、アドバンストマテリアルズへと拡がる数多くの物質に対しては、このような試験を行うことはますます現実的でない。より効率的な試験法の開発が必要となる。慢性影響を評価するための行政的な管理システムは、通常の化学物質に対する評価・管理システムでさえも効率的に機能しているとはいえない状況もあるなか難問である。特に今後、社会的なニーズにかなったアドバンストマテリアルズを用いた製品は、広範かつ長期に使用され続けることが想定され、長期的な曝露による将来のリスクを回避すると共に、安全性を担保してかつ国際競争力を高めた製品を市場に供給するための評価システムを構築する必要性がある。従来の化学物質の評価においても、カテゴリー化・グルーピング（類似の物質を括って評価する）、リードアクロス（評価対象物質の特性を、類似物質の既評価物質の特性から類推する）、QSAR（Quantitative Structure Activity Relationship/定量的構造活性相関：物質の構造や基本的な物理化学特性値から有害性等を推定する）が行われてきた。また、ナノマテリアルやアドバンストマテリアルズの評価の効率化が求められていることは、単なる試験コスト削減に留まらず、動物試験削減のためにin vitro試験法等の代替法の開発・実施の推奨や、新材料の創出によるイノベーションへの期待を背景にしている。

　研究開発者と市民・社会の多様なステークホルダーによる、相互作用的なプロセスを経て科学技術イノベーションの成果を社会へ還元させるべきであるという「責任ある研究とイノベーション（RRI）」の考え方が国際的に拡がっている。不確実性やリスクを科学的に払拭することが難しいナノテクノロジーのようなエマージングテクノロジーの研究開発は、社会との関係構築が特に重要となる。製品応用の進展を背景に、安全性について関心を集める代表的なナノ材料の一つに、ナノカーボン材料がある。ナノカーボンの代表例であるカーボンナノチューブ（CNT）は、繊維状で高アスペクト比の形状から、アスベストに似ているのではないかとされる。しかし、両者の使用環境におけるサイズには大きな相違があり、生体影響に関する相違は科学的に十分に明らかになっていない。アスベストとカーボンナノチューブを比較し、両者によるがんや中皮腫等の発症にいたるメカニズムの解明を目指した研究が2010年代に注目された。フラーレンやナノスケールの銀、酸化チタン、酸化亜鉛等についても、殺菌効果や抗酸化作用、紫外線からの保護性能等に着目した製品、日焼け止め、抗菌防臭剤、食品添加物などへの応用が広がる一方で、有害性やリスクを評価する科学的データは未だ十分ではなく、さらなる研究が必要と指摘されている。すでに市場に流通する製品は多く、各国政府や環境保護団体などからの消費者に向けたファクトレポートや、安全性情報や安全な使用方法についての説明を含むFAQ（Frequently Asked Questions）などが多数公開されている。

［本領域の動向］
● 欧州

　ナノマテリアルに関する規制の国際的な潮流は、欧州を中心としてOECDとEUのプログラムが協力する形で進められている。2020年にREACH規則においてナノマテリアル（REACHではナノフォームと呼ぶ）が規制対象に含まれ、事業者はナノマテリアルに対する対応が必要となった。ナノマテリアル開発における技術的な世代推移について、EUプロジェクトのNanoREG2やProSafeが次のように分類している。初期のナノマテリアルに相当する第1世代（カーボンナノチューブやセルロースナノファイバーなど）から、第2世代（複数元素種からなるナノマテリアル）、第3世代（多次元からなるナノマテリアル）、第4世代（複合体などの科学的に結合したコーティング等が施されたナノマテリアル）まであり、第4世代は「先端ナノマテリアル」に当たるとしている。

REACH規則ではナノマテリアルに対応した改正が行われているものの、現行の規制データ要件は第1世代のナノマテリアルに対処するために開発されたものであり、後続の各世代に対する妥当性を確認する必要があると指摘している。 REACHの他、欧州の化粧品規則や食品法における第2世代以降のナノマテリアルへの対処については、現行の規制の枠組みは第2世代以降のナノマテリアルの安全性に対処するのに概ね適切であると結論づけている。しかし第2世代や第3世代ナノマテリアルの動的な側面を捉えるためには、追加の特性評価パラメータが必要であることも認識され、そのようなパラメータは、刺激の種類や意図された機能、ナノマテリアルが受ける変化の種類を反映する必要があると指摘している。

このように、先端ナノマテリアルへの対応に関する課題や問題意識が認識されつつあるものの、現状では研究開発の早い段階で、安全性の考慮と同時にサステナビリティを考慮し、安全性と環境に対する影響や循環経済における生物多様性、資源の再利用・リサイクルの可能性を両立させる全体的・体系的かつ包括的なアプローチは欠けている。 REACH規則の具体的な動向としては、欧州化学品庁（ECAH）が2021年6月に、ナノフォームに関するガイダンスに適用できる情報要件（IR）と化学物質安全性評価（CSA）ガイダンス文書の附属書の草案（Version 3.0）を公開し、人の健康に関する指標のための試験・サンプリング戦略及び試料調製に関する推奨事項の更新、反復投与毒性の項の更新、変異原性の項の更新、を行っている。さらに2021年12月に、情報要件と化学物質安全性評価（IR&CSA）ガイダンスに適用可能な、ナノフォームに関する附属書R7-1 Version 4.0（草案）を公開し、試験とサンプリング戦略、生態毒性評価項目のための試料調製法に関するアドバイザリーノート更新、水への溶解度、粒度分布のセクション1を更新、「Dustiness」の追加を行っている。

欧州化学品庁（ECHA）ではCoRAP（Community rolling action plan: 共同体ローリングアクションプラン）という仕組みで、加盟国当局と連携し登録物質を対象とした物質評価を計画的に実施している。その目的は対象物質の製造や使用によるヒト健康への悪影響や、環境リスクの可能性を明らかにし、強制力のある統一した指標を採用することである。 CoRAP対象物質は定期的に見直されているが、課題も浮き彫りになってきている。 REACH登録の前提は、"one substance, one registration"であり、CoRAP対象物質はあくまでも"one substance"である。しかし酸化チタンや酸化亜鉛等には、ナノタイプと非ナノタイプが存在するため、one substanceとしてナノタイプも非ナノタイプも含めた統一した見解が出せていない。現在、酸化チタンと酸化亜鉛の物質評価は終了し、Draft decisionが発出されている。 Draft decisionでは、先導登録者が提出したドシエ（登録一式の文書）だけでは各ナノタイプの有害性が判断できないとの理由から、追加の試験実施を求めている。追加データ取得には高額な費用を要するため、各登録物質のコンソーシアムとECHAの間で必要不可欠な試験の選定、試験条件の詰めを行い、データ取得に向けた取り組みが実施されている。試験対象物質は粒子径、表面処理や形状等が異なる非常に多くの種類がある。このような場合、物質の組み合わせは非常に多岐に亘るため、物質毎に有害性データを取得することは困難となる。そのため物性的に同等と考えられる物質を一つのグループに纏めるグルーピング手法が推奨される。グルーピングする場合にキーとなる物性は【サイズ】、【形状】、【結晶形】、【表面処理剤】と【比表面積】からなる5つの要素である。例えばナノ酸化チタンの場合だと理論上18グループが存在するが、現状販売されている製品群は12のグループで賄えることが判明したため、それぞれのグループから代表サンプルを選定し有害性試験が実施されている。ナノ酸化亜鉛もナノ酸化チタン同様に有害性試験が終了しており、現在は試験結果の纏めに向けた取り纏めが行われている。

欧州食品安全機関（EFSA）は食品添加物用酸化チタンに関して、2016年と2018年、2019年に遺伝毒性に関する再評価を行った。いずれの場合も食品添加物としての使用に問題は無いとの結論であった。ところが2021年の評価は「EFSA Guidance on nanomaterials（2018）」に基づいており、酸化チタンに含まれるナノ酸化チタンの遺伝毒性懸念が排除できないとのことから、ナノ酸化チタンの分画を含む全体の酸化

チタンとして、遺伝毒性懸念が排除できないとした。2022年1月に「Official Journal of the European Union」が発出され、食品用途での酸化チタンの使用禁止が謳われた。一定の猶予期間はあるが、その後は酸化チタンを含む食品の上市は禁止される。しかし、酸化チタンに差し迫った有害性が認められているわけではないため、商品の回収までは求めていない。こうした欧州の動きに同調して、サウジアラビアやアラブ首長国連邦を始めとする中東諸国やイスラエルは、自国の食品添加物リストから酸化チタンを除くことをWTOに通知している。一方、イギリス、アメリカ、カナダ、日本の各当局は独自に酸化チタンの再評価をするとしており、イギリスとカナダの評価ではEFSAと全く異なる結論が得られている。即ち、EFSAが評価した論文並びに最新の科学的知見から、食品添加物用途において酸化チタンは安全に使用できるとするものであった。

欧州委員会の共同研究センター（JRC）は2022年6月に、製造ナノマテリアルのグルーピングと規制の現状及び環境配慮に関する報告書を公表した。ナノテクノロジーの現状を、環境配慮と法規制に重点を置いてレビューしている。インフラ（建設、ビルコーティング、水処理）におけるナノマテリアルの応用と分析、特にこれらへ実装した際のライフサイクルにおけるナノマテリアルの放出について検討している。さらに、生態毒性学的・毒性学的特性に関するグルーピングアプローチと、環境におけるナノマテリアルの運命が評価されている。

欧州グリーンディールに関連する動きとしては、発表から1年後の2020年10月に、化学物質に関して「有害物質のない環境へ向けたサステナビリティのための化学物質戦略」（いわゆる欧州化学物質戦略）が発表されている。欧州化学物質戦略では"one substance, one assessment"を欧州の化学物質管理規制において進めることが指摘されているが、ナノマテリアルに関しては化学物質を扱う様々な規制間で定義が一貫していないことから、早急に欧州全体でナノ材料定義の統一化を図るべきだと指摘している。

〈ナノマテリアルの定義更新〉

欧州委員会では、ながらく滞っていた2011年のナノマテリアル定義勧告の見直し作業を加速化し、2022年6月にようやく同勧告が更新された。更新されたナノマテリアル定義は2011年の勧告と大きく変わるものではないが、より基準が明確になったといえる。定義は以下のとおり。

欧州委員会のナノマテリアルの定義（2022.06）

『ナノマテリアルとは、単体で、または強凝集体や弱凝集体の中に識別可能な構成粒子として存在する固体粒子からなる天然、偶発的または製造された材料で、数ベースのサイズ分布において、これらの粒子の50%以上が下記の条件の少なくとも1つを満たしているものである。

A）粒子の1つ以上の外形寸法が1nm～100nmのサイズ範囲にある。

B）粒子が、ロッド、ファイバーまたはチューブなどの細長い形状を有し、2箇所の外形寸法が1nmより小さく、他の寸法が100nmより大きい。

C）粒子が板状の形状を有し、1箇所の外形寸法が1 nmより小さく、他の寸法が100 nmより大きい。

粒子数に基づく粒度分布の決定において、垂直に交わっている2箇所（以上）の外形寸法が100μmより大きい粒子は考慮する必要はない。比表面積が6 m²/cm³未満のものはナノマテリアルとみなさない。』

2011年の定義との違いとしては、以下が挙げられる。

・カーボンナノチューブ、フラーレン、グラフェン、といった炭素系材料が明示されなくなり、直径が1 nm未満で長さが100 nmを超えるすべての細長い粒子および厚さが1 nm未満で、横方向の寸法が100 nmを超える板状の粒子は、化学元素に依らず、ナノマテリアルに含められることとなった。実用的な測

定可能性の理由から、垂直に交わっている２箇所以上の外形寸法が100μmより大きい粒子は考慮しないことが認められている。

・「環境、健康、安全、または競争力に対する懸念によって正当化される場合、50％の個数分布のしきい値は１〜50％のしきい値に置き換えることができる」という柔軟性表現が削除された。「規制の一貫性（consistency）と統一性（coherence）を確保し、ある規制枠組みの下ではナノマテアリアルとみなされる材料が、別の規制枠組みの下ではナノマテリアルとみなされないといったことを回避する。事業者、消費者、規制当局にとって法的不確実性を避けるため、2011年の定義勧告で規定されている特定ケースにおけるしきい値の柔軟性は削除されるべきである」として、粒子数に基づく粒子径分布50％以上に関して変更をしなかったと説明している。

・【含む：contains】という用語が【構成する：consists of】に置き換えられ、その定義が成分または別の材料の一部としてではなく、当該物質または材料の定義であることを強調している。エマルションのような液体粒子や泡のような気体粒子とは対照的に、定義が固体粒子から構成される材料に限定することで【solid】の語が追加された。

・新しい定義では、数に基づく粒子サイズ分布を確立する際に、凝集していても個別粒子と識別できるなら、それら粒子を適切に考慮する必要性がある。

・単一分子は粒子とは見なされないこととなった。

現時点では、しきい値を持つナノマテルアルの定義は欧州委員会が勧告したものだけであり、産業界では対象物質がナノマテリアルか否かを識別する上で重要な意味を持つ。 REACH規則や化粧品規則等にはまだナノマテリアルのしきい値は無いが、今後改定された定義に置き換わっていくものと考えられる。

一方、国際標準化機構ISOのTC229（Technical Committee 229 Nanotechnologies）では、ナノスケールを「およそ1nm〜100nmの長さの範囲」とし、ナノマテリアルを「三次元的に見て、外形寸法のいずれか一次元でもナノスケールである材料、又はナノスケールの内部構造や表面構造を持つ材料」と定義している。したがって、2次元的な平面物質であるグラフェンや棒状物質であるCNTもナノマテリアルとして扱われる。ビジネスや規制の観点では以下の問題がある。 1）実際の材料はサイズ分布を有している。すなわち、ナノマテリアルとサイズの大きい非ナノマテリアルが混在している。またアグリゲート（強凝集体）やアグロメレート（弱凝集体）の状態にある場合が多い。これらの扱いをどうするか。 2）サイズが既存の化学物質より小さくなることにより、従来にない新奇な特性・機能が出現するかどうかが定義の中で議論されることがある。

比表面積に関しては、「高い比表面積は、多数の小さな構成粒子の存在を示すのではなく、内部のナノ構造に起因する場合があるため、ナノマテリアルを特定する際に代理指標として比表面積を使用すると、解釈や技術的困難につながる可能性のあることが経験上示されている。このことから、2011年の定義勧告で示された比表面積に関連するオプションは適切ではなく、ナノマテリアルの定義の修飾語から外すべきである、と説明している。

さらに本定義勧告に関して、「EU法規制や、物質群に対して追加的または特定の要求事項（安全性に関するものを含む）を定める規定の適用範囲に影響を与えたり、反映させたりするものであってはならない」とし「場合によっては、たとえこの勧告にしたがってある材料がナノマテリアルであるとしても、その材料を特定の法律又は法規定の適用範囲から除外することが必要と考えられる場合があるかもしれない。同様に、ナノマテリアルを対象とする特定の連邦法又は立法規定の適用範囲において、この勧告の定義に該当しない追加的な材料に対する規制要件を策定することが必要であると見なされる場合もある。しかし、そのような法律は、定義及び結果的に他の法律との整合性を維持するために、『ナノマテリアル』とそのようなサブグループ内とを区別することを目的としなければならない。」とも説明している。他方で「この勧告は、欧州委員会又は連合の立法者が採択した水平的な政策及び立法に用いるナノマテリアルの定義を定める別の法律で使用することもでき、その場合、その法律がこの勧告に取って代わる。」ともしており、今後、REACH規則や欧州化粧品規則など

欧州内での各規制において、今回のナノマテリアル定義勧告がどのように扱われるかは注視すべき点である。

　欧州化粧品規則でも、欧州化学物質戦略を受けた見直し作業の一環としてナノマテリアルの定義の見直し作業を進めている。2021年7月に欧州議会がナノマテリアルに関する化粧品規則レビューを行い、法律間の一貫性を高めるためには化粧品規則における定義を欧州のナノマテリアル定義勧告に合わせることが必要であり、そのための潜在的な影響を評価する必要性が指摘された。2022年3月には欧州委員会による化粧品規則改訂に係るパブリックコンサルテーションを実施し、6月に終了している。化粧品規則におけるナノマテリアルの定義を更新すべきかどうか、また、化粧品製品規則におけるナノマテリアルの定義を複数の分野に適用される定義（分野横断的な定義）と整合させるべきかどうかを尋ねている。さらに欧州委員会は2022年2月に特定のナノマテリアルの使用に関する化粧品規則の改正案を発表している。欧州委員会は、消費者安全科学委員会（SCCS）が懸念の根拠を特定した特定のナノマテリアルの化粧品への使用禁止を制定するために、この改正が必要であるとの意向を示していた。改正案は、化粧品規則の付属書II（化粧品に含まれる禁止物質のリスト）を改正し、懸念の根拠が特定されたナノマテリアルの使用禁止を域内市場内で一律に実施するものである。

　対象となるナノマテリアルは、「スチレン/アクリレートコポリマー、スチレン/アクリレートコポリマーナトリウム、銅、コロイド状銅、ヒドロキシアパタイト、金、コロイド状金、ヒアルロン酸チオエチルアミド、コロイド状金アセチルヘプタペプチド–9、白金、コロイド状白金アセチルテトラペプチド–17」である。これらの材料に関しては、SCCSが2021年までに最終意見を公表していた。（これらの化粧品規則における12種のナノマテリアルの使用禁止に関する規制は、2022年末に発表される予定とされていたが、2023年1月時点において未公表である。）

　マイクロプラスチックに関しては、ECHAが2019年1月に規制提案を発表した。その後RAC Opinion（Committee for Risk Assessment）及びSEAC Opinion（Committee for Socio-economic Analysis）の発出に続き、2021年2月、RAC SEAC Joint Opinion が取りまとめられた。今、議論の場は欧州委員会に移っており、加盟国間で議論が行われている。規制対象は純粋なプラスチック製品だけではなく、表面がプラスチック（固体高分子）で被覆されている物質や固体高分子を1重量%以上含有する物質にまで範囲が拡大している。即ち、非プラスチック製品を固体高分子で被覆したものまで規制対象としている。このような被覆製品は市場で一般的に販売されている。例えばシリコーン類で表面被覆した酸化チタンや酸化亜鉛等にもその対象範囲が広がったことになる。これに対し日・欧の産業界は、表面被覆した無機物はマイクロプラスチック規制の対象外にすべきではないかとの論を展開している。

〈国際標準化〉
　ナノテクに関する国際標準化は、ISO/TC229（ナノテクノロジー）において主導的に進められており、英国が幹事国である。ISO/TC229は、ナノマテリアルの用語・命名法（JWG1）、計測と特性評価（JWG2）、環境・健康・安全（WG3）、材料規格（WG4）、製品と応用（WG5）の5つのワーキンググループにより構成される。これらのうち、用語・命名法ならびに計測と特性評価のワーキンググループはIEC（国際電気標準会議）/TC113（ナノエレクトロニクス）と合同ワーキンググループ（JWG：Joint Working Group）を形成している。ISO/TC229は2022年8月25日現在でP-メンバー（Participating members）が39か国、O-メンバー（Observing members）18か国が参加し、2005年のTC設置以来100の規格文書を出版するなど、ISOのなかでも最も活発に活動が展開している技術委員会の一つである。TC229の発足時に設置された3つのWGである用語・命名法はカナダが、計測と特性評価は日本が、環境・健康・安全は米国がコンビナーを務める。一方、その後に設置された2つのWGである材料規格（2008年設置）は中国が、製品と応用（2016年設置）は韓国が、各々提案してコンビナーを獲得しており、中国や韓国が積極的にナノテ

クの主導的立場の確保に動いていることが見て取れる。用語・命名法WGのスコープは、ナノマテリアルにおける一義的かつ一貫した用語及び命名法を定義し、開発することであり、新技術の普及には不可欠なものである。ISOはこれまでに、共通的に重要なコア用語、ナノ粒子やナノファイバーなどのナノ物質に関する用語、カーボンナノチューブなどの主に炭素からなるナノ物質に関する用語、ナノ物質のキャラクタリゼーションと計測方法に関する用語、医療応用に関する用語、加工製造に関する用語などの多数の規格を出版してきた。今後は、グラフェンやリポソーム、ナノ構造材料などの応用分野における新規用語へのニーズに対応することになる。

ISO/TC229特有の傾向であるが、設立された初期に整備された規格の多くは、ナノテクノロジーの技術進展が速いため、定期見直しのサイクルが3年と短いTS（技術仕様書）タイプの規格が大勢を占めていたが、ナノテクノロジーのTCが設立から17年経過し、昨今は定期見直しを契機に、審査も長く一度成立したら見直しの周期が5年とTSより長いIS（国際規格）化する動きや、用語に関してはこれまで分かれて作られていた規格を束ねて整備しようという動きなど、規格を使う側にとって、より長期的に使いやすい形に見直す動きも現れてきている。

最近のケースとして、リポソーム粒子に関する国際標準化の検討が進んでいる。ドラッグデリバリーシステムへの応用において重要なリポソームに関するスタディグループが米国主導で立ち上り、リポソームに係る用語規格の予備検討が進んでいた。現在、新規作業項目として用語の規格（ISO/AWI TS 4958 Nanotechnologies — Liposomes terminology）が決まり、開発が進んでいる。また、予備検討としてリポソーム製剤中に含まれる薬物量を測定する方法の提案も米国からあり、リポソームに関係した規格が今後も提案されてくると考えられる。

● 米国

米国では、国家ナノテクノロジーイニシアティブ（NNI）における5つ戦略構成エリア（PCA）の一つとして、「責任ある開発（PCA5）」を堅持している。NNI戦略計画2021では、ナノEHS（環境・衛生・安全）およびナノELSIに加え、包括性、多様性、公正、アクセス（IDEA）など、近年の重要な考えを包含するものとして新たな計画を策定している。責任ある開発はNNI発足時からの重要な柱であり、近年の新たな重要な側面として、信頼を深め、情報に基づいた決断を下すための知識を消費者にもたらし、透明性あるパブリック・エンゲージメントを行うとしている。また、研究の公正性は経済安全保障に関係しており、開かれた環境は知的財産保護と市民の税金の責任ある管理とのバランスが取れたものでなければならないとしている。

こうした上位計画のもと、NNIに参画する各省庁・国研（NSF、FDA、EPA、NIH、NIOSH、NCEH、NIST、USDA、NIFA、CPSC等）は、研究者、労働者、消費者、および環境を共同で保護する取り組みを実施している。NSFのナノスケール・インタラクションズプログラムや、農務省傘下の農業・食品研究所（NIFA）における農業食品研究イニシアティブなど、政府機関による中核的プログラムとしてナノEHSの理解を進める取り組みに資金支援援助を続けている。製造ナノマテリアルの形態及び媒体が複雑化していることから、毒性学や動態・輸送、リスク評価及びリスクマネジメントに関するツール開発や機能強化に取り組んでいる。食品医薬品局（FDA）は、製造ナノマテリアルを含む製品やナノテクノロジーの使用を伴う製品の安全性、有効性、品質、規制状況への対応を支援するために投資を継続し、安全性と有効性評価のためのモデル開発や、生物学的システムにおけるナノマテリアルの挙動と、ヒトと動物の健康への影響に関する研究を継続している。NIH傘下の国立環境衛生科学研究所（NIEHS）は国家毒性プログラムの下で、多層CNTの吸入が免疫系機能に及ぼす影響の研究を継続中である。また、労働安全衛生研究所（NIOSH）は、ナノマテリアルの労働環境曝露について、肺および経皮毒性、個体毒性を評価するために産業界と協力し、材料のライフサイクルを通じた実用的なリスク評価法の開発に取り組んでいる。ナノカーボン、金属ナノマテリアル、ナノセルロース、ナノクレイを対象としている。NIOSHは「Current Intelligence Bulletin (CIB) 70: Health Effects of Occupational Exposure to Silver Nanomaterials」を2021年に発表した。このCIB

によると、NIOSHでは銀ナノ粒子の動物や細胞における100以上の研究を評価することで、曝露による潜在的な健康リスクを評価している。動物を使った最近の研究では、生物学的活性と潜在的な健康への影響が粒子サイズに関係していることが示されている。初期の肺炎や肝臓の過形成など、吸入暴露後のラットで観察されている。動物データにもとづき労働者へのリスクを推定し、雇用者がこの情報を労働者や顧客へ広めることを推奨している。また、2022年7月にNIOSHはテクニカルレポート「Occupational Exposure Sampling for Engineered Nanomaterials」を発表した。2010年以来、製造ナノマテリアル（CNTおよびCNF、銀、二酸化チタン）の職場サンプリングのためのガイダンスを開発し、それぞれ元素質量ベースのNIOSH推奨暴露限界（REL）を設定している。この文書には、暴露モニタリングプログラム、CNT・CNF、銀、二酸化チタン、その他の製造ナノマテリアルのための暴露評価技術の使用、サンプリング方法に関する推奨事項が含まれている。技術や方法論を組み合わせることで、製造ナノマテリアルへの潜在的な職業曝露の詳細な特性評価を行うことができるとしている。米国環境保護庁（EPA）では、製造ナノマテリアルの環境中への放出を評価し、ヒトおよび生態系への曝露評価に取り組んでいる。ナノテクノロジー活用製品からのナノマテリアルの風化、放出、および変換を特徴付けるための研究や、ナノマテリアルを含む農薬の輸送、変換、運命、および環境への影響についての研究を行っている。EPAはまた、ナノマテリアルデータベース：NaKnowBase の開発に重点を置いている。

CPSC（米国消費者製品安全委員会）では、製品から放出される製造ナノ材料の特性評価と暴露の定量化を目的としたプロジェクトに連邦政府のパートナーと協力して取り組んでいる。例えば、CPSCとNISTは、ナノマテアリアルの毒性指標を決定するために使用するin vitro試験方法の最適化を進めている。CPSCと米陸軍エンジニア研究開発センター（ERDC）は、Center for the Environmental Implications of NanoTechnologyとともに、マトリックス結合ナノマテリアルの健康影響を予測するモデルを開発している。さまざまなナノマテリアルの毒性および暴露データを取得するデータベースとして、一般に公開する計画としている。

マイクロ・ナノプラスチックに関して、NNIの国家ナノテクノロジー調整局（NNCO）は省庁間でナノプラスチック共同体（COR: community of interest）を運営している。このコミュニティでは、検出や特性評価の手法など、米国の20年以上に及ぶ工業ナノマテリアルに関するEHS研究を基に、二次的ナノマテリアルが及ぼす影響を理解・軽減するための方法を開発している。NNCOの支援を受け、NIEHS、FDAなど20の連邦機関と100名以上の科学者が、この新たなグローバルな問題対し利用可能なリソースを共有するために招集されている。その一環として国立環境衛生センターは、マイクロ・ナノプラスチックの環境・健康への影響を解明することに焦点を当てた研究員制度を支援している。その他、CPSC、EPA、NIOSH、およびNISTの共同により、3Dプリンターからのポリマーや金属の微粒子排出物や、排出物に影響を与える要因、および排出物の曝露による毒性の発現可能性を評価している。中小企業や消費者がより手頃な価格で購入できるようになりつつある3Dプリンターの評価へと展開している。

同様に、NNCOはナノEHS-CORを欧州委員会と協力して支援を行うものとして運営しており、活発な取り組みの一つである。ナノEHS-COR内で構築された欧州と米国の研究者間の強固な関係は、評価データのシェアリングやプロトコル開発など、ナノEHSの知識をフル活用するための研究再現性・信頼性の向上を加速させている。

• 日本

日本の産業界では、カーボンナノチューブやセルロースナノファイバーなどの、欧州でいうところの第1世代ナノマテリアルへの関心が高い。研究開発状況に関しては、経済産業省の報告によれば、複合材料や粒子状材料、高機能繊維（CNTやセルロースナノファイバーを用いたもの）に対する注目が高く、特に粒子状材料の中では超微粒子や量子ドット、グラフェンへの関心が高い。

過去、内閣府主導の府省横断検討会（ナノ材料安全性問題実務者連絡会）が2016年に立ち上げられた。ナノマテリアルに関する安心・安全の担保のため、産業界等に対する適切な安全指針・規制の提示と認可等の仕組みづくりの必要性や、安全基準の標準化において世界をリードする機能も担うことが掲げられた。具体的には、内閣府、文部科学省、経済産業省、厚生労働省、環境省等の関連する省・国研の担当者が集まり、ナノマテリアルのばく露測定から安全性評価、その結果に基づくリスク管理の施策検討状況を整理し、重点課題の抽出や取組み方を明確化することとした。その頃の背景として、IARC（国際がん研究機関）が多層カーボンナノチューブの一品種であるMWNT-7を「グループ2B」に分類したことが挙げられる。ラットの実験において中皮腫と腺腫を引き起こしたことから、ヒトに対して発がん性の可能性がある物質とした。しかしMWNT-7以外のMWCNT（多層CNT）やSWCNT（単層CNT）については情報の不足・不十分さから、いずれも発がん性を分類できない「グループ3」とした。厚生労働省はMWNT-7を対象に、日本バイオアッセイ研究センターにてがん原性試験を行い、発がん性有りとの評価を導出。これをもってMWNT-7に限定して、2016年3月、がん原性指針「化学物質による健康障害を防止するための指針」の対象物質として追加した。このようなIARC及び厚生労働省の対応状況から、特に産業界やアカデミアでは、MWNT-7以外のCNTの発がん性やその実態を明らかにすることへの関心が急速に高まった。ただし、がん原性試験は5年程の期間と数億円規模の費用を必要とするものであるため、企業が独自に実施することは困難である。また、公的な第三者機関での評価が必要でもある。そこで上記の府省横断検討会では、CNTの発がん性評価の簡易プロトコル開発を検討するため、CNTに関連した毒性学者や材料物性の専門家が集う「有識者WG」を2017年に運営し、簡易プロトコル開発の方向性を打ち出した。簡易プロトコルの開発には多大なコストを要するため全面的な実施には至っていないが、厚生労働省が2018年度から本開発の一部を「ナノマテリアル曝露による慢性影響の効率的評価手法開発に関する研究」として開始している。

厚生労働省では、化学物質の評価をリスク評価検討会の枠組みで運用・規制してきた。しかし労働環境において発生している化学物質に関連する労働災害の8割は規制対象外の物質が原因で発生していることが判明し、現状のリスク評価事業のスピード感では規制が追い付かないことが明らかとなっている。そこで化学物質規制の見直しについて2019年9月から【職場における化学物質等の管理のあり方に関する検討会】にて議論が行われ、2021年7月に報告書【職場における化学物質等の管理のあり方に関する検討会報告書～化学物質への理解を高め自律的な管理を基本とする仕組みへ～】が取りまとめられた。同報告書を踏まえた改正に関する通達－「労働安全衛生法施行令の一部を改正する政令（令和4年政令第51号）及び労働安全衛生規則及び特定化学物質障害予防規則の一部を改正する省令（令和4年厚生労働省令第25号）」が、令和4年2月24日に公布され、令和5年4月1日から施行（一部令和6年4月1日から施行）することとされた。従来のリスク評価における化学物質管理と今回取りまとめられた化学物質管理の大きな違いは、従来国が行ってきた化学物質のリスク評価は今後行わず、企業が自律的に化学物質のリスク評価を行うことになったことである。今後、企業は自らの責任において事業所で取り扱う化学物質のリスクアセスメントを行い、従業員の暴露対策を実施し健康で安全な職場を実現する責任が発生する、大きな転換となる。制度移行を円滑に行うため、国がリスクアセスメント実施対象物質の選定やその管理濃度の設定等は事業年度ごとに行うが、企業においては各取り組みそれぞれの施行日が異なるため、準備等含め期限の厳守が求められるとともに自発的な取り組みを加速することが求められている。

経済産業省では、「ナノマテリアル情報収集・発信プログラム（各事業者のナノマテリアル情報提供シート）」の仕組みの運用を継続しており、カーボンナノチューブ、カーボンブラック、二酸化チタン、フラーレン、酸化亜鉛、シリカに関して、各社の安全データシート（SDS）等を毎年更新し公開している。またナノマテリアルの製造量等の推移を2008年度より掲載している。

　産業界では「一般社団法人ナノテクノロジー・ビジネス推進協議会（NBCI）」が国際的な意見提示を含め積極的な活動を展開している。2017年より、NBCI会員企業のうち30社以上が集まる「ナノ材料安全分科会」を進めている。分科会では大きく三つの主課題が設定され、1）ナノ材料の有害性評価に関する主課題、2）ナノ材料のリスク評価に関する主課題、3）ナノ材料等に係る各国の規制動向等の調査（情報収集と必要に応じた提言）に関する取り組みがある。労働現場においてナノマテリアルを取り扱うリスクを適切に評価する際、一般の化学物質と異なり、利用可能な有害性情報が限られており、暴露の把握が困難等の課題があるので、ISOコントロールバンディング手法（ISO/TS12901-2）を元に、利用する際の注意点や評価手順について検討し、同時に翻訳・JIS化を目指している。また、ナノマテリアルの健全な普及のための活動として、「ナノカーボンFAQ」や「CNT取り扱い手順書」を公表している。ナノカーボンFAQでは、ナノカーボンの社会実装を促進することを目的として、CNT製造企業で構成されるCNT分科会が活動している。CNT分科会では22件のナノカーボンに関するFAQを作成し、2018年よりホームページで公開、さらに2019年より冊子も公表されている（最新版は2022年1月）。CNT取扱い手順書は、CNTを製造又は使用（開発等含む）において活用することで、CNT産業のすそ野拡大に貢献するものとしている。厚生労働省の「ナノマテリアルに対するばく露防止等のための予防的対応について」（労働基準局長基発第0331013号2009年3月31日）の内容を簡潔に整理した上で、より詳細な情報（例えばばく露防止に係る設備、保護具等のメーカー名や型番を使用例として記載）を追加した一覧表となっている。ばく露防止の観点からCNTを扱う関係者にとって実効性のある内容を目指すものとしている。

（4）注目動向
［新展開・技術トピックス］
• 欧州CLH分類（Harmonized classification and labelling）
　2017年3月「Multi-Walled Carbon Nanotubes」に関するCLH分類がドイツから提案され、その後、2021年5月に「Multi-Walled Carbon Tubes」として再提案された。提案内容は、直径30nm～3μm、長さ5μm以上、アスペクト比3：1以上の「Multi-Walled Carbon Nanotubes を含むMulti-Walled Carbon Tubes [MWC（N）T]」を、発がん性分類1Bとすべきとの内容である。当該提案に対するパブリックコンサルテーションが2021年7月に開始され、「一般的事項」及び「分類（Carcinogenicity及びSpecific target organ toxicity）」について、2021年9月までコメントが募集された。日本からはNBCIがパブリックコンサルテーションに対して次のコメントを提出している。「提案の閾値がいかなる数値か記載がなく、当該範囲内の物質のアイデンティティが不明確で該否の判別ができない」こと、「提案範囲内のMWC（N）Tをグループ化することの妥当性が十分記載されていない」こと、「提案範囲内のMWC（N）Tを一つのグループとして発がん性分類1Bとする十分な証拠がない」こと、等である。本件についてECHAのRAC（Committee for Risk Assessment）にて議論され、2022年3月18日にパブリックコンサルテーションコメントに対する提案者回答とともにRAC Opinionが公表されたところ、提案内容に同意するというものであった。本件に対する意見採択の法的期限は2022年9月4日とされていたことから、NBCIは2022年7月8日に様々なモフォロジーを有するMWCNTを直径、長さ、アスペクト比のみで規制することへの懸念等について、及び2022年8月17日にMWCNTの社会的有用性について、意見書をECHAに提出している。本件は現在、欧州理事会による議論に移行している。

• ナノカーボンの市場動向
　NBCIはナノカーボン産業促進のため、2015年12月にナノカーボン実用化WG（105社参加、2022年8月現在）を設立し、共通の評価方法の検討、技術情報・ビジネス情報の共有の場として運用している。その一つに「ナノカーボン業界マップ」がある。ナノカーボン産業を俯瞰して、活用を促すものである（図2.7.1-1）。ナノカーボン素材を生産する企業から始まり、中間部材を経て最終製品に繋がるサプライチェーンを横軸に

とっている。これらの基盤をなす製造装置や、評価・分析装置を提供している企業も含めマップに記載されている。

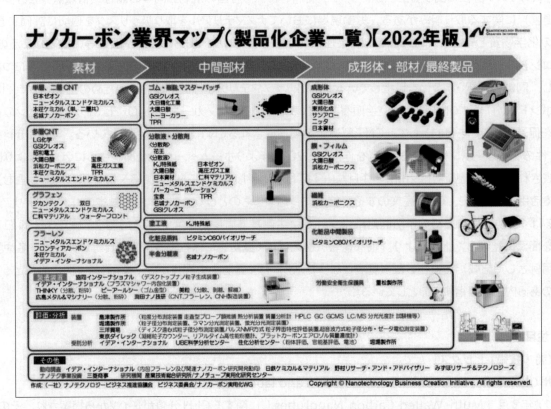

図2.7.1-1　　ナノカーボン業界マップ（NBCI2022年版）

［注目すべき国内外のプロジェクト］

・VAMAS

　ナノテクノロジーに関する国際規格において、ナノマテリアルの試験方法には、その妥当性に科学的根拠が必要となる。根拠として国際的な比較試験が求められるが、近年、Versailles Project on Advanced Materials and Standards（VAMAS）の枠組みを使った比較試験が活発である。 VAMASの目的は測定法の技術的基盤を提供し、標準につながる国際的な協力を通じて、先進材料のイノベーションと実用化によって世界貿易を促進することであり、作業部会Technical Working Area（TWA）ごとに、様々なプロジェクトが進んでいる。 ISO/TC229に関係するTWAとしては、TWA 34（ナノ粒子の特性評価）、TWA 41（グラフェン及び関連2次元材料）がある。新型コロナウイルス禍当初は比較試験の進捗に懸念もあったが、現在は各機関とも動き出している。ナノマテリアルの評価方法の規格制定に際し科学的根拠となる、新たな比較試験が堅調に進行している。

・Safer Innovantion Approach（SIA）

　REACH規則改正のきっかけとなったのは、主にEUプロジェクトのProSafeによる検討結果であるが、ProSafeではそれまでナノマテリアルのリスクに対する明確な結論を出せなかった理由として、研究が「科学志向」であったことを指摘し、「規制志向」の必要性を指摘していた。「科学志向」研究では、標準化された試験法等は用いられない場合が多く、規制の文脈でそれらのデータを使用できないことが障壁であった。そこで、ナノマテリアルにも適した標準化された試験法の開発がREACH改正と並行して進められることとなった。

EUとOECDを中心に、新規の素材開発のダイナミックな特性と規制のスタスティックな特性を調和させるためには、先端ナノマテリアルの安全性を確保するための、より将来性のあるアプローチを探ることが必要であるとした。先端ナノマテリアルに対する規制の取組みの一つとして、「safe-by-design」（SbD）と「Regulatory Preparedness」（RP）の2つのコンセプトからなる「Safer Innovation Approach」（SIA）の考え方をナノマテリアル規制にも導入するべく検討が進められている。

SbDアプローチは、予防原則に基づき早い段階から安全性に関連する側面を強調し、潜在的なリスクを特定するために安全性に関して必要な知識を得るための新たなアプローチとして注目されている。2021年ごろからはさらにSDGsや欧州グリーンディールの動きとも協調し、生産から廃棄に至るまでの安全で持続可能な新しい化学物質の製造能力がグリーン及びデジタル移行において重要な役割を果たすとして、「化学物質の安全かつ持続可能な設計アプローチ」である「Safe and Sustainable by Design」（SSbD）への移行が想定され、具体的な検討が進められている。SbDやSSbDコンセプトの積極的な導入には、規制当局がイノベーションの進展に追いつき、市場への投入に間に合うように適切な法律や他の規制ツールを準備するための規制の準備も重要であるとされ、並行してRPの考え方も取り入れている。SSbDは、既存のSbDプロセス上に持続可能性への配慮を加えるだけでは不十分であるとされ、欧州グリーンディールで想定されている循環型経済へのパラダイムシフトを達成するためには、化学製品の開発プロセス全体を通じて安全性と持続可能性を真に統合することが必要であり、その方法の1つには、物質や材料をより安全で持続可能なものに置き換えることや、イノベーションプロセス全体を再検討することの必要性が指摘されている。こうした化学物質管理全体におけるSbDやSSbDでは、材料の開発から製造、消費、廃棄までのライフサイクル全体の評価を行うことができる包括的なツールの開発の必要性が指摘され、各評価段階（ハザード評価、ばく露評価、リスク評価、ライフサイクル評価、等）のツールの棚卸のための調査が進められている。その中で、イノベーションプロセスの初期段階におけるハザード特定の重要性が見直されており、欧州ではハザード評価のためのツールの開発等の重要性に注目が集まっている。

• 欧州計量学プログラム（EMPIR）G-SCOPE

グラフェンの産業応用への関心の高まりから、欧州では欧州計量学プログラム（EMPIR）の枠組みで、計測に係る研究プロジェクトを実施している。EMPIR内では、業界のニーズに的を絞り、研究成果の取り込みを加速するためのイノベーション活動に重点が置かれ様々なプロジェクトが進行している。産業用途向けの粉末および液体分散液中のグラフェンの化学的および構造的特性の測定並びに特性評価方法を検証し標準化することを目的としたプログラムG-SCOPEがEMPIRの枠組みの下で現在進行中である。英国の計量標準機関NPLが主導し、ドイツBAM、フランスLNE、イタリアINRIMが参加している。ここで積み上げられたデータをもとにした規格案がISO/TC229にも提案されている。

• ナノ粒子の簡易な発がん性評価法の開発とその国際標準化

日本では厚生労働科学研究において化学物質リスク研究事業が進められている。2018年度よりCNTやナノ酸化チタン等のナノ粒子を対象とした、発がんリスクの新規高効率評価手法が検討されている。長期吸入ばく露試験を補完し得る、実用的・低コストで簡便なナノ粒子の慢性毒性・発がん性の評価法プロトコル開発を目指すものである。短期間の吸入ばく露試験を軸に、短期気管内噴霧投与（TIPS）試験との比較検討が行われている。また、簡易プロトコルの国際標準化を目指す動きも出てきている。2022年5月のISO/TC229に中間会合で「ナノ材料の肺負荷に基づく間欠ばく露プロトコルによる慢性吸入毒性の評価方法」のドラフトを提示し、New Work Item Proposal（NWIP）への目途がついており、産業界からも期待の大きい活動となっている。

2.7 俯瞰区分と研究開発領域 共通支援策

（5）科学技術的課題

・生物学的手法によるナノマテリアルの合成

　ナノマテリアルの合成・製造方法としては大きく、1）物理的、2）化学的、3）生物的手法に分けられる。従来は物理的または化学的手法によって製造されることが一般的であったが、近年は生物学的手法による合成方法が進展している。生物的手法では、植物抽出液を還元剤として用いるなど、安価で環境負荷が低いことから注目され、様々な生物を利用して多様なナノマテリアルの合成が報告されている。しかしながら、生物学的手法で合成・調製されるナノマテリアルの研究の歴史は浅く、その特性に関する科学的エビデンスは十分でないため、必ずしも人や環境に安全である保証はない。さらに人為的のみならず、環境中（植物や細菌、酵母、真菌内など）で金属ナノ粒子が形成されることもあり、粒子径が小さくなることによる毒性（ナノトキシコロジー）発現の検討が必要とされる。例えば、細菌由来の色素「フレキシルビン」から合成された銀ナノ粒子が、ある種の乳がん細胞株に対する障害性が高く、新規化学療法剤としての潜在性が報告されている。しかし、正常細胞に対する障害有無の比較評価やメカニズムは明らかとなっていない。このケースでは、生物学的手法によって合成したナノマテリアルが安全であるかどうかは未解明である。評価に際しては、どのような生物からナノマテリアルが合成・調製され、化学的手法で合成・調製されたナノマテリアルとの比較を、物性や動態（体内動態・細胞内動態）、生体応答を有用性のみならず毒性も含めた総合的観点から解析することが必要となる。近年、様々な金属種（もしくは金属イオン種）を用いた材料の開発・使用量が増えており、環境的要因によってイオン化されて、陸・海・空の環境生物が曝露されやすくなり、生物内に金属ナノマテリアルが形成されていることが指摘されている。この意義を、金属イオンに対する防御機構としての解毒と捉える見方もあれば、粒子径が小さくなることによる毒性発現との見方もあり、さらなる解析が必要とされている。環境生物の体内や細胞内のどこでナノ粒子が形成され、その後の運命とともに生体応答が追求されている研究例はまだ少なく、メカニズム解明・動態の解析が課題とされる。

　ナノマテリアルの物性・動態解析において、生体内の分布を可視化する電子顕微鏡観察（SEM/TEM）は、これまで以上に鍵となる技術である。元素分析を含め、昨今の高感度化やCryo-SEM/TEM技術は、今後さらに利用されていくことが期待される。また、動態を想定した定量の観点では、誘導結合プラズマ質量分析法（ICP-MS）の進展がトピックとなる可能性がある。元々、ICP-MSは金属の定量に優位性を有していたことに加え、最近では、その試料調製などを工夫することで、1粒子ICP-MS（sp-ICP-MS）や1細胞ICP-MS（sc-ICP-MS）が開発されている。sc-ICP-MSでは、1細胞ごとに金属元素を分析するため、従来、組織などでの細胞集団の平均値としてしか理解できなかった壁をこえることが可能となる。また、sp-ICP-MSでは、1粒子ごとに解析するため、従来、粒子とイオンを区別することができなかった壁をこえ、存在様式の理解が可能となる。これらの技術を組み合わせることで、生体内での物性や動態を詳細に解析でき、生体応答の本質的理解に繋がることが期待される。

・ナノマテリアルの計測標準

　材料がナノマテリアルに該当するかどうかを判定するための計測法は、国際的な課題である。これまで標準化が遅れていたが、電子顕微鏡を利用した粒径分布計測のISO/TC229国際規格化が整ってきた。まず、透過型電子顕微鏡（TEM）を活用した規格が、ISO21363（2020）として標準化された。その後、走査型電子顕微鏡（SEM）を活用した規格も規格開発が進み、2021年7月に出版された（ISO19749）。SEMは企業におけるナノマテリアル製造時の工程管理や品質保証に利用できるものとして、産業界の関心も高い。日本ではNBCIが、SEM計測に関心のある企業10社程度が参加する作業部会を設け、共通試料を用いたラウンドロビン試験を実施して、粒径分布計測の精度向上のためのプロトコル作成を進めた。また、上記規格（ISO19749）にその骨子を盛り込んだ。作成した内容は「SEMによるナノ粒子の粒子径分布計測プロトコル」として、2019年5月にNBCIホームページで公開されている。酸化チタン、シリカナノ粒子を用いて、試料調整法から画像解析法までのベストプラクティスを検討したものである。また、分級システムによりあらかじめ

粒径分布をいくつかに分画し、分画された試料に対して複数の計測評価法により粒径分布を計測し、データを合成するなど一連の作業をシステム化することにより正確な測定結果を導き出す計測手法を提案する活動も展開されている。この分級法のISO/TC229技術規格（TS）化が進められ、ISO/TS 21362（2018）として標準化された。本TSは現在、IS化に向けた検討が進められている。

（6）その他の課題

　欧州を中心として、先端ナノマテリアルの安全性確保に係るアプローチや規制の枠組み等に関する検討が進められており、こうした動きは日本の事業者が海外へそれらの材料を輸出する際に影響を受ける可能性がある。特に日本で開発の盛んなナノ粒子やナノファイバー等に関しては、欧州が安全性評価ツールや枠組みの開発に先行することから、日本にとって障壁となる恐れがある。日本国内でも現行のガイドラインに従って取得したデータの蓄積や、それらのデータに基づく初期リスク評価の経験を積み、欧州やOECD等が進める早期警告システムや、SbD、SSbDに係るツール等の開発段階で、現実的で適切な情報提供を行うことが必要となろう。国際的に先端ナノマテリアルの安全性の検討が進められている一方で、日本では先端ナノマテリアルの語に対するこのコンテクストでの認知は低く、開発者は自身が扱うナノマテリアルが、どの世代の材料に属するのかを分類し対応できるだけの基本的な知識が不足している懸念がある。こうした知識不足により、安全性に対する意識の低下や、海外への輸出・ビジネスの国際展開に際し、対象国・地域の規制対応が困難になる懸念がある。

　日本と海外を比較すると、特に欧州において様々なルールセッティングが進展している状況に比較し、日本は「ナノマテリアルに関する安全・安心の担保のため、産業界等に対する適切な安全指針・規制の提示と認可等の仕組みづくり」といった構造的な議論が進展せず、評価手法の検討に留まっている。日本全体として考えると、ナノマテリアルの安全性等に対する各省の認識の甘さや体制の脆弱さ等の問題が浮き彫りになっている領域でもある。

　日本では、毒性学の研究者や、国際標準化活動を担う人材・組織が特に限られている。社会実装に際してのリスクを最小限にするためには、研究開発段階から大学や国研の毒性研究者が参画した安全性評価研究が重要だが、ほとんど実現していない。また、産業界の状況をおさえた戦略的な国際標準化提案や審議対応には、関係する国内審議委員会等が横断的に連携・調整する場をつくることが、ナノテクに関連する標準化動向を俯瞰し、関連標準化対応リソースの最大活用につながると考えられる。ナノマテリアルの安全性に関するコンセンサス形成の課題は、従来の標準計測法や安全性評価法がナノであるがゆえにそのまま適用することができず、長期期間と多大なコストを要することにある。現在の手法をベースとしながらも、計測法や安全性評価法の開発・確立を行って国際標準化することが必要となる。ISOやOECD/WPMNテストガイドライン化等の今の状況では、欧米、特に欧州のルールがそのまま国際ルールになる可能性が高い。WTO-TBT（貿易の技術的障害に関する）協定を考慮すれば、日本のナノマテリアルの安全性対応を戦略的に扱う観点で、国際標準化は最重要課題の一つであろう。ISO/TC229以外にISO内の各TC（TC6、TC24、TC45、TC146、TC201、TC256）、IEC/TC113、IEC/TC47等のナノテク関連の委員会がある。これらが連携することで、ナノテクノロジーに関連する標準化動向を俯瞰し、重複提案などを未然に防ぎ、海外からの提案に対して日本として最適な対応・体制を構築することにつながると考えられる。国際標準化の交渉や調整の場では、会議での議論の他にコーヒーブレイクで個別に話すことで合意を得る細かな調整などが合意形成に重要となっている。オンライン会議はこれまで参加が難しかった国が旅費を気にせず参加できるようになり、ISOの会議への参加の間口を大きく広げたが、他方、対面で個別に収集できる情報や本音が得られる場も不可欠であり、ハイブリッド開催を模索する傾向である。日本としても対面開催への積極的な参加は欠かせないだろう。

　材料の安全性は、本来、第三者がしかるべき評価手法によって行うことで担保されるものである。安全性評価手法の構築とともに、認証・登録の仕組が不可欠となる。欧米では、米国のTSCA（有害物質規制法）

やREACH規則の下、技術情報を含むナノマテリアル等の登録制度を運用している。また台湾や韓国ではナノマテリアルの認証を検討・開始している。日本には登録制度がなく、日本の技術情報は海外にのみ蓄積される構造が生じていることを認識する必要がある。国際的に正当な競争をおこなうためには、ナノマテリアル及びその使用製品を対象とした、戦略的な認証や登録の仕組みを構築して継続運用することが課題である。日本ではNBCIが認証・登録の仕組み検討を開始しているところである。

　ナノマテリアル及びその使用製品に関しての規制、標準化等の情報は、産官学、各種業界団体等が個別に収集している。企業はナノマテリアルの有害性に関する知見を積み重ねるために、毒性等の情報・データを整備することが増々必要になる上、情報開示が求められるようになる。ナノマテリアルの安全性に係る基本的なデータは、共通基盤情報であり、産官学が共同してデータ整備に当たることが効果的・効率的であると考えられる。

（7）国際比較

国・地域	フェーズ	現状	トレンド	各国の状況、評価の際に参考にした根拠など
日本	取り組み水準	△	→	ナノマテリアルの安全性に関する情報収集や分析が、厚労省、経産省の調査として継続されている。また、ISO/TC229やOECD WPMNへの参加など一定の取組み・国際貢献が認められる。一方、国際動向に対応した取組みには課題がある。ISO/TC229に関しては、ナノクレイを始め継続的な日本からの規格提案があり、計測分野でも主導的役割を担っている。2023年春の中間会合は日本がホストを務める予定である。
	実効性	△	→	日本における関連政策は、海外のそれと比較してほとんど見られない。国際規制へ対応した、国内対抗措置等の戦略性が欠如しており、産業の国際展開においても大きな課題を残している。
米国	取り組み水準	〇	→	NNIなど国家レベルの推進体制は堅持している。国際機関や欧州でのナノマテリアル規制の最新動向を把握し、欧州プロジェクト等と協調しつつも、独自のナノマテリアル規制の検討や安全性に関する研究を継続的に進めている。国際標準化においてもナノEHSを中心に全分野で主導的役割を継続。定期見直しの規格の改定提案など、規格開発に意欲的である。
	実効性	◎	→	米国労働安全衛生研究所（NIOSH）は2022年7月に人工ナノ材料の職業暴露サンプリングに関するテクニカルレポートを発行している。また、EPAでは、ナノ材料含有農薬製品の申請件数のモニタリングを行っており、増加傾向を把握している。
欧州	取り組み水準	◎	↗	ナノマテリアルの定義勧告の更新を行った。Safe and Sustainable-by-design（SSbD）アプローチの動きに足並みをそろえる形で、OECDの下でSafer Innovation ApproachとしてSSbDに取り組んでいる。REACH改正に伴う各種試験法の見直しや更新、開発、国際標準化の主導など、継続的に進展。化粧品分野でも安全性情報の収集による専門家による科学的意見を公表し規制化を進めている。
	実効性	◎	→	2020年発表の欧州化学物質戦略を受け、ナノマテリアルの定義勧告の更新作業を加速化させ、2022年7月に更新版を発表した。SSbDに関して、ナノに関する警告アプローチの検討を欧州プロジェクトで進めている。REACH改正に伴う試験法開発において、登録の対象となるすべてのナノ形状物質が評価の対象となり、製造・輸入されるトン数に応じ情報が要求されることになった。2022年ナノマテリアル定義更新と共に、関連法規への展開が予想される。
中国	取り組み水準	〇	→	ナノテクの国際標準化においても材料規格において主導的に活動している。2021年2月に化粧品の新成分と登録データの管理に関して「化粧品の新成分と登録データの管理に関する規則」を発表し、ナノマテリアルに対する追加試験要求を開始した。
	実効性	△	→	上記以降、ナノマテリアルに関する規制の動きは確認できていない。

| 韓国 | 取り組み水準 | ○ | → | 2021年6月にナノ材料の登録申請資料に関してK–REACHを改正した。ナノテクの国際標準化において、パフォーマンス・性能評価において主導的に活動。 |
| | 実効性 | △ | → | 上記以降、ナノマテリアルに関する研究や規制の動きは確認できない。 |

（註1）フェーズ

取り組み水準：政策／制度／体制面の充実度合いや具体的活動の水準

実効性：上記取組みの実効性に関する見解・事柄

（註2）現状　※日本の現状を基準にした評価ではなく、CRDS の調査・見解による評価

◎：特に顕著な活動・成果が見えている　　　　　○：顕著な活動・成果が見えている

△：顕著な活動・成果が見えていない　　　　　×：特筆すべき活動・成果が見えていない

（註3）トレンド　※ここ1〜2年の研究開発水準の変化

↗：上昇傾向、→：現状維持、↘：下降傾向

関連する他の研究開発領域

・環境分析・化学物質リスク評価（環境・エネ分野　2.10.2）

参考・引用文献

1）Agnieszka Mech, et al., "Safe- and sustainable-by-design: The case of Smart Nanomaterials. A perspective based on a European workshop," *Regulatory Toxicology and Pharmacology* 128（2022）: 105093., https://doi.org/10.1016/j.yrtph.2021.105093.

2）Stefania Gottardo, et al., "Towards safe and sustainable innovation in nanotechnology: State-of-play for smart nanomaterials", *NanoImpact* 21（2021）: 100297., https://doi.org/10.1016/j.impact.2021.100297.

3）ProSafe Project Office, "The ProSafe White Paper: Towards a more effective and efficient governance and regulation of nanomaterials. Updated version 20170922," Dutch National Institute for Public Health and the Environment（RIVM）, https://www.rivm.nl/en/documenten/prosafe-white-paper-updated-version-20170922,（2022年12月26日アクセス）.

4）European Commission, "COMMISSION RECOMMENDATION of 10.6.2022 on the definition of nanomaterial," European Commission, https://ec.europa.eu/environment/chemicals/nanotech/,（2022年12月26日アクセス）.

5）JFEテクノリサーチ「令和3年度化学物質安全対策（ナノ材料等に関する国内外の安全情報及び規制動向等に関する調査）（令和4年3月）」経済産業省, https://www.meti.go.jp/meti_lib/report/2021FY/000125.pdf,（2022年12月26日アクセス）.

6）Organisation for Economic Co-operation and Development（OECD）, "Moving Towards a Safe (r) Innovation Approach（SIA）for More Sustainable Nanomaterials and Nano-enabled Products, Series on the Safety of Manufactured Nanomaterials No. 96," OECD, https://www.oecd.org/officialdocuments/publicdisplaydocumentpdf/?cote=env/jm/mono（2020）36/REV1&doclanguage=en,（2022年12月26日アクセス）.

7）European Commission Joint Research Centre（JRC）, "Safe and Sustainable by Design chemicals and materials Review of safety and sustainability dimensions, aspects, methods, indicators, and tools," European Commission, https://publications.jrc.ec.europa.eu/repository/handle/JRC127109,（2022年12月26日アクセス）.

2.7

俯瞰区分と研究開発領域
共通支援策

8）European Commission Joint Research Centre （JRC）, "Safe and sustainable by design chemicals and materials - Framework for the definition of criteria and evaluation procedure for chemicals and materials," European Commission, https://publications.jrc.ec.europa.eu/repository/handle/JRC128591,（2022年12月26日アクセス）.

9）European Chemicals Agency （ECHA）, "Guidance on information requirements and chemical safety assessment - Appendix R7-1 for nanoforms applicable to Chapter R7a Endpoint specific guidance. Draft （Public） Version 4.0. 2021," ECHA.

10）European Commission Joint Research Center （JRC）, "Environmental considerations and current status of grouping and regulation of engineered nanomaterials," European Commission, https://publications.jrc.ec.europa.eu/repository/handle/JRC123949,（2022年12月26日アクセス）.

11）National Institute for Occupational Safety and Health （NIOSH）, "CURRENT INTELLIGENCE BULLETIN 70 Health Effects of Occupational Exposure to Silver Nanomaterials," Centers for Disease Control and Prevention （CDC）, https://www.cdc.gov/niosh/docs/2021-112/pdfs/2021-112.pdf,（2022年12月26日アクセス）.

12）National Institute for Occupational Safety and Health （NIOSH）, "Technical Report: Occupational Exposure Sampling for Engineered Nanomaterials," Centers for Disease Control and Prevention （CDC）, https://www.cdc.gov/niosh/docs/2022-153/2022-153.pdf?id=10.26616/NIOSHPUB2022153,（2022年12月26日アクセス）.

13）ISO/TC 229 - Secretariat, "ISO/TC229 Nanotechnologies," https://www.iso.org/committee/381983.html,（2022年12月26日アクセス）.

14）ナノテクノロジー標準化国内審議委員会事務局「ナノテク国際標準化ニューズレター［2022 特別号］」国立研究開発法人産業技術総合研究所, https://www.aist.go.jp/pdf/aist_j/business/standardization/newsletter/NanoLetter_S2022.pdf,（2022年12月26日アクセス）.

15）Jean-Marc Aublant, et al., "Response to ACS Nano Editorial "Standardizing Nanomaterials"," *ACS Nano* 14, no. 11 （2020）: 14255-14257., https://doi.org/10.1021/acsnano.0c08407.

16）Charles A. Clifford, et al., "The importance of international standards for the graphene community," *Nature Reviews Physics* 3 （2021）: 233-235., https://doi.org/s42254-021-00278-6.

17）Vishnu D. Rajput, et al., "Insights into the Biosynthesis of Nanoparticles by the Genus Shewanella," *Applied and Environmental Microbiology* 87, no. 22 （2021）: e0139021., https://doi.org/10.1128/AEM.01390-21.

18）Md. Amdadul Huq and Shahina Akter, "Bacterial Mediated Rapid and Facile Synthesis of Silver Nanoparticles and Their Antimicrobial Efficacy against Pathogenic Microorganisms," *Materials (Basel)* 14, no. 10 （2021）: 2615., https://doi.org/10.3390/ma14102615.

19）Sara E. Elnagar, et al., "Innovative biosynthesis of silver nanoparticles using yeast glucan nanopolymer and their potentiality as antibacterial composite," *Journal of Basic Microbiology* 61, no. 8 （2021）: 677-685., https://doi.org/10.1002/jobm.202100195.

20）Monika Vats, Shruti Bhardwaj and Arvind Chhabra, "Green Synthesis of Copper Oxide Nanoparticles using Cucumis Sativus （Cucumber） Extracts and their Bio-Physical and Biochemical Characterization for Cosmetic and Dermatologic Applications," *Endocrine, Metabolic & Immune Disorders - Drug Targets* 21, no. 4 （2021）: 726-733., https://doi.org/10.2174/1871530320666200705212107.

21）Emilia Benassai, et al., "Green and cost-effective synthesis of copper nanoparticles by extracts of non-edible and waste plant materials from Vaccinium species: Characterization and antimicrobial activity," *Materials Science and Engineering: C* 119 (2021)：111453., https://doi.org/10.1016/j.msec.2020.111453.

22）Yu-ki Tanaka, et al., "Elucidation of tellurium biogenic nanoparticles in garlic, Allium sativum, by inductively coupled plasma-mass spectrometry," *Journal of Trace Elements in Medicine and Biology* 62 (2020)：126628., https://doi.org/10.1016/j.jtemb.2020.126628.

23）Fanny Mousseau, et al., "Revealing the pulmonary surfactant corona on silica nanoparticles by cryo-transmission electron microscopy," *Nanoscale Advances* 2, no. 2 (2020)：642-647., https://doi.org/10.1039/c9na00779b.

24）Lucio Isa, et al., "Measuring single-nanoparticle wetting properties by freeze-fracture shadow-casting cryo-scanning electron microscopy," *Nature Communications* 2 (2011)：438., https://doi.org/10.1038/ncomms1441.

25）Lindsey Rasmussen, et al., "Quantification of silver nanoparticle interactions with yeast Saccharomyces cerevisiae studied using single-cell ICP-MS," *Analytical and Bioanalytical Chemistry* 414, no. 9 (2022)：3077-3086., https://doi.org/10.1007/s00216-022-03937-4.

2.7

俯瞰区分と研究開発領域
共通支援策

付録1　検討の経緯

　本報告書はCRDS における俯瞰に関連する諸活動および下記の報告書などに基づいている。各報告書はCRDSのホームページからダウンロード可能である。

---

1. 俯瞰ワークショップ報告書
「ライフサイエンスとナノテク・材料の融合が拓く新領域」
CRDS-FY-2022-WR-03
2. 俯瞰ワークショップ報告書　ナノテクノロジー・材料分野　区分別分科会
「新しい計算物質科学の潮流」
CRDS-FY-2022-WR-04
3. 俯瞰ワークショップ報告書　ナノテクノロジー・材料分野　全体会議
「物質と機能の設計・制御　〜マテリアル設計の未来戦略〜」
2023年5月頃発行予定

2021〜2022年度CRDS俯瞰ワークショップ開催状況
　　2022年1月20日　　　　ライフサイエンスとナノテク・材料の融合が拓く新領域
　　2022年4月11日　　　　新しい計算物質科学の潮流
　　2023年2月12〜13日　　物質と機能の設計・制御　〜マテリアル設計の未来戦略〜

以下に各ワークショップの招聘者を掲載する。
※ 五十音順、敬称略、所属・役職は原則、ワークショップ参加時のもの。

1.ライフサイエンスとナノテク・材料の融合が拓く新領域

秋吉 一成	京都大学大学院工学研究科 教授
味岡 逸樹	東京医科歯科大学統合研究機構 准教授
安藤 弘樹	岐阜大学大学院医学系研究科 特任准教授 / アステラス製薬株式会社 Principal Investigator
五十嵐 龍治	量子科学技術研究開発機構量子生命科学研究所 グループリーダー
伊丹 健一郎	名古屋大学トランスフォーマティブ生命分子研究所 教授
岩城 光宏	大阪大学免疫学フロンティア研究センター 特任准教授
岩長 祐伸	物質・材料研究機構機能性材料研究拠点 主席研究員
内田 智士	京都府立医科大学大学院医学研究科 准教授
沖 真弥	京都大学大学院医学研究科 特定准教授
川野 竜司	東京農工大学工学研究院 教授
岸村 顕広	九州大学大学院工学研究院 准教授
齊藤 博英	京都大学iPS 細胞研究所 教授
田端 和仁	東京大学大学院工学系研究科 准教授
筒井 真楠	大阪大学産業科学研究所 准教授
津本 浩平	東京大学大学院工学系研究科 教授
馬場 嘉信	名古屋大学大学院工学研究科 教授

東邦 康智	東京大学医学部附属病院 助教
細川 正人	早稲田大学理工学術院 准教授
松本 光太郎	京都大学高等研究院物質 - 細胞統合システム拠点 特定助教
水島 昇	東京大学大学院医学系研究科 教授
安井 隆雄	名古屋大学大学院工学研究科 准教授
山吉 麻子	長崎大学大学院医歯薬学総合研究科 教授
渡邉 力也	理化学研究所開拓研究本部 主任研究員

2. 新しい計算物質科学の潮流

青柳 岳司	産業技術総合研究所機能材料コンピューテーショナルデザイン研究センター 総括研究主幹
赤井 久純	大阪大学大学院工学研究科 招聘教授
大谷 実	筑波大学計算科学研究センター 教授
岡崎 進	東京大学大学院新領域創成科学研究科 特任教授
乙部 智仁	量子科学技術研究開発機構関西光科学研究所 上席研究員
久保 百司	東北大学金属材料研究所 教授
澤田 英明	日鉄総研（株）知的財産事業部 / 東日本知的財産推進部 テクニカルインフォメーションセンター長
茂本 勇	東レ株式会社先端材料研究所 研究主幹
常行 真司	東京大学大学院理学系研究科 教授
藤堂 眞治	東京大学大学院理学系研究科 教授
福澤 薫	大阪大学大学院薬学研究科 教授
星 健夫	鳥取大学工学部機械物理系学科 准教授
松林 伸幸	大阪大学基礎工学研究科 教授
水上 渉	大阪大学量子情報・量子生命研究センター 准教授
柳井 毅	名古屋大学トランスフォーマティブ生命分子研究所 教授
吉田 亮	統計数理研究所 教授
渡邉 孝信	早稲田大学基幹理工学部 教授

3. 物質と機能の設計・制御　〜マテリアル設計の未来戦略〜

石割 文崇	大阪大学大学院工学研究科 講師
打田 正輝	東京工業大学理学院 准教授
桂 ゆかり	物質・材料研究機構統合型材料開発・情報基盤部門 主任研究員
江目 宏樹	山形大学大学院理工学研究科 准教授
小林 玄器	理化学研究所開拓研究本部小林固体化学研究室 主任研究員
杉原 加織	東京大学生産技術研究所 講師
杉本 敏樹	分子科学研究所物質分子科学研究領域 准教授
鈴木 康介	東京大学大学院工学系研究科 准教授
徳 悠葵	名古屋大学大学院工学研究科 准教授
笘居 高明	東北大学多元物質科学研究所 准教授
富永 依里子	広島大学大学院先進理工系科学研究科 准教授
中島 祐	北海道大学大学院先端生命科学研究院 准教授
名村 今日子	京都大学大学院工学研究科 准教授
仁科 勇太	岡山大学異分野融合先端研究コア 研究教授

付録

藤井 幹也　　奈良先端科学技術大学院大学先端科学技術研究科 教授
星野 友　　　九州大学大学院工学研究院 教授
牧浦 理恵　　大阪公立大学大学院工学研究科 准教授
三浦 正志　　成蹊大学大学院理工学研究科 教授
村岡 貴博　　東京農工大学グローバルイノベーション研究院 教授
矢野 隆章　　徳島大学ポストLEDフォトニクス研究所 教授
横田 紘子　　千葉大学大学院理学研究院 准教授
渡邉 峻一郎　東京大学大学院新領域創成科学研究科 准教授

上記すべてのワークショップの開催に際して、下記の府省関係者に適宜ご参加いただいた。
・文部科学省 研究振興局参事官（ナノテクノロジー・物質・材料担当）付
・文部科学省 研究振興局参事官（情報担当）付
・文部科学省 研究振興局ライフサイエンス課
・文部科学省 科学技術・学術政策局研究開発戦略課

付録

付録2 作成協力者一覧

※ 五十音順、敬称略、所属・役職は協力時点のもの

2.1 環境・エネルギー応用

宇佐美 徳隆	名古屋大学大学院工学研究科 教授
金村 聖志	東京都立大学都市環境学部 教授
高田 和典	物質・材料研究機構エネルギー・環境材料研究拠点 特命研究員
都留 稔了	広島大学大学院先進理工系科学研究科 教授
所 千晴	早稲田大学理工学術院 教授
中西 周次	大阪大学太陽エネルギー化学研究センター 教授
錦谷 禎範	早稲田大学理工学術院 教授
藤川 茂紀	九州大学カーボンニュートラル・エネルギー国際研究所 教授
松田 圭悟	山形大学大学院理工学研究科 准教授
光島 重徳	横浜国立大学大学院工学研究院 教授
山口 猛央	東京工業大学科学技術創成研究院 教授
山田 裕貴	大阪大学産業科学研究所 教授
若宮 淳志	京都大学化学研究所 教授

2.2 バイオ・医療応用

青木 伊知男	量子科学技術研究開発機構量子医科学研究所 上席研究員
井嶋 博之	九州大学大学院工学研究院 教授
荏原 充宏	物質・材料研究機構機能性材料研究拠点 グループリーダー
大矢根 綾子	産業技術総合研究所ナノ材料研究部門 研究グループ長
瀬藤 光利	浜松医科大学国際マスイメージングセンター センター長
田中 陽	理化学研究所生命機能科学研究センター チームリーダー（2022年8月末までに作成協力を完了）
田野井 慶太朗	東京大学大学院農学生命科学研究科 教授
筒井 真楠	大阪大学産業科学研究所 准教授
永井 健治	大阪大学産業科学研究所 教授
西澤 松彦	東北大学大学院工学研究科 教授
堀 克敏	名古屋大学大学院工学研究科 教授
宮田 完二郎	東京大学大学院工学系研究科 教授
村田 智	東北大学大学院工学研究科 教授
山本 雅哉	東北大学大学院工学研究科 教授
渡邉 朋信	理化学研究所生命機能科学研究センター チームリーダー
割澤 伸一	東京大学大学院新領域創成科学研究科 教授

2.3 ICT・エレクトロニクス応用

秋永 広幸	産業技術総合研究所デバイス技術研究部門 総括研究主幹
浅井 哲也	北海道大学大学院情報科学研究院 教授

内田 建	東京大学大学院工学系研究科 教授
葛西 誠也	北海道大学量子集積エレクトロニクスセンター 教授
勝又 竜太	キオクシア株式会社先端メモリー開発センター センター長附
加藤 雄一郎	理化学研究所 主任研究員
河野 崇	東京大学生産技術研究所 教授
齊藤 英治	東京大学大学院工学系研究科 教授
鈴木 義茂	大阪大学大学院基礎工学研究科 教授
高橋 義朗	京都大学大学院理学研究科 教授
田中 宗	慶應義塾大学大学院理工学研究科 准教授
田中 秀治	東北大学大学院工学研究科 教授
徳田 崇	東京工業大学 科学技術創成研究院 教授
豊田 健二	大阪大学量子情報・量子生命研究センター 教授
長汐 晃輔	東京大学大学院工学系研究科 教授
納富 雅也	東京工業大学理学院 教授
藤方 潤一	徳島大学ポストLEDフォトニクス研究所 教授
藤原 幹生	情報通信研究機構未来ICT研究所小金井フロンティア研究センター 室長
水落 憲和	京都大学化学研究所 教授
三谷 誠司	物質・材料研究機構磁性・スピントロニクス材料研究拠点 拠点長
百瀬 啓	北海道大学大学院情報科学研究院 研究員
柳田 剛	東京大学大学院工学系研究科 教授
萬 伸一	理化学研究所量子コンピュータ研究センター 副センター長

2.4 社会インフラ・モビリティ応用

赤木 泰文	東京工業大学科学技術創成研究院 特任教授
足立 幸志	東北大学大学院工学研究科 教授
磯貝 明	東京大学大学院農学生命科学研究科 特別教授
伊藤 耕三	東京大学大学院新領域創成科学研究科 教授
大村 孝仁	物質・材料研究機構構造材料研究拠点 副拠点長
岡部 朋永	東北大学大学院工学研究科 教授
香川 豊	東京工科大学片柳研究所 研究所長
河野 佳織	日本製鉄株式会社技術開発本部 フェロー
須田 淳	名古屋大学大学院工学研究科 教授
田中 敬二	九州大学大学院工学研究院 主幹教授
時本 扶美	東京工科大学片柳研究所 特任講師
直江 正幸	電磁材料研究所研究開発事業部 主任研究員
中尾 航	横浜国立大学大学院工学研究院 教授
東脇 正高	大阪公立大学大学院工学研究科 教授
平本 俊郎	東京大学生産技術研究所 教授
廣澤 哲	物質・材料研究機構磁石マテリアルズオープンプラットフォーム 企画マネージャ
矢野 裕司	筑波大学数理物質系科学研究科 准教授

2.5 物質と機能の設計・制御

岩崎 悠真	物質・材料研究機構統合型材料開発・情報基盤部門 主任研究員

付録

内田 健一	物質・材料研究機構磁性・スピントロニクス材料研究拠点 グループリーダー
梅山 大樹	物質・材料研究機構機能性材料研究拠点 研究員
大内 誠	京都大学大学院工学研究科 教授
岡本 敏宏	東京大学大学院新領域創成科学研究科 准教授
加藤 隆史	東京大学大学院工学系研究科 教授
門田 健太郎	京都大学高等研究院物質 - 細胞統合システム拠点 特定助教
門平 卓也	物質・材料研究機構統合型材料開発・情報基盤部門 グループリーダー
齋藤 理一郎	東北大学大学院理学研究科 教授
宍戸 厚	東京工業大学科学技術創成研究院 教授
清水 亮太	東京工業大学物質理工学院 准教授
中尾 佳亮	京都大学大学院工学研究科 教授
中辻 知	東京大学大学院理学系研究科 教授
野村 政宏	東京大学生産技術研究所 准教授
堀毛 悟史	京都大学高等研究院物質 - 細胞統合システム拠点 准教授
松島 敏則	九州大学カーボンニュートラル・エネルギー国際研究所 准教授
森 孝雄	物質・材料研究機構国際ナノアーキテクトニクス研究拠点 副拠点長
八木 貴志	産業技術総合研究所物質計測標準研究部門 主任研究員

2.6　共通基盤科学技術

有田 亮太郎	東京大学先端科学技術研究センター 教授
大和田 謙二	量子科学技術研究機構放射光科学研究センター グループリーダー
大友 季哉	高エネルギー加速器研究機構物質構造科学研究所 教授
菊池 克	日本電気株式会社セキュアシステムプラットフォーム研究所 量子回路実装研究グループ長
久保 百司	東北大学金属材料研究所 教授
高田 昌樹	東北大学国際放射光イノベーション・スマート研究センター 教授
廣島 洋	産業技術総合研究所TIA推進センター　招聘研究員
藤田 克昌	大阪大学大学院工学研究科 教授
藤田 大介	物質・材料研究機構経営企画部門TIA推進室 室長
深沢 正永	ソニーセミコンダクタソリューションズ株式会社 シニアプロセスマネージャー
松村 大樹	日本原子力研究開発機構原子力科学研究所 物質科学研究センター 研究主幹
武藤 俊介	名古屋大学未来材料・システム研究所 教授
渡邊 健夫	兵庫県立大学高度産業科学技術研究所 教授

2.7　共通支援策

杉浦 琴	JFEテクノリサーチ株式会社調査研究部 主査（課長）
竹歳 尚之	産業技術総合研究所計量標準普及センター センター長
長島 敏夫	ナノテクノロジービジネス推進協議会（NBCI）事務局次長
長野 一也	和歌山県立医科大学薬学部 教授
横田 真	ナノテクノロジービジネス推進協議会（NBCI）事務局長

付録

付録3 研究開発の俯瞰報告書（2023年）全分野で対象としている俯瞰区分・研究開発領域一覧

1. 環境エネルギー分野（CRDS-FY2022-FR-03）

俯瞰区分	節番号	研究開発領域
電力のゼロエミ化・安定化	2.1.1	火力発電
	2.1.2	原子力発電
	2.1.3	太陽光発電
	2.1.4	風力発電
	2.1.5	バイオマス発電・利用
	2.1.6	水力発電・海洋発電
	2.1.7	地熱発電・利用
	2.1.8	太陽熱発電・利用
	2.1.9	CO_2回収・貯留（CCS）
産業・運輸部門のゼロエミ化・炭素循環利用	2.2.1	蓄エネルギー技術
	2.2.2	水素・アンモニア
	2.2.3	CO_2利用
	2.2.4	産業熱利用
業務・家庭部門のゼロエミ化・低温熱利用	2.3.1	地域・建物エネルギー利用
大気中CO_2除去	2.4.1	ネガティブエミッション技術
エネルギーシステム統合化	2.5.1	エネルギーマネジメントシステム
	2.5.2	エネルギーシステム・技術評価
エネルギー分野の基盤科学技術	2.6.1	反応性熱流体
	2.6.2	トライボロジー
	2.6.3	破壊力学
地球システム観測・予測	2.7.1	気候変動観測
	2.7.2	気候変動予測
	2.7.3	水循環（水資源・水防災）
	2.7.4	生態系・生物多様性の観測・評価・予測
人と自然の調和	2.8.1	社会−生態システムの評価・予測
	2.8.2	農林水産業における気候変動影響評価・適応
	2.8.3	都市環境サステナビリティ
	2.8.4	環境リスク学的感染症防御
持続可能な資源利用	2.9.1	水利用・水処理
	2.9.2	持続可能な大気環境
	2.9.3	持続可能な土壌環境
	2.9.4	リサイクル
	2.9.5	ライフサイクル管理（設計・評価・運用）
環境分野の基盤科学技術	2.10.1	地球環境リモートセンシング
	2.10.2	環境分析・化学物質リスク評価

付録

2. システム・情報科学技術分野（CRDS-FY2022-FR-04）

俯瞰区分	節番号	研究開発領域
人工知能・ビッグデータ	2.1.1	知覚・運動系のAI技術
	2.1.2	言語・知識系のAI技術
	2.1.3	エージェント技術
	2.1.4	AIソフトウェア工学
	2.1.5	人・AI協働と意思決定支援
	2.1.6	AI・データ駆動型問題解決
	2.1.7	計算脳科学
	2.1.8	認知発達ロボティクス
	2.1.9	社会におけるAI
ロボティクス	2.2.1	制御
	2.2.2	生物規範型ロボティクス
	2.2.3	マニピュレーション
	2.2.4	移動（地上）
	2.2.5	Human Robot Interaction
	2.2.6	自律分散システム
	2.2.7	産業用ロボット
	2.2.8	サービスロボット
	2.2.9	災害対応ロボット
	2.2.10	インフラ保守ロボット
	2.2.11	農林水産ロボット
社会システム科学	2.3.1	デジタル変革
	2.3.2	サービスサイエンス
	2.3.3	社会システムアーキテクチャー
	2.3.4	メカニズムデザイン
	2.3.5	計算社会科学
セキュリティー・トラスト	2.4.1	IoTシステムのセキュリティー
	2.4.2	サイバーセキュリティー
	2.4.3	データ・コンテンツのセキュリティー
	2.4.4	人・社会とセキュリティー
	2.4.5	システムのデジタルトラスト
	2.4.6	データ・コンテンツのデジタルトラスト
	2.4.7	社会におけるトラスト
コンピューティングアーキテクチャー	2.5.1	計算方式
	2.5.2	プロセッサーアーキテクチャー
	2.5.3	量子コンピューティング
	2.5.4	データ処理基盤
	2.5.5	IoTアーキテクチャー
	2.5.6	デジタル社会基盤
通信・ネットワーク	2.6.1	光通信
	2.6.2	無線・モバイル通信
	2.6.3	量子通信
	2.6.4	ネットワーク運用
	2.6.5	ネットワークコンピューティング
	2.6.6	将来ネットワークアーキテクチャー
	2.6.7	ネットワークサービス実現技術
	2.6.8	ネットワーク科学
数理科学	2.7.1	数理モデリング
	2.7.2	数値解析・データ解析
	2.7.3	因果推論
	2.7.4	意思決定と最適化の数理
	2.7.5	計算理論
	2.7.6	システム設計の数理

付録

3.ナノテクノロジー・材料分野（CRDS-FY2022-FR-05）

俯瞰区分	節番号	研究開発領域
環境・エネルギー応用	2.1.1	蓄電デバイス
	2.1.2	分離技術
	2.1.3	次世代太陽電池材料
	2.1.4	再生可能エネルギーを利用した燃料・化成品変換技術
バイオ・医療応用	2.2.1	人工生体組織・機能性バイオ材料
	2.2.2	生体関連ナノ・分子システム
	2.2.3	バイオセンシング
	2.2.4	生体イメージング
ICT・エレクトロニクス応用	2.3.1	革新半導体デバイス
	2.3.2	脳型コンピューティングデバイス
	2.3.3	フォトニクス材料・デバイス・集積技術
	2.3.4	IoTセンシングデバイス
	2.3.5	量子コンピューティング・通信
	2.3.6	スピントロニクス
社会インフラ・モビリティ応用	2.4.1	金属系構造材料
	2.4.2	複合材料
	2.4.3	ナノ力学制御技術
	2.4.4	パワー半導体材料・デバイス
	2.4.5	磁石・磁性材料
物質と機能の設計・制御	2.5.1	分子技術
	2.5.2	次世代元素戦略
	2.5.3	データ駆動型物質・材料開発
	2.5.4	フォノンエンジニアリング
	2.5.5	量子マテリアル
	2.5.6	有機無機ハイブリッド材料
共通基盤科学技術	2.6.1	微細加工・三次元集積
	2.6.2	ナノ・オペランド計測
	2.6.3	物質・材料シミュレーション
共通支援策	2.7.1	ナノテク・新奇マテリアルのELSI/RRI/国際標準

付録

4. ライフサイエンス・臨床医学分野（CRDS–FY2022–FR–06）

俯瞰区分	節番号	研究開発領域
健康・医療	2.1.1	低・中分子創薬
	2.1.2	高分子創薬（抗体）
	2.1.3	AI 創薬
	2.1.4	幹細胞治療（再生医療）
	2.1.5	遺伝子治療（in vivo 遺伝子治療/ex vivo 遺伝子治療）
	2.1.6	ゲノム医療
	2.1.7	バイオマーカー・リキッドバイオプシー
	2.1.8	AI 診断・予防
	2.1.9	感染症
	2.1.10	がん
	2.1.11	脳・神経
	2.1.12	免疫・炎症
	2.1.13	生体時計・睡眠
	2.1.14	老化
	2.1.15	臓器連関
農業・生物生産	2.2.1	微生物ものづくり
	2.2.2	植物ものづくり
	2.2.3	農業エンジニアリング
	2.2.4	植物生殖
	2.2.5	植物栄養
基礎基盤	2.3.1	遺伝子発現機構
	2.3.2	細胞外微粒子・細胞外小胞
	2.3.3	マイクロバイオーム
	2.3.4	構造解析（生体高分子・代謝産物）
	2.3.5	光学イメージング
	2.3.6	一細胞オミクス・空間オミクス
	2.3.7	ゲノム編集・エピゲノム編集
	2.3.8	オプトバイオロジー
	2.3.9	ケミカルバイオロジー
	2.3.10	タンパク質設計

付録

謝辞

　本報告書は作成の過程において、総勢160名を超える第一線の研究者・技術者および行政関係者、産業界・学術界の方々から多大なご協力をいただきました。約2年間にわたる調査・情報提供・分析およびインタビューやワークショップ等の議論に参画いただきました皆様のお力添えなしには、本報告書が発行に至ることはありませんでした。ここに深く感謝の意を表すとともに、厚く御礼申し上げます。

研究開発戦略センター
ナノテクノロジー・材料ユニット一同

作成メンバー

曽根 純一	上席フェロー	（ナノテクノロジー・材料ユニット）
眞子 隆志	フェロー／ユニットリーダー	（ナノテクノロジー・材料ユニット）
荒岡 礼	フェロー	（ナノテクノロジー・材料ユニット）（～2022年3月）
大山 みづほ	フェロー	（ナノテクノロジー・材料ユニット）（～2022年9月）
佐藤 隆博	フェロー	（ナノテクノロジー・材料ユニット）（2022年4月～）
髙村 彩里	フェロー	（ナノテクノロジー・材料ユニット）（2022年4月～）
永野 智己	フェロー／総括ユニットリーダー	（ナノテクノロジー・材料ユニット）
沼澤 修平	フェロー	（ナノテクノロジー・材料ユニット）
馬場 寿夫	フェロー	（ナノテクノロジー・材料ユニット）
福井 弘行	フェロー	（ナノテクノロジー・材料ユニット）
宮下 哲	フェロー	（ナノテクノロジー・材料ユニット）
渡邉 孝信	フェロー	（ナノテクノロジー・材料ユニット）（～2022年3月）
赤木 浩	特任フェロー	（ナノテクノロジー・材料ユニット）
伊藤 聡	特任フェロー	（ナノテクノロジー・材料ユニット）
岩本 敏	特任フェロー	（ナノテクノロジー・材料ユニット）
川合 知二	特任フェロー	（ナノテクノロジー・材料ユニット）
佐藤 勝昭	特任フェロー	（ナノテクノロジー・材料ユニット）
玉野井 冬彦	特任フェロー	（ナノテクノロジー・材料ユニット）
林 喜宏	特任フェロー	（ナノテクノロジー・材料ユニット）
本間 格	特任フェロー	（ナノテクノロジー・材料ユニット）
村井 眞二	特任フェロー	（ナノテクノロジー・材料ユニット）
八巻 徹也	特任フェロー	（ナノテクノロジー・材料ユニット）

研究開発の俯瞰報告書 CRDS-FY2022-FR-05

ナノテクノロジー・材料分野（2023年）

PANORAMIC VIEW REPORT

Nanotechnology／Materials Research Field (2023)

令和5年3月 March 2023 作成 ／ 令和5年8月24日 August 2023 発行
ISBN 978-4-86579-380-2

国立研究開発法人科学技術振興機構 研究開発戦略センター
Center for Research and Development Strategy,
Japan Science and Technology Agency

〒102-0076 東京都千代田区五番町7 K's 五番町
電話 03-5214-7481
E-mail crds@jst.go.jp
https://www.jst.go.jp/crds/

発行／**日経印刷株式会社**

〒102-0072
東京都千代田区飯田橋2-15-5
電話 03（6758）1011

本書は著作権法等によって著作権が保護された著作物です。
著作権法で認められた場合を除き、本書の全部又は一部を許可無く複写・複製することを禁じます。
引用を行う際は、必ず出典を記述願います。

This publication is protected by copyright law and international treaties.
No part of this publication may be copied or reproduced in any form or by any means without permission of JST,
except to the extent permitted by applicable law.
Any quotations must be appropriately acknowledged.
If you wish to copy, reproduce, display or otherwise use this publication, please contact crds@jst.go.jp.

類型	予防	応急	復旧・復興
	災害対策基本法		
地震津波	・大規模地震対策特別措置法 ・津波対策の推進に関する法律 ・地震防災対策強化地域における地震対策緊急整備事業に係る国の財政上の特別措置に関する法律 ・地震防災対策特別措置法 ・南海トラフ地震に係る地震防災対策の推進に関する特別措置法 ・首都直下地震対策特別措置法 ・日本海溝・千島海溝周辺海溝型地震に係る地震防災対策の推進に関する特別措置法 ・建築物の耐震改修の促進に関する法律 ・密集市街地における防災街区の整備の促進に関する法律 ・津波防災地域づくりに関する法律 ・海岸法	・災害救助法 ・消防法 ・警察法 ・自衛隊法 ・災害時等における船舶を活用した医療提供体制の整備の推進に関する法律	<全般的な救済援助措置> ・激甚災害に対処するための特別の財政援助等に関する法律 <被災者への救済援助措置> ・中小企業信用保険法 ・天災による被害農林漁業者等に対する資金の融通に関する暫定措置法 ・災害弔慰金の支給等に関する法律 ・雇用保険法 ・被災者生活再建支援法 ・株式会社日本政策金融公庫法 ・自然災害義援金に係る差押禁止等に関する法律 <災害廃棄物の処理> ・廃棄物の処理及び清掃に関する法律 <災害復旧事業> ・農林水産業施設災害復旧事業費国庫補助の暫定措置に関する法律 ・公共土木施設災害復旧事業費国庫負担法
火山	・活動火山対策特別措置法		・公立学校施設災害復旧費国庫負担法 ・被災市街地復興特別措置法 ・被災区分所有建物の再建等に関する特別措置法
風水害	・河川法 ・海岸法	・水防法	
地滑り崖崩れ土石流	・砂防法 ・森林法 ・地すべり等防止法 ・急傾斜地の崩壊による災害の防止に関する法律 ・土砂災害警戒区域等における土砂災害防止対策の推進に関する法律 ・宅地造成及び特定盛土等規制法		<保険共済制度> ・地震保険に関する法律 ・農業保険法 ・森林保険法 <災害税制関係> ・災害被害者に対する租税の減免、徴収猶予等に関する法律 <その他> ・特定非常災害の被害者の権利利益の保全等を図るための特別措置に関する法律
豪雪	・豪雪地帯対策特別措置法 ・積雪寒冷特別地域における道路交通の確保に関する特別措置法		・防災のための集団移転促進事業に係る国の財政上の特別措置等に関する法律 ・大規模な災害の被災地における借地借家に関する特別措置法
原子力	・原子力災害対策特別措置法		・大規模災害からの復興に関する法律

出典：内閣府資料

年度	科学技術の研究 (百万円)	シェア (%)	災害予防 (百万円)	シェア (%)	国土保全 (百万円)	シェア (%)	災害復旧等 (百万円)	シェア (%)	合計 (百万円)
昭37	751	0.4	8,864	4.3	97,929	47.1	100,642	48.3	208,006
38	1,021	0.4	8,906	3.7	116,131	47.7	117,473	48.2	243,522
39	1,776	0.7	13,724	5.4	122,409	48.3	115,393	45.6	253,302
40	1,605	0.5	17,143	5.6	147,858	48.3	139,424	45.6	306,030
41	1,773	0.5	20,436	5.9	170,650	49.0	155,715	44.7	348,574
42	2,115	0.6	23,152	6.1	197,833	52.3	154,855	41.0	377,955
43	2,730	0.7	25,514	6.8	207,600	55.4	138,815	37.1	374,659
44	2,747	0.7	30,177	7.5	236,209	59.0	131,270	32.8	400,403
45	2,756	0.6	36,027	8.2	269,159	60.9	133,998	30.3	441,940
46	3,078	0.5	50,464	8.6	352,686	60.3	178,209	30.5	584,437
47	3,700	0.4	93,425	10.3	488,818	54.1	316,895	35.1	902,838
48	6,287	0.7	111,321	12.4	493,580	54.9	287,082	32.0	898,270
49	14,569	1.5	118,596	12.1	505,208	51.5	342,556	34.9	980,929
50	17,795	1.5	159,595	13.3	615,457	51.3	405,771	33.9	1,198,618
51	21,143	1.3	186,297	11.5	711,159	43.9	700,688	43.3	1,619,287
52	22,836	1.4	234,409	13.9	904,302	53.6	525,886	31.2	1,687,433
53	29,642	1.7	307,170	17.3	1,093,847	61.6	345,603	19.5	1,776,262
54	35,145	1.6	435,963	20.4	1,229,401	57.6	432,759	20.3	2,133,268
55	29,929	1.2	456,575	18.9	1,229,615	50.8	705,168	29.1	2,421,287
56	29,621	1.2	474,926	18.9	1,240,788	49.5	761,950	30.4	2,507,285
57	28,945	1.1	469,443	17.2	1,261,326	46.3	963,984	35.4	2,723,698
58	29,825	1.1	489,918	18.4	1,268,712	47.6	875,851	32.9	2,664,306
59	28,215	1.2	485,219	20.7	1,350,592	57.7	475,878	20.3	2,339,904
60	27,680	1.1	512,837	20.2	1,355,917	53.5	640,225	25.2	2,536,659
61	28,646	1.2	482,889	19.7	1,354,397	55.3	581,462	23.8	2,447,394
62	38,296	1.4	612,505	21.9	1,603,599	57.2	548,337	19.6	2,802,737
63	31,051	1.1	587,073	20.8	1,550,132	54.9	657,681	23.3	2,825,937
平元	34,542	1.2	588,354	20.7	1,638,104	57.5	587,819	20.6	2,848,819
2	35,382	1.1	625,239	20.0	1,669,336	53.4	796,231	25.5	3,126,188
3	35,791	1.1	628,596	19.8	1,729,332	54.3	788,603	24.8	3,182,322
4	36,302	1.1	745,405	22.8	2,017,898	61.6	475,411	14.5	3,275,015
5	43,152	0.9	866,170	18.6	2,462,800	52.9	1,280,569	27.5	4,652,691
6	40,460	1.0	747,223	18.9	1,945,295	49.1	1,230,072	31.0	3,963,050
7	105,845	1.4	1,208,134	16.0	2,529,386	33.5	3,696,010	49.0	7,539,375
8	52,385	1.2	1,029,658	24.5	2,156,714	51.3	968,182	23.0	4,206,938
9	49,128	1.2	1,147,102	28.2	2,014,695	49.4	864,370	21.2	4,075,295
10	62,435	1.1	1,228,539	22.3	2,905,921	52.8	1,310,515	23.8	5,507,411
11	78,134	1.7	1,142,199	25.0	2,400,534	52.6	941,886	20.6	4,562,752
12	73,502	1.8	1,011,535	24.4	2,376,083	57.3	689,225	16.6	4,150,346
13	49,310	1.2	1,060,445	26.7	2,238,816	56.4	618,427	15.6	3,966,998
14	48,164	1.3	1,202,984	31.9	1,981,686	52.5	543,949	14.4	3,776,783
15	35,133	1.1	814,101	25.7	1,625,670	51.4	689,255	21.8	3,164,159
16	30,478	0.7	815,059	19.3	1,753,418	41.5	1,622,112	38.4	4,221,067
17	11,097	0.4	866,290	28.6	1,426,745	47.0	728,606	24.0	3,032,738
18	11,627	0.4	689,505	25.1	1,439,129	52.3	610,302	22.2	2,750,563
19	9,687	0.4	706,853	29.0	1,332,222	54.6	391,637	16.0	2,440,399
20	8,921	0.4	819,359	33.2	1,275,135	51.7	363,471	14.7	2,466,886
21	8,761	0.4	498,397	23.0	1,383,254	63.7	279,789	12.9	2,170,201

年度	科学技術の研究		災害予防		国土保全		災害復旧等		合計 (百万円)
	(百万円)	シェア (%)	(百万円)	シェア (%)	(百万円)	シェア (%)	(百万円)	シェア (%)	
22	7,695	0.6	224,841	16.9	813,359	61.1	285,038	21.4	1,330,933
23	28,072	0.6	383,384	8.2	743,936	15.9	3,534,830	75.4	4,690,222
24	53,496	1.1	1,010,535	20.1	951,561	19.0	2,854,537	56.9	5,016,359
25	15,339	0.3	786,046	14.1	879,932	15.8	3,881,875	69.6	5,573,470
26	16,688	0.4	771,210	16.3	841,367	17.8	3,102,691	65.6	4,731,956
27	14,961	0.4	701,843	18.4	155,239	4.1	2,951,923	77.2	3,823,966
28	14,023	0.3	696,399	14.3	318,320	6.5	3,855,516	78.9	4,884,258
29	10,123	0.3	790,361	22.1	267,629	7.5	2,515,384	70.2	3,583,497
30	22,781	0.6	737,429	18.1	482,711	11.8	2,834,284	69.5	4,077,205
令元	14,390	0.3	814,471	19.5	512,324	12.3	2,835,790	67.9	4,176,975
2	15,726	0.4	1,037,401	27.2	437,134	11.5	2,320,286	60.9	3,810,547
3	26,756	0.5	1,108,485	33.3	404,554	7.5	1,226,931	58.2	2,766,726
4	14,806	0.5	1,122,603	37.2	693,159	23.0	1,186,362	39.3	3,016,930
5	37,291	1.1	1,321,461	37.9	738,664	21.2	1,389,623	39.9	3,487,039
6	7,660	0.4	1,039,069	54.1	106,899	5.6	765,635	39.9	1,919,263

注）1．補正後予算額（国費）である。ただし、令和6年度は速報値であり、当初予算である。
2．平成19年度における科学技術の研究の減額は、国立試験研究機関の独立行政法人化によるところが大きい（独立行政法人の予算は本表においては計上しない）。
3．平成21年度における災害予防の減額は、道路特定財源の一部が一般財源化されたことに伴い、一部施策について防災関係予算として金額を特定できなくなったことによるものである。
4．平成22年度における災害予防及び国土保全の減額は、「社会資本整備総合交付金」等の創設により、災害予防の一部施策や国土保全における補助事業の多くを当該交付金で措置することによるものである。
出典：各省庁資料より内閣府作成

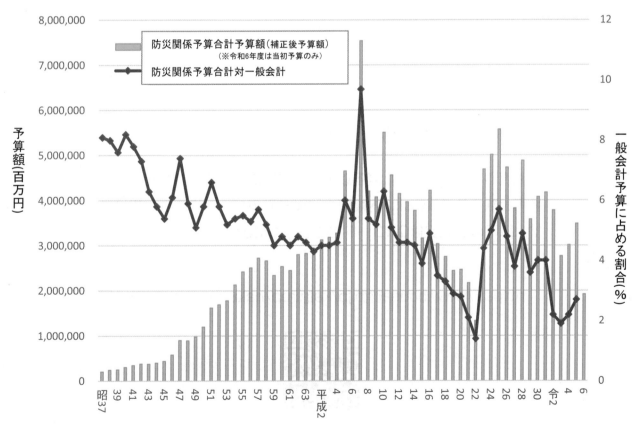

出典：各省庁資料より内閣府作成

防災白書　参考資料について

附属資料として収録した資料以外で、防災白書をご覧いただく上で
参考となる参考資料は、内閣府の防災白書のページに掲載していま
す。以下のURL又はQRコードをご参照ください。

https://www.bousai.go.jp/kaigirep/hakusho/index.html

表紙：第39回防災ポスターコンクールの受賞作品

① ② ③ ④

⑤ ⑥ ⑦ ⑧

⑨ ⑩ ⑪

① 防災担当大臣賞　幼児・小学1・2年生の部
　　東京都　日本同盟キリスト教団中野教会附属上ノ原幼稚園　川村　桜冬（かわむら　おと）さん

② 防災担当大臣賞　小学3〜5年生の部
　　兵庫県　加古川市立八幡小学校　山本　優誠（やまもと　ゆうせい）さん

③ 防災担当大臣賞　小学6年生・中学1年生の部
　　埼玉県　さいたま市立本太小学校　白田　美穂（しろた　みほ）さん

④ 防災担当大臣賞　中学2・3年生の部
　　栃木県　幸福の科学学園中学校　木下　瑠那（きした　るな）さん

⑤ 防災担当大臣賞　高校生・一般の部
　　鹿児島県　公務員　野崎　正博　（のざき　まさひろ）さん

⑥ 防災推進協議会会長賞　幼児・小学1・2年生の部
　　東京都　光塩女子学院初等科　畠山　咲子　（はたけやま　さきこ）さん

⑦ 防災推進協議会会長賞　小学3〜5年生の部
　　愛知県　だれでもアーティストクラブ　榎本　栞　（えのもと　しおり）さん

⑧ 防災推進協議会会長賞　小学6年生・中学1年生の部
　　兵庫県　洲本市立洲本第二小学校　平野　心奈　（ひらの　ここな）さん

⑨ 防災推進協議会会長賞　中学2・3年生の部
　　福島県　福島市立北信中学校　眞柴　未来（ましば　みらい）さん

⑩ 防災推進協議会会長賞　高校生・一般の部
　　愛知県　個人　尾関　裕美　（おぜき　ひろみ）さん

⑪ **審査員特別賞**
　　神奈川県　アトリエENDO　神戸　唯里　（かんべ　ゆり）さん

防災白書（令和6年版）

令和6年7月30日　発行　　定価は表紙に表示してあります。

編　集　　内　閣　府

〒100-8914
東京都千代田区永田町1-6-1
電話　03-5253-2111（代）

発　行　　日経印刷株式会社

〒102-0072
東京都千代田区飯田橋2-15-5
電話　03-6758-1011

発　売　　全国官報販売協同組合

〒100-0013
東京都千代田区霞が関1-4-1
電話　03-5512-7400

落丁，乱丁本はおとりかえします。

ISBN978-4-86579-426-7